高等代数

张华民　编著

合肥工业大学出版社

内容简介

本书是作者多年从事高等代数教学和研究的总结，也是为高等院校数据科学与大数据技术专业编写的教材．全书共分9章，主要内容如下：行列式、矩阵及其运算、线性方程组、向量空间、内积空间、相似矩阵、二次型、矩阵的分解、线性空间与线性变换．

本书采用现代的观点，以向量和矩阵为手段展示了线性代数课程的主要内容，和现有的同类教材相比，本书具有以下特点：(1)以求解线性方程组为主线，以向量和矩阵为工具构建了线性代数的主要内容；(2)以行列式的递归定义为切入点推证了行列式的主要内容；(3)注重各章内容和求解线性方程组间的内在联系；(4)基于线性方程组理论重新诠释了向量在子空间上的投影；(5)重视克莱姆法则的作用，并注重其与求解线性方程组不同方法的内在联系；(6)在不引入广义逆的条件下清楚阐明了不相容方程的最小二乘解、最小二乘极小范数解等概念；(7)注重保持线性代数与中学数学的密切联系，降低入门难度．

本书内容处理方式新颖，各章内容条理清晰、衔接紧凑，避免了传统线性代数教材在处理行列式、矩阵及其运算、线性方程组、向量空间等内容时条理不清晰、线索不明晰的现象．本书可作为高等院校线性代数课程的教材或教学参考用书，也可供对线性代数感兴趣的读者参考使用．

图书在版编目(CIP)数据

高等代数/张华民编著．—合肥：合肥工业大学出版社，2023.8
ISBN 978-7-5650-6392-3

Ⅰ.①高…　Ⅱ.①张…　Ⅲ.①高等代数—教材　Ⅳ.①O15

中国国家版本馆CIP数据核字(2023)第137601号

高 等 代 数

GAODENG DAISHU

张华民　编著　　　　责任编辑　毕光跃　汪　钵

出　版	合肥工业大学出版社	版　次	2023年8月第1版
地　址	合肥市屯溪路193号	印　次	2023年8月第1次印刷
邮　编	230009	开　本	787毫米×1092毫米　1/16
电　话	理工图书出版中心：0551-62903204	印　张	24.25
	营销与储运管理中心：0551-62903198	字　数	515千字
网　址	press.hfut.edu.cn	印　刷	安徽联众印刷有限公司
E-mail	hfutpress@163.com	发　行	全国新华书店

ISBN 978-7-5650-6392-3　　　　定价：76.00元

前 言

线性代数(高等代数)是高等院校理工类和工商管理类本科生的一门公共课. 在教学过程中笔者曾听见不少学生反映线性代数难学,这除了与线性代数概念符号多、不同概念间的联系紧密等特点有关外,还与线性代数这门课本身有一些不足有关,比如这门课和中学阶段学生所学知识联系不够紧密,知识点很多、很杂,不同知识点之间虽然联系紧密,但是却没有清晰明了的线索脉络,至少没有像高等数学、概率论与数理统计等课程中各章之间那样的逻辑先后顺序,等等.

在理工科大学生的三门公共课中,高等数学和概率论与数理统计的目录都是固定不变的,先讲什么,后讲什么,这些内容的逻辑顺序非常清晰. 相比较而言,线性代数就略显尴尬:尽管线性代数的教材有很多,但一个不争的事实是,这些教材通常对行列式、矩阵及其运算、线性方程组和向量空间这些内容的顺序安排并不相同. 有没有找到尽可能适合初学者知识储备又符合线性代数本身逻辑顺序的一条主线或一种顺序安排,让初学者尽可能快速入门,同时让不同知识点之间尽可能有紧密的逻辑脉络,能明显降低初学者的学习难度呢?

笔者在多年的教学研究中发现以线性方程组为切入点,可通过如何求解线性方程组把线性代数的各章内容串联在一起. 这既会降低初学者的学习难度又会使线性代数各章的内容更有条理. 本书正是用求解线性方程组这条主线以向量和矩阵为主要工具,根据学生的学习能力,沿着从简单到复杂,从具体到抽象的脉络,把线性代数的各章的相关知识点串联起来. 各章知识围绕如何求解线性方程组来展开,不同的知识点之间按先易后难,先简单再复杂,先具体再抽象的逻辑顺序进行叙述.

全书共九章,分为两大部分.

第一部分内容具体如下:第一章为行列式,先以线性代数简介的形式介绍了线性方程组,通过描述线性方程组引入矩阵、向量、矩阵和向量的乘法等线性代数的核心概念,然后用递归方法引入行列式的定义,介绍了行列式的性质,最后介绍了求解线性方程组的克莱姆法则. 第二章介绍矩阵及其运算,为求解一般的线性方程组作铺垫. 第三章以矩阵理论为工具讨论了线性方程组解的判别条件、通解的表达式. 为了对齐次线性方程组的解的集合有统一的认识,第四章介绍了向量空间. 只有在向量空间的基础上同一个方程解集的唯一性才得到确认. 这一部分可称为静态的线性代数.

第二部分是线性代数的应用部分,属于动态的线性代数．其中第五章内积空间阐明了不相容线性方程组的最小二乘解和极小范数解．第六章相似矩阵讨论了矩阵的特征值和特征向量,相似矩阵和实对称矩阵的相似对角化．第七章是二次型的相关理论．第八章是矩阵的分解,主要介绍了矩阵的满秩分解、正交三角分解和奇异值解,矩阵分解理论是线性方程组理论的应用和深化．第九章是将在向量空间 $\mathbb{R}^n$ 中得到的相关结论推广到一般线性空间上去.

本书的主要内容以矩阵和向量为工具,围绕线性方程组求解理论来展开,使原先线性代数中一些经典内容的处理呈现了新的视角．其主要表现为:克莱姆法则的适用范围得以拓展,它和矩阵的秩、求增广矩阵的行最简形等内容融为一体;基于方程组理论的向量的线性相关性内容比部分线性代数教材中的处理更有条理和易于掌握;关于线性方程组等价变形的理论在不涉及矩阵广义逆条件就能清晰明白地得到线性方程组的最小二乘解和极小范数解．对于线性代数的爱好者而言,相信本书会带给您意想不到的惊喜!

本书既是笔者近几年教学和科研的回顾和总结,期望以此能给自己带来新的教学灵感和创新发现,也是向本领域专家学者的一个汇报,盼望能“抛砖引玉”,为线性代数的教学和研究的发展贡献自己的微薄之力．

本书以 2018 年安徽科技学院人才引进项目(编号:XWYJ201809)、2018 年安徽省高校自然科学重点项目(编号:KJ2020A0063)、2023 年安徽省高校自然科学重大项目及安徽省教育厅和安徽科技学院质量工程项目(编号:2020kcszyjxm065,2020jyxm0406)为依托,在撰写过程中,笔者得到了安徽科技学院各级领导的大力支持和帮助,在此对他们表示衷心的感谢!同时感谢合肥工业大学出版社为本书的出版所做的大量工作!

由于编者水平有限,书中不足及疏漏之处在所难免,敬请同行和读者批评指正．本书另配有课后习题的详细解答资料供教师参考,联系邮箱:zhangeasymail@126. com.

编　者

2023 年 8 月

主要符号说明

符　　号	说　明
$\boldsymbol{O}_{m\times n}$	$m\times n$ 零矩阵
$\mathbf{0}_n$	n 维零向量
$\mathbb{R}$	实数域
$\mathbb{R}^n$	n 维实向量空间
$\mathbb{R}^{m\times n}$	所有 $m\times n$ 实矩阵的全体
$\boldsymbol{\alpha},\boldsymbol{\beta},\boldsymbol{\gamma}$	黑体希腊字母表示向量
$\boldsymbol{A},\boldsymbol{B},\boldsymbol{C}$	黑体英文字母表示矩阵
$\boldsymbol{I}$	适当维数的单位矩阵
$\boldsymbol{I}_m$	m 阶单位矩阵
$\|\boldsymbol{A}\|$	方阵 $\boldsymbol{A}$ 的行列式
$\det(\boldsymbol{A})$	方阵 $\boldsymbol{A}$ 的行列式
$\mathrm{diag}(\lambda_1,\lambda_2,\cdots,\lambda_n)$	对角元为 $\lambda_1,\lambda_2,\cdots,\lambda_n$ 的对角矩阵
$\max\{*,*,\cdots,*\}$	元素 $*,*,\cdots,*$ 中的最大者
$\min\{*,*,\cdots,*\}$	元素 $*,*,\cdots,*$ 中的最小者
$\mathrm{tr}(\boldsymbol{A})$	方阵 $\boldsymbol{A}$ 的迹，等于方阵主对角线上元素的和
$\|x\|$	标量 x 的绝对值
$\boldsymbol{A}^{-1}$	方阵 $\boldsymbol{A}$ 的逆矩阵
$\boldsymbol{A}^{\mathrm{T}}$	矩阵 $\boldsymbol{A}$ 的转置
$\boldsymbol{A}^{*}$	方阵 $\boldsymbol{A}$ 的伴随矩阵

$\mathrm{rank}(\boldsymbol{A})$	矩阵 $\boldsymbol{A}$ 的秩
$\mathscr{F}$	表示线性空间 V 上的一个线性变换
$\mathrm{span}\{\boldsymbol{\alpha}_1,\boldsymbol{\alpha}_2,\cdots,\boldsymbol{\alpha}_r\}$	向量 $\boldsymbol{\alpha}_1,\boldsymbol{\alpha}_2,\cdots,\boldsymbol{\alpha}_r$ 生成的子空间
$\mathrm{Col}(\boldsymbol{A})$	矩阵 $\boldsymbol{A}$ 的列向量生成的子空间
$\mathrm{Row}(\boldsymbol{A})$	矩阵 $\boldsymbol{A}$ 的行向量生成的子空间
$\mathrm{Null}(\boldsymbol{A})$	矩阵 $\boldsymbol{A}$ 的核或零空间
$\boldsymbol{\Lambda}$	表示一个对角矩阵
$\mathscr{A}$	表示向量空间 V 的一个基
$\dim(\mathbb{R}^n)$	线性空间 $\mathbb{R}^n$ 的维数

目　录

第1章 行列式

本章首先通过实际例子引入线性方程组，介绍线性方程组的标量表示、向量表示、矩阵表示．为了求解二元和三元的线性方程组，引入了二阶和三阶行列式的定义，并在此基础上介绍求解线性方程组的克莱姆法则．基于行列式的递归定义证明了行列式的几条性质和求解线性方程组的克莱姆法则．

求解线性方程组的主要方法有行列式法（克莱姆法则）、初等行变换法、矩阵求逆的方法等，它们构成了线性代数的主要内容．本章主要介绍求解线性方程组的克莱姆法则，其余求解线性方程组的方法将在后续章节介绍．

标量、向量、矩阵、张量等是高等代数中具有层级结构的研究对象，这个层级结构使得它们在大数据的表示和处理中显示了强大的威力．我们可以把高等代数的学习及自己理想的实现完全融入中华民族复兴的伟大实践中去．

1.1 线性方程组简介

内容提要

通过线性方程组的描述，引入线性代数中的一些基本概念，主要有向量的定义、向量的数乘和加法、向量的线性组合、矩阵的概念等，借助向量的线性组合定义了矩阵与向量的乘法．给出了线性方程组基于标量、向量和矩阵的三种不同的描述，介绍了求解线性方程组的三种同解变形、矩阵的三种初等行变换、线性方程组的增广矩阵、矩阵的行阶梯形和行最简形．

1.1.1 线性方程组引例

例 1.1 （健康食谱问题）表 1.1 是三种食材每百克所含的营养成分及一个成年人每天的营养成分消耗，试问这个成年人每天需要这三种食材各多少克（仅列出线性方程组即可）？

表 1.1　三种食材每百克所含的营养成分及一个成年人每天的营养成分消耗

营养成分	食材种类			一天所需营养量
	A	B	C	
蛋白质(protein)	7	4	16	200
糖类(carbohydrate)	17	7	30	400
脂肪(fat)	2	2	10	100

解　设一个成年人一天内 A,B,C 三种食材摄入量分别为 x,y,z,则可建立下面的**线性方程组**(system of linear equations):

$$\begin{cases} 7x+4y+16z=200, \\ 17x+7y+30z=400, \\ 2x+2y+10z=100. \end{cases} \tag{1.1}$$

这是初等数学中的方法.

将 A,B,C 三种食材每百克对应的营养成分依蛋白质、糖类和脂肪从上到下的顺序用向量 $\boldsymbol{\alpha}_1,\boldsymbol{\alpha}_2,\boldsymbol{\alpha}_3$ 来表示,即有

$$\boldsymbol{\alpha}_1=\begin{bmatrix}7\\17\\2\end{bmatrix},\boldsymbol{\alpha}_2=\begin{bmatrix}4\\7\\2\end{bmatrix},\boldsymbol{\alpha}_3=\begin{bmatrix}16\\30\\10\end{bmatrix}.$$

一天所需要的营养量记为 $\boldsymbol{\beta}=\begin{bmatrix}200\\400\\100\end{bmatrix}$,则可得**向量方程**(vector equation):

$$x\begin{bmatrix}7\\17\\2\end{bmatrix}+y\begin{bmatrix}4\\7\\2\end{bmatrix}+z\begin{bmatrix}16\\30\\10\end{bmatrix}=\begin{bmatrix}200\\400\\100\end{bmatrix} \text{或 } x\boldsymbol{\alpha}_1+y\boldsymbol{\alpha}_2+z\boldsymbol{\alpha}_3=\boldsymbol{\beta}. \tag{1.2}$$

这是上面线性方程组的向量表示.

最后一种是用**矩阵方程**(matrix equation)来表示.引入矩阵 $\boldsymbol{A}=\begin{bmatrix}7&4&16\\17&7&30\\2&2&10\end{bmatrix}$ 和未知向量 $\boldsymbol{x}=\begin{bmatrix}x\\y\\z\end{bmatrix}$,则上面的方程组可写为

$$\begin{bmatrix}7 & 4 & 16\\17 & 7 & 30\\2 & 2 & 10\end{bmatrix}\begin{bmatrix}x\\y\\z\end{bmatrix}=\begin{bmatrix}200\\400\\100\end{bmatrix} \text{ 或 } \boldsymbol{A}\boldsymbol{x}=\boldsymbol{\beta}. \tag{1.3}$$

注意到式(1.1)、式(1.2)和式(1.3)中的左端表达式可得下面的式子：

$$\begin{bmatrix}7 & 4 & 16\\17 & 7 & 30\\2 & 2 & 10\end{bmatrix}\begin{bmatrix}x\\y\\z\end{bmatrix}=\begin{bmatrix}7\\17\\2\end{bmatrix}x+\begin{bmatrix}4\\7\\2\end{bmatrix}y+\begin{bmatrix}16\\30\\10\end{bmatrix}z=\begin{bmatrix}7x+4y+16z\\17x+7y+30z\\2x+2y+10z\end{bmatrix}. \tag{1.4}$$

这就是相同的内涵分别用矩阵、向量和标量的三种表示．■

大家观察发现这三种表示方式有什么差别吗？

1.1.2 线性方程组的三种描述

可从标量、向量和矩阵的角度来描述一个线性方程组．

方程 $ax=b$ 可视为最简单的线性方程，这是只含有一个未知量的方程．可以从**方程的个数**和所含**未知量的个数**两个方面对方程 $ax=b$ 进行推广．例如可以推广成下面的三元线性方程组

$$\begin{cases}a_{11}x_1+a_{12}x_2+a_{13}x_3=b_1,\\a_{21}x_1+a_{22}x_2+a_{23}x_3=b_2,\\a_{31}x_1+a_{32}x_2+a_{33}x_3=b_3.\end{cases} \tag{1.5}$$

该方程组中只出现标量，这是该方程组的标量描述．引入向量

$$\boldsymbol{\alpha}_1=\begin{bmatrix}a_{11}\\a_{21}\\a_{31}\end{bmatrix},\boldsymbol{\alpha}_2=\begin{bmatrix}a_{12}\\a_{22}\\a_{32}\end{bmatrix},\boldsymbol{\alpha}_3=\begin{bmatrix}a_{13}\\a_{23}\\a_{33}\end{bmatrix},\boldsymbol{\beta}=\begin{bmatrix}b_1\\b_2\\b_3\end{bmatrix},$$

则线性方程组(1.5)可写成下面的向量表达形式

$$x_1\boldsymbol{\alpha}_1+x_2\boldsymbol{\alpha}_2+x_3\boldsymbol{\alpha}_3=\boldsymbol{\beta}. \tag{1.6}$$

这是线性方程组的向量表达形式．

式(1.6)中的 $x_1\boldsymbol{\alpha}_1$ 称为向量 $\boldsymbol{\alpha}_1$ 和标量 x_1 的乘积，简称**数乘**(scalar multiplication)，向量 $\boldsymbol{\alpha}_1$ 和标量 x_1 的乘积记为

$$x_1\boldsymbol{\alpha}_1=x_1\begin{bmatrix}a_{11}\\a_{21}\\a_{31}\end{bmatrix}=\begin{bmatrix}x_1a_{11}\\x_1a_{21}\\x_1a_{31}\end{bmatrix},$$

是一个数和向量的每个分量相乘．两个向量可以定义**向量的加法**（addition of two vectors），向量 $\boldsymbol{\alpha}_1,\boldsymbol{\alpha}_2$ 的和定义为

$$\boldsymbol{\alpha}_1+\boldsymbol{\alpha}_2=\begin{bmatrix}a_{11}\\a_{21}\\a_{31}\end{bmatrix}+\begin{bmatrix}a_{12}\\a_{22}\\a_{32}\end{bmatrix}=\begin{bmatrix}a_{11}+a_{12}\\a_{21}+a_{22}\\a_{31}+a_{32}\end{bmatrix}.$$

就是这两个向量的对应分量分别相加．式(1.6)中 $x_1\boldsymbol{\alpha}_1+x_2\boldsymbol{\alpha}_2+x_3\boldsymbol{\alpha}_3$ 表示三个向量数乘的和，称为向量 $\boldsymbol{\alpha}_1,\boldsymbol{\alpha}_2,\boldsymbol{\alpha}_3$ 的一个**线性组合**（linear combination）．

若记

$$\boldsymbol{A}=[\boldsymbol{\alpha}_1,\boldsymbol{\alpha}_2,\boldsymbol{\alpha}_3],\boldsymbol{x}=\begin{bmatrix}x_1\\x_2\\x_3\end{bmatrix},$$

则线性方程组(1.5)可表示成矩阵方程 $\boldsymbol{Ax}=\boldsymbol{\beta}$. 这是从矩阵向量乘法的角度来描述线性方程组.

矩阵方程 $\boldsymbol{Ax}=\boldsymbol{\beta}$ 中的 $\boldsymbol{A}$ 称为矩阵（matrix），矩阵 $\boldsymbol{A}$ 实际上就是 $\begin{bmatrix}a_{11}&a_{12}&a_{13}\\a_{21}&a_{22}&a_{23}\\a_{31}&a_{32}&a_{33}\end{bmatrix}$，即它是一个加方括号的数表．$\boldsymbol{Ax}$ 称为**矩阵 $\boldsymbol{A}$ 和向量 $\boldsymbol{x}$ 的乘积**，$\boldsymbol{Ax}$ 定义为

$$\boldsymbol{Ax}=x_1\boldsymbol{\alpha}_1+x_2\boldsymbol{\alpha}_2+x_3\boldsymbol{\alpha}_3.$$

则线性方程组(1.5)或向量方程(1.6)可表示为矩阵方程

$$\boldsymbol{Ax}=\boldsymbol{\beta}. \tag{1.7}$$

结合上面的式(1.5)、式(1.6)、式(1.7)可得

$$\begin{bmatrix}a_{11}&a_{12}&a_{13}\\a_{21}&a_{22}&a_{23}\\a_{31}&a_{32}&a_{33}\end{bmatrix}\begin{bmatrix}x_1\\x_2\\x_3\end{bmatrix}=\begin{bmatrix}a_{11}\\a_{21}\\a_{31}\end{bmatrix}x_1+\begin{bmatrix}a_{12}\\a_{22}\\a_{32}\end{bmatrix}x_2+\begin{bmatrix}a_{13}\\a_{23}\\a_{33}\end{bmatrix}x_3=\begin{bmatrix}a_{11}x_1+a_{12}x_2+a_{13}x_3\\a_{21}x_1+a_{22}x_2+a_{23}x_3\\a_{31}x_1+a_{32}x_2+a_{33}x_3\end{bmatrix}.$$

这是一个非常重要的结论．

矩阵方程 $\boldsymbol{Ax}=\boldsymbol{\beta}$ 中起决定作用的是**系数矩阵**（coefficient matrix）$\boldsymbol{A}$ 和**常数向量**（constant vector）$\boldsymbol{\beta}$，所以在这种情况下矩阵方程 $\boldsymbol{Ax}=\boldsymbol{\beta}$ 和矩阵方程 $\boldsymbol{Ay}=\boldsymbol{\beta}$ 可看作是同一个方程．所以有时把矩阵 $\boldsymbol{A}$ 和向量 $\boldsymbol{\beta}$ 拼成一个新的矩阵 $[\boldsymbol{A},\boldsymbol{\beta}]$，称为线性方程组(1.5)或矩阵方程 $\boldsymbol{Ax}=\boldsymbol{\beta}$ 的**增广矩阵**（augmented matrix）．用增广矩阵 $[\boldsymbol{A},\boldsymbol{\beta}]$ 来表示矩阵方程 $\boldsymbol{Ax}=\boldsymbol{\beta}$ 是一种更有效率的表达形式，有时为了求解矩阵方程 $\boldsymbol{Ax}=\boldsymbol{\beta}$ 直接对增广矩阵 $[\boldsymbol{A},\boldsymbol{\beta}]$ 施加相应的运算．

例 1.2 线性方程组

$$\begin{cases} x_1-2x_2+3x_3=1, \\ 3x_1-x_2+5x_3=2, \\ 2x_1+x_2-2x_3=3 \end{cases}$$

的向量形式是

$$\begin{bmatrix}1\\3\\2\end{bmatrix}x_1+\begin{bmatrix}-2\\-1\\1\end{bmatrix}x_2+\begin{bmatrix}3\\5\\-2\end{bmatrix}x_3=\begin{bmatrix}1\\2\\3\end{bmatrix}.$$

它的矩阵形式是

$$\begin{bmatrix}1&-2&3\\3&-1&5\\2&1&-2\end{bmatrix}\begin{bmatrix}x_1\\x_2\\x_3\end{bmatrix}=\begin{bmatrix}1\\2\\3\end{bmatrix}.$$

原方程组的增广矩阵是

$$[\boldsymbol{A},\boldsymbol{\beta}]=\begin{bmatrix}1&-2&3&1\\3&-1&5&2\\2&1&-2&3\end{bmatrix}.$$

■

上面出现了线性方程组、向量方程和矩阵方程，它们三者可以表述相同的内涵．请大家思考这样分类标准是什么？

注 1.1 它们的分类标准有两个：一是表达式中是否出现了向量或矩阵，仅出现向量就是向量方程，若出现矩阵就是矩阵方程，本书大多数场合就是这样划分的．例 $\begin{cases} x_1-2x_2+3x_3=1, \\ 3x_1-x_2+5x_3=2, \\ 2x_1+x_2-2x_3=3 \end{cases}$ 是线性方程组，$x_1\boldsymbol{\alpha}_1+x_2\boldsymbol{\alpha}_2+x_3\boldsymbol{\alpha}_3=\boldsymbol{\beta}$ 是向量方程，$\boldsymbol{Ax}=\boldsymbol{\beta}$ 是矩阵方程.

另一种是未知量的形式，如果未知量是标量就称为标量方程，未知量为向量就是向量方程，未知量为矩阵就是矩阵方程．例如 $x_1\boldsymbol{\alpha}_1+x_2\boldsymbol{\alpha}_2+x_3\boldsymbol{\alpha}_3=\boldsymbol{\beta}$，$x_1-2x_2+3x_3=1$ 都是标量方程，$\boldsymbol{Ax}=\boldsymbol{\beta}$ 是向量方程，$\boldsymbol{AX}=\boldsymbol{B}$ 是矩阵方程．

由于它们的内涵相同，下面对线性方程组的讨论中并不对线性方程组、向量方程或矩阵方程概念做理论上的严格区分，为了不同场合的有所区别，只做表达形式上的区分．例如为了强调 $x_1\boldsymbol{\alpha}_1+x_2\boldsymbol{\alpha}_2+x_3\boldsymbol{\alpha}_3=\boldsymbol{\beta}$ 和 $\boldsymbol{Ax}=\boldsymbol{\beta}$ 的区别，称 $x_1\boldsymbol{\alpha}_1+x_2\boldsymbol{\alpha}_2+x_3\boldsymbol{\alpha}_3=\boldsymbol{\beta}$ 是向量方程，$\boldsymbol{Ax}=$

$\boldsymbol{\beta}$ 是矩阵方程，为了强调 $\boldsymbol{Ax}=\boldsymbol{\beta}$ 和 $\boldsymbol{AX}=\boldsymbol{B}$ 的区别，称 $\boldsymbol{Ax}=\boldsymbol{\beta}$ 是向量方程，$\boldsymbol{AX}=\boldsymbol{B}$ 是矩阵方程.

■

1.1.3 消元法求解线性方程组

如果方程 $\boldsymbol{Ax}=\boldsymbol{\beta}$ 有精确解，则称该方程是**相容的**（consistent），反之如果方程 $\boldsymbol{Ax}=\boldsymbol{\beta}$ 没有精确解，只有考虑最小二乘解，称该方程是**不相容的**（inconsistent）. 本书前四章只讨论相容的线性方程.

消元法（elimination method）求解线性方程组是指对线性方程组施加下面的三种变换，这三种变换都是可逆的，且都是**同解变换**.

(1) 交换两个方程的先后顺序，该变换是可逆的，是同解变换.

(2) 将一个方程乘以或除以一个非零的常数，这种变换也是可逆的，是一种同解变换.

(3) 将一个方程的若干倍加到另一个方程上，这也是一种同解变换.

下面证明第三种变换是同解变换. 事实上设某方程组中的两个方程为

$$\begin{cases}a_{11}x_1+a_{12}x_2+a_{13}x_3=b_1,\\ a_{21}x_1+a_{22}x_2+a_{23}x_3=b_2.\end{cases}$$

方程 $a_{11}x_1+a_{12}x_2+a_{13}x_3=b_1$ 的 k 倍加到方程 $a_{21}x_1+a_{22}x_2+a_{23}x_3=b_2$ 上得到新方程组

$$\begin{cases}a_{11}x_1+a_{12}x_2+a_{13}x_3=b_1,\\ k(a_{11}x_1+a_{12}x_2+a_{13}x_3)+(a_{21}x_1+a_{22}x_2+a_{23}x_3)=kb_1+b_2.\end{cases}$$

显然如果 $k=0$，则两个方程组是同一个方程组. 当 $k\neq 0$ 时，将方程 $a_{11}x_1+a_{12}x_2+a_{13}x_3=b_1$ 的 $-k$ 倍加到新得到的方程 $k(a_{11}x_1+a_{12}x_2+a_{13}x_3)+(a_{21}x_1+a_{22}x_2+a_{23}x_3)=kb_1+b_2$ 上可得 $a_{21}x_1+a_{22}x_2+a_{23}x_3=b_2$，这样就得到原方程组了.

上面只是证明了原方程组做一次初等行变换得到的方程组与原方组是同解的，显然对某方程组做有限次的初等行变换所得到的方程组仍与原方程组是同解的. 这就是下面的定理.

定理 1.1 消元法把矩阵方程 $\boldsymbol{Ax}=\boldsymbol{\beta}$ 化成和它同解的方程.

和求解线性方程组的消元法对应，对方程组的增广矩阵引入下面的**初等行变换**（elementary row transformation）：

(1) 互换矩阵的第 i,j 两行，记为 $r_i\leftrightarrow r_j$；

(2) 矩阵的第 i 行乘以一个非零的常数 k，记为 kr_i；

(3) 矩阵第 j 行的 k 倍加到第 i 行上去，记为 r_i+kr_j.

矩阵 $\boldsymbol{A}$ 经过一次初等行变换得到矩阵 $\boldsymbol{B}$，可记为 $\boldsymbol{A}\overset{r}{\sim}\boldsymbol{B}$.

下面通过两个例子来说明如何用消元法求解线性方程组.

例 1.3 用消元法求解线性方程组

$$\begin{cases} x_1-2x_2+x_3=0, \\ 2x_2-8x_3=8, \\ -4x_1+5x_2+9x_3=-9. \end{cases}$$

解 (1) 写出线性方程组对应的增广矩阵$[\boldsymbol{A},\boldsymbol{\beta}]=\begin{bmatrix} 1 & -2 & 1 & 0 \\ 0 & 2 & -8 & 8 \\ -4 & 5 & 9 & -9 \end{bmatrix}$.

(2) 对增广矩阵$[\boldsymbol{A},\boldsymbol{\beta}]$进行初等行变换可得

$$\begin{aligned}
[\boldsymbol{A},\boldsymbol{\beta}] &= \begin{bmatrix} 1 & -2 & 1 & 0 \\ 0 & 2 & -8 & 8 \\ -4 & 5 & 9 & -9 \end{bmatrix} \\
&\overset{r_3+4r_1}{\sim} \begin{bmatrix} 1 & -2 & 1 & 0 \\ 0 & 2 & -8 & 8 \\ 0 & -3 & 13 & -9 \end{bmatrix} \\
&\overset{\frac{1}{2}r_2}{\sim} \begin{bmatrix} 1 & -2 & 1 & 0 \\ 0 & 1 & -4 & 4 \\ 0 & -3 & 13 & -9 \end{bmatrix} \\
&\overset{r_3+3r_2}{\sim} \begin{bmatrix} 1 & -2 & 1 & 0 \\ 0 & 1 & -4 & 4 \\ 0 & 0 & 1 & 3 \end{bmatrix} \\
&\overset{r_2+4r_3}{\sim} \begin{bmatrix} 1 & -2 & 1 & 0 \\ 0 & 1 & 0 & 16 \\ 0 & 0 & 1 & 3 \end{bmatrix} \\
&\overset{r_1-r_3}{\sim} \begin{bmatrix} 1 & -2 & 0 & -3 \\ 0 & 1 & 0 & 16 \\ 0 & 0 & 1 & 3 \end{bmatrix} \\
&\overset{r_1+2r_2}{\sim} \begin{bmatrix} 1 & 0 & 0 & 29 \\ 0 & 1 & 0 & 16 \\ 0 & 0 & 1 & 3 \end{bmatrix}
\end{aligned}$$

(3) 上面对增广矩阵进行初等行变换所得的最后结果是$\begin{bmatrix}1 & 0 & 0 & 29\\0 & 1 & 0 & 16\\0 & 0 & 1 & 3\end{bmatrix}$,称为增广矩阵$[\boldsymbol{A},\boldsymbol{\beta}]$的**行最简形**(reduced row echelon form). 由行最简形写出原方程组的解为

$$\begin{cases}x_1=29,\\x_2=16,\\x_3=3.\end{cases}$$

最后为了检验结果是否正确还要将所得的结果代入原方程进行验证,这样才能避免计算过程中的错误. ■

例 1.4 用消元法法求解线性方程组

$$\begin{cases}x_1+x_2-x_3-x_4=0,\\2x_1-5x_2+3x_3+2x_4=0,\\7x_1-7x_2+3x_3+x_4=0.\end{cases}$$

解 为了统一**齐次线性方程组**(system of homogeneous linear equations)和**非齐次线性方程组**(system of non-homogeneous linear equations)的求解过程,齐次线性方程可视为非齐次线性方程$\boldsymbol{Ax}=\boldsymbol{\beta}$常数项$\boldsymbol{\beta}=\boldsymbol{0}$的方程组.

(1) 对方程$\boldsymbol{Ax}=\boldsymbol{0}$的增广矩阵$[\boldsymbol{A},\boldsymbol{0}]$作消元法对应的变换化增广矩阵为行最简形,有

$$\begin{aligned}[\boldsymbol{A},\boldsymbol{0}] &= \begin{bmatrix}1 & 1 & -1 & -1 & 0\\2 & -5 & 3 & 2 & 0\\7 & -7 & 3 & 1 & 0\end{bmatrix}\\
&\overset{r_2-2r_1}{\sim}\begin{bmatrix}1 & 1 & -1 & -1 & 0\\0 & -7 & 5 & 4 & 0\\7 & -7 & 3 & 1 & 0\end{bmatrix}\\
&\overset{r_3-7r_1}{\sim}\begin{bmatrix}1 & 1 & -1 & -1 & 0\\0 & -7 & 5 & 4 & 0\\0 & -14 & 10 & 8 & 0\end{bmatrix}\\
&\overset{r_3-2r_2}{\sim}\begin{bmatrix}1 & 1 & -1 & -1 & 0\\0 & -7 & 5 & 4 & 0\\0 & 0 & 0 & 0 & 0\end{bmatrix}\end{aligned}$$

$$\overset{r_2 \div (-7)}{\sim} \begin{bmatrix} 1 & 1 & -1 & -1 & 0 \\ 0 & 1 & -\frac{5}{7} & -\frac{4}{7} & 0 \\ 0 & 0 & 0 & 0 & 0 \end{bmatrix}$$

$$\overset{r_1 - r_2}{\sim} \begin{bmatrix} 1 & 0 & -\frac{2}{7} & -\frac{3}{7} & 0 \\ 0 & 1 & -\frac{5}{7} & -\frac{4}{7} & 0 \\ 0 & 0 & 0 & 0 & 0 \end{bmatrix}.$$

(2) 写出增广矩阵的行最简形对应的线性方程组，并补充关于**自由未知量**（free variables）x_3, x_4 的恒等式可得

$$\begin{cases} x_1 = \frac{2}{7}x_3 + \frac{3}{7}x_4, \\ x_2 = \frac{5}{7}x_3 + \frac{4}{7}x_4, \\ x_3 = x_3, \\ x_4 = x_4. \end{cases}$$

将其写成向量线性组合的形式为

$$\begin{bmatrix} x_1 \\ x_2 \\ x_3 \\ x_4 \end{bmatrix} = x_3 \begin{bmatrix} \frac{2}{7} \\ \frac{5}{7} \\ 1 \\ 0 \end{bmatrix} + x_4 \begin{bmatrix} \frac{3}{7} \\ \frac{4}{7} \\ 0 \\ 1 \end{bmatrix}.$$

(3) 令

$$\boldsymbol{x} = \begin{bmatrix} x_1 \\ x_2 \\ x_3 \\ x_4 \end{bmatrix}, \boldsymbol{\xi}_1 = \begin{bmatrix} \frac{2}{7} \\ \frac{5}{7} \\ 1 \\ 0 \end{bmatrix}, \boldsymbol{\xi}_2 = \begin{bmatrix} \frac{3}{7} \\ \frac{4}{7} \\ 0 \\ 1 \end{bmatrix}.$$

再将未知量 x_3 与 x_4 用常数 c_1 和 c_2 替换得到方程组的全部解为

$$\boldsymbol{x}=c_1\boldsymbol{\xi}_1+c_2\boldsymbol{\xi}_2, c_1, c_2\in\mathbb{R}.$$

■

为了求解线性方程组,我们对线性方程组的增广矩阵施行了初等行变换. 显然方程组

$$\begin{cases}x_1=2,\\x_2=3,\\x_3=4\end{cases}$$

是最容易解的. 它所对应的增广矩阵就是行最简形:

$$\begin{bmatrix}1&0&0&2\\0&1&0&3\\0&0&1&4\end{bmatrix}.$$

而方程组

$$\begin{cases}x_1+2x_2+3x_3=20,\\\quad\ \ 2x_2+\ \ x_3=10,\\\qquad\qquad 3x_3=12.\end{cases}$$

也是比较好解,它所对应的增广矩阵就是**行阶梯形**(row echelon form):

$$\begin{bmatrix}1&2&3&20\\0&2&1&10\\0&0&3&12\end{bmatrix}.$$

矩阵的**行阶梯形**和**行最简形**是线性代数中重要的概念,以后会经常遇到.

1.1.4 小结

本节介绍了向量的概念,向量的数乘、加法,向量的线性组合,矩阵的概念等,借助向量的线性组合定义了矩阵与向量的乘法.

借助标量的乘积、向量的线性组合和矩阵向量的乘积给出了线性方程组的三种不同的描述.

$$\begin{cases}a_{11}x_1+a_{12}x_2+a_{13}x_3=b_1\\a_{21}x_1+a_{22}x_2+a_{23}x_3=b_2\\a_{31}x_1+a_{32}x_2+a_{33}x_3=b_3\end{cases}\Longrightarrow x_1\boldsymbol{\alpha}_1+x_2\boldsymbol{\alpha}_2+x_3\boldsymbol{\alpha}_3=\boldsymbol{\beta}\Longrightarrow \boldsymbol{Ax}=\boldsymbol{\beta}.$$

最后介绍了求解线性方程组的消元法的三种变换、矩阵的三种初等行变换、线性方程组的增广矩阵、行阶梯形矩阵、行最简形矩阵．

1.1.5 习题

1. 甲烷燃烧生成水和二氧化碳的反应是

$$C_3H_8 + O_2 \longrightarrow CO_2 + H_2O.$$

列出配平该化学反应方程式的线性方程组．

2. 现有木工、电工、油漆工各一名，三人相互同意彼此装修他们自己的房子，在装修之前，他们约定：

(1) 每人总共工作 10 天(包括给自己家干活在内)；

(2) 每人的工资根据一般的市价，为 60 ～ 80 元；

(3) 每人每日的工资数应使得每人的总收入和总支出相等．

表格 1.2 是他们工作天数的分配方案，根据分配方案，列出能确定他们的工资线性方程组.

表 1.2　工作天数分配方案

工作天数	工种		
	木工	电工	油漆工
在木工家工作的天数	2	1	6
在电工家工作的天数	4	5	1
在油漆工家工作的天数	4	4	3

3. 假设一个简化的经济系统包括煤炭、电力和钢铁共三个部门，一年内各部门的产出和分配见表 1.3 所列，表中各列表示一个产业部门的产品的输出(或被各产业部门的购买比例). 如第一列，煤炭产出的 0.6 被电力部门购买，0.4 被钢铁部门购买；第二列，电力部门的产出被 0.4 被煤炭部门购买，0.1 被电力部门购买，0.5 被钢铁部门购买．一年之内产品的总产值分别用 p_c，p_e 和 p_s 表示．找出平衡价格使得各部门的收入和支出恰好相等．

表 1.3　一年内各部门的产出和分配

产能分配	部门		
	煤炭	电力	钢铁
煤炭	0.0	0.4	0.6
电力	0.6	0.1	0.2
钢铁	0.4	0.5	0.2

4. 写出下列标量形式的线性方程组的向量形式 $x_1\boldsymbol{\alpha}_1 + x_2\boldsymbol{\alpha}_2 + x_3\boldsymbol{\alpha}_3 = \boldsymbol{\beta}$ 和矩阵形式 $\boldsymbol{Ax} = \boldsymbol{\beta}$.

$$\begin{cases} 2x_1 + x_2 \qquad = 3, \\ x_1 - x_2 + x_3 = 4, \\ 2x_1 + x_2 - x_3 = -1. \end{cases}$$

5. 记 $\boldsymbol{A} = \begin{bmatrix} 2 & 1 & 0 \\ 1 & -1 & 1 \\ 2 & 1 & -1 \end{bmatrix}, \boldsymbol{x} = \begin{bmatrix} 1 \\ 1 \\ 4 \end{bmatrix}$. 计算矩阵和向量的乘积 $\boldsymbol{Ax}$. 并据此判断 $\boldsymbol{x}$ 是否为上题中线性方程组的解.

1.2 二、三阶行列式与克莱姆法则

内容提要

尽管消元法求解线性方程组的思路很简单，但是在表达形式上却不够简洁明了. 本节通过引入二阶和三阶行列式的定义，得到了求解二元和三元线性方程组的克莱姆法则，它使满足一定条件线性方程组的解具有便于记忆的外在形式.

1.2.1 二阶和三阶行列式

对下面的二元线性方程组

$$\begin{cases} a_{11}x_1 + a_{12}x_2 = b_1, \\ a_{21}x_1 + a_{22}x_2 = b_2, \end{cases} \tag{1.8}$$

用消元法可得下面的结果

$$x_1 = \frac{b_1a_{22} - a_{12}b_2}{a_{11}a_{22} - a_{12}a_{21}}, x_2 = \frac{b_2a_{11} - a_{21}b_1}{a_{11}a_{22} - a_{12}a_{21}}.$$

这样的表达形式并不方便记忆，为了让解的表达式更有条理，引入下面的记号.

定义 1.1 标量 $a_{11}, a_{12}, a_{21}, a_{22}$ 构成的两行两列的数表，两侧加行列式符号 $|\cdot|$，就形成一个**二阶行列式**(determinant) $\begin{vmatrix} a_{11} & a_{12} \\ a_{21} & a_{22} \end{vmatrix}$. 它表示一个由标量 $a_{11}, a_{12}, a_{21}, a_{22}$ 生成的代数式的值，这个代数式定义为

$$\begin{vmatrix} a_{11} & a_{12} \\ a_{21} & a_{22} \end{vmatrix} = a_{11}a_{22} - a_{12}a_{21}.$$

有了二阶行列式,二元线性方程组(1.8)的解可借助二阶行列式表示成下面的形式:

$$x_1=\frac{\begin{vmatrix} b_1 & a_{12} \\ b_2 & a_{22} \end{vmatrix}}{\begin{vmatrix} a_{11} & a_{12} \\ a_{21} & a_{22} \end{vmatrix}},\quad x_2=\frac{\begin{vmatrix} a_{11} & b_1 \\ a_{21} & b_2 \end{vmatrix}}{\begin{vmatrix} a_{11} & a_{12} \\ a_{21} & a_{22} \end{vmatrix}}. \tag{1.9}$$

上面的结论称为求解二元线性方程组的**克莱姆法则**(Cramer's Rule).

下面考虑三元线性方程组

$$\begin{cases} a_{11}x_1+a_{12}x_2+a_{13}x_3=b_1, \\ a_{21}x_1+a_{22}x_2+a_{23}x_3=b_2, \\ a_{31}x_1+a_{32}x_2+a_{33}x_3=b_3. \end{cases} \tag{1.10}$$

为了推证三元线性方程组的克莱姆法则,先给出二阶行列式的几条性质:

(1) 互换行列式的两行(列),行列式改变符号,即有

$$\begin{vmatrix} a_{21} & a_{22} \\ a_{11} & a_{12} \end{vmatrix}=-\begin{vmatrix} a_{11} & a_{12} \\ a_{21} & a_{22} \end{vmatrix}=-(a_{11}a_{22}-a_{12}a_{21})=a_{12}a_{21}-a_{11}a_{22}.$$

(2) 行列式的一行(列)可写成两个数的和,则这个行列式能拆分成两个行列式的和,即有

$$\begin{vmatrix} a_{11}+b_1 & a_{12}+b_2 \\ a_{21} & a_{22} \end{vmatrix}=\begin{vmatrix} a_{11} & a_{12} \\ a_{21} & a_{22} \end{vmatrix}+\begin{vmatrix} b_1 & b_2 \\ a_{21} & a_{22} \end{vmatrix}.$$

(3) 行列式一行(列)的相同系数可以提到行列式符号的外面,即有

$$\begin{vmatrix} ka_{11} & a_{12} \\ ka_{21} & a_{22} \end{vmatrix}=k\begin{vmatrix} a_{11} & a_{12} \\ a_{21} & a_{22} \end{vmatrix}.$$

为了推证出三元线性方程组的克莱姆法则,先考虑方程组(1.10)中的前两个方程,同时把 x_3 视为常数,根据二元线性方程组的克莱姆法则求出 x_1, x_2,再把 x_1, x_2 代入第三个方程求出 x_3 即可. 具体推证过程如下.

证明 借助二阶行列式的性质具体的推导过程如下. 为了书写方便,引入记号 $b_1^*=b_1-a_{13}x_3$ 和 $b_2^*=b_2-a_{23}x_3$,并根据式(1.9)可得

$$x_1=\frac{\begin{vmatrix} b_1^* & a_{12} \\ b_2^* & a_{22} \end{vmatrix}}{\begin{vmatrix} a_{11} & a_{12} \\ a_{21} & a_{22} \end{vmatrix}},\quad x_2=\frac{\begin{vmatrix} a_{11} & b_1^* \\ a_{21} & b_2^* \end{vmatrix}}{\begin{vmatrix} a_{11} & a_{12} \\ a_{21} & a_{22} \end{vmatrix}}. \tag{1.11}$$

将式(1.11)代入式(1.10)中的第三式并化简可得

$$a_{31}\frac{\begin{vmatrix} b_1^* & a_{12} \\ b_2^* & a_{22} \end{vmatrix}}{\begin{vmatrix} a_{11} & a_{12} \\ a_{21} & a_{22} \end{vmatrix}}+a_{32}\frac{\begin{vmatrix} a_{11} & b_1^* \\ a_{21} & b_2^* \end{vmatrix}}{\begin{vmatrix} a_{11} & a_{12} \\ a_{21} & a_{22} \end{vmatrix}}+a_{33}x_3=b_3,$$

$$a_{31}\frac{\begin{vmatrix} b_1-a_{13}x_3 & a_{12} \\ b_2-a_{23}x_3 & a_{22} \end{vmatrix}}{\begin{vmatrix} a_{11} & a_{12} \\ a_{21} & a_{22} \end{vmatrix}}+a_{32}\frac{\begin{vmatrix} a_{11} & b_1-a_{13}x_3 \\ a_{21} & b_2-a_{23}x_3 \end{vmatrix}}{\begin{vmatrix} a_{11} & a_{12} \\ a_{21} & a_{22} \end{vmatrix}}+a_{33}x_3=b_3,$$

$$a_{31}\left(\frac{\begin{vmatrix} b_1 & a_{12} \\ b_2 & a_{22} \end{vmatrix}}{\begin{vmatrix} a_{11} & a_{12} \\ a_{21} & a_{22} \end{vmatrix}}-x_3\frac{\begin{vmatrix} a_{13} & a_{12} \\ a_{23} & a_{22} \end{vmatrix}}{\begin{vmatrix} a_{11} & a_{12} \\ a_{21} & a_{22} \end{vmatrix}}\right)+a_{32}\left(\frac{\begin{vmatrix} a_{11} & b_1 \\ a_{21} & b_2 \end{vmatrix}}{\begin{vmatrix} a_{11} & a_{12} \\ a_{21} & a_{22} \end{vmatrix}}-x_3\frac{\begin{vmatrix} a_{11} & a_{13} \\ a_{21} & a_{23} \end{vmatrix}}{\begin{vmatrix} a_{11} & a_{12} \\ a_{21} & a_{22} \end{vmatrix}}\right)+a_{33}x_3=b_3,$$

$$a_{31}\left(\begin{vmatrix} b_1 & a_{12} \\ b_2 & a_{22} \end{vmatrix}-x_3\begin{vmatrix} a_{13} & a_{12} \\ a_{23} & a_{22} \end{vmatrix}\right)+a_{32}\left(\begin{vmatrix} a_{11} & b_1 \\ a_{21} & b_2 \end{vmatrix}-x_3\begin{vmatrix} a_{11} & a_{13} \\ a_{21} & a_{23} \end{vmatrix}\right)+a_{33}\begin{vmatrix} a_{11} & a_{12} \\ a_{21} & a_{22} \end{vmatrix}x_3=b_3\begin{vmatrix} a_{11} & a_{12} \\ a_{21} & a_{22} \end{vmatrix},$$

$$\left(a_{31}\begin{vmatrix} a_{12} & a_{13} \\ a_{22} & a_{23} \end{vmatrix}-a_{32}\begin{vmatrix} a_{11} & a_{13} \\ a_{21} & a_{23} \end{vmatrix}+a_{33}\begin{vmatrix} a_{11} & a_{12} \\ a_{21} & a_{22} \end{vmatrix}\right)x_3=-a_{31}\begin{vmatrix} b_1 & a_{12} \\ b_2 & a_{22} \end{vmatrix}-a_{32}\begin{vmatrix} a_{11} & b_1 \\ a_{21} & b_2 \end{vmatrix}+b_3\begin{vmatrix} a_{11} & a_{12} \\ a_{21} & a_{22} \end{vmatrix},$$

$$\left(a_{31}\begin{vmatrix} a_{12} & a_{13} \\ a_{22} & a_{23} \end{vmatrix}-a_{32}\begin{vmatrix} a_{11} & a_{13} \\ a_{21} & a_{23} \end{vmatrix}+a_{33}\begin{vmatrix} a_{11} & a_{12} \\ a_{21} & a_{22} \end{vmatrix}\right)x_3=a_{31}\begin{vmatrix} a_{12} & b_1 \\ a_{22} & b_2 \end{vmatrix}-a_{32}\begin{vmatrix} a_{11} & b_1 \\ a_{21} & b_2 \end{vmatrix}+b_3\begin{vmatrix} a_{11} & a_{12} \\ a_{21} & a_{22} \end{vmatrix}.$$

当 $a_{31}\begin{vmatrix} a_{12} & b_1 \\ a_{22} & b_2 \end{vmatrix}-a_{32}\begin{vmatrix} a_{11} & b_1 \\ a_{21} & b_2 \end{vmatrix}+b_3\begin{vmatrix} a_{11} & a_{12} \\ a_{21} & a_{22} \end{vmatrix}\neq 0$ 时,可得

$$x_3=\frac{a_{31}\begin{vmatrix} a_{12} & b_1 \\ a_{22} & b_2 \end{vmatrix}-a_{32}\begin{vmatrix} a_{11} & b_1 \\ a_{21} & b_2 \end{vmatrix}+b_3\begin{vmatrix} a_{11} & a_{12} \\ a_{21} & a_{22} \end{vmatrix}}{\left(a_{31}\begin{vmatrix} a_{12} & a_{13} \\ a_{22} & a_{23} \end{vmatrix}-a_{32}\begin{vmatrix} a_{11} & a_{13} \\ a_{21} & a_{23} \end{vmatrix}+a_{33}\begin{vmatrix} a_{11} & a_{12} \\ a_{21} & a_{22} \end{vmatrix}\right)}.$$

同理可以推出方程组的另外两个解 x_1,x_2. ■

为了表述方便,借助二阶行列式的定义,给出如下的三阶行列式的**递归定义**(recursive definition).

定义 1.2 对三阶行列式有下面的递归定义：

$$\begin{vmatrix} a_{11} & a_{12} & a_{13} \\ a_{21} & a_{22} & a_{23} \\ a_{31} & a_{32} & a_{33} \end{vmatrix} = a_{11}\begin{vmatrix} a_{22} & a_{23} \\ a_{32} & a_{33} \end{vmatrix} - a_{12}\begin{vmatrix} a_{21} & a_{23} \\ a_{31} & a_{33} \end{vmatrix} + a_{13}\begin{vmatrix} a_{21} & a_{22} \\ a_{31} & a_{32} \end{vmatrix}$$

$$= a_{11}(a_{22}a_{33} - a_{23}a_{32}) - a_{12}(a_{21}a_{33} - a_{23}a_{31}) + a_{13}(a_{21}a_{32} - a_{22}a_{31})$$

$$= a_{11}a_{22}a_{33} - a_{11}a_{23}a_{32} - a_{12}a_{21}a_{33} + a_{12}a_{23}a_{31} + a_{13}a_{21}a_{32} - a_{13}a_{22}a_{31}.$$

定理 1.2 （三元线性方程组的克莱姆法则）设三元线性方程组(1.10)的系数矩阵行列式不为零，则该方程组有唯一解，且唯一解可由下面的形式给出：

$$x_1 = \frac{\begin{vmatrix} b_1 & a_{12} & a_{13} \\ b_2 & a_{22} & a_{23} \\ b_3 & a_{32} & a_{33} \end{vmatrix}}{\begin{vmatrix} a_{11} & a_{12} & a_{13} \\ a_{21} & a_{22} & a_{23} \\ a_{31} & a_{32} & a_{33} \end{vmatrix}}, x_2 = \frac{\begin{vmatrix} a_{11} & b_1 & a_{13} \\ a_{21} & b_2 & a_{23} \\ a_{31} & b_3 & a_{33} \end{vmatrix}}{\begin{vmatrix} a_{11} & a_{12} & a_{13} \\ a_{21} & a_{22} & a_{23} \\ a_{31} & a_{32} & a_{33} \end{vmatrix}}, x_3 = \frac{\begin{vmatrix} a_{11} & a_{12} & b_1 \\ a_{21} & a_{22} & b_2 \\ a_{31} & a_{32} & b_3 \end{vmatrix}}{\begin{vmatrix} a_{11} & a_{12} & a_{13} \\ a_{21} & a_{22} & a_{23} \\ a_{31} & a_{32} & a_{33} \end{vmatrix}}. \quad (1.12)$$

1.2.2 克莱姆法则的应用

例 1.5 求解二元线性方程组

$$\begin{cases} 3x_1 - 2x_2 = 12, \\ 2x_1 + x_2 = 1. \end{cases}$$

解 按二阶行列式的对角线法则展开计算．

$$D = \begin{vmatrix} 3 & -2 \\ 2 & 1 \end{vmatrix} = 3 - (-4) = 7 \neq 0,$$

$$D_1 = \begin{vmatrix} 12 & -2 \\ 1 & 1 \end{vmatrix} = 12 - (-2) = 14,$$

$$D_2 = \begin{vmatrix} 3 & 12 \\ 2 & 1 \end{vmatrix} = 3 - 24 = -21.$$

因此可得

$$x_1 = \frac{D_1}{D} = \frac{14}{7} = 2, x_2 = \frac{D_2}{D} = \frac{-21}{7} = -3.$$

■

例 1.6 $\begin{vmatrix} a_{11} & a_{12} \\ a_{21} & a_{22} \end{vmatrix} \neq 0$，求证 $x_1=\begin{vmatrix} a_{12} & a_{13} \\ a_{22} & a_{23} \end{vmatrix}, x_2=\begin{vmatrix} a_{13} & a_{11} \\ a_{23} & a_{21} \end{vmatrix}, x_3=\begin{vmatrix} a_{11} & a_{12} \\ a_{21} & a_{22} \end{vmatrix}$ 是下面三元线性方程组的一个解．

$$\begin{cases} a_{11}x_1+a_{12}x_2+a_{13}x_3=0, \\ a_{21}x_1+a_{22}x_2+a_{23}x_3=0. \end{cases}$$

解 将 x_3 视为常数，将原方程组移项得 $\begin{cases} a_{11}x_1+a_{12}x_2=-a_{13}x_3, \\ a_{21}x_1+a_{22}x_2=-a_{23}x_3. \end{cases}$ 因为 $\begin{vmatrix} a_{11} & a_{12} \\ a_{21} & a_{22} \end{vmatrix} \neq 0$，运用克莱姆法则求解得

$$\begin{cases} x_1=\dfrac{\begin{vmatrix} -a_{13}x_3 & a_{12} \\ -a_{23}x_3 & a_{22} \end{vmatrix}}{\begin{vmatrix} a_{11} & a_{12} \\ a_{21} & a_{22} \end{vmatrix}}=-\dfrac{\begin{vmatrix} a_{13} & a_{12} \\ a_{23} & a_{22} \end{vmatrix}}{\begin{vmatrix} a_{11} & a_{12} \\ a_{21} & a_{22} \end{vmatrix}}x_3=\dfrac{\begin{vmatrix} a_{12} & a_{13} \\ a_{22} & a_{23} \end{vmatrix}}{\begin{vmatrix} a_{11} & a_{12} \\ a_{21} & a_{22} \end{vmatrix}}x_3, \\ x_2=\dfrac{\begin{vmatrix} a_{11} & -a_{13}x_3 \\ a_{21} & -a_{23}x_3 \end{vmatrix}}{\begin{vmatrix} a_{11} & a_{12} \\ a_{21} & a_{22} \end{vmatrix}}=-\dfrac{\begin{vmatrix} a_{11} & a_{13} \\ a_{21} & a_{23} \end{vmatrix}}{\begin{vmatrix} a_{11} & a_{12} \\ a_{21} & a_{22} \end{vmatrix}}x_3=\dfrac{\begin{vmatrix} a_{13} & a_{11} \\ a_{23} & a_{21} \end{vmatrix}}{\begin{vmatrix} a_{11} & a_{12} \\ a_{21} & a_{22} \end{vmatrix}}x_3. \end{cases}$$

注意到若 $\begin{bmatrix} x_1 \\ x_2 \\ x_3 \end{bmatrix}$ 是齐次线性方程组的解，则当 $k \neq 0$ 时向量 $\begin{bmatrix} kx_1 \\ kx_2 \\ kx_3 \end{bmatrix}$ 也是齐次线性方程组的解．所以

$$x_1=\begin{vmatrix} a_{12} & a_{13} \\ a_{22} & a_{23} \end{vmatrix}, x_2=\begin{vmatrix} a_{13} & a_{11} \\ a_{23} & a_{21} \end{vmatrix}, x_3=\begin{vmatrix} a_{11} & a_{12} \\ a_{21} & a_{22} \end{vmatrix},$$

是原方程组的一个解． ■

例 1.6 中的结论还可作如下的推广：设 $\begin{vmatrix} a_{11} & a_{12} & a_{13} \\ a_{21} & a_{22} & a_{23} \\ a_{31} & a_{32} & a_{33} \end{vmatrix} \neq 0$，则

$$x_1=\begin{vmatrix} a_{12} & a_{13} & a_{14} \\ a_{22} & a_{23} & a_{24} \\ a_{32} & a_{33} & a_{34} \end{vmatrix}, x_2=\begin{vmatrix} a_{11} & a_{13} & a_{14} \\ a_{21} & a_{23} & a_{24} \\ a_{31} & a_{33} & a_{34} \end{vmatrix}, x_3=\begin{vmatrix} a_{11} & a_{12} & a_{14} \\ a_{21} & a_{22} & a_{24} \\ a_{31} & a_{32} & a_{34} \end{vmatrix}, x_4=\begin{vmatrix} a_{11} & a_{12} & a_{13} \\ a_{21} & a_{22} & a_{23} \\ a_{31} & a_{32} & a_{33} \end{vmatrix}$$

是方程组

$$\begin{cases}a_{11}x_1+a_{12}x_2+a_{13}x_3+a_{14}x_4=0,\\a_{21}x_1+a_{22}x_2+a_{23}x_3+a_{24}x_4=0,\\a_{31}x_1+a_{32}x_2+a_{33}x_3+a_{34}x_4=0\end{cases}$$

的一个解.

例 1.7 求解三元线性方程组

$$\begin{cases}3x_1+x_2+2x_3=12,\\2x_1+x_2-\ \ x_3=1.\end{cases}$$

解 将原方程组中的 x_3 视为常数移项可得

$$\begin{cases}3x_1+x_2=-2x_3+12,\\2x_1+x_2=x_3+1.\end{cases}$$

再利用求解二元线性方程组的克莱姆法则可得

$$\begin{cases}x_1=\dfrac{\begin{vmatrix}-2x_3+12 & 1\\x_3+1 & 1\end{vmatrix}}{\begin{vmatrix}3 & 1\\2 & 1\end{vmatrix}}=-3x_3+11,\\[2ex]x_2=\dfrac{\begin{vmatrix}3 & -2x_3+12\\2 & x_3+1\end{vmatrix}}{\begin{vmatrix}3 & 1\\2 & 1\end{vmatrix}}=7x_3-21.\end{cases}$$

■

例 1.8 硫化硼(B_2S_3)加水(H_2O)发生化学反应生成硼酸(H_3BO_3)和硫化氢(H_2S)的未配平化学反应方程式为

$$B_2S_3+H_2O\longrightarrow H_3BO_3+H_2S.$$

用求解齐次线性方程组的方法配平上面的化学反应方程式.

解 依硼、硫、氢、氧的顺序上面四种化学物质对应的向量分别为

$$B_2S_3:\begin{bmatrix}2\\3\\0\\0\end{bmatrix},H_2O:\begin{bmatrix}0\\0\\2\\1\end{bmatrix},H_3BO_3:\begin{bmatrix}1\\0\\3\\3\end{bmatrix},H_2S:\begin{bmatrix}0\\1\\2\\0\end{bmatrix}.$$

设配平的方程式需要这四种物质的分子数分别为 x_1, x_2, x_3, x_4，则有

$$x_1\begin{bmatrix}2\\3\\0\\0\end{bmatrix}+x_2\begin{bmatrix}0\\0\\2\\1\end{bmatrix}=x_3\begin{bmatrix}1\\0\\3\\3\end{bmatrix}+x_4\begin{bmatrix}0\\1\\2\\0\end{bmatrix}.$$

显然上式有唯一的正整数解．只需要考虑前三个方程并将 x_3 移项可得

$$x_1\begin{bmatrix}2\\3\\0\end{bmatrix}+x_2\begin{bmatrix}0\\0\\2\end{bmatrix}+x_3\begin{bmatrix}-1\\0\\-3\end{bmatrix}=x_4\begin{bmatrix}0\\1\\2\end{bmatrix}.$$

计算系数矩阵 **A** 的行列式为

$$|\boldsymbol{A}|=\begin{vmatrix}2&0&-1\\3&0&0\\0&2&-3\end{vmatrix}=-6.$$

再用求解三元线性方程组的克莱姆法则得

$$\begin{cases}x_1=\dfrac{\begin{vmatrix}0&0&-1\\x_4&0&0\\2x_4&2&-3\end{vmatrix}}{-6}=\dfrac{\begin{vmatrix}0&0&-1\\1&0&0\\2&2&-3\end{vmatrix}x_4}{-6}=\dfrac{1}{3}x_4,\\ x_2=\dfrac{\begin{vmatrix}2&0&-1\\3&x_4&0\\0&2x_4&-3\end{vmatrix}}{-6}=\dfrac{\begin{vmatrix}2&0&-1\\3&1&0\\0&2&-3\end{vmatrix}x_4}{-6}=2x_4,\\ x_3=\dfrac{\begin{vmatrix}2&0&0\\3&0&x_4\\0&2&2x_4\end{vmatrix}}{-6}=\dfrac{\begin{vmatrix}2&0&0\\3&0&1\\0&2&2\end{vmatrix}x_4}{-6}=\dfrac{2}{3}x_4.\end{cases}$$

所以可取 $x_4=3$，则得下面的配平后的化学反应方程式：

$$B_2S_3+6H_2O=\!=\!=2H_3BO_3+3H_2S.$$

下式可以验证该化学反应方程式确实成立.

$$1\begin{bmatrix}2\\3\\0\\0\end{bmatrix}+6\begin{bmatrix}0\\0\\2\\1\end{bmatrix}=2\begin{bmatrix}1\\0\\3\\3\end{bmatrix}+3\begin{bmatrix}0\\1\\2\\0\end{bmatrix}.$$

■

1.2.3 小结

本节主要介绍了二阶行列式的定义、三阶行列式的定义、二元线性方程组的克莱姆法则及应用、三元线性方程组的克莱姆法则及应用.

1.2.4 习题

1. 计算行列式$\begin{vmatrix}x&1&1\\1&x&1\\1&1&x\end{vmatrix}$.

2. 若行列式$\begin{vmatrix}a&3&4\\-1&a&0\\0&a&1\end{vmatrix}\neq 0$,则 $a\neq$ ________.

3. 求解线性方程组$\begin{cases}-p_c+0.4p_e+0.6p_s=0,\\0.6p_c-0.9p_e+0.2p_s=0,\\0.4p_c+0.5p_e-0.8p_s=0.\end{cases}$

4. 用克莱姆法则求解线性方程组

$$\begin{cases}8x-y-6z=0,\\-4x+5y-z=0,\\-4x-4y+7z=0.\end{cases}$$

5. 求数据(1,12),(2,15),(3,16)的插值多项式(interpolating polynomial) $p(t)=a_0+a_1t+a_2t^2$. 即求解方程组

$$\begin{cases}a_0+a_1\times 1+a_2\times 1^2=12,\\a_0+a_1\times 2+a_2\times 2^2=15,\\a_0+a_1\times 3+a_2\times 3^2=16.\end{cases}$$

1.3 行列式的递归定义

内容提要

基于矩阵的子阵、行列式的余子式和代数余子式，本节主要介绍行列式的递归定义和基于递归定义的行列式性质的证明．重点和难点就是行列式的递归定义式：

$$\det(\boldsymbol{A})=a_{11}\det(\boldsymbol{A}_{11})-a_{12}\det(\boldsymbol{A}_{12})+\cdots+(-1)^{1+n}a_{1n}\det(\boldsymbol{A}_{1n}).$$

1.3.1 余子式与代数余子式

先给出 n 阶行列式中元素 a_{ij} 的**余子式**（factor）和**代数余子式**（cofactor）的定义．

定义 1.3 n 阶方阵 $\boldsymbol{A}$ 中划去的元素 a_{ij} 所在的 i 行和 j 列的所有元素后，余下的 $(n-1)^2$ 个元素保持原来的位置关系不变，构成的 $n-1$ 阶矩阵称为元素 a_{ij} 的**余子阵**（submatrix），记为 $\boldsymbol{A}_{ij}$．余子阵 $\boldsymbol{A}_{ij}$ 生成的行列式 $\det(\boldsymbol{A}_{ij})$ 称为元素 a_{ij} 的**余子式**，记为 M_{ij}．前面加上符号 $(-1)^{i+j}$ 后所得的式子 $(-1)^{i+j}\det(\boldsymbol{A}_{ij})$，称为行列式 $\det(\boldsymbol{A})$ 中元素 a_{ij} 的**代数余子式**，记为 A_{ij}．

例 1.9 矩阵 $\boldsymbol{A}=\begin{bmatrix}4&1&-3&5\\3&2&-1&-4\\-2&-6&0&-5\\7&8&-7&-8\end{bmatrix}$，其中元素 -7 的余子式和代数余子式分别为

$$M_{43}=\det(\boldsymbol{A}_{43})=\det\begin{bmatrix}4&1&5\\3&2&-4\\-2&-6&-5\end{bmatrix},$$

$$A_{43}=(-1)^{4+3}\det(\boldsymbol{A}_{43})=(-1)^{4+3}\det\begin{bmatrix}4&1&5\\3&2&-4\\-2&-6&-5\end{bmatrix}.$$

1.3.2 行列式的递归定义

定义 1.4 当 $n\geqslant 2$ 时，n 阶方阵 $\boldsymbol{A}$ 生成的行列式 $\det(\boldsymbol{A})$ 是形如 $\pm a_{1j}\det(\boldsymbol{A}_{1j})$ 的 n 项的和，即有

$$\begin{aligned}\det(\boldsymbol{A}) &= a_{11}\det(\boldsymbol{A}_{11}) - a_{12}\det(\boldsymbol{A}_{12}) + \cdots + (-1)^{1+n}a_{1n}\det(\boldsymbol{A}_{1n}) \\ &= \sum_{j=1}^{n}(-1)^{1+j}a_{1j}\det(\boldsymbol{A}_{1j}) \\ &= \sum_{j=1}^{n}a_{1j}A_{1j}.\end{aligned}$$

由二阶、三阶行列式的定义及行列式的递归定义（recursive definition），一个 n 阶行列式一共有n！项，且带正号和带负号的项各占$\frac{n!}{2}$. 行列式的递归定义表明要计算一个n阶的行列式只要计算n个$n-1$阶行列式的加权和就可以了，它的计算量是很大的，它的应用主要在理论证明方面．但利用行列式的递归定义能直接计算出下面几种特殊的行列式的值．

例 1.10 证明**下三角行列式**（lower triangular determinant）

$$\begin{vmatrix} a_{11} & 0 & \cdots & 0 \\ a_{21} & a_{22} & \cdots & 0 \\ \vdots & \vdots & & \vdots \\ a_{n1} & a_{n2} & \cdots & a_{nn} \end{vmatrix} = a_{11}a_{22}\cdots a_{nn}.$$

证明 将此行列式按第一行从左到右递归展开得

$$\begin{aligned}\begin{vmatrix} a_{11} & 0 & \cdots & 0 \\ a_{21} & a_{22} & \cdots & 0 \\ \vdots & \vdots & & \vdots \\ a_{n1} & a_{n2} & \cdots & a_{nn} \end{vmatrix} &= a_{11}\begin{vmatrix} a_{22} & 0 & \cdots & 0 \\ a_{32} & a_{33} & \cdots & 0 \\ \vdots & \vdots & & \vdots \\ a_{n2} & a_{n3} & \cdots & a_{nn} \end{vmatrix} \\ &= a_{11}a_{22}\begin{vmatrix} a_{33} & 0 & \cdots & 0 \\ a_{43} & a_{44} & \cdots & 0 \\ \vdots & \vdots & & \vdots \\ a_{n3} & a_{n4} & \cdots & a_{nn} \end{vmatrix} \\ &\ \ \vdots \\ &= a_{11}a_{22}\cdots a_{nn}.\end{aligned}$$

证毕． ■

上例表明下三角行列式的值仅与主对角线上元素的值有关．将此例中的结论应用到下面的**对角行列式**（diagonal determinant）可得

$$\begin{vmatrix} \lambda_1 & & & \\ & \lambda_2 & & \\ & & \ddots & \\ & & & \lambda_n \end{vmatrix} = \lambda_1 \lambda_2 \cdots \lambda_n .$$

例 1.11　证明**斜下三角行列式**

$$\begin{vmatrix} 0 & \cdots & 0 & a_{1n} \\ 0 & \cdots & a_{2,n-1} & a_{2n} \\ \vdots & & \vdots & \vdots \\ a_{n1} & \cdots & a_{n,n-1} & a_{nn} \end{vmatrix} = (-1)^{\frac{n(n-1)}{2}} a_{1n} a_{2,n-1} \cdots a_{n1} .$$

证明　将此行列式按第一行展开得

$$\begin{vmatrix} 0 & \cdots & 0 & a_{1n} \\ 0 & \cdots & a_{2,n-1} & a_{2n} \\ \vdots & & \vdots & \vdots \\ a_{n1} & \cdots & a_{n,n-1} & a_{nn} \end{vmatrix} = (-1)^{(n+1)} a_{1n} \begin{vmatrix} 0 & \cdots & 0 & a_{2,n-1} \\ 0 & \cdots & a_{3,n-2} & a_{3,n-1} \\ \vdots & & \vdots & \vdots \\ a_{n1} & \cdots & a_{n,n-2} & a_{n,n-1} \end{vmatrix}$$

$$= (-1)^{(n+1)} a_{n1} (-1)^{(n-1)+1} a_{2,n-1} \begin{vmatrix} 0 & \cdots & 0 & a_{3,n-2} \\ 0 & \cdots & a_{4,n-3} & a_{4,n-2} \\ \vdots & & \vdots & \vdots \\ a_{n1} & \cdots & a_{n,n-3} & a_{n,n-2} \end{vmatrix}$$

$$= (-1)^{(n+1)} a_{1n} (-1)^{(n-1)+1} a_{2,n-1} \cdots (-1)^{2+1} a_{n-1,2} a_{n1}$$

$$= (-1)^{(n+1)+n+\cdots+3} a_{1n} a_{2,n-1} \cdots a_{n1}$$

$$= (-1)^{\frac{(n+4)(n-1)}{2}} a_{1n} a_{2,n-1} \cdots a_{n1}$$

$$= (-1)^{\frac{n(n-1)+2(n-1)}{2}} a_{1n} a_{2,n-1} \cdots a_{n1}$$

$$= (-1)^{\frac{n(n-1)}{2}} a_{1n} a_{2,n-1} \cdots a_{n1} .$$

证毕．■

斜对角行列式可视为特殊的斜下三角行列式，它的值为

$$\begin{vmatrix} & & & \lambda_1 \\ & & \lambda_2 & \\ & \iddots & & \\ \lambda_n & & & \end{vmatrix} = (-1)^{\frac{n(n-1)}{2}} \lambda_1 \lambda_2 \cdots \lambda_n .$$

例 1.12 （**准下三角形行列式**）设方阵 $\boldsymbol{A},\boldsymbol{B},\boldsymbol{C}$ 分别为

$$\boldsymbol{A}=\begin{bmatrix} a_{11} & \cdots & a_{1k} \\ \vdots & & \vdots \\ a_{k1} & \cdots & a_{kk} \end{bmatrix},\boldsymbol{B}=\begin{bmatrix} b_{11} & \cdots & b_{1t} \\ \vdots & & \vdots \\ b_{t1} & \cdots & b_{tt} \end{bmatrix},\boldsymbol{C}=\begin{bmatrix} c_{11} & \cdots & c_{1k} \\ \vdots & & \vdots \\ c_{t1} & \cdots & c_{tk} \end{bmatrix}.$$

若矩阵 $\boldsymbol{D}=\begin{bmatrix} \boldsymbol{A} & \boldsymbol{O} \\ \boldsymbol{C} & \boldsymbol{B} \end{bmatrix}$. 证明 $\det(\boldsymbol{D})=\det(\boldsymbol{A})\det(\boldsymbol{B})$.

证明 对矩阵 $\boldsymbol{A}$ 的阶数 k 作数学归纳法. $k=1$ 时,由行列式的定义 1.4 按第 1 行展开行列式 $\det(\boldsymbol{D})$ 可验证结论是成立的. 假设当 $k\leqslant n-1$ 时结论成立,则当 $k=n$ 时将行列式 $\det(\boldsymbol{D})$ 按第 1 行展开可得

$$\begin{aligned}\det(\boldsymbol{D}) &= a_{11}\det(\boldsymbol{A}_{11})\det(\boldsymbol{B})-a_{12}\det(\boldsymbol{A}_{12})\det(\boldsymbol{B})+\cdots+(-1)^{1+n}a_{1n}\det(\boldsymbol{A}_{1n})\det(\boldsymbol{B}) \\ &= [a_{11}\det(\boldsymbol{A}_{11})-a_{12}\det(\boldsymbol{A}_{12})+\cdots+(-1)^{1+n}a_{1n}\det(\boldsymbol{A}_{1n})]\det(\boldsymbol{B}) \\ &= \det(\boldsymbol{A})\det(\boldsymbol{B}).\end{aligned}$$

■

1.3.3 行列式的性质

记矩阵 $\boldsymbol{A}=(a_{ij})_{n\times n}$,矩阵 $\boldsymbol{B}=(b_{ij})_{n\times n}$,若有 $b_{ij}=a_{ji}$,$i,j=1,2,\cdots,n$,则称矩阵 $\boldsymbol{B}$ 是矩阵 $\boldsymbol{A}$ 的**转置矩阵**(transposed matrix),记为 $\boldsymbol{B}=\boldsymbol{A}^{\mathrm{T}}$.

性质 1.1 对于 n 阶方阵 $\boldsymbol{A}$,它的转置矩阵记为 $\boldsymbol{A}^{\mathrm{T}}$,有性质 $\det(\boldsymbol{A}^{\mathrm{T}})=\det(\boldsymbol{A})$. 即方阵 $\boldsymbol{A}$ 的行列式与它的转置矩阵 $\boldsymbol{A}^{\mathrm{T}}$ 的行列式相等.

该性质表明行列式的递归定义是按第一行展开得到,如果按第一列展开也能得到行列式的定义展开式,即在行列式中行与列的地位完全一样.

证明 下面用数学归纳法证明. 可以验证当 $n=2,3$ 时此结论成立. 假设结论对不超过 $n-1$ 阶方阵成立,下面证明结论对 n 阶方阵仍成立.

矩阵 $\boldsymbol{A}=(a_{ij})_{n\times n}$ 的行列式按第一行展开可得

$$\det(\boldsymbol{A})=(-1)^{1+1}a_{11}\det(\boldsymbol{A}_{11})+(-1)^{1+2}a_{12}\det(\boldsymbol{A}_{12})+\cdots+(-1)^{1+n}a_{1n}\det(\boldsymbol{A}_{1n}).$$

这里 $\boldsymbol{A}_{1j}$ 表示矩阵 $\boldsymbol{A}$ 中元素 a_{1j} 的余子阵. 根据归纳假设对 $n-1$ 阶方阵 $\boldsymbol{A}_{1j}$,$j=1,2,\cdots,n$,有

$$\det(\boldsymbol{A}_{1j})=\det(\boldsymbol{A}_{1j}^{\mathrm{T}}),j=1,2,\cdots,n$$

成立. 对 $\det(\boldsymbol{A}_{1j}^{\mathrm{T}})$,$j=2,3,\cdots,n$,将这 $n-1$ 个 $n-1$ 阶行列式按第一行展开,记号 $\boldsymbol{A}_{1j}^{i1}$ 表示矩阵 $\boldsymbol{A}$ 中划去元素 a_{i1} 和 a_{1j} 所在的行和列的元素后得到的 $n-2$ 阶子阵. 对 $n-1$ 阶行列式 $\det(\boldsymbol{A}_{1j}^{\mathrm{T}})$ 再按行展开可得

$$\det(\boldsymbol{A})=(-1)^{1+1}a_{11}\det(\boldsymbol{A}_{11}^{\mathrm{T}})+(-1)^{1+2}a_{12}\det(\boldsymbol{A}_{12}^{\mathrm{T}})+(-1)^{1+3}a_{13}\det(\boldsymbol{A}_{13}^{\mathrm{T}})+\cdots+$$

$$
\begin{aligned}
&(-1)^{1+n}a_{1n}\det(\boldsymbol{A}_{1n}^{\mathrm{T}})\\
=&a_{11}\det(\boldsymbol{A}_{11}^{\mathrm{T}})+(-1)^{1+2}a_{12}\{(-1)^{1+1}a_{21}\det[(\boldsymbol{A}_{12}^{21})^{\mathrm{T}}]+(-1)^{1+2}a_{31}\det[(\boldsymbol{A}_{12}^{31})^{\mathrm{T}}]+\cdots+\\
&(-1)^{1+(n-1)}a_{n1}\det[(\boldsymbol{A}_{12}^{n1})^{\mathrm{T}}]\}+(-1)^{1+3}a_{13}\{(-1)^{1+1}a_{21}\det[(\boldsymbol{A}_{13}^{21})^{\mathrm{T}}]+\\
&(-1)^{1+2}a_{31}\det[(\boldsymbol{A}_{13}^{31})^{\mathrm{T}}]+\cdots+(-1)^{1+(n-1)}a_{n1}\det[(\boldsymbol{A}_{13}^{n1})^{\mathrm{T}}]\}+\cdots+\\
&(-1)^{1+n}a_{1n}\{(-1)^{1+1}a_{21}\det[(\boldsymbol{A}_{1n}^{21})^{\mathrm{T}}]+(-1)^{1+2}a_{31}\det[(\boldsymbol{A}_{1n}^{31})^{\mathrm{T}}]+\cdots+\\
&(-1)^{1+(n-1)}a_{n1}\det[(\boldsymbol{A}_{1n}^{n1})^{\mathrm{T}}]\}\\
=&a_{11}\det(\boldsymbol{A}_{11}^{\mathrm{T}})+(-1)^{1+2}a_{21}\{(-1)^{1+1}a_{12}\det[(\boldsymbol{A}_{12}^{21})^{\mathrm{T}}]+(-1)^{1+2}a_{13}\det[(\boldsymbol{A}_{13}^{21})^{\mathrm{T}}]+\cdots+\\
&(-1)^{1+(n-1)}a_{1n}\det[(\boldsymbol{A}_{1n}^{21})^{\mathrm{T}}]\}+(-1)^{1+3}a_{31}\{(-1)^{1+1}a_{12}\det[(\boldsymbol{A}_{12}^{31})^{\mathrm{T}}]+\\
&(-1)^{1+2}a_{13}\det[(\boldsymbol{A}_{13}^{31})^{\mathrm{T}}]+\cdots+(-1)^{1+(n-1)}a_{1n}\det[(\boldsymbol{A}_{1n}^{31})^{\mathrm{T}}]\}+\cdots+\\
&(-1)^{1+n}a_{n1}\{(-1)^{1+2}a_{12}\det[(\boldsymbol{A}_{12}^{n1})^{\mathrm{T}}]+(-1)^{1+3}a_{13}\det[(\boldsymbol{A}_{13}^{n1})^{\mathrm{T}}]+\cdots+\\
&(-1)^{1+n}a_{1n}\det[(\boldsymbol{A}_{1n}^{n1})^{\mathrm{T}}]\}\\
=&a_{11}\det(\boldsymbol{A}_{11}^{\mathrm{T}})+(-1)^{1+2}a_{21}\det(\boldsymbol{A}_{21}^{\mathrm{T}})+(-1)^{1+3}a_{31}\det(\boldsymbol{A}_{31}^{\mathrm{T}})+\cdots+\\
&(-1)^{1+n}a_{n1}\det(\boldsymbol{A}_{n1}^{\mathrm{T}})\\
=&\det(\boldsymbol{A}^{\mathrm{T}}).
\end{aligned}
$$

这就证明了结论 $\det(\boldsymbol{A})=\det(\boldsymbol{A}^{\mathrm{T}})$ 成立. ■

从证明过程可以发现,若是用行列式的第一列展开来定义行列式,这个证明过程表明行列式也可按第一行展开来定义. **上三角行列式**(upper triangular determinant)是下三角行列式的转置行列式,根据性质 1.1 可得

$$
\begin{vmatrix} a_{11} & a_{12} & \cdots & a_{1n} \\ 0 & a_{22} & \cdots & a_{2n} \\ \vdots & \vdots & & \vdots \\ 0 & 0 & \cdots & a_{nn} \end{vmatrix}=\begin{vmatrix} a_{11} & 0 & \cdots & 0 \\ a_{12} & a_{22} & \cdots & 0 \\ \vdots & \vdots & & \vdots \\ a_{1n} & a_{2n} & \cdots & a_{nn} \end{vmatrix}=\cdots=a_{11}a_{22}\cdots a_{nn}.
$$

性质 1.2 若方阵 $\boldsymbol{A}=[\cdots,\boldsymbol{\alpha}_i,\cdots,\boldsymbol{\alpha}_j,\cdots]$ 的两行(列)互换得方阵 $\boldsymbol{B}=[\cdots,\boldsymbol{\alpha}_j,\cdots,\boldsymbol{\alpha}_i,\cdots]$,则有 $\det[\cdots,\boldsymbol{\alpha}_i,\cdots,\boldsymbol{\alpha}_j,\cdots]=-\det[\cdots,\boldsymbol{\alpha}_j,\cdots,\boldsymbol{\alpha}_i,\cdots]$.

证明 设方阵 $\boldsymbol{A}=[\boldsymbol{\alpha}_1,\boldsymbol{\alpha}_2,\cdots,\boldsymbol{\alpha}_n]$,其中 $\boldsymbol{\alpha}_j=\begin{bmatrix} a_{1j} \\ a_{2j} \\ \vdots \\ a_{nj} \end{bmatrix}$,$j=1,2,\cdots,n$. 向量 $\boldsymbol{\alpha}_j$ 去掉第一个分量得到的向量记为 $\boldsymbol{\alpha}_j^*=\begin{bmatrix} a_{2j} \\ \vdots \\ a_{nj} \end{bmatrix}$. 证明任意交换矩阵 $\boldsymbol{A}$ 的 $j,j+s$ 两列,其中 $1\leqslant j\leqslant n,1\leqslant$

$s \leqslant n-1, j+s \leqslant n$，得到矩阵 $\boldsymbol{B}=[\cdots,\boldsymbol{\alpha}_{j+s},\cdots,\boldsymbol{\alpha}_j,\cdots]$，则有 $\det(\boldsymbol{B})=-\det(\boldsymbol{A})$.

下面用数学归纳法证明．显然对二阶行列式结论是成立的．假设对 $n-1$ 阶行列式结论也成立，则对 $\det(\boldsymbol{B})$ 按第一行展开得

$$\begin{aligned}\det(\boldsymbol{B})&=\det[\cdots,\boldsymbol{\alpha}_{j+s},\cdots,\boldsymbol{\alpha}_j,\cdots]\\&=(-1)^{1+1}a_{11}\det[\boldsymbol{\alpha}_2^*,\cdots,\boldsymbol{\alpha}_{j+s}^*,\cdots,\boldsymbol{\alpha}_j^*,\cdots,\boldsymbol{\alpha}_n^*]+(-1)^{1+2}a_{12}\det[\boldsymbol{\alpha}_1^*,\boldsymbol{\alpha}_3^*,\cdots,\\&\quad\boldsymbol{\alpha}_{j+s}^*,\cdots,\boldsymbol{\alpha}_j^*,\cdots,\boldsymbol{\alpha}_n^*]+(-1)^{1+j}a_{1,j+s}\det[\cdots,\boldsymbol{\alpha}_{j-1}^*,\boldsymbol{\alpha}_{j+1}^*,\cdots,\boldsymbol{\alpha}_j^*,\cdots,\boldsymbol{\alpha}_n^*]+\cdots+\\&\quad(-1)^{1+j+s}a_{1j}\det[\cdots,\boldsymbol{\alpha}_{j+s}^*,\cdots,\boldsymbol{\alpha}_{j+s-1}^*,\boldsymbol{\alpha}_{j+s+1}^*,\cdots,\boldsymbol{\alpha}_n^*]+\cdots+(-1)^{1+n}a_{1n}\det[\cdots,\\&\quad\boldsymbol{\alpha}_{j+s}^*,\cdots,\boldsymbol{\alpha}_j^*,\cdots,\boldsymbol{\alpha}_{n-1}^*].\end{aligned}$$

根据归纳假设对不含因式 $a_{1,j+s}$ 和 a_{1j} 的项都有

$$\det[\cdots,\boldsymbol{\alpha}_{j+s}^*,\cdots,\boldsymbol{\alpha}_j^*,\cdots]=-\det[\cdots,\boldsymbol{\alpha}_j^*,\cdots,\boldsymbol{\alpha}_{j+s}^*,\cdots].$$

即这 $n-2$ 项和行列式 $\det(\boldsymbol{A})$ 的展形式为

$$\begin{aligned}\det(\boldsymbol{A})=&(-1)^{1+1}a_{11}\det[\boldsymbol{\alpha}_2^*,\cdots,\boldsymbol{\alpha}_n^*]+(-1)^{1+2}a_{12}\det[\boldsymbol{\alpha}_1^*,\boldsymbol{\alpha}_3^*,\cdots,\boldsymbol{\alpha}_n^*]+\cdots+\\&(-1)^{1+n}a_{1n}\det[\boldsymbol{\alpha}_1^*,\cdots,\boldsymbol{\alpha}_{n-1}^*]\end{aligned}$$

中的对应项只相差一个负号．而对含 a_{1j} 和 $a_{1,j+s}$ 的两项

$$(-1)^{1+j}a_{1,j+s}\det[\cdots,\boldsymbol{\alpha}_{j-1}^*,\underbrace{\boldsymbol{\alpha}_{j+1}^*,\cdots,\boldsymbol{\alpha}_{j+s-1}^*,\boldsymbol{\alpha}_j^*}_{s\text{个向量}},\boldsymbol{\alpha}_{j+s+1}^*,\cdots,\boldsymbol{\alpha}_n^*],$$

$$(-1)^{1+j+s}a_{1j}\det[\cdots,\boldsymbol{\alpha}_{j-1}^*,\underbrace{\boldsymbol{\alpha}_{j+s}^*,\boldsymbol{\alpha}_{j+1}^*,\cdots,\boldsymbol{\alpha}_{j+s-1}^*}_{s\text{个向量}},\boldsymbol{\alpha}_{j+s+1}^*,\cdots,\boldsymbol{\alpha}_n^*],$$

根据归纳假设，对 $n-1$ 阶行列式互换两列行列式改变符号，将它们的列交换成列指标从小到大的自然排序，并注意到每交换一次需要改变一下符号，每一项的前面需乘以 $(-1)^{s-1}$ 可得

$$\begin{aligned}&(-1)^{1+j}a_{1,j+s}\det[\cdots,\boldsymbol{\alpha}_{j-1}^*,\underbrace{\boldsymbol{\alpha}_{j+1}^*,\cdots,\boldsymbol{\alpha}_{j+s-1}^*,\boldsymbol{\alpha}_j^*}_{s\text{个向量}},\boldsymbol{\alpha}_{j+s+1}^*,\cdots,\boldsymbol{\alpha}_n^*]\\&=(-1)^{1+j}(-1)^{s-1}a_{1,j+s}\det[\cdots,\boldsymbol{\alpha}_{j-1}^*,\boldsymbol{\alpha}_j^*,\boldsymbol{\alpha}_{j+1}^*,\cdots,\boldsymbol{\alpha}_{j+s-1}^*,\boldsymbol{\alpha}_{j+s+1}^*,\cdots,\boldsymbol{\alpha}_n^*]\\&=-(-1)^{1+j+s}a_{1,j+s}\det[\cdots,\boldsymbol{\alpha}_{j-1}^*,\boldsymbol{\alpha}_j^*,\boldsymbol{\alpha}_{j+1}^*,\cdots,\boldsymbol{\alpha}_{j+s-1}^*,\boldsymbol{\alpha}_{j+s+1}^*,\cdots,\boldsymbol{\alpha}_n^*]+\\&\quad(-1)^{1+j+s}a_{1j}\det[\cdots,\boldsymbol{\alpha}_{j-1}^*,\underbrace{\boldsymbol{\alpha}_{j+s}^*,\boldsymbol{\alpha}_{j+1}^*,\cdots,\boldsymbol{\alpha}_{j+s-1}^*}_{s\text{个向量}},\boldsymbol{\alpha}_{j+s+1}^*,\cdots,\boldsymbol{\alpha}_n^*]\\&=(-1)^{1+j+s}(-1)^{s-1}a_{1j}\det[\cdots,\boldsymbol{\alpha}_{j-1}^*,\boldsymbol{\alpha}_{j+1}^*,\cdots,\boldsymbol{\alpha}_{j+s-1}^*,\boldsymbol{\alpha}_{j+s}^*,\boldsymbol{\alpha}_{j+s+1}^*,\cdots,\boldsymbol{\alpha}_n^*]\\&=-(-1)^{j+1}a_{1j}\det[\cdots,\boldsymbol{\alpha}_{j-1}^*,\boldsymbol{\alpha}_{j+1}^*,\cdots,\boldsymbol{\alpha}_{j+s-1}^*,\boldsymbol{\alpha}_{j+s}^*,\boldsymbol{\alpha}_{j+s+1}^*,\cdots,\boldsymbol{\alpha}_n^*].\end{aligned}$$

所以 $\det(\boldsymbol{B})$ 的展开式中对应系数为 a_{1j} 和 $a_{1,j+s}$ 的两项也改变符号，所以可得 $\det(\boldsymbol{B})=-\det(\boldsymbol{A})$. ■

性质 1.1、性质 1.2 的证明略显烦琐，为了不增加难度，初读时可以直接跳过．利用性质 1.2 可得下面的推论．

推论 1.1 一个方阵的某行(列)向上或下(左或右)移动 r 行(列)后得到新方阵，此时其余行(列)的相对位置关系不改变，则移动前后所得方阵对应的行列式满足等式：

$$\det[\cdots,\boldsymbol{\alpha}_i,\boldsymbol{\alpha}_{i+1},\cdots,\boldsymbol{\alpha}_{i+r},\cdots]=(-1)^r\det[\cdots,\boldsymbol{\alpha}_{i-1},\boldsymbol{\alpha}_{i+1},\cdots,\boldsymbol{\alpha}_{i+r},\boldsymbol{\alpha}_i,\cdots].$$

利用性质 1.1、性质 1.2 可得下面重要的**行列式基本定理**．

性质 1.3 (**行列式基本定理**)行列式等于它的任一行(列)的各元素与其对应的代数余子式乘积的和．用代数余子式表示为

$$\begin{aligned}\det(\boldsymbol{A})&=(-1)^{i+1}a_{i1}\det(\boldsymbol{A}_{i1})+(-1)^{i+2}a_{i2}\det(\boldsymbol{A}_{i2})+\cdots+(-1)^{i+n}a_{in}\det(\boldsymbol{A}_{in})\\&=(-1)^{j+1}a_{1j}\det(\boldsymbol{A}_{1j})+(-1)^{j+2}a_{2j}\det(\boldsymbol{A}_{2j})+\cdots+(-1)^{j+n}a_{nj}\det(\boldsymbol{A}_{nj})\end{aligned}$$

其中 $i=1,2,\cdots,n,j=1,2,\cdots,n.$

证明 为了表述方便，设 n 阶方阵 $\boldsymbol{A}$ 的行向量为 $\boldsymbol{\alpha}_i$，则有

$$\det(\boldsymbol{A})=\det\begin{bmatrix}\boldsymbol{\alpha}_1\\\vdots\\\boldsymbol{\alpha}_i\\\vdots\\\boldsymbol{\alpha}_n\end{bmatrix}=(-1)^{i-1}\det\begin{bmatrix}\boldsymbol{\alpha}_i\\\boldsymbol{\alpha}_1\\\vdots\\\boldsymbol{\alpha}_{i-1}\\\boldsymbol{\alpha}_{i+1}\\\vdots\\\boldsymbol{\alpha}_n\end{bmatrix}$$

$$\begin{aligned}&=(-1)^{i-1}[(-1)^{1+1}a_{i1}\det(\boldsymbol{A}_{i1})+(-1)^{1+2}a_{i2}\det(\boldsymbol{A}_{i2})+\cdots+(-1)^{1+n}a_{in}\det(\boldsymbol{A}_{in})]\\&=(-1)^{i+1}a_{i1}\det(\boldsymbol{A}_{i1})+(-1)^{i+2}a_{i2}\det(\boldsymbol{A}_{i2})+\cdots+(-1)^{i+n}a_{in}\det(\boldsymbol{A}_{in}).\end{aligned}$$

根据 $\det(\boldsymbol{A})=\det(\boldsymbol{A}^{\mathrm{T}})$，可得这个结论对列也成立． ■

根据行列式基本定理，将**斜上三角行列式**连续按最后一列展开得

$$\begin{vmatrix}a_{11}&\cdots&a_{1,n-1}&a_{1n}\\a_{21}&\cdots&a_{2,n-1}&0\\\vdots&&\vdots&\vdots\\a_{n1}&\cdots&0&0\end{vmatrix}=(-1)^{\frac{n(n-1)}{2}}a_{1n}a_{2,n-1}\cdots a_{n1}.$$

行列式还具有下面的性质．

性质 1.4 若方阵 $\boldsymbol{A}=\begin{bmatrix}\vdots\\ \boldsymbol{\alpha}_i\\ \vdots\end{bmatrix}$ 的某行(列)乘以 k 得矩阵 $\boldsymbol{B}=\begin{bmatrix}\vdots\\ k\boldsymbol{\alpha}_i\\ \vdots\end{bmatrix}$,则有

$$\det\begin{bmatrix}\vdots\\ k\boldsymbol{\alpha}_i\\ \vdots\end{bmatrix}=k\det\begin{bmatrix}\vdots\\ \boldsymbol{\alpha}_i\\ \vdots\end{bmatrix}.$$

该性质也可表述为用某个数 k 乘以一个行列式,相当于用这个数乘以行列式的某一行(列),或行列式某行(列)的公因子可以提到行列式符号的外面．可以直接按第 i 行(列)展开,再提取公因式 k 来证明,请读者自行补充．

性质 1.5 若行列式的某一行(列)的元素都是两数之和,则行列式等于两个行列式的和,即有

$$\det\begin{bmatrix}\vdots\\ \boldsymbol{\alpha}+\boldsymbol{\beta}\\ \vdots\end{bmatrix}=\det\begin{bmatrix}\vdots\\ \boldsymbol{\alpha}\\ \vdots\end{bmatrix}+\det\begin{bmatrix}\vdots\\ \boldsymbol{\beta}\\ \vdots\end{bmatrix}.$$

请读者自行证明．

推论 1.2 如果某行列式有两行(列)完全相同,则该行列式的值为零．

证明 因为某个行列式两行相同,可以看作是做了相同两行的互换,这时这两个行列式互为相反数,但两行相同表明这两个行列式相等．即互为相反数又相等的数只能为零．即有

$$\begin{vmatrix}a_{11} & a_{12} & \cdots & a_{1n}\\ \vdots & \vdots & & \vdots\\ a_{i1} & a_{i2} & \cdots & a_{in}\\ \vdots & \vdots & & \vdots\\ a_{j1} & a_{j2} & \cdots & a_{jn}\\ \vdots & \vdots & & \vdots\\ a_{n1} & a_{n2} & \cdots & a_{nn}\end{vmatrix}=(-1)^{i+1}a_{i1}\det(\boldsymbol{A}_{i1})+(-1)^{i+2}a_{i2}\det(\boldsymbol{A}_{i2})+\cdots+(-1)^{i+n}a_{in}\det(\boldsymbol{A}_{in})$$

$$=(-1)^{j+1}a_{j1}\det(\boldsymbol{A}_{j1})+(-1)^{j+1}a_{j2}\det(\boldsymbol{A}_{j2})+\cdots+(-1)^{j+n}a_{jn}\det(\boldsymbol{A}_{jn})$$

$$\xlongequal[k=1,2,\cdots,n]{a_{ik}=b_{jk}}a_{i1}(-1)^{j+1}\det(\boldsymbol{A}_{j1})+a_{i2}(-1)^{j+2}\det(\boldsymbol{A}_{j2})+\cdots+$$

$$a_{in}(-1)^{j+n}\det(\boldsymbol{A}_{jn})$$

$$=0.$$

■

推论 1.3 如果某行列式有两行(列)对应成比例,则该行列式的值为零.

根据推论1.2,若行列式的第 i 行和第 j 行元素相同,将这个性质按行列式的递归定义展开就是

$$\begin{aligned}\det(\boldsymbol{A}) &= \sum_{k=1}^{n}(-1)^{i+k}a_{ik}\det(\boldsymbol{A}_{ik})\\ &= \sum_{k=1}^{n}(-1)^{j+k}a_{jk}\det(\boldsymbol{A}_{jk})\\ &= \sum_{k=1}^{n}(-1)^{j+k}a_{ik}\det(\boldsymbol{A}_{jk}) = 0, i \neq j, i,j=1,2,\cdots,n.\end{aligned}$$

上面第一个等号是将行列式按第 i 行展开,第二个等号是按 j 行展开,第三个等号是第 i 行和第 j 行相等,从而行列式为零.

反之,若行列式的某一行(列)的元素和另外一行(列)元素的代数余子式乘积的和为零. 以四阶行列式为例.

$$a_{11}A_{12}+a_{21}A_{22}+a_{31}A_{32}+a_{41}A_{42}=\begin{vmatrix} * & a_{11} & * & * \\ * & a_{21} & * & * \\ * & a_{31} & * & * \\ * & a_{41} & * & * \end{vmatrix}=\begin{vmatrix} a_{11} & a_{11} & * & * \\ a_{21} & a_{21} & * & * \\ a_{31} & a_{31} & * & * \\ a_{41} & a_{41} & * & * \end{vmatrix}=0.$$

推论 1.4 行列式的某行(列)元素与另外一行(列)对应元素的代数余子式乘积的和为零.

将推论1.4和行列式基本定理写在一起得到下面的重要结论:

$$\sum_{k=1}^{n}(-1)^{i+k}a_{ik}\det(\boldsymbol{A}_{jk})=\begin{cases}\det(\boldsymbol{A}), & \text{当 } i=j \text{ 时},\\ 0, & \text{当 } i\neq j \text{ 时}.\end{cases}$$

或

$$\sum_{k=1}^{n}(-1)^{i+k}a_{ki}\det(\boldsymbol{A}_{kj})=\begin{cases}\det(\boldsymbol{A}), & \text{当 } i=j \text{ 时},\\ 0, & \text{当 } i\neq j \text{ 时}.\end{cases}$$

性质 1.6 行列式中某一行(列)的若干倍加到另外一行(列),则该行列式的值不变. 即若记 $\boldsymbol{B}=[\boldsymbol{\alpha}_1,\boldsymbol{\alpha}_2,\cdots,\boldsymbol{\alpha}_n]$,$\boldsymbol{C}=[\boldsymbol{\alpha}_1,\boldsymbol{\alpha}_2+k\boldsymbol{\alpha}_1,\cdots,\boldsymbol{\alpha}_n]$,则有 $\det(\boldsymbol{A})=\det(\boldsymbol{C})$.

证明 利用前面行列式的性质可得

$$\det(\boldsymbol{C})=\det[\boldsymbol{\alpha}_1,\boldsymbol{\alpha}_2,\cdots,\boldsymbol{\alpha}_n]+\det[\boldsymbol{\alpha}_1,k\boldsymbol{\alpha}_1,\cdots,\boldsymbol{\alpha}_n]$$

$$=\det[\boldsymbol{\alpha}_1,\boldsymbol{\alpha}_2,\cdots,\boldsymbol{\alpha}_n]+k\det[\boldsymbol{\alpha}_1,\boldsymbol{\alpha}_1,\cdots,\boldsymbol{\alpha}_n]$$

$$=\det[\boldsymbol{\alpha}_1,\boldsymbol{\alpha}_2,\cdots,\boldsymbol{\alpha}_n]$$

$$=\det(\boldsymbol{A}).$$

■

例 1.13 设 $D=\begin{vmatrix}1&2&3&-5\\-1&1&3&3\\0&1&1&-5\\-1&2&-3&-4\end{vmatrix}$. D 中第 i 行、第 j 列元素的余子式和代数余子式分别记为 M_{ij} 和 A_{ij}，用四阶行列式表示 $A_{11}+A_{12}+A_{13}+A_{14}$ 和 $M_{11}+M_{21}+M_{31}+M_{41}$.

解 根据行列式按第一行展开的定义可知 $A_{11}+A_{12}+A_{13}+A_{14}$ 等于用四个1代替 D 的第 1 行所得的新行列式的值，即

$$A_{11}+A_{12}+A_{13}+A_{14}=\begin{vmatrix}1&1&1&1\\-1&1&3&3\\0&1&1&-5\\-1&2&-3&-4\end{vmatrix}.$$

注意到 $M_{11}+M_{21}+M_{31}+M_{41}=A_{11}-A_{21}+A_{31}-A_{41}$，所以有

$$\begin{aligned}M_{11}+M_{21}+M_{31}+M_{41}&=A_{11}-A_{21}+A_{31}-A_{41}\\&=1\times A_{11}-1\times A_{21}+1\times A_{31}-1\times A_{41}\\&=\begin{vmatrix}1&2&3&-5\\-1&1&3&3\\1&1&1&-5\\-1&2&-3&-4\end{vmatrix}.\end{aligned}$$

■

例 1.14 (1) 设 $D=\begin{vmatrix}a_{11}&\cdots&a_{1n}\\\vdots&&\vdots\\a_{n1}&\cdots&a_{nn}\end{vmatrix}$，则 $\begin{vmatrix}ka_{11}&\cdots&k^na_{1n}\\\vdots&&\vdots\\ka_{n1}&\cdots&k^na_{nn}\end{vmatrix}=$________.

(2) 计算行列式 $\begin{vmatrix}103&100&204\\199&200&395\\301&300&600\end{vmatrix}=$________.

解 (1) 原题是第一列乘以 k，第二列乘以 k^2，直至第 n 列乘以 k^n，所以可得

$$\begin{vmatrix} ka_{11} & \cdots & k^n a_{1n} \\ \vdots & & \vdots \\ ka_{n1} & \cdots & k^n a_{nn} \end{vmatrix} = k^{(1+2+\cdots+n)} D = k^{\frac{(n+1)n}{2}} D.$$

(2) 观察题中行列式的特点,可得下面的解法. 先将第二列的 -1 倍加到第一列,再将第二列的 -2 倍加到第三列,再从第二列提取 100 可得

$$\begin{vmatrix} 103 & 100 & 204 \\ 199 & 200 & 395 \\ 301 & 300 & 600 \end{vmatrix} = 100 \begin{vmatrix} 3 & 1 & 4 \\ -1 & 2 & -5 \\ 1 & 3 & 0 \end{vmatrix}$$

$$= 100 \times (0 - 5 - 12 - 8 + 45 + 0) = 2000.$$

■

1.3.4 小结

本节的知识点比较多,具体总结如下:

(1) 方阵的子阵、方阵中某个元素的余子阵、行列式的子式及代数余子式.

(2) 行列式按第一行展开的递归定义.

(3) 性质:

① 行列式的值等于它的转置行列式的值.

② 列式可以按它的第一列展开.

③ 若方阵两列互换,所得到的行列式反号.

④ 行列式等于它的任一行(列)元素与其对应的代数余子式乘积的和.

⑤ 若行列式有两行完全相同,则该行列式的值为零.

⑥ 用某个数乘以一个行列式,相当于用这个数乘以这个行列式的某一行(列).

⑦ 行列式中某一行(列)的公式子可以提到行列式符号的外面.

⑧ 行列式中有两行(列)对应成比例,则该行列式的值为零.

⑨ 行列式中某行(列)的若干倍加到另外一行(列),行列式的值不变.

1.3.5 习题

1. 下面行列式的变形分别用到了行列式的什么性质?

(1) $\begin{vmatrix} 0 & 5 & -2 \\ 1 & -3 & 6 \\ 4 & -1 & 8 \end{vmatrix} = -\begin{vmatrix} 1 & -3 & 6 \\ 0 & 5 & -2 \\ 4 & -1 & 8 \end{vmatrix}$;(2) $\begin{vmatrix} 1 & 2 & 2 \\ 0 & 3 & -4 \\ 3 & 7 & 4 \end{vmatrix} = \begin{vmatrix} 1 & 2 & 2 \\ 0 & 3 & -4 \\ 0 & 1 & -2 \end{vmatrix}$;

(3) $\begin{vmatrix} 3 & -6 & 9 \\ 3 & 5 & -5 \\ 1 & 3 & 3 \end{vmatrix} = 3\begin{vmatrix} 1 & -2 & 3 \\ 3 & 5 & -5 \\ 1 & 3 & 3 \end{vmatrix}$；(4) $\begin{vmatrix} 1 & 3 & -4 \\ 2 & 0 & -3 \\ 3 & -5 & 2 \end{vmatrix} = \begin{vmatrix} 1 & 3 & -4 \\ 0 & -6 & 5 \\ 3 & -5 & 2 \end{vmatrix}$.

2. 将下列行列式化成上三角行列式：

(1) $\begin{vmatrix} 1 & 5 & -4 \\ -1 & -4 & 5 \\ -2 & -8 & 7 \end{vmatrix}$；(2) $\begin{vmatrix} 3 & 3 & -3 \\ 3 & 4 & -4 \\ 2 & -3 & -5 \end{vmatrix}$.

3. 设 $D = \begin{vmatrix} a_{11} & \cdots & a_{1n} \\ \vdots & & \vdots \\ a_{n1} & \cdots & a_{nn} \end{vmatrix}$，则 $\begin{vmatrix} -ka_{11} & \cdots & -ka_{1n} \\ \vdots & & \vdots \\ -ka_{n1} & \cdots & -ka_{nn} \end{vmatrix} =$ ________.

4. 已知 $\det[\boldsymbol{\alpha}_1, \boldsymbol{\alpha}_2, \boldsymbol{\alpha}_3] = 5$，试计算下列行列式的值：

(1) $\det[\boldsymbol{\alpha}_1, \boldsymbol{\alpha}_2, 3\boldsymbol{\alpha}_3]$；(2) $\det[\boldsymbol{\alpha}_1, 5\boldsymbol{\alpha}_2, \boldsymbol{\alpha}_3]$；(3) $\det[\boldsymbol{\alpha}_1 + \boldsymbol{\alpha}_2, \boldsymbol{\alpha}_2, \boldsymbol{\alpha}_3]$，

(4) $\det[\boldsymbol{\alpha}_2, \boldsymbol{\alpha}_1, \boldsymbol{\alpha}_3]$；(5) $\det[\boldsymbol{\alpha}_1, 2\boldsymbol{\alpha}_2 + \boldsymbol{\alpha}_1, \boldsymbol{\alpha}_3]$；(6) $\det[\boldsymbol{\alpha}_1, \boldsymbol{\alpha}_2 + 3\boldsymbol{\alpha}_3, \boldsymbol{\alpha}_3]$.

5. 用行列式的递归定义计算：

$$D = \begin{vmatrix} 0 & 3 & 0 & 3 \\ 0 & 2 & 0 & 0 \\ 0 & 0 & 4 & 5 \\ 2 & 0 & 0 & 0 \end{vmatrix}.$$

6. 求多项式 $f(x) = \begin{vmatrix} x+1 & 1 & 1 & 1 \\ 1 & x+1 & 1 & 1 \\ 1 & 1 & x+1 & 1 \\ 1 & 1 & 1 & x+1 \end{vmatrix}$ 中 x^3 项和 x^4 项的系数.

1.4 行列式的计算

内容提要

本节的主要内容是一般数字型行列式和具有特殊结构字母型行列式的计算，重点是具有特殊结构的行列式的计算.

1.4.1 数字型行列式

这种类型的题目通常都是将行列式化成上三角、下三角、对角形，或按特定的行或列来

展开进行．常见的运算步骤：

（1）交换两行；

（2）一行的若干倍加到另一行上；

（3）一行乘上一个适当的非零常数．

例 1.15 用行列式的性质计算行列式$\begin{vmatrix} -1 & 1 & 2 & 3 \\ 1 & 3 & -4 & -5 \\ -1 & 0 & 1 & 2 \\ 1 & -3 & 3 & -5 \end{vmatrix}$.

解 思路是将行列式化为上三角形行列式，再利用上三角形行列式的性质计算．具体如下：

$$D=\begin{vmatrix} -1 & 1 & 2 & 3 \\ 1 & 3 & -4 & -5 \\ -1 & 0 & 1 & 2 \\ 1 & -3 & 3 & -5 \end{vmatrix}$$

$$\xlongequal[c_4+2c_1]{c_3+c_1}\begin{vmatrix} -1 & 1 & 1 & 1 \\ 1 & 3 & -3 & -3 \\ -1 & 0 & 0 & 0 \\ 1 & -3 & 4 & -3 \end{vmatrix}$$

$$=-1\times\begin{vmatrix} 1 & 1 & 1 \\ 3 & -3 & -3 \\ -3 & 4 & -3 \end{vmatrix}$$

$$\xlongequal{r_2+3r_1}-\begin{vmatrix} 1 & 1 & 1 \\ 6 & 0 & 0 \\ -3 & 4 & -3 \end{vmatrix}$$

$$=6\begin{vmatrix} 1 & 1 \\ 4 & -3 \end{vmatrix}=-42.$$

■

1.4.2 具有特殊结构的行列式

范德蒙德行列式（Vandermonde determinant）是一个非常重要的行列式，它的计算涉及行列式计算的不同方法，应认真学习理解并掌握．

例 1.16 证明范德蒙德行列式

$$|\boldsymbol{V}(x_1,x_2,\cdots,x_n)|=\begin{vmatrix}1 & 1 & \cdots & 1 & 1\\ x_1 & x_2 & \cdots & x_{n-1} & x_n\\ x_1^2 & x_2^2 & \cdots & x_{n-1}^2 & x_n^2\\ \vdots & \vdots & & \vdots & \vdots\\ x_1^{n-1} & x_2^{n-1} & \cdots & x_{n-1}^{n-1} & x_n^{n-1}\end{vmatrix}=\prod_{1\leqslant i<j\leqslant n}(x_j-x_i).$$

分析：范德蒙德行列式只有 n 个变元 $x_1,x_2,\cdots,x_n$，它比一般的行列式最多有 n^2 个变元要少许多，且该行列式各列从上到下为等比数列．它的值是从这 n 个数中任取两个数(下标大的是被减数，下标小的数是减数)差(这样的差共有 $n(n-1)/2$ 个)的连乘积．这就确定了该行列式有特殊的结构，故关于该行列式也有许多特殊的结论．

证明 用数学归纳法来证明．显然当 $n=2$ 时结论是成立的，假设对阶数不超过 $n-1$ 阶的范德蒙德行列式结论成立．

仔细观察范德蒙德行列式的结构，对 n 阶范德蒙德行列式，从最后一行起，每一行减去它上面一行的 x_1 倍，可将第一列"1"下方的元素全化为零，进而可求得 n 阶范德蒙德行列式与 $n-1$ 阶范德蒙德行列式的关系，即有

$$|\boldsymbol{V}(x_1,x_2,\cdots,x_n)|\xlongequal[\substack{\vdots\\ r_2-x_1r_1}]{\substack{r_n-x_1r_{n-1}\\ r_{n-1}-x_1r_{n-2}}}\begin{vmatrix}1 & 1 & \cdots & 1 & 1\\ 0 & x_2-x_1 & \cdots & x_{n-1}-x_1 & x_n-x_1\\ 0 & x_2^2-x_1x_2 & \cdots & x_{n-1}^2-x_1x_{n-1} & x_n^2-x_1x_n\\ \vdots & \vdots & & \vdots & \vdots\\ 0 & x_2^{n-1}-x_1x_2^{n-2} & \cdots & x_{n-1}^{n-1}-x_1x_{n-1}^{n-2} & x_n^{n-1}-x_1x_n^{n-2}\end{vmatrix}$$

$$=\begin{vmatrix}x_2-x_1 & \cdots & x_{n-1}-x_1 & x_n-x_1\\ x_2^2-x_1x_2 & \cdots & x_{n-1}^2-x_1x_{n-1} & x_n^2-x_1x_n\\ \vdots & & \vdots & \vdots\\ x_2^{n-1}-x_1x_2^{n-2} & \cdots & x_{n-1}^{n-1}-x_1x_{n-1}^{n-2} & x_n^{n-1}-x_1x_n^{n-2}\end{vmatrix}$$

$$=\prod_{k=2}^{n}(x_k-x_1)\begin{vmatrix}1 & \cdots & 1 & 1\\ x_2 & \cdots & x_{n-1} & x_n\\ \vdots & & \vdots & \vdots\\ x_2^{n-2} & \cdots & x_{n-1}^{n-2} & x_n^{n-2}\end{vmatrix}$$

$$=\prod_{k=2}^{n}(x_k-x_1)\mid \mathbf{V}(x_2,\cdots,x_n)\mid .$$

再由数学归纳法原理可知结论成立. ■

借助上例中的方法还可解下面的行列式:

$$D=\begin{vmatrix} a & b & c & d \\ a & a+b & a+b+c & a+b+c+d \\ a & 2a+b & 3a+2b+c & 4a+3b+2c+d \\ a & 3a+b & 6a+3b+c & 10a+6b+3c+d \end{vmatrix}.$$

解 从第 4 行开始后行减前行可得

$$D\xlongequal[r_2-r_1]{r_4-r_3,\ r_3-r_2}\begin{vmatrix} a & b & c & d \\ 0 & a & a+b & a+b+c \\ 0 & a & 2a+b & 3a+2b+c \\ 0 & a & 3a+b & 6a+3b+c \end{vmatrix}$$

$$\xlongequal[r_3-r_2]{r_4-r_3}\begin{vmatrix} a & b & c & d \\ 0 & a & a+b & a+b+c \\ 0 & 0 & a & 2a+b \\ 0 & 0 & a & 3a+b \end{vmatrix}$$

$$\xlongequal{r_4-r_3}\begin{vmatrix} a & b & c & d \\ 0 & a & a+b & a+b+c \\ 0 & 0 & a & 2a+b \\ 0 & 0 & 0 & a \end{vmatrix}$$

$$=a^4.$$

■

1.4.3 具用特殊结构的其他行列式

例 1.17 用行列式的性质计算行列式 $D=\begin{vmatrix} 4 & 1 & 1 & 1 \\ 1 & 4 & 1 & 1 \\ 1 & 1 & 4 & 1 \\ 1 & 1 & 1 & 4 \end{vmatrix}$.

解　注意到该行列式的每一行的所有元素之和都是 7，故可将该行列式后三列的所有元素都加到第一列上得

$$D\xlongequal{c_1+c_2+c_3+c_4}\begin{vmatrix}7&1&1&1\\7&4&1&1\\7&1&4&1\\7&1&1&4\end{vmatrix}\xlongequal{c_1\div 7}7\begin{vmatrix}1&1&1&1\\1&4&1&1\\1&1&4&1\\1&1&1&4\end{vmatrix}\xlongequal[r_4-r_1]{\substack{r_2-r_1\\r_3-r_1}}7\begin{vmatrix}1&1&1&1\\0&3&0&0\\0&0&3&0\\0&0&0&3\end{vmatrix}=7\times3^3=189.$$

■

练习：计算行列式 $D_n=\begin{vmatrix}x&a&\cdots&a\\a&x&\cdots&a\\\vdots&\vdots&&\vdots\\a&a&\cdots&x\end{vmatrix}$.

下面的这个例子是用数学归纳法将 $2n$ 阶行列式转化为 $2(n-1)$ 阶行列式．这个例子的结论很重要．

例 1.18　计算行列式

$$D_{2n}=\begin{vmatrix}a&0&&&&&0&b\\0&a&&&&&b&0\\&&\ddots&&&\iddots&&\\&&&a&b&&&\\&&&c&d&&&\\&&\iddots&&&\ddots&&\\0&c&&&&&d&0\\c&0&&&&&0&d\end{vmatrix}.$$

该行列式的主对角线上依次是 n 个 a 和 n 个 d，斜对角线上依次是 n 个 b 和 n 个 c，另外未写出的元素为零．

解　将该行列式的第 $2n$ 行依次与第 $2n-1$ 行交换、第 $2n-2$ 行……第 2 行交换，这样共进行了 $2n$ 次行交换可得

$$D_{2n} \xlongequal[\substack{\vdots \\ r_3 \leftrightarrow r_2}]{\substack{r_{2n} \leftrightarrow r_{2n-1} \\ r_{2n-1} \leftrightarrow r_{2n-2}}} \begin{vmatrix} a & 0 & & & & & 0 & b \\ c & 0 & & & & & 0 & d \\ 0 & a & & & & & b & 0 \\ & & \ddots & & & \iddots & & \\ & & & a & b & & & \\ & & & c & d & & & \\ 0 & 0 & \iddots & & & \ddots & 0 & 0 \\ 0 & c & & & & & d & 0 \end{vmatrix}$$

$$\xlongequal[\substack{\vdots \\ c_3 \leftrightarrow c_2}]{\substack{c_{2n} \leftrightarrow c_{2n-1} \\ c_{2n-1} \leftrightarrow c_{2n-2}}} \begin{vmatrix} a & b & 0 & & & & & 0 \\ c & d & 0 & & & & & 0 \\ 0 & 0 & a & & & & & b \\ & & & \ddots & & & \iddots & \\ & & & & a & b & & \\ & & & & c & d & & \\ 0 & 0 & 0 & \iddots & & & \ddots & 0 \\ 0 & 0 & c & & & & & d \end{vmatrix}$$

$$= \begin{vmatrix} a & b \\ c & d \end{vmatrix} \times \begin{vmatrix} a & & & & & b \\ & \ddots & & & \iddots & \\ & & a & b & & \\ & & c & d & & \\ 0 & \iddots & & & \ddots & 0 \\ c & & & & & d \end{vmatrix}$$

$$= (ad - bc) D_{2(n-1)}.$$

上式中倒数第二步用到了例 1.12 的结论. 利用所得递推公式 $D_{2n} = (ad - bc) D_{2(n-1)}$ 可得

$$D_{2n} = (ad - bc) D_{2(n-1)} = (ad - bc)^2 D_{2(n-2)} = \cdots = (ad - bc)^{n-1} D_2 = (ad - bc)^n.$$

在本例中应注意到,不同的行交换或列交换,它们之间是按一定顺序进行的,且这个顺序不能弄错. 当然,本例还可直接将行列式 D_{2n} 按第一行展开,再将得到的结果分别按第一行展开和按最后一列展开也可得递推公式 $D_{2n} = (ad - bc) D_{2(n-1)}$. ■

1.4.4 小结

计算行列式的常见方法(思路)：

(1) 化成上三角形或下三角形行列式；

(2) 行列式按行或按列展开；

(3) 化成斜三角形行列式；

(4) 从最后一行起每一行减去它的上一行；

(5) 用递归方法去计算行列式.

1.4.5 习题

1. 计算下面的四阶行列式,并考虑一般情况：

$$\begin{vmatrix} a & 0 & 0 & 1 \\ 0 & a & 0 & 0 \\ 0 & 0 & a & 0 \\ 1 & 0 & 0 & a \end{vmatrix}$$

提示:最后一行交换到第二行,最后一列交换到第二列.

2. 计算行列式 $\begin{vmatrix} 1+a_1 & a_1 & a_1 & a_1 \\ a_2 & 1+a_2 & a_2 & a_2 \\ a_3 & a_3 & 1+a_3 & a_3 \\ a_4 & a_4 & a_4 & 1+a_4 \end{vmatrix}$.

3. 计算行列式 $\begin{vmatrix} 1+a_1 & 1 & 1 & 1 \\ 1 & 1+a_2 & 1 & 1 \\ 1 & 1 & 1+a_3 & 1 \\ 1 & 1 & 1 & 1+a_4 \end{vmatrix}$, $a_1a_2a_3a_4 \neq 0$.

4. 计算形如

$$D_n = \begin{vmatrix} a & b & & & \\ c & a & b & & \\ & c & a & \ddots & \\ & & \ddots & \ddots & b \\ & & & c & a \end{vmatrix}$$

的三对角行列式.

5. Fibonacci 数列的递推公式为 $f_1=1, f_2=2, f_n=f_{n-1}+f_{n-2}, n\geqslant 3$. 由上一例中三对角行列式的计算公式证明 Fibonacci 数列的通项公式可由下面的行列式给出

$$f_n=\begin{vmatrix} 1 & 1 & & & \\ -1 & 1 & 1 & & \\ & -1 & 1 & \ddots & \\ & & \ddots & \ddots & 1 \\ & & & -1 & 1 \end{vmatrix}.$$

数列的通项公式

$$f_n=\frac{(1+\sqrt{5})^n-(1-\sqrt{5})^n}{2^n\sqrt{5}}, n=1,2,\cdots.$$

还可以数学归纳法来证明.

6. 计算行列式

$$D=\begin{vmatrix} 1+x & 1 & 1 & 1 \\ 1 & 1-x & 1 & 1 \\ 1 & 1 & 1+y & 1 \\ 1 & 1 & 1 & 1-y \end{vmatrix}.$$

7. 设 n 阶行列式

$$D_n=\begin{vmatrix} 1 & 2 & 3 & \cdots & n \\ 1 & 2 & 0 & \cdots & 0 \\ 1 & 0 & 3 & \cdots & 0 \\ \vdots & \vdots & \vdots & & \vdots \\ 1 & 0 & 0 & \cdots & n \end{vmatrix}.$$

求 D_n 的第一列元素代数余子式的和 $A_{11}+A_{12}+\cdots+A_{1n}$.

8. 计算 n 阶行列式

$$D_n=\begin{vmatrix} x & -1 & 0 & \cdots & 0 & 0 \\ 0 & x & -1 & \cdots & 0 & 0 \\ 0 & 0 & x & \cdots & 0 & 0 \\ \vdots & \vdots & \vdots & & \vdots & \vdots \\ 0 & 0 & 0 & \cdots & x & -1 \\ a_n & a_{n-1} & a_{n-2} & \cdots & a_2 & x+a_1 \end{vmatrix}.$$

9. 求方程 $f(x)=0$ 的根,其中

$$f(x)=\begin{vmatrix} x-1 & x-2 & x-1 & x \\ x-2 & x-4 & x-2 & x \\ x-3 & x-6 & x-4 & x-1 \\ x-4 & x-8 & 2x-5 & x-2 \end{vmatrix}.$$

1.5 克莱姆法则

内容提要

在本章的第一节中,我们推导了如何用二元和三元线性方程组的系数行列式和与常数项相关的行列式来表述线性方程组的解.在本节我们给了该结论的一般情形,即给出解线性方程组的克莱姆法则.该法则明确给出了如何用系数矩阵的行列式和常数项给出线性方程组的解,在理论证明上很有意义.

克莱姆法则的运用要求方程组的系数矩阵的行列式不为零,而在实际情况中有方程组系数矩阵的行列式为零,这时在方程组有解的情况下,可以找出系数矩阵的行列式中的最高阶非零子式,基于此仍可用克莱姆法则来求解该线性方程组.

1.5.1 克莱姆法则

设含有 n 个未知数 $x_1,x_2,\cdots,x_n$ 的 n 个方程构成的线性方程组为

$$\begin{cases} a_{11}x_1+a_{12}x_2+\cdots+a_{1n}x_n=b_1, \\ a_{21}x_1+a_{22}x_2+\cdots+a_{2n}x_n=b_2, \\ \qquad\qquad\vdots \\ a_{n1}x_1+a_{n2}x_2+\cdots+a_{nn}x_n=b_n. \end{cases} \tag{1.13}$$

借助矩阵和向量的乘法,该方程组可写成 $\boldsymbol{Ax}=\boldsymbol{\beta}$,其中

$$\boldsymbol{A}=[\boldsymbol{\alpha}_1,\boldsymbol{\alpha}_2,\cdots,\boldsymbol{\alpha}_n],\boldsymbol{\alpha}_i=\begin{bmatrix} a_{1i} \\ a_{2i} \\ \vdots \\ a_{ni} \end{bmatrix},i=1,2,\cdots,n,\boldsymbol{x}=\begin{bmatrix} x_1 \\ x_2 \\ \vdots \\ x_n \end{bmatrix},\boldsymbol{\beta}=\begin{bmatrix} b_1 \\ b_2 \\ \vdots \\ b_n \end{bmatrix}.$$

引入记号 $\boldsymbol{A}_j$，表示矩阵 $\boldsymbol{A}$ 的第 j 列被向量 $\boldsymbol{\beta}$ 取代且其余各列不变得到的**方阵**（square matrix）. 即有

$$\boldsymbol{A}_1=[\boldsymbol{\beta},\boldsymbol{\alpha}_2,\cdots,\boldsymbol{\alpha}_n],\boldsymbol{A}_2=[\boldsymbol{\alpha}_1,\boldsymbol{\beta},\cdots,\boldsymbol{\alpha}_n],\cdots,\boldsymbol{A}_n=[\boldsymbol{\alpha}_1,\cdots,\boldsymbol{\alpha}_{n-1},\boldsymbol{\beta}].$$

定理 1.3 如果线性方程 $\boldsymbol{Ax}=\boldsymbol{\beta}$ 的系数行列式不等于零，即 $|\boldsymbol{A}|\neq 0$，记 $\boldsymbol{x}=\begin{bmatrix}x_1\\x_2\\\vdots\\x_n\end{bmatrix}$，则该方程有唯一解：

$$x_1=\frac{|\boldsymbol{A}_1|}{|\boldsymbol{A}|},x_2=\frac{|\boldsymbol{A}_2|}{|\boldsymbol{A}|},\cdots,x_n=\frac{|\boldsymbol{A}_n|}{|\boldsymbol{A}|}.$$

证明 先验证 $x_j=\dfrac{|\boldsymbol{A}_j|}{|\boldsymbol{A}|}$ 确实是原方程的解.

设方程组(1.13)中的第 i 个方程

$$a_{i1}x_1+a_{i2}x_2+\cdots+a_{in}x_n=b_i$$

记为

$$\sum_{j=1}^{n}a_{ij}x_j=b_i.$$

将 $x_j=\dfrac{|\boldsymbol{A}_j|}{|\boldsymbol{A}|}$ 代入其左边计算可得

$$\begin{aligned}\sum_{j=1}^{n}a_{ij}x_j&=\sum_{j=1}^{n}a_{ij}\left(\frac{|\boldsymbol{A}_j|}{|\boldsymbol{A}|}\right)\\&=\frac{1}{|\boldsymbol{A}|}\sum_{j=1}^{n}a_{ij}\ |\boldsymbol{A}_j|\\&=\frac{1}{|\boldsymbol{A}|}\sum_{j=1}^{n}a_{ij}\left(\sum_{k=1}^{n}b_kA_{kj}\right)\\&=\frac{1}{|\boldsymbol{A}|}\sum_{j=1}^{n}\sum_{k=1}^{n}a_{ij}(b_kA_{kj})\\&=\frac{1}{|\boldsymbol{A}|}\sum_{j=1}^{n}\sum_{k=1}^{n}(a_{ij}A_{kj}b_k)\\&=\frac{1}{|\boldsymbol{A}|}\sum_{k=1}^{n}\sum_{j=1}^{n}(a_{ij}A_{kj})b_k\\&=\frac{1}{|\boldsymbol{A}|}\ |\boldsymbol{A}|\ b_i\end{aligned}$$

$$=b_i.$$

再证明若原方程组有解，则一定是 $x_j=\frac{|\boldsymbol{A}_j|}{|\boldsymbol{A}|}, j=1,2,\cdots,n$.

分别用系数行列式 $|\boldsymbol{A}|$ 中的第 j 列的代数余子式 $A_{1j},A_{2j},\cdots,A_{nj}$ 分别乘以第 $1,2,\cdots,n$ 个方程可得

$$\begin{cases} a_{11}A_{1j}x_1+a_{12}A_{1j}x_2+\cdots+a_{1n}A_{1j}x_n=b_1A_{1j}, \\ a_{21}A_{2j}x_1+a_{22}A_{2j}x_2+\cdots+a_{2n}A_{2j}x_n=b_2A_{2j}, \\ \vdots \\ a_{n1}A_{nj}x_1+a_{n2}A_{nj}x_2+\cdots+a_{nn}A_{nj}x_n=b_nA_{nj}. \end{cases}$$

$$x_1\left(\sum_{s=1}^{n}a_{s1}A_{sj}\right)+x_2\left(\sum_{s=1}^{n}a_{s2}A_{sj}\right)+\cdots+x_j\left(\sum_{s=1}^{n}a_{sj}A_{sj}\right)+\cdots+x_n\left(\sum_{s=1}^{n}a_{sn}A_{sj}\right)=|\boldsymbol{A}_j|.$$

$$x_j\left(\sum_{s=1}^{n}a_{sj}A_{sj}\right)=|\boldsymbol{A}_j|,$$

$$x_j=\frac{|\boldsymbol{A}|}{|\boldsymbol{A}_j|}.$$

这样就证明了结论. ■

下面先通过一个例子来说明克莱姆法则的应用.

例 1.19 用克莱姆法则求解线性方程组 $\begin{cases} x_1-x_2-x_3=2, \\ 2x_1-x_2-3x_3=1, \\ 3x_1+2x_2-5x_3=0. \end{cases}$

解 先计算该方程组的系数矩阵的行列式 $|\boldsymbol{A}|=\begin{vmatrix} 1 & -1 & -1 \\ 2 & -1 & -3 \\ 3 & 2 & -5 \end{vmatrix}=3\neq 0$. 由克莱姆法则该方程组有唯一解，唯一解是

$$x_1=\frac{1}{|\boldsymbol{A}|}\begin{vmatrix} 2 & -1 & -1 \\ 1 & -1 & -3 \\ 0 & 2 & -5 \end{vmatrix}=\frac{15}{3}=5,$$

$$x_2=\frac{1}{|\boldsymbol{A}|}\begin{vmatrix} 1 & 2 & -1 \\ 2 & 1 & -3 \\ 3 & 0 & -5 \end{vmatrix}=\frac{0}{3}=0,$$

$$x_3=\frac{1}{|\boldsymbol{A}|}\begin{vmatrix}1&-1&2\\2&-1&1\\3&2&0\end{vmatrix}=\frac{9}{3}=3.$$

所以该方程组的解为

$$\begin{cases}x_1=5,\\x_2=0,\\x_3=3.\end{cases}$$

■

上面的例子表明，若通过克莱姆法则来求解线性方程组，它的计算量通常是很大的，故克莱姆法则的应用主要体现在理论上. 克莱姆法则表明，若线性方程$\boldsymbol{Ax}=\boldsymbol{\beta}$的系数矩阵$\boldsymbol{A}$的行列式不等于零，即$|\boldsymbol{A}|\neq 0$，则方程组一定有解，且解是唯一的.

1.5.2 克莱姆法则的几个推论

考虑方程$\boldsymbol{Ax}=\boldsymbol{\beta}$解的其他情形和方程$\boldsymbol{Ax}=\boldsymbol{\beta}$对应的齐次线性方程$\boldsymbol{Ax}=\boldsymbol{0}$，可得下面的几个结论：

定理 1.4 如果线性方程$\boldsymbol{Ax}=\boldsymbol{\beta}$无解或至少有两个解(这等价于它有无穷多组解)，则该方程的系数矩阵的行列式必为零，即有$\det(\boldsymbol{A})=0$.

将上面的定理应用于齐次线性方程$\boldsymbol{Ax}=\boldsymbol{0}$，则有以下结论：

定理 1.5 如果齐次线性方程$\boldsymbol{Ax}=\boldsymbol{0}$的系数矩阵的行列式不等于零，即有$\det(\boldsymbol{A})\neq 0$，则该方程只有零解，即有

$$x_1=x_2=\cdots=x_n=0.$$

定理 1.6 如果齐次线性方程$\boldsymbol{Ax}=\boldsymbol{0}$有非零解，则它的系数矩阵的行列式必为零，即有$\det(\boldsymbol{A})=0$.

1.5.3 克莱姆法则的应用

如果方程$\boldsymbol{Ax}=\boldsymbol{0}$系数矩阵的行列式为零或系数矩阵$\boldsymbol{A}$不是方阵，则可选取系数矩阵中的最高阶非零行列式对应的子阵，把没选入该子阵对应的未知量视为已知量移项后仍可用克莱姆法则来解题. 例如下面的方程组，只要$\det[(a_{ij})_{3\times 3}]\neq 0$，就仍可用克莱姆法则来求方程组的解.

$$\begin{cases}a_{11}x_1+a_{12}x_2+a_{13}x_3=-a_{14}x_4-a_{15}x_5+b_1,\\a_{21}x_1+a_{22}x_2+a_{23}x_3=-a_{24}x_4-a_{25}x_5+b_2,\\a_{31}x_1+a_{32}x_2+a_{33}x_3=-a_{34}x_4-a_{35}x_5+b_3.\end{cases}$$

在实际解题中，只要能从系数矩阵中找出一个最高阶非零子式，就仍可将这个最高阶非零子式对应的未知量视为未知量，而其余的未知量视为常数，这样仍可用克莱姆法则解题．

例 1.20 甲烷燃烧生成水和二氧化碳的反应是

$$C_3H_8 + O_2 \longrightarrow CO_2 + H_2O.$$

配平该化学反应方程式．

解 依碳、氢、氧的顺序写出各化合物对应的向量，并建立适当的线性方程组，使得该方程组的解能配平上述的化学反应方程式．

$$x_1\begin{bmatrix}3\\8\\0\end{bmatrix}+x_2\begin{bmatrix}0\\0\\2\end{bmatrix}=x_3\begin{bmatrix}1\\0\\2\end{bmatrix}+x_4\begin{bmatrix}0\\2\\1\end{bmatrix}.$$

或移项可得

$$x_1\begin{bmatrix}3\\8\\0\end{bmatrix}=-x_2\begin{bmatrix}0\\0\\2\end{bmatrix}+x_3\begin{bmatrix}1\\0\\2\end{bmatrix}+x_4\begin{bmatrix}0\\2\\1\end{bmatrix},\quad \begin{bmatrix}0&1&0\\0&0&2\\-2&2&1\end{bmatrix}\begin{bmatrix}x_2\\x_3\\x_4\end{bmatrix}=x_1\begin{bmatrix}3\\8\\0\end{bmatrix}.$$

这时可把 x_1 视为常数，可验证这时满足克莱姆法则的应用条件，应用克莱姆法则得

$$x_2=\frac{\begin{vmatrix}3&1&0\\8&0&2\\0&2&1\end{vmatrix}}{\begin{vmatrix}0&1&0\\0&0&2\\-2&2&1\end{vmatrix}}x_1=\frac{-20}{-4}x_1=5x_1,$$

$$x_3=\frac{\begin{vmatrix}0&3&0\\0&8&2\\-2&0&1\end{vmatrix}}{\begin{vmatrix}0&1&0\\0&0&2\\-2&2&1\end{vmatrix}}x_1=\frac{-12}{-4}x_1=3x_1,$$

$$x_4=\frac{\begin{vmatrix}0&1&3\\0&0&8\\-2&2&0\end{vmatrix}}{\begin{vmatrix}0&1&0\\0&0&2\\-2&2&1\end{vmatrix}}x_1=\frac{-16}{-4}x_1=4x_1.$$

令 $x_1=1$，可得 $x_2=5,x_3=3,x_4=4$. 即能配平原化学反应方程式. ■

例 1.21 已知线性方程组 $\begin{cases}-2x_1+x_2+x_3=0,\\x_1-2x_2+x_3=3,\\x_1+x_2-2x_3=3\end{cases}$ 有解，试求解该方程组.

解 显然该方程组的系数矩阵的行列式 $\begin{vmatrix}-2&1&1\\1&-2&1\\1&1&-2\end{vmatrix}=0$，不能直接应用克莱姆法则. 注意到该方程组的系数矩阵中有二阶子式 $\begin{vmatrix}-2&1\\1&-2\end{vmatrix}=3$ 不为零，故可选取 x_1,x_2 为未知量，将 x_3 视为常数项只考虑前两个方程移项可得

$$\begin{cases}-2x_1+x_2=-x_3,\\x_1-2x_2=-x_3+3.\end{cases}$$

这时再应用克莱姆法则可得

$$\begin{cases}x_1=\dfrac{1}{3}\begin{vmatrix}-x_3&1\\-x_3+3&-2\end{vmatrix}=\dfrac{1}{3}\left(-\begin{vmatrix}1&1\\1&-2\end{vmatrix}x_3+\begin{vmatrix}0&1\\3&-2\end{vmatrix}\right)=x_3-1,\\x_2=\dfrac{1}{3}\begin{vmatrix}-2&-x_3\\1&-x_3+3\end{vmatrix}=\dfrac{1}{3}\left(\begin{vmatrix}-2&0\\1&3\end{vmatrix}+\begin{vmatrix}-2&-1\\1&-1\end{vmatrix}x_3\right)=x_3-2.\end{cases}$$

即有

$$\begin{cases}x_1=x_3-1,\\x_2=x_3-2,\end{cases}\quad x_3\in\mathbb{R}.$$

■

1.5.4 小结

在理论上要掌握求解线性方程组的克莱姆法则及据此得到的关于方程组解的若干结论，在实践上要学会灵活运用克莱姆法则，尤其是在表面上不能适用克莱姆法则的条件下正确运用克莱姆法则.

1.5.5 习题

1. 求解线性方程组$\begin{cases}8x-y-6z=0,\\-4x+5y-z=0,\\-4x-4y+7z=0\end{cases}$的正整数解.

2. 设非齐次线性方程组$\begin{cases}kx+z=0,\\2x+ky+z=1,\\kx-2y+z=1\end{cases}$有唯一解，则 $k\neq$ ________.

3. 设方程组$\begin{cases}x_1+x_2+x_3=0,\\ax_1+bx_2+cx_3=0,\\a^2x_1+b^2x_2+c^2x_3=0.\end{cases}$当 a,b,c 满足________时，方程组仅有零解.

4. 问 λ 取何值时，齐次线性方程组$\begin{cases}(1-\lambda)x_1-2x_2+4x_3=0,\\2x_1+(3-\lambda)x_2+x_3=0,\\x_1+x_2+(1-\lambda)x_3=0\end{cases}$有非零解？

5. 当 a,b,c 满足什么条件时，行列式$\begin{vmatrix}1&1&1\\a&b&c\\a^2&b^2&c^2\end{vmatrix}$的值不为零.

1.6 习题 1

1. 计算行列式$\begin{vmatrix}0&a&b&0\\a&0&0&b\\0&c&d&0\\c&0&0&d\end{vmatrix}$.

2. 计算 n 阶行列式 $D_n=\begin{vmatrix} 2 & 0 & \cdots & 0 & 2 \\ -1 & 2 & \cdots & 0 & 2 \\ \vdots & \vdots & & \vdots & \vdots \\ 0 & 0 & \cdots & 2 & 2 \\ 0 & 0 & \cdots & -1 & 2 \end{vmatrix}$.

3. 计算行列式 $\begin{vmatrix} \lambda & -1 & 0 & 0 \\ 0 & \lambda & -1 & 0 \\ 0 & 0 & \lambda & -1 \\ 4 & 3 & 2 & \lambda+1 \end{vmatrix}$.

4. 记行列式 $\begin{vmatrix} x-2 & x-1 & x-2 & x-3 \\ 2x-2 & 2x-1 & 2x-2 & 2x-3 \\ 3x-3 & 3x-2 & 4x-5 & 3x-5 \\ 4x & 4x-3 & 5x-7 & 4x-3 \end{vmatrix}$ 为 $f(x)$，则方程 $f(x)=0$ 的根的个数为________.

5. 记 n 阶矩阵

$$\boldsymbol{A}=\begin{bmatrix} 0 & 1 & 1 & \cdots & 1 & 1 \\ 1 & 0 & 1 & \cdots & 1 & 1 \\ 1 & 1 & 0 & \cdots & 1 & 1 \\ \vdots & \vdots & \vdots & & \vdots & \vdots \\ 1 & 1 & 1 & \cdots & 0 & 1 \\ 1 & 1 & 1 & \cdots & 1 & 0 \end{bmatrix}.$$

计算 $\det(\boldsymbol{A})$.

6. 设 $\boldsymbol{A}$ 是三阶非零方阵，$|\boldsymbol{A}|$ 为 $\boldsymbol{A}$ 的行列式，A_{ij} 为 a_{ij} 的代数余子式，若 $a_{ij}+A_{ij}=0$，$i,j=1,2,3$，则 $|\boldsymbol{A}|=$________.

7. 向量 $\boldsymbol{\alpha}_1,\boldsymbol{\alpha}_2,\boldsymbol{\alpha}_3,\boldsymbol{\beta}_1,\boldsymbol{\beta}_2$ 是四维列向量，且四阶行列式

$$\det[\boldsymbol{\alpha}_1,\boldsymbol{\alpha}_2,\boldsymbol{\alpha}_3,\boldsymbol{\beta}_1]=m,\det[\boldsymbol{\alpha}_1,\boldsymbol{\alpha}_2,\boldsymbol{\beta}_2,\boldsymbol{\alpha}_3]=n.$$

计算下面的四阶行列式：

(1) $\det[\boldsymbol{\alpha}_1,\boldsymbol{\alpha}_2,\boldsymbol{\alpha}_3,\boldsymbol{\beta}_2]$,

(2) $\det[\boldsymbol{\alpha}_1,\boldsymbol{\alpha}_2,\boldsymbol{\alpha}_3,\boldsymbol{\beta}_1+\boldsymbol{\beta}_2]$,

(3) $\det[\boldsymbol{\alpha}_3,\boldsymbol{\alpha}_2,\boldsymbol{\alpha}_1,\boldsymbol{\beta}_1+\boldsymbol{\beta}_2]$.

8. 计算行四阶列式：

(1) $\begin{vmatrix} 1+a_1 & a_1 & a_1 & a_1 \\ a_2 & 1+a_2 & a_2 & a_2 \\ a_3 & a_3 & 1+a_3 & a_3 \\ a_4 & a_4 & a_4 & 1+a_4 \end{vmatrix}$；

(2) $\begin{vmatrix} 1+a_1 & 1 & 1 & 1 \\ 1 & 1+a_2 & 1 & 1 \\ 1 & 1 & 1+a_3 & 1 \\ 1 & 1 & 1 & 1+a_4 \end{vmatrix}$，$a_1a_2a_3a_4 \neq 0$.

1.7 自测题 1

一、填空题

1. 若行列式 $\begin{vmatrix} a & 3 & 4 \\ -1 & a & 0 \\ 0 & a & 1 \end{vmatrix} \neq 0$，则 a 的取值范围是________.

2. 行列式 $\begin{vmatrix} ab & -ac & -ae \\ -bd & cd & -de \\ -bf & -cf & -ef \end{vmatrix} =$________.

3. 已知四阶行列式中第二列元素依次是 $-1,0,2,4$，第四列的余子式依次是 $a,10,5,2$，则 $a=$________.

4. 行列式 $\begin{vmatrix} b+c & c+a & a+b \\ a & b & c \\ a^2 & b^2 & c^2 \end{vmatrix} =$________.

5. 行列式 $\begin{vmatrix} a & b & c & d \\ x & 0 & 0 & y \\ y & 0 & 0 & x \\ d & c & b & a \end{vmatrix} =$________.

二、选择题

1. 四阶行列式 $\begin{vmatrix} a & 0 & 0 & e \\ 0 & b & f & 0 \\ 0 & g & c & 0 \\ h & 0 & 0 & d \end{vmatrix}$ 的值是（　　）.

A. $abcd-efgh$　　B. $abcd+efgh$

C. $(ab-ef)(cd-gh)$　　D. $(bc-fg)(cd-eh)$.

2. 已知 n 阶行列式 D 中每一行无素之和均为零，则 D 为（　　）.

A. 0　　B. 1

C. -1　　D. 不确定

3. 方程 $\begin{vmatrix} 1 & 1 & 1 & 1 \\ a & b & c & x \\ a^2 & b^2 & c^2 & x^2 \\ a^3 & b^3 & c^3 & x^3 \end{vmatrix}=0$ 的根不可能是（　　）.

A. a　　B. b

C. c　　D. abc

4. 已知 $\begin{vmatrix} a & b & c \\ d & e & f \\ g & h & i \end{vmatrix}=7$，则 $\begin{vmatrix} a & b & c \\ d+3g & e+3h & f+3i \\ g & h & i \end{vmatrix}=$ ________.

A. 7　　B. 0

C. 21　　D. -7

三、计算题

1. 写出行列式 $D=\begin{vmatrix} 2 & 0 & 0 & 4 \\ 3 & 1 & 0 & 0 \\ 5 & 0 & 1 & 0 \\ 0 & 2 & 3 & 2 \end{vmatrix}$ 中元素 5 的余子式和代数余子式并求值.

2. 用克莱姆法则求方程组 $\begin{cases} 8x-y-6z=0, \\ -4x+5y-z=0, \\ -4x-4y+7z=0 \end{cases}$ 的最小正整数解.

3. 计算 n 阶行列式 $\begin{vmatrix} x & a & \cdots & a \\ a & x & \cdots & a \\ \vdots & \vdots & & \vdots \\ a & a & \cdots & x \end{vmatrix}$.

4. 设 $D=\begin{vmatrix} 3 & 1 & -1 & 2 \\ -5 & 1 & 3 & -4 \\ 2 & 0 & 1 & -1 \\ 1 & -5 & 3 & -3 \end{vmatrix}$. D 中第 i 行、第 j 列的元素的代数余子式记为 A_{ij}，用四阶行列式表示 $A_{11}+A_{12}+A_{13}+A_{14}$ 并计算出结果.

5. 高锰酸钾和硫酸锰在水中反应生成二氧化锰、硫酸钾和硫酸的反应为

$$KMnO_4+MnSO_4+H_2O \longrightarrow MnO_2+K_2SO_4+H_2SO_4.$$

构造一个向量依钾、锰、氧、硫和氢的顺序列出各化合物的原子数，并建立配平化学反应方程式的线性方程组.

第2章　矩阵及其运算

本章介绍与矩阵相关的基本概念和几种常见的矩阵运算，主要有矩阵的线性运算(加法和数量乘法)、矩阵的乘法、矩阵的转置、方阵的行列式、矩阵的逆、矩阵的初等变换和矩阵的秩．矩阵的乘法居于矩阵运算的中心地位．矩阵的秩是非常灵活的概念，基本思路是用矩阵的初等变换来对矩阵进行运算．因为矩阵的阶数通常会很大，所以在对矩阵的各种运算处理时，矩阵分块是一种贯穿全书的策略．

从具体到抽象：从具体的应用场景抽象出矩阵的概念．

从现象到本质：表面不同的各种矩阵到有相同的行最简形．

具体与抽象："从具体到抽象"是人类认识事物过程的第一个阶段．人类认识事物首先是凭借人类的感觉器官感知每一个具体的事物，是认识的起点，是进一步认识事物的前提，而后对这些感知的材料进行理性的思考加工，去粗取精、去伪存真、由此及彼、由表及里，可以获得对事物的内在的、本质的、规律性的认识．而"从抽象到具体"是人类认识过程的第二个阶段．从认识到实践，从一般到个别，从普遍到特殊，从抽象到具体．人们把获得认识回到实践，去检验认识，发展认识，深化认识，去指导实践，为人类服务，从而实现认识的根本目的．"从具体到抽象，从抽象到具体"所形成的闭环，需要我们认真思考，反复验证．日常生活中，我们切忌一叶障目、以偏概全，遇到事情从多个角度去思考．

现象与本质：现象是事物的表面特征和外部联系，表现于外，可以被人们的感官直接感知，现象是个别的、具体的、多样的、多变的、易逝的．本质是同类现象中一般的、共同的东西．本质是相对平静和稳定的．它是事物的根本性质，本质反映事物的内在联系．现实生活中，现象包括真象和假象，我们要锻炼自己辨证能力，提升自己的认知水平，辨别生活中的真象和假象．

2.1　矩阵的运算

内容提要

本节介绍矩阵的概念及几种常见的运算，主要有矩阵的加法、数乘、转置、方阵的行列式、方阵的伴随矩阵等．本节的重点和难点是矩阵的乘法．对矩阵的乘法可基于标量的理解、基于向量的理解和基于矩阵向量乘法的理解．

2.1.1 矩阵的定义与分类

定义 2.1 由 $m\times n$ 个元素 $a_{ij}(i=1,2,\cdots,m;j=1,2,\cdots,n)$ 按一定顺序排成一个 m 行、n 列的长方形数表并用方括号(或圆括号)括起来,形如

$$\begin{bmatrix} a_{11} & a_{12} & \cdots & a_{1n} \\ a_{21} & a_{22} & \cdots & a_{2n} \\ \vdots & \vdots & & \vdots \\ a_{m1} & a_{m2} & \cdots & a_{mn} \end{bmatrix}$$

就称为一个 m 行 n 列矩阵,简称 $m\times n$ 矩阵. 它是一种加括号的长方形数表. 一般用大写黑体字母 $\boldsymbol{A},\boldsymbol{B},\boldsymbol{C}$ 表示,有时也记为 $\boldsymbol{A}=(a_{ij})_{m\times n}$ 或 $\boldsymbol{A}=(a_{ij})$ 或 $\boldsymbol{A}_{m\times n}$.

矩阵有许多特殊的情形. 若行数、列数都为 1,此时矩阵 $\boldsymbol{A}$ 就退化为一个标量$[a]$,为了和标量相区别,仍在元素 a 的两侧加上括号. 若矩阵只有一行,此时称为**行向量**(row vector). 若矩阵只有一列,则称为**列向量**(column vector). 所有元素全为零的矩阵称为**零矩阵**(null matrix),记为 $\boldsymbol{O}_{m\times n}$,若不需要指出零矩阵的具体行和列,也可记为 $\boldsymbol{O}$. 行数和列数相等的矩阵称为**方阵**. 方阵中元素 $a_{ii}(i=1,2,\cdots,n)$ 所在的位置称为 n 阶方阵的**主对角线**(principal diagonal). 一个 n 阶方阵主对角线上方元素全为零,称为**下三角矩阵**(lower triangular matrix). 主对角线下方元素全为零的方阵称为**上三角矩阵**(upper triangular matrix). 既是上三角矩阵又是下三角矩阵的称为**对角矩阵**(diagonal matrix),该矩阵的特点是主对角线上以外的元素全为零,记为 $\mathrm{diag}(a_1,a_2\cdots,a_n)$. 有时并不强调主对角线上的元素,这时对角矩阵可记为 $\boldsymbol{\Lambda}$. 主对角线上元素等于一个固定常数的对角矩阵为**数量矩阵**(scalar matrix). 若数量矩阵的这个数为 1,则称为**单位矩阵**(identity matrix),记为 $\boldsymbol{I}_n$,有时并不强调阶数,也可记为 $\boldsymbol{I}$.

若两个矩阵的行数和列数都相等,则这两个矩阵是**同类型矩阵**. 如果两个同类型矩阵 $\boldsymbol{A}$ 和 $\boldsymbol{B}$ 中所有对应位置的元素都相等,即有 $a_{ij}=b_{ij},i=1,2,\cdots,m,j=1,2,\cdots,n$,则称**矩阵 $\boldsymbol{A}$ 和 $\boldsymbol{B}$ 相等**,记为 $\boldsymbol{A}=\boldsymbol{B}$.

行阶梯形矩阵和行最简形矩阵在本书中会经常遇到. 它们相当于方阵中的上三角矩阵和单位矩阵. 下面先给出定义.

定义 2.2 矩阵满足非零行在元素全为零的行(如果有的话)的上面,从上到下非零行的首非零元所在的列指标是严格增加的,则称该矩阵是**行阶梯形矩阵**. 这时称非零行的首非零元为主元. 特别地,零矩阵或只有第一行是非零行的矩阵也称为**行阶梯形矩阵**. 如果行阶梯形矩阵的主元全为 1 且主元所在列的其余元素全为零,则称该矩阵是**行最简形矩阵**.

例如下面矩阵中前两个是行阶梯形矩阵,后两个是行最简形矩阵.

$$\begin{bmatrix}1&2&2&1\\0&1&-2&-2\\0&0&-4&-3\end{bmatrix},\begin{bmatrix}1&2&2&1\\0&0&-6&-4\\0&0&0&-3\end{bmatrix},\begin{bmatrix}1&0&0&2\\0&1&0&3\\0&0&1&-5\end{bmatrix},\begin{bmatrix}1&3&0&1\\0&0&1&-4\\0&0&0&0\end{bmatrix}.$$

下面的前两个矩阵既不是行阶梯形矩阵也不是行最简形矩阵，后两个是行阶梯形矩阵但不是行最简形矩阵.

$$\begin{bmatrix}1&2&2&1\\0&1&-2&-2\\2&0&-4&-3\end{bmatrix},\begin{bmatrix}1&2&2&1\\0&0&-6&-4\\5&0&0&-3\end{bmatrix},\begin{bmatrix}1&2&0&2\\0&1&0&3\\0&0&1&-5\end{bmatrix},\begin{bmatrix}1&3&0&1\\0&0&1&-4\\0&0&0&3\end{bmatrix}.$$

2.1.2 矩阵的线性运算

矩阵的运算有多种，我们先介绍最简单的**矩阵的线性运算**，即矩阵的加法和数乘运算.

定义 2.3 设有两个 $m\times n$ 矩阵 $\boldsymbol{A}=(a_{ij})$ 和 $\boldsymbol{B}=(b_{ij})$，矩阵 $\boldsymbol{A}$ 与 $\boldsymbol{B}$ 的**加法**定义为 $\boldsymbol{A}+\boldsymbol{B}=(a_{ij}+b_{ij})$，即有

$$\boldsymbol{A}+\boldsymbol{B}=\begin{bmatrix}a_{11}+b_{11}&a_{12}+b_{12}&\cdots&a_{1n}+b_{1n}\\a_{21}+b_{21}&a_{22}+b_{22}&\cdots&a_{2n}+b_{2n}\\\vdots&\vdots&&\vdots\\a_{m1}+b_{m1}&a_{m2}+b_{m2}&\cdots&a_{mn}+b_{mn}\end{bmatrix}.$$

应该注意，当且仅当两个矩阵是同类型的矩阵时，这两个矩阵才能进行加法运算. 易验证矩阵的加法满足下面的运算规律.

性质 2.1 对任意三个 $m\times n$ 矩阵 $\boldsymbol{A},\boldsymbol{B},\boldsymbol{C}$，有

(1) $\boldsymbol{A}+\boldsymbol{B}=\boldsymbol{B}+\boldsymbol{A}$;

(2) $(\boldsymbol{A}+\boldsymbol{B})+\boldsymbol{C}=\boldsymbol{A}+(\boldsymbol{B}+\boldsymbol{C})$;

(3) $\boldsymbol{O}_{m\times n}+\boldsymbol{A}=\boldsymbol{A}+\boldsymbol{O}_{m\times n}=\boldsymbol{A}$.

对于矩阵 $\boldsymbol{A}=(a_{ij})$，定义矩阵 $(-a_{ij})$ 为矩阵 $\boldsymbol{A}$ 的**负矩阵** (negative matrix)，记为 $-\boldsymbol{A}$. 显然有 $\boldsymbol{A}+(-\boldsymbol{A})=\boldsymbol{O}$. 由此**矩阵的减法**定义为

$$\boldsymbol{A}-\boldsymbol{B}=\boldsymbol{A}+(-\boldsymbol{B}).$$

定义 2.4 用一个数 k 乘以矩阵 $\boldsymbol{A}=(a_{ij})_{m\times n}$ 的所有元素得到的矩阵 $(ka_{ij})_{m\times n}$ 称为**矩阵的数乘** (scalar multiplication of matrix)，记为 $k\boldsymbol{A}$ 或者 $\boldsymbol{A}k$，即有 $k\boldsymbol{A}=\boldsymbol{A}k=(ka_{ij})_{m\times n}$.

性质 2.2 设 k,l 是任意两个数，$\boldsymbol{A},\boldsymbol{B}$ 是任意的两个 $m\times n$ 矩阵，则矩阵的数乘运算满足：

(1) $k(\boldsymbol{A}+\boldsymbol{B})=k\boldsymbol{A}+k\boldsymbol{B}$;

(2) $(k+l)\boldsymbol{A}=k\boldsymbol{A}+l\boldsymbol{A}$；

(3) $(kl)\boldsymbol{A}=k(l\boldsymbol{A})=l(k\boldsymbol{A})$；

(4) $1\boldsymbol{A}=\boldsymbol{A}$；

(5) $(-1)\boldsymbol{A}=-\boldsymbol{A}$；

(6) $0\boldsymbol{A}_{m\times n}=\boldsymbol{O}_{m\times n}$.

例 2.1 设 $\boldsymbol{A}=\begin{bmatrix}1 & 2\\ -1 & -2\end{bmatrix}$，$\boldsymbol{B}=\begin{bmatrix}-1 & 2\\ 1 & 3\end{bmatrix}$，计算 $2\boldsymbol{A}-3\boldsymbol{B}$.

解

$$
\begin{aligned}
2\boldsymbol{A}-3\boldsymbol{B}&=2\begin{bmatrix}1 & 2\\ -1 & -2\end{bmatrix}-3\begin{bmatrix}-1 & 2\\ 1 & 3\end{bmatrix}\\
&=\begin{bmatrix}2 & 4\\ -2 & -4\end{bmatrix}-\begin{bmatrix}-3 & 6\\ 3 & 6\end{bmatrix}\\
&=\begin{bmatrix}2-(-3) & 4-6\\ -2-3 & -4-6\end{bmatrix}\\
&=\begin{bmatrix}5 & -2\\ -5 & -10\end{bmatrix}.
\end{aligned}
$$

■

2.1.3 矩阵的乘法

投资风险和回报 两家投行的利率为 7%，3%，10% 和 8%，2%，9%，一万元分为 7000，2000，1000 三个投资类别．哪一家的投资回报高呢？计算结果为

$$
\begin{bmatrix}7\% & 3\% & 10\%\\ 8\% & 2\% & 9\%\end{bmatrix}\begin{bmatrix}7000\\ 2000\\ 1000\end{bmatrix}=\begin{bmatrix}650\\ 690\end{bmatrix}.
$$

换一种投资组合

$$
\begin{bmatrix}7\% & 3\% & 10\%\\ 8\% & 2\% & 9\%\end{bmatrix}\begin{bmatrix}3000\\ 2000\\ 5000\end{bmatrix}=\begin{bmatrix}770\\ 730\end{bmatrix}.
$$

两者放在一起就会得到下面矩阵的乘法

$$\begin{bmatrix} 7\% & 3\% & 10\% \\ 8\% & 2\% & 9\% \end{bmatrix} \begin{bmatrix} 7000 & 3000 \\ 2000 & 2000 \\ 1000 & 5000 \end{bmatrix} = \begin{bmatrix} 650 & 770 \\ 690 & 730 \end{bmatrix}.$$

商品的销售 某企业生产三种产品(假设为A,B,C),假设每种商品只考虑四种属性(价格、利润、重量、体积,这里单位略去),见表2.1所列. 这时可把每种商品的属性视为一个四维向量.

表2.1 三种产品的属性

商品属性	商品种类		
	A	B	C
价格(price)	17	40	50
利润(profit)	3	8	10
重量(weight)	2	1	7
体积(volume)	5	3	4

若把四种产品供货给三家商场(甲、乙、丙),每个商场的需求量见表2.2所列.

表2.2 各商场的需求量

商品种类	商场		
	甲	乙	丙
A	10	40	50
B	30	80	10
C	50	30	40

这时供给甲商场的商品属性向量为

$$\begin{bmatrix} 17 \\ 3 \\ 2 \\ 5 \end{bmatrix} \times 10 + \begin{bmatrix} 40 \\ 8 \\ 1 \\ 3 \end{bmatrix} \times 30 + \begin{bmatrix} 50 \\ 10 \\ 7 \\ 4 \end{bmatrix} \times 50 = \begin{bmatrix} 17\times10+40\times30+50\times50 \\ 3\times10+8\times30+10\times50 \\ 2\times10+1\times30+7\times50 \\ 5\times10+3\times30+4\times50 \end{bmatrix}.$$

整个商品供给可用矩阵的乘法表示为

$$\begin{bmatrix} 17 & 40 & 50 \\ 3 & 8 & 10 \\ 2 & 1 & 7 \\ 5 & 3 & 4 \end{bmatrix} \begin{bmatrix} 10 & 40 & 50 \\ 30 & 80 & 10 \\ 50 & 30 & 40 \end{bmatrix} = \begin{bmatrix} 3870 & 5380 & 3250 \\ 770 & 1060 & 630 \\ 400 & 370 & 390 \\ 340 & 560 & 440 \end{bmatrix}.$$

上面两个例子中都用到了矩阵和向量的乘积，以此为基础下面给出矩阵乘法的定义．

定义 2.5 $m\times n$ 型矩阵 $\boldsymbol{A}=(a_{ij})$ 与 $n\times s$ 型矩阵 $\boldsymbol{B}=(b_{ij})=[\boldsymbol{\beta}_1,\boldsymbol{\beta}_2,\cdots,\boldsymbol{\beta}_s]$ 的乘积是一个 $m\times s$ 型的矩阵 $\boldsymbol{C}$，即有

$$\boldsymbol{C}=\boldsymbol{AB}=\boldsymbol{A}[\boldsymbol{\beta}_1,\boldsymbol{\beta}_2,\cdots,\boldsymbol{\beta}_s]=[\boldsymbol{A\beta}_1,\boldsymbol{A\beta}_2,\cdots,\boldsymbol{A\beta}_s].$$

这是基于矩阵向量乘法的定义．更进一步，若记 $\boldsymbol{A}=\begin{bmatrix}\boldsymbol{\alpha}_1^{\mathrm{T}}\\ \boldsymbol{\alpha}_2^{\mathrm{T}}\\ \vdots\\ \boldsymbol{\alpha}_m^{\mathrm{T}}\end{bmatrix}$，则有

$$\boldsymbol{C}=\boldsymbol{AB}=\begin{bmatrix}\boldsymbol{\alpha}_1^{\mathrm{T}}\\ \boldsymbol{\alpha}_2^{\mathrm{T}}\\ \vdots\\ \boldsymbol{\alpha}_m^{\mathrm{T}}\end{bmatrix}[\boldsymbol{\beta}_1,\boldsymbol{\beta}_2,\cdots,\boldsymbol{\beta}_s]=\begin{bmatrix}\boldsymbol{\alpha}_1^{\mathrm{T}}\boldsymbol{\beta}_1 & \boldsymbol{\alpha}_1^{\mathrm{T}}\boldsymbol{\beta}_2 & \cdots & \boldsymbol{\alpha}_1^{\mathrm{T}}\boldsymbol{\beta}_s\\ \boldsymbol{\alpha}_2^{\mathrm{T}}\boldsymbol{\beta}_1 & \boldsymbol{\alpha}_2^{\mathrm{T}}\boldsymbol{\beta}_2 & \cdots & \boldsymbol{\alpha}_2^{\mathrm{T}}\boldsymbol{\beta}_s\\ \vdots & \vdots & & \vdots\\ \boldsymbol{\alpha}_m^{\mathrm{T}}\boldsymbol{\beta}_1 & \boldsymbol{\alpha}_m^{\mathrm{T}}\boldsymbol{\beta}_2 & \cdots & \boldsymbol{\alpha}_m^{\mathrm{T}}\boldsymbol{\beta}_s\end{bmatrix}.$$

这是基于两个向量内积的定义．再细一点进入标量层次，记 $\boldsymbol{C}=(c_{ij})$，则有

$$\boldsymbol{C}=\boldsymbol{AB}=(c_{ij})_{m\times s},$$

其中

$$c_{ij}=\boldsymbol{\alpha}_i^{\mathrm{T}}\boldsymbol{\beta}_j=[a_{i1},a_{i2},\cdots,a_{in}]\begin{bmatrix}b_{1j}\\ b_{2j}\\ \vdots\\ b_{nj}\end{bmatrix}$$

$$=a_{i1}b_{1j}+a_{i2}b_{2j}+\cdots+a_{in}b_{nj},i=1,2,\cdots,m,j=1,2,\cdots,s.$$

据此定义，只有第一个矩阵 $\boldsymbol{A}$ 的列数和第二个矩阵 $\boldsymbol{B}$ 的行数相等时这两个矩阵才能相乘，且所得矩阵 $\boldsymbol{C}=\boldsymbol{AB}$ 的一般元素 c_{ij} 就是矩阵 $\boldsymbol{A}$ 的第 i 行元素和矩阵 $\boldsymbol{B}$ 的第 j 列对应元素乘积的和．据此定义有同维数的行向量乘以列向量所得结果是一个数，称为**向量的内积**（inner product of two vectors），即有

$$[a_1,a_2,\cdots,a_n]\begin{bmatrix}b_1\\ b_2\\ \vdots\\ b_n\end{bmatrix}=a_1b_1+a_2b_2+\cdots+a_nb_n.$$

而一个列向量乘一个行向量所得结果是一个矩阵，称为**向量的外积**，即有

$$\begin{bmatrix} a_1 \\ a_2 \\ \vdots \\ a_m \end{bmatrix} [b_1, b_2, \cdots, b_n] = \begin{bmatrix} a_1b_1 & a_1b_2 & \cdots & a_1b_n \\ a_2b_1 & a_2b_2 & \cdots & a_2b_n \\ \vdots & \vdots & & \vdots \\ a_mb_1 & a_mb_2 & \cdots & a_mb_n \end{bmatrix}.$$

由此例也可以看出,矩阵的乘法一般是不服从交换律的.

下面就以矩阵$\boldsymbol{A}_{2\times3}$乘以矩阵$\boldsymbol{B}_{3\times2}$为例来说明矩阵的乘法.符号$\text{row}_i\boldsymbol{A}$表示矩阵$\boldsymbol{A}$的第$i$行,$\text{col}_j\boldsymbol{B}$表示矩阵$\boldsymbol{B}$的第$j$列.矩阵$\boldsymbol{A}$和$\boldsymbol{B}$分别为

$$\boldsymbol{A} = \begin{bmatrix} \text{row}_1\boldsymbol{A} \\ \text{row}_2\boldsymbol{A} \\ \text{row}_3\boldsymbol{A} \end{bmatrix}, \boldsymbol{B} = [\text{col}_1\boldsymbol{B}, \text{col}_2\boldsymbol{B}].$$

依定义 2.5 中矩阵乘法的定义则有

$$\boldsymbol{AB} = \begin{bmatrix} \text{row}_1\boldsymbol{A} \\ \text{row}_2\boldsymbol{A} \\ \text{row}_3\boldsymbol{A} \end{bmatrix} [\text{col}_1\boldsymbol{B}, \text{col}_2\boldsymbol{B}] = \begin{bmatrix} \text{row}_1\boldsymbol{A}\text{col}_1\boldsymbol{B} & \text{row}_1\boldsymbol{A}\text{col}_2\boldsymbol{B} \\ \text{row}_2\boldsymbol{A}\text{col}_1\boldsymbol{B} & \text{row}_2\boldsymbol{A}\text{col}_2\boldsymbol{B} \\ \text{row}_3\boldsymbol{A}\text{col}_1\boldsymbol{B} & \text{row}_3\boldsymbol{A}\text{col}_2\boldsymbol{B} \end{bmatrix}.$$

此外,若把矩阵$\boldsymbol{A}$,$\boldsymbol{B}$分别写成

$$\boldsymbol{A} = [\text{col}_1\boldsymbol{A}, \text{col}_2\boldsymbol{A}, \text{col}_3\boldsymbol{A}], \boldsymbol{B} = \begin{bmatrix} b_{11} & b_{12} \\ b_{21} & b_{22} \\ b_{31} & b_{32} \end{bmatrix}.$$

则有

$$\begin{aligned} \boldsymbol{AB} &= [\text{col}_1\boldsymbol{A}, \text{col}_2\boldsymbol{A}, \text{col}_3\boldsymbol{A}] \begin{bmatrix} b_{11} & b_{12} \\ b_{21} & b_{22} \\ b_{31} & b_{32} \end{bmatrix} \\ &= [b_{11}\text{col}_1\boldsymbol{A} + b_{21}\text{col}_2\boldsymbol{A} + b_{31}\text{col}_3\boldsymbol{A}, b_{12}\text{col}_1\boldsymbol{A} + b_{22}\text{col}_2\boldsymbol{A} + b_{32}\text{col}_3\boldsymbol{A}]. \end{aligned}$$

即两个矩阵相乘所得矩阵的列向量是第一个矩阵列向量的一个**线性组合**.

例 2.2 已知矩阵$\boldsymbol{A} = \begin{bmatrix} 2 & 3 \\ 1 & -5 \end{bmatrix}$,$\boldsymbol{B} = \begin{bmatrix} 2 & 3 & -1 \\ 1 & -2 & 5 \end{bmatrix}$.计算$\boldsymbol{AB}$.

解 记$\boldsymbol{B} = [\boldsymbol{\beta}_1, \boldsymbol{\beta}_1, \boldsymbol{\beta}_3]$,计算得

$$A\beta_1=\begin{bmatrix}2&3\\1&-5\end{bmatrix}\begin{bmatrix}2\\1\end{bmatrix}=\begin{bmatrix}7\\-3\end{bmatrix},$$

$$A\beta_2=\begin{bmatrix}2&3\\1&-5\end{bmatrix}\begin{bmatrix}3\\-2\end{bmatrix}=\begin{bmatrix}0\\13\end{bmatrix},$$

$$A\beta_3=\begin{bmatrix}2&3\\1&-5\end{bmatrix}\begin{bmatrix}-1\\5\end{bmatrix}=\begin{bmatrix}13\\-26\end{bmatrix}.$$

因此，$\boldsymbol{AB}=\boldsymbol{A}[\boldsymbol{\beta}_1,\boldsymbol{\beta}_2,\boldsymbol{\beta}_3]=\begin{bmatrix}7&0&13\\-3&13&13\end{bmatrix}$. ■

例 2.3 已知矩阵 $\boldsymbol{A}=\begin{bmatrix}1&2\\2&1\end{bmatrix}$，$\boldsymbol{B}=\begin{bmatrix}1&1\\1&-1\end{bmatrix}$. 计算 $\boldsymbol{AB}$ 与 $\boldsymbol{BA}$.

解 直接由矩阵乘法的定义 2.5 计算可得

$$\boldsymbol{AB}=\begin{bmatrix}1&2\\2&1\end{bmatrix}\begin{bmatrix}1&1\\1&-1\end{bmatrix}=\begin{bmatrix}3&-1\\3&1\end{bmatrix},\boldsymbol{BA}=\begin{bmatrix}1&1\\1&-1\end{bmatrix}\begin{bmatrix}1&2\\2&1\end{bmatrix}=\begin{bmatrix}3&3\\-1&1\end{bmatrix}.$$

对于实数，乘法交换律 $ab=ba$ 成立，但对矩阵来说，上面的例子表明矩阵乘法的不适用交换律，即对同阶方阵 $\boldsymbol{A},\boldsymbol{B}$，通常有 $\boldsymbol{AB}\neq\boldsymbol{BA}$，对不同阶且乘法 $\boldsymbol{AB},\boldsymbol{BA}$ 有意义的矩阵 $\boldsymbol{A},\boldsymbol{B}$，更有 $\boldsymbol{AB}\neq\boldsymbol{BA}$.

2.1.4 矩阵乘法的性质

直接由矩阵乘法的定义可验证矩阵乘法具有下面的性质：

性质 2.3 若矩阵的维数是相容的，即所有的运算都是可以施行的，则矩阵乘法有下面的性质：

(1) $(\boldsymbol{AB})\boldsymbol{C}=\boldsymbol{A}(\boldsymbol{BC})$；

(2) $\boldsymbol{A}(\boldsymbol{B}+\boldsymbol{C})=\boldsymbol{AB}+\boldsymbol{AC}$，$(\boldsymbol{A}+\boldsymbol{B})\boldsymbol{C}=\boldsymbol{AC}+\boldsymbol{BC}$；

(3) $(k\boldsymbol{A})\boldsymbol{B}=\boldsymbol{A}(k\boldsymbol{B})=k(\boldsymbol{AB})$；

(4) $\boldsymbol{I}_m\boldsymbol{A}_{m\times n}=\boldsymbol{A}_{m\times n}\boldsymbol{I}_n=\boldsymbol{A}_{m\times n}$；

(5) $\boldsymbol{O}_{s\times m}\boldsymbol{A}_{m\times n}=\boldsymbol{O}_{s\times n}$，$\boldsymbol{A}_{m\times n}\boldsymbol{O}_{n\times t}=\boldsymbol{O}_{m\times t}$.

证明 (1) 利用矩阵和矩阵的乘法可转化为矩阵和向量的乘法，记 $\boldsymbol{C}=[\boldsymbol{\gamma}_1,\boldsymbol{\gamma}_2,\boldsymbol{\gamma}_3]$，则左端为

$$(\boldsymbol{AB})\boldsymbol{C}=(\boldsymbol{AB})[\boldsymbol{\gamma}_1,\boldsymbol{\gamma}_2,\boldsymbol{\gamma}_3]=[\boldsymbol{AB\gamma}_1,\boldsymbol{AB\gamma}_2,\boldsymbol{AB\gamma}_3].$$

右端为

$$\boldsymbol{A}(\boldsymbol{BC})=\boldsymbol{A}(\boldsymbol{B}[\boldsymbol{\gamma}_1,\boldsymbol{\gamma}_2,\boldsymbol{\gamma}_3])=\boldsymbol{A}[\boldsymbol{B\gamma}_1,\boldsymbol{B\gamma}_2,\boldsymbol{B\gamma}_3]=[\boldsymbol{AB\gamma}_1,\boldsymbol{AB\gamma}_2,\boldsymbol{AB\gamma}_3].$$

所以性质(1) 成立.

(2) 因为有

$$\begin{aligned}\boldsymbol{A}(\boldsymbol{\beta}_1+\boldsymbol{\gamma}_1)-\boldsymbol{A}\boldsymbol{\beta}_1-\boldsymbol{A}\boldsymbol{\gamma}_1&=\boldsymbol{A}(\boldsymbol{\beta}_1+\boldsymbol{\gamma}_1)+\boldsymbol{A}(-\boldsymbol{\beta}_1)+\boldsymbol{A}(-\boldsymbol{\gamma}_1)\\&=\boldsymbol{A}(\boldsymbol{\beta}_1+\boldsymbol{\gamma}_1-\boldsymbol{\beta}_1-\boldsymbol{\gamma}_1)\\&=\boldsymbol{A}\boldsymbol{0}=\boldsymbol{0}.\end{aligned}$$

所以性质

$$\boldsymbol{A}(\boldsymbol{\beta}_1+\boldsymbol{\gamma}_1)=\boldsymbol{A}\boldsymbol{\beta}_1+\boldsymbol{A}\boldsymbol{\gamma}_1$$

是成立的．令 $\boldsymbol{B}=[\boldsymbol{\beta}_1,\boldsymbol{\beta}_2,\boldsymbol{\beta}_3]$ 可证得

$$\begin{aligned}\boldsymbol{A}(\boldsymbol{B}+\boldsymbol{C})&=\boldsymbol{A}([\boldsymbol{\beta}_1,\boldsymbol{\beta}_2,\boldsymbol{\beta}_3]+[\boldsymbol{\gamma}_1,\boldsymbol{\gamma}_2,\boldsymbol{\gamma}_3])\\&=\boldsymbol{A}[\boldsymbol{\beta}_1+\boldsymbol{\gamma}_1,\boldsymbol{\beta}_2+\boldsymbol{\gamma}_2,\boldsymbol{\beta}_3+\boldsymbol{\gamma}_3]\\&=[\boldsymbol{A}(\boldsymbol{\beta}_1+\boldsymbol{\gamma}_1),\boldsymbol{A}(\boldsymbol{\beta}_2+\boldsymbol{\gamma}_2),\boldsymbol{A}(\boldsymbol{\beta}_3+\boldsymbol{\gamma}_3)]\\&=[\boldsymbol{A}\boldsymbol{\beta}_1+\boldsymbol{A}\boldsymbol{\gamma}_1,\boldsymbol{A}\boldsymbol{\beta}_2+\boldsymbol{A}\boldsymbol{\gamma}_2,\boldsymbol{A}\boldsymbol{\beta}_3+\boldsymbol{A}\boldsymbol{\gamma}_3]\\&=[\boldsymbol{A}\boldsymbol{\beta}_1,\boldsymbol{A}\boldsymbol{\beta}_2,\boldsymbol{A}\boldsymbol{\beta}_3]+[\boldsymbol{A}\boldsymbol{\gamma}_1,\boldsymbol{A}\boldsymbol{\gamma}_2,\boldsymbol{A}\boldsymbol{\gamma}_3]\\&=\boldsymbol{A}[\boldsymbol{\beta}_1,\boldsymbol{\beta}_2,\boldsymbol{\beta}_3]+\boldsymbol{A}[\boldsymbol{\gamma}_1,\boldsymbol{\gamma}_2,\boldsymbol{\gamma}_3]\\&=\boldsymbol{AB}+\boldsymbol{AC}.\end{aligned}$$

同理可证明 $(\boldsymbol{A}+\boldsymbol{B})\boldsymbol{C}=\boldsymbol{AC}+\boldsymbol{BC}$．综合以上可得性质(2) 成立．

其他几条性质也可类似证明． ■

2.1.5 方阵的幂和多项式

有了矩阵的乘法，$n(n\geqslant 2)$ 阶方阵 $\boldsymbol{A}$ 的 k 次幂就可定义为

$$\boldsymbol{A}^k=\underbrace{\boldsymbol{A}\boldsymbol{A}\cdots\boldsymbol{A}}_{k\text{个}\boldsymbol{A}\text{相乘}}.$$

这里 k 为正整数．特别规定非零矩阵 $\boldsymbol{A}$ 的零次幂定义为 $\boldsymbol{A}^0=\boldsymbol{I}$.

一般来说，矩阵的幂运算是个较为复杂的问题，但对下面两类特殊的矩阵它们有较为简单的幂运算．

(1) 矩阵可表示成列向量和行向量的乘积．设 $\boldsymbol{A}=\boldsymbol{\alpha}\boldsymbol{\beta}^{\mathrm{T}},\boldsymbol{\alpha},\boldsymbol{\beta}\in\mathbb{R}^n$，求 $\boldsymbol{A}^n$.

由于矩阵的乘法适用于结合律，所以有

$$\begin{aligned}\boldsymbol{A}^n&=\boldsymbol{\alpha}\boldsymbol{\beta}^{\mathrm{T}}\boldsymbol{\alpha}\boldsymbol{\beta}^{\mathrm{T}}\cdots\boldsymbol{\alpha}\boldsymbol{\beta}^{\mathrm{T}}\\&=\boldsymbol{\alpha}(\boldsymbol{\beta}^{\mathrm{T}}\boldsymbol{\alpha})(\boldsymbol{\beta}^{\mathrm{T}}\boldsymbol{\alpha})\cdots(\boldsymbol{\beta}^{\mathrm{T}}\boldsymbol{\alpha})\boldsymbol{\beta}^{\mathrm{T}}\\&=\boldsymbol{\alpha}(\boldsymbol{\beta}^{\mathrm{T}}\boldsymbol{\alpha})^{n-1}\boldsymbol{\beta}^{\mathrm{T}}\\&=(\boldsymbol{\beta}^{\mathrm{T}}\boldsymbol{\alpha})^{n-1}\boldsymbol{\alpha}\boldsymbol{\beta}^{\mathrm{T}}\end{aligned}$$

$$=(\boldsymbol{\beta}^{\mathrm{T}}\boldsymbol{\alpha})^{n-1}\boldsymbol{A}.$$

例 2.4 已知矩阵 $\boldsymbol{A}=\begin{bmatrix}1&2&1\\2&4&2\\3&6&3\end{bmatrix}$，求 $\boldsymbol{A}^n$.

解 令 $\boldsymbol{\alpha}=\begin{bmatrix}1\\2\\3\end{bmatrix}$，$\boldsymbol{\beta}=\begin{bmatrix}1\\2\\1\end{bmatrix}$，则

$$\boldsymbol{A}^n=(\boldsymbol{\beta}^{\mathrm{T}}\boldsymbol{\alpha})^{n-1}\boldsymbol{A}=8^{n-1}\boldsymbol{A}.$$

■

(2) 矩阵是主对角线上元素全为零的上(下)三角矩阵. 已知 $\boldsymbol{A}=\begin{bmatrix}0&a&b\\0&0&c\\0&0&0\end{bmatrix}$，求 $\boldsymbol{A}^n$. 简单的计算可得 $\boldsymbol{A}^2\neq\boldsymbol{O}$，$\boldsymbol{A}^3=\boldsymbol{O}$.

例 2.5 已知矩阵 $\boldsymbol{A}=\begin{bmatrix}0&1&2\\0&0&3\\0&0&0\end{bmatrix}$，求 $\boldsymbol{A}^n$.

解 当 $n=1$ 时，$\boldsymbol{A}^1=\boldsymbol{A}$. 当 $n=2$ 时，$\boldsymbol{A}^2=\begin{bmatrix}0&0&3\\0&0&0\\0&0&0\end{bmatrix}$. 当 $n\geqslant 3$ 时，$\boldsymbol{A}^n=\boldsymbol{O}$. ■

例 2.6 已知矩阵 $\boldsymbol{A}=\begin{bmatrix}1&2&3\\0&1&4\\0&0&1\end{bmatrix}$，求 $\boldsymbol{A}^n$.

解 令 $\boldsymbol{B}=\begin{bmatrix}0&2&3\\0&0&4\\0&0&0\end{bmatrix}$，则 $\boldsymbol{A}=\boldsymbol{I}+\boldsymbol{B}$. 当 $n=1$ 时，$\boldsymbol{A}^1=\begin{bmatrix}1&2&3\\0&1&4\\0&0&1\end{bmatrix}$. 当 $n=2$ 时，

$$\begin{aligned}\boldsymbol{A}^2&=(\boldsymbol{I}+\boldsymbol{B})^2\\&=\boldsymbol{I}+2\boldsymbol{B}+\boldsymbol{B}^2\\&=\begin{bmatrix}1&0&0\\0&1&0\\0&0&1\end{bmatrix}+\begin{bmatrix}0&4&6\\0&0&8\\0&0&0\end{bmatrix}+\begin{bmatrix}0&0&8\\0&0&0\\0&0&0\end{bmatrix}\\&=\begin{bmatrix}1&4&14\\0&1&8\\0&0&1\end{bmatrix}.\end{aligned}$$

当 $n \geqslant 3$ 时，

$$\begin{aligned}\boldsymbol{A}^n &= (\boldsymbol{I}+\boldsymbol{B})^n \\ &= \mathrm{C}_n^0\boldsymbol{I}^n + \mathrm{C}_n^1\boldsymbol{I}^{n-1}\boldsymbol{B} + \mathrm{C}_n^2\boldsymbol{I}^{n-2}\boldsymbol{B}^2 + \underbrace{\mathrm{C}_n^3\boldsymbol{I}^{n-3}\boldsymbol{B}^3 + \cdots + \mathrm{C}_n^n\boldsymbol{I}^0\boldsymbol{B}^n}_{n-2\text{项为零矩阵}} \\ &= \begin{bmatrix}1&0&0\\0&1&0\\0&0&1\end{bmatrix} + n\begin{bmatrix}0&4&6\\0&0&8\\0&0&0\end{bmatrix} + \frac{n(n-1)}{2}\begin{bmatrix}0&0&8\\0&0&0\\0&0&0\end{bmatrix} \\ &= \begin{bmatrix}1&4n&2n(2n+1)\\0&1&8n\\0&0&1\end{bmatrix}.\end{aligned}$$

■

借助矩阵的数乘和矩阵的幂可以构造矩阵的多项式．设 $f(x)=a_m x^m+\cdots+a_1 x+a_0$ 为 x 的 m 次多项式，$\boldsymbol{A}$ 为 n 阶矩阵，记

$$f(\boldsymbol{A})=a_m\boldsymbol{A}^m+\cdots+a_1\boldsymbol{A}+a_0\boldsymbol{I},$$

$f(\boldsymbol{A})$ 称为**矩阵 $\boldsymbol{A}$ 的 m 次多项式**．

因为矩阵 $\boldsymbol{A}^k$，$\boldsymbol{A}^l$ 和 $\boldsymbol{I}$ 都是可交换的，所以矩阵 $\boldsymbol{A}$ 的两个多项式 $f(\boldsymbol{A})$ 与 $g(\boldsymbol{A})$ 也是可交换的，即总有

$$f(\boldsymbol{A})g(\boldsymbol{A})=g(\boldsymbol{A})f(\boldsymbol{A}),$$

从而 $\boldsymbol{A}$ 的几个多项式可以像数 x 的多项式一样相乘或分解因式，例如

$$(\boldsymbol{I}+\boldsymbol{A})(2\boldsymbol{I}-\boldsymbol{A})=2\boldsymbol{I}+\boldsymbol{A}-\boldsymbol{A}^2,\ (\boldsymbol{I}-\boldsymbol{A})^3=\boldsymbol{I}-3\boldsymbol{A}+3\boldsymbol{A}^2-\boldsymbol{A}^3.$$

➢【矩阵乘法的应用】

平面内的转轴公式　考虑坐标平面内的转轴问题．设向量 $\boldsymbol{a}$ 的终点坐标为 $(\cos\theta, \sin\theta)$，向量 $\boldsymbol{a}$ 绕坐标原点逆时针旋转角度 ϕ 后得到向量 $\boldsymbol{b}$，它的终点坐标为 $(\cos(\theta+\phi), \sin(\theta+\phi))$．那么向量 $\boldsymbol{a}$ 和向量 $\boldsymbol{b}$ 的终点坐标间有怎样的关系呢？将三角函数中两角和的余弦和正弦的展开公式

$$\cos(\theta+\phi)=\cos\theta\cos\phi-\sin\theta\sin\phi,$$

$$\sin(\theta+\phi)=\sin\theta\cos\phi+\cos\theta\sin\phi$$

写到一起可得

$$\begin{bmatrix}\cos(\theta+\phi)\\ \sin(\theta+\phi)\end{bmatrix}=\begin{bmatrix}\cos\phi & -\sin\phi\\ \sin\phi & \cos\phi\end{bmatrix}\begin{bmatrix}\cos\theta\\ \sin\theta\end{bmatrix}. \tag{2.1}$$

这就是坐标平面内的转轴公式．

设向量 $\boldsymbol{a}$ 的终点坐标为 $(\cos\theta,\sin\theta)$，向量 $\boldsymbol{a}$ 绕坐标原点逆时针旋转角度 ϕ 后得到向量 $\boldsymbol{b}$，它的终点坐标为 $(\cos(\theta+\phi),\sin(\theta+\phi))$，再将向量 $\boldsymbol{b}$ 逆时针旋转 ψ 得向量 $\boldsymbol{c}$，它的终点坐标为 $(\cos(\theta+\phi+\psi),\sin(\theta+\phi+\psi))$．那么向量 $\boldsymbol{a}$ 和向量 $\boldsymbol{c}$ 的终点坐标间的关系如下：

$$\begin{aligned}\begin{bmatrix}\cos(\theta+\phi+\psi)\\ \sin(\theta+\phi+\psi)\end{bmatrix}&=\begin{bmatrix}\cos\psi & -\sin\psi\\ \sin\psi & \cos\psi\end{bmatrix}\begin{bmatrix}\cos(\theta+\phi)\\ \sin(\theta+\phi)\end{bmatrix}\\&=\begin{bmatrix}\cos\psi & -\sin\psi\\ \sin\psi & \cos\psi\end{bmatrix}\begin{bmatrix}\cos\phi & -\sin\phi\\ \sin\phi & \cos\phi\end{bmatrix}\begin{bmatrix}\cos\theta\\ \sin\theta\end{bmatrix}\\&=\begin{bmatrix}\cos(\psi+\phi) & -\sin(\psi+\phi)\\ \sin(\psi+\phi) & \cos(\psi+\phi)\end{bmatrix}\begin{bmatrix}\cos\theta\\ \sin\theta\end{bmatrix}.\end{aligned}$$

此处

$$\begin{bmatrix}\cos\psi & -\sin\psi\\ \sin\psi & \cos\psi\end{bmatrix}\begin{bmatrix}\cos\phi & -\sin\phi\\ \sin\phi & \cos\phi\end{bmatrix}=\begin{bmatrix}\cos\psi\cos\phi-\sin\psi\sin\phi & -\cos\psi\sin\phi-\sin\psi\cos\phi\\ \sin\psi\cos\phi+\cos\psi\sin\phi & \cos\psi\sin\phi-\sin\psi\cos\phi\end{bmatrix}$$

就是矩阵的乘法．

食饵捕食系统　在某区域内，猫头鹰作为老鼠的主要捕食者，它的食物中有80%是老鼠．用 O_k 表示猫头鹰(owl)的数量，R_k 表示老鼠(rat)的数量．调查统计表明，若没有老鼠作为食物，每个月仅有一半的猫头鹰能存活下来，它的数量为 $0.5O_k$．若老鼠的数量充足，则每个月猫头鹰的增加数量约为 $0.4R_k$．而若没有猫头鹰捕食，老鼠数量每月增长10%，由于猫头鹰的捕食老鼠每月减少数量为 pO_k（事实上一只猫头鹰平均每月吃掉 $1000p$ 只老鼠)．问当 $p=0.104$ 时，预测该区域内猫头鹰与老鼠数量的发展趋势．

由上面的叙述，可得

$$\begin{cases}O_{k+1}=0.5O_k+0.4R_k,\\ R_{k+1}=-pO_k+1.1R_k.\end{cases}$$

引入矩阵，则上面的关系式可写成

$$\begin{bmatrix}O_{k+1}\\ R_{k+1}\end{bmatrix}=\begin{bmatrix}0.5 & 0.4\\ -p & 1.1\end{bmatrix}\begin{bmatrix}O_k\\ R_k\end{bmatrix}.$$

上式描述了一定区域内猫头鹰和老鼠的种群关系．

2.1.6　矩阵的转置

定义2.6　设矩阵 $\boldsymbol{A}=(a_{ij})_{m\times n}$，矩阵 $\boldsymbol{A}$ 的转置是一个 $n\times m$ 型矩阵，定义为 $\boldsymbol{B}=(b_{ij})_{n\times m}$，$b_{ij}=a_{ji}$，则称矩阵 $\boldsymbol{B}$ 为矩阵 $\boldsymbol{A}$ 的**转置**(transpose of a matrix)，记为 $\boldsymbol{B}=\boldsymbol{A}^{\mathrm{T}}$．

例如矩阵 $\boldsymbol{A}=\begin{bmatrix}1 & 4\\ 2 & 5\\ 3 & 6\end{bmatrix}$ 的转置矩阵为 $\boldsymbol{A}^{\mathrm{T}}=\begin{bmatrix}1 & 2 & 3\\ 4 & 5 & 6\end{bmatrix}$.

性质 2.4 矩阵的转置属矩阵的一元运算,可验证矩阵的转置满足下面的运算性质:

(1) $(\boldsymbol{A}^{\mathrm{T}})^{\mathrm{T}}=\boldsymbol{A}$;

(2) $(\boldsymbol{A}+\boldsymbol{B})^{\mathrm{T}}=\boldsymbol{A}^{\mathrm{T}}+\boldsymbol{B}^{\mathrm{T}}$;

(3) $(k\boldsymbol{A})^{\mathrm{T}}=k\boldsymbol{A}^{\mathrm{T}}$;

(4) $(\boldsymbol{AB})^{\mathrm{T}}=\boldsymbol{B}^{\mathrm{T}}\boldsymbol{A}^{\mathrm{T}}$.

设 $\boldsymbol{A}$ 为 n 阶方阵,若矩阵 $\boldsymbol{A}$ 满足 $\boldsymbol{A}^{\mathrm{T}}=\boldsymbol{A}$,则称矩阵 $\boldsymbol{A}$ 为**对称矩阵**(symmetric matrix). 即若矩阵 $\boldsymbol{A}$ 的元素 a_{ij} 满足

$$a_{ij}=a_{ji},i,j=1,2,\cdots,n,$$

则矩阵 $\boldsymbol{A}$ 是**对称矩阵**.

对称矩阵的特点是矩阵的元素以主对角线为对称轴对应相等. 可以验证对于方阵 $\boldsymbol{A}$, $\boldsymbol{A}+\boldsymbol{A}^{\mathrm{T}}$ 总是对称矩阵. 若 $\boldsymbol{A}$ 为长方阵,则矩阵 $\boldsymbol{A}^{\mathrm{T}}\boldsymbol{A}$ 或 $\boldsymbol{A}\boldsymbol{A}^{\mathrm{T}}$ 都是对称矩阵.

类似可以定义反对称矩阵,若矩阵 $\boldsymbol{A}$ 满足 $\boldsymbol{A}^{\mathrm{T}}=-\boldsymbol{A}$ 或者 $\boldsymbol{A}^{\mathrm{T}}+\boldsymbol{A}=\boldsymbol{O}$,则称矩阵 $\boldsymbol{A}$ 是**反对称矩阵**(antisymmetric matrix). 反对称矩阵的特点是矩阵主对角线上的元素全为零,关于主对角线对称的元素互为相反数. 显然,对任意方阵 $\boldsymbol{A}$, $\boldsymbol{A}-\boldsymbol{A}^{\mathrm{T}}$ 总是反对称矩阵. 任何一个方阵都可以写成一个对称矩阵和一个反对称矩阵的和,即有

$$\boldsymbol{A}=\frac{1}{2}(\boldsymbol{A}+\boldsymbol{A}^{\mathrm{T}}+\boldsymbol{A}-\boldsymbol{A}^{\mathrm{T}})=\frac{1}{2}(\boldsymbol{A}+\boldsymbol{A}^{\mathrm{T}})+\frac{1}{2}(\boldsymbol{A}-\boldsymbol{A}^{\mathrm{T}}).$$

例 2.7 设列向量 $\boldsymbol{x}=[x_1,x_2,\cdots,x_n]^{\mathrm{T}}$ 满足 $\boldsymbol{x}^{\mathrm{T}}\boldsymbol{x}=1$, $\boldsymbol{I}$ 为 n 阶单位矩阵, $\boldsymbol{H}=\boldsymbol{I}-2\boldsymbol{x}\boldsymbol{x}^{\mathrm{T}}$,证明 $\boldsymbol{H}$ 是对称矩阵,且 $\boldsymbol{H}\boldsymbol{H}^{\mathrm{T}}=\boldsymbol{I}$.

证明 直接验证可得

$$\begin{aligned}\boldsymbol{H}^{\mathrm{T}}&=(\boldsymbol{I}-2\boldsymbol{x}\boldsymbol{x}^{\mathrm{T}})^{\mathrm{T}}\\&=\boldsymbol{I}^{\mathrm{T}}+(-2\boldsymbol{x}\boldsymbol{x}^{\mathrm{T}})^{\mathrm{T}}\\&=\boldsymbol{I}-2(\boldsymbol{x}^{\mathrm{T}})^{\mathrm{T}}\boldsymbol{x}^{\mathrm{T}}\\&=\boldsymbol{I}-2\boldsymbol{x}\boldsymbol{x}^{\mathrm{T}}.\end{aligned}$$

$$\begin{aligned}\boldsymbol{H}\boldsymbol{H}^{\mathrm{T}}=\boldsymbol{H}\boldsymbol{H}&=(\boldsymbol{I}-2\boldsymbol{x}\boldsymbol{x}^{\mathrm{T}})^2\\&=(\boldsymbol{I}-2\boldsymbol{x}\boldsymbol{x}^{\mathrm{T}})(\boldsymbol{I}-2\boldsymbol{x}\boldsymbol{x}^{\mathrm{T}})\\&=\boldsymbol{I}-2\boldsymbol{x}\boldsymbol{x}^{\mathrm{T}}-2\boldsymbol{x}\boldsymbol{x}^{\mathrm{T}}+4\boldsymbol{x}\boldsymbol{x}^{\mathrm{T}}\boldsymbol{x}\boldsymbol{x}^{\mathrm{T}}\\&=\boldsymbol{I}-4\boldsymbol{x}\boldsymbol{x}^{\mathrm{T}}+4\boldsymbol{x}(\boldsymbol{x}^{\mathrm{T}}\boldsymbol{x})\boldsymbol{x}^{\mathrm{T}}\end{aligned}$$

$$=\boldsymbol{I}-4\boldsymbol{x}\boldsymbol{x}^{\mathrm{T}}+4\boldsymbol{x}\boldsymbol{x}^{\mathrm{T}}$$
$$=\boldsymbol{I}.$$

证毕. ■

2.1.7 方阵的行列式

行列式也可以看作是一个以方阵 $\boldsymbol{A}$ 为变量的标量函数,即有 $f(\boldsymbol{A})=\det(\boldsymbol{A})$. 这个函数具有下面的性质.

(1) $\det(\boldsymbol{A})=\det(\boldsymbol{A}^{\mathrm{T}})$;

(2) $\det(k\boldsymbol{A})=k^n\det(\boldsymbol{A})$;

(3) $\det(\boldsymbol{AB})=\det(\boldsymbol{A})\det(\boldsymbol{B})$;

(4) $\det(\boldsymbol{A})\det(\boldsymbol{B})=\det(\boldsymbol{B})\det(\boldsymbol{A})$.

前两条依行列式的性质可给出证明. 下面仅就 $n=2$ 时给出性质(3)的证明.

令 $\boldsymbol{A}=(a_{ij})_{n\times n}$, $\boldsymbol{B}=(b_{ij})_{n\times n}$. 记四阶行列式

$$D=\begin{vmatrix} a_{11} & a_{12} & 0 & 0 \\ a_{21} & a_{22} & 0 & 0 \\ -1 & 0 & b_{11} & b_{12} \\ 0 & -1 & b_{21} & b_{22} \end{vmatrix}=\begin{vmatrix} \boldsymbol{A} & \boldsymbol{O} \\ -\boldsymbol{I} & \boldsymbol{B} \end{vmatrix}=\det(\boldsymbol{A})\det(\boldsymbol{B}).$$

根据行列式的性质可得

$$\begin{aligned} D &= \begin{vmatrix} a_{11} & a_{12} & 0 & 0 \\ a_{21} & a_{22} & 0 & 0 \\ -1 & 0 & b_{11} & b_{12} \\ 0 & -1 & b_{21} & b_{22} \end{vmatrix} \\ &\xlongequal[r_1+r_4a_{12}]{r_1+r_3a_{11}} \begin{vmatrix} 0 & 0 & a_{11}b_{11}+a_{12}b_{21} & a_{11}b_{12}+a_{12}b_{22} \\ a_{21} & a_{22} & 0 & 0 \\ -1 & 0 & b_{11} & b_{12} \\ 0 & -1 & b_{21} & b_{22} \end{vmatrix} \\ &\xlongequal[r_2+r_4a_{22}]{r_2+r_3a_{21}} \begin{vmatrix} 0 & 0 & a_{11}b_{11}+a_{12}b_{21} & a_{11}b_{12}+a_{12}b_{22} \\ 0 & 0 & a_{21}b_{11}+a_{22}b_{21} & a_{21}b_{12}+a_{22}b_{22} \\ -1 & 0 & b_{11} & b_{12} \\ 0 & -1 & b_{21} & b_{22} \end{vmatrix} \end{aligned}$$

$$= \begin{vmatrix} \boldsymbol{O} & \boldsymbol{AB} \\ -\boldsymbol{I} & \boldsymbol{B} \end{vmatrix}$$

$$= (-1)^2 \begin{vmatrix} -\boldsymbol{I} & \boldsymbol{B} \\ \boldsymbol{O} & \boldsymbol{AB} \end{vmatrix}$$

$$= (-1)^{2+2} \det(\boldsymbol{I}) \det(\boldsymbol{AB})$$

$$= \det(\boldsymbol{A}) \det(\boldsymbol{B}).$$

2.1.8 小结

本节介绍的矩阵的运算有加法、数乘、乘法、转置等．和矩阵相关的概念有矩阵对称与反对称矩阵．重点和难点是矩阵的乘法．

2.1.9 习题

1. $\boldsymbol{A} = \begin{bmatrix} 1 & 2 \\ -1 & 3 \end{bmatrix}$，$\boldsymbol{B} = \begin{bmatrix} 2 & 1 \\ 0 & -1 \end{bmatrix}$，计算$(\boldsymbol{A}+\boldsymbol{B})(\boldsymbol{A}-\boldsymbol{B})$.

2. 计算 $\begin{bmatrix} 1 \\ 2 \\ 3 \end{bmatrix}(2,-1,0)$ 与$(1,-1,2)\begin{bmatrix} 2 \\ 1 \\ 3 \end{bmatrix}$.

3. 计算 $\begin{bmatrix} 3 & 4 \\ 6 & 8 \end{bmatrix}^n$.

4. 计算 $\begin{bmatrix} 1 & 1 & 1 \\ 0 & 1 & 1 \\ 0 & 0 & 1 \end{bmatrix}^n$.

5. 设 $\boldsymbol{A} = \begin{bmatrix} 1 & 1 & 1 \\ 1 & 1 & -1 \\ 1 & -1 & 1 \end{bmatrix}$，$\boldsymbol{B} = \begin{bmatrix} 1 & 2 & 3 \\ -1 & -2 & 4 \\ 0 & 5 & 1 \end{bmatrix}$，求 $3\boldsymbol{AB}-2\boldsymbol{A}$ 及 $\boldsymbol{A}^{\mathrm{T}}\boldsymbol{B}$.

6. 设 $\boldsymbol{A},\boldsymbol{B}$ 为 n 阶方阵，$\boldsymbol{A}$ 是对称矩阵，证明 $\boldsymbol{B}^{\mathrm{T}}\boldsymbol{AB}$ 是对称矩阵．

7. 设 $\boldsymbol{A},\boldsymbol{B}$ 为 n 阶对称矩阵，证明矩阵 $\boldsymbol{A},\boldsymbol{B}$ 是对称矩阵的充要条件是 $\boldsymbol{AB}=\boldsymbol{BA}$.

8. 设 $\boldsymbol{A}$ 为 n 阶对称矩阵，$\boldsymbol{B}$ 是 n 阶反对称矩阵．证明：

(1) $\boldsymbol{B}^2$ 是对称矩阵；

(2) $\boldsymbol{AB}-\boldsymbol{BA}$ 是对称矩阵，$\boldsymbol{AB}+\boldsymbol{BA}$ 是反对称矩阵．

9. 对标量的乘法有乘法公式$(a+b)(a-b)=a^2-b^2$，$(a+b)^2=a^2+2ab+b^2$，但矩阵的

乘法通常是$(\boldsymbol{A}+\boldsymbol{B})(\boldsymbol{A}-\boldsymbol{B})\neq\boldsymbol{A}^2-\boldsymbol{B}^2$，$(\boldsymbol{A}+\boldsymbol{B})^2\neq\boldsymbol{A}^2+2\boldsymbol{AB}+\boldsymbol{B}^2$. 当矩阵$\boldsymbol{A}$，$\boldsymbol{B}$满足什么条件时上面两式才成立？

10. 对标量乘法，若$ab=0$，则$a=0$或$b=0$. 若设$\boldsymbol{A}=\begin{bmatrix}2 & -2\\1 & -1\end{bmatrix}$，$\boldsymbol{B}=\begin{bmatrix}1 & 1\\1 & 1\end{bmatrix}$，则有$\boldsymbol{AB}=\boldsymbol{O}$，但矩$\boldsymbol{A}$和$\boldsymbol{B}$均不是零矩阵，所以若有$\boldsymbol{AB}=\boldsymbol{O}$成立，则不能由此推出$\boldsymbol{A}=\boldsymbol{O}$或$\boldsymbol{B}=\boldsymbol{O}$. 试举例说明下面三式是错误的：

(1) 若$\boldsymbol{A}^2=\boldsymbol{O}$，则$\boldsymbol{A}=\boldsymbol{O}$. 提示可取$\boldsymbol{A}=\begin{bmatrix}0 & 1\\0 & 0\end{bmatrix}$.

(2) 若$\boldsymbol{A}^2=\boldsymbol{A}$，则$\boldsymbol{A}=\boldsymbol{O}$或$\boldsymbol{A}=\boldsymbol{I}$. 提示可取$\boldsymbol{A}=\begin{bmatrix}0 & 0\\0 & 1\end{bmatrix}$.

(3) 若$\boldsymbol{AX}=\boldsymbol{AY}$，且$\boldsymbol{A}\neq\boldsymbol{O}$，则有$\boldsymbol{X}=\boldsymbol{Y}$. 提示可取$\boldsymbol{A}=\begin{bmatrix}1 & 0\\0 & 0\end{bmatrix}$ $\boldsymbol{X}=\begin{bmatrix}1 & 1\\1 & 1\end{bmatrix}$，$\boldsymbol{Y}=\begin{bmatrix}1 & 1\\1 & 0\end{bmatrix}$.

2.1.10 阅读材料：层次分析法（一）

管理科学中的层次分析法

层次分析法（Analytic Hierarchy Process，AHP）是一种进行复杂决策分析时常用的方法．该方法最早由 T. L. Saaty 在 20 世纪 70 年代提出，在商业、工业、政府、教育和医疗等领域有着广泛的应用．该方法适用于存在某一特定的目标，并存在固定数量达到目标的可选项问题．何种选项是否最终被选择依赖于一系列的评价准则．当处理复杂决策问题时，每一个评价准则都可能存在一系列的子准则，以此类推．因此，对于复杂的决策问题，人们可能需要多层的决策准则．

为说明层次分析法是如何工作的，下面考虑一个简单的问题．某大学数学系正在执行一项人才引进计划，要从三名候选人（张、王、李三名博士）中引进一名博士．经过最后一轮面试，委员会必须挑选出最适合的人选．为达到这个目标，需要对候选人在研究、教学和学术活动等三个方面进行评估．具体过程见表 2.3 所列．

表 2.3 层次分析法原理

目标层	选择候选人		
准则层	研究	教学	学术活动
候选人	$\begin{bmatrix}Z\\W\\L\end{bmatrix}$	$\begin{bmatrix}Z\\W\\L\end{bmatrix}$	$\begin{bmatrix}Z\\W\\L\end{bmatrix}$

层次分析法的第一步是确定三个评估标准的相对重要性，这可通过两两比较完成．例如，委员会认为教学和研究同样重要，而这两点的重要性是学术活动的两倍，则数学上可用评级的权重0.40，0.40，0.20来对教学、研究和学术活动进行赋值．需要注意的是，权重系数的和应是1．权重向量为 $\boldsymbol{w}=\begin{bmatrix}0.40\\0.40\\0.20\end{bmatrix}$．它给出了查找准则间的相对重要性的数值表示．

该方法的下一步是对每一准则为列表中的三名候选人给出相对的权重评级．给出这些权重的方法可以是定量的，也可以是定性的．例如，对研究的评估可以用三名候选人在学术期刊上发表论文的页数(或篇数)进行定量评估．因此，若张博士发表了500页，王博士发表了250页，李博士发表了250页，则可将权重赋值这将这些数值除以1000．因此该方法得到的权重为0.50，0.25，0.25．定量的评估并不能考虑到论文质量不同的因素．确定定性的权重需要人来判断，该过程不能完全主观．至此，假设委员会已经找到了三个准则中每一个准则的权重向量．具体见表2.4所列．

表2.4　各候选人具体数据

目标层	选择候选人(1.00)		
准则层(权重)	研究(0.40)	教学(0.40)	学术活动(0.20)
候选人 $\begin{bmatrix}Z\\W\\L\end{bmatrix}$	$\begin{bmatrix}0.50\\0.25\\0.25\end{bmatrix}$	$\begin{bmatrix}0.20\\0.50\\0.30\end{bmatrix}$	$\begin{bmatrix}0.25\\0.50\\0.25\end{bmatrix}$

候选人的相对评级可使用如下的向量表示：

$$\boldsymbol{\alpha}_1=\begin{bmatrix}0.50\\0.25\\0.25\end{bmatrix},\boldsymbol{\alpha}_2=\begin{bmatrix}0.20\\0.50\\0.30\end{bmatrix},\boldsymbol{\alpha}_3=\begin{bmatrix}0.25\\0.50\\0.25\end{bmatrix}.$$

为了确定候选人的相对评级，我们可将每一个向量都乘以相对权重 w_1,w_2,w_3，并将结果相加：

$$\boldsymbol{r}=w_1\boldsymbol{\alpha}_1+w_2\boldsymbol{\alpha}_2+w_3\boldsymbol{\alpha}_3=0.40\begin{bmatrix}0.50\\0.25\\0.25\end{bmatrix}+0.40\begin{bmatrix}0.20\\0.50\\0.30\end{bmatrix}+0.20\begin{bmatrix}0.25\\0.50\\0.25\end{bmatrix}=\begin{bmatrix}0.33\\0.40\\0.27\end{bmatrix}.$$

注意到，如果令 $\boldsymbol{A}=[\boldsymbol{\alpha}_1,\boldsymbol{\alpha}_2,\boldsymbol{\alpha}_3]$，则相对评级向量 $\boldsymbol{R}$ 可使用矩阵 $\boldsymbol{A}$ 与向量 $\boldsymbol{w}$ 的乘积表示

$$\boldsymbol{R}=\boldsymbol{A}\boldsymbol{w}=\begin{bmatrix}0.50&0.20&0.25\\0.25&0.50&0.50\\0.25&0.30&0.25\end{bmatrix}\begin{bmatrix}0.40\\0.40\\0.20\end{bmatrix}=\begin{bmatrix}0.33\\0.40\\0.27\end{bmatrix},$$

这样本例中,第二个候选人具有最高的相对评级,因此最终决定引进王博士,若王博士拒绝,则应将职位提供给张博士.

本书阅读材料中的应用背景主要参考了文献[16]和[17],在此表示感谢!

2.2 逆矩阵

内容提要

若 $a\neq 0$,则方程 $ax=b$ 的解是 $x=a^{-1}b$. 这个结论可推广成以下形式:若 $\det\boldsymbol{A}\neq 0$,则方程 $\boldsymbol{Ax}=\boldsymbol{\beta}$ 有唯一解 $\boldsymbol{x}=\boldsymbol{A}^{-1}\boldsymbol{\beta}$. 这里 $\boldsymbol{A}^{-1}$ 是矩阵 $\boldsymbol{A}$ 的逆矩阵. 本节的主要内容是逆矩阵的定义、用伴随矩阵求逆阵、逆矩阵的性质和应用、逆矩阵常用的几个结论.

2.2.1 逆矩阵的定义

定义 2.7 对于 n 阶方阵 $\boldsymbol{A}$,如果存在 n 阶方阵 $\boldsymbol{B}$,使得

$$\boldsymbol{AB}=\boldsymbol{BA}=\boldsymbol{I}$$

成立,则称矩阵 $\boldsymbol{A}$ 是可逆的,并把矩阵 $\boldsymbol{B}$ 称为矩阵 $\boldsymbol{A}$ 的**逆矩阵**(inverse matrix).

由于矩阵的乘法不满足交换律,所以逆矩阵的定义中才要求等式 $\boldsymbol{AB}=\boldsymbol{I}$ 与 $\boldsymbol{BA}=\boldsymbol{I}$ 同时成立.

由逆矩阵的定义可得如果矩阵 $\boldsymbol{A}$ 是可逆的,则它的逆矩阵是唯一的. 即若矩阵 $\boldsymbol{B}$ 和 $\boldsymbol{C}$ 均是矩阵 $\boldsymbol{A}$ 的逆矩阵,则有

$$\boldsymbol{B}=\boldsymbol{BI}=\boldsymbol{BAC}=(\boldsymbol{BA})\boldsymbol{C}=\boldsymbol{IC}=\boldsymbol{C}.$$

既然矩阵 $\boldsymbol{A}$ 的逆矩阵是唯一的,那么我们用记号 $\boldsymbol{A}^{-1}$ 来表示矩阵 $\boldsymbol{A}$ 的逆矩阵. 即若 $\boldsymbol{AB}=\boldsymbol{BA}=\boldsymbol{I}$,则有 $\boldsymbol{B}=\boldsymbol{A}^{-1}$.

对 $\boldsymbol{AB}=\boldsymbol{BA}=\boldsymbol{I}$ 两边取行列式可得 $|\boldsymbol{A}||\boldsymbol{B}|=|\boldsymbol{I}|=1$. 所以当 $\boldsymbol{A}$ 可逆时,应满足 $|\boldsymbol{A}|\neq 0$. 这时称矩阵 $\boldsymbol{A}$ 是**非奇异矩阵**(nonsingular matrix),反之若 $|\boldsymbol{A}|=0$,则 $|\boldsymbol{A}||\boldsymbol{B}|=0$,这时不可能有 $\boldsymbol{AB}=\boldsymbol{I}$ 成立,即矩阵 $\boldsymbol{A}$ 是不可逆的,这时称矩阵 $\boldsymbol{A}$ 是**奇异矩阵**(singular matrix).

2.2.2 用伴随矩阵求逆矩阵

定义 2.8 矩阵 $\boldsymbol{A}=(a_{ij})_{n\times n}$ 中元素 a_{ij} 的余子阵记为 $\boldsymbol{A}_{ij}$,元素 a_{ij} 的代数余子式

$$A_{ij}=(-1)^{i+j}\det(\boldsymbol{A}_{ij}).$$

用 A_{ij} 构造矩阵 $\boldsymbol{A}^*$,称为矩阵 $\boldsymbol{A}$ 的**伴随矩阵**(adjugate or classical adjoint matrix),如果

$$A^* = (A_{ij})^{\mathrm{T}} = \begin{bmatrix} A_{11} & A_{12} & \cdots & A_{1n} \\ A_{21} & A_{22} & \cdots & A_{2n} \\ \vdots & \vdots & & \vdots \\ A_{n1} & A_{n2} & \cdots & A_{nn} \end{bmatrix}^{\mathrm{T}} = \begin{bmatrix} A_{11} & A_{21} & \cdots & A_{n1} \\ A_{12} & A_{22} & \cdots & A_{n2} \\ \vdots & \vdots & & \vdots \\ A_{1n} & A_{2n} & \cdots & A_{nn} \end{bmatrix},$$

简称为**伴随阵**.

方阵 $\boldsymbol{A}$ 与它的伴随矩阵间有下面的结论成立:

定理 2.1 n 阶方阵 $\boldsymbol{A}$ 乘以它的伴随矩阵 $\boldsymbol{A}^*$ 等于数量矩阵 $|\boldsymbol{A}|\boldsymbol{I}$,即有

$$\boldsymbol{A}\boldsymbol{A}^* = \boldsymbol{A}^*\boldsymbol{A} = |\boldsymbol{A}|\boldsymbol{I}.$$

证明 设有 $\boldsymbol{A}=(a_{ij})_{n\times n}$,记 $\boldsymbol{A}\boldsymbol{A}^*=(b_{ij})_{n\times n}$,则有

$$b_{ij} = (\boldsymbol{A}\boldsymbol{A}^*)_{ij} = \sum_{k=1}^{n} a_{ik}A_{jk} = a_{i1}A_{j1} + a_{i2}A_{j2} + \cdots + a_{in}A_{jn} = \begin{cases} |\boldsymbol{A}|, i=j, \\ 0, \quad i \neq j. \end{cases}$$

具体写开就是

$$\boldsymbol{A}\boldsymbol{A}^* = \begin{bmatrix} a_{11} & a_{12} & \cdots & a_{1n} \\ a_{21} & a_{22} & \cdots & a_{2n} \\ \vdots & \vdots & & \vdots \\ a_{n1} & a_{n2} & \cdots & a_{nn} \end{bmatrix} \begin{bmatrix} A_{11} & A_{21} & \cdots & A_{n1} \\ A_{12} & A_{22} & \cdots & A_{n2} \\ \vdots & \vdots & & \vdots \\ A_{1n} & A_{2n} & \cdots & A_{nn} \end{bmatrix} = \begin{bmatrix} |\boldsymbol{A}| & 0 & \cdots & 0 \\ 0 & |\boldsymbol{A}| & \cdots & 0 \\ \vdots & \vdots & & \vdots \\ 0 & 0 & \cdots & |\boldsymbol{A}| \end{bmatrix} = |\boldsymbol{A}|\boldsymbol{I}.$$

类似可以验证 $\boldsymbol{A}^*\boldsymbol{A}=|\boldsymbol{A}|\boldsymbol{I}$ 成立.综合以上即有恒等式

$$\boldsymbol{A}\boldsymbol{A}^* = \boldsymbol{A}^*\boldsymbol{A} = |\boldsymbol{A}|\boldsymbol{I}.$$

证毕. ■

根据恒等式 $\boldsymbol{A}\boldsymbol{A}^*=\boldsymbol{A}^*\boldsymbol{A}=|\boldsymbol{A}|\boldsymbol{I}$,可得下面的定理.

定理 2.2 矩阵 $\boldsymbol{A}$ 可逆的充要条件是 $|\boldsymbol{A}|\neq 0$. 若矩阵 $\boldsymbol{A}$ 可逆则有

$$\boldsymbol{A}^{-1} = \frac{1}{|\boldsymbol{A}|}\boldsymbol{A}^*,$$

其中 $\boldsymbol{A}^*$ 为矩阵 $\boldsymbol{A}$ 的伴随矩阵.

证明 必要性.若矩阵 $\boldsymbol{A}$ 可逆,则存在方阵 $\boldsymbol{B}$ 使得 $\boldsymbol{A}\boldsymbol{B}=\boldsymbol{I}$ 成立,两边取行列式可得 $|\boldsymbol{A}||\boldsymbol{B}|=|\boldsymbol{I}|=1$,所以有 $|\boldsymbol{A}|\neq 0$. 在此条件下由恒等式 $\boldsymbol{A}\boldsymbol{A}^*=\boldsymbol{A}^*\boldsymbol{A}=|\boldsymbol{A}|\boldsymbol{I}$ 两边同除以 $|\boldsymbol{A}|$ 可得

$$\boldsymbol{A}\frac{\boldsymbol{A}^*}{|\boldsymbol{A}|} = \frac{\boldsymbol{A}^*}{|\boldsymbol{A}|}\boldsymbol{A} = \boldsymbol{I}.$$

故有

$$A^{-1}=\frac{1}{|A|}A^*.$$

充分性．若 $|A|\neq 0$，则有 $A\frac{A^*}{|A|}=\frac{A^*}{|A|}A=I$. 所以矩阵 A 是可逆的． ■

根据定义判断一个方阵是否可逆，需要验证 $AB=I$ 与 $BA=I$ 同时成立才可以. 根据定理 2.1，判断一个方阵是否可逆只要验证存在矩阵 B 使得 $AB=I$ 成立，或验证 $|A|\neq 0$ 就行了.

注意：一定是方阵 A,B 且满足条件 $AB=I$ 才行，若是长方阵 A,B 满足条件 $AB=I$，则矩阵 A,B 不是可逆矩阵．

理论上，借助伴随矩阵总是能求出它的逆矩阵，但是随着矩阵阶数的增加，计算量巨大，所以定理 2.2 的作用主要体现在理论上．

例 2.8 二阶矩阵 $A=\begin{bmatrix}a & b\\ c & d\end{bmatrix}$ 的行列式 $|A|=ad-bc\neq 0$，求它的逆矩阵．

解 因为 $A^*=\begin{bmatrix}d & -b\\ -c & a\end{bmatrix}$，当 $|A|=ad-bc\neq 0$ 时，直接利用矩阵的求逆公式 $A^{-1}=\frac{1}{|A|}A^*$，可得

$$A^{-1}=\frac{1}{|A|}A^*=\frac{1}{ad-bc}\begin{bmatrix}d & -b\\ -c & a\end{bmatrix}.$$

■

例 2.8 中二阶矩阵的求逆公式我们应牢牢记住，这个公式在后面会经常用到. 一般情况下，公式 $A^{-1}=\frac{1}{|A|}A^*$ 从计算效率上来说只对二阶可逆矩阵有效，对三阶以上的可逆矩阵由该公式来计算，其计算量是非常大的，这个从下面的例子就能看出来．通常情况下我们是用矩阵的初等变换来计算矩阵的逆矩阵.

例 2.9 求矩阵 $A=\begin{bmatrix}1 & -2 & 3\\ -1 & 3 & 0\\ 0 & 2 & 1\end{bmatrix}$ 的逆矩阵．

解 求得 $|A|=-5\neq 0$，可知 A^{-1} 是存在的．计算矩阵 A 的各二阶子式可得

$$M_{11}=3,M_{12}=-1,M_{13}=-2,M_{21}=-8,M_{22}=1,M_{23}=2,$$

$$M_{31}=-9,M_{32}=3,M_{33}=1.$$

结合符号表 $\begin{bmatrix}+ & - & +\\ - & + & -\\ + & - & +\end{bmatrix}$ 填入可得

$$A^* = \begin{bmatrix} M_{11} & -M_{21} & M_{31} \\ -M_{12} & M_{22} & -M_{32} \\ M_{13} & -M_{23} & M_{33} \end{bmatrix} = \begin{bmatrix} 3 & 8 & -9 \\ 1 & 1 & -3 \\ -2 & -2 & 1 \end{bmatrix}.$$

所以有

$$A^{-1} = \frac{1}{|A|}A^* = -\frac{1}{5}\begin{bmatrix} 3 & 8 & -9 \\ 1 & 1 & -3 \\ -2 & -2 & 1 \end{bmatrix}.$$

■

从这个例子可以看出，对于一般的矩阵用伴随矩阵来求它的逆矩阵计算量是很大的，如果一定要用这种方法来求逆矩阵，可以先写出符号表，再求余子式，这样可以尽可能少出错．一般用伴随矩阵求逆矩阵多用于理论证明．下面给出用伴随矩阵求逆来证明克莱姆法则．

证明　（基于伴随矩阵求逆的证明）因为方程 $\boldsymbol{Ax}=\boldsymbol{\beta}$ 的系数矩阵的行列式不为零，即 $|\boldsymbol{A}|\neq 0$，故矩阵$\boldsymbol{A}$是可逆的．令 $\boldsymbol{x}=\boldsymbol{A}^{-1}\boldsymbol{\beta}$，并将其代方程$\boldsymbol{Ax}=\boldsymbol{\beta}$可验证$\boldsymbol{x}=\boldsymbol{A}^{-1}\boldsymbol{\beta}$是方程$\boldsymbol{Ax}=\boldsymbol{\beta}$的解，同时由可逆矩阵的唯一性可知 $\boldsymbol{x}=\boldsymbol{A}^{-1}\boldsymbol{\beta}$ 是方程$\boldsymbol{Ax}=\boldsymbol{\beta}$的唯一解．由逆矩阵公式$\boldsymbol{A}^{-1}=\frac{1}{|\boldsymbol{A}|}\boldsymbol{A}^*$ 可得 $\boldsymbol{x}=\frac{1}{|\boldsymbol{A}|}\boldsymbol{A}^*\boldsymbol{\beta}$，具体展开就是

$$\begin{bmatrix} x_1 \\ x_2 \\ \vdots \\ x_n \end{bmatrix} = \frac{1}{|\boldsymbol{A}|}\begin{bmatrix} A_{11} & A_{21} & \cdots & A_{n1} \\ A_{12} & A_{22} & \cdots & A_{n2} \\ \vdots & \vdots & & \vdots \\ A_{1n} & A_{2n} & \cdots & A_{nn} \end{bmatrix}\begin{bmatrix} b_1 \\ b_2 \\ \vdots \\ b_n \end{bmatrix} = \frac{1}{|\boldsymbol{A}|}\begin{bmatrix} b_1A_{11}+b_2A_{21}+\cdots+b_nA_{n1} \\ b_1A_{12}+b_2A_{22}+\cdots+b_nA_{n2} \\ \vdots \\ b_1A_{1n}+b_2A_{2n}+\cdots+b_nA_{nn} \end{bmatrix}.$$

将解向量 $\boldsymbol{x}$ 中的第 j 个元素 x_j 单独写出来就是

$$x_j = \frac{1}{|\boldsymbol{A}|}(b_1A_{1j}+b_2A_{2j}+\cdots+b_nA_{nj}) = \frac{1}{|\boldsymbol{A}|}|\boldsymbol{A}_j|, j=1,2,\cdots,n.$$

■

2.2.3　逆矩阵的性质

根据逆矩阵的定义可以验证下面关于逆矩阵的性质是正确的．

性质 2.5　直接由逆矩阵的定义可验证下面的几条性质：

(1) 若矩阵 $\boldsymbol{A}$ 可逆，则矩阵 $\boldsymbol{A}^{-1}$ 也是可逆的，且有$(\boldsymbol{A}^{-1})^{-1}=\boldsymbol{A}$.

(2) 若矩阵 $\boldsymbol{A}$ 可逆，数 $\lambda\neq 0$，则矩阵 $\lambda\boldsymbol{A}$ 也是可逆的，且有$(\lambda\boldsymbol{A})^{-1}=\frac{1}{\lambda}\boldsymbol{A}^{-1}$.

(3) 若矩阵 $\boldsymbol{A}$ 可逆,则矩阵 $\boldsymbol{A}^{\mathrm{T}}$ 也是可逆的,且有 $(\boldsymbol{A}^{\mathrm{T}})^{-1}=(\boldsymbol{A}^{-1})^{\mathrm{T}}$.

(4) 若矩阵 $\boldsymbol{A}$ 可逆,则 $|\boldsymbol{A}^{-1}|=|\boldsymbol{A}|^{-1}$.

(5) 若矩阵 $\boldsymbol{A}_1,\boldsymbol{A}_2,\cdots,\boldsymbol{A}_s$ 是同阶可逆矩阵,则它们的乘积 $\boldsymbol{A}_1\boldsymbol{A}_2\cdots\boldsymbol{A}_s$ 也是可逆的,且有 $(\boldsymbol{A}_1\boldsymbol{A}_2\cdots\boldsymbol{A}_s)^{-1}=\boldsymbol{A}_s^{-1}\boldsymbol{A}_{s-1}^{-1}\cdots\boldsymbol{A}_2^{-1}\boldsymbol{A}_1^{-1}$.

(6) 若 $\boldsymbol{A}=\mathrm{diag}(\lambda_1,\lambda_2,\cdots,\lambda_n)$ 是对角矩阵,则矩阵 $\boldsymbol{A}$ 可逆的充要条件是 $\lambda_i\neq 0,i=1,2,\cdots,n$,且有 $\boldsymbol{A}^{-1}=\mathrm{diag}^{-1}(\lambda_1,\lambda_2,\cdots,\lambda_n)=\mathrm{diag}(\lambda_1^{-1},\lambda_2^{-1},\cdots,\lambda_n^{-1})$.

例 2.10 设 $\boldsymbol{J}$ 是元素全为 1 的 $n(n\geqslant 2)$ 阶方阵,则有 $\boldsymbol{J}^2=\boldsymbol{J}\boldsymbol{J}=n\boldsymbol{J}$. 利用该结论证明 $\boldsymbol{I}-\boldsymbol{J}$ 是可逆矩阵,且有 $(\boldsymbol{I}-\boldsymbol{J})^{-1}=\boldsymbol{I}-\frac{1}{n-1}\boldsymbol{J}$. 这里 $\boldsymbol{I}$ 是同阶的单位矩阵. 并尝试求可逆矩阵 $a\boldsymbol{I}+b\boldsymbol{J}$ 的逆矩阵.

解 注意到 $\boldsymbol{I}^2=\boldsymbol{I}$ 和 $\boldsymbol{J}^2=n\boldsymbol{J}$,所以可设 $\boldsymbol{I}-\boldsymbol{J}$ 的逆矩阵为 $\boldsymbol{I}+k\boldsymbol{J}$,将这二者相乘可得

$$(\boldsymbol{I}-\boldsymbol{J})(\boldsymbol{I}+k\boldsymbol{J})=\boldsymbol{I}-\boldsymbol{J}+k\boldsymbol{J}-kn\boldsymbol{J}.$$

令 $-\boldsymbol{J}+k\boldsymbol{J}-kn\boldsymbol{J}=(-1+k-kn)\boldsymbol{J}=\boldsymbol{O}$,解得 $k=\frac{1}{1-n}$. 所以可得

$$(\boldsymbol{I}-\boldsymbol{J})^{-1}=\boldsymbol{I}+\frac{1}{1-n}\boldsymbol{J}.$$

类似可令 $a\boldsymbol{I}+b\boldsymbol{J}$ 的逆矩阵为 $\frac{1}{a}\boldsymbol{I}+k\boldsymbol{J}$,$k$ 为待求解参数,它们二者相乘可得

$$(a\boldsymbol{I}+b\boldsymbol{J})\left(\frac{1}{a}\boldsymbol{I}+k\boldsymbol{J}\right)=\boldsymbol{I}+\left(\frac{b}{a}+ak+bnk\right)\boldsymbol{J}=\boldsymbol{I}.$$

即 $\frac{b}{a}+ak+bnk=0$,解得 $k=-\frac{b}{a(a+bn)}$. 从而可得

$$(a\boldsymbol{I}+b\boldsymbol{J})^{-1}=\frac{1}{a}\boldsymbol{I}-\frac{b}{a(a+bn)}\boldsymbol{J}.$$

■

2.2.4 逆矩阵的初步应用

1. 求解矩阵方程

引逆矩阵的概念后求解方程 $ax=b$ 就可以推广成求解方程 $\boldsymbol{A}\boldsymbol{x}=\boldsymbol{\beta}$ 或方程 $\boldsymbol{A}\boldsymbol{X}=\boldsymbol{B}$. 注意到矩阵的乘法不满足交换律,所以还有 $\boldsymbol{X}\boldsymbol{B}=\boldsymbol{C}$ 和 $\boldsymbol{A}\boldsymbol{X}\boldsymbol{B}=\boldsymbol{C}$ 两种类型. 利用矩阵的逆矩阵记号,上面的三种矩阵方程的解析解分别为

$$\boldsymbol{X}=\boldsymbol{A}^{-1}\boldsymbol{B},\boldsymbol{X}=\boldsymbol{C}\boldsymbol{B}^{-1},\boldsymbol{X}=\boldsymbol{A}^{-1}\boldsymbol{B}\boldsymbol{C}^{-1}.$$

这种类型题目的核心是利用公式 $\boldsymbol{A}\boldsymbol{B}=\boldsymbol{I}$ 或 $\boldsymbol{A}\boldsymbol{B}\boldsymbol{C}=\boldsymbol{I}$.

例 2.11 设

$$A=\begin{bmatrix}2&1&3\\-2&1&-6\\1&-1&4\end{bmatrix},B=\begin{bmatrix}2&5\\-3&-7\end{bmatrix},C=\begin{bmatrix}1&0\\-3&1\\2&-3\end{bmatrix},$$

求矩阵 X 使其满足 $AXB=C$.

解 可求得 $|A|=1$,所以 $A^{-1}=A^*=\begin{bmatrix}-2&-7&-9\\2&5&6\\1&3&4\end{bmatrix}$, $B^{-1}=\begin{bmatrix}-7&-5\\3&2\end{bmatrix}$. 所以

$$\begin{aligned}X&=A^{-1}CB^{-1}\\&=\begin{bmatrix}-2&-7&-9\\2&5&6\\1&3&4\end{bmatrix}\begin{bmatrix}1&0\\-3&1\\2&-3\end{bmatrix}\begin{bmatrix}-7&-5\\3&2\end{bmatrix}\\&=\begin{bmatrix}1&20\\-1&-13\\0&-9\end{bmatrix}\begin{bmatrix}-7&-5\\3&2\end{bmatrix}\\&=\begin{bmatrix}53&35\\-32&-21\\-27&-18\end{bmatrix}.\end{aligned}$$

■

2. 方阵幂和矩阵多项式的计算

例 2.12 设 $P=\begin{bmatrix}1&-2\\1&1\end{bmatrix}$, $\Lambda=\begin{bmatrix}1&0\\0&2\end{bmatrix}$, $A=P\Lambda P^{-1}$,求 A^n.

解 因为有 $A=P\Lambda P^{-1}$,所以可得

$$A^2=P\Lambda P^{-1}P\Lambda P^{-1}=P\Lambda^2P^{-1},\cdots,A^n=P\Lambda^nP^{-1}.$$

求得 $P^{-1}=\frac{1}{3}\begin{bmatrix}1&2\\-1&1\end{bmatrix}$ 及 $\Lambda=\begin{bmatrix}1&0\\0&2\end{bmatrix}$, $\Lambda^2=\begin{bmatrix}1&0\\0&2^2\end{bmatrix}$, $\cdots$, $\Lambda^n=\begin{bmatrix}1&0\\0&2^n\end{bmatrix}$,

所以有

$$\begin{aligned}A^n&=\begin{bmatrix}1&-2\\1&1\end{bmatrix}\begin{bmatrix}1&0\\0&2^n\end{bmatrix}\times\frac{1}{3}\times\begin{bmatrix}1&2\\-1&1\end{bmatrix}\\&=\frac{1}{3}\begin{bmatrix}1&-2\\1&1\end{bmatrix}\begin{bmatrix}1&2\\-2^n&2^n\end{bmatrix}\end{aligned}$$

$$=\frac{1}{3}\begin{bmatrix}1+2^{n+1} & 2-2^{n+1}\\ 1-2^n & 2+2^n\end{bmatrix}.$$

■

我们常用例 2.12 中计算 $\boldsymbol{A}^n$ 的方法来计算矩阵 $\boldsymbol{A}$ 的多项式 $f(\boldsymbol{A})$.

(1) 如果 $\boldsymbol{A}=\boldsymbol{P\Lambda P}^{-1}$，则 $\boldsymbol{A}^k=\boldsymbol{P\Lambda}^k\boldsymbol{P}^{-1}$，从而

$$\begin{aligned}f(\boldsymbol{A})&=a_m\boldsymbol{A}^m+\cdots+a_1\boldsymbol{A}+a_0\boldsymbol{I}\\&=\boldsymbol{P}a_m\boldsymbol{\Lambda}^m\boldsymbol{P}^{-1}+\cdots+\boldsymbol{P}a_1\boldsymbol{\Lambda P}^{-1}+\boldsymbol{P}a_0\boldsymbol{IP}^{-1}.\end{aligned}$$

(2) 如果 $\boldsymbol{\Lambda}=\mathrm{diag}(\lambda_1,\lambda_2,\cdots,\lambda_n)$ 为对角矩阵，则 $\boldsymbol{\Lambda}^k=\mathrm{diag}(\lambda_1^k,\lambda_2^k,\cdots,\lambda_n^k)$，从而

$$\begin{aligned}f(\boldsymbol{\Lambda})&=a_m\boldsymbol{\Lambda}^m+\cdots+a_1\boldsymbol{\Lambda}+a_0\boldsymbol{I}\\&=a_m\mathrm{diag}(\lambda_1^m,\lambda_2^m,\cdots,\lambda_n^m)+\cdots+a_1\mathrm{diag}(\lambda_1,\lambda_2,\cdots,\lambda_n)+a_0\mathrm{diag}(1,1,\cdots,1)\\&=\mathrm{diag}(f(\lambda_1),f(\lambda_2),\cdots,f(\lambda_n)).\end{aligned}$$

上式表明，当 $\boldsymbol{\Lambda}=\mathrm{diag}(\lambda_1,\lambda_2,\cdots,\lambda_n)$ 为 n 阶对角矩阵时，$f(\boldsymbol{\Lambda})$ 也是 n 阶对角矩阵，且它的第 i 个对角元为 $f(\lambda_i)$，归结为数的多项式计算，这给计算 $f(\boldsymbol{\Lambda})$ 以及经由(1) 来计算 $f(\boldsymbol{A})$ 带来很大的方便. 在第六章将进一步讨论这个问题.

例 2.13 设

$$\boldsymbol{P}=\begin{bmatrix}-1 & 1 & 1\\ 1 & 0 & 2\\ 1 & 1 & -1\end{bmatrix},\boldsymbol{\Lambda}=\mathrm{diag}(1,2,-3),\boldsymbol{AP}=\boldsymbol{P\Lambda},$$

求 $f(\boldsymbol{A})=\boldsymbol{A}^3+2\boldsymbol{A}^2-3\boldsymbol{A}$.

解 因为 $\det(\boldsymbol{P})=6\neq 0$，从而矩阵 $\boldsymbol{P}$ 可逆，所以有

$$\boldsymbol{A}=\boldsymbol{P\Lambda P}^{-1},f(\boldsymbol{A})=\boldsymbol{P}f(\boldsymbol{\Lambda})\boldsymbol{P}^{-1}.$$

而 $f(1)=0,f(2)=10,f(-3)=0$，故 $f(\boldsymbol{\Lambda})=\mathrm{diag}(0,10,0)$. 进一步可得

$$\begin{aligned}f(\boldsymbol{A})&=\boldsymbol{P}f(\boldsymbol{\Lambda})\boldsymbol{P}^{-1}\\&=\begin{bmatrix}-1 & 1 & 1\\ 1 & 0 & 2\\ 1 & 1 & -1\end{bmatrix}\begin{bmatrix}0 & 0 & 0\\ 0 & 10 & 0\\ 0 & 0 & 0\end{bmatrix}\frac{\det(\boldsymbol{P})}{1}\boldsymbol{P}^*\\&=\frac{10}{6}\begin{bmatrix}0 & 1 & 0\\ 0 & 0 & 0\\ 0 & 1 & 0\end{bmatrix}\begin{bmatrix}A_{11} & A_{21} & A_{31}\\ A_{12} & A_{22} & A_{32}\\ A_{13} & A_{23} & A_{33}\end{bmatrix}\end{aligned}$$

$$=\frac{5}{3}\begin{bmatrix}A_{12} & A_{22} & A_{32}\\ 0 & 0 & 0\\ A_{12} & A_{22} & A_{32}\end{bmatrix},$$

$$A_{12}=-\begin{vmatrix}1 & 2\\ 1 & -1\end{vmatrix}=3, A_{22}=\begin{vmatrix}-1 & 1\\ 1 & -1\end{vmatrix}=0, A_{32}=-\begin{vmatrix}-1 & 1\\ 1 & 2\end{vmatrix}=3,$$

于是

$$f(\boldsymbol{A})=5\begin{bmatrix}1 & 0 & 1\\ 0 & 0 & 0\\ 1 & 0 & 1\end{bmatrix}.$$

■

对矩阵多项式仍可有逆矩阵的概念．一般地，若矩阵多项式 $f(\boldsymbol{A}),g(\boldsymbol{A})$ 满足条件 $f(\boldsymbol{A})g(\boldsymbol{A})=\boldsymbol{I}$，则称 $g(\boldsymbol{A})$ 是矩阵多项式 $f(\boldsymbol{A})$ 的逆矩阵，记为 $[f(\boldsymbol{A})]^{-1}=g(\boldsymbol{A})$.

例 2.14 设 $\boldsymbol{A}$ 为 n 阶矩阵，且 $\boldsymbol{A}^2-2\boldsymbol{A}+4\boldsymbol{I}=\boldsymbol{O}$.

(1) 证明 $\boldsymbol{A}$ 可逆，并求 $\boldsymbol{A}^{-1}$；

(2) 证明 $\boldsymbol{A}+2\boldsymbol{I}$ 可逆，并求 $(\boldsymbol{A}+2\boldsymbol{I})^{-1}$.

证明 (1) 将已知条件 $\boldsymbol{A}^2-2\boldsymbol{A}+4\boldsymbol{I}=\boldsymbol{O}$ 移项（移项标准是含有矩阵 $\boldsymbol{A}$ 的在一端，不含有矩阵 $\boldsymbol{A}$ 的在另一端）可得 $\boldsymbol{A}^2-2\boldsymbol{A}=-4\boldsymbol{I}$. 上式左端左侧提取矩阵 $\boldsymbol{A}$ 可得 $\boldsymbol{A}(\boldsymbol{A}-2\boldsymbol{I})=-4\boldsymbol{I}$. 再将两端同时除以 -4 得

$$\boldsymbol{A}\times\frac{\boldsymbol{A}-2\boldsymbol{I}}{-4}=\boldsymbol{I}, \boldsymbol{A}\left(\frac{\boldsymbol{A}-2\boldsymbol{I}}{-4}\right)=\boldsymbol{I}.$$

所以矩阵 $\boldsymbol{A}$ 可逆，且

$$\boldsymbol{A}^{-1}=\frac{\boldsymbol{A}-2\boldsymbol{I}}{-4}=\frac{2\boldsymbol{I}-\boldsymbol{A}}{4}.$$

(2) 解题策略：将左边化成矩阵 $\boldsymbol{A}+2\boldsymbol{I}$ 乘以另外一个矩阵，等式的另一端是单位矩阵 $\boldsymbol{I}$ 或单位矩阵的倍数 $k\boldsymbol{I}, k\neq 0$.

根据以上策略对条件 $\boldsymbol{A}^2-2\boldsymbol{A}+4\boldsymbol{I}=\boldsymbol{O}$ 的左端“配方”可得

$$\begin{aligned}\boldsymbol{A}^2-2\boldsymbol{A}+4\boldsymbol{I}&=\boldsymbol{A}^2+2\boldsymbol{A}-2\boldsymbol{A}-2\boldsymbol{A}+4\boldsymbol{I}\\&=\boldsymbol{A}(\boldsymbol{A}+2\boldsymbol{I})-4\boldsymbol{A}-8\boldsymbol{I}+8\boldsymbol{I}+4\boldsymbol{I}\\&=\boldsymbol{A}(\boldsymbol{A}+2\boldsymbol{I})-4(\boldsymbol{A}+2\boldsymbol{I})+12\boldsymbol{I}\\&=(\boldsymbol{A}+2\boldsymbol{I})(\boldsymbol{A}-4\boldsymbol{I})+12\boldsymbol{I}=\boldsymbol{O}.\end{aligned}$$

最后的式子可以化成 $(\boldsymbol{A}+2\boldsymbol{I})(\boldsymbol{A}-4\boldsymbol{I})=-12\boldsymbol{I}$，两端同时除以 -12 可得

$$(\boldsymbol{A}+2\boldsymbol{I})\frac{(\boldsymbol{A}-4\boldsymbol{I})}{-12}=\boldsymbol{I}.$$

所以矩阵 $\boldsymbol{A}+2\boldsymbol{I}$ 可逆，且

$$(\boldsymbol{A}+2\boldsymbol{I})^{-1}=\frac{\boldsymbol{A}-4\boldsymbol{I}}{-12}=\frac{4\boldsymbol{I}-\boldsymbol{A}}{12}.$$

■

3. 矩阵求逆杂例

例 2.15 设 $\boldsymbol{A}=\mathrm{diag}(1,-2,1)$，$\boldsymbol{A}^*\boldsymbol{B}\boldsymbol{A}=2\boldsymbol{B}\boldsymbol{A}-8\boldsymbol{I}$，求 $\boldsymbol{B}$.

解 因为 $\det(\boldsymbol{A})=-2\neq 0$. 在等式 $\boldsymbol{A}^*\boldsymbol{B}\boldsymbol{A}=2\boldsymbol{B}\boldsymbol{A}-8\boldsymbol{I}$ 两边同时左乘 $\boldsymbol{A}$，右乘 $\boldsymbol{A}^{-1}$，可得

$$\boldsymbol{A}\boldsymbol{A}^*\boldsymbol{B}\boldsymbol{A}\boldsymbol{A}^{-1}=2\boldsymbol{A}\boldsymbol{B}\boldsymbol{A}\boldsymbol{A}^{-1}-8\boldsymbol{A}\boldsymbol{I}\boldsymbol{A}^{-1},$$

即

$$\det(\boldsymbol{A})\boldsymbol{B}=2\boldsymbol{A}\boldsymbol{B}-8\boldsymbol{I},\ -2\boldsymbol{B}-2\boldsymbol{A}\boldsymbol{B}=-8\boldsymbol{I},$$

则

$$-2(\boldsymbol{A}+\boldsymbol{I})\boldsymbol{B}=-8\boldsymbol{I},(\boldsymbol{E}+\boldsymbol{A})\boldsymbol{B}=4\boldsymbol{I}.$$

所以得

$$\boldsymbol{B}=(\boldsymbol{I}+\boldsymbol{A})^{-1}4\boldsymbol{I}=4(\boldsymbol{I}+\boldsymbol{A})^{-1}=2\mathrm{diag}(1,-2,1).$$

■

例 2.16 （2021 考研真题）设 n 阶方阵 $\boldsymbol{A}$ 和 $\boldsymbol{A}-\boldsymbol{I}$ 可逆，矩阵 $\boldsymbol{B}$ 满足条件 $[\boldsymbol{I}-(\boldsymbol{A}-\boldsymbol{I})^{-1}]\boldsymbol{B}=\boldsymbol{A}$. $\boldsymbol{I}$ 表示单位矩阵．求矩阵 $\boldsymbol{B}$ 和 $\boldsymbol{B}-\boldsymbol{A}$.

解 因为矩阵 $\boldsymbol{A}$ 可逆，将条件 $[\boldsymbol{I}-(\boldsymbol{A}-\boldsymbol{I})^{-1}]\boldsymbol{B}=\boldsymbol{A}$ 左乘矩阵 $\boldsymbol{A}^{-1}$ 可得

$$\boldsymbol{A}^{-1}[\boldsymbol{I}-(\boldsymbol{A}-\boldsymbol{I})^{-1}]\boldsymbol{B}=\boldsymbol{A}^{-1}\boldsymbol{A}=\boldsymbol{I}$$

对上式两边取逆矩阵可得

$$\boldsymbol{B}^{-1}[\boldsymbol{I}-(\boldsymbol{A}-\boldsymbol{I})^{-1}]^{-1}\boldsymbol{A}=\boldsymbol{I}.$$

所以可得 $\boldsymbol{B}=[\boldsymbol{I}-(\boldsymbol{A}-\boldsymbol{I})^{-1}]^{-1}\boldsymbol{A}$. 进而求得

$$\boldsymbol{B}-\boldsymbol{A}=[\boldsymbol{I}-(\boldsymbol{A}-\boldsymbol{I})^{-1}]^{-1}\boldsymbol{A}-\boldsymbol{A}=\{[\boldsymbol{I}-(\boldsymbol{A}-\boldsymbol{I})^{-1}]^{-1}-\boldsymbol{I}\}\boldsymbol{A}.$$

■

2.2.5 逆矩阵的几个结论

基于恒等式 $\boldsymbol{A}\boldsymbol{A}^*=\boldsymbol{A}^*\boldsymbol{A}=\det(\boldsymbol{A})\boldsymbol{I}$ 可推出下面的结论．

推论 2.1 若 $\boldsymbol{A}$ 可逆，则有 $\boldsymbol{A}^*=\det(\boldsymbol{A})\boldsymbol{A}^{-1}$.

将结论 $\boldsymbol{A}^*=\det(\boldsymbol{A})\boldsymbol{A}^{-1}$ 中的 $\boldsymbol{A}$ 用 $\boldsymbol{A}^{-1}$ 代替可得以下结论：

推论 2.2 若 $\det(\boldsymbol{A}) \neq 0$，则有 $(\boldsymbol{A}^{-1})^* = \det(\boldsymbol{A}^{-1})(\boldsymbol{A}^{-1})^{-1} = \dfrac{\boldsymbol{A}}{\det(\boldsymbol{A})}$.

从恒等式 $\boldsymbol{A}\boldsymbol{A}^* = \boldsymbol{A}^*\boldsymbol{A} = \det(\boldsymbol{A})\boldsymbol{I}$ 可得 $(\boldsymbol{A}^*)^{-1} = \dfrac{\boldsymbol{A}}{\det(\boldsymbol{A})}$.

推论 2.3 若 $\boldsymbol{A}$ 可逆，则有 $(\boldsymbol{A}^{-1})^* = (\boldsymbol{A}^*)^{-1} = \dfrac{\boldsymbol{A}}{\det(\boldsymbol{A})}$.

推论 2.4 若矩阵 $\boldsymbol{A}$ 可逆，则有

$$(\boldsymbol{A}^*)^{\mathrm{T}} = (\boldsymbol{A}^{\mathrm{T}})^* = \det(\boldsymbol{A})(\boldsymbol{A}^{-1})^{\mathrm{T}} = \det(\boldsymbol{A})(\boldsymbol{A}^{\mathrm{T}})^{-1}.$$

若矩阵 $\boldsymbol{A}$ 不可逆，则直接计算可得 $(\boldsymbol{A}^*)^{\mathrm{T}} = (\boldsymbol{A}^{\mathrm{T}})^*$.

推论 2.5 对 n 阶方阵 $\boldsymbol{A}$，有 $(k\boldsymbol{A})^* = k^{n-1}\boldsymbol{A}^*$. 若 n 阶矩阵 $\boldsymbol{A}$ 可逆，则有

$$(k\boldsymbol{A})^* = k^{n-1}\boldsymbol{A}^* = k^{n-1}\det(\boldsymbol{A})\boldsymbol{A}^{-1}.$$

推论 2.6 对 n 阶方阵 $\boldsymbol{A}$，有 $\det(\boldsymbol{A}^*) = [\det(\boldsymbol{A})]^{n-1} = |\boldsymbol{A}|^{n-1}$. 若 n 阶方阵 $\boldsymbol{A}$ 可逆，则有 $(\boldsymbol{A}^*)^* = |\boldsymbol{A}|^{n-2}\boldsymbol{A}$. 若 n 阶方阵 $\boldsymbol{A}$ 不可逆，则有 $(\boldsymbol{A}^*)^* = \boldsymbol{O}$.

2.2.6 小结

本节主要介绍了逆矩阵的定义、用伴随矩阵求逆矩阵、逆矩阵的性质、逆矩阵的初步应用、逆矩阵的几个引申结论等.

2.2.7 习题

1. 求矩阵 $\boldsymbol{A} = \begin{bmatrix} 1 & 2 \\ 3 & 5 \end{bmatrix}$，$\boldsymbol{B} = \begin{bmatrix} 2 & 3 \\ 3 & 5 \end{bmatrix}$ 的逆矩阵.

2. 求下列矩阵的逆矩阵：

$$\boldsymbol{A} = \begin{bmatrix} 1 & 0 & 3 \\ 0 & 1 & 0 \\ 0 & 0 & 1 \end{bmatrix}, \boldsymbol{B} = \begin{bmatrix} 1 & 0 & 0 \\ 0 & 3 & 0 \\ 0 & 0 & 1 \end{bmatrix}, \boldsymbol{C} = \begin{bmatrix} 0 & 1 & 0 \\ 1 & 0 & 0 \\ 0 & 0 & 1 \end{bmatrix}.$$

3. 利用逆矩阵求解下列线性方程组：

$$\begin{cases} 4x_1 + 3x_2 = 1, \\ 5x_1 + 4x_2 = -1, \end{cases} \quad \begin{cases} 8x_1 + 5x_2 = -9, \\ -7x_1 - 5x_2 = 11. \end{cases}$$

4. 已知线性变换 $\begin{cases} x_1 = 2y_1 + 3y_2, \\ x_2 = 3y_1 + 5y_2, \end{cases}$ 求变量 x_1, x_2 到变量 y_1, y_2 的线性变换.

5. 已知 $\boldsymbol{A}^k = \boldsymbol{O}$，用逆矩阵的定义证明

$$(\boldsymbol{I}_n - \boldsymbol{A})^{-1} = \boldsymbol{I} + \boldsymbol{A} + \boldsymbol{A}^2 + \cdots + \boldsymbol{A}^{k-1}.$$

6. 设方阵$\boldsymbol{A}$满足条件$\boldsymbol{A}^2-\boldsymbol{A}-7\boldsymbol{I}=\boldsymbol{O}$. 证明方阵$\boldsymbol{A}$和$\boldsymbol{A}-3\boldsymbol{I}$都可逆,并求它们的逆矩阵.

7. 求矩阵$\begin{bmatrix}3&1&1&1\\1&3&1&1\\1&1&3&1\\1&1&1&3\end{bmatrix}$的逆矩阵.

8. 用公式$\boldsymbol{A}^{-1}=\dfrac{\boldsymbol{A}^*}{|\boldsymbol{A}|}$求下列矩阵的逆矩阵.

(1)$\begin{bmatrix}0&-2&-1\\5&0&0\\-1&1&1\end{bmatrix}$;(2)$\begin{bmatrix}1&1&3\\-2&2&1\\0&1&1\end{bmatrix}$;(3)$\begin{bmatrix}3&5&4\\1&0&1\\2&1&1\end{bmatrix}$;

(4)$\begin{bmatrix}1&-1&2\\0&2&1\\2&0&4\end{bmatrix}$;(5)$\begin{bmatrix}5&0&0\\-1&1&0\\-2&3&-1\end{bmatrix}$;(6)$\begin{bmatrix}1&2&4\\0&-3&1\\0&0&-2\end{bmatrix}$.

2.2.8 阅读材料:矩阵乘法与信息编码

矩阵乘法与信息加密

一个通用的传递信息方式是将每一个字母与一个整数相对应,然后传输一串整数. 例如,信息“SENDMONEY”可表示为“5,8,10,21,7,2,10,8,3”,其中S表示5,E表示8,等等. 但是这种编码很容易破译. 在一段较长的信息编码中,我们可以根据数字出现的频率猜测每一个数字表示的字母. 例如,8为编码中最常出现的数字,则它最有可能是字母E,即英文中最常出现的字母.

一种可能的加密方式是用矩阵的乘法对信息进行加密. 设矩阵$\boldsymbol{A}$是所有元素均为整数的矩阵,且其行列式为±1,由于$\boldsymbol{A}^{-1}=\pm\boldsymbol{A}^*$. 则$\boldsymbol{A}^{-1}$的元素也都是整数. 可用这个矩阵对信息进行加密,这样加密后的信息将很难破译. 令

$$\boldsymbol{A}=\begin{bmatrix}1&2&1\\2&5&3\\2&3&2\end{bmatrix},$$

将需要加密的信息放置在矩阵$\boldsymbol{B}$的各列上.

$$\boldsymbol{B}=\begin{bmatrix}5&21&10\\8&7&8\\10&2&3\end{bmatrix}.$$

矩阵 $\boldsymbol{AB}$ 的乘积为

$$\boldsymbol{AB}=\begin{bmatrix}1&2&1\\2&5&3\\2&3&2\end{bmatrix}\begin{bmatrix}5&21&10\\8&7&8\\10&2&3\end{bmatrix}=\begin{bmatrix}31&37&29\\80&83&69\\54&67&50\end{bmatrix}=\boldsymbol{C}.$$

加密后的信息为

31,80,54,37,83,67,29,69,50.

接收到信息后可通过乘以矩阵 $\boldsymbol{A}^{-1}$ 进行解密

$$\boldsymbol{A}^{-1}\boldsymbol{C}=\begin{bmatrix}1&-1&1\\2&0&-1\\-4&1&1\end{bmatrix}\begin{bmatrix}31&37&29\\80&83&69\\54&67&50\end{bmatrix}=\begin{bmatrix}5&21&10\\8&7&8\\10&2&3\end{bmatrix}.$$

为了构造矩阵 $\boldsymbol{A}$，可从单位矩阵 $\boldsymbol{I}$ 开始，用初等行变换(即将单位矩阵的某一行加到另外一行上，或互换单位矩阵的两行）来得到矩阵 $\boldsymbol{A}$，且这样的矩阵 $\boldsymbol{A}$ 的逆矩阵也只有整数元素．用矩阵乘法进行加密时，矩阵 $\boldsymbol{A}$ 不能是上(下）三角矩阵或其他有零元素的矩阵，零元素起不到加密的作用．

2.3　矩阵的分块

内容提要

化整为零是处理复杂问题的一种思路，分块是处理高维数的矩阵的一种方法，最常见的矩阵分块是按行或列的分块，也可以把矩阵分为若干个子阵．通过矩阵分块的学习体会线性代数中的"模块化"(自相似）的思想．矩阵的分块的本质就是模块化与并行化．

2.3.1　分块矩阵的概念

在上一节中，矩阵的元素为 a_{ij}，它是一个标量．这一节，我们要说明在处理一些复杂的矩阵时，可以用若干条纵线和横线把矩阵分成若干个小矩阵，而这些小矩阵可以元素的身份直接参加运算，这就是**分块矩阵** (block matrix)．它会让矩阵的运算更有条理．

例如矩阵 $\boldsymbol{A}=\begin{bmatrix} a_{11} & a_{12} & a_{13} & a_{14} \\ a_{21} & a_{22} & a_{23} & a_{24} \\ a_{31} & a_{32} & a_{33} & a_{34} \\ a_{41} & a_{42} & a_{43} & a_{44} \end{bmatrix}$ 可有下面的一些分法：

$$(1)\left[\begin{array}{cc|cc} a_{11} & a_{12} & a_{13} & a_{14} \\ a_{21} & a_{22} & a_{23} & a_{24} \\ \hline a_{31} & a_{32} & a_{33} & a_{34} \\ a_{41} & a_{42} & a_{43} & a_{44} \end{array}\right];(2)\left[\begin{array}{c|cc|c} a_{11} & a_{12} & a_{13} & a_{14} \\ a_{21} & a_{22} & a_{23} & a_{24} \\ \hline a_{31} & a_{32} & a_{33} & a_{34} \\ a_{41} & a_{42} & a_{43} & a_{44} \end{array}\right];(3)\left[\begin{array}{cccc} a_{11} & a_{12} & a_{13} & a_{14} \\ \hline a_{21} & a_{22} & a_{23} & a_{24} \\ \hline a_{31} & a_{32} & a_{33} & a_{34} \\ \hline a_{41} & a_{42} & a_{43} & a_{44} \end{array}\right];$$

$$(4)\left[\begin{array}{c|c|c|c} a_{11} & a_{12} & a_{13} & a_{14} \\ a_{21} & a_{22} & a_{23} & a_{24} \\ a_{31} & a_{32} & a_{33} & a_{34} \\ a_{41} & a_{42} & a_{43} & a_{44} \end{array}\right].$$

若引入记号

$$\boldsymbol{A}_{11}=\begin{bmatrix} a_{11} & a_{12} \\ a_{21} & a_{22} \end{bmatrix},\boldsymbol{A}_{12}=\begin{bmatrix} a_{13} & a_{14} \\ a_{23} & a_{24} \end{bmatrix},\boldsymbol{A}_{21}=\begin{bmatrix} a_{31} & a_{32} \\ a_{41} & a_{42} \end{bmatrix},\boldsymbol{A}_{22}=\begin{bmatrix} a_{33} & a_{34} \\ a_{43} & a_{44} \end{bmatrix},$$

则上面分块(1) 可写为

$$\boldsymbol{A}=\begin{bmatrix} \boldsymbol{A}_{11} & \boldsymbol{A}_{12} \\ \boldsymbol{A}_{21} & \boldsymbol{A}_{22} \end{bmatrix}.$$

这样矩阵 $\boldsymbol{A}$ 在形式上就是以这些小块为元素的矩阵．对于矩阵 $\boldsymbol{A}$ 另外的三种分块方法对应的分块矩阵读者可自行写出．

2.3.2 分块矩阵的运算

分块矩阵的运算服从与普通矩阵运算相同的运算规则，即在维数相容的情况下可以进行加(减) 法、乘法、转置、数乘等运算．下面以例子来说明．

(1) 分块矩阵的加(减) 法

设矩阵 $\boldsymbol{A},\boldsymbol{B}$ 都是 $m\times n$ 矩阵，且对这两个矩阵采用相同的分块方法，即每一个对应的小块有相同的行数和列数．即 $\boldsymbol{A},\boldsymbol{B}$ 的分块如下

$$A=\begin{bmatrix}A_{11} & A_{12} & \cdots & A_{1t}\\ A_{21} & A_{22} & \cdots & A_{2t}\\ \vdots & \vdots & & \vdots\\ A_{s1} & A_{s2} & \cdots & A_{st}\end{bmatrix},B=\begin{bmatrix}B_{11} & B_{12} & \cdots & B_{1t}\\ B_{21} & B_{22} & \cdots & B_{2t}\\ \vdots & \vdots & & \vdots\\ B_{s1} & B_{s2} & \cdots & B_{st}\end{bmatrix},$$

其中对应块矩阵 $A_{ij},B_{ij},i=1,2,\cdots,s,j=1,2,\cdots,n$,有相同的行数和列数,则这两个矩阵的加(减)法定义为

$$A\pm B=\begin{bmatrix}A_{11}\pm B_{11} & A_{12}\pm B_{12} & \cdots & A_{1t}\pm B_{1t}\\ A_{21}\pm B_{21} & A_{22}\pm B_{22} & \cdots & A_{2t}\pm B_{2t}\\ \vdots & \vdots & & \vdots\\ A_{s1}\pm B_{s1} & A_{s2}\pm B_{s2} & \cdots & A_{st}\pm B_{st}\end{bmatrix}.$$

也可以简记为 $A\pm B=(A_{ij}\pm B_{ij})$. 这与矩阵的加法 $A\pm B=(a_{ij}\pm b_{ij})$ 除了字母大小写外没有任何区别.

(2) 分块矩阵的数乘

对任意标量 $k\in\mathbb{R}$ 和分块矩阵

$$A=\begin{bmatrix}A_{11} & A_{12} & \cdots & A_{1t}\\ A_{21} & A_{22} & \cdots & A_{2t}\\ \vdots & \vdots & & \vdots\\ A_{s1} & A_{s2} & \cdots & A_{st}\end{bmatrix}$$

都有

$$kA=(kA_{ij})=\begin{bmatrix}kA_{11} & kA_{12} & \cdots & kA_{1t}\\ kA_{21} & kA_{22} & \cdots & kA_{2t}\\ \vdots & \vdots & & \vdots\\ kA_{s1} & kA_{s2} & \cdots & kA_{st}\end{bmatrix}.$$

(3) 分块矩阵的乘法

设矩阵 A 为 $m\times n$ 矩阵,B 为 $n\times s$ 矩阵. 若矩阵 A 的列与矩阵 B 的行有相同的分块(此时对矩阵 A 的行和矩阵 B 的列分块没有任何限制),设矩阵 A,B 的分块为

$$A=\begin{bmatrix}A_{11} & A_{12} & \cdots & A_{1q}\\ A_{21} & A_{22} & \cdots & A_{2q}\\ \vdots & \vdots & & \vdots\\ A_{p1} & A_{p2} & \cdots & A_{pq}\end{bmatrix},B=\begin{bmatrix}B_{11} & B_{12} & \cdots & B_{1r}\\ B_{21} & B_{22} & \cdots & B_{2r}\\ \vdots & \vdots & & \vdots\\ B_{q1} & B_{q2} & \cdots & B_{qr}\end{bmatrix}.$$

即其中 $\boldsymbol{A}_{i1},\boldsymbol{A}_{i2},\cdots,\boldsymbol{A}_{iq}$ 的列数等于 $\boldsymbol{B}_{1j},\boldsymbol{B}_{2j},\cdots,\boldsymbol{B}_{qj}$ 的行数，则有

$$\boldsymbol{AB}=\boldsymbol{C}=(\boldsymbol{C}_{ij})_{p\times r}=\begin{bmatrix}\boldsymbol{C}_{11} & \boldsymbol{C}_{12} & \cdots & \boldsymbol{C}_{1r}\\ \boldsymbol{C}_{21} & \boldsymbol{C}_{22} & \cdots & \boldsymbol{C}_{2r}\\ \vdots & \vdots & & \vdots\\ \boldsymbol{C}_{p1} & \boldsymbol{C}_{p2} & \cdots & \boldsymbol{C}_{pr}\end{bmatrix},$$

其中

$$\boldsymbol{C}_{ij}=\sum_{t=1}^{q}\boldsymbol{A}_{it}\boldsymbol{B}_{tj}=\boldsymbol{A}_{i1}\boldsymbol{B}_{1j}+\boldsymbol{A}_{i2}\boldsymbol{B}_{2j}+\cdots+\boldsymbol{A}_{iq}\boldsymbol{B}_{qj},i=1,2,\cdots,p,j=1,2,\cdots,r.$$

显然和普通的矩阵乘法 $\boldsymbol{C}=(c_{ij})=\boldsymbol{AB}$，其中

$$c_{ij}=\sum_{t=1}^{q}a_{it}b_{tj}=a_{i1}b_{1j}+a_{i2}b_{2j}+\cdots+a_{iq}b_{qj},$$

相比较可以发现，分块矩阵的乘法与一般的矩阵乘法除了字母的黑体与大小写改变外没有任何变化！这就启发我们**原先定义的矩阵加法、数量乘法和普通乘法中参与运算的标量元素，都可在维数相容的情况下将这些标量元素视为一个分块矩阵(子矩阵)，并不影响计算的结果，就像我们先前的关于数的运算规律将其中的数字用代数式替换仍然成立一样！**

矩阵的乘法可以诠释如下：

记矩阵 $\boldsymbol{B}=[\boldsymbol{\beta}_1,\boldsymbol{\beta}_2,\cdots,\boldsymbol{\beta}_s]$，则借助矩阵和向量的乘积，矩阵和矩阵的乘积可定义为

$$\boldsymbol{AB}=\boldsymbol{A}[\boldsymbol{\beta}_1,\boldsymbol{\beta}_2,\cdots,\boldsymbol{\beta}_s]=[\boldsymbol{A\beta}_1,\boldsymbol{A\beta}_2,\cdots,\boldsymbol{A\beta}_s].$$

记 $\boldsymbol{A}=\begin{bmatrix}\boldsymbol{\alpha}_1^{\mathrm{T}}\\ \boldsymbol{\alpha}_2^{\mathrm{T}}\\ \vdots\\ \boldsymbol{\alpha}_m^{\mathrm{T}}\end{bmatrix}$，$\boldsymbol{B}=[\boldsymbol{\beta}_1,\boldsymbol{\beta}_2,\cdots,\boldsymbol{\beta}_s]$，则有

$$\boldsymbol{AB}=\begin{bmatrix}\boldsymbol{\alpha}_1^{\mathrm{T}}\\ \boldsymbol{\alpha}_2^{\mathrm{T}}\\ \vdots\\ \boldsymbol{\alpha}_m^{\mathrm{T}}\end{bmatrix}[\boldsymbol{\beta}_1,\boldsymbol{\beta}_2,\cdots,\boldsymbol{\beta}_s]=\begin{bmatrix}\boldsymbol{\alpha}_1^{\mathrm{T}}\boldsymbol{\beta}_1 & \boldsymbol{\alpha}_1^{\mathrm{T}}\boldsymbol{\beta}_2 & \cdots & \boldsymbol{\alpha}_1^{\mathrm{T}}\boldsymbol{\beta}_s\\ \boldsymbol{\alpha}_2^{\mathrm{T}}\boldsymbol{\beta}_1 & \boldsymbol{\alpha}_2^{\mathrm{T}}\boldsymbol{\beta}_2 & \cdots & \boldsymbol{\alpha}_2^{\mathrm{T}}\boldsymbol{\beta}_s\\ \vdots & \vdots & & \vdots\\ \boldsymbol{\alpha}_m^{\mathrm{T}}\boldsymbol{\beta}_1 & \boldsymbol{\alpha}_m^{\mathrm{T}}\boldsymbol{\beta}_2 & \cdots & \boldsymbol{\alpha}_m^{\mathrm{T}}\boldsymbol{\beta}_s\end{bmatrix}.$$

若记 $\boldsymbol{A}=[\boldsymbol{\alpha}_1,\boldsymbol{\alpha}_2,\cdots,\boldsymbol{\alpha}_n]$，$\boldsymbol{B}=\begin{bmatrix}\boldsymbol{\beta}_1^{\mathrm{T}}\\ \boldsymbol{\beta}_2^{\mathrm{T}}\\ \vdots\\ \boldsymbol{\beta}_n^{\mathrm{T}}\end{bmatrix}$，则有

$$\boldsymbol{AB}=[\boldsymbol{\alpha}_1,\boldsymbol{\alpha}_2,\cdots,\boldsymbol{\alpha}_n]\begin{bmatrix}\boldsymbol{\beta}_1^{\mathrm{T}}\\ \boldsymbol{\beta}_2^{\mathrm{T}}\\ \vdots\\ \boldsymbol{\beta}_n^{\mathrm{T}}\end{bmatrix}=\boldsymbol{\alpha}_1\boldsymbol{\beta}_1^{\mathrm{T}}+\boldsymbol{\alpha}_2\boldsymbol{\beta}_2^{\mathrm{T}}+\cdots+\boldsymbol{\alpha}_n\boldsymbol{\beta}_n^{\mathrm{T}}=\sum_{i=1}^{n}\boldsymbol{\alpha}_i\boldsymbol{\beta}_i^{\mathrm{T}}.$$

注意到$\boldsymbol{A}=(a_{ij})_{m\times n}$，$\boldsymbol{B}=(b_{ij})_{n\times s}$，所以有$\boldsymbol{\alpha}_i=\begin{bmatrix}a_{1i}\\ a_{2i}\\ \vdots\\ a_{mi}\end{bmatrix}$，$\boldsymbol{\beta}_i^{\mathrm{T}}=[b_{i1},b_{i2},\cdots,b_{is}]$. 最后一个表达式中的$\boldsymbol{\alpha}_i\boldsymbol{\beta}_i^{\mathrm{T}}$是一个$m\times s$矩阵，即有

$$\boldsymbol{\alpha}_i\boldsymbol{\beta}_i^{\mathrm{T}}=\begin{bmatrix}a_{1i}\\ a_{2i}\\ \vdots\\ a_{mi}\end{bmatrix}[b_{i1},b_{i2},\cdots,b_{is}]=\begin{bmatrix}a_{1i}b_{i1} & a_{1i}b_{i2} & \cdots & a_{1i}b_{is}\\ a_{2i}b_{i1} & a_{2i}b_{i2} & \cdots & a_{2i}b_{is}\\ \vdots & \vdots & & \vdots\\ a_{mi}b_{i1} & a_{mi}b_{i2} & \cdots & a_{mi}b_{is}\end{bmatrix}.$$

如何理解并正确对矩阵进行分块，是学习线性代数的一个核心思想.

例 2.17 设矩阵$\boldsymbol{A}$，$\boldsymbol{B}$分别为

$$\boldsymbol{A}=\begin{bmatrix}1 & 0 & 1 & 0\\ 2 & 1 & 0 & 1\\ 2 & 0 & 0 & 0\\ 0 & 2 & 0 & 0\end{bmatrix},\boldsymbol{B}=\begin{bmatrix}1 & 2 & 0 & 0\\ 3 & 4 & 0 & 0\\ -1 & 0 & 0 & 1\\ 0 & -1 & 1 & 0\end{bmatrix}.$$

计算$\boldsymbol{AB}$.

解 矩阵$\boldsymbol{A}$，$\boldsymbol{B}$可作如下的分块再相乘即可.

$$\boldsymbol{A}=\left[\begin{array}{cc|cc}1 & 0 & 1 & 0\\ 2 & 1 & 0 & 1\\ \hline 2 & 0 & 0 & 0\\ 0 & 2 & 0 & 0\end{array}\right]=\begin{bmatrix}\boldsymbol{A}_1 & \boldsymbol{A}_2\\ \boldsymbol{A}_3 & \boldsymbol{A}_4\end{bmatrix},\boldsymbol{B}=\left[\begin{array}{cc|cc}1 & 2 & 0 & 0\\ 3 & 4 & 0 & 0\\ \hline -1 & 0 & 0 & 1\\ 0 & -1 & 1 & 0\end{array}\right]=\begin{bmatrix}\boldsymbol{B}_1 & \boldsymbol{B}_2\\ \boldsymbol{B}_3 & \boldsymbol{B}_4\end{bmatrix}.$$

(4) 分块矩阵的转置

设矩阵 $\boldsymbol{A}$ 分块为

$$\boldsymbol{A}=\begin{bmatrix}\boldsymbol{A}_{11} & \boldsymbol{A}_{12} & \cdots & \boldsymbol{A}_{1q}\\ \boldsymbol{A}_{21} & \boldsymbol{A}_{22} & \cdots & \boldsymbol{A}_{2q}\\ \vdots & \vdots & & \vdots\\ \boldsymbol{A}_{p1} & \boldsymbol{A}_{p2} & \cdots & \boldsymbol{A}_{pq}\end{bmatrix}$$

则有

$$\boldsymbol{A}^{\mathrm{T}}=\begin{bmatrix}\boldsymbol{A}_{11}^{\mathrm{T}} & \boldsymbol{A}_{21}^{\mathrm{T}} & \cdots & \boldsymbol{A}_{p1}^{\mathrm{T}}\\ \boldsymbol{A}_{12}^{\mathrm{T}} & \boldsymbol{A}_{22}^{\mathrm{T}} & \cdots & \boldsymbol{A}_{p2}^{\mathrm{T}}\\ \vdots & \vdots & & \vdots\\ \boldsymbol{A}_{1q}^{\mathrm{T}} & \boldsymbol{A}_{2q}^{\mathrm{T}} & \cdots & \boldsymbol{A}_{pq}^{\mathrm{T}}\end{bmatrix}.$$

(5) 块对角矩阵

设 $\boldsymbol{A}$ 为 n 阶方阵,若 $\boldsymbol{A}$ 只有在主对角线上才有非零子块,且这些非零子块也都是方阵,即有

$$\boldsymbol{A}=\begin{bmatrix}\boldsymbol{A}_{1} & \boldsymbol{O} & \cdots & \boldsymbol{O}\\ \boldsymbol{O} & \boldsymbol{A}_{2} & \cdots & \boldsymbol{O}\\ \vdots & \vdots & & \vdots\\ \boldsymbol{O} & \boldsymbol{O} & \cdots & \boldsymbol{A}_{p}\end{bmatrix}$$

其中 $\boldsymbol{A}_i, i=1,2,\cdots,p$,都是方阵,则称矩阵 $\boldsymbol{A}$ 为**块对角矩阵**(block diagonal matrix).

对于分块对角矩阵的行列式有下面的结论:

$$|\boldsymbol{A}|=|\boldsymbol{A}_1||\boldsymbol{A}_2|\cdots|\boldsymbol{A}_p|.$$

由此性质知若 $|\boldsymbol{A}_i|\neq 0, i=1,2,\cdots,s$,则 $|\boldsymbol{A}|\neq 0$,并且根据逆矩阵的定义可以证明有

$$\boldsymbol{A}^{-1}=\begin{bmatrix}\boldsymbol{A}_1^{-1} & & & \\ & \boldsymbol{A}_2^{-1} & & \\ & & \ddots & \\ & & & \boldsymbol{A}_s^{-1}\end{bmatrix}.$$

例 2.18 设 $\boldsymbol{A}=\begin{bmatrix}3 & 0 & 0\\ 0 & 3 & 2\\ 0 & 7 & 5\end{bmatrix}$,求 $\boldsymbol{A}^{-1}$.

解 直接由块对角矩阵逆矩阵的公式可得

$$A^{-1}=\begin{bmatrix}3&0&0\\0&3&2\\0&7&5\end{bmatrix}^{-1}=\mathrm{diag}\left(3^{-1},\begin{bmatrix}3&2\\7&5\end{bmatrix}^{-1}\right)=\begin{bmatrix}\frac{1}{3}&0&0\\0&5&-2\\0&-7&3\end{bmatrix}.$$

■

例 2.19 已知矩阵 A 和 C 分别是 m 阶和 n 阶可逆矩阵，证明矩阵 $D=\begin{bmatrix}A&B\\O&C\end{bmatrix}$ 可逆，并求它的逆矩阵 .

解 因为 A,C 可逆，计算 D 的行列式可得

$$\det(D)=\det(A)\det(C)\neq 0.$$

所以矩阵 D 是可逆的 .

设矩阵 D 的逆矩阵是 $\begin{bmatrix}X_1&X_2\\X_3&X_4\end{bmatrix}$，则有

$$\begin{bmatrix}A&B\\O&C\end{bmatrix}\begin{bmatrix}X_1&X_2\\X_3&X_4\end{bmatrix}=\begin{bmatrix}I_m&O\\O&I_n\end{bmatrix}.$$

将左边的乘积展开并比较等式两边对应的子矩阵可得

$$\begin{cases}AX_1+BX_3=I_m,\\AX_2+BX_4=O,\\CX_3=O,\\CX_4=I_n.\end{cases}$$

从后两个方程分别解得 $X_3=O,X_4=C^{-1}$，将其代入前两个方程可得 $X_1=A^{-1},X_2=-A^{-1}BC^{-1}$，所以有

$$D^{-1}=\begin{bmatrix}A^{-1}&-A^{-1}BC^{-1}\\O&C^{-1}\end{bmatrix}.$$

■

对一实数 $a\in\mathbb{R}$，有性质 $a^2=0$，则 $a=0$. 对一组实数 $a_1,a_2,\cdots,a_n$ 来说，若 $a_1^2+a_2^2+\cdots+a_n^2=0$，则有 $a_1=a_2=\cdots=a_n=0$. 利用这个性质在矩阵运算中可得下面的结论 .

例 2.20 对实矩阵 $A\in\mathbb{R}^{m\times n}$，证明矩阵 $A=O$ 的充分必要条件是 $A^{\mathrm{T}}A=O$.

证明 必要性：由条件 $A=O$ 显然可以得出 $A^{\mathrm{T}}A=O$. 必要性得证 .

充分性：将矩阵 $A=(a_{ij})_{m\times n}$ 按列进行分块有 $A=[a_1,a_2,\cdots,a_n]$. 将 $A^{\mathrm{T}}A=O$ 写开可得

$$\boldsymbol{A}^{\mathrm{T}}\boldsymbol{A}=\begin{bmatrix}\boldsymbol{a}_1^{\mathrm{T}}\\ \boldsymbol{a}_2^{\mathrm{T}}\\ \vdots\\ \boldsymbol{a}_n^{\mathrm{T}}\end{bmatrix}[\boldsymbol{a}_1,\boldsymbol{a}_2,\cdots,\boldsymbol{a}_n]=\begin{bmatrix}\boldsymbol{a}_1^{\mathrm{T}}\boldsymbol{a}_1 & \boldsymbol{a}_1^{\mathrm{T}}\boldsymbol{a}_2 & \cdots & \boldsymbol{a}_1^{\mathrm{T}}\boldsymbol{a}_n\\ \boldsymbol{a}_2^{\mathrm{T}}\boldsymbol{a}_1 & \boldsymbol{a}_2^{\mathrm{T}}\boldsymbol{a}_2 & \cdots & \boldsymbol{a}_2^{\mathrm{T}}\boldsymbol{a}_n\\ \vdots & \vdots & & \vdots\\ \boldsymbol{a}_n^{\mathrm{T}}\boldsymbol{a}_1 & \boldsymbol{a}_n^{\mathrm{T}}\boldsymbol{a}_2 & \cdots & \boldsymbol{a}_n^{\mathrm{T}}\boldsymbol{a}_n\end{bmatrix}=\begin{bmatrix}0 & 0 & \cdots & 0\\ 0 & 0 & \cdots & 0\\ \vdots & \vdots & & \vdots\\ 0 & 0 & \cdots & 0\end{bmatrix}.$$

注意到上式中主对角线上的元素有结论 $\boldsymbol{a}_j^{\mathrm{T}}\boldsymbol{a}_j=0,j=1,2,\cdots,n$. 而将其具体展开就是

$$\boldsymbol{a}_j^{\mathrm{T}}\boldsymbol{a}_j=[a_{1j},a_{2j},\cdots,a_{mj}]\begin{bmatrix}a_{1j}\\ a_{2j}\\ \vdots\\ a_{mj}\end{bmatrix}=a_{1j}^2+a_{2j}^2+\cdots+a_{mj}^2=0.$$

因为 $a_{1j}^2+a_{2j}^2+\cdots+a_{mj}^2=0,a_{ij}\in\mathbb{R}$,所以 $a_{1j}=a_{2j}=\cdots=a_{mj}=0,j=1,2,\cdots,n$. 即得 $\boldsymbol{A}=\boldsymbol{O}$. 充分性得证. ■

例 2.21 设 $\boldsymbol{A},\boldsymbol{D}$ 分别是 n 和 m 阶可逆方阵,则当 $\boldsymbol{A}$ 可逆时有

$$\begin{vmatrix}\boldsymbol{A} & \boldsymbol{B}\\ \boldsymbol{C} & \boldsymbol{D}\end{vmatrix}=\det(\boldsymbol{A})\det(\boldsymbol{D}-\boldsymbol{C}\boldsymbol{A}^{-1}\boldsymbol{B}).$$

当 $\boldsymbol{D}$ 可逆时有

$$\begin{vmatrix}\boldsymbol{A} & \boldsymbol{B}\\ \boldsymbol{C} & \boldsymbol{D}\end{vmatrix}=\det(\boldsymbol{D})\det(\boldsymbol{A}-\boldsymbol{B}\boldsymbol{D}^{-1}\boldsymbol{C}).$$

证明 当矩阵 $\boldsymbol{A}$ 可逆时,易验证有等式

$$\begin{bmatrix}\boldsymbol{I} & \boldsymbol{O}\\ -\boldsymbol{C}\boldsymbol{A}^{-1} & \boldsymbol{I}\end{bmatrix}\begin{bmatrix}\boldsymbol{A} & \boldsymbol{B}\\ \boldsymbol{C} & \boldsymbol{D}\end{bmatrix}=\begin{bmatrix}\boldsymbol{A} & \boldsymbol{B}\\ \boldsymbol{O} & \boldsymbol{D}-\boldsymbol{C}\boldsymbol{A}^{-1}\boldsymbol{B}\end{bmatrix}$$

成立. 两边取行列式可得

$$\det\begin{bmatrix}\boldsymbol{A} & \boldsymbol{B}\\ \boldsymbol{C} & \boldsymbol{D}\end{bmatrix}=\det\begin{bmatrix}\boldsymbol{A} & \boldsymbol{B}\\ \boldsymbol{O} & \boldsymbol{D}-\boldsymbol{C}\boldsymbol{A}^{-1}\boldsymbol{B}\end{bmatrix}=\det(\boldsymbol{A})\det(\boldsymbol{D}-\boldsymbol{C}\boldsymbol{A}^{-1}\boldsymbol{B}).$$

当矩阵 $\boldsymbol{D}$ 可逆时也可类似证明. 证毕. ■

例 2.22 设 $\boldsymbol{A},\boldsymbol{B},\boldsymbol{C},\boldsymbol{D}$ 都是 n 阶方阵,当 $\boldsymbol{AC}=\boldsymbol{CA}$ 时有

$$\det\begin{bmatrix}\boldsymbol{A} & \boldsymbol{B}\\ \boldsymbol{C} & \boldsymbol{D}\end{bmatrix}=\det(\boldsymbol{AD}-\boldsymbol{CB}).$$

证明 当 $\boldsymbol{A}$ 可逆时有

$$\det\begin{bmatrix}\boldsymbol{A} & \boldsymbol{B}\\ \boldsymbol{C} & \boldsymbol{D}\end{bmatrix}=\det(\boldsymbol{A})\det(\boldsymbol{D}-\boldsymbol{C}\boldsymbol{A}^{-1}\boldsymbol{B})$$

$$=\det(\boldsymbol{A}\boldsymbol{D}-\boldsymbol{A}\boldsymbol{C}\boldsymbol{A}^{-1}\boldsymbol{B})$$

$$=\det(\boldsymbol{A}\boldsymbol{D}-\boldsymbol{C}\boldsymbol{A}\boldsymbol{A}^{-1}\boldsymbol{B})$$

$$=\det(\boldsymbol{A}\boldsymbol{D}-\boldsymbol{C}\boldsymbol{B}).$$

当 $\det\boldsymbol{A}=0$ 时，取非零参数 λ，则 $\boldsymbol{A}+\lambda\boldsymbol{I}$ 可逆矩阵，且有

$$(\boldsymbol{A}+\lambda\boldsymbol{I})\boldsymbol{C}=\boldsymbol{C}(\boldsymbol{A}+\lambda\boldsymbol{I}).$$

根据前面的证明有

$$\det\begin{bmatrix}\boldsymbol{A}+\lambda\boldsymbol{I} & \boldsymbol{B}\\ \boldsymbol{C} & \boldsymbol{D}\end{bmatrix}=\det[(\boldsymbol{A}+\lambda\boldsymbol{I})\boldsymbol{D}-\boldsymbol{C}\boldsymbol{B}].$$

上式对于任意的 λ 都成立(只有有限个例外)，所以必为恒等式．特别令 $\lambda=0$ 可得

$$\det\begin{bmatrix}\boldsymbol{A} & \boldsymbol{B}\\ \boldsymbol{C} & \boldsymbol{D}\end{bmatrix}=\det(\boldsymbol{A}\boldsymbol{D}-\boldsymbol{C}\boldsymbol{B}).$$

证毕． ■

2.3.3 克莱姆法则的证明

证明 (基于矩阵乘积的证明)用记号 $\boldsymbol{I}_i(\boldsymbol{x})$ 表示将 n 阶单位矩阵 $\boldsymbol{I}=[\boldsymbol{\varepsilon}_1,\boldsymbol{\varepsilon}_2,\cdots,\boldsymbol{\varepsilon}_n]$ 的第 i 列用未知向量 $\boldsymbol{x}=[x_1,x_2,\cdots,x_n]^{\mathrm{T}}$ 代替得到的矩阵，即有

$$\boldsymbol{I}_1(\boldsymbol{x})=\begin{bmatrix}x_1 & 0 & \cdots & 0\\ x_2 & 1 & \cdots & 0\\ \vdots & \vdots & & \vdots\\ x_n & 0 & \cdots & 1\end{bmatrix}=[\boldsymbol{x},\boldsymbol{\varepsilon}_2,\boldsymbol{\varepsilon}_3,\cdots,\boldsymbol{\varepsilon}_n],$$

$$\boldsymbol{I}_2(\boldsymbol{x})=\begin{bmatrix}1 & x_1 & \cdots & 0\\ 0 & x_2 & \cdots & 0\\ \vdots & \vdots & & \vdots\\ 0 & x_n & \cdots & 1\end{bmatrix}=[\boldsymbol{\varepsilon}_1,\boldsymbol{x},\boldsymbol{\varepsilon}_3,\cdots,\boldsymbol{\varepsilon}_n],$$

$$\vdots$$

$$I_n(x)=\begin{bmatrix}1&0&\cdots&x_1\\0&1&\cdots&x_2\\\vdots&\vdots&&\vdots\\0&0&\cdots&x_n\end{bmatrix}=[\boldsymbol{\varepsilon}_1,\boldsymbol{\varepsilon}_2,\cdots,\boldsymbol{\varepsilon}_{n-1},\boldsymbol{x}].$$

显然有 $\det[\boldsymbol{I}_i(\boldsymbol{x})]=x_i$.

计算 $\boldsymbol{AI}_i(\boldsymbol{x})$ 并由 $\boldsymbol{Ax}=\boldsymbol{\beta}$ 可得

$$\begin{aligned}\boldsymbol{AI}_i(\boldsymbol{x})&=\boldsymbol{A}[\boldsymbol{\varepsilon}_1,\cdots,\boldsymbol{x},\cdots,\boldsymbol{\varepsilon}_n]\\&=[\boldsymbol{A\varepsilon}_1,\boldsymbol{A\varepsilon}_2,\cdots,\boldsymbol{Ax},\cdots,\boldsymbol{A\varepsilon}_n]\\&=[\boldsymbol{\alpha}_1,\boldsymbol{\alpha}_2,\cdots,\boldsymbol{b},\cdots,\boldsymbol{\alpha}_n]\\&=\boldsymbol{A}_i.\end{aligned}\tag{2.2}$$

对式(2.2)两边直接取行列式可得

$$\det(\boldsymbol{A})\det[\boldsymbol{I}_i(\boldsymbol{x})]=\det(\boldsymbol{A}_i)\text{ 或 }x_i\det(\boldsymbol{A})=\det(\boldsymbol{A}_i).$$

注意到有 $\det(\boldsymbol{A})\neq 0$,所以可得

$$x_i=\frac{\det(\boldsymbol{A}_i)}{\det(\boldsymbol{A})},i=1,2,\cdots,n.$$

证毕. ■

2.3.4 小结

本节主要介绍了分块矩阵的运算性质与分块矩阵的求逆.

2.3.5 习题

1. 求下列矩阵的逆矩阵:

(1)$\mathrm{diag}(3,2,1)$;(2)$\begin{bmatrix}5&2&0\\2&1&0\\0&0&4\end{bmatrix}$;(3)$\begin{bmatrix}0&0&3\\3&2&0\\5&3&0\end{bmatrix}$;(4)$\begin{bmatrix}3&8&0&0\\2&5&0&0\\0&0&2&5\\0&0&1&2\end{bmatrix}$.

2. 设 $\boldsymbol{A}$ 是一个 3 阶方阵,$\boldsymbol{B}=\mathrm{diag}(\lambda_1,\lambda_2,\lambda_3)$,用分块矩阵乘法求 $\boldsymbol{AB}$ 和 $\boldsymbol{BA}$.

3. 设 $\boldsymbol{A},\boldsymbol{C}$ 都是可逆矩阵,求 $\begin{bmatrix}\boldsymbol{O}&\boldsymbol{A}\\\boldsymbol{C}&\boldsymbol{O}\end{bmatrix}^{-1}$ 和 $\begin{bmatrix}\boldsymbol{O}&\boldsymbol{A}\\\boldsymbol{C}&\boldsymbol{B}\end{bmatrix}^{-1}$.

4. 设方程 $\boldsymbol{Ax}=\boldsymbol{\beta}$,其中

$$\boldsymbol{A}=\begin{bmatrix}2a & 1 & & \\ a^2 & 2a & 1 & \\ & a^2 & 2a & 1 \\ & & a^2 & 2a\end{bmatrix},\boldsymbol{x}=\begin{bmatrix}x_1\\x_2\\x_3\\x_4\end{bmatrix},\boldsymbol{\beta}=\begin{bmatrix}1\\0\\0\\0\end{bmatrix}.$$

已知行列式 $\det(\boldsymbol{A})=5a^4$，当 $a\neq 0$ 时，该方程有唯一解，则求得唯一解中的第一个变量 x_1 为________.

5. 计算行列式 $\begin{vmatrix}a & 0 & -1 & 1\\ 0 & a & 1 & -1\\ -1 & 1 & a & 0\\ 1 & -1 & 0 & a\end{vmatrix}$.

2.4　初等变换

内容提要

矩阵的初等变换是对矩阵进行化简的常用方法，主要是把所讨论的矩阵化成行阶梯形、行最简形或标准形．矩阵的行阶梯形和行最简形在求解线性方程组和判定向量组的线性相关性方面具有重要作用．一定要理解行阶梯形矩阵和行最简形矩阵的概念，并会用矩阵的初等行变换把一个矩阵化成行阶梯形或行最简形．

2.4.1　初等变换与等价

矩阵所携带的信息有时隐藏在矩阵里面，为了能让隐藏的信息展现出来，就需要对矩阵进行适当的操作即运算．以行(或列)为运算对象，对矩阵进行初等行(列)变换就是最常见的一种运算．矩阵的初等行(列)变换定义如下：

定义 2.9　初等行变换(elementary row operations)：

(1) 互换矩阵的第 i,j 两行，记为 $r_i\leftrightarrow r_j$；

(2) 矩阵的第 i 行乘以一个非零的常数 k，记为 kr_i；

(3) 矩阵第 j 行的 k 倍加到第 i 行上去，记为 r_i+kr_j.

矩阵 $\boldsymbol{A}$ 经过一次初等行变换得到矩阵 $\boldsymbol{B}$，可记为 $\boldsymbol{A}\overset{r}{\sim}\boldsymbol{B}$.

初等列变换(elementary column operations)：

(1) 互换矩阵的第 i,j 两列，记为 $c_i\leftrightarrow c_j$；

(2) 矩阵的第 i 列乘以一个非零的常数 k，记为 kc_i；

(3) 矩阵第 j 列的 k 倍加到第 i 列上去,记为 $c_i + kc_j$.

矩阵 $\boldsymbol{A}$ 经过一次初等列变换得到矩阵 $\boldsymbol{B}$,可记为 $\boldsymbol{A} \overset{c}{\sim} \boldsymbol{B}$.

例 2.23 方程 $\boldsymbol{Ax} = \boldsymbol{\beta}$ 对应的增广矩阵为 $[\boldsymbol{A},\boldsymbol{\beta}] = \begin{bmatrix} 1 & 2 & 2 & 1 \\ 2 & 1 & -2 & -2 \\ 1 & -1 & -4 & -3 \end{bmatrix}$. 用初等行变换将增广矩阵 $[\boldsymbol{A},\boldsymbol{\beta}]$ 化简可得

$$
\begin{aligned}
[\boldsymbol{A},\boldsymbol{\beta}] &= \begin{bmatrix} 1 & 2 & 2 & 1 \\ 2 & 1 & -2 & -2 \\ 1 & -1 & -4 & -3 \end{bmatrix} \\
&\overset{r_2-2r_1}{\sim} \begin{bmatrix} 1 & 2 & 2 & 1 \\ 0 & -3 & -6 & -4 \\ 1 & -1 & -4 & -3 \end{bmatrix} \\
&\overset{r_3-r_1}{\sim} \begin{bmatrix} 1 & 2 & 2 & 1 \\ 0 & -3 & -6 & -4 \\ 0 & -3 & -6 & -4 \end{bmatrix} \\
&\overset{r_3-r_2}{\sim} \begin{bmatrix} 1 & 2 & 2 & 1 \\ 0 & -3 & -6 & -4 \\ 0 & 0 & 0 & 0 \end{bmatrix} \\
&\overset{r_2\div(-3)}{\sim} \begin{bmatrix} 1 & 2 & 2 & 1 \\ 0 & 1 & 2 & \frac{4}{3} \\ 0 & 0 & 0 & 0 \end{bmatrix} \\
&\overset{r_1-2r_2}{\sim} \begin{bmatrix} 1 & 0 & -2 & -\frac{5}{3} \\ 0 & 1 & 2 & \frac{4}{3} \\ 0 & 0 & 0 & 0 \end{bmatrix}
\end{aligned}
$$

此简化矩阵对应的方程组是

$$
\begin{cases} x_1 - 2x_3 = -\dfrac{5}{3}, \\ x_2 + 2x_3 = \dfrac{4}{3}. \end{cases}
$$

■

对矩阵 $\boldsymbol{A}$ 施加有限次的初等行(列)就换后得到的矩阵 $\boldsymbol{B}$ 和原来的矩阵通常是不相等的,那么在这个过程中矩阵的哪些性质不会改变呢?或施加初等行(列)变换后的矩阵和原矩阵之间的关系是怎样的呢?矩阵的"等价"就描述了这种关系.

定义 2.10 如果矩阵 $\boldsymbol{A}$ 经过有限次的初等行变换变成 $\boldsymbol{B}$,则称**矩阵 $\boldsymbol{A}$ 与 $\boldsymbol{B}$ 是行等价**(row equivalent)的,记为 $\boldsymbol{A} \overset{r}{\sim} \boldsymbol{B}$;如果矩阵 $\boldsymbol{A}$ 经过有限次的初等列变换变成 $\boldsymbol{B}$,则称**矩阵 $\boldsymbol{A}$ 与 $\boldsymbol{B}$ 是列等价**(column equivalent)的,记为 $\boldsymbol{A} \overset{c}{\sim} \boldsymbol{B}$;如果矩阵 $\boldsymbol{A}$ 经过有限次的初等行和列变换化成 $\boldsymbol{B}$,则称**矩阵 $\boldsymbol{A}$ 与 $\boldsymbol{B}$ 是等价**(equivalent)的,记为 $\boldsymbol{A} \sim \boldsymbol{B}$.

初等变换都是可逆的,且它的逆变换仍是同类型的初等变换,可得矩阵间的等价关系具有下面三条性质:

(1) 反身性:$\boldsymbol{A} \sim \boldsymbol{A}$. 即矩阵 $\boldsymbol{A}$ 总是与它自身等价.

(2) 对称性:若 $\boldsymbol{A} \sim \boldsymbol{B}$,则 $\boldsymbol{B} \sim \boldsymbol{A}$. 即若矩阵 $\boldsymbol{A}$ 与矩阵 $\boldsymbol{B}$ 等价,则矩阵 $\boldsymbol{B}$ 也与矩阵 $\boldsymbol{A}$ 等价.

(3) 传递性:若 $\boldsymbol{A} \sim \boldsymbol{B}$,$\boldsymbol{B} \sim \boldsymbol{C}$,则 $\boldsymbol{A} \sim \boldsymbol{C}$. 即若矩阵 $\boldsymbol{A}$ 与矩阵 $\boldsymbol{B}$ 等价,而矩阵 $\boldsymbol{B}$ 又与矩阵 $\boldsymbol{C}$ 等价,则矩阵 $\boldsymbol{A}$ 也与矩阵 $\boldsymbol{C}$ 等价.

矩阵行等价最重要的形式是行阶梯形和行最简形,矩阵的行阶梯形和行最简形在求解线性方程组的过程中起到重要的作用.

2.4.2 行阶梯形与行最简形

求解方程 $\boldsymbol{Ax} = \boldsymbol{\beta}$ 时,通常用初等行变换将增广矩阵$[\boldsymbol{A}, \boldsymbol{\beta}]$化成行阶梯形矩阵和行最简形矩阵. 下面给出它们的定义.

定义 2.11 设 $m \times n$ 矩阵 $\boldsymbol{A}$ 有 r 个非零行,其中 $1 \leqslant r \leqslant \min\{m, n\}$. 若非零行在元素全为零的行(如果有的话)的上面,从上到下非零行的首非零元所在的列指标是严格增加的,则称该矩阵是**行阶梯形矩阵**(row echelon matrix). 零矩阵或只有第一行是非零行的矩阵也称为**行阶梯形矩阵**. 行阶梯形中每一非零行的首非零元称为该矩阵的**主元**(pivot),每个主元所在的行列位置称为**主元位置**(pivot position).

下面的矩阵中前两个不是行阶梯形矩阵,后两者是行阶梯形矩阵.

$$\begin{bmatrix} 1 & 2 & 2 & 1 \\ 2 & 1 & -2 & -2 \\ 1 & -1 & -4 & -3 \end{bmatrix}, \begin{bmatrix} 1 & 2 & 2 & 1 \\ 0 & 3 & -6 & -4 \\ 1 & -1 & -4 & -3 \end{bmatrix}, \begin{bmatrix} 1 & 2 & 2 & 1 \\ 0 & 0 & 6 & -4 \\ 0 & 0 & 0 & 4 \end{bmatrix}, \begin{bmatrix} 1 & 2 & 2 & 1 \\ 0 & -3 & -6 & -4 \\ 0 & 0 & 0 & 0 \end{bmatrix}.$$

例 2.24 用初等行变换化矩阵 $\boldsymbol{A} = \begin{bmatrix} 1 & 2 & 2 & 1 \\ 2 & 1 & -2 & -2 \\ 1 & -1 & -4 & -3 \end{bmatrix}$ 为行阶梯形.

解 用初等行变换将矩阵 $\boldsymbol{A}$ 化为行阶梯形可得

$$A=\begin{bmatrix}1&2&2&1\\2&1&-2&-2\\1&-1&-4&-3\end{bmatrix}\overset{r_1\leftrightarrow r_3}{\sim}\begin{bmatrix}1&-1&-4&-3\\2&1&-2&-2\\1&2&2&1\end{bmatrix}\overset{r_2-2r_1}{\sim}\begin{bmatrix}1&2&2&1\\0&3&6&4\\1&-1&-4&-3\end{bmatrix}\overset{r_3-r_1}{\sim}\begin{bmatrix}1&2&2&1\\0&3&6&4\\0&-3&-6&-4\end{bmatrix}\overset{r_3+r_2}{\sim}\begin{bmatrix}1&2&2&1\\0&3&6&4\\0&0&0&0\end{bmatrix}=\boldsymbol{B}.$$

矩阵 $\boldsymbol{B}$ 就是矩阵 $\boldsymbol{A}$ 的一个行阶梯形． ■

尽管矩阵 $\boldsymbol{A}$ 的行阶梯形是不唯一的，但是矩阵 $\boldsymbol{A}$ 的行阶梯形的主元的位置是唯一确定的．这里所谓的“位置”是指各个主元所在的行和列的序号．

定理2.3 对非零的 $m\times n$ 矩阵 $\boldsymbol{A}$，把它化成行阶梯形矩阵后，行阶梯形矩阵中**主元位置**是唯一确定的．

证明 设系数矩阵 $\boldsymbol{A}$ 化成行阶梯形后得到矩阵 $\boldsymbol{B}$，此时对应的齐次线性方程是 $\boldsymbol{Bx}=\boldsymbol{0}$. 因为方程 $\boldsymbol{Ax}=\boldsymbol{0}$ 和 $\boldsymbol{Bx}=\boldsymbol{0}$ 同解．我们可以断言，矩阵 $\boldsymbol{B}$ 中主元位置是唯一确定的．

事实上，设 $\boldsymbol{A}=[\boldsymbol{\alpha}_1,\boldsymbol{\alpha}_2,\cdots,\boldsymbol{\alpha}_n]$，方程 $\boldsymbol{Ax}=\boldsymbol{0}$ 可视为

$$x_1\boldsymbol{\alpha}_1=\boldsymbol{0},x_1\boldsymbol{\alpha}_1+x_2\boldsymbol{\alpha}_2=\boldsymbol{0},\cdots,x_1\boldsymbol{\alpha}_1+x_2\boldsymbol{\alpha}_2+\cdots+x_n\boldsymbol{\alpha}_n=\boldsymbol{0}$$

依次增加各变量得到的．同样可设 $\boldsymbol{B}=[\boldsymbol{\beta}_1,\boldsymbol{\beta}_2,\cdots,\boldsymbol{\beta}_n]$，方程 $\boldsymbol{Bx}=\boldsymbol{0}$ 可视为

$$x_1\boldsymbol{\beta}_1=\boldsymbol{0},x_1\boldsymbol{\beta}_1+x_2\boldsymbol{\beta}_2=\boldsymbol{0},\cdots,x_1\boldsymbol{\beta}_1+x_2\boldsymbol{\beta}_2+\cdots+x_n\boldsymbol{\beta}_n=\boldsymbol{0}$$

依次增加各变量得到的．记入记号矩阵

$$\boldsymbol{A}_1=\boldsymbol{\alpha}_1,\boldsymbol{A}_2=[\boldsymbol{\alpha}_1,\boldsymbol{\alpha}_2],\cdots,\boldsymbol{A}_{n-1}=[\boldsymbol{\alpha}_1,\boldsymbol{\alpha}_2,\cdots,\boldsymbol{\alpha}_{n-1}],$$

$$\boldsymbol{x}_1=[x_1],\boldsymbol{x}_2=\begin{bmatrix}x_1\\x_2\end{bmatrix},\boldsymbol{x}_3=\begin{bmatrix}x_1\\x_2\\x_3\end{bmatrix},\cdots,\boldsymbol{x}_{n-1}=\begin{bmatrix}x_1\\x_2\\\vdots\\x_{n-1}\end{bmatrix},$$

$$\boldsymbol{0}_1=[0],\boldsymbol{0}_2=\begin{bmatrix}0\\0\end{bmatrix},\boldsymbol{0}_3=\begin{bmatrix}0\\0\\0\end{bmatrix},\cdots,\boldsymbol{0}_{n-1}=\begin{bmatrix}0\\0\\\vdots\\0\end{bmatrix},$$

$$\boldsymbol{B}_1=\boldsymbol{\beta}_1,\boldsymbol{B}_2=[\boldsymbol{\beta}_1,\boldsymbol{\beta}_2],\cdots,\boldsymbol{B}_{n-1}=[\boldsymbol{\beta}_1,\boldsymbol{\beta}_2,\cdots,\boldsymbol{\beta}_{n-1}].$$

初等行变换保持 $\boldsymbol{Ax}=\boldsymbol{0}$ 与 $\boldsymbol{Bx}=\boldsymbol{0}$ 同解也包含方程 $\boldsymbol{A}_i\boldsymbol{x}_i=\boldsymbol{0}_i$ 与 $\boldsymbol{B}_i\boldsymbol{x}_i=\boldsymbol{0}_i$ 都是同解的(其中 $i=1,2,\cdots,n-1$). 这样就能得到矩阵 $\boldsymbol{A},\boldsymbol{B}$ 的行阶梯形中主元位置就是唯一确定的. 因为任意主元位置的不同都会导致方程 $\boldsymbol{A}_i\boldsymbol{x}_i=\boldsymbol{0}_i$ 与 $\boldsymbol{B}_i\boldsymbol{x}_i=\boldsymbol{0}_i$ 不再是同解方程.

事实上,可以设每个主元位置对应一个未知量,非主元位置所在的列均可视为常数. 这样就会得到若干个线性方程组. 由克莱姆法则,这样得到的每个方程组的解都是唯一的,即非主元位的元素是能唯一确定的. 如果同一个矩阵化简得到的行阶梯形有两种不同的主元位置,那么这两个行阶梯形对应的方程组肯定不会是同解的.

初等行变换是线性方程组的同解变换就保证了矩阵 $\boldsymbol{A}$ 化成行阶梯形矩阵 $\boldsymbol{B}$ 后主元位置是唯一确定的. ■

线性方程组的增广矩阵的行阶梯形是不唯一的,而它的行最简形矩阵是唯一的. 下面以行阶梯形矩阵为基础给出矩阵的行最简形矩阵的定义.

定义 2.12 若行阶梯形矩阵 $\boldsymbol{A}$ 满足条件:任意非零行的主元为 1 且主元 1 所在列的其余元素全为 0,称矩阵 $\boldsymbol{A}$ 为**行最简形矩阵** (reduced row echelon form).

行最简形矩阵是一般矩阵经初等行变换所能得到的最简形式. 一个矩阵的行最简形是唯一的.

定理 2.4 $m\times n$ 矩阵 $\boldsymbol{A}$ 通过初等行变换得到的行最简形矩阵是唯一的. 特别地,可逆矩阵的行最简形是单位矩阵.

证明 由上面定理 2.3 中的结论可得矩阵 $\boldsymbol{A}$ 的行阶梯形中主元位置是唯一确定的,假设这些主元所在的列依次为 $\boldsymbol{\alpha}_1,\boldsymbol{\alpha}_2,\cdots,\boldsymbol{\alpha}_r$,矩阵 $\boldsymbol{A}$ 的第 $1,2,\cdots,r$ 列构成矩阵记为 $\boldsymbol{A}_r=[\boldsymbol{\alpha}_1,\boldsymbol{\alpha}_2,\cdots,\boldsymbol{\alpha}_r]$,矩阵 $\boldsymbol{A}$ 的行最简形 $\boldsymbol{C}$ 中主元列记为 $\boldsymbol{\gamma}_1,\boldsymbol{\gamma}_2,\cdots,\boldsymbol{\gamma}_r$,构成的矩阵记为 $\boldsymbol{C}_r=[\boldsymbol{\gamma}_1,\boldsymbol{\gamma}_2,\cdots,\boldsymbol{\gamma}_r]$.

任取非主元列 $\boldsymbol{\alpha}_j$, $r+1\leqslant j\leqslant n$，这些非主元列在行最简形中对应的列向量为 $\boldsymbol{\gamma}_j$. 记 $\boldsymbol{x}_r=\begin{bmatrix}x_1\\x_2\\\vdots\\x_r\end{bmatrix}$，则方程组 $\boldsymbol{A}_r\boldsymbol{x}_r=\boldsymbol{\alpha}_j$ 与 $\boldsymbol{C}_r\boldsymbol{x}_r=\boldsymbol{\gamma}_j$, $j=r+1,\cdots,n$ 是同解的，而根据克莱姆法则方程 $\boldsymbol{C}_r\boldsymbol{x}_r=\boldsymbol{\gamma}_j$ 的解 $\boldsymbol{x}_r$ 是唯一的，就是向量 $\boldsymbol{\gamma}_j$ 的前 r 个分量. 所以行最简形中向量 $\boldsymbol{\gamma}_j$ 的前 r 个分量是唯一确定的，而向量 $\boldsymbol{\gamma}_j$ 的后 $m-r$ 个分量全是零. 而行最简形的主元全是1且主元的位置又是唯一确定的，所以矩阵 $\boldsymbol{A}$ 的行最简形是唯一的.

例 2.25 化矩阵 $\boldsymbol{A}=\begin{bmatrix}1&2&2&1\\2&1&-2&-2\\1&-1&-4&-3\end{bmatrix}$ 为行最简形.

解 用初等行变换将矩阵 $\boldsymbol{A}$ 化为行最简形可得

$$
\begin{aligned}
\boldsymbol{A}&=\begin{bmatrix}1&2&2&1\\2&1&-2&-2\\1&-1&-4&-3\end{bmatrix}
\overset{r_2-2r_1}{\sim}\begin{bmatrix}1&2&2&1\\0&-3&-6&-4\\1&-1&-4&-3\end{bmatrix}
\overset{r_3-r_1}{\sim}\begin{bmatrix}1&2&2&1\\0&-3&-6&-4\\0&-3&-6&-4\end{bmatrix}\\
&\overset{r_3-r_2}{\sim}\begin{bmatrix}1&2&2&1\\0&-3&-6&-4\\0&0&0&0\end{bmatrix}
\overset{r_2\div(-3)}{\sim}\begin{bmatrix}1&2&2&1\\0&1&2&\frac{4}{3}\\0&0&0&0\end{bmatrix}
\overset{r_1-2r_2}{\sim}\begin{bmatrix}1&0&-2&-\frac{5}{3}\\0&1&2&\frac{4}{3}\\0&0&0&0\end{bmatrix}.
\end{aligned}
$$

■

如果一个矩阵是可逆的，则它的行阶梯形矩阵是一个可逆的上三角矩阵，而它的行最简形矩阵是单位矩阵．如果一个矩阵是不可逆的，则不能用初等行变换化它为单位矩阵，只能用初等行变换化它为行最简形．从此可以看出行阶梯形（行最简形）矩阵是可逆矩阵中的上三角矩阵和单位矩阵的对应推广．

例 2.26　求矩阵 $\boldsymbol{A}=\begin{bmatrix}2 & -1 & -1\\1 & 1 & -2\\4 & -6 & 2\end{bmatrix}$ 的行最简形．

解　把矩阵 $\boldsymbol{A}$ 化成行最简形的运算如下：

$$\boldsymbol{A}=\begin{bmatrix}2 & -1 & -1\\1 & 1 & -2\\4 & -6 & 2\end{bmatrix}$$

$$\overset{r_1\leftrightarrow r_2}{\sim}\begin{bmatrix}1 & 1 & -2\\2 & -1 & -1\\4 & -6 & 2\end{bmatrix}$$

$$\overset{r_2-2r_1}{\sim}\begin{bmatrix}1 & 1 & -2\\0 & -3 & 3\\4 & -6 & 2\end{bmatrix}$$

$$\overset{r_3-4r_1}{\sim}\begin{bmatrix}1 & 1 & -2\\0 & -3 & 3\\0 & -10 & 10\end{bmatrix}$$

$$\overset{r_2\div(-3)}{\sim}\begin{bmatrix}1 & 1 & -2\\0 & 1 & -1\\0 & -10 & 10\end{bmatrix}$$

$$\overset{r_3\div(-10)}{\sim}\begin{bmatrix}1 & 1 & -2\\0 & 1 & -1\\0 & 1 & -1\end{bmatrix}$$

$$\overset{r_3-r_2}{\sim}\begin{bmatrix}1 & 1 & -2\\0 & 1 & -1\\0 & 0 & 0\end{bmatrix}$$

$$\overset{r_1-r_2}{\sim}\begin{bmatrix}1&0&-1\\0&1&-1\\0&0&0\end{bmatrix}.$$

故矩阵 $\boldsymbol{A}$ 的行最简形为 $\begin{bmatrix}1&0&-1\\0&1&-1\\0&0&0\end{bmatrix}$. ■

矩阵的行最简形是求解一些问题的方法(如求解线性方程组、判定向量组的线性相关性). 如何将一个较为简单的矩阵化成行阶梯形或行最简形矩阵是一项基本的技能,希望大家尽快理解并掌握.

一个矩阵的行阶梯形是不唯一的,一个矩阵的行最简形是唯一的. 行最简形是只对矩阵施加初等行变换能化成的最简形式. 再用初等列变换可将行最简形化成**标准形**.

定义 2.13 设 $m\times n$ 矩阵 $\boldsymbol{A}$,对矩阵 $\boldsymbol{A}$ 进行初等行变换化成行最简形,然后再对行最简形进行初等列变换,化成左上角是单位矩阵 $\boldsymbol{I}_r$、其余均是零元素的矩阵,称其为矩阵 $\boldsymbol{A}$ 的标准形 (canonical form). 这里 r 是矩阵行阶梯形中非零行的个数.

显然可逆矩阵的标准形仍是单位矩阵. 可以根据一个矩阵的标准形对矩阵进行分类. 例如一个 $m\times n(m\leqslant n)$ 矩阵可以按标准形中 1 的个数分成 $m+1$ 类.

2.4.3 小结

本节的主要内容有矩阵的初等变换、初等变换的性质、行阶梯形和行最简形的概念、用矩阵的初等变换化矩阵为行阶梯形、行最简形和标准形等.

2.4.4 习题

1. 下列矩阵中哪些是行阶梯形? 哪些是行最简形?

(1) $\begin{bmatrix}1&1&0&1\\0&2&0&3\\0&0&0&3\\0&0&0&0\end{bmatrix}$;(2) $\begin{bmatrix}1&1&1&0\\0&1&1&1\\0&0&1&1\\0&0&0&1\end{bmatrix}$;(3) $\begin{bmatrix}1&1&0&1\\0&0&1&1\\0&0&0&0\end{bmatrix}$;(4) $\begin{bmatrix}0&1&1&1\\0&0&2&2\\0&0&0&0\end{bmatrix}$,

2. 用初等行变换化下列矩阵为行最简形:

(1) $\begin{bmatrix}1&0&2&-1\\2&0&3&1\\3&0&4&3\end{bmatrix}$;(2) $\begin{bmatrix}0&2&-3&1\\0&3&-4&3\\0&4&-7&-1\end{bmatrix}$;(3) $\begin{bmatrix}1&2&3&4\\2&3&4&5\\5&6&7&8\end{bmatrix}$;(4) $\begin{bmatrix}1&3&5&7\\3&5&7&9\\5&7&9&1\end{bmatrix}$.

3. 求出下列矩阵的行最简形：

(1) $\begin{bmatrix} 1 & -3 & 0 & -1 & 0 & -2 \\ 0 & 1 & 0 & 0 & -4 & 1 \\ 0 & 0 & 0 & 1 & 9 & 4 \\ 0 & 0 & 0 & 0 & 0 & 0 \end{bmatrix}$；(2) $\begin{bmatrix} 1 & 2 & -5 & -6 & 0 & -5 \\ 0 & 1 & -6 & -3 & 0 & 2 \\ 0 & 0 & 0 & 0 & 1 & 0 \\ 0 & 0 & 0 & 0 & 0 & 0 \end{bmatrix}$.

2.5　初等矩阵

内容提要

单位矩阵可以看成是最简单的可逆矩阵，矩阵的初等行变换可以看成矩阵最基本的一种运算(操作)，对单位矩阵只进行一次初等行变换得到的矩阵称为初等矩阵．初等矩阵是很少的几种“一眼就可以看出”它的逆矩阵的矩阵．一个可逆矩阵总可以看成是若干个初等矩阵的连乘积，对矩阵进行一次初等行变换相当于左乘一个初等矩阵，对矩阵进行一次初等列变换相当于右乘一个初等矩阵．

2.5.1　初等矩阵

初等矩阵和矩阵的初等变换有密切的联系，下面给出初等矩阵的定义．

定义 2.14　单位矩阵经过一次初等行(列)变换得到的矩阵称为**初等矩阵**(elementary matrix)．它是指下面的三种矩阵之一：

(1) 交换单位矩阵的某两行(列)得到的矩阵．如交换三阶单位矩阵的第一行与第三行(第一列与第三列)得到的矩阵：

$$\boldsymbol{I}_3=\begin{bmatrix} 1 & 0 & 0 \\ 0 & 1 & 0 \\ 0 & 0 & 1 \end{bmatrix} \overset{r_1 \leftrightarrow r_3}{\sim} \begin{bmatrix} 0 & 0 & 1 \\ 0 & 1 & 0 \\ 1 & 0 & 0 \end{bmatrix}=\boldsymbol{I}_3(r_1,r_3)=\boldsymbol{I}_3(c_1,c_3).$$

(2) 矩阵的某一行(列)乘以一个非零的数：

$$\boldsymbol{I}_3=\begin{bmatrix} 1 & 0 & 0 \\ 0 & 1 & 0 \\ 0 & 0 & 1 \end{bmatrix} \overset{r_2 \times k}{\sim} \begin{bmatrix} 1 & 0 & 0 \\ 0 & k & 0 \\ 0 & 0 & 1 \end{bmatrix}=\boldsymbol{I}_3[r_2(k)]=\boldsymbol{I}_3[c_2(k)].$$

（3）某一行（列）的若干倍加到另外一行（列）：

$$I_3=\begin{bmatrix}1&0&0\\0&1&0\\0&0&1\end{bmatrix}\overset{r_3+k\times r_1}{\sim}\begin{bmatrix}1&0&0\\0&1&0\\k&0&1\end{bmatrix}=I_3[r_3,r_1(k)]=I_3[c_1,c_3(k)].$$

关于记号的说明：$I(r_i,r_j)$ 表示交换单位矩阵的第 i,j 行得到的初等矩阵；$I[r_i(k)]$ 表示将单位矩阵的第 i 行乘以 k 得到的初等矩阵；$I[r_i,r_j(k)]$ 表示单位矩阵的第 j 行乘以 k 再加到第 i 行得到的初等矩阵．对应地，$I(c_i,c_j)$ 表示交换单位矩阵的第 i,j 列得到的初等矩阵；$I[c_i(k)]$ 表示将单位矩阵的第 i 列乘以 k 得到的初等矩阵；$I[c_i,c_j(k)]$ 表示单位矩阵的第 j 列乘以 k 再加到第 i 列得到的初等矩阵．

例如，此处用记号“$r_1\leftrightarrow r_3$”表示交换矩阵的第一行与第三行，而运算得到的结果则用 $I_3(r_1,r_3)$ 表示，中间用“～”连接，不用“=”连接，“～”的意义稍后会说明．

初等矩阵的逆矩阵仍为初等矩阵．

由初等矩阵的定义可得初等矩阵的逆矩阵仍为初等矩阵，且是与原初等矩阵为同类型的初等矩阵．具体写出来就是矩阵 $I(r_i,r_j)$ 的逆矩阵仍为 $I(r_i,r_j)$，矩阵 $I[r_i(k)]$ 的逆矩阵为 $I\left[r_i\left(\frac{1}{k}\right)\right]$；矩阵 $I[r_i,r_j(k)]$ 的逆矩阵为 $I[r_i,r_j(-k)]$.

针对三阶单位矩阵具体写出来：

$$I_3^{-1}(r_1,r_3)=\begin{bmatrix}0&0&1\\0&1&0\\1&0&0\end{bmatrix}^{-1}=\begin{bmatrix}0&0&1\\0&1&0\\1&0&0\end{bmatrix}=I_3(r_1,r_3),$$

$$I_3^{-1}[r_2(k)]=\begin{bmatrix}1&0&0\\0&k&0\\0&0&1\end{bmatrix}^{-1}=\begin{bmatrix}1&0&0\\0&\frac{1}{k}&0\\0&0&1\end{bmatrix}=I_3\left[r_2\left(\frac{1}{k}\right)\right],$$

$$I_3^{-1}[r_3,r_1(k)]=\begin{bmatrix}1&0&0\\0&1&0\\k&0&1\end{bmatrix}^{-1}=\begin{bmatrix}1&0&0\\0&1&0\\-k&0&1\end{bmatrix}=I_3[r_3,r_1(-k)].$$

2.5.2 初等矩阵和初等变换的关系

通过例子可以发现矩阵的初等变换和初等矩阵间存在着对应关系．仍以三阶初等矩阵为例．

(1) 交换三阶方阵 $\boldsymbol{A}=(a_{ij})_{3\times3}=[\boldsymbol{\alpha}_1,\boldsymbol{\alpha}_2,\boldsymbol{\alpha}_3]=\begin{bmatrix}\boldsymbol{\beta}_1^{\mathrm{T}}\\ \boldsymbol{\beta}_2^{\mathrm{T}}\\ \boldsymbol{\beta}_3^{\mathrm{T}}\end{bmatrix}$ 的第一、三两行相当于左乘初等矩阵 $\boldsymbol{I}_3(r_1,r_3)$；交换一个三阶方阵的第二、三两列相当于右乘初等矩阵 $\boldsymbol{I}_3(c_2,c_3)$：

$$\boldsymbol{I}_3(r_1,r_3)\boldsymbol{A}=\begin{bmatrix}0&0&1\\0&1&0\\1&0&0\end{bmatrix}\begin{bmatrix}\boldsymbol{\beta}_1^{\mathrm{T}}\\ \boldsymbol{\beta}_2^{\mathrm{T}}\\ \boldsymbol{\beta}_3^{\mathrm{T}}\end{bmatrix}=\begin{bmatrix}\boldsymbol{\beta}_3^{\mathrm{T}}\\ \boldsymbol{\beta}_2^{\mathrm{T}}\\ \boldsymbol{\beta}_1^{\mathrm{T}}\end{bmatrix},$$

$$\boldsymbol{A}\boldsymbol{I}_3(c_2,c_3)=[\boldsymbol{\alpha}_1,\boldsymbol{\alpha}_2,\boldsymbol{\alpha}_3]\begin{bmatrix}1&0&0\\0&0&1\\0&1&0\end{bmatrix}=[\boldsymbol{\alpha}_1,\boldsymbol{\alpha}_3,\boldsymbol{\alpha}_2].$$

(2) 三阶方阵 $\boldsymbol{A}=(a_{ij})_{3\times3}$ 的第二行乘以一个非零的数 k 相当于用初等矩阵 $\boldsymbol{I}_3[r_2(k)]$ 左乘这个矩阵；三阶矩阵 $\boldsymbol{A}$ 的第三列乘以一个非零的数相当于用初等矩阵 $\boldsymbol{I}_3[c_3(k)]$ 右乘这个矩阵：

$$\boldsymbol{I}_3[r_2(k)]\boldsymbol{A}=\begin{bmatrix}1&0&0\\0&k&0\\0&0&1\end{bmatrix}\begin{bmatrix}\boldsymbol{\beta}_1^{\mathrm{T}}\\ \boldsymbol{\beta}_2^{\mathrm{T}}\\ \boldsymbol{\beta}_3^{\mathrm{T}}\end{bmatrix}=\begin{bmatrix}\boldsymbol{\beta}_1^{\mathrm{T}}\\ k\boldsymbol{\beta}_2^{\mathrm{T}}\\ \boldsymbol{\beta}_3^{\mathrm{T}}\end{bmatrix},$$

$$\boldsymbol{A}\boldsymbol{I}_3[c_3(k)]=[\boldsymbol{\alpha}_1,\boldsymbol{\alpha}_2,\boldsymbol{\alpha}_3]\begin{bmatrix}1&0&0\\0&1&0\\0&0&k\end{bmatrix}=[\boldsymbol{\alpha}_1,\boldsymbol{\alpha}_2,k\boldsymbol{\alpha}_3].$$

(3) 三阶方阵 $\boldsymbol{A}=(a_{ij})_{3\times3}$ 的第三行乘以数 k 加到第一行，相当于用初等矩阵 $\boldsymbol{I}_3[r_1,r_3(k)]$ 左乘这个矩阵；三阶方阵的第二列乘以数 k 加到第一列相当于右乘初等矩阵 $\boldsymbol{I}_3[c_1,c_2(k)]$：

$$\boldsymbol{I}_3[r_1,r_3(k)]\boldsymbol{A}=\begin{bmatrix}1&0&k\\0&1&0\\0&0&1\end{bmatrix}\begin{bmatrix}\boldsymbol{\beta}_1^{\mathrm{T}}\\ \boldsymbol{\beta}_2^{\mathrm{T}}\\ \boldsymbol{\beta}_3^{\mathrm{T}}\end{bmatrix}=\begin{bmatrix}\boldsymbol{\beta}_1^{\mathrm{T}}+k\boldsymbol{\beta}_3^{\mathrm{T}}\\ \boldsymbol{\beta}_2^{\mathrm{T}}\\ \boldsymbol{\beta}_3^{\mathrm{T}}\end{bmatrix},$$

$$\boldsymbol{A}\boldsymbol{I}_3[c_1,c_2(k)]=[\boldsymbol{\alpha}_1,\boldsymbol{\alpha}_2,\boldsymbol{\alpha}_3]\begin{bmatrix}1&0&0\\k&1&0\\0&0&1\end{bmatrix}=[\boldsymbol{\alpha}_1+k\boldsymbol{\alpha}_2,\boldsymbol{\alpha}_2,\boldsymbol{\alpha}_3].$$

由上面的例子可以发现，如果对矩阵 $\boldsymbol{A}$ 连续施加若干次初等行变换，就相当于在矩阵 $\boldsymbol{A}$

的左边连续乘上若干个初等矩阵，如果对矩阵 $\boldsymbol{A}$ 施加若干次初等列变换，就相当于在矩阵 $\boldsymbol{A}$ 的右边连续乘上若干个初等矩阵．即有下面的结论．

性质 2.6 对矩阵 $\boldsymbol{A}$ 施加一次初等行变换相当于对矩阵 $\boldsymbol{A}$ 左乘一个同类型的初等矩阵，对矩阵 $\boldsymbol{A}$ 施加一次初等列变换对当于对矩阵 $\boldsymbol{A}$ 右乘一个同类型的初等矩阵．

对矩阵 $\boldsymbol{A}$ 施加若干次初等行变换相当于在矩阵 $\boldsymbol{A}$ 的左边连续乘以若干个初等矩阵．对矩阵 $\boldsymbol{A}$ 施加若干次初等列变换对当于在矩阵 $\boldsymbol{A}$ 的右边连续乘上若干个初等矩阵．

如果进行了几次矩阵的初等行变换，并想记录每次初等变换对应矩阵的乘积，这时只要将矩阵 $\boldsymbol{I}$ 和单位矩阵按行排在一起，每次初等行变换施加在矩阵 $\boldsymbol{A}$ 上，而施加在单位矩阵上时，单位矩阵所作的变形就记录了所作的几次初等变换对应初等矩阵的乘积．即有

$$\boldsymbol{I}(r_1,r_2)[\boldsymbol{A},\boldsymbol{I}]=[\boldsymbol{I}(r_1,r_2)\boldsymbol{A},\boldsymbol{I}(r_1,r_3)],$$

$$\boldsymbol{I}(3r_2)[\boldsymbol{I}(r_1,r_2)\boldsymbol{A},\boldsymbol{I}(r_1,r_3)]=[\boldsymbol{I}(3r_2)\boldsymbol{I}(r_1,r_2)\boldsymbol{A},\boldsymbol{I}(3r_2)\boldsymbol{I}(r_1,r_3)],$$

$$\boldsymbol{I}(r_1+3r_2)[\boldsymbol{I}(3r_2)\boldsymbol{I}(r_1,r_2)\boldsymbol{A},\boldsymbol{I}(3r_2)\boldsymbol{I}(r_1,r_3)]$$
$$=[\boldsymbol{I}(r_1+3r_2)\boldsymbol{I}(3r_2)\boldsymbol{I}(r_1,r_2)\boldsymbol{A},\boldsymbol{I}(r_1+3r_2)\boldsymbol{I}(3r_2)\boldsymbol{I}(r_1,r_3)].$$

类似，如果想记录对矩阵 $\boldsymbol{A}$ 施加的初等列变换，只要将矩阵 $\boldsymbol{A}$ 和单位矩阵 $\boldsymbol{I}$ 按列顺序排在一起，即有

$$\begin{bmatrix}\boldsymbol{A}\\ \boldsymbol{I}\end{bmatrix}\boldsymbol{I}(c_1,c_3)=\begin{bmatrix}\boldsymbol{AI}(c_1,c_3)\\ \boldsymbol{I}(c_1,c_3)\end{bmatrix},$$

$$\begin{bmatrix}\boldsymbol{AI}(c_1,c_3)\\ \boldsymbol{I}(c_1,c_3)\end{bmatrix}\boldsymbol{I}(2c_3)=\begin{bmatrix}\boldsymbol{AI}(c_1,c_3)\boldsymbol{I}(2c_3)\\ \boldsymbol{I}(c_1,c_3)\boldsymbol{I}(2c_3)\end{bmatrix},$$

$$\begin{bmatrix}\boldsymbol{AI}(c_1,c_3)\boldsymbol{I}(2c_3)\\ \boldsymbol{I}(c_1,c_3)\boldsymbol{I}(2c_3)\end{bmatrix}\boldsymbol{I}(c_1+2c_3)=\begin{bmatrix}\boldsymbol{AI}(c_1,c_3)\boldsymbol{I}(2c_3)\boldsymbol{I}(c_1+2c_3)\\ \boldsymbol{I}(c_1,c_3)\boldsymbol{I}(2c_3)\boldsymbol{I}(c_1+2c_3)\end{bmatrix}.$$

总结上面的操作可得初等变换具有下面的性质．

性质 2.7 将矩阵 $\boldsymbol{A}$ 与单位矩阵 $\boldsymbol{I}$ 按行排列成$[\boldsymbol{A},\boldsymbol{I}]$，对矩阵$[\boldsymbol{A},\boldsymbol{I}]$施加若干次初等行变换，相当于将矩阵 $\boldsymbol{A}$ 左乘若干个同类型的初等矩阵，而单位矩阵 $\boldsymbol{I}$ 的变化则记录了施加在矩阵 $\boldsymbol{A}$ 上的若干次初等矩阵的连乘积．

将矩阵 $\boldsymbol{A}$ 与单位矩阵 $\boldsymbol{I}$ 按列排列成 $\begin{bmatrix}\boldsymbol{A}\\ \boldsymbol{I}\end{bmatrix}$，对矩阵 $\begin{bmatrix}\boldsymbol{A}\\ \boldsymbol{I}\end{bmatrix}$ 施加若干次初等列变换，相当于将矩阵 $\begin{bmatrix}\boldsymbol{A}\\ \boldsymbol{I}\end{bmatrix}$ 右乘若干个同类型的初等矩阵，而单位矩阵 $\boldsymbol{I}$ 的变化则记录了施加在矩阵 $\boldsymbol{A}$ 上的若干次初等矩阵的连乘积．

根据矩阵等价的定义可得两个矩阵等价的充分必要条件．

定理 2.5 设矩阵 $\boldsymbol{A}$ 与 $\boldsymbol{B}$ 是 $m\times n$ 矩阵，则矩阵 $\boldsymbol{A}$ 与 $\boldsymbol{B}$ 的行等价、列等价与行列等价的充分必要条件分别如下：

(1) $\boldsymbol{A}\overset{r}{\sim}\boldsymbol{B}$ 的充分必要条件是存在 m 阶的可逆矩阵 $\boldsymbol{P}$，使得 $\boldsymbol{PA}=\boldsymbol{B}$；

(2) $\boldsymbol{A}\overset{c}{\sim}\boldsymbol{B}$ 的充分必要条件是存在 n 阶的可逆矩阵 $\boldsymbol{Q}$，使得 $\boldsymbol{AQ}=\boldsymbol{B}$；

(3) $\boldsymbol{A}\sim\boldsymbol{B}$ 的充分必要条件是存在 m 阶的可逆矩阵 $\boldsymbol{P}$ 和 n 阶可逆矩阵 $\boldsymbol{Q}$，使得 $\boldsymbol{PAQ}=\boldsymbol{B}$.

上面的讨论表明对矩阵 $\boldsymbol{A}$ 施加若干次初等行变换相当于对矩阵 $\boldsymbol{A}$ 左乘一个可逆矩阵；对矩阵 $\boldsymbol{A}$ 施加若干次初等列变换相当于对矩阵 $\boldsymbol{A}$ 右乘一个可逆矩阵. 反过来，这个命题仍成立吗？即将矩阵 $\boldsymbol{A}$ 左乘一个可逆矩阵 $\boldsymbol{P}$，相当于对矩阵 $\boldsymbol{A}$ 施加一系列的初等行变换吗？将矩阵 $\boldsymbol{A}$ 右乘一个可逆矩阵 $\boldsymbol{Q}$，相当于对矩阵 $\boldsymbol{A}$ 施加一系列的初等列变换吗？答案是肯定的. 下面来证明这个结论，即**任一可逆矩阵总可以表示成一系列初等矩阵的乘积**.

2.5.3 可逆矩阵的初等矩阵表示

定理 2.6 任何 $n(n\geqslant 2)$ 阶可逆矩阵总可以写成最多 n^2 个初等矩阵的连乘积.

证明 对可逆矩阵 $\boldsymbol{A}$ 的阶数 $n(n\geqslant 2)$ 用数学归纳法证明.

当 $n=2$ 时可以验证结论是成立的. 假设对所有阶数不超过 $n-1$ 的可逆方阵结论成立.

对 n 阶可逆矩阵 $\boldsymbol{A}=(a_{ij})_{n\times n}$，假设第一列元素不全为零，如果 $a_{11}=0$，$a_{j1}\neq 0$，则可通过左乘初等矩阵 $\boldsymbol{I}(1,j)$ 来交换矩阵的第 $1,j$ 两行使新得到矩阵的第一行的元素 a_{j1} 不为零.

因为 $a_{11}\neq 0$，对矩阵 $\boldsymbol{A}$ 依次左乘初等矩阵 $\boldsymbol{I}_n\left[r_2,r_1\left(-\dfrac{1}{a_{11}}a_{21}\right)\right]=\boldsymbol{P}_1$，$\boldsymbol{I}_n\left[r_3,r_1\left(-\dfrac{1}{a_{11}}a_{31}\right)\right]=\boldsymbol{P}_2,\cdots,\boldsymbol{I}_n\left[r_n,r_1\left(-\dfrac{1}{a_{11}}a_{n1}\right)\right]=\boldsymbol{P}_{n-1}$，$\boldsymbol{P}_n=\boldsymbol{I}_n\left(\dfrac{1}{a_{11}}r_1\right)$ 可得

$$\boldsymbol{P}_n\boldsymbol{P}_{n-1}\cdots\boldsymbol{P}_2\boldsymbol{P}_1\boldsymbol{A}=\begin{bmatrix}1 & a_{12} & \cdots & a_{1n}\\ 0 & b_{22} & \cdots & b_{2n}\\ \vdots & \vdots & & \vdots\\ 0 & b_{n2} & \cdots & b_{nn}\end{bmatrix}=\boldsymbol{A}_n,$$

其中元素 b_{ij}，$i,j=2,3,\cdots,n$ 表示为施加过初等行变换的元素. 如果 $a_{21},\cdots,a_{n1}$ 中有零元素，则相应的初等矩阵 $\boldsymbol{P}_2,\cdots,\boldsymbol{P}_{n-2}$ 可以少一个. 总之，一列 n 个元素，最多只要左乘 n 个初等矩阵就可以将矩阵 $\boldsymbol{A}$ 的左上角元素化成 1，其余元素化成零.

记矩阵 $\boldsymbol{A}_n$ 的右下角 $n-1$ 阶方阵为 $\boldsymbol{B}=(b_{ij})_{n-1}$，显然它是可逆的，根据归纳假设，最多存在 $(n-1)^2$ 个初等矩阵 $\boldsymbol{Q}_1,\boldsymbol{Q}_2,\cdots,\boldsymbol{Q}_{(n-1)^2}$，使得

$$\boldsymbol{Q}_{(n-1)^2}\cdots\boldsymbol{Q}_2\boldsymbol{Q}_1\boldsymbol{B}=\boldsymbol{I}_{n-1}.$$

记

$$P_{n+1}=\operatorname{diag}(1,Q_1),P_{n+2}=\operatorname{diag}(1,Q_2),\cdots,P_{n+(n-1)^2}=\operatorname{diag}(1,Q_{(n-1)^2}),$$

则有

$$P_{n+(n-1)^2}\cdots P_{n+1}\begin{bmatrix}1 & a_{12} & \cdots & a_{1n}\\ 0 & b_{22} & \cdots & b_{2n}\\ \vdots & \vdots & & \vdots\\ 0 & b_{n2} & \cdots & b_{nn}\end{bmatrix}=\begin{bmatrix}1 & a_{12} & \cdots & a_{1n}\\ 0 & 1 & \cdots & 0\\ \vdots & \vdots & & \vdots\\ 0 & 0 & \cdots & 1\end{bmatrix}=A_{n+(n-1)^2},$$

再设

$$P_{n+(n-1)^2+1}=I(r_1,-a_{12}r_2),P_{n+(n-1)^2+2}=I(r_1,-a_{13}r_3),\cdots,P_{n^2}=I(r_1,-a_{1n}r_n),$$

则将矩阵 $P_{n+(n-1)^2+1},P_{n+(n-1)^2+2},\cdots,P_{n^2}$ 依次左乘矩阵 $A_{n+(n-1)^2}$ 可得

$$P_{n^2}\cdots P_{n+(n-1)^2+2}P_{n+(n-1)^2+1}A_{n+(n-1)^2}=A_{n^2}=I_n.$$

这样就证明了 n 阶可逆矩阵 A 最多经过 n^2 次初等行变换就可以化成单位矩阵．即有 $P_{n^2}\cdots P_2P_1A=I_n$. 上式也可写成

$$A=(P_{n^2}\cdots P_2P_1)^{-1}=P_1^{-1}P_2^{-1}\cdots P_{n^2}^{-1}.$$

而初等矩阵的逆仍是初等矩阵．所以 n 阶可逆矩阵最多可以写成 n^2 个初等矩阵的连乘积．

■

注 2.1 (1) $P_{n^2}\cdots P_1A=I_n$ 表明**可逆矩阵都和单位矩阵等价**．

(2) 由 $P_{n^2}\cdots P_1A=I_n$ 可得 $A^{-1}=P_{n^2}\cdots P_1$ 或 $A=P_1^{-1}P_2^{-1}\cdots P_{n^2}^{-1}$．这表明**任何 n 阶可逆矩阵都可以表示成最多 n^2 个初等矩阵的连乘积**．

(3) 对比 $P_{n^2}\cdots P_1A=I_n$ 和 $A^{-1}=(P_{n^2}\cdots P_1)I_n$ 可以发现下面的结论，即若一系列的初等行变换将矩阵 A 化成单位矩阵 I_n，则同样一系列的初等行变换就会将单位矩阵 I_n 化成矩阵 A 的逆矩阵 A^{-1}. 则上面的结论可写为

$$P_{n^2}\cdots P_1[A,I_n]=[I_n,P_{n^2}\cdots P_1]=[I_n,A^{-1}].$$

该方法提供了用初等行变换求矩阵逆的方法．下面通过例题来说明．

例 2.27 用初等行变换法求矩阵 $A=\begin{bmatrix}0 & 1 & 2\\ 1 & 0 & 3\\ 4 & -3 & 8\end{bmatrix}$ 的逆矩阵．

解 将矩阵 A 与单位矩阵 I 横向排成矩阵 $[A,I]$，并对其进行初等行变换可得：

$$[A,I]=\left[\begin{array}{ccc|ccc}0 & 1 & 2 & 1 & 0 & 0\\ 1 & 0 & 3 & 0 & 1 & 0\\ 4 & -3 & 8 & 0 & 0 & 1\end{array}\right]$$

$$
\overset{r_1 \leftrightarrow r_2}{\sim}
\left[\begin{array}{ccc|ccc}
1 & 0 & 3 & 0 & 1 & 0 \\
0 & 1 & 2 & 1 & 0 & 0 \\
4 & -3 & 8 & 0 & 0 & 1
\end{array}\right]
$$

$$
\overset{r_3 - 4r_1}{\sim}
\left[\begin{array}{ccc|ccc}
1 & 0 & 3 & 0 & 1 & 0 \\
0 & 1 & 2 & 1 & 0 & 0 \\
0 & -3 & -4 & 0 & -4 & 1
\end{array}\right]
$$

$$
\overset{r_3 + 3r_2}{\sim}
\left[\begin{array}{ccc|ccc}
1 & 0 & 3 & 0 & 1 & 0 \\
0 & 1 & 2 & 1 & 0 & 0 \\
0 & 0 & 2 & 3 & -4 & 1
\end{array}\right]
$$

$$
\overset{r_3 \div 2}{\sim}
\left[\begin{array}{ccc|ccc}
1 & 0 & 3 & 0 & 1 & 0 \\
0 & 1 & 2 & 1 & 0 & 0 \\
0 & 0 & 1 & \frac{3}{2} & -2 & \frac{1}{2}
\end{array}\right]
$$

$$
\overset{r_1 - 3r_3}{\sim}
\left[\begin{array}{ccc|ccc}
1 & 0 & 0 & -\frac{9}{2} & 7 & -\frac{3}{2} \\
0 & 1 & 2 & 1 & 0 & 0 \\
0 & 0 & 1 & \frac{3}{2} & -2 & \frac{1}{2}
\end{array}\right]
$$

$$
\overset{r_2 - 2r_3}{\sim}
\left[\begin{array}{ccc|ccc}
1 & 0 & 0 & -\frac{9}{2} & 7 & -\frac{3}{2} \\
0 & 1 & 0 & -2 & 4 & -1 \\
0 & 0 & 1 & \frac{3}{2} & -2 & \frac{1}{2}
\end{array}\right].
$$

初等行变换的结果表明矩阵 $\boldsymbol{A}$ 可以经初等行变换化成单位矩阵 $\boldsymbol{I}$，所以矩阵 $\boldsymbol{A}$ 是可逆的，且有

$$
\boldsymbol{A}^{-1} = \begin{bmatrix}
-\frac{9}{2} & 7 & -\frac{3}{2} \\
-2 & 4 & -1 \\
\frac{3}{2} & -2 & \frac{1}{2}
\end{bmatrix}.
$$

下面对上面得到的结论进行验证：

$$AA^{-1}=\begin{bmatrix}0&1&2\\1&0&3\\4&-3&8\end{bmatrix}\begin{bmatrix}-\frac{9}{2}&7&-\frac{3}{2}\\-2&4&-1\\\frac{3}{2}&-2&\frac{1}{2}\end{bmatrix}=I.$$

这表明初等行变换计算得到的 A^{-1} 是正确的. ■

例 2.28 设 $A=\begin{bmatrix}0&-2&1\\3&0&-2\\-2&3&0\end{bmatrix}$，求 A^{-1}.

解 如同上例，具体计算如下：

$$[A,I]=\left[\begin{array}{ccc|ccc}0&-2&1&1&0&0\\3&0&-2&0&1&0\\-2&3&0&0&0&1\end{array}\right]$$

$$\overset{r_3\times 3}{\sim}\left[\begin{array}{ccc|ccc}0&-2&1&1&0&0\\3&0&-2&0&1&0\\-6&9&0&0&0&3\end{array}\right]$$

$$\overset{r_3+2r_2}{\sim}\left[\begin{array}{ccc|ccc}0&-2&1&1&0&0\\3&0&-2&0&1&0\\0&9&-4&0&2&3\end{array}\right]$$

$$\overset{r_1\leftrightarrow r_2}{\sim}\left[\begin{array}{ccc|ccc}3&0&-2&0&1&0\\0&-2&1&1&0&0\\0&9&-4&0&2&3\end{array}\right]$$

$$\overset{r_3\times 2}{\sim}\left[\begin{array}{ccc|ccc}3&0&-2&0&1&0\\0&-2&1&1&0&0\\0&18&-8&0&4&6\end{array}\right]$$

$$\overset{r_3+9r_2}{\sim}\left[\begin{array}{ccc|ccc}3 & 0 & -2 & 0 & 1 & 0\\ 0 & -2 & 1 & 1 & 0 & 0\\ 0 & 0 & 1 & 9 & 4 & 6\end{array}\right]$$

$$\overset{r_1+2r_3}{\sim}\left[\begin{array}{ccc|ccc}3 & 0 & 0 & 18 & 9 & 12\\ 0 & -2 & 1 & 1 & 0 & 0\\ 0 & 0 & 1 & 9 & 4 & 6\end{array}\right]$$

$$\overset{r_2-r_3}{\sim}\left[\begin{array}{ccc|ccc}3 & 0 & 0 & 18 & 9 & 12\\ 0 & -2 & 0 & -8 & -4 & -6\\ 0 & 0 & 1 & 9 & 4 & 6\end{array}\right]$$

$$\overset{r_1\div 3}{\sim}\left[\begin{array}{ccc|ccc}1 & 0 & 0 & 6 & 3 & 4\\ 0 & -2 & 0 & -8 & -4 & -6\\ 0 & 0 & 1 & 9 & 4 & 6\end{array}\right]$$

$$\overset{r_2\div(-2)}{\sim}\left[\begin{array}{ccc|ccc}1 & 0 & 0 & 6 & 3 & 4\\ 0 & 1 & 0 & 4 & 2 & 3\\ 0 & 0 & 1 & 9 & 4 & 6\end{array}\right],$$

因为矩阵 $\boldsymbol{A}$ 经过初等行变换可化成单位矩阵，故 $\boldsymbol{A}$ 可逆，且 $\boldsymbol{A}^{-1}=\begin{bmatrix}6 & 3 & 4\\ 4 & 2 & 3\\ 9 & 4 & 6\end{bmatrix}$. ■

练习 2.1 用初等行变换求矩阵 $\boldsymbol{A}=\begin{bmatrix}1 & -2 & 3\\ -1 & 3 & 0\\ 0 & 2 & 1\end{bmatrix}$ 的逆矩阵.（也可用伴随矩阵求）

解 将矩阵 $\boldsymbol{A}$ 与三阶单位矩阵 $\boldsymbol{I}_3$ 拼成一个长方形矩阵 $[\boldsymbol{A},\boldsymbol{I}_3]$，再用初等行变换化简得

$$[\boldsymbol{A},\boldsymbol{I}_3]=\left[\begin{array}{ccc|ccc}1 & -2 & 3 & 1 & 0 & 0\\ -1 & 3 & 0 & 0 & 1 & 0\\ 0 & 2 & 1 & 0 & 0 & 1\end{array}\right]$$

$$\overset{r_2+r_1}{\sim}\left[\begin{array}{ccc|ccc}1&-2&3&1&0&0\\0&1&3&1&1&0\\0&2&1&0&0&1\end{array}\right]$$

$$\overset{r_3-2r_2}{\sim}\left[\begin{array}{ccc|ccc}1&-2&3&1&0&0\\0&1&3&1&1&0\\0&0&-5&-2&-2&1\end{array}\right]$$

$$\overset{r_2+\frac{3}{5}r_3}{\sim}\left[\begin{array}{ccc|ccc}1&-2&3&1&0&0\\0&1&0&-\frac{1}{5}&-\frac{1}{5}&\frac{3}{5}\\0&0&-5&-2&-2&1\end{array}\right]$$

$$\overset{r_1+\frac{3}{5}r_3}{\sim}\left[\begin{array}{ccc|ccc}1&-2&0&-\frac{1}{5}&-\frac{6}{5}&\frac{3}{5}\\0&1&0&-\frac{1}{5}&-\frac{1}{5}&\frac{3}{5}\\0&0&-5&-2&-2&1\end{array}\right]$$

$$\overset{r_1+2r_2}{\sim}\left[\begin{array}{ccc|ccc}1&0&0&-\frac{3}{5}&-\frac{8}{5}&\frac{9}{5}\\0&1&0&-\frac{1}{5}&-\frac{1}{5}&\frac{3}{5}\\0&0&-5&-2&-2&1\end{array}\right]$$

$$\overset{-\frac{1}{5}r_3}{\sim}\left[\begin{array}{ccc|ccc}1&0&0&-\frac{3}{5}&-\frac{8}{5}&\frac{9}{5}\\0&1&0&-\frac{1}{5}&-\frac{1}{5}&\frac{3}{5}\\0&0&1&\frac{2}{5}&\frac{2}{5}&-\frac{1}{5}\end{array}\right].$$

最终得到矩阵 $\boldsymbol{A}$ 的逆矩阵为

$$A^{-1}=\begin{bmatrix}-\frac{3}{5} & -\frac{8}{5} & \frac{9}{5}\\ -\frac{1}{5} & -\frac{1}{5} & \frac{3}{5}\\ \frac{2}{5} & \frac{2}{5} & -\frac{1}{5}\end{bmatrix}=-\frac{1}{5}\begin{bmatrix}3 & 8 & -9\\ 1 & 1 & -3\\ -2 & -2 & 1\end{bmatrix}.$$

这与例 2.9 中的结果完全一致. ■

例 2.29　求解矩阵方程 $AX=B$,其中 $A=\begin{bmatrix}2 & 1 & -3\\ 1 & 2 & -2\\ -1 & 3 & 2\end{bmatrix}$,$B=\begin{bmatrix}1 & -1\\ 2 & 0\\ -2 & 5\end{bmatrix}$.

解　设可逆矩阵 A^{-1} 使 $A^{-1}A=I$,则

$$A^{-1}[A,B]=[I,A^{-1}B],$$

因此对矩阵$[A,B]$作行初等变换,把矩阵 A 变成 I,同时把矩阵 B 变成 $A^{-1}B$. 具体计算可得

$$\begin{aligned}[A,B] &= \begin{bmatrix}2 & 1 & -3 & 1 & -1\\ 1 & 2 & -2 & 2 & 0\\ -1 & 3 & 2 & -2 & 5\end{bmatrix}\\
&\overset{\substack{r_1\leftrightarrow r_2\\ r_2-2r_1\\ r_3+r_1}}{\sim}\begin{bmatrix}1 & 2 & -2 & 2 & 0\\ 0 & -3 & 1 & -3 & -1\\ 0 & 5 & 0 & 0 & 5\end{bmatrix}\\
&\overset{\substack{r_3\leftrightarrow r_2\\ r_2\div 5\\ r_3+3r_2}}{\sim}\begin{bmatrix}1 & 2 & -2 & 2 & 0\\ 0 & 1 & 0 & 0 & 1\\ 0 & 0 & 1 & -3 & 2\end{bmatrix}\\
&\overset{r_1-2r_2+2r_3}{\sim}\begin{bmatrix}1 & 0 & 0 & -4 & 2\\ 0 & 1 & 0 & 0 & 1\\ 0 & 0 & 1 & -3 & 2\end{bmatrix},\end{aligned}$$

可见 A 可逆,且

$$X=A^{-1}B=\begin{bmatrix}-4 & 2\\ 0 & 1\\ -3 & 2\end{bmatrix}$$

即为所给矩阵方程的唯一解. ■

2.5.4 小结

本节介绍了矩阵的三种初等变换，与之对应的是三种初等矩阵．对矩阵每施加一次初等行变换相当于在该矩阵左边乘上一个相应的初等矩阵，对矩阵每施加一次初等列变换相当于在该矩阵的右边乘上一个相应的初等矩阵．

如果矩阵 $\boldsymbol{A}$ 不可逆，则可通过矩阵的初等行变换化成行最简形．

2.5.5 习题

1. 写出下列初等矩阵的逆矩阵：

(1) $\begin{bmatrix} 0 & 1 & 0 \\ 1 & 0 & 0 \\ 0 & 0 & 1 \end{bmatrix}$；(2) $\begin{bmatrix} 1 & 0 & 3 \\ 0 & 1 & 0 \\ 0 & 0 & 1 \end{bmatrix}$；(3) $\begin{bmatrix} 1 & 0 & 0 \\ 0 & 9 & 0 \\ 0 & 0 & 1 \end{bmatrix}$.

2. 设矩阵 $\boldsymbol{A}=(a_{ij})_{3\times 3}=[\boldsymbol{\alpha}_1,\boldsymbol{\alpha}_2,\boldsymbol{\alpha}_3]=\begin{bmatrix} \boldsymbol{\beta}_1^{\mathrm{T}} \\ \boldsymbol{\beta}_2^{\mathrm{T}} \\ \boldsymbol{\beta}_3^{\mathrm{T}} \end{bmatrix}$．下面的初等变换相当于左乘或右乘一个什么样的矩阵？

(1) $[\boldsymbol{\alpha}_1,\boldsymbol{\alpha}_2,\boldsymbol{\alpha}_3]\overset{c_1\leftrightarrow c_3}{\sim}[\boldsymbol{\alpha}_3,\boldsymbol{\alpha}_2,\boldsymbol{\alpha}_1]$；(2) $[\boldsymbol{\alpha}_1,\boldsymbol{\alpha}_2,\boldsymbol{\alpha}_3]\overset{4c_2}{\sim}[\boldsymbol{\alpha}_1,4\boldsymbol{\alpha}_2,\boldsymbol{\alpha}_3]$；

(3) $\begin{bmatrix} \boldsymbol{\beta}_1^{\mathrm{T}} \\ \boldsymbol{\beta}_2^{\mathrm{T}} \\ \boldsymbol{\beta}_3^{\mathrm{T}} \end{bmatrix}\overset{r_1+2r_3}{\sim}\begin{bmatrix} \boldsymbol{\beta}_1^{\mathrm{T}}+2\boldsymbol{\beta}_3^{\mathrm{T}} \\ \boldsymbol{\beta}_2^{\mathrm{T}} \\ \boldsymbol{\beta}_3^{\mathrm{T}} \end{bmatrix}$.

3. 用初等行变换求下列矩阵的逆矩阵．

(1) $\begin{bmatrix} -1 & 4 \\ -2 & 7 \end{bmatrix}$；(2) $\begin{bmatrix} 1 & 0 & -2 \\ 0 & -2 & 1 \\ -2 & -1 & 5 \end{bmatrix}$；(3) $\begin{bmatrix} 3 & 2 & 1 \\ 3 & 1 & 5 \\ 3 & 2 & 3 \end{bmatrix}$；(4) $\begin{bmatrix} 1 & 1 & 1 & 1 \\ 1 & 1 & 1 & 0 \\ 1 & 1 & 0 & 0 \\ 1 & 0 & 0 & 0 \end{bmatrix}$.

4. 如果单位矩阵固定某一行(列) 连续只进行第一种初等行(列) 变换会得到下面的矩阵

$$\begin{bmatrix} 1 & 0 & 0 \\ a & 1 & 0 \\ b & 0 & 1 \end{bmatrix},\begin{bmatrix} 1 & a & b \\ 0 & 1 & 0 \\ 0 & 0 & 1 \end{bmatrix}.$$

可以验证上面两种矩阵的逆是可以直接写出的，它们是

$$\begin{bmatrix}1&0&0\\a&1&0\\b&0&1\end{bmatrix}^{-1}=\begin{bmatrix}1&0&0\\-a&1&0\\-b&0&1\end{bmatrix},\begin{bmatrix}1&a&b\\0&1&0\\0&0&1\end{bmatrix}^{-1}=\begin{bmatrix}1&-a&-b\\0&1&0\\0&0&1\end{bmatrix}.$$

对单位矩阵连续进行第二种初等行（列）变换会得到对角矩阵，而对角矩阵的逆矩阵仍是一个对角矩阵，即有

$$\begin{bmatrix}a&0&0\\0&b&0\\0&0&c\end{bmatrix}^{-1}=\begin{bmatrix}a^{-1}&0&0\\0&b^{-1}&0\\0&0&c^{-1}\end{bmatrix}.$$

对单位矩阵连续进行第三种初等行（列）变换得到的矩阵是交换矩阵，可以验证交换矩阵的逆矩阵是它的转置矩阵，即有

$$\begin{bmatrix}0&0&1\\1&0&0\\0&1&0\end{bmatrix}^{\mathrm{T}}=\begin{bmatrix}0&1&0\\0&0&1\\1&0&0\end{bmatrix}.$$

它们都是基于单位矩阵用初等行变换得到的矩阵，它们的逆矩阵都是可以直接写出的矩阵．最后这种矩阵之所以称为交换矩阵（commutation matrix），原因在于它左乘一个矩阵能把这个矩阵的行向量重新交换排列，如果右乘一个矩阵能把该矩阵的列向量重新交换排列．

试写出下面矩阵的逆矩阵：

(1) $\begin{bmatrix}1&0&0\\2&1&0\\3&0&1\end{bmatrix}$；(2) $\begin{bmatrix}1&2&0\\0&1&0\\0&3&1\end{bmatrix}$；(3) $\begin{bmatrix}1&3&3\\0&1&0\\0&0&1\end{bmatrix}$；(4) $\begin{bmatrix}0&0&1\\0&1&0\\1&0&0\end{bmatrix}$.

2.6　矩阵的秩

内容提要

当 $\det(\boldsymbol{A})=0$ 时，方程 $\boldsymbol{Ax}=\boldsymbol{0}$ 有非零解．矩阵的秩在用克莱姆法则求出 $\boldsymbol{Ax}=\boldsymbol{0}$ 的非零解的过程中起重要的作用．矩阵的秩是矩阵一个重要的数字特征，它用一个非负整数描述了矩阵所携带信息量的多少．这一节以行列式为工具来展开矩阵的秩的内容.

2.6.1 矩阵的秩的定义和性质

重新审视用克莱姆法则求解方程组$\begin{cases} 8x - y - 6z = 0, \\ -4x + 5y - z = 0, \\ -4x - 4y + 7z = 0. \end{cases}$直接套用可以发现该方程组的系数矩阵的行列式为零，无法用克莱姆法则，而只求出其中一个方程的解，显然也不是原方程组的解，而恰到好处地选择其中两个方程的解正好可求出原方程组的解．从行列式可以发现，系数矩阵的行列式中有一阶子式不为零，有二阶子式不为零，而三阶子式为零．这为我们利用克莱姆法则求解一般的线性方程组提供了思路．

n阶行列式的按行(列)展开定理提供了用$n-1$阶行列式(子式或代数余子式)来定义n阶行列式的方法．这为我们提供了一种思路，即可否用较低阶的行列式来描述矩阵某一方面的性质．为此引入矩阵$\boldsymbol{A}$的k阶子式的概念．

定义 2.15 在$m\times n$矩阵$\boldsymbol{A}$中取k行与k列($1\leqslant k\leqslant \min\{m,n\}$)，位于这些行列交叉点上的$k\times k$个元素，不改变它们在$\boldsymbol{A}$中所处的相对位置次序而得到的$k$阶行列式，称为矩阵$\boldsymbol{A}$的一个$k$ **阶子式**．

依据此定义，矩阵$\boldsymbol{A}$的每个元素就是矩阵$\boldsymbol{A}$的1阶子式．设$m\leqslant n$，则$m\times n$矩阵$\boldsymbol{A}$有C_n^m个m阶子式．一般情况，k的取值为$1\leqslant k\leqslant \min\{m,n\}$，$m\times n$矩阵$\boldsymbol{A}$的$k$阶子式共有$C_m^k\times C_n^k$个.

例如，设矩阵

$$\boldsymbol{A}=\begin{bmatrix} 3 & 1 & 0 & 2 \\ 1 & -1 & 2 & -1 \\ 1 & 3 & -4 & 4 \end{bmatrix},$$

则每个元素都是矩阵$\boldsymbol{A}$的一阶子式，$\begin{vmatrix} 3 & 1 \\ 1 & -1 \end{vmatrix}$是它的一个二阶子式，$\begin{vmatrix} 1 & 0 & 2 \\ -1 & 2 & -1 \\ 3 & -4 & 4 \end{vmatrix}$是一个三阶子式，它共有$C_4^3=4$个三阶子式．

借助矩阵的最高阶非零子式可以定义矩阵的秩．

定义 2.16 如果矩阵$\boldsymbol{A}$中有一个不等于0的r阶子式，同时所有的$r+1$阶子式(如果还有的话)全等于0，称矩阵$\boldsymbol{A}$的秩为r，记为$\operatorname{rank}(\boldsymbol{A})=r$或$R(\boldsymbol{A})=r$. 规定零矩阵的秩等于0.

可以验证上面刚才提到的矩阵的秩为2.

根据行列式按行(列)展开式，如果一个矩阵中所有的$r+1$阶子式全为零，则该行列式的所有高于$r+1$阶的子式也全为零．若$\operatorname{rank}(\boldsymbol{A})=r$，则矩阵$\boldsymbol{A}$中定存在一个不为零的$r$阶子式，称为矩阵$\boldsymbol{A}$的一个**最高阶非零子式**．

定义2.17 对于矩阵$A \in \mathbb{R}^{m\times n}$,$m \leqslant n$,若 $\operatorname{rank}(A)=m$,则称矩阵A是行满秩的.对于矩阵$A \in \mathbb{R}^{m\times n}$,$m \geqslant n$,若 $\operatorname{rank}(A)=n$,则矩阵A是列满秩的.行满秩矩阵和列满秩矩阵统称为**满秩矩阵**(full rank matrix).不是满秩矩阵就称为**降秩矩阵**(reduced rank matrix).

直接由矩阵的秩的定义可得出矩阵的秩有下面的一些性质.

性质2.8 根据矩阵秩的定义,矩阵的秩有下面的性质:

(1)$0 \leqslant \operatorname{rank}(A_{m\times n}) \leqslant \min\{m,n\}$.

(2) $\operatorname{rank}(A^{\mathrm{T}})=\operatorname{rank}(A)$.

(3) 若$A \overset{r}{\sim} B$,则 $\operatorname{rank}(A)=\operatorname{rank}(B)$.

(4) 若P,Q可逆,则 $\operatorname{rank}(PAQ)=\operatorname{rank}(A)$.

(5) 若$A \overset{c}{\sim} B$,则 $\operatorname{rank}(A)=\operatorname{rank}(B)$.进而有若$A \sim B$,则有 $\operatorname{rank}(A)=\operatorname{rank}(B)$.

(6) 设矩阵$A \in \mathbb{R}^{m\times m}$,$B \in \mathbb{R}^{n\times n}$,则有

$$\operatorname{rank}\begin{bmatrix} A & O \\ O & B \end{bmatrix}=\operatorname{rank}(A)+\operatorname{rank}(B).$$

(7) 设$A \in \mathbb{R}^{m\times r}$,$B \in \mathbb{R}^{m\times s}$,则有 $\max\{\operatorname{rank}(A),\operatorname{rank}(B)\} \leqslant \operatorname{rank}[A,B]$.特别对方程$Ax=\beta$的系数矩阵$A$和常数向量$\beta$有 $\operatorname{rank}(A) \leqslant \operatorname{rank}[A,\beta]$成立.

证明 (1) 由于 $\operatorname{rank}(A)$是A的非零子式的最高阶数,因此,若矩阵A中有某个s阶子式不为0,则 $\operatorname{rank}(A)\geqslant s$;若$A$中所有$t$阶子式全为0,则 $\operatorname{rank}(A)<t$.显然,若A为$m\times n$矩阵,则有 $0 \leqslant \operatorname{rank}(A) \leqslant \min\{m,n\}$.

(2) 由于行列式与其转置行列式相等,因此A^{T}的子式与A的子式对应相等,从而 $\operatorname{rank}(A)=\operatorname{rank}(A^{\mathrm{T}})$.

(3) 因为对矩阵A进行初等行变换相当于用消元法求解线性方程$Ax=\mathbf{0}$.所得到矩阵B对应的线性方程$Bx=\mathbf{0}$和$Ax=\mathbf{0}$是同解的.所以矩阵A,B的秩相等,不会改变.因为任何秩的改变都会导致方程$Ax=\mathbf{0}$和$Bx=\mathbf{0}$不再是同解的方程.读者可以自行举出反例.

(4) 对矩阵A进行一系列的初等行变换相当于左乘一个可逆矩阵,所以对可逆矩阵P,由性质(3)可得 $\operatorname{rank}(A)=\operatorname{rank}(PA)$,再利用性质(2)即有

$$\begin{aligned}\operatorname{rank}(A)&=\operatorname{rank}(PA)=\operatorname{rank}[(PA)^{\mathrm{T}}]\\&=\operatorname{rank}(A^{\mathrm{T}}P^{\mathrm{T}})=\operatorname{rank}(Q^{\mathrm{T}}A^{\mathrm{T}}P^{\mathrm{T}})\\&=\operatorname{rank}(PAQ)^{\mathrm{T}}=\operatorname{rank}(PAQ).\end{aligned}$$

(5) 由性质(4)即可得到性质(5).

(6) 直接由矩阵的秩的定义可证明.

(7) 直接由矩阵的秩的定义可得

$$\operatorname{rank}(\boldsymbol{A}) \leqslant \operatorname{rank}[\boldsymbol{A},\boldsymbol{B}],\ \operatorname{rank}(\boldsymbol{B}) \leqslant \operatorname{rank}[\boldsymbol{A},\boldsymbol{B}],$$

所以有 $\max\{\operatorname{rank}(\boldsymbol{A}), \operatorname{rank}(\boldsymbol{B})\} \leqslant \operatorname{rank}[\boldsymbol{A},\boldsymbol{B}]$. 证毕. ■

性质(6)可作如下推广，设 $\boldsymbol{A}=\operatorname{diag}(\boldsymbol{A}_1,\boldsymbol{A}_2,\cdots,\boldsymbol{A}_m)$，$\boldsymbol{A}_i \in \mathbb{R}^{n_i\times n_i}$，则有 $\operatorname{rank}(\boldsymbol{A})=\sum_{i=1}^{m}\operatorname{rank}(\boldsymbol{A}_i)$. 若 $\boldsymbol{A}=\begin{bmatrix}\boldsymbol{A}_{11} & \boldsymbol{A}_{12}\\ \boldsymbol{O} & \boldsymbol{A}_{22}\end{bmatrix}$，则有 $\operatorname{rank}(\boldsymbol{A}) \geqslant \operatorname{rank}(\boldsymbol{A}_{11})+\operatorname{rank}(\boldsymbol{A}_{22})$. 例如

$$\boldsymbol{A}_{11}=\boldsymbol{A}_{22}=\begin{bmatrix}1 & 0\\ 0 & 1\end{bmatrix},\boldsymbol{A}_{12}=\begin{bmatrix}0 & 0\\ 0 & 1\end{bmatrix}.$$

则有 $\operatorname{rank}(\boldsymbol{A})=3$，$\operatorname{rank}(\boldsymbol{A}_{11})+\operatorname{rank}(\boldsymbol{A}_{22})=2$.

2.6.2 初等变换求矩阵的秩

因为矩阵的初等变换不改变矩阵的秩，所以可以先用矩阵的初等行变换把矩阵化为行阶梯形或行最简形. 行阶梯形的主元所在的行列交点处确定的子式是一个最高阶非零子式，所以行阶梯形中非零行的个数即为矩阵的秩.

例 2.30 求矩阵 $\boldsymbol{A}$ 的秩，其中

$$\boldsymbol{A}=\begin{bmatrix}1 & 2 & 3\\ 2 & 3 & -5\\ 4 & 7 & 1\end{bmatrix}.$$

解 可以看出矩阵 $\boldsymbol{A}$ 中有一个二阶子式不为零，而计算可得矩阵 $\boldsymbol{A}$ 的行列式为零，所以矩阵 $\boldsymbol{A}$ 的秩为 2. ■

例 2.31 求矩阵 $\boldsymbol{A}$ 的秩，其中

$$\boldsymbol{A}=\begin{bmatrix}3 & 1 & 0 & 2\\ 1 & -1 & 2 & -1\\ 1 & 3 & -4 & 4\end{bmatrix}$$

解 将 $\boldsymbol{A}$ 化成行阶梯形可得

$$\begin{aligned}\boldsymbol{A} &= \begin{bmatrix}3 & 1 & 0 & 2\\ 1 & -1 & 2 & -1\\ 1 & 3 & -4 & 4\end{bmatrix}\\ &\overset{r_1\leftrightarrow r_2}{\sim} \begin{bmatrix}1 & -1 & 2 & -1\\ 3 & 1 & 0 & 2\\ 1 & 3 & -4 & 4\end{bmatrix}\end{aligned}$$

$$\overset{r_2-3r_1}{\sim}\begin{bmatrix}1&-1&2&-1\\0&4&-6&5\\1&3&-4&4\end{bmatrix}$$

$$\overset{r_3-r_1}{\sim}\begin{bmatrix}1&-1&2&-1\\0&4&-6&5\\0&4&-6&5\end{bmatrix}$$

$$\overset{r_3-r_2}{\sim}\begin{bmatrix}1&-1&2&-1\\0&4&-6&5\\0&0&0&0\end{bmatrix}.$$

所以 $\operatorname{rank}(\boldsymbol{A})=2$. ■

例 2.32 求矩阵 $\boldsymbol{B}$ 的秩,其中

$$\boldsymbol{B}=\begin{bmatrix}3&2&0&5&0\\3&-2&3&6&-1\\2&0&1&5&-3\\1&6&-4&-1&4\end{bmatrix}$$

解 将矩阵 $\boldsymbol{B}$ 化为行阶梯形可得

$$\boldsymbol{B}=\begin{bmatrix}3&2&0&5&0\\3&-2&3&6&-1\\2&0&1&5&-3\\1&6&-4&-1&4\end{bmatrix}$$

$$\overset{r_1\leftrightarrow r_4}{\sim}\begin{bmatrix}1&6&-4&-1&4\\3&-2&3&6&-1\\2&0&1&5&-3\\3&2&0&5&0\end{bmatrix}$$

$$\overset{r_2-r_4}{\sim}\begin{bmatrix}1&6&-4&-1&4\\0&-4&3&1&-1\\2&0&1&5&-3\\3&2&0&5&0\end{bmatrix}$$

$$\overset{r_3-2r_1}{\sim}\begin{bmatrix}1 & 6 & -4 & -1 & 4\\0 & -4 & 3 & 1 & -1\\0 & -12 & 9 & 7 & -11\\3 & 2 & 0 & 5 & 0\end{bmatrix}$$

$$\overset{r_4-3r_1}{\sim}\begin{bmatrix}1 & 6 & -4 & -1 & 4\\0 & -4 & 3 & 1 & -1\\0 & -12 & 9 & 7 & -11\\0 & -16 & 12 & 8 & -12\end{bmatrix}$$

$$\overset{r_4-r_3-r_2}{\sim}\begin{bmatrix}1 & 6 & -4 & -1 & 4\\0 & -4 & 3 & 1 & -1\\0 & -12 & 9 & 7 & -11\\0 & 0 & 0 & 0 & 0\end{bmatrix}$$

$$\overset{r_3-3r_2}{\sim}\begin{bmatrix}1 & 6 & -4 & -1 & 4\\0 & -4 & 3 & 1 & -1\\0 & 0 & 0 & 4 & -8\\0 & 0 & 0 & 0 & 0\end{bmatrix}.$$

因为矩阵 $\boldsymbol{B}$ 的行阶梯形有三个非零行，所以矩阵 $\boldsymbol{B}$ 的秩为 3. ■

例 2.33 求矩阵 $\boldsymbol{A}$ 和 $\boldsymbol{B}=[\boldsymbol{A},\boldsymbol{\beta}]$ 的秩，其中

$$\boldsymbol{A}=\begin{bmatrix}1 & -2 & 2 & -1\\2 & -4 & 8 & 0\\-2 & 4 & -2 & 3\\3 & -6 & 0 & -6\end{bmatrix},\boldsymbol{\beta}=\begin{bmatrix}1\\2\\3\\4\end{bmatrix}.$$

解 可以将矩阵 $\boldsymbol{B}=[\boldsymbol{A},\boldsymbol{\beta}]$ 化为行阶梯形来处理.

$$\boldsymbol{B} = [\boldsymbol{A},\boldsymbol{\beta}]=\begin{bmatrix}1 & -2 & 2 & -1 & 1\\2 & -4 & 8 & 0 & 2\\-2 & 4 & -2 & 3 & 3\\3 & -6 & 0 & -6 & 4\end{bmatrix}$$

$$\overset{r_3+r_2}{\sim}\begin{bmatrix}1 & -2 & 2 & -1 & 1\\ 2 & -4 & 8 & 0 & 2\\ 0 & 0 & 6 & 3 & 5\\ 3 & -6 & 0 & -6 & 4\end{bmatrix}$$

$$\overset{r_4-r_2-r_1}{\sim}\begin{bmatrix}1 & -2 & 2 & -1 & 1\\ 2 & -4 & 8 & 0 & 2\\ 0 & 0 & 6 & 3 & 5\\ 0 & 0 & -10 & -5 & 1\end{bmatrix}$$

$$\overset{r_2-2r_1}{\sim}\begin{bmatrix}1 & -2 & 2 & -1 & 1\\ 0 & 0 & 4 & 2 & 0\\ 0 & 0 & 6 & 3 & 5\\ 0 & 0 & -10 & -5 & 1\end{bmatrix}$$

$$\overset{r_2\div 2}{\sim}\begin{bmatrix}1 & -2 & 2 & -1 & 1\\ 0 & 0 & 2 & 1 & 0\\ 0 & 0 & 6 & 3 & 5\\ 0 & 0 & -10 & -5 & 1\end{bmatrix}$$

$$\overset{r_3-3r_2}{\sim}\begin{bmatrix}1 & -2 & 2 & -1 & 1\\ 0 & 0 & 2 & 1 & 0\\ 0 & 0 & 0 & 0 & 5\\ 0 & 0 & -10 & -5 & 1\end{bmatrix}$$

$$\overset{r_4+5r_2}{\sim}\begin{bmatrix}1 & -2 & 2 & -1 & 1\\ 0 & 0 & 2 & 1 & 0\\ 0 & 0 & 0 & 0 & 5\\ 0 & 0 & 0 & 0 & 1\end{bmatrix}$$

$$\overset{r_3\div 5}{\sim}\begin{bmatrix}1 & -2 & 2 & -1 & 1\\ 0 & 0 & 2 & 1 & 0\\ 0 & 0 & 0 & 0 & 1\\ 0 & 0 & 0 & 0 & 1\end{bmatrix}$$

$$\overset{r_4-r_3}{\sim}\begin{bmatrix}1 & -2 & 2 & -1 & 1\\0 & 0 & 2 & 1 & 0\\0 & 0 & 0 & 0 & 1\\0 & 0 & 0 & 0 & 0\end{bmatrix}.$$

所以可得 rank $(\boldsymbol{A})=2$，rank $(\boldsymbol{B})=3$. ■

例 2.34 设矩阵为 $\boldsymbol{A}=\begin{bmatrix}1 & 2 & -1 & 1\\3 & 2 & \lambda & -1\\5 & 6 & 3 & \mu\end{bmatrix}$ 已知 rank $(\boldsymbol{A})=2$，求 λ 与 μ 的值.

解 显然矩阵 $\boldsymbol{A}$ 的左上角有一个二阶子式不为零，而矩阵 $\boldsymbol{A}$ 的秩为 2，所以矩阵 $\boldsymbol{A}$ 中所有三阶子式全为零，据此可令含 λ 和 μ 的三阶行列式为零计算出 λ 和 μ.

下面将矩阵 $\boldsymbol{A}$ 化成行阶梯形来求解.

$$\boldsymbol{A}=\begin{bmatrix}1 & 2 & -1 & 1\\3 & 2 & \lambda & -1\\5 & 6 & 3 & \mu\end{bmatrix}$$

$$\overset{r_2-3r_1}{\sim}\begin{bmatrix}1 & 2 & -1 & 1\\0 & -4 & \lambda+3 & -4\\5 & 6 & 3 & \mu\end{bmatrix}$$

$$\overset{r_3-5r_1}{\sim}\begin{bmatrix}1 & 2 & -1 & 1\\0 & -4 & \lambda+3 & -4\\0 & -4 & 8 & \mu-5\end{bmatrix}$$

$$\overset{r_3-r_2}{\sim}\begin{bmatrix}1 & 2 & -1 & 1\\0 & -4 & \lambda+3 & -4\\0 & 0 & 5-\lambda & \mu-1\end{bmatrix}.$$

因为 rank $(\boldsymbol{A})=2$，所以可得

$$\begin{cases}5-\lambda=0,\\ \mu-1=0,\end{cases}\quad 即\begin{cases}\lambda=5,\\ \mu=1.\end{cases}$$

2.6.3 小结

矩阵的秩的定义和用矩阵的初等行变换化矩阵为行阶梯形可求矩阵的秩.

矩阵的秩和方阵的行列式都是矩阵的数字特征,方阵的行列式是粗线条的,要么为零,要么不为零,但矩阵的秩在体现矩阵的信息方面刻画了哪几阶子式为零和哪几阶子式不为零,更能体现一个矩阵本身携带信息的多少,这也是把它称为"秩"的原因.

2.6.4 习题

1. 求下列矩阵的秩:

(1)$\boldsymbol{A}=\begin{bmatrix}3&1&0&2\\1&-1&2&-1\\1&3&-4&4\end{bmatrix}$;(2)$\boldsymbol{B}=\begin{bmatrix}2&-1&-3&-1\\-1&3&1&-3\\0&5&-1&-8\end{bmatrix}$;(3)$\boldsymbol{C}=\begin{bmatrix}1&0&3&2\\2&1&8&3\\2&-3&0&7\end{bmatrix}$.

2. 设 $\boldsymbol{A}=\begin{bmatrix}1&-2&3k\\-1&2k&-3\\k&-2&3\end{bmatrix}$,$k$ 为何值时可使下列结论成立?

(1) $\operatorname{rank}(\boldsymbol{A})=1$;(2) $\operatorname{rank}(\boldsymbol{A})=2$;(3) $\operatorname{rank}(\boldsymbol{A})=3$.

3. 在秩是 r 的矩阵中,有没有等于 0 的 $r-1$ 阶子式?有没有等于 0 的 r 阶子式?

4. 从矩阵 $\boldsymbol{A}$ 中划去一行得到矩阵 $\boldsymbol{B}$,问 $\boldsymbol{A},\boldsymbol{B}$ 的秩的关系怎样?

5. 设 $\boldsymbol{A},\boldsymbol{B}$ 都是 $m\times n$ 矩阵,证明 $\boldsymbol{A}\sim\boldsymbol{B}$ 的充分必要条件是 $\operatorname{rank}(\boldsymbol{A})=\operatorname{rank}(\boldsymbol{B})$.

6. 求矩阵 $\boldsymbol{A}=\begin{bmatrix}a&b&b\\b&a&b\\b&b&a\end{bmatrix}$ 的秩.

2.7 习题 2

1. 设 $\boldsymbol{\alpha}=\begin{bmatrix}1\\0\\-1\end{bmatrix}$,矩阵 $\boldsymbol{A}=\boldsymbol{\alpha}\boldsymbol{\alpha}^{\mathrm{T}}$,$n$ 为正整数,则 $\det(a\boldsymbol{I}-\boldsymbol{A}^n)=$________.

2. 设三阶方阵 $\boldsymbol{A},\boldsymbol{B}$ 满足 $\boldsymbol{A}^2\boldsymbol{B}-\boldsymbol{A}-\boldsymbol{B}=\boldsymbol{I}$,其中 $\boldsymbol{I}$ 是单位矩阵,若 $\boldsymbol{A}=\begin{bmatrix}1&0&1\\0&2&0\\-2&0&1\end{bmatrix}$,则

$\det \boldsymbol{B} =$ ________ .

3. 若 $\boldsymbol{\alpha} \in \mathbb{R}^3$，$\boldsymbol{\alpha}\boldsymbol{\alpha}^{\mathrm{T}} = \begin{bmatrix} 3 & 2 & 1 \\ 6 & 4 & 2 \\ 9 & 6 & 3 \end{bmatrix}$，则 $\boldsymbol{\alpha}^{\mathrm{T}}\boldsymbol{\alpha} =$ ________ .

4. $\boldsymbol{A}$ 是三阶反对称矩阵，对任意的 $\boldsymbol{x} \in \mathbb{R}^3$，计算 $\boldsymbol{x}^{\mathrm{T}}\boldsymbol{A}\boldsymbol{x}$ 的值．设 $\boldsymbol{B}$ 是三阶方阵，若对任意的 $\boldsymbol{x} \in \mathbb{R}^3$ 都有 $\boldsymbol{x}^{\mathrm{T}}\boldsymbol{B}\boldsymbol{x} = 0$，证明 $\boldsymbol{B}$ 是反称矩阵．

5. 设 $\boldsymbol{A}$ 是三阶实对称矩阵，如果 $\boldsymbol{A}^2 = \boldsymbol{O}$，证明 $\boldsymbol{A} = \boldsymbol{O}$. 并举例说明，如果 $\boldsymbol{A}$ 不是实对称矩阵，则上述命题不正确．

6. 设 $\boldsymbol{A} = \begin{bmatrix} 2 & -1 & 5 \\ 0 & 2 & 3 \\ 0 & 0 & 3 \end{bmatrix}$，则 $\boldsymbol{A}^n =$ ________ .

7. 设 $\boldsymbol{A} = \begin{bmatrix} 0 & 2 & -1 \\ 1 & 1 & 2 \\ -1 & -1 & -1 \end{bmatrix}$，则 $\boldsymbol{A}^* =$ ________，$(\boldsymbol{A}^{-1})^* =$ ________ .

8. 设 $\boldsymbol{A}, \boldsymbol{B}$ 为三阶方阵，$\boldsymbol{A}^*$，$\boldsymbol{B}^*$ 分别表示矩阵 $\boldsymbol{A}, \boldsymbol{B}$ 的伴随矩阵，试求分块矩阵 $\begin{bmatrix} \boldsymbol{A} & \boldsymbol{O} \\ \boldsymbol{O} & \boldsymbol{B} \end{bmatrix}$ 的伴随矩阵．

9. 求可逆矩阵 $\begin{bmatrix} a & b & b & b \\ b & a & b & b \\ b & b & a & b \\ b & b & b & a \end{bmatrix}$ 的逆矩阵．

2.8　自测题 2

一、判断题

1. 设 $\boldsymbol{A}, \boldsymbol{B}$ 都是 n 阶方阵，则等式 $(\boldsymbol{A} + \boldsymbol{B})(\boldsymbol{A} - \boldsymbol{B}) = \boldsymbol{A}^2 - \boldsymbol{B}^2$ 成立的充分必要条件是 ________ .

2. 设向量 $\boldsymbol{\alpha} = \begin{bmatrix} 2 \\ 2 \end{bmatrix}$，$\boldsymbol{\beta} = \begin{bmatrix} 2 \\ 3 \end{bmatrix}$，$\boldsymbol{I}_2$ 是 2 阶单位矩阵，则 $\boldsymbol{\alpha}\boldsymbol{\beta}^{\mathrm{T}} - \boldsymbol{I}_2 =$ ________ .

3. 设向量 $\boldsymbol{\alpha} = \begin{bmatrix} 1 \\ 2 \\ 1 \end{bmatrix}$，$\boldsymbol{\beta} = \begin{bmatrix} 1 \\ 1 \\ 1 \end{bmatrix}$，矩阵 $\boldsymbol{A} = \boldsymbol{\alpha}\boldsymbol{\beta}^{\mathrm{T}}$，则 $\boldsymbol{A}^8 =$ ________ .

4. 设矩阵 $\boldsymbol{A}=\begin{bmatrix}4&0&0\\1&3&0\\0&0&4\end{bmatrix}$,则 $(\boldsymbol{A}-2\boldsymbol{I})^{-1}=$________.

5. 当可逆矩阵 $\boldsymbol{P}=$________时,等式

$$\boldsymbol{P}\begin{bmatrix}a_{11}&a_{12}&a_{13}\\a_{21}&a_{22}&a_{23}\\a_{31}&a_{32}&a_{33}\end{bmatrix}=\begin{bmatrix}a_{11}&a_{12}&a_{13}\\a_{21}-2a_{31}&a_{22}-2a_{32}&a_{23}-2a_{33}\\a_{31}&a_{32}&a_{33}\end{bmatrix}$$

成立.

二、选择题

1. 以下结论正确的是( ).

A. 若 $\boldsymbol{AB}=\boldsymbol{AC}$,且 $\boldsymbol{A}\neq\boldsymbol{O}$,则 $\boldsymbol{B}=\boldsymbol{C}$　　B. 若 $\boldsymbol{A}\neq\boldsymbol{O},\boldsymbol{B}\neq\boldsymbol{O}$,则 $\boldsymbol{AB}\neq\boldsymbol{O}$

C. 若 $\boldsymbol{A},\boldsymbol{B}$ 均为零矩阵,则有 $\boldsymbol{A}=\boldsymbol{B}$　　D. 对角矩阵是对称矩阵

2. 设 $\boldsymbol{A},\boldsymbol{B}$ 为同阶可逆矩阵,且 $\boldsymbol{A}$ 是对称矩阵,则下列等式不成立的是( ).

A. $(\boldsymbol{A}^{\mathrm{T}}\boldsymbol{B})^{-1}=\boldsymbol{B}^{-1}\boldsymbol{A}^{-1}$　　B. $(\boldsymbol{AB})^{\mathrm{T}}=\boldsymbol{B}^{\mathrm{T}}\boldsymbol{A}$

C. $(\boldsymbol{AB}^{\mathrm{T}})^{-1}=(\boldsymbol{B}^{-1})^{\mathrm{T}}\boldsymbol{A}^{-1}$　　D. $(\boldsymbol{AB}^{\mathrm{T}})^{-1}=\boldsymbol{A}^{-1}(\boldsymbol{B}^{-1})^{\mathrm{T}}$

3. 设 $\boldsymbol{A}$ 是 3×4 矩阵,$\boldsymbol{B}$ 为 4×3 矩阵,则下列运算中可以进行的是( ).

A. $\boldsymbol{A}+\boldsymbol{B}$　　B. $\boldsymbol{AB}$

C. $\boldsymbol{A}^{\mathrm{T}}\boldsymbol{B}$　　D. $\boldsymbol{AB}^{\mathrm{T}}$

4. 设 $\boldsymbol{A},\boldsymbol{B}$ 均为 n 阶方阵,则下列运算正确的是( ).

A. $(\boldsymbol{AB})^k=\boldsymbol{A}^k\boldsymbol{B}^k$　　B. $\det(\boldsymbol{A}^{\mathrm{T}})=\det(\boldsymbol{A})$

C. $\det(-\boldsymbol{A})=-\det(\boldsymbol{A})$　　D. $\det(\boldsymbol{A}-\boldsymbol{B})=\det(\boldsymbol{A})-\det(\boldsymbol{B})$

5. 设非零矩阵 $\boldsymbol{A}$ 满足等式 $\boldsymbol{A}^3=\boldsymbol{O}$,则下列说法正确的是( ).

A. 矩阵 $\boldsymbol{A}+\boldsymbol{I}$ 与 $\boldsymbol{A}-\boldsymbol{I}$ 均不可逆　　B. 矩阵 $\boldsymbol{A}+\boldsymbol{I}$ 与 $\boldsymbol{A}-\boldsymbol{I}$ 均可逆

C. 矩阵 $\boldsymbol{A}+\boldsymbol{I}$ 可逆,矩阵 $\boldsymbol{A}-\boldsymbol{I}$ 不可逆　　D. 矩阵 $\boldsymbol{A}+\boldsymbol{I}$ 不可逆,矩阵 $\boldsymbol{A}-\boldsymbol{I}$ 可逆

三、解答题

1. 解矩阵方程

$$\operatorname{diag}\left(\frac{1}{2},\frac{1}{3},\frac{1}{3}\right)\boldsymbol{X}\begin{bmatrix}1&-1&1\\1&1&-1\\-1&1&1\end{bmatrix}=\begin{bmatrix}\frac{1}{2}&1&-1\\2&\frac{1}{3}&1\\-1&-1&\frac{1}{3}\end{bmatrix}.$$

2. 当 λ 为何值时，线性方程组 $\begin{cases}\lambda x_1 + x_2 + x_3 = 0, \\ x_1 + \lambda x_2 + x_3 = 0, \\ x_1 + x_2 + \lambda x_3 = 0\end{cases}$ 有零解？有非零解？在有非零解的情况下，求出该线性方程组的解．

3. 设 $\boldsymbol{A} = \begin{bmatrix} 1 & 0 & 1 \\ 0 & 2 & 0 \\ 1 & 0 & 1 \end{bmatrix}$，且 $n \geqslant 2$ 为正整数，求 $\boldsymbol{A}^n - 2\boldsymbol{A}^{n-1}$.

4. 设 $\boldsymbol{A}$ 是 n 阶矩阵，其中的元素全为 1，证明：$(\boldsymbol{I} - \boldsymbol{A})^{-1} = \boldsymbol{I} - \frac{1}{n-1}\boldsymbol{A}$.

5. 设 $\boldsymbol{A}, \boldsymbol{B}$ 均为二阶方阵，$\boldsymbol{A}^*, \boldsymbol{B}^*$ 分别是矩阵 $\boldsymbol{A}, \boldsymbol{B}$ 的伴随矩阵，若有 $\det(\boldsymbol{A}) = 2$，$\det(\boldsymbol{B}) = 3$，试求分块矩阵 $\begin{bmatrix} \boldsymbol{O} & \boldsymbol{A} \\ \boldsymbol{B} & \boldsymbol{O} \end{bmatrix}$ 的伴随矩阵．

第3章　线性方程组

本章先介绍线性方程组解的几何意义、线性方程组解的性质，再通过方程组的行阶梯形和行最简形介绍线性方程组解的判定，以向量和矩阵的形式讨论了线性方程组的通解，最后基于线性方程组解的理论证明了矩阵秩的几条性质．

通过化线性方程组解的增广矩阵为行最简形矩阵求解线性方程组的学习，启发我们在处理问题时要善于通过表象把握住事物的本质，并建立解决问题的一般方法．

构建新的方法并能解决实际问题是中国古代数学的强项，但是在构建新方法后，不能进行理论总结和理论创新这是中国古代数学的一个弱点，我们要汲取前人的智慧和吸取前人的教训，尤其自己在解题或做事时，既要注重达成具体的目标，又要注意事后总结反思，做到举一反三．

3.1　线性方程组解的性质

内容提要

通过介绍线性方程组的两种几何解释，将抽象的线性方程组赋予直观的几何意义，再介绍非齐次线性方程组的解和对应的导出组解的关系．

3.1.1　线性方程组的基本概念

设线性方程组为

$$\begin{cases} a_{11}x_1+a_{12}x_2+\cdots+a_{1n}x_n=b_1, \\ a_{21}x_1+a_{22}x_2+\cdots+a_{2n}x_n=b_2, \\ \qquad\qquad\vdots \\ a_{m1}x_1+a_{m2}x_2+\cdots+a_{mn}x_n=b_m. \end{cases} \tag{3.1}$$

令

$$A=\begin{bmatrix} a_{11} & a_{12} & \cdots & a_{1n} \\ a_{21} & a_{22} & \cdots & a_{2n} \\ \vdots & \vdots & & \vdots \\ a_{m1} & a_{m2} & \cdots & a_{mn} \end{bmatrix}, x=\begin{bmatrix} x_1 \\ x_2 \\ \vdots \\ x_n \end{bmatrix}, \beta=\begin{bmatrix} b_1 \\ b_2 \\ \vdots \\ b_m \end{bmatrix}.$$

则方程组(3.1)可记为 $Ax=\beta$. 这时分别称 A,x 和 β 是方程组(3.1)的系数矩阵、未知向量(unknown vector)和常数向量.

若常数项 $b_1,b_2,\cdots,b_m$ 不全为零,则称 $Ax=\beta$ 的标量形式(3.1)是**非齐次线性方程组**;若 $b_1,b_2,\cdots,b_m$ 全为零,具体写出来就是

$$\begin{cases} a_{11}x_1+a_{12}x_2+\cdots+a_{1n}x_n=0, \\ a_{21}x_1+a_{22}x_2+\cdots+a_{2n}x_n=0, \\ \qquad\vdots \\ a_{m1}x_1+a_{m2}x_2+\cdots+a_{mn}x_n=0. \end{cases} \tag{3.2}$$

则称式(3.2)是**齐次线性方程组**.**它的矩阵向量乘积形式是 $Ax=0$**. 若方程 $Ax=0$ 与 $Ax=\beta$ 的系数矩阵 A 相同,则称 $Ax=0$ 是 $Ax=\beta$ 的**导出组**. 对应的标量形式称式(3.2)是式(3.1)的导出组.

例如方程组 $\begin{cases} x_1+x_2+x_3=0, \\ x_1-x_2+x_3=0 \end{cases}$ 是方程组 $\begin{cases} x_1+x_2+x_3=1, \\ x_1-x_2+x_3=2 \end{cases}$ 的导出组,但方程组 $\begin{cases} x_1+x_2+x_3=0, \\ x_1+x_2-x_3=0 \end{cases}$ 不是 $\begin{cases} x_1+x_2+x_3=1, \\ x_1-x_2+x_3=2 \end{cases}$ 的导出组.

满足 $Ax=\beta$ 的 n 元有序数组 $x=\begin{bmatrix} x_1 \\ x_2 \\ \vdots \\ x_n \end{bmatrix}$ 称为方程 $Ax=\beta$ 的一个解(a solution),一般用列向量 η 表示,因此也称 η 是方程 $Ax=\beta$ 的一个解向量. 当方程 $Ax=\beta$ 有无穷多解时,其带参数的所有解的集合也称为方程 $Ax=\beta$ 的**通解**或**一般解**(general solution),相应地,方程 $Ax=\beta$ 有无限多个解时单独的一个解,也称为**特解**(particular solution). 若方程 $Ax=\beta$ 无解,则称该方程是**不相容的**(inconsistent),反之称该方程是**相容的**(consistent).

考虑线性方程 $x_1+x_2+x_3=2$,解向量 $\eta=\begin{bmatrix} 0 \\ 0 \\ 2 \end{bmatrix}$ 是它的一个特解,而带参数的解向量全体的表达式为

$$\boldsymbol{x}=\begin{bmatrix}x_1\\x_2\\x_3\end{bmatrix}=c_1\begin{bmatrix}1\\-1\\0\end{bmatrix}+c_2\begin{bmatrix}1\\0\\-1\end{bmatrix}+\begin{bmatrix}0\\0\\2\end{bmatrix},c_1,c_2\in\mathbb{R},$$

是它的通解．

3.1.2 线性方程组的两种几何解释

线性方程组可以有两种几何解释．一种是若干个(超)平面的交点(集)：在空间直角坐标系下，方程 $a_{11}x_1+a_{12}x_2+a_{13}x_3=b_1$ 可视为一个平面，而方程组

$$\begin{cases}a_{11}x_1+a_{12}x_2+a_{13}x_3=b_1,\\a_{21}x_1+a_{22}x_2+a_{23}x_3=b_2,\\a_{31}x_1+a_{32}x_2+a_{33}x_3=b_3\end{cases}$$

的解就表示三个(超)平面的交线或交点．若这三个(超)平面只有一个交点，则方程组有唯一解；若这三个(超)平面没有公共点，则方程组无解；若这三个(超)平面的公共点不止一个，则方程组有无限多组解．另一种是一个向量能表示成若干个向量的线性组合．方程

$$\boldsymbol{\alpha}_1x_1+\boldsymbol{\alpha}_2x_2+\boldsymbol{\alpha}_3x_3=\boldsymbol{\beta},$$

若有解，则表示向量 $\boldsymbol{\beta}$ 是向量 $\boldsymbol{\alpha}_1,\boldsymbol{\alpha}_2,\boldsymbol{\alpha}_3$ 的一个线性组合．

方程组的解是直线的交点的例子与一个向量可用别的向量线性表示的例子如下：

$$\begin{cases}x_1+x_2=1,\\x_1-x_2=0\end{cases}\text{与 }x_1\begin{bmatrix}1\\1\end{bmatrix}+x_2\begin{bmatrix}1\\-1\end{bmatrix}=\begin{bmatrix}1\\0\end{bmatrix}.$$

$$\begin{cases}x_1+2x_2=1,\\x_1+2x_2=2\end{cases}\text{与 }x_1\begin{bmatrix}1\\1\end{bmatrix}+x_2\begin{bmatrix}2\\2\end{bmatrix}=\begin{bmatrix}1\\2\end{bmatrix}.$$

$$\begin{cases}x_1+2x_2=1,\\-x_1-2x_2=-1\end{cases}\text{与 }x_1\begin{bmatrix}1\\-1\end{bmatrix}+x_2\begin{bmatrix}2\\-2\end{bmatrix}=\begin{bmatrix}1\\-1\end{bmatrix}.$$

这三组方程组中，每一组中的前者倾向于认为是两条直线，而后者则倾向于认为是向量的线性组合．第一个方程组有唯一解，第二个无解，第三个有无限多组解．

3.1.3 线性方程组解的性质

如果方程 $\boldsymbol{Ax}=\boldsymbol{\beta}$ 有唯一解或方程 $\boldsymbol{Ax}=\boldsymbol{0}$ 只有零解，则不存在解的性质．如果方程 $\boldsymbol{Ax}=\boldsymbol{0}$ 或 $\boldsymbol{Ax}=\boldsymbol{\beta}$ 有无限多组解，而我们又不可能把这无限多组解一一写出来，这时就有必要研究方程解的性质，即如何用方程有限的几个解来表示它的通解．

方程 $\boldsymbol{Ax}=\boldsymbol{\beta}$ 或 $\boldsymbol{Ax}=\boldsymbol{0}$ 含有参变数全部的解，称为方程 $\boldsymbol{Ax}=\boldsymbol{\beta}$ 的通解．

1. 齐次线性方程 $\boldsymbol{Ax}=\mathbf{0}$ 解的性质

(1) 齐次线性方程 $\boldsymbol{Ax}=\mathbf{0}$ 两个解的和仍是该方程组的解. 事实上,若有 $\boldsymbol{Ax}_1=\mathbf{0}$,$\boldsymbol{Ax}_2=\mathbf{0}$,则可得

$$\boldsymbol{A}(\boldsymbol{x}_1+\boldsymbol{x}_2)=\boldsymbol{Ax}_1+\boldsymbol{Ax}_2=\mathbf{0}.$$

(2) 齐次线性方程 $\boldsymbol{Ax}=\mathbf{0}$ 解的倍数仍是该方程的解. 事实上,若有 $\boldsymbol{Ax}_1=\mathbf{0}$,则可得

$$\boldsymbol{A}(k\boldsymbol{x}_1)=k\boldsymbol{Ax}_1=k\mathbf{0}=\mathbf{0}.$$

上面两条性质可以统一表述为"齐次线性方程 $\boldsymbol{Ax}=\mathbf{0}$ 解的线性合仍是方程 $\boldsymbol{Ax}=\mathbf{0}$ 的解". 这提醒我们可用方程 $\boldsymbol{Ax}=\mathbf{0}$ 的若干有代表性的解的线性组合来表示方程 $\boldsymbol{Ax}=\mathbf{0}$ 的无限多个解.

若 $\operatorname{rank}(\boldsymbol{A}_{m\times n})=r$,则对方程 $\boldsymbol{Ax}=\mathbf{0}$ 可以证明存在 $n-r$ 个解向量 $\boldsymbol{\eta}_1,\boldsymbol{\eta}_2,\cdots,\boldsymbol{\eta}_{n-r}$,且有 $\operatorname{rank}[\boldsymbol{\eta}_1,\boldsymbol{\eta}_2,\cdots,\boldsymbol{\eta}_{n-r}]=n-r$,而

$$k_1\boldsymbol{\eta}_1+k_2\boldsymbol{\eta}_2+\cdots+k_{n-r}\boldsymbol{\eta}_{n-r},k_i\in\mathbb{R},i=1,2,\cdots,n-r$$

就可以表示方程 $\boldsymbol{Ax}=\mathbf{0}$ 全部的解向量. 这时称 $\boldsymbol{\eta}_1,\boldsymbol{\eta}_2,\cdots,\boldsymbol{\eta}_{n-r}$ 是方程 $\boldsymbol{Ax}=\mathbf{0}$ 的一个**基础解系**.

2. 非齐次线性方程 $\boldsymbol{Ax}=\boldsymbol{\beta}$ 解的性质

(1) 非齐次线性方程组 $\boldsymbol{Ax}=\boldsymbol{\beta}$ 的两个解 $\boldsymbol{x}_1,\boldsymbol{x}_2$ 的差是其导出组的解. 事实上,若有 $\boldsymbol{Ax}_1=\boldsymbol{\beta}$,$\boldsymbol{Ax}_2=\boldsymbol{\beta}$,则可得

$$\boldsymbol{A}(\boldsymbol{x}_1-\boldsymbol{x}_2)=\boldsymbol{Ax}_1-\boldsymbol{Ax}_2=\boldsymbol{\beta}-\boldsymbol{\beta}=\mathbf{0}.$$

所以 $\boldsymbol{x}_1-\boldsymbol{x}_2$ 是导出组 $\boldsymbol{Ax}=\mathbf{0}$ 的解.

(2) 导出组 $\boldsymbol{Ax}=\mathbf{0}$ 的解与非齐次线性方程 $\boldsymbol{Ax}=\boldsymbol{\beta}$ 解的和仍是方程 $\boldsymbol{Ax}=\boldsymbol{\beta}$ 的解. 事实上,若有 $\boldsymbol{Ax}_1=\mathbf{0}$,$\boldsymbol{Ax}_2=\boldsymbol{\beta}$,则可得

$$\boldsymbol{A}(\boldsymbol{x}_1+\boldsymbol{x}_2)=\boldsymbol{Ax}_1+\boldsymbol{Ax}_2=\mathbf{0}+\boldsymbol{\beta}=\boldsymbol{\beta}.$$

非齐次线性方程 $\boldsymbol{Ax}=\boldsymbol{\beta}$ 解的性质表明,只要求得方程 $\boldsymbol{Ax}=\boldsymbol{\beta}$ 的一个特解,再找到导出组 $\boldsymbol{Ax}=\mathbf{0}$ 全部的解(通解),二者的和就是 $\boldsymbol{Ax}=\boldsymbol{\beta}$ 的全部的解(通解).

定理 3.1 如果非齐次线性方程 $\boldsymbol{Ax}=\boldsymbol{\beta}$ 有解,则其通解可表示为

$$\boldsymbol{x}=\boldsymbol{\eta}+\xi,$$

其中 $\boldsymbol{\eta}$ 是非齐次线性方程 $\boldsymbol{Ax}=\boldsymbol{\beta}$ 的一个特解,而 ξ 是其导出组 $\boldsymbol{Ax}=\mathbf{0}$ 的通解.

证明 首先 $\boldsymbol{\eta}+\xi$ 是方程 $\boldsymbol{Ax}=\boldsymbol{\beta}$ 的一个解. 其次设 $\boldsymbol{\eta}^*$ 是方程 $\boldsymbol{Ax}=\boldsymbol{\beta}$ 的任意一个解,则 $\xi=\boldsymbol{\eta}^*-\boldsymbol{\eta}$ 是 $\boldsymbol{Ax}=\mathbf{0}$ 的一个解,于是可得

$$\boldsymbol{\eta}^*=\xi+\boldsymbol{\eta},$$

即方程 $\boldsymbol{Ax}=\boldsymbol{\beta}$ 的任意一个解都是 $\boldsymbol{Ax}=\boldsymbol{\beta}$ 的一个解与其导出组 $\boldsymbol{Ax}=\mathbf{0}$ 解的和. 据此可得非齐

次线性方程 $\boldsymbol{Ax}=\boldsymbol{\beta}$ 的通解为 $\boldsymbol{x}=\boldsymbol{\eta}+\boldsymbol{\xi}$. 证毕． ■

由此定理可得，要求出方程 $\boldsymbol{Ax}=\boldsymbol{\beta}$ 的全部解，只要求出导出组 $\boldsymbol{Ax}=\boldsymbol{0}$ 的通解和方程 $\boldsymbol{Ax}=\boldsymbol{\beta}$ 的一个特解即可．

3.1.4 小结

本节主要介绍线性方程组的两种几何解释、齐次和非齐次线性方程组解的性质．

3.1.5 习题

1. 求解齐次线性方程 $\boldsymbol{Ax}=\boldsymbol{0}$ 和非齐次线性方程 $\boldsymbol{Ax}=\boldsymbol{\beta}$，其中系数矩阵 $\boldsymbol{A}$ 和增广矩阵 $\boldsymbol{B}=[\boldsymbol{A},\boldsymbol{\beta}]$ 如下：

(1)$\boldsymbol{A}=\begin{bmatrix}1&-2&3&-1\\3&-1&5&-3\\2&1&2&-2\end{bmatrix}$；(2)$\boldsymbol{B}=\begin{bmatrix}1&1&-3&-1&1\\3&-1&-3&4&4\\1&5&-9&-8&0\end{bmatrix}$.

s2. 已知方程 $\boldsymbol{Ax}=\boldsymbol{\beta}$ 的增广矩阵如下，试求出它们的通解．

(1)$\begin{bmatrix}1&-7&0&6&5\\0&0&1&-2&-3\\-1&7&-4&2&7\end{bmatrix}$；(2)$\begin{bmatrix}1&-3&0&-1&0&-2\\0&1&0&0&-4&1\\0&0&0&1&9&4\\0&0&0&0&0&0\end{bmatrix}$；

(3)$\begin{bmatrix}1&2&-5&-6&0&-5\\0&1&-6&-3&0&2\\0&0&0&0&1&0\\0&0&0&0&0&0\end{bmatrix}$.

3.2 线性方程组解的判定

内容提要

通过线性方程组系数矩阵与增广矩阵秩的比较来分类判定线性方程组解的情况，所得到的判定定理是本书中的重要定理．

3.2.1 非齐次线性方程组解的判定

前面已经介绍了对线性方程组的增广矩阵实行初等行变换可以求解线性方程组．尽管增广矩阵的行阶梯形不是唯一的，但增广矩阵的行最简形是唯一的，方程组的解完全可以行最简形的信息直接写出来．本节将用线性方程组系数矩阵和增广矩阵的秩来刻画线性方程组解的几种情况．

矩阵$[\boldsymbol{A},\boldsymbol{\beta}]$的秩描述了方程$\boldsymbol{Ax}=\boldsymbol{\beta}$中独立方程的个数．例如方程$x_1+x_2=1$的增广矩阵的秩是1，而方程组$\begin{cases}x_1+x_2=1,\\2x_1+2x_2=2\end{cases}$的增广矩阵的秩仍是1．虽然方程组中方程的个数增加了，但是独立方程的个数却没增加．

又如方程组$\begin{cases}x_1+x_2=1,\\2x_1+2x_2=1\end{cases}$中蕴含矛盾的信息，该方程组增广矩阵的行阶梯形

$$\begin{bmatrix}1&1&1\\2&2&1\end{bmatrix}\overset{r}{\sim}\begin{bmatrix}1&1&1\\0&0&-1\end{bmatrix}$$

就能清晰地呈现矛盾信息为$0x_1+0x_2=-1$．通常方程组中所含独立方程的个数或有无矛盾方程的信息并不能直接观察到，通过将方程组的增广矩阵化成行阶梯形就很好地解决了这个问题，矩阵的秩就能很好地揭示这个信息．

正如方程$ax=b$的解分为三种情况一样，非齐次线性方程$\boldsymbol{Ax}=\boldsymbol{\beta}$的解也存在三种情况．

(1) 方程$\boldsymbol{Ax}=\boldsymbol{\beta}$无解或无精确解．例如方程组

$$\begin{cases}x_1+x_2=1,\\x_1+x_2=2.\end{cases}\quad[\boldsymbol{A},\boldsymbol{\beta}]=\begin{bmatrix}1&1&1\\1&1&2\end{bmatrix}\sim\begin{bmatrix}1&1&1\\0&0&1\end{bmatrix}.$$

(2) 方程$\boldsymbol{Ax}=\boldsymbol{\beta}$只有唯一的解，像上面的例子一样，或像下面的例子：

$$\begin{cases}x_1+x_2=5,\\x_1-x_2=1.\end{cases}\quad[\boldsymbol{A},\boldsymbol{\beta}]=\begin{bmatrix}1&1&1\\1&-1&2\end{bmatrix}\sim\begin{bmatrix}1&0&3\\0&1&2\end{bmatrix}.$$

(3) 方程$\boldsymbol{Ax}=\boldsymbol{\beta}$有无限多个解．例如

$$\begin{cases}x_1+x_2+x_3=1,\\x_1-x_2+x_3=2.\end{cases}\quad[\boldsymbol{A},\boldsymbol{\beta}]=\begin{bmatrix}1&1&1&1\\1&-1&1&2\end{bmatrix}\sim\begin{bmatrix}1&0&1&2\\0&1&0&-1\end{bmatrix}.$$

总结上面非齐次线性方程$\boldsymbol{Ax}=\boldsymbol{\beta}$解的三种情况可得下面的结论．

定理 3.2 设$\boldsymbol{A}\in\mathbb{R}^{m\times n}$，$n$元非齐次线性方程$\boldsymbol{Ax}=\boldsymbol{\beta}$解的情况如下：

(1) 方程$\boldsymbol{Ax}=\boldsymbol{\beta}$无解的充分必要条件是$\operatorname{rank}(\boldsymbol{A})<\operatorname{rank}[\boldsymbol{A},\boldsymbol{\beta}]$；

(2) 方程$\boldsymbol{Ax}=\boldsymbol{\beta}$有唯一解的充分必要条件是$\operatorname{rank}(\boldsymbol{A})=\operatorname{rank}[\boldsymbol{A},\boldsymbol{\beta}]=n$；

(3) 方程$\boldsymbol{Ax}=\boldsymbol{\beta}$有无限多解的充分必要条件是$\operatorname{rank}(\boldsymbol{A})=\operatorname{rank}[\boldsymbol{A},\boldsymbol{\beta}]<n$.

证明 因为非齐次线性方程组在不考虑未知量的情况下可以用增广矩阵来表示，对增广矩阵进行初等行变换的每一步对原方程组而言都是同解变形，而整个求解过程中未知量并不会改变，所以方程$\boldsymbol{Ax}=\boldsymbol{\beta}$和增广矩阵$[\boldsymbol{A},\boldsymbol{\beta}]$的行最简形对应的方程是同解的．

(1) 若$r=\operatorname{rank}(\boldsymbol{A})<\operatorname{rank}[\boldsymbol{A},\boldsymbol{\beta}]=r+1$，这表示对矩阵$[\boldsymbol{A},\boldsymbol{\beta}]$进行初等行变换化成行

阶梯形后,行指标最大的非零行的主元只能在最后一列上,记该主元为 b'_{r+1},即方程 $\boldsymbol{Ax}=\boldsymbol{\beta}$ 的同解方程组中出现矛盾方程

$$0x_1+0x_2+\cdots+0x_n=b'_{r+1}\neq 0.$$

显然该方程是无解的,进而原方程组也是无解的.

(2) 若 $\operatorname{rank}(\boldsymbol{A})=\operatorname{rank}[\boldsymbol{A},\boldsymbol{\beta}]=n$,则此时增广矩阵 $[\boldsymbol{A},\boldsymbol{\beta}]$ 的行最简形(仅考虑非零行)为 $[\boldsymbol{I}_n,\boldsymbol{\beta}']$,其中 $\boldsymbol{I}_n$ 是 n 阶单位矩阵,$\boldsymbol{\beta}'=[b'_1,b'_2,\cdots,b'_n]^{\mathrm{T}}$,则原方程组的同解方程组为

$$\begin{cases}x_1=b'_1,\\x_2=b'_2,\\\quad\vdots\\x_n=b'_n.\end{cases}$$

显然,这表示原方程组的解是唯一的.

(3) 若 $\operatorname{rank}(\boldsymbol{A})=\operatorname{rank}[\boldsymbol{A},\boldsymbol{\beta}]=r<n$,则与原方程组等价的方程组中未知量的个数 n 大于行最简形中非零行表示的独立方程的个数 r,方程组中有 $n-r\geqslant 1$ 个自由的未知量,故原方程组有无限多个解.

方程 $\boldsymbol{Ax}=\boldsymbol{\beta}$ 与矩阵 $[\boldsymbol{A},\boldsymbol{\beta}]$ 行最简形对应的方程的解是等价的,同时矩阵行最简形具有唯一性,这二者相结合可证明定理中三个结论的必要性也是成立的. 证毕. ■

有时要考虑方程 $\boldsymbol{Ax}_1=\boldsymbol{\beta}_1,\boldsymbol{Ax}_2=\boldsymbol{\beta}_2,\cdots,\boldsymbol{Ax}_n=\boldsymbol{\beta}_n$ 的解的情况. 记入记号 $\boldsymbol{X}=[\boldsymbol{x}_1,\boldsymbol{x}_2,\cdots,\boldsymbol{x}_n]$,$\boldsymbol{B}=[\boldsymbol{\beta}_1,\boldsymbol{\beta}_2,\cdots,\boldsymbol{\beta}_n]$,将这 n 个线性方程 $\boldsymbol{Ax}_i=\boldsymbol{\beta}_i,i=1,2,\cdots,n$,写成一个矩阵方程 $\boldsymbol{AX}=\boldsymbol{B}$. 这时方程 $\boldsymbol{AX}=\boldsymbol{B}$ 的未知量是矩阵 $\boldsymbol{X}$,通常称方程 $\boldsymbol{AX}=\boldsymbol{B}$ 为矩阵方程.

和方程 $\boldsymbol{Ax}=\boldsymbol{b}$ 解的情况类似,矩阵方程 $\boldsymbol{AX}=\boldsymbol{B}$ 解的情况如下.

定理 3.3 设 $\boldsymbol{A}\in\mathbb{R}^{m\times n},\boldsymbol{X}\in\mathbb{R}^{n\times s},\boldsymbol{B}\in\mathbb{R}^{m\times s}$.

(1) 矩阵方程 $\boldsymbol{AX}=\boldsymbol{B}$ 无解的充分必要条件是 $\operatorname{rank}(\boldsymbol{A})<\operatorname{rank}[\boldsymbol{A},\boldsymbol{B}]$;

(2) 矩阵方程 $\boldsymbol{AX}=\boldsymbol{B}$ 有解的充分必要条件是 $\operatorname{rank}(\boldsymbol{A})=\operatorname{rank}[\boldsymbol{A},\boldsymbol{B}]$.

证明 设 $\boldsymbol{A}=[\boldsymbol{\alpha}_1,\boldsymbol{\alpha}_2,\cdots,\boldsymbol{\alpha}_n]$,$\boldsymbol{X}=[\boldsymbol{x}_1,\boldsymbol{x}_2,\cdots,\boldsymbol{x}_s]$,$\boldsymbol{B}=[\boldsymbol{\beta}_1,\boldsymbol{\beta}_1,\cdots,\boldsymbol{\beta}_s]$. 首先明确矩阵方程 $\boldsymbol{AX}=\boldsymbol{B}$ 有解等价于 s 个方程 $\boldsymbol{Ax}_i=\boldsymbol{\beta}_i$ 全部有解,其中 $i=1,2,\cdots,s$.

矩阵方程 $\boldsymbol{AX}=\boldsymbol{B}$ 无解等价于方程 $\boldsymbol{Ax}_i=\boldsymbol{\beta}_i$ 中至少有一个是无解的.

(1) 必要性. 因为 $\boldsymbol{AX}=\boldsymbol{B}$ 无解,所以至少有一个方程 $\boldsymbol{Ax}_i=\boldsymbol{\beta}_i$ 无解,即至少存在一个方程 $\boldsymbol{Ax}_i=\boldsymbol{\beta}_i$,使得 $\operatorname{rank}(\boldsymbol{A})<\operatorname{rank}[\boldsymbol{A},\boldsymbol{\beta}_i]$ 成立. 进而有 $\operatorname{rank}(\boldsymbol{A})<\operatorname{rank}[\boldsymbol{A},\boldsymbol{\beta}_i]\leqslant\operatorname{rank}[\boldsymbol{A},\boldsymbol{B}]$.

充分性. 因为 $\operatorname{rank}(\boldsymbol{A})<\operatorname{rank}[\boldsymbol{A},\boldsymbol{B}]$ 成立,故至少存在一个 $\boldsymbol{\beta}_i$ 使得 $\operatorname{rank}(\boldsymbol{A})<\operatorname{rank}[\boldsymbol{A},\boldsymbol{\beta}_i]$ 成立,即至少有一个方程 $\boldsymbol{Ax}_i=\boldsymbol{\beta}_i$ 是无解的,从而矩阵方程 $\boldsymbol{AX}=\boldsymbol{B}$ 无解.

(2) 必要性. 因为矩阵方程 $\boldsymbol{AX}=\boldsymbol{B}$ 有解,所以每一个向量方程 $\boldsymbol{Ax}_i=\boldsymbol{\beta}_i$ 有解,所以有

$$\text{rank}(\boldsymbol{A})=\text{rank}[\boldsymbol{A},\boldsymbol{\beta}_1]=\text{rank}[\boldsymbol{A},\boldsymbol{\beta}_2]=\cdots=\text{rank}[\boldsymbol{A},\boldsymbol{\beta}_s].$$

进而有

$$\text{rank}(\boldsymbol{A})=\text{rank}[\boldsymbol{A},\boldsymbol{\beta}_1]=\text{rank}[\boldsymbol{A},\boldsymbol{\beta}_1,\boldsymbol{\beta}_2]=\cdots=\text{rank}[\boldsymbol{A},\boldsymbol{\beta}_1,\boldsymbol{\beta}_2,\cdots,\boldsymbol{\beta}_s].$$

否则若对某个 $\boldsymbol{\beta}_i$ 有 $\text{rank}(\boldsymbol{A})<\text{rank}[\boldsymbol{A},\boldsymbol{\beta}_1,\cdots,\boldsymbol{\beta}_i]$，则表明在矩阵 $[\boldsymbol{A},\boldsymbol{\beta}_1,\cdots,\boldsymbol{\beta}_i]$ 中，$\boldsymbol{\beta}_i$ 是主元列，这样方程 $\boldsymbol{A}\boldsymbol{x}_i=\boldsymbol{\beta}_i$ 就会无解．这与矩阵方程 $\boldsymbol{A}\boldsymbol{X}=\boldsymbol{B}$ 有解相矛盾．所以若矩阵方程 $\boldsymbol{A}\boldsymbol{X}=\boldsymbol{B}$ 有解，则有 $\text{rank}(\boldsymbol{A})=\text{rank}[\boldsymbol{A},\boldsymbol{B}]$．

充分性．若 $\text{rank}(\boldsymbol{A})=\text{rank}[\boldsymbol{A},\boldsymbol{B}]$ 成立，注意到矩阵的秩随着矩阵的列向量个数的增加是单调递增的，所以有

$$\text{rank}(\boldsymbol{A})\leqslant\text{rank}[\boldsymbol{A},\boldsymbol{\beta}_i]\leqslant\text{rank}[\boldsymbol{A},\boldsymbol{B}],\ i=1,2,\cdots,s.$$

所以可得 $\text{rank}(\boldsymbol{A})=\text{rank}[\boldsymbol{A},\boldsymbol{\beta}_i]$．所以每一个方程 $\boldsymbol{A}\boldsymbol{x}_i=\boldsymbol{\beta}_i$ 都有解，进而矩阵方程 $\boldsymbol{A}\boldsymbol{X}=\boldsymbol{B}$ 也是有解的． ■

3.2.2 齐次线性方程组解的判定

显然当 $\boldsymbol{\beta}=\boldsymbol{0}$ 时，非齐次线性方程 $\boldsymbol{A}\boldsymbol{x}=\boldsymbol{\beta}$ 退化成齐次线性方程 $\boldsymbol{A}\boldsymbol{x}=\boldsymbol{0}$，它解只有两种情况：一是只有零解，二是有非零解．

推论 3.1 设 $\boldsymbol{A}\in\mathbb{R}^{m\times n}$，$n$ 元齐次线性方程 $\boldsymbol{A}\boldsymbol{x}=\boldsymbol{0}$ 解的分类如下：

(1) 方程 $\boldsymbol{A}\boldsymbol{x}=\boldsymbol{0}$ 只有零解的充分必要条件是 $\text{rank}(\boldsymbol{A})=n$；

(2) 方程 $\boldsymbol{A}\boldsymbol{x}=\boldsymbol{0}$ 有非零解的充分必要条件是 $\text{rank}(\boldsymbol{A})<n$.

一个独立的方程只能确定一个未知量，当独立方程的个数和未知量的个数相等时，方程组的解是唯一的(对齐次线性方程组，此时方程组只有零解，对非齐次线性方程组，有唯一的非零解)．当独立方程的个数小于未知量的个数时，在有解的情况下(不含有矛盾的方程)，方程 $\boldsymbol{A}\boldsymbol{x}=\boldsymbol{\beta}$ 是有无限多个解的．这时可将向量 $\boldsymbol{x}$ 的 n 个未知量分成两部分，一部分是**非自由未知量**(not free variables)，它的个数和增广矩阵的秩的个数相同，记为 $r=\text{rank}(\boldsymbol{A})$，另一部分就是从 n 个未知量中去掉非自由未知量后剩余的那些未知量，称这些未知量为**自由未知量**，**自由未知量**的个数为 $n-\text{rank}(\boldsymbol{A})=n-r$. 如果记自由未知量为 $x_{r+1},x_{r+2},\cdots,x_n$，这时通过补充 $n-r$ 个恒等式 $\begin{cases}x_{r+1}=x_{r+1},\\x_{r+2}=x_{r+2},\\\quad\vdots\\x_n=x_n\end{cases}$ 可得到含有 $n-r$ 个参数的方程 $\boldsymbol{A}\boldsymbol{x}=\boldsymbol{\beta}$ 全部的解．

3.2.3 小结

本节主要介绍线性方程组解的判定定理．

3.2.4 习题

1. 方程 $\boldsymbol{Ax}=\boldsymbol{\beta}$ 的增广矩阵如下，试判定它们解的情况（无解，有唯一非零解，只有零解，有无限多个解时通解含有几个参数）.

(1) $\begin{bmatrix}1&0&0\\0&1&0\\0&0&1\end{bmatrix}$；(2) $\begin{bmatrix}1&0&1&3\\0&2&0&4\\0&0&0&0\end{bmatrix}$；(3) $\begin{bmatrix}1&2&3&3\\0&3&4&4\\0&0&4&5\end{bmatrix}$；(4) $\begin{bmatrix}1&-7&0&6&5\\0&0&1&-2&-3\\0&0&0&0&7\end{bmatrix}$；

(5) $\begin{bmatrix}1&-3&0&-1&0&-2\\0&1&0&0&-4&1\\0&0&0&1&9&4\\0&0&0&0&0&0\end{bmatrix}$；(6) $\begin{bmatrix}1&2&-5&-6&0&-5\\0&1&-6&-3&0&2\\0&0&0&0&1&0\\0&0&0&0&0&0\end{bmatrix}$.

3.3 线性方程组的通解

内容提要

本节引入了齐次线性方程组的解矩阵、基础解系和通解等概念，用矩阵的行最简形和逆矩阵给出了线性方程组解的解析表达式，得到了齐次线性方程组和非齐次线性方程组解的结构定理.

如果方程 $\boldsymbol{Ax}=\boldsymbol{\beta}$ 无解，则不存在解的表示问题.

如果方程 $\boldsymbol{Ax}=\boldsymbol{\beta}$ 有唯一解，由方程组增广矩阵的行最简形直接写出即可，此时也不存在方程解的表示问题.

只有方程 $\boldsymbol{Ax}=\boldsymbol{\beta}$ 有无限多个解时，才存在方程解的表示问题．即如何给出带参数的通解.

3.3.1 齐次线性方程组的通解

方程 $ax+by=0$ 的解是 $x=-a^{-1}by,y\in\mathbb{R}$. 类似，若矩阵 $\boldsymbol{A}\in\mathbb{R}^{r\times r}$ 可逆，$\boldsymbol{B}\in\mathbb{R}^{r\times s}$，$\boldsymbol{x}\in\mathbb{R}^{r}$，$\boldsymbol{y}\in\mathbb{R}^{s}$，则线性方程 $\boldsymbol{Ax}+\boldsymbol{By}=\boldsymbol{0}$ 的解可表示为

$$\boldsymbol{x}=-\boldsymbol{A}^{-1}\boldsymbol{By},\boldsymbol{y}\in\mathbb{R}^{s}.$$

这里 s 维向量 $\boldsymbol{y}$ 是自由未知量，或者也可表示成

$$\begin{bmatrix}\boldsymbol{x}\\\boldsymbol{y}\end{bmatrix}=\begin{bmatrix}-\boldsymbol{A}^{-1}\boldsymbol{B}\\\boldsymbol{I}_s\end{bmatrix}\boldsymbol{c}_s=\begin{bmatrix}\boldsymbol{A}^{-1}\boldsymbol{B}\\-\boldsymbol{I}_s\end{bmatrix}(-\boldsymbol{c}_s),\boldsymbol{c}_s\in\mathbb{R}^{s}.$$

一般有下面的定理.

定理 3.4 (齐次线性方程组解的结构定理) 设 $\boldsymbol{A}\in\mathbb{R}^{m\times n}$,记 rank $(\boldsymbol{A})=r$,则齐次线性方程 $\boldsymbol{Ax}=\boldsymbol{0}$ 的解向量能构成秩最大值为 $n-\text{rank}(\boldsymbol{A})=n-r$ 的矩阵.

证明 设齐次线性方程 $\boldsymbol{Ax}=\boldsymbol{0}$ 的系数矩阵 $\boldsymbol{A}$ 的行最简形为

$$\boldsymbol{A}\overset{r}{\sim}\begin{bmatrix}\boldsymbol{I}_r & \boldsymbol{B}_{r\times(n-r)}\\ \boldsymbol{O} & \boldsymbol{O}\end{bmatrix},\text{其中 }\boldsymbol{B}_{r\times(n-r)}\in\mathbb{R}^{r\times(n-r)}.$$

令 $\boldsymbol{x}=\begin{bmatrix}\boldsymbol{x}_1\\ \boldsymbol{x}_2\end{bmatrix}$,其中 $\boldsymbol{x}_1\in\mathbb{R}^r$,$\boldsymbol{x}_2\in\mathbb{R}^{n-r}$. 此时和矩阵 $\boldsymbol{A}$ 的行最简形对应的方程组可写为

$$\boldsymbol{I}_r\boldsymbol{x}_1+\boldsymbol{B}_{r\times(n-r)}\boldsymbol{x}_2=\boldsymbol{0}.$$

显然上面方程的解为 $\boldsymbol{x}_1=-\boldsymbol{B}_{r\times(n-r)}\boldsymbol{x}_2$,其中 $\boldsymbol{x}_2\in\mathbb{R}^{n-r}$ 是自由未知向量. 也可以写成

$$\boldsymbol{x}=\begin{bmatrix}\boldsymbol{x}_1\\ \boldsymbol{x}_2\end{bmatrix}=\begin{bmatrix}-\boldsymbol{B}_{r\times(n-r)}\\ \boldsymbol{I}_{n-r}\end{bmatrix}\boldsymbol{c}_{n-r}=\begin{bmatrix}\boldsymbol{B}_{r\times(n-r)}\\ -\boldsymbol{I}_{n-r}\end{bmatrix}(-\boldsymbol{c}_{n-r}),$$

其中向量 $\boldsymbol{c}_{n-r}\in\mathbb{R}^{n-r}$ 且可在 $\mathbb{R}^{n-r}$ 中任意选取. 显然这 $n-r$ 个解向量可构成矩阵 $\begin{bmatrix}-\boldsymbol{B}_{r\times(n-r)}\\ \boldsymbol{I}_{n-r}\end{bmatrix}$ 或矩阵 $\begin{bmatrix}\boldsymbol{B}_{r\times(n-r)}\\ -\boldsymbol{I}_{n-r}\end{bmatrix}$. 显然上面每一步都是同解变形,所以解向量可构成秩最大值为 $n-r$ 的矩阵. ■

定义 3.1 设 $\boldsymbol{A}\in\mathbb{R}^{m\times n}$, rank $(\boldsymbol{A})=r$,齐次线性方程 $\boldsymbol{Ax}=\boldsymbol{0}$ 有非零解,若矩阵 $\boldsymbol{S}=[\boldsymbol{\eta}_1,\boldsymbol{\eta}_2,\cdots,\boldsymbol{\eta}_{n-r}]\in\mathbb{R}^{n\times(n-r)}$ 的列向量都是方程 $\boldsymbol{Ax}=\boldsymbol{0}$ 的解向量且 rank $(\boldsymbol{S})=n-r$,则称矩阵 $\boldsymbol{S}$ 是方程 $\boldsymbol{Ax}=\boldsymbol{0}$ 的**解矩阵** (solution matrix),解向量 $\boldsymbol{\eta}_1,\boldsymbol{\eta}_2,\cdots,\boldsymbol{\eta}_{n-r}$ 称为齐次线性方程 $\boldsymbol{Ax}=\boldsymbol{0}$ 的一个**基础解系** (fundamental set of solutions),向量 $\boldsymbol{\eta}_1,\boldsymbol{\eta}_2,\cdots,\boldsymbol{\eta}_{n-r}$ 的一个线性组合

$$c_1\boldsymbol{\eta}_1+c_2\boldsymbol{\eta}_2+\cdots+c_{n-r}\boldsymbol{\eta}_{n-r},c_1,c_2,\cdots,c_{n-r}\in\mathbb{R},$$

称为齐次线性方程 $\boldsymbol{Ax}=\boldsymbol{0}$ 的**通解**.

上面定理证明过程中得到的矩阵 $\begin{bmatrix}-\boldsymbol{B}_{r\times(n-r)}\\ \boldsymbol{I}_{n-r}\end{bmatrix}$ 或 $\begin{bmatrix}\boldsymbol{B}_{r\times(n-r)}\\ -\boldsymbol{I}_{n-r}\end{bmatrix}$ 的秩是 $n-r$,且满足条件

$$\boldsymbol{A}\begin{bmatrix}-\boldsymbol{B}_{r\times(n-r)}\\ \boldsymbol{I}_{n-r}\end{bmatrix}=\begin{bmatrix}\boldsymbol{I}_r & \boldsymbol{B}_{r\times(n-r)}\\ \boldsymbol{O} & \boldsymbol{O}\end{bmatrix}\begin{bmatrix}-\boldsymbol{B}_{r\times(n-r)}\\ \boldsymbol{I}_{n-r}\end{bmatrix}=\boldsymbol{O}_{m\times n-r},$$

所以 $\begin{bmatrix}-\boldsymbol{B}_{r\times(n-r)}\\ \boldsymbol{I}_{n-r}\end{bmatrix}$ 就是齐次线性方程 $\boldsymbol{Ax}=\boldsymbol{0}$ 的解矩阵. 若记

$$\begin{bmatrix} \boldsymbol{B}_{r\times(n-r)} \\ -\boldsymbol{I}_{n-r} \end{bmatrix} = [\boldsymbol{\eta}_1, \boldsymbol{\eta}_2, \cdots, \boldsymbol{\eta}_{n-r}], \boldsymbol{c}_{n-r} = \begin{bmatrix} c_1 \\ c_2 \\ \vdots \\ c_{n-r} \end{bmatrix},$$

则可将矩阵向量的乘积写成向量的线性组合的形式

$$\begin{bmatrix} \boldsymbol{B}_{r\times(n-r)} \\ -\boldsymbol{I}_{n-r} \end{bmatrix} \boldsymbol{c}_{n-r} = c_1\boldsymbol{\eta}_1 + c_2\boldsymbol{\eta}_2 + \cdots + c_{n-r}\boldsymbol{\eta}_{n-r}.$$

设 $\boldsymbol{A} \in \mathbb{R}^{r\times n}$, $\operatorname{rank}(\boldsymbol{A}) = r$,矩阵 $\boldsymbol{S} \in \mathbb{R}^{n\times(n-r)}$ 是齐次线性方程 $\boldsymbol{Ax} = \boldsymbol{0}$ 的解矩阵,即有 $\boldsymbol{AS} = \boldsymbol{O}_{r\times(n-r)}$,则有

$$\begin{bmatrix} \boldsymbol{A} \\ \boldsymbol{S}^{\mathrm{T}} \end{bmatrix} [\boldsymbol{A}^{\mathrm{T}}, \boldsymbol{S}] = \begin{bmatrix} \boldsymbol{AA}^{\mathrm{T}} & \boldsymbol{AS} \\ \boldsymbol{S}^{\mathrm{T}}\boldsymbol{A}^{\mathrm{T}} & \boldsymbol{S}^{\mathrm{T}}\boldsymbol{S} \end{bmatrix} = \begin{bmatrix} \boldsymbol{AA}^{\mathrm{T}} & \boldsymbol{O}_{r\times(n-r)} \\ \boldsymbol{O}_{(n-r)\times r} & \boldsymbol{S}^{\mathrm{T}}\boldsymbol{S} \end{bmatrix} \in \mathbb{R}^{n\times n}.$$

例 3.1 求解齐次线性方程 $\boldsymbol{Ax} = \boldsymbol{0}$,其中系数矩阵 $\boldsymbol{A}$ 的行最简形为 $\begin{bmatrix} 1 & 0 & -2 & 3 \\ 0 & 1 & 3 & -5 \\ 0 & 0 & 0 & 0 \end{bmatrix}$.

解 已经有系数矩阵的行最简形,故可直接写出该方程的解矩阵为 $\begin{bmatrix} \boldsymbol{B} \\ -\boldsymbol{I}_2 \end{bmatrix} = \begin{bmatrix} -2 & 3 \\ 3 & -5 \\ -1 & 0 \\ 0 & -1 \end{bmatrix}$,原方程组的通解为

$$\boldsymbol{x} = \begin{bmatrix} \boldsymbol{B} \\ -\boldsymbol{I}_2 \end{bmatrix} \begin{bmatrix} c_1 \\ c_2 \end{bmatrix} = c_1 \begin{bmatrix} -2 \\ 3 \\ -1 \\ 0 \end{bmatrix} + c_2 \begin{bmatrix} 3 \\ -5 \\ 0 \\ -1 \end{bmatrix},\text{其中 } c_1, c_2 \in \mathbb{R}.$$

■

例 3.2 求解齐次线性方程 $\boldsymbol{Ax} = \boldsymbol{0}$,其中系数矩阵 $\boldsymbol{A}$ 的行最简形为 $\boldsymbol{B} = \begin{bmatrix} 1 & 3 & 0 & 5 & 3 \\ 0 & 0 & 1 & -4 & 2 \\ 0 & 0 & 0 & 0 & 0 \end{bmatrix}$.

解 这里矩阵 $\boldsymbol{A}$ 的行最简形不是定理中所述的情形，可以引入交换矩阵 $\boldsymbol{P}$ 做适当的列交换来将其化成定理中的情形.

引入交换矩阵

$$\boldsymbol{P}=[\boldsymbol{\varepsilon}_1,\boldsymbol{\varepsilon}_3,\boldsymbol{\varepsilon}_2,\boldsymbol{\varepsilon}_4,\boldsymbol{\varepsilon}_5]=\begin{bmatrix}1&0&0&0&0\\0&0&1&0&0\\0&1&0&0&0\\0&0&0&1&0\\0&0&0&0&1\end{bmatrix},$$

其中 $\boldsymbol{\varepsilon}_i$ 表示第 i 个位置上是 1、其余位置上全是零的向量，如果只交换行最简形矩阵 $\boldsymbol{B}$ 的第二、三两列，此时交换矩阵就是第一种初等矩阵. 可以证明交换矩阵 $\boldsymbol{P}$ 的逆矩阵是矩阵 $\boldsymbol{P}$ 的转置矩阵 $\boldsymbol{P}^{\mathrm{T}}$，即有 $\boldsymbol{P}\boldsymbol{P}^{\mathrm{T}}=\boldsymbol{I}$. 将其代入与行最简形矩阵 $\boldsymbol{B}$ 对应的方程 $\boldsymbol{B}\boldsymbol{x}=\boldsymbol{0}$ 中，可得 $\boldsymbol{B}\boldsymbol{P}\boldsymbol{P}^{\mathrm{T}}\boldsymbol{x}=\boldsymbol{0}$. 记 $\boldsymbol{y}=\boldsymbol{P}^{\mathrm{T}}\boldsymbol{x}$，原方程可化为 $\boldsymbol{B}\boldsymbol{P}\boldsymbol{y}=\boldsymbol{0}$，即有

$$\begin{bmatrix}1&0&3&5&3\\0&1&0&-4&2\\0&0&0&0&0\end{bmatrix}\boldsymbol{y}=\boldsymbol{0}.$$

这时方程 $\boldsymbol{B}\boldsymbol{P}\boldsymbol{y}=\boldsymbol{0}$ 的解矩阵可取为

$$\begin{bmatrix}3&5&3\\0&-4&2\\-1&0&0\\0&-1&0\\0&0&-1\end{bmatrix}.$$

注意到从关系式 $\boldsymbol{y}=\boldsymbol{P}^{\mathrm{T}}\boldsymbol{x}$ 可得 $\boldsymbol{x}=\boldsymbol{P}\boldsymbol{y}$，所以原方程的解矩阵为

$$\begin{bmatrix}3&5&3\\-1&0&0\\0&-4&2\\0&-1&0\\0&0&-1\end{bmatrix}.$$

所以原方程组的通解为

$$x=\begin{bmatrix}3&5&3\\-1&0&0\\0&-4&2\\0&-1&0\\0&0&-1\end{bmatrix}\begin{bmatrix}c_1\\c_2\\c_3\end{bmatrix},\text{这里 } c_1,c_2,c_3\in\mathbb{R}.$$

■

例 3.3 求解齐次线性方程 $\boldsymbol{Ax}=\boldsymbol{0}$,其中系数矩阵 $\boldsymbol{A}$ 为 $\begin{bmatrix}0&3&0&5&1\\0&2&1&-4&0\\1&5&0&-1&0\end{bmatrix}$.

解 可引入交换矩阵 $\boldsymbol{P}=[\boldsymbol{\varepsilon}_5,\boldsymbol{\varepsilon}_3,\boldsymbol{\varepsilon}_1,\boldsymbol{\varepsilon}_2,\boldsymbol{\varepsilon}_4]$,使得

$$\begin{bmatrix}0&3&0&5&1\\0&2&1&-4&0\\1&5&0&-1&0\end{bmatrix}[\boldsymbol{\varepsilon}_5,\boldsymbol{\varepsilon}_3,\boldsymbol{\varepsilon}_1,\boldsymbol{\varepsilon}_2,\boldsymbol{\varepsilon}_4]=\begin{bmatrix}1&0&0&3&5\\0&1&0&2&-4\\0&0&1&5&-1\end{bmatrix}$$

为行最简形矩阵,同时令 $\boldsymbol{y}=\boldsymbol{P}^{\mathrm{T}}\boldsymbol{x}$. 求得方程 $\boldsymbol{APy}=\boldsymbol{0}$ 的通解为 $\boldsymbol{y}=\begin{bmatrix}3&5\\2&-4\\5&-1\\-1&0\\0&-1\end{bmatrix}\begin{bmatrix}c_1\\c_2\end{bmatrix}$. 由 $\boldsymbol{y}=\boldsymbol{P}^{\mathrm{T}}\boldsymbol{x}$ 求得 $\boldsymbol{x}=\boldsymbol{Py}$,即有

$$\boldsymbol{x}=\boldsymbol{Py}=[\boldsymbol{\varepsilon}_5,\boldsymbol{\varepsilon}_3,\boldsymbol{\varepsilon}_1,\boldsymbol{\varepsilon}_2,\boldsymbol{\varepsilon}_4]\begin{bmatrix}3&5\\2&-4\\5&-1\\-1&0\\0&-1\end{bmatrix}\begin{bmatrix}c_1\\c_2\end{bmatrix}$$

$$=\begin{bmatrix}0&0&1&0&0\\0&0&0&1&0\\0&1&0&0&0\\0&0&0&0&1\\1&0&0&0&0\end{bmatrix}\begin{bmatrix}3&5\\2&-4\\5&-1\\-1&0\\0&-1\end{bmatrix}\begin{bmatrix}c_1\\c_2\end{bmatrix}$$

$$
=\begin{bmatrix} 5 & -1 \\ -1 & 0 \\ 2 & -4 \\ 0 & -1 \\ 3 & 5 \end{bmatrix}\begin{bmatrix} c_1 \\ c_2 \end{bmatrix}.
$$

可以验证所求的解向量确实是原方程的解． ■

注 3.1 如果方程 $\boldsymbol{Ax}=\boldsymbol{0}$ 的系数矩阵的行最简形不是定理中的规范形式，只需要将行最简形矩阵的列做适当的交换，化成定理中行最简形的规范形式，求得方程的解，再将所求得解矩阵的行做和刚才列交换相同的交换就能得到原方程的解矩阵．

3.3.2 非齐次线性方程组的通解

类似求齐次线性组解矩阵的推证过程，设矩阵 $\boldsymbol{A}\in\mathbb{R}^{r\times r}$ 可逆，$\boldsymbol{B}\in\mathbb{R}^{r\times s}$，$\boldsymbol{\beta}\in\mathbb{R}^{r}$，则非齐次线性方程 $\boldsymbol{Ax}+\boldsymbol{By}=\boldsymbol{\beta}$ 的解为

$$
\boldsymbol{x}=-\boldsymbol{A}^{-1}\boldsymbol{By}+\boldsymbol{A}^{-1}\boldsymbol{\beta},
$$

其中 $\boldsymbol{y}\in\mathbb{R}^{s}$ 是自由未知向量．一般有下面的结论．

定理 3.5 （非齐次线性方程组解的结构定理）设 $\boldsymbol{A}\in\mathbb{R}^{m\times n}$，设 $\operatorname{rank}(\boldsymbol{A})=r$，若线性方程 $\boldsymbol{Ax}=\boldsymbol{\beta}$ 的增广矩阵 $[\boldsymbol{A},\boldsymbol{\beta}]$ 的行最简形为

$$
[\boldsymbol{A},\boldsymbol{\beta}]\overset{r}{\sim}\begin{bmatrix} \boldsymbol{I}_r & \boldsymbol{B}_{r\times(n-r)} & \boldsymbol{\gamma} \\ \boldsymbol{O} & \boldsymbol{O} & \boldsymbol{0} \end{bmatrix},
$$

记 $\boldsymbol{x}=\begin{bmatrix} \boldsymbol{x}_1 \\ \boldsymbol{x}_2 \end{bmatrix}$，则非齐次线性方程 $\boldsymbol{Ax}=\boldsymbol{\beta}$ 的解可表示为

$$
\boldsymbol{x}=\begin{bmatrix} \boldsymbol{x}_1 \\ \boldsymbol{x}_2 \end{bmatrix}=\begin{bmatrix} \boldsymbol{B}_{r\times(n-r)} \\ -\boldsymbol{I}_{n-r} \end{bmatrix}\boldsymbol{c}_{n-r}+\begin{bmatrix} \boldsymbol{\gamma} \\ \boldsymbol{0} \end{bmatrix},\boldsymbol{c}_{n-r}\in\mathbb{R}^{n-r},
$$

其中 $\boldsymbol{c}'_{n-r}$ 是 $n-r$ 维的自由未知向量．

证明 由矩阵 $[\boldsymbol{A},\boldsymbol{\beta}]$ 的行最简形为 $\begin{bmatrix} \boldsymbol{I}_r & \boldsymbol{B}_{r\times(n-r)} & \boldsymbol{\gamma} \\ \boldsymbol{O} & \boldsymbol{O} & \boldsymbol{0} \end{bmatrix}$ 可得方程 $\boldsymbol{Ax}=\boldsymbol{\beta}$ 与方程组 $\boldsymbol{x}_1+\boldsymbol{B}_{r\times(n-r)}\boldsymbol{x}_2=\boldsymbol{\gamma}$ 是同解的．由方程 $\boldsymbol{x}_1+\boldsymbol{B}_{r\times(n-r)}\boldsymbol{x}_2=\boldsymbol{\gamma}$ 可解得 $\boldsymbol{x}_1=-\boldsymbol{B}_{r\times(n-r)}\boldsymbol{x}_2+\boldsymbol{\gamma}$，显然 $\boldsymbol{x}_1=-\boldsymbol{B}_r\times(n-r)\boldsymbol{x}_2+\boldsymbol{\gamma}$ 可写成

$$
\begin{cases} \boldsymbol{x}_1=-\boldsymbol{B}_{r\times(n-r)}\boldsymbol{x}_2+\boldsymbol{\gamma}, \\ \boldsymbol{x}_2=\boldsymbol{I}_{n-r}\boldsymbol{x}_2+\boldsymbol{0}. \end{cases}
$$

或有

$$\boldsymbol{x}=\begin{bmatrix}\boldsymbol{x}_1\\ \boldsymbol{x}_2\end{bmatrix}=\begin{bmatrix}-\boldsymbol{B}_{r\times(n-r)}\\ \boldsymbol{I}_{n-r}\end{bmatrix}\boldsymbol{c}_{n-r}+\begin{bmatrix}\boldsymbol{\gamma}\\ \boldsymbol{0}\end{bmatrix},\boldsymbol{c}_{n-r}\in\mathbb{R}^{n-r}.$$

上式也可写成

$$\boldsymbol{x}=\begin{bmatrix}\boldsymbol{x}_1\\ \boldsymbol{x}_2\end{bmatrix}=\begin{bmatrix}\boldsymbol{B}_{r\times(n-r)}\\ -\boldsymbol{I}_{n-r}\end{bmatrix}(-\boldsymbol{c}_{n-r})+\begin{bmatrix}\boldsymbol{\gamma}\\ \boldsymbol{0}\end{bmatrix},\boldsymbol{c}_{n-r}\in\mathbb{R}^{n-r}.$$

证毕. ■

非齐次线性方程 $\boldsymbol{Ax}=\boldsymbol{\beta}$ 的通解定义如下.

定义 3.2 设 $\boldsymbol{A}\in\mathbb{R}^{m\times n}$, $\text{rank}(\boldsymbol{A})=\text{rank}[\boldsymbol{A},\boldsymbol{\beta}]=r<\min\{m,n\}$,此时线性方程 $\boldsymbol{Ax}=\boldsymbol{\beta}$ 有无限多个解,若 $\boldsymbol{\eta}_0$ 是方程 $\boldsymbol{Ax}=\boldsymbol{\beta}$ 的某个特解,$\boldsymbol{\eta}_1,\boldsymbol{\eta}_2,\cdots,\boldsymbol{\eta}_{n-r}$ 是齐次线性方程 $\boldsymbol{Ax}=\boldsymbol{0}$ 的一个基础解系,则

$$k_1\boldsymbol{\eta}_1+k_2\boldsymbol{\eta}_2+\cdots+k_{n-r}\boldsymbol{\eta}_{n-r}+\boldsymbol{\eta}_0,k_1,k_2,\cdots,k_{n-r}\in\mathbb{R}$$

称为方程 $\boldsymbol{Ax}=\boldsymbol{\beta}$ 的**通解**.

类比齐次线性方程 $\boldsymbol{Ax}=\boldsymbol{0}$ 的解矩阵,对非齐次线性方程

$$[\boldsymbol{I}_r,\boldsymbol{B}_{r\times(n-r)}]\begin{bmatrix}\boldsymbol{x}_1\\ \boldsymbol{x}_2\end{bmatrix}=\boldsymbol{\gamma},$$

它的解矩阵可取 $\begin{bmatrix}\boldsymbol{B}_{r\times(n-r)} & \boldsymbol{\gamma}\\ -\boldsymbol{I}_{n-r} & \boldsymbol{0}\end{bmatrix}$ 或 $\begin{bmatrix}-\boldsymbol{B}_{r\times(n-r)} & \boldsymbol{\gamma}\\ \boldsymbol{I}_{n-r} & \boldsymbol{0}\end{bmatrix}$. 这时方程的通解可用解矩阵表示为

$$\boldsymbol{x}=\begin{bmatrix}\boldsymbol{B}_{r\times(n-r)} & \boldsymbol{\gamma}\\ -\boldsymbol{I}_{n-r} & \boldsymbol{0}\end{bmatrix}\begin{bmatrix}\boldsymbol{c}_{n-r}\\ 1\end{bmatrix}=\begin{bmatrix}\boldsymbol{B}_{r\times(n-r)}\\ -\boldsymbol{I}_{n-r}\end{bmatrix}\boldsymbol{c}_{n-r}+\begin{bmatrix}\boldsymbol{\gamma}\\ \boldsymbol{0}\end{bmatrix},\text{这里 }\boldsymbol{c}_{n-r}\in\mathbb{R}^{n-r}.$$

例如,设非齐次线性方程 $\boldsymbol{Ax}=\boldsymbol{\beta}$ 的增广矩阵 $[\boldsymbol{A},\boldsymbol{\beta}]$ 的行最简形为 $\begin{bmatrix}1 & 0 & 2 & 3 & 1\\ 0 & 1 & 3 & 4 & 5\end{bmatrix}$,则它的解矩阵为 $\begin{bmatrix}2 & 3 & 1\\ 3 & 4 & 5\\ -1 & 0 & 0\\ 0 & -1 & 0\end{bmatrix}$ 或 $\begin{bmatrix}-2 & -3 & 1\\ -3 & -4 & 5\\ 1 & 0 & 0\\ 0 & 1 & 0\end{bmatrix}$. 该方程的通解为

$$\boldsymbol{x}=c_1\begin{bmatrix}2\\ 3\\ -1\\ 0\end{bmatrix}+c_2\begin{bmatrix}3\\ 4\\ 0\\ -1\end{bmatrix}+\begin{bmatrix}1\\ 5\\ 0\\ 0\end{bmatrix},c_1,c_2\in\mathbb{R}.$$

或

$$x=-c_1\begin{bmatrix}-2\\-3\\1\\0\end{bmatrix}-c_2\begin{bmatrix}-3\\-4\\0\\1\end{bmatrix}+\begin{bmatrix}1\\5\\0\\0\end{bmatrix},c_1,c_2\in\mathbb{R}.$$

类似,若设非齐次线性方程 $\boldsymbol{Ax}=\boldsymbol{\beta}$ 的增广矩阵的行最简形为 $\begin{bmatrix}1&2&0&3&1\\0&3&1&4&5\end{bmatrix}$,则该方程的通解为

$$x=c_1\begin{bmatrix}2\\-1\\3\\0\end{bmatrix}+c_2\begin{bmatrix}3\\0\\4\\-1\end{bmatrix}+\begin{bmatrix}1\\0\\5\\0\end{bmatrix},c_1,c_2\in\mathbb{R}.$$

或

$$x=-c_1\begin{bmatrix}-2\\1\\-3\\0\end{bmatrix}-c_2\begin{bmatrix}-3\\0\\-4\\1\end{bmatrix}+\begin{bmatrix}1\\0\\5\\0\end{bmatrix},c_1,c_2\in\mathbb{R}.$$

在第 1 章用克莱姆法则求解线性方程 $\boldsymbol{Ax}=\boldsymbol{\beta}$ 时,当系数矩阵 $\boldsymbol{A}$ 的行列式为零时,方程可能有解,也可能无解,这时能否用克莱姆法则并不确定．但当方程有解时,则仍可用克莱姆法则求解．一般情况有下面的定理．

定理 3.6 设矩阵 $\boldsymbol{A}\in\mathbb{R}^{m\times n}$, $\text{rank}(\boldsymbol{A})=r<\min\{m,n\}$,若方程 $\boldsymbol{Ax}=\boldsymbol{\beta}$ 有解,则可任取矩阵 $\boldsymbol{A}$ 的一个 r 阶可逆子阵,取该 r 阶子阵所在行的 r 个方程构成一个线性方程组,则该方程组与原方程组同解．

证明 因为方程 $\boldsymbol{Ax}=\boldsymbol{\beta}$ 有解,所以有 $\text{rank}(\boldsymbol{A})=\text{rank}[\boldsymbol{A},\boldsymbol{\beta}]=r$. 假设矩阵 $\boldsymbol{A}$ 的前 r 行前 r 列就构成矩阵 $\boldsymbol{A}$ 的一个 r 阶可逆子阵．记方程 $\boldsymbol{Ax}=\boldsymbol{\beta}$ 的前 r 个方程构成的线性方程为 $\boldsymbol{A}'\boldsymbol{x}=\boldsymbol{\gamma}$,显然有 $\text{rank}(\boldsymbol{A}')=\text{rank}[\boldsymbol{A}',\boldsymbol{\gamma}]=r$,所以可得

$$[\boldsymbol{A},\boldsymbol{\beta}]\overset{r}{\sim}\begin{bmatrix}\boldsymbol{A}'&\boldsymbol{\gamma}\\\boldsymbol{O}&\boldsymbol{0}\end{bmatrix},$$

所以方程 $\boldsymbol{A}'\boldsymbol{x}=\boldsymbol{\gamma}$ 与原方程同解．证毕． ■

利用该结论,如果已经知道方程 $\boldsymbol{Ax}=\boldsymbol{\beta}$ 有解及系数矩阵 $\boldsymbol{A}$ 的秩,则可以快速将较为复杂的原方程组简化,进而求解．如果已经求得了方程 $\boldsymbol{Ax}=\boldsymbol{\beta}$ 的解,在验证计算是否正确时,只要将所求的解代入方程 $\boldsymbol{A}'\boldsymbol{x}=\boldsymbol{\gamma}$ 进行验证就可以了,这样会节省计算量．

例 3.4　已知线性方程组$\begin{cases}-2x_1+x_2+x_3=0,\\ x_1-2x_2+x_3=3,\\ x_1+x_2-2x_3=3\end{cases}$有解，试求解该方程组．

解　这个例题在前面已经出现过．现在已经知道原方程组有解，且系数矩阵的行列式为零，可以发现系数矩阵左上角有二阶可逆矩阵，所以直接求解前两个方程即可．同理，直接求解后两个方程也可以． ■

3.3.3　应用

关于线性方程组的题目通常分为三种：第一种是给出具体的系数矩阵和常数项，要求判断该方程组有无解，若有解则求出方程组的解（通解）；第二种是含有参数的题目，可以是已经知道解的情况，要求求出相应的参数；第三种是已知方程组的解，反过来要求出系数矩阵和常数项．

例 3.5　求下面线性方程组的通解．

$$\begin{cases}x_1-2x_2+x_3=0,\\ 2x_2-8x_3=8.\end{cases}$$

解　直接将原方程组的增广矩阵化为行最简形得

$$\begin{aligned}[\boldsymbol{A},\boldsymbol{\beta}] &= \begin{bmatrix}1 & -2 & 1 & 0\\ 0 & 2 & -8 & 8\end{bmatrix}\\ &\overset{\frac{1}{2}r_2}{\sim} \begin{bmatrix}1 & -2 & 1 & 0\\ 0 & 1 & -4 & 4\end{bmatrix}\\ &\overset{r_1+2r_2}{\sim} \begin{bmatrix}1 & 0 & -7 & 8\\ 0 & 1 & -4 & 4\end{bmatrix}.\end{aligned}$$

和行最简形$\begin{bmatrix}1 & 0 & -7 & 8\\ 0 & 1 & -4 & 4\end{bmatrix}$对应的解矩阵为$\begin{bmatrix}-7 & 8\\ -4 & 4\\ -1 & 0\end{bmatrix}$，原方程组的通解为

$$\boldsymbol{x}=\begin{bmatrix}x_1\\ x_2\\ x_3\end{bmatrix}=c\begin{bmatrix}7\\ 4\\ 1\end{bmatrix}+\begin{bmatrix}8\\ 4\\ 0\end{bmatrix},c\in\mathbb{R}.$$

■

例 3.6　求解下面的非齐次线性方程组，并写出它的通解．

$$\begin{cases} x_1 + x_2 - 3x_3 - x_4 = 1, \\ 3x_1 - x_2 - 3x_3 + 4x_4 = 4, \\ x_1 + 5x_2 - 9x_3 - 8x_4 = 0. \end{cases}$$

解 将增广矩阵 $\boldsymbol{B}$ 化为行最简形：

$$\boldsymbol{B} = [\boldsymbol{A},\boldsymbol{\beta}] = \begin{bmatrix} 1 & 1 & -3 & -1 & 1 \\ 3 & -1 & -3 & 4 & 4 \\ 1 & 5 & -9 & -8 & 0 \end{bmatrix}$$

$$\overset{r_2-3r_1}{\sim} \begin{bmatrix} 1 & 1 & -3 & -1 & 1 \\ 0 & -4 & 6 & 7 & 1 \\ 1 & 5 & -9 & -8 & 0 \end{bmatrix}$$

$$\overset{r_3-r_1}{\sim} \begin{bmatrix} 1 & 1 & -3 & -1 & 1 \\ 0 & -4 & 6 & 7 & 1 \\ 0 & 4 & -6 & -7 & -1 \end{bmatrix}$$

$$\overset{r_3+r_2}{\sim} \begin{bmatrix} 1 & 1 & -3 & -1 & 1 \\ 0 & -4 & 6 & 7 & 1 \\ 0 & 0 & 0 & 0 & 0 \end{bmatrix}$$

$$\overset{r_3\div(-4)}{\sim} \begin{bmatrix} 1 & 1 & -3 & -1 & 1 \\ 0 & 1 & -\frac{3}{2} & -\frac{7}{4} & -\frac{1}{4} \\ 0 & 0 & 0 & 0 & 0 \end{bmatrix}$$

$$\overset{r_1-r_2}{\sim} \begin{bmatrix} 1 & 0 & -\frac{3}{2} & \frac{3}{4} & \frac{5}{4} \\ 0 & 1 & -\frac{3}{2} & -\frac{7}{4} & -\frac{1}{4} \\ 0 & 0 & 0 & 0 & 0 \end{bmatrix}.$$

和该行最简形对应的非齐次线性方程组的解矩阵是

$$\begin{bmatrix} -\frac{3}{2} & \frac{3}{4} & \frac{5}{4} \\ -\frac{3}{2} & -\frac{7}{4} & -\frac{1}{4} \\ -1 & 0 & 0 \\ 0 & -1 & 0 \end{bmatrix}$$

所以原方程组的通解为

$$\begin{bmatrix}x_1\\x_2\\x_3\\x_4\end{bmatrix}=\begin{bmatrix}-\frac{3}{2}&\frac{3}{4}&\frac{5}{4}\\-\frac{3}{2}&-\frac{7}{4}&-\frac{1}{4}\\-1&0&0\\0&-1&0\end{bmatrix}\begin{bmatrix}c_1\\c_2\\1\end{bmatrix}=c_1'\begin{bmatrix}\frac{3}{2}\\\frac{3}{2}\\1\\0\end{bmatrix}+c_2'\begin{bmatrix}-\frac{3}{4}\\\frac{7}{4}\\0\\1\end{bmatrix}+\begin{bmatrix}-\frac{5}{4}\\-\frac{1}{4}\\0\\0\end{bmatrix},c_1',c_2'\in\mathbb{R}.$$

■

下面两个例子是含有参数的题目.

例 3.7 设有线性方程组

$$\begin{cases}(1+\lambda)x_1+x_2+x_3=0,\\x_1+(1+\lambda)x_2+x_3=3,\\x_1+x_2+(1+\lambda)x_3=\lambda.\end{cases}$$

问 λ 取何值时,此方程组:(1) 有唯一解?(2) 无解?(3) 有无限多解?并在有无限多解时求其通解.

解 方法一:将增广矩阵 $\boldsymbol{B}=[\boldsymbol{A},\boldsymbol{\beta}]$ 化为行最简形.

$$\begin{aligned}\boldsymbol{B}&=\begin{bmatrix}1+\lambda&1&1&0\\1&1+\lambda&1&3\\1&1&1+\lambda&\lambda\end{bmatrix}\\&\overset{r_1\leftrightarrow r_3}{\sim}\begin{bmatrix}1&1&1+\lambda&\lambda\\1&1+\lambda&1&3\\1+\lambda&1&1&0\end{bmatrix}\\&\overset{r_2-r_1}{\sim}\begin{bmatrix}1&1&1+\lambda&\lambda\\0&\lambda&-\lambda&3-\lambda\\1+\lambda&1&1&0\end{bmatrix}\\&\overset{r_3-(1+\lambda)r_1}{\sim}\begin{bmatrix}1&1&1+\lambda&\lambda\\0&\lambda&-\lambda&3-\lambda\\0&-\lambda&-\lambda(2+\lambda)&-\lambda(1+\lambda)\end{bmatrix}\\&\overset{r_3+r_2}{\sim}\begin{bmatrix}1&1&1+\lambda&\lambda\\0&\lambda&-\lambda&3-\lambda\\0&0&-\lambda(3+\lambda)&(1-\lambda)(3+\lambda)\end{bmatrix}.\end{aligned}$$

由此可得：

(1) 当 $\lambda \neq 0$ 且 $\lambda \neq -3$ 时，$\operatorname{rank}(\boldsymbol{A})=\operatorname{rank}(\boldsymbol{B})=3$，方程组有唯一解；

(2) 当 $\lambda=0$ 时，$\operatorname{rank}(\boldsymbol{A})=1$，$\operatorname{rank}(\boldsymbol{B})=2$，方程组无解；

(3) 当 $\lambda=-3$ 时，$\operatorname{rank}(\boldsymbol{A})=\operatorname{rank}(\boldsymbol{B})=2$，方程组有无数多组解．这时有

$$\boldsymbol{B} \overset{r}{\sim} \begin{bmatrix} 1 & 1 & -2 & -3 \\ 0 & -3 & 3 & 6 \\ 0 & 0 & 0 & 0 \end{bmatrix} \overset{r}{\sim} \begin{bmatrix} 1 & 0 & -1 & -1 \\ 0 & 1 & -1 & -2 \\ 0 & 0 & 0 & 0 \end{bmatrix},$$

由此可得通解为

$$\begin{bmatrix} x_1 \\ x_2 \\ x_3 \end{bmatrix} = c \begin{bmatrix} 1 \\ 1 \\ 1 \end{bmatrix} - \begin{bmatrix} 1 \\ 2 \\ 0 \end{bmatrix}, c \in \mathbb{R}.$$

■

注 3.2 本题也可直接计算行列式 $\det \begin{bmatrix} 1+\lambda & 1 & 1 \\ 1 & 1+\lambda & 1 \\ 1 & 1 & 1+\lambda \end{bmatrix}=0$ 得 $\lambda=0,-3$. 当 $\lambda \neq 0$ 且 $\lambda \neq -3$ 时，原方程组有唯一解．当 $\lambda=0$ 时，原方程组无解．当 $\lambda=-3$ 时，原方程组有无穷多个解．

例 3.8 设三元非齐次线性方程 $\boldsymbol{Ax}=\boldsymbol{\beta}$ 的系数矩阵的秩为 1，已知 $\boldsymbol{\eta}_1, \boldsymbol{\eta}_2, \boldsymbol{\eta}_3$ 是它的三个解向量，且

$$\boldsymbol{\eta}_1+\boldsymbol{\eta}_2=(1,0,0)^{\mathrm{T}}, \boldsymbol{\eta}_2+\boldsymbol{\eta}_3=(1,1,0)^{\mathrm{T}}, \boldsymbol{\eta}_1+\boldsymbol{\eta}_3=(1,1,1)^{\mathrm{T}}.$$

求方程 $\boldsymbol{Ax}=\boldsymbol{\beta}$ 的通解．

解 线性方程 $\boldsymbol{Ax}=\boldsymbol{\beta}$ 的通解等于对应的齐次线性方程 $\boldsymbol{Ax}=\boldsymbol{0}$ 的通解加上 $\boldsymbol{Ax}=\boldsymbol{\beta}$ 的一个特解．系数矩阵 $\boldsymbol{A}$ 的秩为 1，所以齐次线性方程 $\boldsymbol{Ax}=\boldsymbol{0}$ 的通解含有两个独立的解向量，而方程 $\boldsymbol{Ax}=\boldsymbol{b}$ 两个解的差是对应导出 $\boldsymbol{Ax}=\boldsymbol{0}$ 的解．所以齐次线性方程 $\boldsymbol{Ax}=\boldsymbol{0}$ 的解为

$$\boldsymbol{\xi}_1=\boldsymbol{\eta}_1-\boldsymbol{\eta}_3=(\boldsymbol{\eta}_1+\boldsymbol{\eta}_2)-(\boldsymbol{\eta}_2+\boldsymbol{\eta}_3)=\begin{bmatrix} 0 \\ -1 \\ 0 \end{bmatrix},$$

$$\boldsymbol{\xi}_2=\boldsymbol{\eta}_2-\boldsymbol{\eta}_1=(\boldsymbol{\eta}_2+\boldsymbol{\eta}_3)-(\boldsymbol{\eta}_1+\boldsymbol{\eta}_3)=\begin{bmatrix} 0 \\ 0 \\ -1 \end{bmatrix}.$$

显然 $\boldsymbol{\xi}_1,\boldsymbol{\xi}_1$ 是两个独立的解向量.

特解可以从三个解向量 $\boldsymbol{\eta}_1,\boldsymbol{\eta}_2,\boldsymbol{\eta}_3$ 中任取一个,例如可以取 $\boldsymbol{\eta}_1$ 为

$$\boldsymbol{\eta}_1=\frac{1}{2}[\boldsymbol{\eta}_1+\boldsymbol{\eta}_2+\boldsymbol{\eta}_2+\boldsymbol{\eta}_3+\boldsymbol{\eta}_1+\boldsymbol{\eta}_3-2(\boldsymbol{\eta}_2+\boldsymbol{\eta}_3)]$$

$$=\frac{1}{2}\left(\begin{bmatrix}3\\2\\1\end{bmatrix}-\begin{bmatrix}2\\2\\0\end{bmatrix}\right)$$

$$=\frac{1}{2}\begin{bmatrix}1\\0\\1\end{bmatrix}.$$

所以线性方程 $\boldsymbol{A}\boldsymbol{x}=\boldsymbol{\beta}$ 的通解为

$$\boldsymbol{x}=c_1\boldsymbol{\xi}_1+c_2\boldsymbol{\xi}_2+\boldsymbol{\eta}_1=c_1\begin{bmatrix}0\\-1\\0\end{bmatrix}+c_2\begin{bmatrix}0\\0\\-1\end{bmatrix}+\frac{1}{2}\begin{bmatrix}1\\0\\1\end{bmatrix}.$$

■

已知齐次线性方程 $\boldsymbol{A}\boldsymbol{x}=\boldsymbol{0}$ 的通解为

$$\boldsymbol{x}=[\boldsymbol{\eta}_1,\boldsymbol{\eta}_2]\begin{bmatrix}c_1\\c_2\end{bmatrix}.$$

求一个满足条件的矩阵 $\boldsymbol{A}$.

已知 $\boldsymbol{x}=[\boldsymbol{\eta}_1,\boldsymbol{\eta}_2]\begin{bmatrix}c_1\\c_2\end{bmatrix}$ 是方程 $\boldsymbol{A}\boldsymbol{x}=\boldsymbol{0}$ 的解,将 $\boldsymbol{x}=[\boldsymbol{\eta}_1,\boldsymbol{\eta}_2]\begin{bmatrix}c_1\\c_2\end{bmatrix}$ 代入方程 $\boldsymbol{A}\boldsymbol{x}=\boldsymbol{0}$ 得

$$\boldsymbol{A}\boldsymbol{x}=\boldsymbol{A}[\boldsymbol{\eta}_1,\boldsymbol{\eta}_2]\begin{bmatrix}c_1\\c_2\end{bmatrix}=\boldsymbol{0}$$

因为 c_1,c_2 是任意常数,所以可得 $\boldsymbol{A}[\boldsymbol{\eta}_1,\boldsymbol{\eta}_2]=\boldsymbol{O}$,即有 $\begin{bmatrix}\boldsymbol{\eta}_1^{\mathrm{T}}\\\boldsymbol{\eta}_2^{\mathrm{T}}\end{bmatrix}\boldsymbol{A}^{\mathrm{T}}=\boldsymbol{O}^{\mathrm{T}}$ 成立. 所以可求解线性方程 $\begin{bmatrix}\boldsymbol{\eta}_1^{\mathrm{T}}\\\boldsymbol{\eta}_2^{\mathrm{T}}\end{bmatrix}\boldsymbol{y}=\boldsymbol{0}$ 得它的解矩阵,并将其转置,即得一个满足条件的解矩阵 $\boldsymbol{A}$.

例 3.9 写出一个以

$$\boldsymbol{x}=c_1\begin{bmatrix}3\\-2\\1\\0\end{bmatrix}+c_2\begin{bmatrix}-5\\4\\0\\1\end{bmatrix}$$

为通解的线性方程 $\boldsymbol{Ax}=\mathbf{0}$.

解 将向量 $\begin{bmatrix}3\\-2\\1\\0\end{bmatrix}$，$\begin{bmatrix}-5\\4\\0\\1\end{bmatrix}$ 合并成一个矩阵并转置作为系数矩阵得到方程组

$$\begin{bmatrix}3 & -2 & 1 & 0\\-5 & 4 & 0 & 1\end{bmatrix}\begin{bmatrix}y_1\\y_2\\y_3\\y_4\end{bmatrix}=\begin{bmatrix}0\\0\end{bmatrix}.$$

求得这个方程组的解矩阵为 $\begin{bmatrix}-1 & 0\\0 & -1\\3 & -2\\-5 & 4\end{bmatrix}$. 该解矩阵的转置 $\begin{bmatrix}-1 & 0 & 3 & -5\\0 & -1 & -2 & 4\end{bmatrix}$ 即为满足条件的一个矩阵 $\boldsymbol{A}$. ■

例 3.10 已知非齐次线性方程 $\boldsymbol{Ax}=\boldsymbol{\beta}$ 的通解为

$$\boldsymbol{x}=c_1\boldsymbol{\eta}_1+c_2\boldsymbol{\eta}_2+\boldsymbol{\eta}_0.$$

求满足条件的矩阵 $\boldsymbol{A}$ 和向量 $\boldsymbol{\beta}$.

解 显然 $c_1\boldsymbol{\eta}_1+c_2\boldsymbol{\eta}_2$ 是导出组 $\boldsymbol{Ax}=\mathbf{0}$ 的通解，据此由上题的结论可求得矩阵 $\boldsymbol{A}$. 再将 $\boldsymbol{x}=c_1\boldsymbol{\eta}_1+c_2\boldsymbol{\eta}_2+\boldsymbol{\eta}_0$ 代入方程 $\boldsymbol{Ax}=\boldsymbol{\beta}$，即有

$$\boldsymbol{\beta}=\boldsymbol{A}(c_1\boldsymbol{\eta}_1+c_2\boldsymbol{\eta}_2+\boldsymbol{\eta}_0)=c_1\boldsymbol{A\eta}_1+c_2\boldsymbol{A\eta}_2+\boldsymbol{A\eta}_0=\boldsymbol{A\eta}_0.$$

最终可求得向量 $\boldsymbol{\beta}$. ■

例 3.11 （2021考研真题）设 $\boldsymbol{A},\boldsymbol{B}$ 均为 n 阶方阵，若方程 $\boldsymbol{Ax}=\mathbf{0}$ 和 $\boldsymbol{Bx}=\mathbf{0}$ 同解，则下列说法正确的是（　　）.

A. $\begin{bmatrix}\boldsymbol{A} & \boldsymbol{O}\\\boldsymbol{I} & \boldsymbol{B}\end{bmatrix}\boldsymbol{x}=\mathbf{0}$ 仅有零解

B. $\begin{bmatrix}\boldsymbol{AB} & \boldsymbol{B}\\\boldsymbol{O} & \boldsymbol{A}\end{bmatrix}\boldsymbol{x}=\mathbf{0}$ 仅有零解

C. $\begin{bmatrix}\boldsymbol{A} & \boldsymbol{B}\\\boldsymbol{O} & \boldsymbol{B}\end{bmatrix}\boldsymbol{x}=\mathbf{0}$ 和 $\begin{bmatrix}\boldsymbol{B} & \boldsymbol{A}\\\boldsymbol{O} & \boldsymbol{A}\end{bmatrix}\boldsymbol{x}=\mathbf{0}$ 同解

D. $\begin{bmatrix}\boldsymbol{AB} & \boldsymbol{B}\\\boldsymbol{O} & \boldsymbol{A}\end{bmatrix}\boldsymbol{x}=\mathbf{0}$ 和 $\begin{bmatrix}\boldsymbol{BA} & \boldsymbol{A}\\\boldsymbol{O} & \boldsymbol{B}\end{bmatrix}\boldsymbol{x}=\mathbf{0}$ 同解

解 答案C显然是正确的. 因为 $\boldsymbol{Ax}=\mathbf{0}$ 与 $\boldsymbol{Bx}=\mathbf{0}$ 同解，可写成一个方程的形式，

$\begin{bmatrix} A & O \\ O & B \end{bmatrix} x = 0$ 与 $\begin{bmatrix} B & O \\ O & A \end{bmatrix} x = 0$ 同解．显然前者用块初等行变换可得 $\begin{bmatrix} A & B \\ O & B \end{bmatrix} x = 0$ 和 $\begin{bmatrix} B & A \\ O & A \end{bmatrix} x = 0$ 同解，即为答案 C.

令 $A = B = O$ 时，可发现选项 A,B 不正确．

令 $A = \begin{bmatrix} 1 & 1 \\ 1 & 1 \end{bmatrix}$，$B = \begin{bmatrix} 1 & 1 \\ -1 & -1 \end{bmatrix}$ 时，可确定备选项 D 不正确．■

例 3.12 求齐次线性方程 $Ax = 0$ 的通解，其中 $A = [\alpha_1, \alpha_2, \alpha_3, \alpha_4] = \begin{bmatrix} a & b & b & b \\ b & a & b & b \\ b & b & a & b \\ b & b & b & a \end{bmatrix}$.

解 计算系数矩阵 A 的行列式可得 $\det(A) = (a + 3b)(a - b)^3$，所以当

(1) $a \neq b$ 且 $a \neq -3b$ 时，

(2) 或者当 $a = 0, b \neq 0$ 时，

(3) 或者当 $b = 0, a \neq 0$ 时，

都有 $\det(A) = (a + 3b)(a - b)^3 \neq 0$ 可得 $\operatorname{rank}(A) = 4$，此时原方程组 $Ax = 0$ 只有零解．

当 $a = b \neq 0$ 时，矩阵的秩为 $\operatorname{rank}(A) = 1$，此时原方程组退化为 $x_1 + x_2 + x_3 + x_4 = 0$. 它的通解是 $x = c_1 \begin{bmatrix} 1 \\ -1 \\ 0 \\ 0 \end{bmatrix} + c_2 \begin{bmatrix} 1 \\ 0 \\ -1 \\ 0 \end{bmatrix} + c_3 \begin{bmatrix} 1 \\ 0 \\ 0 \\ -1 \end{bmatrix}$.

当 $a = -3b \neq 0$ 时，有 $\det \begin{bmatrix} -3b & b & b \\ b & -3b & b \\ b & b & -3b \end{bmatrix} = -16b^3 \neq 0$，$\operatorname{rank}(A) = 3$. 注意到线性方程 $Ax = 0$ 的基础解系只有一个解向量，所以原方程组的通解为 $x = c \begin{bmatrix} 1 \\ 1 \\ 1 \\ 1 \end{bmatrix}$.

当 $a = b = 0$ 时，系数矩阵 A 是零矩阵，所以原方程组的通解是

$$x = c_1 \begin{bmatrix} 1 \\ 0 \\ 0 \\ 0 \end{bmatrix} + c_2 \begin{bmatrix} 0 \\ 1 \\ 0 \\ 0 \end{bmatrix} + c_3 \begin{bmatrix} 0 \\ 0 \\ 1 \\ 0 \end{bmatrix} + c_4 \begin{bmatrix} 0 \\ 0 \\ 0 \\ 1 \end{bmatrix}, c_1, c_2, c_3, c_4 \in \mathbb{R}.$$

■

3.3.4 小结

本节基于矩阵的行最简形和矩阵求逆给出了方程 $\boldsymbol{Ax}=\boldsymbol{\beta}$ 和 $\boldsymbol{Ax}=\boldsymbol{0}$ 的通解的表达式，这比用标量形式求出通解减少了部分解题环节，也减少了犯错的概率，但理解基于矩阵的解题形式需要一个过程，要在练习中慢慢掌握．

3.3.5 习题

1. 方程 $\boldsymbol{Ax}=\boldsymbol{\beta}$ 的增广矩阵如下，试求出它们的通解．

(1) $\begin{bmatrix}1&3&4&7\\3&9&7&6\end{bmatrix}$；(2) $\begin{bmatrix}1&4&0&7\\2&7&0&10\end{bmatrix}$；(3) $\begin{bmatrix}0&1&-6&5\\1&-2&7&-6\end{bmatrix}$；

(4) $\begin{bmatrix}1&-2&-1&3\\-3&-6&-2&2\end{bmatrix}$；(5) $\begin{bmatrix}3&-4&2&0\\-9&12&-6&0\\-6&8&-4&0\end{bmatrix}$．

2. 设矩阵 $\boldsymbol{A}=\begin{bmatrix}1&-2&3&-4\\0&1&-1&1\\1&2&0&-3\end{bmatrix}$，$\boldsymbol{I}$ 为 3 阶单位矩阵．

(1) 求方程 $\boldsymbol{Ax}=\boldsymbol{0}$ 的一个基础解系；

(2) 求满足 $\boldsymbol{AB}=\boldsymbol{I}$ 的所有矩阵 $\boldsymbol{B}$.

3. 设方程组 $\begin{cases}x_1+x_2+x_3=0,\\x_1+2x_2+ax_3=0,\\x_1+4x_2+a^2x_3=0\end{cases}$ 与方程 $x_1+2x_2+x_3=a-1$ 有公共解，求 a 的值，并求所有的公共解．

3.4 矩阵的秩的性质

内容提要

本节将用线性方程组解的理论证明矩阵的秩的几条性质．利用矩阵的消去律讨论几类线性方程组的同解变形．

3.4.1 矩阵的秩的性质

基于线性方程组的理论，下面给出矩阵的秩的另外几条性质．

定理 3.7 设有齐次线性方程 $\boldsymbol{Ax}=\boldsymbol{0}$ 和 $\boldsymbol{Bx}=\boldsymbol{0}$，若方程 $\boldsymbol{Bx}=\boldsymbol{0}$ 的解也是方程 $\boldsymbol{Ax}=\boldsymbol{0}$ 的解，则 $\operatorname{rank}(\boldsymbol{A})\leqslant\operatorname{rank}(\boldsymbol{B})$.

证明 因为方程 $\boldsymbol{Bx}=\boldsymbol{0}$ 的解也是方程 $\boldsymbol{Ax}=\boldsymbol{0}$ 的解，所以这两个方程组未知量的个数相同，设为 n. 因为 $\boldsymbol{Bx}=\boldsymbol{0}$ 的解集是 $\boldsymbol{Ax}=\boldsymbol{0}$ 解集的子集，所以方程 $\boldsymbol{Ax}=\boldsymbol{0}$ 的解矩阵的秩不小于方程 $\boldsymbol{Bx}=\boldsymbol{0}$ 的解矩阵的秩，进而可得 $n-\operatorname{rank}(\boldsymbol{A})\geqslant n-\operatorname{rank}(\boldsymbol{B})$. 化简可得

$$\operatorname{rank}(\boldsymbol{A})\leqslant\operatorname{rank}(\boldsymbol{B}).$$

证毕． ■

由上面的定理可得下面的推论．

推论 3.2 如果方程 $\boldsymbol{Ax}=\boldsymbol{0}$ 和 $\boldsymbol{Bx}=\boldsymbol{0}$ 同解，则有 $\operatorname{rank}(\boldsymbol{A})=\operatorname{rank}(\boldsymbol{B})$.

由推论 3.2 可得下面的结论．

定理 3.8 设 $\boldsymbol{A}\in\mathbb{R}^{m\times n}$，则线性方程 $\boldsymbol{Ax}=\boldsymbol{0}$ 和 $\boldsymbol{A}^{\mathrm{T}}\boldsymbol{Ax}=\boldsymbol{0}$ 是同解的．进而有 $\operatorname{rank}(\boldsymbol{A}^{\mathrm{T}}\boldsymbol{A})=\operatorname{rank}(\boldsymbol{A})$.

对于实数 $x_1,x_2,\cdots,x_n$ 下面的结论成立：

$$x_1^2+x_2^2+\cdots+x_n^2=0\Leftrightarrow x_1=x_2=\cdots=x_n=0.$$

对于实向量 $\boldsymbol{x}\in\mathbb{R}^n$，下面的结论成立：

$$\boldsymbol{x}^{\mathrm{T}}\boldsymbol{x}=0\Leftrightarrow\boldsymbol{x}=\boldsymbol{0}.$$

证明 显然方程 $\boldsymbol{Ax}=\boldsymbol{0}$ 的解也是方程 $\boldsymbol{A}^{\mathrm{T}}\boldsymbol{Ax}=\boldsymbol{0}$ 的解．

反之，方程 $\boldsymbol{A}^{\mathrm{T}}\boldsymbol{Ax}=\boldsymbol{0}$ 的解也是方程 $\boldsymbol{Ax}=\boldsymbol{0}$ 的解．只要在 $\boldsymbol{A}^{\mathrm{T}}\boldsymbol{Ax}=\boldsymbol{0}$ 的两边左乘 $\boldsymbol{x}^{\mathrm{T}}$ 即得

$$\boldsymbol{x}^{\mathrm{T}}\boldsymbol{A}^{\mathrm{T}}\boldsymbol{Ax}=\boldsymbol{x}^{\mathrm{T}}\boldsymbol{0}=0.$$

即有 $(\boldsymbol{Ax})^{\mathrm{T}}(\boldsymbol{Ax})=\boldsymbol{0}$. 进而可得 $\boldsymbol{Ax}=\boldsymbol{0}$. 所以方程 $\boldsymbol{Ax}=\boldsymbol{0}$ 和 $\boldsymbol{A}^{\mathrm{T}}\boldsymbol{Ax}=\boldsymbol{0}$ 是同解的，进而得到 $\operatorname{rank}(\boldsymbol{A}^{\mathrm{T}}\boldsymbol{A})=\operatorname{rank}(\boldsymbol{A})$. 证毕． ■

定理 3.9 设矩阵 $\boldsymbol{A}\in\mathbb{R}^{m\times n}$，$\boldsymbol{B}\in\mathbb{R}^{m\times t}$，则有

$$\operatorname{rank}[\boldsymbol{A},\boldsymbol{B}]\leqslant\operatorname{rank}(\boldsymbol{A})+\operatorname{rank}(\boldsymbol{B}).$$

证明 构造线性方程 $[\boldsymbol{A},\boldsymbol{B}]\begin{bmatrix}\boldsymbol{x}\\\boldsymbol{y}\end{bmatrix}=\boldsymbol{0}$ 和 $\begin{bmatrix}\boldsymbol{A}&\boldsymbol{O}\\\boldsymbol{O}&\boldsymbol{B}\end{bmatrix}\begin{bmatrix}\boldsymbol{x}\\\boldsymbol{y}\end{bmatrix}=\boldsymbol{0}$，这两个方程有相同个数的未知量．显然方程 $\begin{bmatrix}\boldsymbol{A}&\boldsymbol{O}\\\boldsymbol{O}&\boldsymbol{B}\end{bmatrix}\begin{bmatrix}\boldsymbol{x}\\\boldsymbol{y}\end{bmatrix}=\boldsymbol{0}$ 可写成 $\begin{cases}\boldsymbol{Ax}=\boldsymbol{0}_1,\\\boldsymbol{By}=\boldsymbol{0}_2,\end{cases}$ 可以看出方程 $\begin{cases}\boldsymbol{Ax}=\boldsymbol{0}_1,\\\boldsymbol{By}=\boldsymbol{0}_2\end{cases}$ 的解一定是方程 $[\boldsymbol{A},\boldsymbol{B}]\begin{bmatrix}\boldsymbol{x}\\\boldsymbol{y}\end{bmatrix}=\boldsymbol{0}$ 的解．所以根据定理 3.7 和定理 2.8 可得

$$\operatorname{rank}[\boldsymbol{A},\boldsymbol{B}]\leqslant\operatorname{rank}\begin{bmatrix}\boldsymbol{A}&\boldsymbol{O}\\\boldsymbol{O}&\boldsymbol{B}\end{bmatrix}=\operatorname{rank}(\boldsymbol{A})+\operatorname{rank}(\boldsymbol{B}).$$

证毕． ■

定理 3.10 设矩阵 $\boldsymbol{A},\boldsymbol{B}\in\mathbb{R}^{m\times n}$,则有

$$\operatorname{rank}(\boldsymbol{A}+\boldsymbol{B})\leqslant\operatorname{rank}(\boldsymbol{A})+\operatorname{rank}(\boldsymbol{B}).$$

证明 根据性质定理和 $\operatorname{rank}(\boldsymbol{A})=\operatorname{rank}(\boldsymbol{A}^{\mathrm{T}})$ 及初等行变换不改变矩阵的秩可得

$$\begin{aligned}\operatorname{rank}(\boldsymbol{A}+\boldsymbol{B})&=\operatorname{rank}(\boldsymbol{A}^{\mathrm{T}}+\boldsymbol{B}^{\mathrm{T}})\\&\leqslant\operatorname{rank}\begin{bmatrix}\boldsymbol{A}^{\mathrm{T}}+\boldsymbol{B}^{\mathrm{T}}\\ \boldsymbol{B}^{\mathrm{T}}\end{bmatrix}\\&=\operatorname{rank}\begin{bmatrix}\boldsymbol{A}^{\mathrm{T}}\\ \boldsymbol{B}^{\mathrm{T}}\end{bmatrix}\\&=\operatorname{rank}(\boldsymbol{A},\boldsymbol{B})\\&\leqslant\operatorname{rank}(\boldsymbol{A})+\operatorname{rank}(\boldsymbol{B}).\end{aligned}$$

证毕. ■

定理 3.11 设矩阵 $\boldsymbol{A}\in\mathbb{R}^{m\times n},\boldsymbol{B}\in\mathbb{R}^{n\times s}$,则有

$$\operatorname{rank}[\boldsymbol{AB}]\leqslant\min\{\operatorname{rank}(\boldsymbol{A}),\operatorname{rank}(\boldsymbol{B})\}.$$

证明 构造方程 $\boldsymbol{ABx}=\boldsymbol{0}$ 和 $\boldsymbol{Bx}=\boldsymbol{0}$,显然方程 $\boldsymbol{Bx}=\boldsymbol{0}$ 的解也是方程 $\boldsymbol{ABx}=\boldsymbol{0}$ 的解. 所以有

$$\operatorname{rank}(\boldsymbol{AB})\leqslant\operatorname{rank}(\boldsymbol{B}).$$

注意到有 $\operatorname{rank}(\boldsymbol{A})=\operatorname{rank}(\boldsymbol{A}^{\mathrm{T}})$,所以可得

$$\operatorname{rank}(\boldsymbol{AB})=\operatorname{rank}(\boldsymbol{B}^{\mathrm{T}}\boldsymbol{A}^{\mathrm{T}})\leqslant\operatorname{rank}(\boldsymbol{A}^{\mathrm{T}})=\operatorname{rank}(\boldsymbol{A}).$$

综合可得 $\operatorname{rank}(\boldsymbol{AB})\leqslant\min\{\operatorname{rank}(\boldsymbol{A}),\operatorname{rank}(\boldsymbol{B})\}$. 证毕. ■

定理 3.12 设 $\boldsymbol{A}\in\mathbb{R}^{m\times n},\boldsymbol{B}\in\mathbb{R}^{n\times s}$,且有 $\boldsymbol{AB}=\boldsymbol{O}$,则可得

$$\operatorname{rank}(\boldsymbol{A})+\operatorname{rank}(\boldsymbol{B})\leqslant n.$$

证明 因为有 $\boldsymbol{AB}=\boldsymbol{O}$,所以可将矩阵 $\boldsymbol{B}$ 的列向量看成是方程 $\boldsymbol{Ax}=\boldsymbol{0}$ 的解向量. 因为方程 $\boldsymbol{Ax}=\boldsymbol{0}$ 的基础解系所含解向量的个数为 $n-\operatorname{rank}(\boldsymbol{A})$,所以有 $n-\operatorname{rank}(\boldsymbol{A})\geqslant\operatorname{rank}(\boldsymbol{B})$,化简可得 $n\geqslant\operatorname{rank}(\boldsymbol{A})+\operatorname{rank}(\boldsymbol{B})$. 证毕. ■

例 3.13 设 $\boldsymbol{A}$ 为 n 阶矩阵,$\boldsymbol{I}$ 是 n 阶单位矩阵,证明 $\operatorname{rank}(\boldsymbol{A}+\boldsymbol{I})+\operatorname{rank}(\boldsymbol{A}-\boldsymbol{I})\geqslant n$.

证明 因为$(\boldsymbol{A}+\boldsymbol{I})+(\boldsymbol{A}-\boldsymbol{I})=2\boldsymbol{A}$,由性质 $\operatorname{rank}(\boldsymbol{A})+\operatorname{rank}(\boldsymbol{B})\geqslant\operatorname{rank}(\boldsymbol{A}+\boldsymbol{B})$ 有

$$\begin{aligned}\operatorname{rank}(\boldsymbol{A}+\boldsymbol{I})+\operatorname{rank}(\boldsymbol{A}-\boldsymbol{I})&=\operatorname{rank}(\boldsymbol{A}+\boldsymbol{I})+\operatorname{rank}(\boldsymbol{I}-\boldsymbol{A})\\&\geqslant\operatorname{rank}(\boldsymbol{A}+\boldsymbol{I}+\boldsymbol{I}-\boldsymbol{A})\\&=\operatorname{rank}(2\boldsymbol{I})=n.\end{aligned}$$

3.4.2 矩阵的消去律及应用

两个非零矩阵的乘积是个零矩阵并不能保证其中的任何一个矩阵是零矩阵，但是如果左边的矩阵是列满秩的，或右边的矩阵是行满秩的，则可保证另外一个矩阵就是零矩阵，这就是矩阵的消去律．下面证明这一结论，并介绍它在求解线性方程组中的应用．

例 3.14 对列满秩矩阵 $\boldsymbol{A}_{m\times n}$，若有 $\boldsymbol{A}_{m\times n}\boldsymbol{B}_{n\times l}=\boldsymbol{C}$，证明 $\operatorname{rank}(\boldsymbol{B})=\operatorname{rank}(\boldsymbol{C})$.

证明 因为矩阵 $\boldsymbol{A}_{m\times n}$ 是列满秩的，所以有 $\operatorname{rank}(\boldsymbol{A}_{m\times n})=n$，所以 $n\leqslant m$，矩阵 $\boldsymbol{A}$ 的行最简形为 $\begin{bmatrix}\boldsymbol{I}_n\\ \boldsymbol{O}\end{bmatrix}$，即存在 m 阶可逆矩阵 $\boldsymbol{P}$，使得 $\boldsymbol{PA}=\begin{bmatrix}\boldsymbol{I}_n\\ \boldsymbol{O}\end{bmatrix}$．于是有

$$\boldsymbol{PC}=\boldsymbol{PAB}=\begin{bmatrix}\boldsymbol{I}_n\\ \boldsymbol{O}\end{bmatrix}\boldsymbol{B}=\begin{bmatrix}\boldsymbol{B}\\ \boldsymbol{O}\end{bmatrix}.$$

进而由矩阵的秩的性质可得 $\operatorname{rank}(\boldsymbol{C})=\operatorname{rank}(\boldsymbol{PC})=\operatorname{rank}\begin{bmatrix}\boldsymbol{B}\\ \boldsymbol{O}\end{bmatrix}=\operatorname{rank}(\boldsymbol{B})$. ■

例 3.14 中，当 $\boldsymbol{C}=\boldsymbol{O}$ 时，结论就是“若矩阵 $\boldsymbol{A}$ 是列满秩矩阵且有 $\boldsymbol{AB}=\boldsymbol{O}$，则矩阵 $\boldsymbol{B}$ 是零矩阵”．这一结论通常称为**矩阵乘法的消去律**（elimination law of matrix multiplication）．

矩阵的消去律可用于对线性方程组的同解变形中．如果矩阵 $\boldsymbol{P}$ 可逆，则对方程组两边同时乘以 $\boldsymbol{P}$ 可得 $\boldsymbol{PAx}=\boldsymbol{P\beta}$，这是同解变形，因为可逆矩阵 $\boldsymbol{P}$ 可分解成一系列初等矩阵的乘积，它们表示对方程组进行一系列的初等行变换．作为矩阵 $\boldsymbol{P}$ 的特例，如果系数矩阵 $\boldsymbol{A}$ 可逆，则可取 $\boldsymbol{P}=\boldsymbol{A}^{-1}$，两边同时乘以 $\boldsymbol{A}^{-1}$，同解变形得到 $\boldsymbol{x}=\boldsymbol{A}^{-1}\boldsymbol{\beta}$. 例 3.14 表明可逆矩阵 $\boldsymbol{P}$ 可放宽到列满秩的矩阵 $\boldsymbol{Q}$，即当矩阵 $\boldsymbol{Q}$ 是列满秩矩阵时，$\boldsymbol{QAx}=\boldsymbol{Q\beta}$ 也是对方程 $\boldsymbol{Ax}=\boldsymbol{\beta}$ 的同解变形．

定理 3.13 设有 $\boldsymbol{Ax}=\boldsymbol{\beta}$，其中 $\boldsymbol{A}_{m\times n}$．当矩阵 $\boldsymbol{Q}_{s\times m}$ 是列满秩矩阵时，方程两边左乘 $\boldsymbol{Q}$ 得 $\boldsymbol{QAx}=\boldsymbol{Q\beta}$，是对方程 $\boldsymbol{Ax}=\boldsymbol{\beta}$ 的同解变形．

证明 事实上，当 $\boldsymbol{Ax}=\boldsymbol{\beta}$ 成立时，对其两边左乘矩阵 $\boldsymbol{Q}$ 可得 $\boldsymbol{QAx}=\boldsymbol{Q\beta}$. 即方程 $\boldsymbol{Ax}=\boldsymbol{\beta}$ 的解一定是方程 $\boldsymbol{QAx}=\boldsymbol{Q\beta}$ 的解．

反之，若 $\boldsymbol{QAx}=\boldsymbol{Q\beta}$ 成立，移项可得 $\boldsymbol{Q}(\boldsymbol{Ax}-\boldsymbol{\beta})=\boldsymbol{0}$，因为 $\boldsymbol{Q}$ 是列满秩矩阵，用例 3.14 中的结论可得 $\operatorname{rank}(\boldsymbol{Ax}-\boldsymbol{\beta})=\operatorname{rank}\boldsymbol{0}=0$，所以有 $\boldsymbol{Ax}-\boldsymbol{\beta}=\boldsymbol{0}$ 进而得到 $\boldsymbol{Ax}=\boldsymbol{\beta}$. 即方程 $\boldsymbol{QAx}=\boldsymbol{Q\beta}$ 的解一定是方程 $\boldsymbol{Ax}=\boldsymbol{\beta}$ 的解，所以它们二者是同解的． ■

注意到秩公式 $\operatorname{rank}(\boldsymbol{A})=\operatorname{rank}(\boldsymbol{A}^{\mathrm{T}})$，可得下面的结论．

推论 3.3 设 $\boldsymbol{A}\in\mathbb{R}^{m\times n}$，$\boldsymbol{X}\in\mathbb{R}^{n\times s}$，$\boldsymbol{B}\in\mathbb{R}^{m\times s}$，矩阵 $\boldsymbol{Q}_{s\times t}$ 是行满秩矩阵，则方程 $\boldsymbol{AX}=\boldsymbol{B}$ 与 $\boldsymbol{AXQ}=\boldsymbol{BQ}$ 是同解的．

例如方程组 $\begin{cases}x_1+2x_2=1,\\ x_1+2x_2=3\end{cases}$ 是无解的，该方程组的增广矩阵两边左乘可逆矩阵 $\begin{bmatrix}1&1\\1&2\end{bmatrix}$ 后得到的方程组 $\begin{cases}2x_1+4x_2=4,\\ 3x_1+6x_2=7\end{cases}$ 仍是无解的．但是如果左乘系数矩阵的转置矩阵

$\begin{bmatrix}1&1\\2&2\end{bmatrix}$，则得方程组$\begin{cases}2x_1+4x_2=4,\\4x_1+8x_2=8.\end{cases}$这个方程组是有解的．通常对方程 $\boldsymbol{Ax}=\boldsymbol{\beta}$ 左乘矩阵 $\boldsymbol{A}^{\mathrm{T}}$ 得方程 $\boldsymbol{A}^{\mathrm{T}}\boldsymbol{Ax}=\boldsymbol{A}^{\mathrm{T}}\boldsymbol{\beta}$ 的变形并不是同解变形，但它在方程求解理论中有重要的应用．

例 3.15 设非齐次线性方程 $\boldsymbol{Ax}=\boldsymbol{\beta}$ 无解，即有 $\operatorname{rank}(\boldsymbol{A})<\operatorname{rank}[\boldsymbol{A},\boldsymbol{\beta}]$．该方程两边左乘 $\boldsymbol{A}^{\mathrm{T}}$ 可得该方程的**法方程**（normal equation）为 $\boldsymbol{A}^{\mathrm{T}}\boldsymbol{Ax}=\boldsymbol{A}^{\mathrm{T}}\boldsymbol{\beta}$. 则线性方程 $\boldsymbol{A}^{\mathrm{T}}\boldsymbol{Ax}=\boldsymbol{A}^{\mathrm{T}}\boldsymbol{\beta}$ 是有解的．它的解称为方程 $\boldsymbol{Ax}=\boldsymbol{\beta}$ 的**最小二乘解**（least squares solution）．

证明 根据矩阵秩的性质，有 $\operatorname{rank}(\boldsymbol{A})=\operatorname{rank}(\boldsymbol{A}^{\mathrm{T}}\boldsymbol{A})$，$\operatorname{rank}(\boldsymbol{A}^{\mathrm{T}}\boldsymbol{\beta})\leqslant\operatorname{rank}(\boldsymbol{A}^{\mathrm{T}})$. 而 $\operatorname{rank}[\boldsymbol{A}^{\mathrm{T}}\boldsymbol{A},\boldsymbol{A}^{\mathrm{T}}\boldsymbol{\beta}]=\operatorname{rank}[\boldsymbol{A}^{\mathrm{T}}(\boldsymbol{A},\boldsymbol{\beta})]\leqslant\min\{\operatorname{rank}(\boldsymbol{A}^{\mathrm{T}}),\operatorname{rank}[\boldsymbol{A},\boldsymbol{\beta}]\}=\operatorname{rank}(\boldsymbol{A})=\operatorname{rank}(\boldsymbol{A}^{\mathrm{T}}\boldsymbol{A})$. 同时有 $\operatorname{rank}[\boldsymbol{A}^{\mathrm{T}}\boldsymbol{A},\boldsymbol{A}^{\mathrm{T}}\boldsymbol{\beta}]\geqslant\operatorname{rank}(\boldsymbol{A}^{\mathrm{T}}\boldsymbol{A})$. 所以方程组 $\boldsymbol{A}^{\mathrm{T}}\boldsymbol{Ax}=\boldsymbol{A}^{\mathrm{T}}\boldsymbol{\beta}$ 是有解的．

下面两种特殊情况也是线性方程组的同解变形． ■

定理 3.14 若线性方程 $\boldsymbol{Ax}=\boldsymbol{\beta}$ 有解，且矩阵 $\boldsymbol{A}$ 是列满秩的，则方程 $\boldsymbol{Ax}=\boldsymbol{\beta}$ 与方程 $\boldsymbol{A}^{\mathrm{T}}\boldsymbol{Ax}=\boldsymbol{A}^{\mathrm{T}}\boldsymbol{\beta}$ 同解．

证明 显然方程 $\boldsymbol{Ax}=\boldsymbol{\beta}$ 的解一定是方程 $\boldsymbol{A}^{\mathrm{T}}\boldsymbol{Ax}=\boldsymbol{A}^{\mathrm{T}}\boldsymbol{\beta}$ 的解．

反之，因为矩阵 $\boldsymbol{A}$ 是列满秩的，所以有 $\operatorname{rank}(\boldsymbol{A})=\operatorname{rank}(\boldsymbol{A}^{\mathrm{T}}\boldsymbol{A})$. 这表明矩阵 $\boldsymbol{A}^{\mathrm{T}}\boldsymbol{A}$ 是可逆的，所以方程 $\boldsymbol{A}^{\mathrm{T}}\boldsymbol{Ax}=\boldsymbol{A}^{\mathrm{T}}\boldsymbol{\beta}$ 的解为 $\boldsymbol{x}=(\boldsymbol{A}^{\mathrm{T}}\boldsymbol{A})^{-1}\boldsymbol{A}^{\mathrm{T}}\boldsymbol{\beta}$. 将其代入 $\boldsymbol{Ax}=\boldsymbol{\beta}$ 的左边可得

$$\boldsymbol{Ax}=\boldsymbol{A}(\boldsymbol{A}^{\mathrm{T}}\boldsymbol{A})^{-1}\boldsymbol{A}^{\mathrm{T}}\boldsymbol{\beta}.$$

因为 $\boldsymbol{Ax}=\boldsymbol{\beta}$ 有解，设 $\boldsymbol{\xi}$ 是它的解，即有 $\boldsymbol{\beta}=\boldsymbol{A\xi}$. 将其代入上式可得

$$\boldsymbol{Ax}=\boldsymbol{A}(\boldsymbol{A}^{\mathrm{T}}\boldsymbol{A})^{-1}\boldsymbol{A}^{\mathrm{T}}\boldsymbol{\beta}=\boldsymbol{A}(\boldsymbol{A}^{\mathrm{T}}\boldsymbol{A})^{-1}\boldsymbol{A}^{\mathrm{T}}\boldsymbol{A\xi}=\boldsymbol{A\xi}=\boldsymbol{\beta}.$$

这就证明了方程 $\boldsymbol{A}^{\mathrm{T}}\boldsymbol{Ax}=\boldsymbol{A}^{\mathrm{T}}\boldsymbol{\beta}$ 的解一定是方程 $\boldsymbol{Ax}=\boldsymbol{\beta}$ 的解．结论得证． ■

在定理 3.14 中，如果将方程 $\boldsymbol{Ax}=\boldsymbol{\beta}$ 两边左乘列满秩矩阵 $\boldsymbol{B}$ 的转置，所得方程 $\boldsymbol{B}^{\mathrm{T}}\boldsymbol{Ax}=\boldsymbol{B}^{\mathrm{T}}\boldsymbol{\beta}$ 和原方程则可能不是同解的，例如方程 $\begin{bmatrix}1&0\\0&1\end{bmatrix}\begin{bmatrix}x_1\\x_2\end{bmatrix}=\begin{bmatrix}2\\3\end{bmatrix}$ 两边左乘矩阵 $\boldsymbol{B}=\begin{bmatrix}1\\1\end{bmatrix}$ 的转置可得 $x_1+x_2=5$，显然这二者并不是同解的，具体例子还可参见课后习题．

定理 3.8 证明了方程 $\boldsymbol{Ax}=\boldsymbol{0}$ 和 $\boldsymbol{A}^{\mathrm{T}}\boldsymbol{Ax}=\boldsymbol{0}$ 是同解的，如果方程 $\boldsymbol{Ax}=\boldsymbol{\beta}$ 有解，类似的方法可以证明相容方程 $\boldsymbol{Ax}=\boldsymbol{\beta}$ 和它的法方程 $\boldsymbol{A}^{\mathrm{T}}\boldsymbol{Ax}=\boldsymbol{A}^{\mathrm{T}}\boldsymbol{\beta}$ 也是同解的．

定理 3.15 相容线性方程 $\boldsymbol{Ax}=\boldsymbol{\beta}$ 和它的法方程 $\boldsymbol{A}^{\mathrm{T}}\boldsymbol{Ax}=\boldsymbol{A}^{\mathrm{T}}\boldsymbol{\beta}$ 是同解的．

证明 显然方程 $\boldsymbol{Ax}=\boldsymbol{\beta}$ 的解一定是法方程 $\boldsymbol{A}^{\mathrm{T}}\boldsymbol{Ax}=\boldsymbol{A}^{\mathrm{T}}\boldsymbol{\beta}$ 的解．

因为方程 $\boldsymbol{Ax}=\boldsymbol{\beta}$ 是相容的，所以存在 $\boldsymbol{\gamma}$ 使得 $\boldsymbol{\beta}=\boldsymbol{A\gamma}$. 设 $\boldsymbol{x}_0$ 是方程 $\boldsymbol{A}^{\mathrm{T}}\boldsymbol{Ax}=\boldsymbol{A}^{\mathrm{T}}\boldsymbol{\beta}$ 的解，即有

$$\boldsymbol{A}^{\mathrm{T}}(\boldsymbol{Ax}_0-\boldsymbol{\beta})=\boldsymbol{A}^{\mathrm{T}}(\boldsymbol{Ax}_0-\boldsymbol{A\gamma})=\boldsymbol{A}^{\mathrm{T}}\boldsymbol{A}(\boldsymbol{x}_0-\boldsymbol{\gamma})=\boldsymbol{0}.$$

上式左乘 $(\boldsymbol{x}_0-\boldsymbol{\gamma})^{\mathrm{T}}$ 可得

$$(\boldsymbol{x}_0-\boldsymbol{\gamma})^{\mathrm{T}}\boldsymbol{A}^{\mathrm{T}}\boldsymbol{A}(\boldsymbol{x}_0-\boldsymbol{\gamma})=(\boldsymbol{x}_0-\boldsymbol{\gamma})^{\mathrm{T}}\boldsymbol{0}=0.$$

进而可得 $\boldsymbol{A}(\boldsymbol{x}_0-\boldsymbol{\gamma})=\boldsymbol{0}$，$\boldsymbol{Ax}_0=\boldsymbol{A\gamma}=\boldsymbol{\beta}$. 所以方程 $\boldsymbol{A}^{\mathrm{T}}\boldsymbol{Ax}=\boldsymbol{A}^{\mathrm{T}}\boldsymbol{\beta}$ 的解也是方程 $\boldsymbol{Ax}=\boldsymbol{\beta}$ 的解．综上

可得方程 $\boldsymbol{A}\boldsymbol{x}=\boldsymbol{\beta}$ 与 $\boldsymbol{A}^{\mathrm{T}}\boldsymbol{A}\boldsymbol{x}=\boldsymbol{A}^{\mathrm{T}}\boldsymbol{\beta}$ 是同解的．■

推论 3.4 若矩阵方程 $\boldsymbol{AXB}=\boldsymbol{C}$ 有解，则方程 $\boldsymbol{AXB}=\boldsymbol{C}$ 与方程 $\boldsymbol{A}^{\mathrm{T}}\boldsymbol{AXBB}^{\mathrm{T}}=\boldsymbol{A}^{\mathrm{T}}\boldsymbol{CB}^{\mathrm{T}}$ 同解．

证明 显然方程 $\boldsymbol{AXB}=\boldsymbol{C}$ 有解，所以两边左乘 $\boldsymbol{A}^{\mathrm{T}}$ 可得方程 $\boldsymbol{A}^{\mathrm{T}}\boldsymbol{AXB}=\boldsymbol{A}^{\mathrm{T}}\boldsymbol{C}$，它与原方程 $\boldsymbol{AXB}=\boldsymbol{C}$ 是同解的．对方程取转置再左乘 $\boldsymbol{B}$ 可得

$$\boldsymbol{BB}^{\mathrm{T}}\boldsymbol{X}^{\mathrm{T}}\boldsymbol{A}^{\mathrm{T}}\boldsymbol{A}=\boldsymbol{BC}^{\mathrm{T}}\boldsymbol{A}.$$

再取转置可得

$$\boldsymbol{A}^{\mathrm{T}}\boldsymbol{AXBB}^{\mathrm{T}}=\boldsymbol{A}^{\mathrm{T}}\boldsymbol{CB}^{\mathrm{T}}.$$

所以 $\boldsymbol{A}^{\mathrm{T}}\boldsymbol{AXBB}^{\mathrm{T}}=\boldsymbol{A}^{\mathrm{T}}\boldsymbol{CB}^{\mathrm{T}}$ 与 $\boldsymbol{AXB}=\boldsymbol{C}$ 同解．证毕．■

如果矩阵 $\boldsymbol{A}$ 和 $\boldsymbol{B}$ 是可逆的，则矩阵方程 $\boldsymbol{AXB}=\boldsymbol{C}$ 的解为 $\boldsymbol{X}=\boldsymbol{A}^{-1}\boldsymbol{CB}^{-1}$．若矩阵 $\boldsymbol{A}$ 是列满秩的，$\boldsymbol{B}$ 是行满秩的，则矩阵方程 $\boldsymbol{AXB}=\boldsymbol{C}$ 的解为 $\boldsymbol{X}=(\boldsymbol{A}^{\mathrm{T}}\boldsymbol{A})^{-1}\boldsymbol{B}(\boldsymbol{BB}^{\mathrm{T}})^{-1}$．

3.4.3 小结

本节基于线性方程组的理论给出了矩阵的秩的几条性质，由于矩阵的秩的性质具有明显的“跳跃性”，所以关于矩阵的秩的证明往往有些难度．

3.4.4 习题

1．设 $\boldsymbol{A}\in\mathbb{R}^{m\times n}$．证明 $\operatorname{rank}(\boldsymbol{A})=1$ 的充分必要条件是存在非零向量 $\boldsymbol{\alpha}\in\mathbb{R}^{m}$ 和 $\boldsymbol{\beta}\in\mathbb{R}^{n}$ 使得 $\boldsymbol{A}=\boldsymbol{\alpha}\boldsymbol{\beta}^{\mathrm{T}}$．

2．设 $\boldsymbol{\alpha},\boldsymbol{\beta}\in\mathbb{R}^{3}$，矩阵 $\boldsymbol{A}=\boldsymbol{\alpha}\boldsymbol{\alpha}^{\mathrm{T}}+\boldsymbol{\beta}\boldsymbol{\beta}^{\mathrm{T}}$．证明：$\operatorname{rank}(\boldsymbol{A})\leqslant 2$．

3．已知 $\boldsymbol{A}=\begin{bmatrix}1&2&3\\2&3&4\\3&4&5\end{bmatrix}$，试求矩阵 $\boldsymbol{A}$ 的伴随矩阵 $\boldsymbol{A}^{*}$，并计算矩阵 $\boldsymbol{A}$ 和 $\boldsymbol{A}^{*}$ 的秩．

4．设 $\boldsymbol{A}\in\mathbb{R}^{n\times n}$，$n\geqslant 2$，证明 $\operatorname{rank}(\boldsymbol{A}^{*})=\begin{cases}n, & \operatorname{rank}(\boldsymbol{A})=n,\\1, & \operatorname{rank}(\boldsymbol{A})=n-1,\\0, & \operatorname{rank}(\boldsymbol{A})<n-1.\end{cases}$ 这里 $\boldsymbol{A}^{*}$ 表示矩阵 $\boldsymbol{A}$ 的伴随矩阵．

5．验证方程组 $\boldsymbol{A}\boldsymbol{x}=\boldsymbol{\beta}$ 有解，矩阵 $\boldsymbol{B}$ 是列满秩的，但方程 $\boldsymbol{B}^{\mathrm{T}}\boldsymbol{A}\boldsymbol{x}=\boldsymbol{B}^{\mathrm{T}}\boldsymbol{\beta}$ 与 $\boldsymbol{A}\boldsymbol{x}=\boldsymbol{\beta}$ 不是同解的，其中

$$\boldsymbol{A}=\begin{bmatrix}1&1\\1&1\\1&-1\\1&-1\end{bmatrix},\boldsymbol{\beta}=\begin{bmatrix}2\\2\\0\\0\end{bmatrix},\boldsymbol{B}=\begin{bmatrix}1&-1\\-1&1\\1&1\\-1&-1\end{bmatrix}.$$

3.5　习题 3

1. 已知三阶方阵 $\boldsymbol{A}$ 的第一行是 (a,b,c) 且不全为零，矩阵 $\boldsymbol{B}=\begin{bmatrix}1&2&3\\2&4&6\\3&6&k\end{bmatrix}$（$k$ 为常数），且 $\boldsymbol{AB}=\boldsymbol{O}$，求线性方程 $\boldsymbol{Ax}=\boldsymbol{0}$ 的通解．

2. 设 $\boldsymbol{A}=[\boldsymbol{\alpha}_1,\boldsymbol{\alpha}_2,\boldsymbol{\alpha}_3,\boldsymbol{\alpha}_4]$ 是四阶方阵，$\boldsymbol{A}^*$ 是 $\boldsymbol{A}$ 的伴随矩阵，若 $[1,0,1,0]^{\mathrm{T}}$ 是方程 $\boldsymbol{Ax}=\boldsymbol{0}$ 的一个基础解系，则 $\boldsymbol{A}^*\boldsymbol{x}=\boldsymbol{0}$ 的基础解系可以是（　　）．

A. $\boldsymbol{\alpha}_1,\boldsymbol{\alpha}_3$　　B. $\boldsymbol{\alpha}_1,\boldsymbol{\alpha}_2$　　C. $\boldsymbol{\alpha}_1,\boldsymbol{\alpha}_2,\boldsymbol{\alpha}_3$　　D. $\boldsymbol{\alpha}_2,\boldsymbol{\alpha}_3,\boldsymbol{\alpha}_4$

3. 设线性方程组

$$\begin{cases}ax_1+bx_2+bx_3+bx_4=0,\\bx_1+ax_2+bx_3+bx_4=0,\\bx_1+bx_2+ax_3+bx_4=0,\\bx_1+bx_2+bx_3+ax_4=0,\end{cases}$$

其中 $a\neq 0,b\neq 0$. 试讨论 a,b 为何值时，方程组仅有零解？有无穷多个解？在有无穷多个解时，求出全部的解，并用基础解系表示全部的解．

4. 设 n 阶方阵 $\boldsymbol{A}$ 的伴随矩阵 $\boldsymbol{A}^*\neq\boldsymbol{O}$，若 $\boldsymbol{\xi}_1,\boldsymbol{\xi}_2,\boldsymbol{\xi}_3,\boldsymbol{\xi}_4$ 是非齐次线性方程 $\boldsymbol{Ax}=\boldsymbol{\beta}$ 的互不相等的解，则对应的齐次线性方程 $\boldsymbol{Ax}=\boldsymbol{0}$ 的基础解系（　　）．

A. 不存在　　B. 仅含有一个非零解向量

C. 含有两个解向量　　D. 含有三个解向量

5. 设 $\boldsymbol{\alpha}_1,\boldsymbol{\alpha}_2,\cdots,\boldsymbol{\alpha}_s$ 是线性方程 $\boldsymbol{Ax}=\boldsymbol{0}$ 的一个基础解系，$\boldsymbol{\beta}_1=a\boldsymbol{\alpha}_1+b\boldsymbol{\alpha}_2,\boldsymbol{\beta}_2=a\boldsymbol{\alpha}_2+b\boldsymbol{\alpha}_3,\cdots,\boldsymbol{\beta}_s=a\boldsymbol{\alpha}_s+b\boldsymbol{\alpha}_1$，其中 a,b 是实常数．试问当 a,b 满足什么条件时，$\boldsymbol{\beta}_1,\boldsymbol{\beta}_2,\cdots,\boldsymbol{\beta}_s$ 也是 $\boldsymbol{Ax}=\boldsymbol{0}$ 的一个基础解系．

6. 设

$$\boldsymbol{A}=\begin{bmatrix}1&a&0&0\\0&1&a&0\\0&0&1&a\\0&0&0&1\end{bmatrix},\boldsymbol{\beta}=\begin{bmatrix}1\\-1\\0\\0\end{bmatrix}.$$

(1) 计算行列式 $\det(\boldsymbol{A})$；

(2) 当实数 a 为何值时，方程 $\boldsymbol{Ax}=\boldsymbol{\beta}$ 有无穷多解，并求其通解．

7. 设 $\boldsymbol{A}=\begin{bmatrix}1&-1&-1\\-1&1&1\\0&-4&-2\end{bmatrix}$，$\boldsymbol{\xi}_1=\begin{bmatrix}-1\\1\\-2\end{bmatrix}$.

(1) 求满足 $\boldsymbol{A\xi}_2=\boldsymbol{\xi}_1,\boldsymbol{A}^2\boldsymbol{\xi}_3=\boldsymbol{\xi}_1$ 的所有向量 $\boldsymbol{\xi}_2,\boldsymbol{\xi}_3$；

(2) 对于(1) 中的任意向量 $\boldsymbol{\xi}_2,\boldsymbol{\xi}_3$，证明 $\operatorname{rank}[\boldsymbol{\xi}_1,\boldsymbol{\xi}_2,\boldsymbol{\xi}_3]=3$.

8. 设 $\boldsymbol{A}=\begin{bmatrix}\lambda&1&1\\0&\lambda-1&0\\1&1&\lambda\end{bmatrix}$，$\boldsymbol{\beta}=\begin{bmatrix}a\\1\\1\end{bmatrix}$. 已知线性方程 $\boldsymbol{Ax}=\boldsymbol{\beta}$ 存在两个不同的解.

(1) 求 λ,a；

(2) 求方程 $\boldsymbol{Ax}=\boldsymbol{\beta}$ 的通解.

3.6 自测题 3

一、填空题

1. 设 $\boldsymbol{A}$ 是 4×3 矩阵，$\operatorname{rank}(\boldsymbol{A})=2$，$\boldsymbol{B}=\begin{bmatrix}1&0&3\\0&9&0\\1&0&-33\end{bmatrix}$，则 $\operatorname{rank}(\boldsymbol{AB})=$________.

2. 设 $\boldsymbol{A}$ 是四阶方阵，$\operatorname{rank}(\boldsymbol{A})=2$，则 $\operatorname{rank}(\boldsymbol{A}^*)=$________，其中 $\boldsymbol{A}^*$ 表示矩阵 $\boldsymbol{A}$ 的伴随矩阵.

3. 若矩阵 $\boldsymbol{A}$ 的列向量分别为 $\boldsymbol{\alpha}_1=(1,2,3)^{\mathrm{T}}$，$\boldsymbol{\alpha}_2=(0,d,e)^{\mathrm{T}}$，$\boldsymbol{\alpha}_3=(0,0,f)^{\mathrm{T}}$，且 d,f 都不为零，则矩阵 $\boldsymbol{A}$ 的秩为________.

4. 设 $\boldsymbol{A}$ 为 n 阶方阵，若 $\operatorname{rank}(\boldsymbol{A})=n-5\geqslant0$，则 $\boldsymbol{A}_{m\times n}\boldsymbol{x}=\boldsymbol{0}$ 的基础解系所含向量的个数是________.

5. 设 $\boldsymbol{\alpha}=\begin{bmatrix}1\\2\\3\end{bmatrix}$，$\boldsymbol{A}=\boldsymbol{\alpha\alpha}^{\mathrm{T}}$，则 $\operatorname{rank}(\boldsymbol{A})=$________. 若设 $\boldsymbol{B}=\boldsymbol{\alpha}^{\mathrm{T}}\boldsymbol{\alpha}$，则 $\operatorname{rank}(\boldsymbol{B})=$________

二、选择题

1. 如果线性方程 $\boldsymbol{Ax}=\boldsymbol{\beta}$ 有解，则它只有唯一解的充分必要条件是它的导出组 $\boldsymbol{Ax}=\boldsymbol{0}$（　　）.

A. 有解　　B. 无解　　C. 只有零解　　D. 有非零解

2. 若非齐次线性方程 $\boldsymbol{Ax}=\boldsymbol{\beta}$ 的导出组 $\boldsymbol{Ax}=\boldsymbol{0}$ 有无穷多解，则 $\boldsymbol{Ax}=\boldsymbol{\beta}$ 有（　　）.

A. 无穷多解　　B. 可能有唯一解

C. 有可能无解　　D. 以上均不对

3. 设矩阵 $\boldsymbol{A}$ 是 $m\times n$ 矩阵，则齐次线性方程 $\boldsymbol{Ax}=\boldsymbol{0}$（　　）.

A. 当 $m<n$ 时，有非零解　　B. 当 $m>n$ 时，无解

C. 当 $m=n$ 时，只有零解　　D. 当 $m=n$ 时，有非零解

4. 对 n 元齐次线性方程 $\boldsymbol{Ax}=\boldsymbol{0}$，以下命题中正确的是（　　）.

A. 若矩阵 $\boldsymbol{A}$ 是列满秩的，则 $\boldsymbol{Ax}=\boldsymbol{0}$ 有非零解

B. 若矩阵 $\boldsymbol{A}$ 是行满秩的，则 $\boldsymbol{Ax}=\boldsymbol{0}$ 有非零解

C. 若矩阵 $\boldsymbol{A}$ 是列降秩的，则 $\boldsymbol{Ax}=\boldsymbol{0}$ 有非零解

D. 若矩阵 $\boldsymbol{A}$ 是行降秩的，则 $\boldsymbol{Ax}=\boldsymbol{0}$ 有非零解

5. 已知 $\boldsymbol{\alpha},\boldsymbol{\beta},\boldsymbol{\gamma}$ 是非齐次线性方程 $\boldsymbol{Ax}=\boldsymbol{b}$ 的三个不同的解，则下列解中不是齐次线性方程 $\boldsymbol{Ax}=\boldsymbol{0}$ 的解的是（　　）.

A. $\boldsymbol{\alpha}+\boldsymbol{\beta}-2\boldsymbol{\gamma}$　　B. $2\boldsymbol{\alpha}-\boldsymbol{\beta}-\boldsymbol{\gamma}$

C. $\boldsymbol{\alpha}+2\boldsymbol{\beta}-\boldsymbol{\gamma}$　　D. $\boldsymbol{\alpha}-2\boldsymbol{\beta}+\boldsymbol{\gamma}$

三、计算题

1. 求齐次线性方程组 $\begin{cases} x_1+3x_2+2x_3=0,\\ 2x_1-x_2+3x_3=0,\\ 3x_1-5x_2+4x_3=0\end{cases}$ 的一个基础解系和它的通解.

2. 求非齐次线性方程组 $\begin{cases} x_1-x_2-x_3+x_4=0,\\ x_1-x_2+x_3-3x_4=1,\\ x_1-x_2-2x_3+3x_4=-\dfrac{1}{2}\end{cases}$ 的通解.

3. 设矩阵为 $\boldsymbol{A}=\begin{bmatrix}1&2&-1&1\\3&2&\lambda&-1\\5&6&3&\mu\end{bmatrix}$，已知 $\operatorname{rank}(\boldsymbol{A})=2$，求 λ 与 μ 的值.

4. 设三元齐次线性方程 $\boldsymbol{Ax}=\boldsymbol{\beta}$ 的系数矩阵的秩为1，已知 $\boldsymbol{\eta}_1,\boldsymbol{\eta}_2,\boldsymbol{\eta}_3$ 是它的三个解向量，且 $\boldsymbol{\eta}_1+\boldsymbol{\eta}_2=(1,0,0)^{\mathrm{T}},\boldsymbol{\eta}_2+\boldsymbol{\eta}_3=(1,1,0)^{\mathrm{T}},\boldsymbol{\eta}_1+\boldsymbol{\eta}_3=(1,1,1)^{\mathrm{T}}$. 求方程 $\boldsymbol{Ax}=\boldsymbol{\beta}$ 的通解.

5. 若非齐次线性方程组 $\begin{cases} -2x_1+x_2+x_3=-2,\\ x_1-2x_2+x_3=\lambda,\\ x_1+x_2-2x_3=\lambda^2\end{cases}$ 有解，求 λ 的值.

第4章　向量空间

前三章已经把如何求解一个线性方程组讲述清楚了，但是下面的问题仍有讨论的必要．例如求解线性方程组 $x_1+x_2+x_3=0$ 时，如果将 x_2,x_3 视为自由未知量，则可得

$$\begin{cases}x_1=-x_2-x_3,\\x_2=x_2,\\x_3=x_3\end{cases}\text{即}\begin{bmatrix}x_1\\x_2\\x_3\end{bmatrix}=x_2\begin{bmatrix}-1\\1\\0\end{bmatrix}+x_3\begin{bmatrix}-1\\0\\1\end{bmatrix},x_2,x_3\in\mathbb{R}.$$

若将 x_1,x_3 视为自由未知量，则有

$$\begin{cases}x_1=x_1,\\x_2=-x_1-x_3,\\x_3=x_3\end{cases}\text{即}\begin{bmatrix}x_1\\x_2\\x_3\end{bmatrix}=x_1\begin{bmatrix}1\\-1\\0\end{bmatrix}+x_3\begin{bmatrix}0\\-1\\1\end{bmatrix},x_1,x_3\in\mathbb{R}.$$

当然也可以将 x_1,x_2 视为自由未知量，则可得

$$\begin{cases}x_1=x_1\\x_2=x_2,\\x_3=-x_1-x_2\end{cases}\text{即}\begin{bmatrix}x_1\\x_2\\x_3\end{bmatrix}=x_1\begin{bmatrix}1\\0\\-1\end{bmatrix}+x_2\begin{bmatrix}0\\1\\-1\end{bmatrix},x_1,x_2\in\mathbb{R}.$$

显然这三种不同的表达形式都是方程 $x_1+x_2+x_3=0$ 的解．既然这三者都是 $x_1+x_2+x_3=0$ 的解，它们肯定有某种共同的特征，直接观察可以发现，这三个解的表达式都有两个独立的参数．除了有两个独立的参数这个显性特征外，那么方程 $x_1+x_2+x_3=0$ 的通解有哪些共同的但非常隐秘、不易被发现的特征呢？对这样问题的研究构成这一章的主要内容，这些研究也将使我们对矩阵或线性方程组的理解提升到一个新的层次．

不管是一个行列式的最高阶非零子式，还是一个矩阵中子阵的选取，都涉及从一个矩阵中选出适当的子阵．反之，也存在对一个矩阵的行或列进行扩充的必要．在子阵的选取或扩充的过程中哪些性质发生了变化？而哪些性质仍然保持？本章就从向量空间的角度加以阐述．

本章的内容是前三章内容的提炼和升华，主要包括向量组的线性表示和等价、向量组的线性相关和线性无关、向量组的秩和向量空间等．这里面有些内容和前面的内容有密切的联系，如向量组的线性表示和向量组的等价其实就是矩阵和向量的乘法及矩阵乘以矩阵的

另一种表述;齐次线性方程组只有零解和有非零解对应的是向量组的线性相关和线性无关.

在变化的表象中追求不变的内在本质,不管我们以后发展到哪一步,都不能忘记为人民服务的初衷,要不忘初心,牢记使命!

4.1 线性表示与等价

内容提要

线性表示和等价是以向量为工具对非齐次线性方程 $\boldsymbol{Ax}=\boldsymbol{\beta}$ 和矩阵方程 $\boldsymbol{AX}=\boldsymbol{B}$ 两端向量组(矩阵)关系的一种描述.

4.1.1 线性组合与线性表示

如果令 $\boldsymbol{x}=\begin{bmatrix}x_1\\x_2\\x_3\end{bmatrix}$,$\boldsymbol{\eta}_1=\begin{bmatrix}-1\\1\\0\end{bmatrix}$,$\boldsymbol{\eta}_2=\begin{bmatrix}-1\\0\\1\end{bmatrix}$,则方程 $x_1+x_2+x_3=0$ 的通解可以写成

$$\boldsymbol{x}=c_1\boldsymbol{\eta}_1+c_2\boldsymbol{\eta}_2,c_1,c_2\in\mathbb{R}.$$

上式右端的表达式很常见,下面给出具体的定义.

相同维数的若干个向量放在一起就构成一个**向量组**,特别地,矩阵 $\boldsymbol{A}\in\mathbb{R}^{m\times n}$ 的行向量就是 m 个 n 维向量的向量组,而它的列向量构成 n 个 m 维向量的向量组.当 $\operatorname{rank}(\boldsymbol{A})<n$ 时,齐次线性方程 $\boldsymbol{A}_{m\times n}\boldsymbol{x}=\boldsymbol{0}$ 的无限多个解向量构成一个向量组.目前我们只讨论向量个数有限的向量组,若无特别说明均指列向量组.以后用大写非黑体英文字母表示向量组,而由向量组构成的矩阵仍用大写黑体字母表示.例如有向量组 A:$\boldsymbol{\alpha}_1,\boldsymbol{\alpha}_2,\boldsymbol{\alpha}_3$,而向量 $\boldsymbol{\alpha}_1,\boldsymbol{\alpha}_2,\boldsymbol{\alpha}_3$ 构成的矩阵记为 $\boldsymbol{A}=[\boldsymbol{\alpha}_1,\boldsymbol{\alpha}_2,\boldsymbol{\alpha}_3]$.

定义 4.1 设有向量 $\boldsymbol{\alpha}_1,\boldsymbol{\alpha}_2,\cdots,\boldsymbol{\alpha}_m\in\mathbb{R}^n$,数 $k_1,k_2,\cdots,k_m\in\mathbb{R}$,则称 $k_1\boldsymbol{\alpha}_1+k_2\boldsymbol{\alpha}_2+\cdots+k_m\boldsymbol{\alpha}_m$ 是向量 $\boldsymbol{\alpha}_1,\boldsymbol{\alpha}_2,\cdots,\boldsymbol{\alpha}_m$ 的一个**线性组合**.

显然几个向量的线性组合仍是一个向量,若记 $\boldsymbol{\beta}=k_1\boldsymbol{\alpha}_1+k_2\boldsymbol{\alpha}_2+\cdots+k_m\boldsymbol{\alpha}_m$,则称向量 $\boldsymbol{\beta}$ 可以经由向量组 $\boldsymbol{\alpha}_1,\boldsymbol{\alpha}_2,\cdots,\boldsymbol{\alpha}_m$ **线性表示**或**线性表出**(linear expression).

从该定义可得,若向量 $\boldsymbol{\beta}$ 可由向量组 $\boldsymbol{\alpha},\boldsymbol{\alpha}_2,\cdots,\boldsymbol{\alpha}_m$ 线性表示,则线性方程 $x_1\boldsymbol{\alpha}_1+x_2\boldsymbol{\alpha}_2+\cdots+x_m\boldsymbol{\alpha}_m=\boldsymbol{\beta}$ 有解.反之,如果方程 $x_1\boldsymbol{\alpha}_1+x_2\boldsymbol{\alpha}_2+\cdots+x_m\boldsymbol{\alpha}_m=\boldsymbol{\beta}$ 有解,则向量 $\boldsymbol{\beta}$ 可经向量组 $\boldsymbol{\alpha}_1,\boldsymbol{\alpha}_2,\cdots,\boldsymbol{\alpha}_m$ 线性表示.所以,向量的线性表示可看作是线性方程组另外一种表述.据此结合线性方程 $\boldsymbol{Ax}=\boldsymbol{\beta}$ 有解的判定定理可得下面的结论.

定理 4.1 向量 $\boldsymbol{\beta}$ 可经矩阵 $\boldsymbol{A}=[\boldsymbol{\alpha}_1,\boldsymbol{\alpha}_2,\cdots,\boldsymbol{\alpha}_m]$ 的列向量组 $\boldsymbol{\alpha}_1,\boldsymbol{\alpha}_2,\cdots,\boldsymbol{\alpha}_m$ 线性表示的充分必要条件是

$$\operatorname{rank}(\boldsymbol{A})=\operatorname{rank}[\boldsymbol{A},\boldsymbol{\beta}] \text{ 或 } \operatorname{rank}[\boldsymbol{\alpha}_1,\boldsymbol{\alpha}_2,\cdots,\boldsymbol{\alpha}_m]=\operatorname{rank}[\boldsymbol{\alpha}_1,\boldsymbol{\alpha}_2,\cdots,\boldsymbol{\alpha}_m,\boldsymbol{\beta}].$$

例 4.1 设

$$\boldsymbol{\alpha}_1=\begin{bmatrix}1\\1\\2\end{bmatrix},\boldsymbol{\alpha}_2=\begin{bmatrix}1\\2\\1\end{bmatrix},\boldsymbol{\alpha}_3=\begin{bmatrix}1\\-1\\4\end{bmatrix},\boldsymbol{\beta}=\begin{bmatrix}1\\0\\3\end{bmatrix},$$

证明向量 $\boldsymbol{\beta}$ 可由向量组 $\boldsymbol{\alpha}_1,\boldsymbol{\alpha}_2,\boldsymbol{\alpha}_3$ 线性表示，并求出具体的表达式．

解 根据向量线性表示的定义，只要证明线性方程 $\boldsymbol{\alpha}_1x_1+\boldsymbol{\alpha}_2x_2+\boldsymbol{\alpha}_3x_3=\boldsymbol{\beta}$ 有解即可．把方程对应的增广矩阵 $[\boldsymbol{A},\boldsymbol{\beta}]=[\boldsymbol{\alpha}_1,\boldsymbol{\alpha}_2,\boldsymbol{\alpha}_3,\boldsymbol{\beta}]$ 化成行最简形矩阵：

$$\begin{bmatrix}1&1&1&1\\1&2&-1&0\\2&1&4&3\end{bmatrix}\overset{\substack{r_2-r_1\\r_3-2r_1}}{\underset{r_4-2r_1}{\sim}}\begin{bmatrix}1&1&1&1\\0&1&-2&-1\\0&-1&2&1\end{bmatrix}\overset{r}{\sim}\begin{bmatrix}1&0&3&2\\0&1&-2&-1\\0&0&0&0\end{bmatrix}.$$

可得 $\operatorname{rank}(\boldsymbol{A})=\operatorname{rank}[\boldsymbol{A},\boldsymbol{\beta}]$，所以方程 $\boldsymbol{\alpha}_1x_1+\boldsymbol{\alpha}_2x_2+\boldsymbol{\alpha}_3x_3=\boldsymbol{\beta}$ 有解．

直接由行最简形可得 $\boldsymbol{\beta}=2\boldsymbol{\alpha}_1-\boldsymbol{\alpha}_2$.

当然，也可以求出方程的通解为

$$\boldsymbol{x}=c\begin{bmatrix}-3\\2\\1\end{bmatrix}+\begin{bmatrix}2\\-1\\0\end{bmatrix},c\in\mathbb{R}.$$

任取 c 的一个值，比如取 $c=1$，可得 $\boldsymbol{x}=\begin{bmatrix}-1\\1\\1\end{bmatrix}$，直接代入方程组 $\boldsymbol{\alpha}_1x_1+\boldsymbol{\alpha}_2x_2+\boldsymbol{\alpha}_3x_3=\boldsymbol{\beta}$ 可得

$$\boldsymbol{\beta}=-\boldsymbol{\alpha}_1+\boldsymbol{\alpha}_2+\boldsymbol{\alpha}_3.$$

■

第三章定理 3.8 说明了方程 $\boldsymbol{Ax}=\boldsymbol{0}$ 和 $\boldsymbol{A}^{\mathrm{T}}\boldsymbol{Ax}=\boldsymbol{0}$ 是同解的，如果方程 $\boldsymbol{Ax}=\boldsymbol{\beta}$ 有解，则向量 $\boldsymbol{\beta}$ 可表示成矩阵 $\boldsymbol{A}$ 的列向量组的一个线性组合．用这个结论可以证明相容方程 $\boldsymbol{Ax}=\boldsymbol{\beta}$ 和它的法方程 $\boldsymbol{A}^{\mathrm{T}}\boldsymbol{Ax}=\boldsymbol{A}^{\mathrm{T}}\boldsymbol{\beta}$ 也是同解的．

定理 4.2 相容方程 $\boldsymbol{Ax}=\boldsymbol{\beta}$ 和它的法方程 $\boldsymbol{A}^{\mathrm{T}}\boldsymbol{Ax}=\boldsymbol{A}^{\mathrm{T}}\boldsymbol{\beta}$ 是同解的．

证明 显然 $\boldsymbol{Ax}=\boldsymbol{\beta}$ 的解一定是方程 $\boldsymbol{A}^{\mathrm{T}}\boldsymbol{Ax}=\boldsymbol{A}^{\mathrm{T}}\boldsymbol{\beta}$ 的解．

因为方程 $\boldsymbol{Ax}=\boldsymbol{\beta}$ 是相容的，所以可设 $\boldsymbol{\beta}=\boldsymbol{A\gamma}$. 设 $\boldsymbol{x}_0$ 是方程 $\boldsymbol{A}^{\mathrm{T}}\boldsymbol{Ax}=\boldsymbol{A}^{\mathrm{T}}\boldsymbol{\beta}$ 的解，即有

$$\boldsymbol{A}^{\mathrm{T}}(\boldsymbol{Ax}_0-\boldsymbol{\beta})=\boldsymbol{A}^{\mathrm{T}}(\boldsymbol{Ax}_0-\boldsymbol{A\gamma})=\boldsymbol{A}^{\mathrm{T}}\boldsymbol{A}(\boldsymbol{x}_0-\boldsymbol{\gamma})=\boldsymbol{0}.$$

上式左乘 $(\boldsymbol{x}_0-\boldsymbol{\gamma})^{\mathrm{T}}$ 可得

$$(\boldsymbol{x}_0-\boldsymbol{\gamma})^{\mathrm{T}}\boldsymbol{A}^{\mathrm{T}}\boldsymbol{A}(\boldsymbol{x}_0-\boldsymbol{\gamma})=(\boldsymbol{x}_0-\boldsymbol{\gamma})^{\mathrm{T}}\boldsymbol{0}=\boldsymbol{0}.$$

进而可得 $\boldsymbol{A}(\boldsymbol{x}_0-\boldsymbol{\gamma})=\boldsymbol{0}$，$\boldsymbol{A}\boldsymbol{x}_0=\boldsymbol{A}\boldsymbol{\gamma}=\boldsymbol{\beta}$. 所以方程 $\boldsymbol{A}^{\mathrm{T}}\boldsymbol{A}\boldsymbol{x}=\boldsymbol{A}^{\mathrm{T}}\boldsymbol{\beta}$ 的解也是 $\boldsymbol{A}\boldsymbol{x}=\boldsymbol{\beta}$ 的解. 综上可得方程 $\boldsymbol{A}\boldsymbol{x}=\boldsymbol{\beta}$ 与 $\boldsymbol{A}^{\mathrm{T}}\boldsymbol{A}\boldsymbol{x}=\boldsymbol{A}^{\mathrm{T}}\boldsymbol{\beta}$ 是同解的. ■

4.1.2　向量组的等价

线性方程 $\boldsymbol{A}\boldsymbol{x}=\boldsymbol{\beta}$ 对应一个向量可经一个向量组线性表示，矩阵方程 $\boldsymbol{A}\boldsymbol{X}=\boldsymbol{B}$ 就对应多个向量(向量组)可经另外一个向量组线性表示. 为了引入向量组的等价先看下面的例子.

例 4.2　方程 $x_1+x_2+x_3=0$ 不同的三组线性无关的解向量如下：

$$\boldsymbol{\eta}_1=\begin{bmatrix}-1\\1\\0\end{bmatrix},\boldsymbol{\eta}_2=\begin{bmatrix}-1\\0\\1\end{bmatrix};\boldsymbol{\xi}_1=\begin{bmatrix}1\\-1\\0\end{bmatrix},\boldsymbol{\xi}_2=\begin{bmatrix}0\\-1\\1\end{bmatrix};\boldsymbol{\theta}_1=\begin{bmatrix}1\\0\\-1\end{bmatrix},\boldsymbol{\theta}_2=\begin{bmatrix}0\\1\\-1\end{bmatrix}.$$

证明向量 $\boldsymbol{\xi}_1,\boldsymbol{\xi}_2,\boldsymbol{\theta}_1,\boldsymbol{\theta}_2$ 可由向量组 $\boldsymbol{\eta}_1,\boldsymbol{\eta}_2$ 线性表示，并写具体的表达式.

解　将向量 $\boldsymbol{\eta}_1,\boldsymbol{\eta}_2,\boldsymbol{\xi}_1,\boldsymbol{\xi}_2,\boldsymbol{\theta}_1,\boldsymbol{\theta}_2$ 排成矩阵，记为 $\boldsymbol{A}=[\boldsymbol{\eta}_1,\boldsymbol{\eta}_2,\boldsymbol{\xi}_1,\boldsymbol{\xi}_2,\boldsymbol{\theta}_1,\boldsymbol{\theta}_2]$，对矩阵 $\boldsymbol{A}$ 进行初等行变换化成行最简形可得

$$\begin{aligned}\boldsymbol{A}&=[\boldsymbol{\eta}_1,\boldsymbol{\eta}_2,\boldsymbol{\xi}_1,\boldsymbol{\xi}_2,\boldsymbol{\theta}_1,\boldsymbol{\theta}_2]\\
&\overset{r}{\sim}\begin{bmatrix}-1&-1&1&0&1&0\\1&0&-1&-1&0&1\\0&1&0&1&-1&-1\end{bmatrix}\\
&\overset{-r_1}{\sim}\begin{bmatrix}1&1&-1&0&-1&0\\1&0&-1&-1&0&1\\0&1&0&1&-1&-1\end{bmatrix}\\
&\overset{r_2-r_1}{\sim}\begin{bmatrix}1&1&-1&0&-1&0\\0&-1&0&-1&1&1\\0&1&0&1&-1&-1\end{bmatrix}\\
&\overset{r_2-r_1}{\sim}\begin{bmatrix}1&1&-1&0&-1&0\\0&-1&0&-1&1&1\\0&0&0&0&0&0\end{bmatrix}\\
&\overset{r_1+r_2}{\sim}\begin{bmatrix}1&0&-1&-1&0&1\\0&-1&0&-1&1&1\\0&0&0&0&0&0\end{bmatrix}\end{aligned}$$

$$\overset{-r_2}{\sim}\begin{bmatrix}1&0&-1&-1&0&1\\0&1&0&1&-1&-1\\0&0&0&0&0&0\end{bmatrix}.$$

由行最简形可得向量 $\boldsymbol{\xi}_1,\boldsymbol{\xi}_2,\boldsymbol{\theta}_1,\boldsymbol{\theta}_2$ 可分别用向量 $\boldsymbol{\eta}_1,\boldsymbol{\eta}_2$ 线性表示成如下形式：

$$\begin{cases}\boldsymbol{\xi}_1=-\boldsymbol{\eta}_1,\\ \boldsymbol{\xi}_2=\boldsymbol{\eta}_2-\boldsymbol{\eta}_1,\\ \boldsymbol{\theta}_1=-\boldsymbol{\eta}_2,\\ \boldsymbol{\theta}_2=\boldsymbol{\eta}_1-\boldsymbol{\eta}_2.\end{cases}$$

这个例子中可以用任何一组解向量来线性表示另外两组解向量. ■

下面给出向量组等价的定义.

定义 4.2 设有向量组 $A:\boldsymbol{\alpha}_1,\boldsymbol{\alpha}_2,\cdots,\boldsymbol{\alpha}_r$ 和向量组 $B:\boldsymbol{\beta}_1,\boldsymbol{\beta}_2,\cdots,\boldsymbol{\beta}_s$,若向量组 A 中的每个向量都可由向量组 B 线性表示,则称**向量组 A 可由向量组 B 线性表示**. 若这两个向量组可以互相线性表示,则称这两个向量组**等价**.

该定义表明若向量组 $\boldsymbol{\alpha}_1,\boldsymbol{\alpha}_2,\cdots,\boldsymbol{\alpha}_r$ 和 $\boldsymbol{\beta}_1,\boldsymbol{\beta}_2,\cdots,\boldsymbol{\beta}_s$ 等价,则有

$$\begin{cases}\boldsymbol{\beta}_1=k_{11}\boldsymbol{\alpha}_1+k_{21}\boldsymbol{\alpha}_2+\cdots+k_{r1}\boldsymbol{\alpha}_r,\\ \boldsymbol{\beta}_2=k_{12}\boldsymbol{\alpha}_1+k_{22}\boldsymbol{\alpha}_2+\cdots+k_{r2}\boldsymbol{\alpha}_r,\\ \qquad\vdots\\ \boldsymbol{\beta}_s=k_{1s}\boldsymbol{\alpha}_1+k_{2s}\boldsymbol{\alpha}_2+\cdots+k_{rs}\boldsymbol{\alpha}_r\end{cases}$$

和

$$\begin{cases}\boldsymbol{\alpha}_1=l_{11}\boldsymbol{\beta}_1+l_{21}\boldsymbol{\beta}_2+\cdots+l_{s1}\boldsymbol{\beta}_s,\\ \boldsymbol{\alpha}_2=l_{12}\boldsymbol{\beta}_1+l_{22}\boldsymbol{\beta}_2+\cdots+l_{s2}\boldsymbol{\beta}_s,\\ \qquad\vdots,\\ \boldsymbol{\alpha}_r=l_{1r}\boldsymbol{\beta}_1+l_{2r}\boldsymbol{\beta}_2+\cdots+l_{sr}\boldsymbol{\beta}_s\end{cases}$$

两式同时成立. 若引入记号

$$\boldsymbol{A}=[\boldsymbol{\alpha}_1,\boldsymbol{\alpha}_2,\cdots,\boldsymbol{\alpha}_r],\boldsymbol{B}=[\boldsymbol{\beta}_1,\boldsymbol{\beta}_2,\cdots,\boldsymbol{\beta}_s],$$

$$\boldsymbol{K}=\begin{bmatrix}k_{11}&k_{12}&\cdots&k_{1r}\\k_{21}&k_{22}&\cdots&k_{2r}\\\vdots&\vdots&&\vdots\\k_{s1}&k_{s2}&\cdots&k_{sr}\end{bmatrix},\boldsymbol{L}=\begin{bmatrix}l_{11}&l_{12}&\cdots&l_{1r}\\l_{21}&l_{22}&\cdots&l_{2r}\\\vdots&\vdots&&\vdots\\l_{s1}&l_{s2}&\cdots&l_{sr}\end{bmatrix},$$

则有

$$B = AK, A = BL.$$

这表明向量组的线性表示和矩阵的乘法密切相关.

向量组的等价具有下面的性质:

(1) 反身性(reflexivity):一个向量组和自身是等价的.

(2) 对称性(symmetry):若向量组 A 和向量组 B 是等价的,则向量组 B 和向量组 A 也是等价的.

(3) 传递性(transmissibility):即向量组 A 和向量组 B 是等价的,向量组 B 和向量组 C 等价,则向量组 A 和 C 也是等价的.

从上面的表述中可以清晰地发现,向量 $\boldsymbol{\beta}$ 可以用向量组 $\boldsymbol{\alpha}_1,\boldsymbol{\alpha}_2,\cdots,\boldsymbol{\alpha}_r$ 线性表示等价于方程

$$x_1\boldsymbol{\alpha}_1 + x_2\boldsymbol{\alpha}_2 + \cdots + x_r\boldsymbol{\alpha}_r = \boldsymbol{\beta}$$

有解;而向量组 $\boldsymbol{\beta}_1,\boldsymbol{\beta}_2,\cdots,\boldsymbol{\beta}_s$ 可以用向量组 $\boldsymbol{\alpha}_1,\boldsymbol{\alpha}_2,\cdots,\boldsymbol{\alpha}_r$ 线性表示,若记 $\boldsymbol{A} = [\boldsymbol{\alpha}_1,\boldsymbol{\alpha}_2,\cdots,\boldsymbol{\alpha}_r]$,$\boldsymbol{B} = [\boldsymbol{\beta}_1,\boldsymbol{\beta}_2,\cdots,\boldsymbol{\beta}_s]$,则等价于矩阵方程 $\boldsymbol{AX} = \boldsymbol{B}$ 有解.

借助线性方程组解的判定定理和矩阵的秩的定义,可得下面的结论.

定理 4.3 矩阵 $\boldsymbol{B} = [\boldsymbol{\beta}_1,\boldsymbol{\beta}_2,\cdots,\boldsymbol{\beta}_s]$ 的列向量组可由矩阵 $\boldsymbol{A} = [\boldsymbol{\alpha}_1,\boldsymbol{\alpha}_2,\cdots,\boldsymbol{\alpha}_r]$ 的列向量组线性表示的充分必要条件是

$$\operatorname{rank}(\boldsymbol{A}) = \operatorname{rank}[\boldsymbol{A},\boldsymbol{B}].$$

向量组 A 和向量组 B 等价的充分必要条件是

$$\operatorname{rank}(\boldsymbol{B}) = \operatorname{rank}(\boldsymbol{A}) = \operatorname{rank}[\boldsymbol{A},\boldsymbol{B}].$$

■

例 4.3 证明方程 $x_1 + x_2 + x_3 = 0$ 中的三个解向量组 $\boldsymbol{\eta}_1,\boldsymbol{\eta}_2;\boldsymbol{\xi}_1,\boldsymbol{\xi}_2$ 和 $\boldsymbol{\theta}_1,\boldsymbol{\theta}_2$ 彼此间是等价的.

证明 设矩阵 $\boldsymbol{A} = [\boldsymbol{\eta}_1,\boldsymbol{\eta}_2,\boldsymbol{\xi}_1,\boldsymbol{\xi}_2,\boldsymbol{\theta}_1,\boldsymbol{\theta}_2]$,化它为行最简形

$$\boldsymbol{A} = [\boldsymbol{\eta}_1,\boldsymbol{\eta}_2,\boldsymbol{\xi}_1,\boldsymbol{\xi}_2,\boldsymbol{\theta}_1,\boldsymbol{\theta}_2] \stackrel{r}{\sim} \begin{bmatrix} 1 & 0 & -1 & -1 & 0 & 1 \\ 0 & 1 & 0 & 1 & -1 & -1 \\ 0 & 0 & 0 & 0 & 0 & 0 \end{bmatrix}.$$

可以证明三个向量组 $\boldsymbol{\eta}_1,\boldsymbol{\eta}_2;\boldsymbol{\xi}_1,\boldsymbol{\xi}_2$ 和 $\boldsymbol{\theta}_1,\boldsymbol{\theta}_2$ 彼此间是等价的. ■

推论 4.1 注意到矩阵的秩有性质 $\operatorname{rank}(\boldsymbol{A}) \leqslant \operatorname{rank}[\boldsymbol{A},\boldsymbol{B}]$,而当 $\operatorname{rank}(\boldsymbol{A}) = \operatorname{rank}[\boldsymbol{A},\boldsymbol{B}]$ 时,矩阵方程 $\boldsymbol{AX} = \boldsymbol{B}$ 是有解的.所以向量组 $\boldsymbol{\beta}_1,\boldsymbol{\beta}_2,\cdots,\boldsymbol{\beta}_s$ 不能由向量组 $\boldsymbol{\alpha}_1,\boldsymbol{\alpha}_2,\cdots,\boldsymbol{\alpha}_r$ 线性表示的充分必要条件是矩阵方程 $\boldsymbol{AX} = \boldsymbol{B}$ 无解,所以向量组 $\boldsymbol{\beta}_1,\boldsymbol{\beta}_2,\cdots,\boldsymbol{\beta}_s$ 不能由向量组 $\boldsymbol{\alpha}_1,\boldsymbol{\alpha}_2,\cdots,\boldsymbol{\alpha}_r$ 线性表示的充分必要条件是

$$\operatorname{rank}(\boldsymbol{A}) < \operatorname{rank}[\boldsymbol{A},\boldsymbol{B}].$$

■

例 4.4 已知向量组

$$A:\boldsymbol{\alpha}_1=\begin{bmatrix}0\\1\\2\end{bmatrix},\boldsymbol{\alpha}_2=\begin{bmatrix}3\\0\\1\end{bmatrix},\boldsymbol{\alpha}_3=\begin{bmatrix}2\\3\\0\end{bmatrix};B:\boldsymbol{\beta}_1=\begin{bmatrix}2\\1\\1\end{bmatrix},\boldsymbol{\beta}_2=\begin{bmatrix}0\\-2\\1\end{bmatrix},\boldsymbol{\beta}_3=\begin{bmatrix}4\\4\\1\end{bmatrix}.$$

证明向量组 B 能由向量组 A 线性表示,但向量组 A 不能由向量组 B 线性表示.

证明 记向量组 A,B 生成矩阵 $\boldsymbol{A}$ 和 $\boldsymbol{B}$. 若向量组 B 能由向量组 A 线性表示,即矩阵方程 $\boldsymbol{AX}=\boldsymbol{B}$ 有解. 则有

$$\operatorname{rank}(\boldsymbol{A})=\operatorname{rank}[\boldsymbol{A},\boldsymbol{B}].$$

若向量组 B 不能由向量组 A 线性表示,则矩阵方程 $\boldsymbol{AX}=\boldsymbol{B}$ 无解,即有

$$\operatorname{rank}(\boldsymbol{A}) < \operatorname{rank}[\boldsymbol{A},\boldsymbol{B}].$$

依据这个思路来解题,将矩阵 $\boldsymbol{A},\boldsymbol{B}$ 合并成一个新的矩阵,并作初等行变换:

$$\begin{aligned}[\boldsymbol{A},\boldsymbol{B}] &= \begin{bmatrix}0&3&2&2&0&4\\1&0&3&1&-2&4\\2&1&0&1&1&1\end{bmatrix}\\
&\overset{r_1\leftrightarrow r_2}{\sim}\begin{bmatrix}1&0&3&1&-2&4\\0&3&2&2&0&4\\2&1&0&1&1&1\end{bmatrix}\\
&\overset{r_3-2r_1}{\sim}\begin{bmatrix}1&0&3&1&-2&4\\0&3&2&2&0&4\\0&1&-6&-1&5&-7\end{bmatrix}\\
&\overset{r_2\leftrightarrow r_3}{\sim}\begin{bmatrix}1&0&3&1&-2&4\\0&1&-6&-1&5&-7\\0&3&2&2&0&4\end{bmatrix}\\
&\overset{r_3-3r_2}{\sim}\begin{bmatrix}1&0&3&1&-2&4\\0&1&-6&-1&5&-7\\0&0&20&5&-15&25\end{bmatrix}\end{aligned}$$

$$\overset{r_3 \div 5}{\sim} \begin{bmatrix} 1 & 0 & 3 & 1 & -2 & 4 \\ 0 & 1 & -6 & -1 & 5 & -7 \\ 0 & 0 & 4 & 1 & -3 & 5 \end{bmatrix}.$$

可知 $\operatorname{rank}(\boldsymbol{A}) = \operatorname{rank}[\boldsymbol{A},\boldsymbol{B}] = 3$，故向量组 B 可由向量组 A 线性表示．但

$$\boldsymbol{B} \overset{r}{\sim} \begin{bmatrix} 1 & -2 & 4 \\ -1 & 5 & -7 \\ 1 & -3 & 5 \end{bmatrix} \underset{r_3 - r_1}{\overset{r_2 + r_1}{\sim}} \begin{bmatrix} 1 & -2 & 4 \\ 0 & 3 & -3 \\ 0 & -1 & 1 \end{bmatrix} \sim \begin{bmatrix} 1 & -2 & 4 \\ 0 & -1 & 1 \\ 0 & 0 & 0 \end{bmatrix}.$$

$\boldsymbol{B}$ 的秩为 2，知 $\operatorname{rank}(\boldsymbol{B}) < \operatorname{rank}[\boldsymbol{A},\boldsymbol{B}]$．故向量组 A 不能由向量组 B 线性表示． ■

例 4.5 设

$$\boldsymbol{\alpha}_1 = \begin{bmatrix} 1 \\ -1 \\ 1 \end{bmatrix}, \boldsymbol{\alpha}_2 = \begin{bmatrix} 3 \\ 1 \\ 1 \end{bmatrix}, \boldsymbol{\alpha}_3 = \begin{bmatrix} 2 \\ 0 \\ 1 \end{bmatrix}, \boldsymbol{\beta}_1 = \begin{bmatrix} 1 \\ 1 \\ 0 \end{bmatrix}, \boldsymbol{\beta}_2 = \begin{bmatrix} 3 \\ -1 \\ 2 \end{bmatrix}.$$

证明向量组 $\boldsymbol{\alpha}_1, \boldsymbol{\alpha}_2, \boldsymbol{\alpha}_3$ 与向量组 $\boldsymbol{\beta}_1, \boldsymbol{\beta}_2$ 等价．

证明 记 $\boldsymbol{A} = [\boldsymbol{\alpha}_1, \boldsymbol{\alpha}_2, \boldsymbol{\alpha}_3]$，$\boldsymbol{B} = [\boldsymbol{\beta}_1, \boldsymbol{\beta}_2]$．把矩阵 $[\boldsymbol{A},\boldsymbol{B}]$ 化成阶梯形矩阵得

$$[\boldsymbol{A},\boldsymbol{B}] = \begin{bmatrix} 1 & 3 & 2 & 1 & 3 \\ -1 & 1 & 0 & 1 & -1 \\ 1 & 1 & 1 & 0 & 2 \end{bmatrix} \overset{r}{\sim} \begin{bmatrix} 1 & 3 & 2 & 1 & 3 \\ 0 & 4 & 2 & 2 & 2 \\ 0 & -2 & -1 & -1 & -1 \end{bmatrix} \overset{r}{\sim} \begin{bmatrix} 1 & 3 & 2 & 1 & 3 \\ 0 & 2 & 1 & 1 & 1 \\ 0 & 0 & 0 & 0 & 0 \end{bmatrix},$$

可得

$$\operatorname{rank}(\boldsymbol{A}) = \operatorname{rank}(\boldsymbol{B}) = \operatorname{rank}[\boldsymbol{A},\boldsymbol{B}].$$

所以矩阵方程 $\boldsymbol{AX} = \boldsymbol{B}$ 是有解的．同理可得，矩阵方程 $\boldsymbol{BY} = \boldsymbol{A}$ 也是解的．所以向量组 $\boldsymbol{\alpha}_1, \boldsymbol{\alpha}_2, \boldsymbol{\alpha}_3$ 和 $\boldsymbol{\beta}_1, \boldsymbol{\beta}_2$ 是等价的． ■

和数字向量相比，引入参数可增加题目的难度．

例 4.6 （2021 考研真题）设有向量组

$$\boldsymbol{\alpha}_1 = \begin{bmatrix} \lambda \\ 1 \\ 1 \end{bmatrix}, \boldsymbol{\alpha}_2 = \begin{bmatrix} 1 \\ \lambda \\ 1 \end{bmatrix}, \boldsymbol{\alpha}_3 = \begin{bmatrix} 1 \\ \lambda \\ 1 \end{bmatrix}, \boldsymbol{\alpha}_4 = \begin{bmatrix} 1 \\ \lambda \\ \lambda^2 \end{bmatrix}.$$

若 $\boldsymbol{\alpha}_1, \boldsymbol{\alpha}_2, \boldsymbol{\alpha}_3$ 和 $\boldsymbol{\alpha}_1, \boldsymbol{\alpha}_2, \boldsymbol{\alpha}_4$ 等价，则试确定 λ 的取值范围．

解 向量 $\boldsymbol{\alpha}_i \in \mathbb{R}^3$ 都是三维向量，若向量组 $\boldsymbol{\alpha}_1, \boldsymbol{\alpha}_2, \boldsymbol{\alpha}_3$ 和 $\boldsymbol{\alpha}_1, \boldsymbol{\alpha}_2, \boldsymbol{\alpha}_4$ 都是线性无关的（对应的行列式不为零），则它们一定等价．若它们对应的行列式为零，可求出 λ 的具体值，这时

就变成数字向量,再进行讨论即可.

计算行列式可得

$$\det[\boldsymbol{\alpha}_1,\boldsymbol{\alpha}_2,\boldsymbol{\alpha}_3]=\begin{vmatrix}\lambda&1&1\\1&\lambda&1\\1&1&\lambda\end{vmatrix}=(\lambda+2)(\lambda-1)^2,$$

$$\det[\boldsymbol{\alpha}_1,\boldsymbol{\alpha}_2,\boldsymbol{\alpha}_4]=\begin{vmatrix}\lambda&1&1\\1&\lambda&1\\1&\lambda&\lambda^2\end{vmatrix}=\lambda^4-2\lambda^2+1=(\lambda+1)^2(\lambda-1)^2.$$

可以发现:

当 $\lambda=1$ 时,向量组 $\boldsymbol{\alpha}_1,\boldsymbol{\alpha}_2,\boldsymbol{\alpha}_3$ 和 $\boldsymbol{\alpha}_1,\boldsymbol{\alpha}_2,\boldsymbol{\alpha}_4$ 是等价的;

当 $\lambda=-2$ 时,$\det[\boldsymbol{\alpha}_1,\boldsymbol{\alpha}_2,\boldsymbol{\alpha}_3]=0$,$\det[\boldsymbol{\alpha}_1,\boldsymbol{\alpha}_2,\boldsymbol{\alpha}_4]\neq 0$,所以二者不等价;

当 $\lambda=-1$ 时,$\det[\boldsymbol{\alpha}_1,\boldsymbol{\alpha}_2,\boldsymbol{\alpha}_3]\neq 0$,$\det[\boldsymbol{\alpha}_1,\boldsymbol{\alpha}_2,\boldsymbol{\alpha}_4]=0$,二者也不等价.

综上,当 $\{\lambda \mid \lambda\in\mathbb{R},\lambda\neq-2,\lambda\neq-1\}$ 时二者才等价. ■

4.1.3 小结

本节主要介绍了向量的线性表示(线性表出)、向量组间的等价.

4.1.4 习题

1. 设 $\boldsymbol{\alpha}=\begin{bmatrix}2\\-3\\0\end{bmatrix}$,$\boldsymbol{\beta}=\begin{bmatrix}0\\-1\\2\end{bmatrix}$,$\boldsymbol{\gamma}=\begin{bmatrix}0\\-7\\-4\end{bmatrix}$,试问 $\boldsymbol{\gamma}$ 能否由 $\boldsymbol{\alpha},\boldsymbol{\beta}$ 线性表示?

2. 设 $\boldsymbol{\alpha}_1=\begin{bmatrix}1\\1\\1\\1\end{bmatrix}$,$\boldsymbol{\alpha}_2=\begin{bmatrix}1\\1\\-1\\-1\end{bmatrix}$,$\boldsymbol{\alpha}_3=\begin{bmatrix}1\\-1\\1\\-1\end{bmatrix}$,$\boldsymbol{\alpha}_4=\begin{bmatrix}1\\-1\\-1\\1\end{bmatrix}$,$\boldsymbol{\beta}=\begin{bmatrix}1\\2\\1\\1\end{bmatrix}$,试问向量 $\boldsymbol{\beta}$ 能否由向量 $\boldsymbol{\alpha}_1,\boldsymbol{\alpha}_2,\boldsymbol{\alpha}_3,\boldsymbol{\alpha}_4$ 线性表示? 若可以请给出表达式.

3. 设有向量组 Ⅰ:$\boldsymbol{\alpha}_1=\begin{bmatrix}1\\1\\1\end{bmatrix}$,$\boldsymbol{\alpha}_2=\begin{bmatrix}1\\a\\1\end{bmatrix}$,$\boldsymbol{\alpha}_3=\begin{bmatrix}a\\1\\1\end{bmatrix}$ 和 Ⅱ:$\boldsymbol{\beta}_1=\begin{bmatrix}1\\1\\a\end{bmatrix}$,$\boldsymbol{\beta}_2=\begin{bmatrix}-2\\a\\4\end{bmatrix}$,$\boldsymbol{\beta}_3=\begin{bmatrix}-2\\a\\a\end{bmatrix}$,确定常数 a 使得向量组 Ⅰ 可以由向量组 Ⅱ 线性表示,但向量组 Ⅱ 不能由向量组 Ⅰ 线性表示.

4.2 线性相关与线性无关

内容提要

向量组的线性相关和线性无关是对齐次线性方程 $\boldsymbol{Ax}=\boldsymbol{0}$ 只有零解和有非零解的一种新的表述.

4.2.1 线性相关和线性无关

向量可由一个向量组的线性表示或者两个向量组间等价表述的都是两个向量组间的关系．这节讨论一个向量组内部的关系,或者把讨论对象中的所有向量(组)都看作是同一个向量组.

方程 $\boldsymbol{A}_{m\times n}\boldsymbol{x}_n=\boldsymbol{\beta}$ 和矩阵方程 $\boldsymbol{A}_{m\times n}\boldsymbol{X}_{n\times s}=\boldsymbol{B}_{m\times s}$ 很容易移项化成 $\boldsymbol{Ax}-\boldsymbol{\beta}=\boldsymbol{0}$ 和 $\boldsymbol{AX}-\boldsymbol{B}=\boldsymbol{O}$,可写成

$$[\boldsymbol{A},\boldsymbol{\beta}]\begin{bmatrix}\boldsymbol{x}\\1\end{bmatrix}=\boldsymbol{0}_n,\ [\boldsymbol{A},\boldsymbol{B}]\begin{bmatrix}\boldsymbol{X}\\-\boldsymbol{I}_s\end{bmatrix}=\boldsymbol{O}_{m\times s}.$$

它们都可视为某种意义上的齐次线性方程组．这节从向量的角度来讨论齐次线性方程组.

齐次线性方程 $\boldsymbol{Ax}=\boldsymbol{0}$ 解的分类要比非齐次线性方程 $\boldsymbol{Ax}=\boldsymbol{\beta}$ 解的分类简单,同时注意到只要将方程 $\boldsymbol{Ax}=\boldsymbol{\beta}$ 变形成 $\boldsymbol{Ax}-\boldsymbol{\beta}=\boldsymbol{0}$,若令 $\boldsymbol{B}=[\boldsymbol{A},\boldsymbol{\beta}]$,$\boldsymbol{y}=\begin{bmatrix}\boldsymbol{x}\\-1\end{bmatrix}$,则方程 $\boldsymbol{Ax}=\boldsymbol{\beta}$ 就可转化成 $\boldsymbol{By}=\boldsymbol{0}$ 的形式.

我们通过引入线性相关和线性无关来描述齐次线性方程 $\boldsymbol{Ax}=\boldsymbol{0}$ 只有零解和有非零解的情况.

定义 4.3 若存在不全为零的数 $k_1,k_2,\cdots,k_n$ 对向量组 $\boldsymbol{\alpha}_1,\boldsymbol{\alpha}_2,\cdots,\boldsymbol{\alpha}_n$ 使得线性组合式

$$k_1\boldsymbol{\alpha}_1+k_2\boldsymbol{\alpha}_2+\cdots+k_n\boldsymbol{\alpha}_n=\boldsymbol{0}$$

成立,则称向量组 $\boldsymbol{\alpha}_1,\boldsymbol{\alpha}_2,\cdots,\boldsymbol{\alpha}_n$ **线性相关** (linear dependence)．反之,若当且仅当 $k_1=k_2=\cdots=k_n=0$ 时,线性组合式

$$k_1\boldsymbol{\alpha}_1+k_2\boldsymbol{\alpha}_2+\cdots+k_n\boldsymbol{\alpha}_n=\boldsymbol{0}$$

才能成立,则称向量组 $\boldsymbol{\alpha}_1,\boldsymbol{\alpha}_2,\cdots,\boldsymbol{\alpha}_n$ **线性无关** (linear independence).

注 4.1 直接由定义可以得出,当 $n=1$ 时,对一个向量 $\boldsymbol{\alpha}$ 而言,若 $\boldsymbol{\alpha}$ 是零向量,则向量 $\boldsymbol{\alpha}$ 是线性相关的,若 $\boldsymbol{\alpha}$ 不是零向量,则向量 $\boldsymbol{\alpha}$ 是线性无关的.

当 $n=2$ 时,对两个非零向量 $\boldsymbol{\alpha}_1,\boldsymbol{\alpha}_2$,如果它们是线性相关的,则 k_1,k_2 中至少有一个不为

零，则有 $\boldsymbol{\alpha}_1=-\frac{k_2}{k_1}\boldsymbol{\alpha}_2$ 或 $\boldsymbol{\alpha}_2=-\frac{k_1}{k_2}\boldsymbol{\alpha}_1$，所以两个非零向量线性相关的充分必要条件是它们的各分量对应成比例；两个非零向量线性无关的充分必要条件是它们对应的各分量不对应成比例．■

从线性相关和线性无关的定义可以直接看出，向量组 $\boldsymbol{\alpha}_1,\boldsymbol{\alpha}_2,\cdots,\boldsymbol{\alpha}_n$ 线性无关等价于向量方程 $[\boldsymbol{\alpha}_1,\boldsymbol{\alpha}_2,\cdots,\boldsymbol{\alpha}_n]\boldsymbol{x}=\boldsymbol{0}$ 只有零解，向量组 $\boldsymbol{\alpha}_1,\boldsymbol{\alpha}_2,\cdots,\boldsymbol{\alpha}_n$ 线性相关等价于向量方程 $[\boldsymbol{\alpha}_1,\boldsymbol{\alpha}_2,\cdots,\boldsymbol{\alpha}_n]\boldsymbol{x}=\boldsymbol{0}$ 有非零解．结合齐次线性方程组解的判定定理有下面的结论．

定理 4.4 向量组 $\boldsymbol{\alpha}_1,\boldsymbol{\alpha}_2,\cdots,\boldsymbol{\alpha}_n$ 线性相关的充分必要条件是齐次线性方程

$$x_1\boldsymbol{\alpha}_1+x_2\boldsymbol{\alpha}_2+\cdots+x_n\boldsymbol{\alpha}_n=\boldsymbol{0}$$

有非零解或矩阵 $\boldsymbol{A}=[\boldsymbol{\alpha}_1,\boldsymbol{\alpha}_2,\cdots,\boldsymbol{\alpha}_n]$ 的秩小于向量的个数 n，即有

$$\operatorname{rank}(\boldsymbol{A})=\operatorname{rank}[\boldsymbol{\alpha}_1,\boldsymbol{\alpha}_2,\cdots,\boldsymbol{\alpha}_n]<n.$$

向量组 $\boldsymbol{\alpha}_1,\boldsymbol{\alpha}_2,\cdots,\boldsymbol{\alpha}_n$ 线性无关的充分必要条件是齐次线性方程

$$x_1\boldsymbol{\alpha}_1+x_2\boldsymbol{\alpha}_2+\cdots+x_n\boldsymbol{\alpha}_n=\boldsymbol{0}$$

只有零解或 $\operatorname{rank}(\boldsymbol{A})=\operatorname{rank}[\boldsymbol{\alpha}_1,\boldsymbol{\alpha}_2,\cdots,\boldsymbol{\alpha}_n]=n.$

据此构成矩阵 $\boldsymbol{A}=[\boldsymbol{\alpha}_1,\boldsymbol{\alpha}_2,\cdots,\boldsymbol{\alpha}_n]$ 的列向量组线性相关或线性无关的判定就可转化为线性方程 $\boldsymbol{Ax}=\boldsymbol{0}$ 有无非零解的判定．

若向量组 B 可由向量组 A 线性表示，通常并不能对这两个向量组的线性相关性作出判断．但是若向量组 B 所含向量的个数大于向量组 A 所含向量的个数，则向量组 B 是线性相关的．

定理 4.5 设有向量组 $A:\boldsymbol{\alpha}_1,\boldsymbol{\alpha}_2,\cdots,\boldsymbol{\alpha}_s$ 和向量组 $B:\boldsymbol{\beta}_1,\boldsymbol{\beta}_2,\cdots,\boldsymbol{\beta}_r$，向量组 B 可由向量组 A 线性表示．若 $r>s$，则向量组 B 是线性相关的．

证明 设向量组 A 构成矩阵 $\boldsymbol{A}=[\boldsymbol{\alpha}_1,\boldsymbol{\alpha}_2,\cdots,\boldsymbol{\alpha}_s]$，向量组 B 构成矩阵 $\boldsymbol{B}=[\boldsymbol{\beta}_1,\boldsymbol{\beta}_2,\cdots,\boldsymbol{\beta}_r]$．由条件可得存在矩阵 $\boldsymbol{K}_{s\times r}$，使得 $\boldsymbol{AK}_{s\times r}=\boldsymbol{B}$. 注意到矩阵 $\boldsymbol{K}_{s\times r}$ 的列数大于行数，所以齐次线性方程 $\boldsymbol{K}_{s\times r}\boldsymbol{y}=\boldsymbol{0}$ 有非零解，即

$$\boldsymbol{AK}_{s\times r}\boldsymbol{y}=\boldsymbol{0}.$$

进而存在不全为零的数 $y_1,y_2,\cdots,y_r$ 使得

$$\boldsymbol{By}=\boldsymbol{0} \text{ 或 } y_1\boldsymbol{\alpha}_1+y_2\boldsymbol{\alpha}_2+\cdots+y_r\boldsymbol{\alpha}_r=\boldsymbol{0}$$

成立．所以向量组 $\boldsymbol{\beta}_1,\boldsymbol{\beta}_2,\cdots,\boldsymbol{\beta}_r$ 是线性相关的．■

定理 4.5 的逆否命题现列在下面，它常用于比较向量组所含向量个数的多少．

定理 4.6 设有向量组 $A:\boldsymbol{\alpha}_1,\boldsymbol{\alpha}_2,\cdots,\boldsymbol{\alpha}_s$，向量组 $B:\boldsymbol{\beta}_1,\boldsymbol{\beta}_2,\cdots,\boldsymbol{\beta}_r$，向量组 B 可由向量组 A 线性表示．若向量组 B 线性无关，则向量组 A 所含向量的个数不小于向量组 B 所含向量的个数，即有 $s\geqslant r$.

通常我们无法比较两个等价的向量组所含向量的个数，但是如果这两个向量组都是线性无关的向量组，则根据定理 4.6 可得下面的结论．

推论 4.2 两个等价且线性无关的向量组它们各自所含向量的个数相等．

例 4.7 已知向量组 $\boldsymbol{\alpha}_1,\boldsymbol{\alpha}_2,\boldsymbol{\alpha}_3$ 线性无关，且有 $\boldsymbol{\beta}_1=\boldsymbol{\alpha}_1+\boldsymbol{\alpha}_2,\boldsymbol{\beta}_2=\boldsymbol{\alpha}_2+\boldsymbol{\alpha}_3,\boldsymbol{\beta}_3=\boldsymbol{\alpha}_3+\boldsymbol{\alpha}_1$，试证向量组 $\boldsymbol{\beta}_1,\boldsymbol{\beta}_2,\boldsymbol{\beta}_3$ 线性无关．

证明 证法一：设有 x_1,x_2,x_3 使

$$x_1\boldsymbol{\beta}_1+x_2\boldsymbol{\beta}_2+x_3\boldsymbol{\beta}_3=\mathbf{0},$$

将 $\boldsymbol{\beta}_i(i=1,2,3)$ 代入得

$$x_1(\boldsymbol{\alpha}_1+\boldsymbol{\alpha}_2)+x_2(\boldsymbol{\alpha}_2+\boldsymbol{\alpha}_3)+x_3(\boldsymbol{\alpha}_3+\boldsymbol{\alpha}_1)=\mathbf{0},$$

写成向量 $\boldsymbol{\alpha}_i(i=1,2,3)$ 的线性组合得

$$(x_1+x_3)\boldsymbol{\alpha}_1+(x_1+x_2)\boldsymbol{\alpha}_2+(x_2+x_3)\boldsymbol{\alpha}_3=\mathbf{0},$$

因为 $\boldsymbol{\alpha}_1,\boldsymbol{\alpha}_2,\boldsymbol{\alpha}_3$ 线性无关，故有

$$\begin{cases}x_1+x_3=0,\\x_1+x_2=0,\\x_2+x_3=0,\end{cases}$$

由于此方程组的增广矩阵为

$$\boldsymbol{M}=\begin{bmatrix}1&0&1&0\\1&1&0&0\\0&1&1&0\end{bmatrix},$$

可求得矩阵

$$\boldsymbol{M}=\begin{bmatrix}1&0&1&0\\1&1&0&0\\0&1&1&0\end{bmatrix}\sim\begin{bmatrix}1&0&0&0\\0&1&0&0\\0&0&1&0\end{bmatrix}.$$

故方程组只有零解 $x_1=x_2=x_3=0$，所以向量组 $\boldsymbol{\beta}_1,\boldsymbol{\beta}_2,\boldsymbol{\beta}_3$ 线性无关．

证法二：把已知的三个向量等式写成一个矩阵等式

$$[\boldsymbol{\beta}_1,\boldsymbol{\beta}_2,\boldsymbol{\beta}_3]=[\boldsymbol{\alpha}_1,\boldsymbol{\alpha}_2,\boldsymbol{\alpha}_3]\begin{bmatrix}1&0&1\\1&1&0\\0&1&1\end{bmatrix}.$$

记作 $\boldsymbol{B}=\boldsymbol{AK}$．设 $\boldsymbol{Bx}=\mathbf{0}$，以 $\boldsymbol{B}=\boldsymbol{AK}$ 代入得 $\boldsymbol{A}(\boldsymbol{Kx})=\mathbf{0}$．因为矩阵 $\boldsymbol{A}$ 的列向量组线性无关，根据向量组线性无关的定义，知 $\boldsymbol{Kx}=\mathbf{0}$．同样方法可得到方程 $\boldsymbol{Kx}=\mathbf{0}$ 只有零解 $\boldsymbol{x}=\mathbf{0}$．所以矩阵 $\boldsymbol{B}$

的列向量组 $\boldsymbol{\beta}_1,\boldsymbol{\beta}_2,\boldsymbol{\beta}_3$ 线性无关．■

例 4.8 设矩阵 $\boldsymbol{A}=\begin{bmatrix}\boldsymbol{\alpha}_1^{\mathrm{T}}\\ \boldsymbol{\alpha}_2^{\mathrm{T}}\\ \vdots\\ \boldsymbol{\alpha}_r^{\mathrm{T}}\end{bmatrix}\in\mathbb{R}^{r\times n}$ 的行向量组是线性无关的，且 $\boldsymbol{\eta}_1,\boldsymbol{\eta}_2,\cdots,\boldsymbol{\eta}_{n-r}\in\mathbb{R}^n$ 是方程 $\boldsymbol{Ax}=\boldsymbol{0}$ 的一个基础解系，记 $\boldsymbol{B}=[\boldsymbol{\eta}_1,\boldsymbol{\eta}_2,\cdots,\boldsymbol{\eta}_{n-r}]\in\mathbb{R}^{n\times(n-r)}$，则矩阵 $[\boldsymbol{A}^{\mathrm{T}},\boldsymbol{B}]\in\mathbb{R}^{n\times n}$ 的列向量组也是线性无关的．

证明 设有 $\boldsymbol{k}=[k_1,\cdots,k_r,k_{r+1},\cdots,k_n]$，且有 $[\boldsymbol{A}^{\mathrm{T}},\boldsymbol{B}]\boldsymbol{k}=\boldsymbol{0}$，下面证明 $\boldsymbol{k}=\boldsymbol{0}$. 矩阵 $\boldsymbol{A}$ 左乘 $[\boldsymbol{A}^{\mathrm{T}},\boldsymbol{B}]\boldsymbol{k}=\boldsymbol{0}$ 可得

$$\boldsymbol{A}[\boldsymbol{A}^{\mathrm{T}},\boldsymbol{B}]\boldsymbol{k}=\boldsymbol{A0},\ [\boldsymbol{AA}^{\mathrm{T}},\boldsymbol{AB}]\boldsymbol{k}=\boldsymbol{0},\boldsymbol{AA}^{\mathrm{T}}\boldsymbol{k}_r=\boldsymbol{0}_r.$$

引入记号 $\boldsymbol{k}=\begin{bmatrix}\boldsymbol{k}_r\\ \boldsymbol{k}_{n-r}\end{bmatrix}$，其中 $\boldsymbol{k}_r\in\mathbb{R}^r,\boldsymbol{k}_{n-r}\in\mathbb{R}^{n-r}$. 上式 $\boldsymbol{AA}^{\mathrm{T}}\boldsymbol{k}_r=\boldsymbol{0}_r$ 两边再左乘 $\boldsymbol{k}_r^{\mathrm{T}}$ 可得 $\boldsymbol{k}_r^{\mathrm{T}}\boldsymbol{AA}^{\mathrm{T}}\boldsymbol{k}_r=0$，所以有 $\boldsymbol{A}^{\mathrm{T}}\boldsymbol{k}_r=\boldsymbol{0}_n$. 因为 $\boldsymbol{A}$ 的行向量组线性无关，所以 $\boldsymbol{k}_r=\boldsymbol{0}_r$. 将其代入 $[\boldsymbol{A}^{\mathrm{T}},\boldsymbol{B}]\boldsymbol{k}=\boldsymbol{0}$ 可得 $\boldsymbol{Bk}_{n-r}=\boldsymbol{0}_n$. 因为矩阵 $\boldsymbol{B}$ 的列向量组是线性无关的，所以有 $\boldsymbol{k}_{n-r}=\boldsymbol{0}_{n-r}$. 所以 $[\boldsymbol{A}^{\mathrm{T}},\boldsymbol{B}]$ 的列向量组也是线性无关的．■

同样的方法可以证明矩阵 $[\boldsymbol{A}^{\mathrm{T}},\boldsymbol{B}]\in\mathbb{R}^{n\times n}$ 的行向量组也是线性无关的，请同学们试着证明一下．

4.2.2 线性相关的若干结论

向量组的线性相关和向量组的线性无关统称为**向量组的线性相关性**．将向量的线性相关和线性表示结合有下面的结论：

定理 4.7 向量组 $\boldsymbol{\alpha}_1,\boldsymbol{\alpha}_2,\cdots,\boldsymbol{\alpha}_n,n\geqslant 2$，线性相关的充分必要条件是存在一个向量 $\boldsymbol{\alpha}_j$，$1\leqslant j\leqslant n$，可由其余的向量线性表示．

证明 必要性：向量组 $\boldsymbol{\alpha}_1,\boldsymbol{\alpha}_2,\cdots,\boldsymbol{\alpha}_n$ 线性相关，故存在不全为零的数 $k_1,k_2,\cdots,k_n$，使得 $k_1\boldsymbol{\alpha}_1+k_2\boldsymbol{\alpha}_2+\cdots+k_n\boldsymbol{\alpha}_n=\boldsymbol{0}$ 成立．假设 $k_1\neq 0$，移项变形可得

$$\boldsymbol{\alpha}_1=-\frac{1}{k_1}(k_2\boldsymbol{\alpha}_2+\cdots+k_n\boldsymbol{\alpha}_n),$$

即有一个向量 $\boldsymbol{\alpha}_1$ 可以用其余的向量线性表示．

充分性：若向量组中有一个向量可以用其余的向量线性表示，假设向量 $\boldsymbol{\alpha}_1$ 可以用其余的向量线性表示，即有

$$\boldsymbol{\alpha}_1=k_2\boldsymbol{\alpha}_2+\cdots+k_n\boldsymbol{\alpha}_n.$$

移项可得

$$-\boldsymbol{\alpha}_1+k_2\boldsymbol{\alpha}_2+\cdots+k_n\boldsymbol{\alpha}_n=\boldsymbol{0}.$$

即向量组 $\boldsymbol{\alpha}_1,\boldsymbol{\alpha}_2,\cdots,\boldsymbol{\alpha}_n$ 线性相关. ■

根据定理 4.4 可证明向量组线性相关和线性无关几个结论,先用具体的例子来说明.

(1) 若向量组

$$\boldsymbol{\alpha}_1=\begin{bmatrix}1\\1\\1\end{bmatrix},\boldsymbol{\alpha}_2=\begin{bmatrix}1\\2\\3\end{bmatrix},\boldsymbol{\alpha}_3=\begin{bmatrix}2\\3\\4\end{bmatrix}$$

线性相关,则向量组

$$\boldsymbol{\alpha}_1=\begin{bmatrix}1\\1\\1\end{bmatrix},\boldsymbol{\alpha}_2=\begin{bmatrix}1\\2\\3\end{bmatrix},\boldsymbol{\alpha}_3=\begin{bmatrix}2\\3\\4\end{bmatrix},\boldsymbol{\alpha}_4=\begin{bmatrix}-2\\3\\4\end{bmatrix}$$

也线性相关.

即若一个向量组的部分组线性相关,则该向量组就线性相关.

反之,若向量组

$$\boldsymbol{\alpha}_1=\begin{bmatrix}1\\1\\1\end{bmatrix},\boldsymbol{\alpha}_2=\begin{bmatrix}1\\2\\0\end{bmatrix},\boldsymbol{\alpha}_3=\begin{bmatrix}1\\0\\0\end{bmatrix}$$

线性无关,则向量组

$$\boldsymbol{\alpha}_1=\begin{bmatrix}1\\1\\1\end{bmatrix},\boldsymbol{\alpha}_2=\begin{bmatrix}1\\2\\0\end{bmatrix}$$

也线性无关. 即若向量组全体线性无关,则它的一个部分组也线性无关.

上面的结论用线性方程组的语言可描述为若方程 $\boldsymbol{Ax}=\boldsymbol{0}$ 只有零解,则 $\begin{bmatrix}\boldsymbol{A}\\\boldsymbol{B}\end{bmatrix}\boldsymbol{x}=\boldsymbol{0}$ 也只有零解;若方程 $\begin{bmatrix}\boldsymbol{A}\\\boldsymbol{B}\end{bmatrix}\boldsymbol{x}=\boldsymbol{0}$ 有非零解,则 $\boldsymbol{Ax}=\boldsymbol{0}$ 也有非零解.

(2) 四个三维向量一定线性相关,例如:向量组

$$\boldsymbol{\alpha}_1=\begin{bmatrix}1\\1\\1\end{bmatrix},\boldsymbol{\alpha}_2=\begin{bmatrix}1\\2\\3\end{bmatrix},\boldsymbol{\alpha}_3=\begin{bmatrix}2\\3\\4\end{bmatrix},\boldsymbol{\alpha}_4=\begin{bmatrix}-2\\3\\4\end{bmatrix}$$

一定线性相关. 考查线性方程 $x_1\boldsymbol{\alpha}_1+x_2\boldsymbol{\alpha}_2+x_3\boldsymbol{\alpha}_3+x_4\boldsymbol{\alpha}_4=\boldsymbol{0}$,可得

$$\text{rank}\ [\boldsymbol{\alpha}_1,\boldsymbol{\alpha}_2,\boldsymbol{\alpha}_3,\boldsymbol{\alpha}_4] \leqslant \min\{3,4\} \leqslant 3 < 4.$$

因为齐次线性方程组中方程的个数小于未知量的个数，所以齐次线性方程 $\boldsymbol{A}_{n\times(n+1)}\boldsymbol{x}=\boldsymbol{0}$ 一定有非零解．用向量的语言描述：$n+1$ 个 n 维向量一定是线性相关的；或当向量的个数大于向量的维数时，则这个向量组必线性相关．

(3) 若两个向量 $\boldsymbol{\alpha}_1,\boldsymbol{\alpha}_2$ 线性无关，而又增加一个向量 $\boldsymbol{\beta}$ 后线性相关，则向量 $\boldsymbol{\beta}$ 可以由向量 $\boldsymbol{\alpha}_1,\boldsymbol{\alpha}_2$ 线性表示，且表示法唯一．

可以用反证法证明．如果向量 $\boldsymbol{\beta}$ 可由向量组 $\boldsymbol{\alpha}_1,\boldsymbol{\alpha}_2$ 线性表示，有两种表示法，记为

$$\boldsymbol{\beta}=k_1\boldsymbol{\alpha}_1+k_2\boldsymbol{\alpha}_2 \text{ 和 } \boldsymbol{\beta}=l_1\boldsymbol{\alpha}_1+l_2\boldsymbol{\alpha}_2.$$

让这两式相减可得 $(k_1-l_1)\boldsymbol{\alpha}_1+(k_2-l_2)\boldsymbol{\alpha}_2=\boldsymbol{0}$，且 k_1-l_1,k_2-l_2 不全为零．这就表明向量组 $\boldsymbol{\alpha}_1,\boldsymbol{\alpha}_2$ 是线性相关的．与已知条件相矛盾．

(4) 若几个向量线性无关，则每个向量增加项干个分量，得到的向量还线性无关．若几个向量线性相关，在这几个向量在相同的位置去掉几个分量后，所得的向量仍线性相关．

这条性质和第一条一样可以用齐次线性方程 $\boldsymbol{Ax}=\boldsymbol{0}$ 和 $\begin{bmatrix}\boldsymbol{A}\\ \boldsymbol{B}\end{bmatrix}\boldsymbol{x}=\boldsymbol{0}$ 的解的情况来说明．

上面的几条性质可以总结成下面的定理．

定理 4.8 (1) 设有向量组 $A:\boldsymbol{\alpha}_1,\cdots,\boldsymbol{\alpha}_r$ 和向量组 $B:\boldsymbol{\beta}_1,\boldsymbol{\beta}_2,\cdots,\boldsymbol{\beta}_s$ 是同维数的向量，若向量组 $A:\boldsymbol{\alpha}_1,\cdots,\boldsymbol{\alpha}_r$ 线性相关，则向量组 $\boldsymbol{\alpha}_1,\cdots,\boldsymbol{\alpha}_r,\boldsymbol{\beta}_1,\cdots,\boldsymbol{\beta}_s$ 也线性相关．反之，若向量组 A,B 合在一起线性无关，则向量组 A 也线性无关．

(2) m 个 n 维向量组成的向量组，当维数 n 小于向量的个数 m 时一定线性相关．特别地，$n+1$ 个 n 维向量一定线性相关．

(3) 设向量组 $A:\boldsymbol{\alpha}_1,\boldsymbol{\alpha}_2,\cdots,\boldsymbol{\alpha}_m$ 线性无关，而向量组 $B:\boldsymbol{\alpha}_1,\boldsymbol{\alpha}_2\cdots,\boldsymbol{\alpha}_m,\boldsymbol{\beta}$ 线性相关，则向量 $\boldsymbol{\beta}$ 必能由向量组 A 线性表示，且表示法是唯一的．

(4) 若几个向量线性无关，则每个向量在相同的位置增加若干个分量，得到的向量组仍是线性无关的．若几个向量线性相关，在这几个向量在相同的位置去掉几个分量后，所得的向量组仍线性相关．

证明 (1) 记 $\boldsymbol{A}=[\boldsymbol{\alpha}_1,\boldsymbol{\alpha}_2,\cdots,\boldsymbol{\alpha}_r]\in\mathbb{R}^{n\times r}$，$\boldsymbol{B}=[\boldsymbol{\beta}_1,\cdots,\boldsymbol{\beta}_s]\in\mathbb{R}^{n\times s}$，设有

$$\boldsymbol{x}_r=\begin{bmatrix}x_1\\ x_2\\ \vdots\\ x_r\end{bmatrix},\boldsymbol{y}_s=\begin{bmatrix}y_1\\ y_2\\ \vdots\\ y_s\end{bmatrix}.$$

因为向量组 $\boldsymbol{\alpha}_1,\boldsymbol{\alpha}_2,\cdots,\boldsymbol{\alpha}_r$ 线性相关，所以方程 $\boldsymbol{Ax}_r=\boldsymbol{0}_n$ 有非零解 $\boldsymbol{x}_r$，进而方程 $[\boldsymbol{A},\boldsymbol{B}]\begin{bmatrix}\boldsymbol{x}_r\\ \boldsymbol{y}_s\end{bmatrix}=$

$\mathbf{0}_n$ 也有非零解，因为 $\begin{bmatrix}\boldsymbol{x}_r\\ \mathbf{0}_s\end{bmatrix}$ 就是方程 $[\boldsymbol{A},\boldsymbol{B}]\begin{bmatrix}\boldsymbol{x}_r\\ \boldsymbol{y}_s\end{bmatrix}=\mathbf{0}_n$ 的一个非零解，所以向量组 $\boldsymbol{\alpha}_1,\cdots,\boldsymbol{\alpha}_r$，$\boldsymbol{\beta}_1,\cdots,\boldsymbol{\beta}_s$ 线性相关．

反之，若方程 $[\boldsymbol{A},\boldsymbol{B}]\begin{bmatrix}\boldsymbol{x}_r\\ \boldsymbol{y}_s\end{bmatrix}=\mathbf{0}_n$ 只有零解，则方程 $\boldsymbol{A}\boldsymbol{x}_r=\mathbf{0}_n$ 也只能只有零解．即若 $\boldsymbol{\alpha}_1,\cdots,\boldsymbol{\alpha}_r,\boldsymbol{\beta}_1,\cdots,\boldsymbol{\beta}_s$ 线性无关，则向量组 $\boldsymbol{\alpha}_1,\cdots,\boldsymbol{\alpha}_m$ 也线性无关．

该结论也表述为向量组若有线性相关的部分组，则该向量组线性相关．特别地，含零向量的向量组必线性相关．一个向量组若线性无关，则它的任何部分组都线性无关．

(2) m 个 n 维向量 $\boldsymbol{\alpha}_1,\boldsymbol{\alpha}_2,\cdots,\boldsymbol{\alpha}_m$ 构成矩阵 $\boldsymbol{A}_{n\times m}=[\boldsymbol{\alpha}_1,\boldsymbol{\alpha}_2,\cdots,\boldsymbol{\alpha}_m]$，有

$$\operatorname{rank}(\boldsymbol{A})=r\leqslant\min\{m,n\}.$$

当 $n<m$ 时，有 $\operatorname{rank}(\boldsymbol{A})=r<m$，此时方程 $\boldsymbol{A}_{n\times m}\boldsymbol{x}_m=\mathbf{0}_n$ 有非零解，故 m 个向量 $\boldsymbol{\alpha}_1,\boldsymbol{\alpha}_2,\cdots,\boldsymbol{\alpha}_m$ 线性相关．

(3) 记 $\boldsymbol{A}=[\boldsymbol{\alpha}_1,\boldsymbol{\alpha}_2,\cdots,\boldsymbol{\alpha}_m]$，$\boldsymbol{B}=[\boldsymbol{\alpha}_1,\boldsymbol{\alpha}_2,\cdots,\boldsymbol{\alpha}_m,\boldsymbol{\beta}]$，有 $\operatorname{rank}(\boldsymbol{A})\leqslant\operatorname{rank}(\boldsymbol{B})$．因为向量组 A 线性无关，则有 $\operatorname{rank}(\boldsymbol{B})\geqslant m$；因为向量组 B 线性相关，则有 $\operatorname{rank}(\boldsymbol{B})<m+1$．所以 $m\leqslant\operatorname{rank}(\boldsymbol{B})<m+1$，即有 $\operatorname{rank}(\boldsymbol{B})=m$．

由 $\operatorname{rank}(\boldsymbol{A})=\operatorname{rank}(\boldsymbol{B})=m$，根据定理 3.2 中的结论(2) 知方程组

$$[\boldsymbol{\alpha}_1,\boldsymbol{\alpha}_2,\cdots,\boldsymbol{\alpha}_m]\boldsymbol{x}=\boldsymbol{\beta}$$

有唯一解，即向量 $\boldsymbol{\beta}$ 能由向量组 A 线性表示，且表示式是唯一的．

(4) 假设向量组 A：$\boldsymbol{\alpha}_1,\boldsymbol{\alpha}_2,\cdots,\boldsymbol{\alpha}_m$ 线性无关，该向量组构成的矩阵为 $\boldsymbol{A}=[\boldsymbol{\alpha}_1,\boldsymbol{\alpha}_2,\cdots,\boldsymbol{\alpha}_m]$，即有 $\operatorname{rank}(\boldsymbol{A})=m$．这时方程 $\boldsymbol{A}\boldsymbol{x}=\mathbf{0}$ 只有零解．

在每个向量的末尾加上若干个分量后，记这若干个分量构成的向量组为 B：$\boldsymbol{\beta}_1,\boldsymbol{\beta}_2,\cdots,\boldsymbol{\beta}_m$．这时加上分量后的向量组构成的矩阵为 $\begin{bmatrix}\boldsymbol{A}\\ \boldsymbol{B}\end{bmatrix}$．因为方程 $\begin{bmatrix}\boldsymbol{A}\\ \boldsymbol{B}\end{bmatrix}\boldsymbol{x}=\mathbf{0}$ 的解集是方程 $\boldsymbol{A}\boldsymbol{x}=\mathbf{0}$ 解集的子集，所以若方程 $\boldsymbol{A}\boldsymbol{x}=\mathbf{0}$ 只有零解，则方程 $\begin{bmatrix}\boldsymbol{A}\\ \boldsymbol{B}\end{bmatrix}\boldsymbol{x}=\mathbf{0}$ 也只能有零解．即若向量组 $\boldsymbol{\alpha}_1,\boldsymbol{\alpha}_2,\cdots,\boldsymbol{\alpha}_m$ 线性无关，在各向量的尾部再加上若干个分量后所得的向量仍然是线性无关的．

若向量组 $\boldsymbol{\alpha}_1,\boldsymbol{\alpha}_2,\cdots,\boldsymbol{\alpha}_m$ 是线性相关的，即有 $\operatorname{rank}[\boldsymbol{\alpha}_1,\boldsymbol{\alpha}_2,\cdots,\boldsymbol{\alpha}_m]<m$．记 $\boldsymbol{A}=[\boldsymbol{\alpha}_1,\boldsymbol{\alpha}_2,\cdots,\boldsymbol{\alpha}_m]$，则方程 $\boldsymbol{A}\boldsymbol{x}=\mathbf{0}$ 有非零解．

在向量 $\boldsymbol{\alpha}_1,\boldsymbol{\alpha}_2,\cdots,\boldsymbol{\alpha}_m$ 的末尾去掉若干个分量得到向量组 $\boldsymbol{\beta}_1,\boldsymbol{\beta}_2,\cdots,\boldsymbol{\beta}_m$，构成的矩阵记为 $\boldsymbol{B}=[\boldsymbol{\beta}_1,\boldsymbol{\beta}_2,\cdots,\boldsymbol{\beta}_m]$．这时和矩阵 $\boldsymbol{B}$ 对应的齐次线性方程为 $\boldsymbol{B}\boldsymbol{x}=\mathbf{0}$．显然方程 $\boldsymbol{A}\boldsymbol{x}=\mathbf{0}$ 的解集是方程 $\boldsymbol{B}\boldsymbol{x}=\mathbf{0}$ 的解集的子集．所以 $\boldsymbol{A}\boldsymbol{x}=\mathbf{0}$ 有非零解，则方程 $\boldsymbol{B}\boldsymbol{x}=\mathbf{0}$ 也一定有非零解．即向量组 $\boldsymbol{\beta}_1,\boldsymbol{\beta}_2,\cdots,\boldsymbol{\beta}_m$ 是线性相关的．证毕． ■

例 4.9 设向量组 $\boldsymbol{\alpha}_1,\boldsymbol{\alpha}_2,\boldsymbol{\alpha}_3$ 线性相关，向量组 $\boldsymbol{\alpha}_2,\boldsymbol{\alpha}_3,\boldsymbol{\alpha}_4$ 线性无关，证明：

(1)$\boldsymbol{\alpha}_1$ 能由 $\boldsymbol{\alpha}_2,\boldsymbol{\alpha}_3$ 线性表示；

(2)$\boldsymbol{\alpha}_4$ 不能由 $\boldsymbol{\alpha}_1,\boldsymbol{\alpha}_2,\boldsymbol{\alpha}_3$ 线性表示．

证明 (1)因为 $\boldsymbol{\alpha}_2,\boldsymbol{\alpha}_3,\boldsymbol{\alpha}_4$ 线性无关，由定理4.8中的(1)知 $\boldsymbol{\alpha}_2,\boldsymbol{\alpha}_3$ 线性无关，而 $\boldsymbol{\alpha}_1,\boldsymbol{\alpha}_2$ 线性相关，由定理4.8中的(3)知 $\boldsymbol{\alpha}_1$ 能由 $\boldsymbol{\alpha}_2,\boldsymbol{\alpha}_3$ 线性表示．

(2)用反证法．假设 $\boldsymbol{\alpha}_4$ 能由 $\boldsymbol{\alpha}_1,\boldsymbol{\alpha}_2,\boldsymbol{\alpha}_3$ 表示，而由(1)知 $\boldsymbol{\alpha}_1$ 能由 $\boldsymbol{\alpha}_2,\boldsymbol{\alpha}_3$ 表示，因此 $\boldsymbol{\alpha}_4$ 能由 $\boldsymbol{\alpha}_2,\boldsymbol{\alpha}_3$ 线性表示，这与 $\boldsymbol{\alpha}_2,\boldsymbol{\alpha}_3,\boldsymbol{\alpha}_4$ 线性无关矛盾．故 $\boldsymbol{\alpha}_4$ 不能由 $\boldsymbol{\alpha}_1,\boldsymbol{\alpha}_2,\boldsymbol{\alpha}_3$ 线性表示．

定理4.9 设 $\boldsymbol{A}$ 是一个 n 阶方阵，则 $\boldsymbol{A}$ 的列(行)向量组线性相关的充分必要条件是 $\det(\boldsymbol{A})=0$.

n 阶方阵 $\boldsymbol{A}$ 可逆的充分必要条件是 $\boldsymbol{A}$ 的列(行)向量组线性无关．

证明 考虑由矩阵 $\boldsymbol{A}$ 生成的线性方程 $\boldsymbol{Ax}=\boldsymbol{0}$，若 $\boldsymbol{A}$ 的行(列)向量组线性相关，则方程 $\boldsymbol{Ax}=\boldsymbol{0}$ 或 $\boldsymbol{A}^{\mathrm{T}}\boldsymbol{x}=\boldsymbol{0}$ 有非零解，根据克莱姆法则可得 $\det(\boldsymbol{A})=0$. 反之也成立．

若方阵 $\boldsymbol{A}$ 的列(行)向量组线性无关，则方程 $\boldsymbol{Ax}=\boldsymbol{0}$ 只有零解，根据克莱姆法则，方程 $\boldsymbol{Ax}=\boldsymbol{0}$ 只有零解．反之也成立．证毕． ■

注4.2 在这里克莱姆法则是一座桥梁，它沟通了行列式是否为零，矩阵是否可逆，方程组是有零解还是非零解，向量组(方阵的列向量组或行向量组)是线性相关还是线性无关等知识点．

定理4.10 设 n 元非齐次线性方程组 $\boldsymbol{Ax}=\boldsymbol{\beta}$ 有 $r+1$ 个线性无关的解向量，则对应的导出组 $\boldsymbol{Ax}=\boldsymbol{0}$ 有 r 个线性无关的解向量．反之，若 $\boldsymbol{Ax}=\boldsymbol{0}$ 有 r 个线性无关的解向量，而方程 $\boldsymbol{Ax}=\boldsymbol{\beta}$ 有解，则它有 $r+1$ 个线性无关的解向量．

证明 设 $\boldsymbol{\eta}_1,\boldsymbol{\eta}_2,\cdots,\boldsymbol{\eta}_r,\boldsymbol{\eta}_{r+1}$ 是方程 $\boldsymbol{Ax}=\boldsymbol{\beta}$ 的 $r+1$ 个线性无关的解向量，注意到 $\boldsymbol{\eta}_1-\boldsymbol{\eta}_2,\boldsymbol{\eta}_1-\boldsymbol{\eta}_3,\cdots,\boldsymbol{\eta}_1-\boldsymbol{\eta}_{r+1}$ 是导出组 $\boldsymbol{Ax}=\boldsymbol{0}$ 的解，且线性组合

$$k_1(\boldsymbol{\eta}_1-\boldsymbol{\eta}_2)+k_2(\boldsymbol{\eta}_1-\boldsymbol{\eta}_3)+\cdots+k_r(\boldsymbol{\eta}_1-\boldsymbol{\eta}_{r+1})=\boldsymbol{0}$$

可化成

$$(k_1+k_2+\cdots+k_r)\boldsymbol{\eta}_1-k_1\boldsymbol{\eta}_2-k_2\boldsymbol{\eta}_3+\cdots-k_r\boldsymbol{\eta}_{r+1}=\boldsymbol{0}.$$

因为向量组 $\boldsymbol{\eta}_1,\boldsymbol{\eta}_2,\cdots,\boldsymbol{\eta}_r,\boldsymbol{\eta}_{r+1}$ 是线性无关的，所以系数 $k_1+k_2+\cdots+k_r=k_1=k_2=\cdots=k_r=0$. 所以向量组 $\boldsymbol{\eta}_1-\boldsymbol{\eta}_2,\boldsymbol{\eta}_1-\boldsymbol{\eta}_3,\cdots,\boldsymbol{\eta}_1-\boldsymbol{\eta}_{r+1}$ 是线性无关的．即导出组 $\boldsymbol{Ax}=\boldsymbol{0}$ 有 r 个线性无关的解向量．

反之，若 $\boldsymbol{Ax}=\boldsymbol{0}$ 有 r 个线性无关的解向量 $\boldsymbol{\eta}_1,\boldsymbol{\eta}_2,\cdots,\boldsymbol{\eta}_r$，而 $\boldsymbol{Ax}=\boldsymbol{\beta}$ 有解．记为 $\boldsymbol{\eta}^*$ 是 $\boldsymbol{Ax}=\boldsymbol{\beta}$ 的一个特解．则可证明 $\boldsymbol{Ax}=\boldsymbol{\beta}$ 的 $r+1$ 个解向量

$$\boldsymbol{\eta}_1+\boldsymbol{\eta}^*,\boldsymbol{\eta}_2+\boldsymbol{\eta}^*,\cdots,\boldsymbol{\eta}_r+\boldsymbol{\eta}^*,\boldsymbol{\eta}^*$$

是线性无关的．设 $\boldsymbol{k}=\begin{bmatrix}k_1\\k_2\\\vdots\\k_{r+1}\end{bmatrix}\in\mathbb{R}^{r+1}$，令线性组合

$$k_1(\boldsymbol{\eta}_1+\boldsymbol{\eta}^*)+k_2(\boldsymbol{\eta}_2+\boldsymbol{\eta}^*)+\cdots+k_r(\boldsymbol{\eta}_r+\boldsymbol{\eta}^*)+k_{r+1}\boldsymbol{\eta}^*=\mathbf{0}. \tag{4.1}$$

下面证明 $k_1=k_2=\cdots=k_r=k_{r+1}=0$.

式(4.1) 左乘矩阵 $\boldsymbol{A}$ 可得

$$k_1\boldsymbol{\beta}+k_2\boldsymbol{\beta}+\cdots+k_r\boldsymbol{\beta}+k_{r+1}\boldsymbol{\beta}=(k_1+k_2+\cdots+k_{r+1})\boldsymbol{\beta}=\mathbf{0}.$$

因为 $\boldsymbol{\beta}\neq\mathbf{0}$,所以可得 $k_1+k_2+\cdots+k_r+k_{r+1}=0$.

另一方面式(4.1) 可写成

$$k_1\boldsymbol{\eta}_1+k_2\boldsymbol{\eta}_2+\cdots+k_r\boldsymbol{\eta}_r+(k_1+k_2+\cdots+k_r+k_{r+1})\boldsymbol{\eta}^*=\mathbf{0}.$$

利用结论 $k_1+k_2+\cdots+k_r+k_{r+1}=0$ 可得 $k_1\boldsymbol{\eta}_1+k_2\boldsymbol{\eta}_2+\cdots+k_r\boldsymbol{\eta}_r=\mathbf{0}$. 注意到 $\boldsymbol{\eta}_1,\boldsymbol{\eta}_2,\cdots,\boldsymbol{\eta}_r$ 是 $\boldsymbol{Ax}=\mathbf{0}$ 的线性无关的解向量组,所以可得 $k_1=k_2=\cdots=k_r=0$. 进而可得 $k_1=k_2=\cdots=k_r=k_{r+1}=0$. 所以方程 $\boldsymbol{Ax}=\boldsymbol{\beta}$ 有 $r+1$ 个线性无关的解向量. 证毕. ■

该结论有明显的几何意义,请读者自行给出(表示 $\boldsymbol{Ax}=\boldsymbol{\beta}$ 的解空间是经过 $\boldsymbol{Ax}=\mathbf{0}$ 的解空间作特解 $\boldsymbol{\eta}^*$ 平移后得到的,且特解 $\boldsymbol{\eta}^*$ 不是 $\boldsymbol{Ax}=\mathbf{0}$ 的解).

4.2.3 小结

本节主要介绍向量组的线性相关和线性无关的定义、判定向量组线性相关性的常用方法.

4.2.4 习题

1. 设有向量组 $\boldsymbol{\alpha}_1=\begin{bmatrix}1\\2\\1\end{bmatrix},\boldsymbol{\alpha}_2=\begin{bmatrix}2\\1\\-1\end{bmatrix},\boldsymbol{\alpha}_3=\begin{bmatrix}1\\3\\2\end{bmatrix}$,判断向量组 $\boldsymbol{\alpha}_1,\boldsymbol{\alpha}_2,\boldsymbol{\alpha}_3$ 的线性相关性.

2. 设向量组 $\boldsymbol{\alpha}_1,\boldsymbol{\alpha}_2,\boldsymbol{\alpha}_3$ 线性无关,试证明向量组 $\boldsymbol{\beta}_1=\boldsymbol{\alpha}_1+\boldsymbol{\alpha}_3,\boldsymbol{\beta}_2=\boldsymbol{\alpha}_2+\boldsymbol{\alpha}_1,\boldsymbol{\beta}_3=\boldsymbol{\alpha}_3+\boldsymbol{\alpha}_2$ 也线性无关.

3. 设向量组 $\boldsymbol{\alpha}_1,\boldsymbol{\alpha}_2,\boldsymbol{\alpha}_3,\boldsymbol{\alpha}_4$ 线性无关,而向量组 $\boldsymbol{\beta}_1,\boldsymbol{\beta}_2,\boldsymbol{\beta}_3,\boldsymbol{\beta}_4$ 可由向量组 $\boldsymbol{\alpha}_1,\boldsymbol{\alpha}_2,\boldsymbol{\alpha}_3,\boldsymbol{\alpha}_4$ 线性表示为

$$\begin{cases}\boldsymbol{\beta}_1=a\boldsymbol{\alpha}_1+b\boldsymbol{\alpha}_2+b\boldsymbol{\alpha}_3+b\boldsymbol{\alpha}_4,\\ \boldsymbol{\beta}_2=b\boldsymbol{\alpha}_1+a\boldsymbol{\alpha}_2+b\boldsymbol{\alpha}_3+b\boldsymbol{\alpha}_4,\\ \boldsymbol{\beta}_3=b\boldsymbol{\alpha}_1+b\boldsymbol{\alpha}_2+a\boldsymbol{\alpha}_3+b\boldsymbol{\alpha}_4,\\ \boldsymbol{\beta}_4=b\boldsymbol{\alpha}_1+b\boldsymbol{\alpha}_2+b\boldsymbol{\alpha}_3+a\boldsymbol{\alpha}_4.\end{cases}$$

讨论向量组 $\boldsymbol{\beta}_1,\boldsymbol{\beta}_2,\boldsymbol{\beta}_3,\boldsymbol{\beta}_4$ 的线性相关性.

4. 已知向量组 $\boldsymbol{\alpha}_1=\begin{bmatrix}1\\-1\\1\end{bmatrix},\boldsymbol{\alpha}_2=\begin{bmatrix}a\\2\\1\end{bmatrix},\boldsymbol{\alpha}_3=\begin{bmatrix}2\\a\\0\end{bmatrix}$,当 a 为何值时,向量组 $\boldsymbol{\alpha}_1,\boldsymbol{\alpha}_2,\boldsymbol{\alpha}_3$ 线性相

关？当 a 为何值时，向量组 $\boldsymbol{\alpha}_1,\boldsymbol{\alpha}_2,\boldsymbol{\alpha}_3$ 线性无关？

5. 设有 $\boldsymbol{\beta}_1=\boldsymbol{\alpha}_1+\boldsymbol{\alpha}_2,\boldsymbol{\beta}_2=\boldsymbol{\alpha}_2+\boldsymbol{\alpha}_3,\boldsymbol{\beta}_3=\boldsymbol{\alpha}_3+\boldsymbol{\alpha}_4,\boldsymbol{\beta}_4=\boldsymbol{\alpha}_4+\boldsymbol{\alpha}_1$. 证明向量组 $\boldsymbol{\beta}_1,\boldsymbol{\beta}_2,\boldsymbol{\beta}_3,\boldsymbol{\beta}_4$ 线性相关.

4.3 向量组的秩

内容提要

从前面的讨论中可以发现，如果把向量组拼成一个矩阵，这时矩阵和线性方程组的相关理论都可以用于向量组的讨论．而这样处理的条件是向量组所含向量的个数是有限的，当向量组含有无限多个向量时，我们的处理方法是找出与这个向量组等价的一个极大线性无关组，用所含向量个数有限的极大线性无关组来代替个数无限的向量组．这种情况下仍能用矩阵和线性方程组的相关理论来讨论向量的内容．

4.3.1 极大线性无关组

目前所提到的向量组所含向量的个数都是有限的．下面接触的向量组所含向量的个数可能有无限多个，显然我们无法一一写出这些向量，能采用的策略就像齐次线性方程组的基础解系那样，选取有限的向量来表示这些无限多个向量，这就是将要介绍的“极大线性无关组”.

定义 4.4 设向量组 $A_0:\boldsymbol{\alpha}_1,\boldsymbol{\alpha}_2,\cdots,\boldsymbol{\alpha}_r$ 是向量组 A 的一个部分组，若向量组 A_0 满足：

(1) 向量组 A_0 与向量组 A 等价；

(2) 向量组 A_0 线性无关．则称向量组 A_0 是向量组 A 的一个**极大线性无关组**(maximal linearly independent group)．极大线性无关组 A_0 所含向量的个数称为**向量组的秩**，记为 $\operatorname{rank}(A)=r$. 零向量组没有极大线性无关组，规定零向量组的秩是 0.

如果向量组 A 还有别的极大线性无关组，则向量组的不同的线性无关组是等价的，根据推论 4.2，等价的极大线性无关组所含向量的个数是相等的，所以若向量组 A 有不同的极大线性无关组，则上面的定义仍是有意义的．

从定义 4.4 可以看出，若向量组是线性无关的，则**线性无关向量组的秩就是线性无关向量组所含向量的个数**．若向量组 A 是线性相关的，则 A_0 是 A 的一个部分组，由定义中的条件(1) 可得向量组 A 和 A_0 是等价的，以后在向量组的讨论中常用向量组的极大线性无关组来代替向量组本身，由于本书中向量组的极大线性无关组所含向量的个数也是有限的，所以前面基于有限向量组得到的结论仍然有效．

注 4.3 因为向量组 A_0 已经是向量组 A 的一部分，向量组 A_0 可由向量组 A 线性表示是显然的，所以只要向量组 A 中的任意一个向量都可以由向量组 $A_0:\boldsymbol{\alpha}_1,\boldsymbol{\alpha}_2,\cdots,\boldsymbol{\alpha}_r$ 线性表示，那么向量组 A_0 和 A 就等价．另一方面，在向量组 A_0 是线性无关的条件下，只要向量组 A 中任意 $r+1$ 个向量都是线性相关的，仍可得出向量组 A 可用向量组 A_0 线性表示．所以上述定义中的条件(1) 可由下面的两个条件分别来代替：

(1^*) 向量组 A 中的任意一个向量都可以由向量组 A_0 线性表示．

(1^{**}) 向量组 A 中任意 $r+1$ 个向量都是线性相关的．

如果两个向量组可以互相线性表出，则它们是等价的．根据等价的传递性可得等价向量组的最大线性无关组也是等价的．尽管等价的向量组所含向量的个数可能不相等，但根据推论 4.2，等价的极大线性无关组所含向量的个数是相同的，即有下面的结论．

定理 4.11 等价的向量组有相同的秩．

证明 向量组的极大线性无关组都和向量组自身是等价的，所以这两个极大线性无关组也是等价的，根据推论 4.2 和向量组秩的定义，命题得证． ■

定理 4.11 的逆命题"有相同秩的向量组等价"并不成立，若加以适当的限定，则有下面的结论．

定理 4.12 若两个向量组的秩相等且其中的一个能用另一个线性表示，则这两个向量组等价．

证明 (为了方便，假设所提到的向量组 A,B 都是极大线性无关组) 记两个极大线性无组 A,B 的列向量分别构成矩阵 $\boldsymbol{A}$ 和 $\boldsymbol{B}$. 因为向量组 A 和向量组 B 的秩相等，且向量组 B 可由向量组 A 线性表示，所以矩阵方程 $\boldsymbol{AX}=\boldsymbol{B}$ 有解．即有

$$\operatorname{rank}(\boldsymbol{A})=\operatorname{rank}(\boldsymbol{B})=\operatorname{rank}[\boldsymbol{A},\boldsymbol{B}].$$

这样便可得矩阵方程 $\boldsymbol{BY}=\boldsymbol{A}$ 也有解，即向量组 A 也可由向量组 B 线性表示．即这两个向量组是等价的． ■

4.3.2 矩阵的秩与向量组的秩

从向量组的秩的定义和矩阵的秩的定义可得下面的结论．

定理 4.13 矩阵的秩等于它列向量组的秩，也等于它行列向量组的秩．

证明 设矩阵 $\boldsymbol{A}_{m\times n}$ 的秩为 r，即有 $\operatorname{rank}(\boldsymbol{A})=r\leqslant\min\{m,n\}$. 根据矩阵的秩的定义，矩阵 $\boldsymbol{A}$ 中存在一个 r 阶子式不为零，而所有的 $r+1$ 阶子式全为零．

显然这个 r 阶子式所在的 r 个列向量是线性无关的．若矩阵 $\boldsymbol{A}$ 的列向量组的秩为 $r+1$，记这 $r+1$ 个列向量构成矩阵为 $\boldsymbol{B}=[\boldsymbol{\alpha}_1,\boldsymbol{\alpha}_2,\cdots,\boldsymbol{\alpha}_r,\boldsymbol{\alpha}_{r+1}]$，则根据定理 4.4，齐次线性方程 $\boldsymbol{By}=\boldsymbol{0}$ 只有零解，所以可得 $\operatorname{rank}(\boldsymbol{B})=r+1$. 注意到矩阵 $\boldsymbol{B}$ 是矩阵 $\boldsymbol{A}$ 的子阵，所以有 $r=\operatorname{rank}(\boldsymbol{A})\geqslant\operatorname{rank}(\boldsymbol{B})=r+1$，产生矛盾．所以矩阵 $\boldsymbol{A}$ 的秩等于它列向量组的秩．注意到有 $\operatorname{rank}(\boldsymbol{A})=\operatorname{rank}(\boldsymbol{A}^{\mathrm{T}})$，类似可证明矩阵 $\boldsymbol{A}$ 的秩等于它行向量组的秩． ■

为了表述方便，称矩阵行向量组的秩为**矩阵的行秩**；称矩阵列向量组的秩为**矩阵的列**

秩．上面的定理可以简称为**矩阵的行秩等于列秩**，它们都等于矩阵的秩．

既然矩阵的秩等于构成矩阵向量组的秩，所以在求一个向量组的秩时可以先将这个向量组按列(行)排成一个矩阵，然后用矩阵的初等行变换化成行阶梯形(或行最简形)来求向量组的秩或求向量组的一个极大线性无关组．

例 4.10 求向量组 $\boldsymbol{\alpha}_1=(1,2,3,-1)^{\mathrm{T}},\boldsymbol{\alpha}_2=(3,2,1,-1)^{\mathrm{T}},\boldsymbol{\alpha}_3=(2,3,1,1)^{\mathrm{T}},\boldsymbol{\alpha}_4=(2,2,2,-1)^{\mathrm{T}}$ 的秩和一个极大线性无关组，并把不属于极大线性无关组的向量用极大线性无关组线性表示．

解 将向量组 $\boldsymbol{\alpha}_1,\boldsymbol{\alpha}_2,\boldsymbol{\alpha}_3,\boldsymbol{\alpha}_4$ 拼成矩阵 $\mathbf{A}=[\boldsymbol{\alpha}_1,\boldsymbol{\alpha}_2,\boldsymbol{\alpha}_3,\boldsymbol{\alpha}_4]$，并对其初等行变换化成行最简形

$$\mathbf{A}=\begin{bmatrix}1&3&2&2\\2&2&3&2\\3&1&1&2\\-1&-1&1&-1\end{bmatrix}\overset{r}{\sim}\begin{bmatrix}1&0&0&\frac{1}{2}\\0&1&0&\frac{1}{2}\\0&0&1&0\\0&0&0&0\end{bmatrix}.$$

利用行最简形可得 $\boldsymbol{\alpha}_1,\boldsymbol{\alpha}_2,\boldsymbol{\alpha}_3$ 是一个极大线性无关组．$\boldsymbol{\alpha}_4$ 可用 $\boldsymbol{\alpha}_1,\boldsymbol{\alpha}_2$ 线性表示为

$$\boldsymbol{\alpha}_4=\frac{1}{2}\boldsymbol{\alpha}_1+\frac{1}{2}\boldsymbol{\alpha}_2.$$

也可直接由观察得到 $\boldsymbol{\alpha}_4=\frac{1}{2}(\boldsymbol{\alpha}_1+\boldsymbol{\alpha}_2)$．同时直接计算一个三阶行列式判定 $\boldsymbol{\alpha}_1,\boldsymbol{\alpha}_2,\boldsymbol{\alpha}_3$ 线性无关．这样计算量较少，省去了行初等变换． ■

例 4.11 设矩阵 $\mathbf{A}=[\boldsymbol{\alpha}_1,\boldsymbol{\alpha}_2,\boldsymbol{\alpha}_3,\boldsymbol{\alpha}_4]=\begin{bmatrix}a&b&b&b\\b&a&b&b\\b&b&a&b\\b&b&b&a\end{bmatrix}$，试根据 a,b 的各种取值确定向量组 $\boldsymbol{\alpha}_1,\boldsymbol{\alpha}_2,\boldsymbol{\alpha}_3,\boldsymbol{\alpha}_4$ 的极大线性无关组，并把其余向量用极大线性无关组线性表示．

解 计算矩阵 $\mathbf{A}$ 的行列式可得 $\det(\mathbf{A})=(a+3b)(a-b)^3$，所以当

(1) $a\neq b$ 且 $a\neq -3b$ 时，

(2) 或者当 $a=0,b\neq 0$ 时，

(3) 或者当 $b=0,a\neq 0$ 时，

都有 $\det(\mathbf{A})=(a+3b)(a-b)^3\neq 0$ 可得 $\operatorname{rank}(\mathbf{A})=4$，此时矩阵 $\mathbf{A}$ 的列向量组 $\boldsymbol{\alpha}_1,\boldsymbol{\alpha}_2,\boldsymbol{\alpha}_3,\boldsymbol{\alpha}_4$ 就是一个极大线性无关组．

当 $a=b\neq 0$ 时，矩阵的秩为 $\operatorname{rank}(\mathbf{A})=1$，此时矩阵的列向量完全本同，它的任意一列均是列向量组的一个极大线性无关组．

当 $a=-3b\neq 0$ 时，有 $\det\begin{bmatrix}-3b & b & b\\ b & -3b & b\\ b & b & -3b\end{bmatrix}=-16b^3\neq 0$，$\mathrm{rank}\,(\boldsymbol{A})=3$. 注意到矩阵 $\boldsymbol{A}$ 的列向量间的关系可得 $\boldsymbol{\alpha}_1,\boldsymbol{\alpha}_2,\boldsymbol{\alpha}_3$ 是一个极大线性无关组，此时有 $\boldsymbol{\alpha}_4=-(\boldsymbol{\alpha}_1+\boldsymbol{\alpha}_2+\boldsymbol{\alpha}_3)$. 当 $a=b=0$ 时，矩阵 $\boldsymbol{A}$ 是零矩阵，没有极大线性无关组. ■

4.3.3 小结

本节通过引入向量组的极大线性无关组定义了向量组的秩. 等价的向量组有相同的秩. 证明了矩阵的秩等于构成矩阵的行向量组的秩，也等于构成矩阵的列向量组的秩.

4.3.4 习题

1. 设矩阵 $\boldsymbol{A}=\boldsymbol{\alpha}\boldsymbol{\gamma}^{\mathrm{T}}+\boldsymbol{\beta}\boldsymbol{\delta}^{\mathrm{T}}$，这里 $\boldsymbol{\alpha},\boldsymbol{\beta}$ 是 n 维列向量. 证明：

(1) $\mathrm{rank}\,(\boldsymbol{A})\leqslant 2$；

(2) 当 $\boldsymbol{\alpha},\boldsymbol{\beta}$ 线性相关时，$\mathrm{rank}\,(\boldsymbol{A})\leqslant 1$.

2. 求下列向量组的一个极大线性无关组，并把不属于极大线性无关组的向量用极大线性无关组表示.

$$\boldsymbol{\alpha}_1=\begin{bmatrix}1\\3\\2\end{bmatrix},\boldsymbol{\alpha}_2=\begin{bmatrix}1\\2\\2\end{bmatrix},\boldsymbol{\alpha}_3=\begin{bmatrix}1\\1\\3\end{bmatrix},\boldsymbol{\alpha}_4=\begin{bmatrix}1\\-4\\8\end{bmatrix},\boldsymbol{\alpha}_5=\begin{bmatrix}1\\5\\-1\end{bmatrix}.$$

3. 设向量组 $\begin{bmatrix}a\\3\\1\end{bmatrix},\begin{bmatrix}2\\b\\3\end{bmatrix},\begin{bmatrix}1\\2\\1\end{bmatrix},\begin{bmatrix}2\\3\\1\end{bmatrix}$ 的秩为 2，求 a,b 的值.

4. 指出向量组 $\boldsymbol{\alpha}_1,\boldsymbol{\alpha}_2,\boldsymbol{\alpha}_3,\boldsymbol{\alpha}_4,\boldsymbol{\alpha}_5$ 的秩，并找出它的一个极大线性无关组，并把不属于极大线性无关组的向量用极大线性无关组表示. 这里向量组 $\boldsymbol{\alpha}_1,\boldsymbol{\alpha}_2,\boldsymbol{\alpha}_3,\boldsymbol{\alpha}_4,\boldsymbol{\alpha}_5$ 构成的矩阵 $\boldsymbol{A}$ 为

$$\boldsymbol{A}=[\boldsymbol{\alpha}_1,\boldsymbol{\alpha}_2,\boldsymbol{\alpha}_3,\boldsymbol{\alpha}_4,\boldsymbol{\alpha}_5]=\begin{bmatrix}3 & 1 & 1 & 0 & 0\\ 2 & 0 & 0 & 1 & 0\\ -5 & 0 & 3 & 0 & 1\end{bmatrix}.$$

5. 设矩阵 $\boldsymbol{A}=[\boldsymbol{\alpha}_1,\boldsymbol{\alpha}_2,\boldsymbol{\alpha}_3,\boldsymbol{\alpha}_4,\boldsymbol{\alpha}_5]=\begin{bmatrix}a & b & b & b & b\\ b & a & b & b & b\\ b & b & a & b & b\\ b & b & b & a & b\\ b & b & b & b & a\end{bmatrix}$，$a,b\neq 0$. 试根据 a,b 的各种取值确定向量组 $\boldsymbol{\alpha}_1,\boldsymbol{\alpha}_2,\boldsymbol{\alpha}_3,\boldsymbol{\alpha}_4,\boldsymbol{\alpha}_5$ 的极大线性无关组，并把其余向量用极大线性无关组线性表示.

4.4　向量空间

内容提要

方程 $2x=3$ 有唯一解是没有疑问的．方程 $x_1+x_2+x_3=0$ 有无穷多个解，不再有唯一的解．

$$x=c_1\begin{bmatrix}1\\0\\-1\end{bmatrix}+c_2\begin{bmatrix}0\\1\\-1\end{bmatrix},c_1,c_2\in\mathbb{R}\text{ 和 }x=k_1\begin{bmatrix}1\\1\\-2\end{bmatrix}+k_2\begin{bmatrix}3\\2\\-5\end{bmatrix},k_1,k_2\in\mathbb{R},$$

都是方程 $x_1+x_2+x_3=0$ 的解，尽管这两个解的外在形式不一样，但这两个解表示的都是同一个集合(解空间)．尽管对有无穷多个解的齐次线性方程组，它们的解的外在形式可能不一致，但同一个方程组的解空间是唯一确定的，或者方程组的解集是唯一确定的．

4.4.1　生成子空间

定义 4.5　设有向量 $\boldsymbol{\alpha}_1,\boldsymbol{\alpha}_2,\cdots,\boldsymbol{\alpha}_r\in\mathbb{R}^n$，向量 $\boldsymbol{\alpha}_1,\boldsymbol{\alpha}_2,\cdots,\boldsymbol{\alpha}_r$ 所有线性组合的全体

$$\{k_1\boldsymbol{\alpha}_1+k_2\boldsymbol{\alpha}_2+\cdots+k_r\boldsymbol{\alpha}_r\mid k_1,k_2,\cdots,k_r\in\mathbb{R}\}$$

称为向量 $\boldsymbol{\alpha}_1,\boldsymbol{\alpha}_2,\cdots,\boldsymbol{\alpha}_r$ 的**生成子空间** (spanning subspace or generating subspace)．通常记为 $\mathrm{span}\{\boldsymbol{\alpha}_1,\boldsymbol{\alpha}_2,\cdots,\boldsymbol{\alpha}_r\}$．

当只有一个向量 $\boldsymbol{\alpha}$ 时，它的生成子空间是形如 $k\boldsymbol{\alpha}$ $(k\in\mathbb{R})$ 向量的全体，两个向量 $\boldsymbol{\alpha}_1,\boldsymbol{\alpha}_2$ 的生成子空间是形如向量 $k_1\boldsymbol{\alpha}_1+k_2\boldsymbol{\alpha}_2$ $(k_1,k_2\in\mathbb{R})$ 的全体．

设方程 $\boldsymbol{Ax}=\boldsymbol{0}$ 的基础解系为 $\boldsymbol{\eta}_1,\boldsymbol{\eta}_2,\boldsymbol{\eta}_3$，则该方程的解空间

$$\boldsymbol{x}=c_1\boldsymbol{\eta}_1+c_2\boldsymbol{\eta}_2+c_3\boldsymbol{\eta}_3,c_1,c_2,c_3\in\mathbb{R}$$

就是向量 $\boldsymbol{\eta}_1,\boldsymbol{\eta}_2,\boldsymbol{\eta}_3$ 的一个生成子空间．

一般地，如果两个向量组是等价的，则它们生成相同的子空间．

定理 4.14　设向量组 $\boldsymbol{\alpha}_1,\boldsymbol{\alpha}_2,\cdots,\boldsymbol{\alpha}_m$ 与向量组 $\boldsymbol{\beta}_1,\boldsymbol{\beta}_2,\cdots,\boldsymbol{\beta}_s$ 等价，记它们生成的子空间分别为

$$\mathrm{span}\{\boldsymbol{\alpha}_1,\boldsymbol{\alpha}_2,\cdots,\boldsymbol{\alpha}_m\}=\{k_1\boldsymbol{\alpha}_1+k_2\boldsymbol{\alpha}_2+\cdots+k_m\boldsymbol{\alpha}_m\mid k_1,k_2,\cdots,k_m\in\mathbb{R}\},$$

$$\mathrm{span}\{\boldsymbol{\beta}_1,\boldsymbol{\beta}_2,\cdots,\boldsymbol{\beta}_s\}=\{l_1\boldsymbol{\beta}_1+l_2\boldsymbol{\beta}_2+\cdots+l_s\boldsymbol{\beta}_s\mid l_1,l_2,\cdots,l_s\in\mathbb{R}\},$$

则这两个生成子空间是相同的．即有 $\mathrm{span}\{\boldsymbol{\alpha}_1,\boldsymbol{\alpha}_2,\cdots,\boldsymbol{\alpha}_m\}=\mathrm{span}\{\boldsymbol{\beta}_1,\boldsymbol{\beta}_2,\cdots,\boldsymbol{\beta}_s\}$.

因为向量子空间是一个集合，所以要证明两个子空间相等，只要按照证明集合相等的方法，能证明这两个子空间互相包含就可以了．

证明 因为向量组 $\boldsymbol{\alpha}_1,\boldsymbol{\alpha}_2,\cdots,\boldsymbol{\alpha}_m$ 和 $\boldsymbol{\beta}_1,\boldsymbol{\beta}_2,\cdots,\boldsymbol{\beta}_s$ 是等价的，所以这两个向量组是可以互相线性表示的，即若记 $\boldsymbol{A}=[\boldsymbol{\alpha}_1,\boldsymbol{\alpha}_2,\cdots,\boldsymbol{\alpha}_m]$ 和 $\boldsymbol{B}=[\boldsymbol{\beta}_1,\boldsymbol{\beta}_2,\cdots,\boldsymbol{\beta}_s]$，则存在矩阵 $\boldsymbol{K},\boldsymbol{M}$ 使得 $\boldsymbol{B}=\boldsymbol{AK},\boldsymbol{A}=\boldsymbol{BM}$ 成立．

生成子空间 $\mathrm{span}\{\boldsymbol{\alpha}_1,\boldsymbol{\alpha}_2,\cdots,\boldsymbol{\alpha}_m\}$ 中的任意一个向量 $\boldsymbol{\alpha}$ 都可以表示成

$$\boldsymbol{\alpha}=k_1\boldsymbol{\alpha}_1+k_2\boldsymbol{\alpha}_2+\cdots+k_m\boldsymbol{\alpha}_m=[\boldsymbol{\alpha}_1,\boldsymbol{\alpha}_2,\cdots,\boldsymbol{\alpha}_m]\begin{bmatrix}k_1\\k_2\\\vdots\\k_m\end{bmatrix},$$

进而可以表示成

$$\boldsymbol{\alpha}=\boldsymbol{A}\begin{bmatrix}k_1\\k_2\\\vdots\\k_m\end{bmatrix}=\boldsymbol{BM}\begin{bmatrix}k_1\\k_2\\\vdots\\k_m\end{bmatrix}=\boldsymbol{B}\left(\boldsymbol{M}\begin{bmatrix}k_1\\k_2\\\vdots\\k_m\end{bmatrix}\right)=[\boldsymbol{\beta}_1,\boldsymbol{\beta}_2,\cdots,\boldsymbol{\beta}_s]\left(\boldsymbol{M}\begin{bmatrix}k_1\\k_2\\\vdots\\k_m\end{bmatrix}\right).$$

所以有

$$\boldsymbol{\alpha}\in\mathrm{span}\{\boldsymbol{\beta}_1,\boldsymbol{\beta}_2,\cdots,\boldsymbol{\beta}_s\}.$$

进而可得

$$\mathrm{span}\{\boldsymbol{\alpha}_1,\boldsymbol{\alpha}_2,\cdots,\boldsymbol{\alpha}_m\}\subseteq\mathrm{span}\{\boldsymbol{\beta}_1,\boldsymbol{\beta}_2,\cdots,\boldsymbol{\beta}_s\}.$$

同理也能证得对任意的 $\boldsymbol{\beta}\in\mathrm{span}\{\boldsymbol{\beta}_1,\boldsymbol{\beta}_2,\cdots,\boldsymbol{\beta}_s\}$ 有

$$\boldsymbol{\beta}\in\mathrm{span}\{\boldsymbol{\alpha}_1,\boldsymbol{\alpha}_2,\cdots,\boldsymbol{\alpha}_m\}.$$

进而可得

$$\mathrm{span}\{\boldsymbol{\alpha}_1,\boldsymbol{\alpha}_2,\cdots,\boldsymbol{\alpha}_m\}\supseteq\mathrm{span}\{\boldsymbol{\beta}_1,\boldsymbol{\beta}_2,\cdots,\boldsymbol{\beta}_s\}.$$

所以这两个生成子空间对应的集合是相等的．证毕． ■

和矩阵 $\boldsymbol{A}\in\mathbb{R}^{m\times n}$ 相关的四个子空间为矩阵 $\boldsymbol{A}$ 的**列向量组生成的子空间**，也称为**矩阵 $\boldsymbol{A}$ 的值域**（range）或**矩阵 $\boldsymbol{A}$ 的列空间**（column space），记为 $\mathrm{Col}(\boldsymbol{A})$，也可表示为

$$\mathrm{Col}(\boldsymbol{A})=\{\boldsymbol{y}\mid\boldsymbol{y}=\boldsymbol{Ax},\boldsymbol{x}\in\mathbb{R}^n\}.$$

矩阵 $\boldsymbol{A}$ 的**行向量组生成的子空间**记为 $\mathrm{Row}(\boldsymbol{A})$，即有

$$\mathrm{Row}(\boldsymbol{A})=\{\boldsymbol{y}\mid\boldsymbol{y}=\boldsymbol{A}^{\mathrm{T}}\boldsymbol{x}\in\mathbb{R}^m\}.$$

以 $\boldsymbol{A}$ 为系数矩阵的方程$\boldsymbol{Ax}=\boldsymbol{0}$的解空间记为 $\mathrm{Null}(\boldsymbol{A})$，也称为**矩阵 A 的零空间**（null space or kernel），即有

$$\mathrm{Null}(\boldsymbol{A})=\{\boldsymbol{x}\mid \boldsymbol{Ax}=\boldsymbol{0},\boldsymbol{x}\in\mathbb{R}^n\}.$$

方程组 $\boldsymbol{A}^{\mathrm{T}}\boldsymbol{y}=\boldsymbol{0}$ 的解空间即**矩阵 $\boldsymbol{A}^{\mathrm{T}}$ 的零空间** $\mathrm{Null}(\boldsymbol{A}^{\mathrm{T}})$，即有

$$\mathrm{Null}(\boldsymbol{A}^{\mathrm{T}})=\{\boldsymbol{y}\mid \boldsymbol{A}^{\mathrm{T}}\boldsymbol{y}=\boldsymbol{0},\boldsymbol{y}\in\mathbb{R}^m\}.$$

例 4.12 设矩阵

$$\boldsymbol{A}=(a_{ij})_{m\times n}=[\boldsymbol{\alpha}_1,\boldsymbol{\alpha}_2,\cdots,\boldsymbol{\alpha}_n]=\begin{bmatrix}\boldsymbol{\beta}_1\\\boldsymbol{\beta}_2\\\vdots\\\boldsymbol{\beta}_m\end{bmatrix}\in\mathbb{R}^{m\times n},$$

则矩阵 $\boldsymbol{A}$ 的行空间 $\mathrm{Row}(\boldsymbol{A})$ 为

$$\mathrm{Row}(\boldsymbol{A})=\mathrm{span}\{\boldsymbol{\beta}_1,\boldsymbol{\beta}_2,\cdots,\boldsymbol{\beta}_m\}=\{k_1\boldsymbol{\beta}_1+k_2\boldsymbol{\beta}_2+\cdots+k_m\boldsymbol{\beta}_m\mid k_1,k_2,\cdots,k_m\in\mathbb{R}\}.$$

矩阵的列空间或值域 $\mathrm{Col}(\boldsymbol{A})$ 为

$$\mathrm{Col}(\boldsymbol{A})=\mathrm{span}\{\boldsymbol{\alpha}_1,\boldsymbol{\alpha}_2,\cdots,\boldsymbol{\alpha}_n\}=\{l_1\boldsymbol{\alpha}_1+l_2\boldsymbol{\alpha}_2+\cdots+l_n\boldsymbol{\alpha}_n\mid l_1,l_2,\cdots,l_n\in\mathbb{R}^n\}.$$

矩阵 $\boldsymbol{A}$ 的核 $\mathrm{Null}(\boldsymbol{A})$，即为方程 $\boldsymbol{Ax}=\boldsymbol{0}$ 的解空间

$$\mathrm{Null}(\boldsymbol{A})=\{\boldsymbol{x}\mid \boldsymbol{Ax}=\boldsymbol{0},\boldsymbol{x}\in\mathbb{R}^n\}.$$

$\boldsymbol{A}^{\mathrm{T}}$ 的核空间为

$$\mathrm{Null}(\boldsymbol{A}^{\mathrm{T}})=\{\boldsymbol{y}\mid \boldsymbol{A}^{\mathrm{T}}\boldsymbol{y}=\boldsymbol{0},\boldsymbol{y}\in\mathbb{R}^m\}.$$

■

如果我们对集合

$$\{k_1\boldsymbol{\alpha}_1+k_2\boldsymbol{\alpha}_2+\cdots+k_r\boldsymbol{\alpha}_r\mid k_1,k_2,\cdots,k_r\in\mathbb{R}\}$$

中的向量进一步审视就会发现，这个集合的任意两个向量的和仍然具有 m 个向量线性组合的形式，这个集合中任意向量的 k 倍还具有 m 个向量线性组合的形式，即有

$$\begin{aligned}&(k_1\boldsymbol{\alpha}_1+k_2\boldsymbol{\alpha}_2+\cdots+k_r\boldsymbol{\alpha}_r)+(l_1\boldsymbol{\alpha}_1+l_2\boldsymbol{\alpha}_2+\cdots+l_r\boldsymbol{\alpha}_r)\\=&(k_1+l_1)\boldsymbol{\alpha}_1+(k_2+l_2)\boldsymbol{\alpha}_2+\cdots+(k_r+l_r)\boldsymbol{\alpha}_r,\\&s(k_1\boldsymbol{\alpha}_1+k_2\boldsymbol{\alpha}_2+\cdots+k_r\boldsymbol{\alpha}_r)=(sk_1)\boldsymbol{\alpha}_1+(sk_2)\boldsymbol{\alpha}_2+\cdots+(sk_r)\boldsymbol{\alpha}_r.\end{aligned}$$

这样我们可以引申得到一般的向量空间.

4.4.2 向量空间的定义

定义 4.6 设 V 是非空的 n 维向量的集合，且该集合对向量的加法运算和数乘运算封

闭，那么就称集合V构成了一个**向量空间**(vector space). 只含有零向量$\mathbf{0}$的非空集合$\{\mathbf{0}\}$也构成一个向量空间，称为**零空间**.

所谓**封闭**，是指在集合V中的向量对它们向量加法运算和数量乘法运算所得的结果仍属于集合V. 具体就是，若$\boldsymbol{\alpha}_1, \boldsymbol{\alpha}_2 \in V, k_1, k_2 \in \mathbb{R}$，则$k_1\boldsymbol{\alpha}_1 + k_2\boldsymbol{\alpha}_2 \in V$. ■

注：要验证一个向量集合V中的元素$\boldsymbol{\alpha}, \boldsymbol{\beta} \in V$对加法和数乘运算是否封闭可以采用下面的三种方法.

(1) 任取$\boldsymbol{\alpha}, \boldsymbol{\beta} \in V, k \in \mathbb{R}$，直接验证$\boldsymbol{\alpha} + \boldsymbol{\beta} \in V$和$k\boldsymbol{\alpha} \in V$是否成立；

(2) 任取$\boldsymbol{\alpha}, \boldsymbol{\beta} \in V, k, l \in \mathbb{R}$，直接验证$k\boldsymbol{\alpha} + l\boldsymbol{\beta} \in V$是否成立；

(3) 任取$\boldsymbol{\alpha}, \boldsymbol{\beta} \in V, k \in \mathbb{R}$，直接验证$k\boldsymbol{\alpha} + \boldsymbol{\beta} \in V$是否成立.

上面的三种方法中第三种较为简洁，当然我们也可以根据自己的计算习惯任取其中的一种就可以了.

上面提到的生成子空间都是向量空间.

例 4.13 三维向量的全体$\mathbb{R}^3$是一个向量空间. 因为任意若干个三维向量的线性组合仍属于$\mathbb{R}^3$. 类似地，n维向量的全体$\mathbb{R}^n$也是一个向量空间.

例 4.14 系数矩阵为$\boldsymbol{A}$的齐次线性方程组的解的集合

$$S_1 = \{\boldsymbol{x} \mid \boldsymbol{A}\boldsymbol{x} = \mathbf{0}\}$$

是一个向量空间，称为齐次线性方程组的解空间. 因为由齐次线性方程组的解的性质可得其解集S_1对向量的线性运算封闭.

对方程$\boldsymbol{A}\boldsymbol{x} = \mathbf{0}$限定条件$\boldsymbol{B}\boldsymbol{x} = \mathbf{0}$可得齐次线性方程的解的集合

$$S_2 = \left\{\boldsymbol{x} \,\middle|\, \begin{bmatrix} \boldsymbol{A} \\ \boldsymbol{B} \end{bmatrix} \boldsymbol{x} = \mathbf{0}\right\}$$

是一个向量空间，显然向量空间S_2是向量空间S_1的子空间，它们都是n维向量空间$\mathbb{R}^n$的子空间. 这三者间满足条件

$$S_2 \subseteq S_1 \subseteq \mathbb{R}^n.$$

■

例 4.15 非齐次线性方程的解的集合

$$S = \{\boldsymbol{x} \mid \boldsymbol{A}\boldsymbol{x} = \boldsymbol{\beta}\}$$

不是向量空间. 因为当方程无解即S为空集时，S不是向量空间；当S非空时，若$\boldsymbol{\eta} \in S$，则

$$\boldsymbol{A}(2\boldsymbol{\eta}) = 2\boldsymbol{\beta} \neq \boldsymbol{\beta},$$

故$2\boldsymbol{\eta} \notin S$. ■

注 4.4 (1) 求解线性方程$\boldsymbol{A}\boldsymbol{x} = \boldsymbol{\beta}$是一个很重要的课题. 为了把这个问题说清楚，在第一章介绍了克莱姆法则，用来求解方程个数和未知量的个数都相等且系数行列式不为零的

方程 $\boldsymbol{A}\boldsymbol{x}=\boldsymbol{\beta}$. 其实这里需要说明的是如果系数矩阵的行列式为零，只需要找出矩阵 $\boldsymbol{A}$ 的一个最高阶非零子式，这里只考虑这个最高阶非零子式所在行涉及的方程构成的方程组就可以，同时把最高阶行列式没涉及的未知量看作是自由未知量，移项这些自由未知量并视为常数项，就仍可用克莱姆法则解方程组 $\boldsymbol{A}\boldsymbol{x}=\boldsymbol{\beta}$. 这里的关键是怎么能一眼就看出一个最高阶非零子式？

(2) 第二章很好地解决了这个问题．为了消除求解方程 $\boldsymbol{A}\boldsymbol{x}=\boldsymbol{\beta}$ 过程中重复写未知量引起干扰，我们把方程 $\boldsymbol{A}\boldsymbol{x}=\boldsymbol{\beta}$ 抽象为一张数表，引入了增广矩阵，并把对方程组的初等行变换施加到相应的增广矩阵上来，这样求解方程 $\boldsymbol{A}\boldsymbol{x}=\boldsymbol{\beta}$ 就转化为对增广矩阵的运算，将增广矩阵化成行阶梯形（用于判别是否有解，可从行阶梯形直接发现一个最高阶非零子式）和行最简形，为了描述方程组是否有解引入了矩阵的秩．

(3) 有了第二章的准备，第三章从矩阵的视角以线性方程 $\boldsymbol{A}\boldsymbol{x}=\boldsymbol{\beta}$ 的行最简形为基础，介绍了如何从行最简形写出线性方程 $\boldsymbol{A}\boldsymbol{x}=\boldsymbol{\beta}$ 的通解．

(4) 但是尽管线性方程 $\boldsymbol{A}\boldsymbol{x}=\boldsymbol{\beta}$ 的行最简形是唯一的，但由于自由未知量取值可以不尽相同，所以同一个线性方程组解的外在表达形式仍可能有很大差异．为了从这种外在的差异中找出共性，我们引入了向量空间．齐次线性方程 $\boldsymbol{A}\boldsymbol{x}=\boldsymbol{0}$ 的解集的表达形式可能差别很大，但它们本质上都是同一个向量空间．而在向量空间这一层次上，方程 $\boldsymbol{A}\boldsymbol{x}=\boldsymbol{0}$ 的解空间和它的系数矩阵 $\boldsymbol{A}$ 的行空间 Row$\boldsymbol{A}$ 是唯一确定的．这使方程 $\boldsymbol{A}\boldsymbol{x}=\boldsymbol{0}$ 解的唯一性在更高的层次上获得统一．这就是截至目前我们所做工作的主要内容．

我们需要对向量空间的结构做进一步的研究．向量空间的基、维数和坐标构成向量空间的主要内容．

4.4.3 基、维数和坐标

设 $\boldsymbol{A}=[\boldsymbol{\alpha}_1,\boldsymbol{\alpha}_2,\boldsymbol{\alpha}_3]\in\mathbb{R}^{3\times3}$，当方程 $\boldsymbol{A}\boldsymbol{x}=\boldsymbol{\beta}$ 有唯一解时，可将方程 $\boldsymbol{A}\boldsymbol{x}=\boldsymbol{\beta}$ 的增广矩阵 $[\boldsymbol{A},\boldsymbol{\beta}]$ 化成行最简形．这时行最简形中的最后一列就是方程 $\boldsymbol{A}\boldsymbol{x}=\boldsymbol{\beta}$ 的解．

借助向量的语言，上述情况也可表述为在向量空间 $\mathbb{R}^3$ 中，向量组 $\boldsymbol{\alpha}_1,\boldsymbol{\alpha}_2,\boldsymbol{\alpha}_3$ 是线性无关的，它的秩为3，而向量组 $\boldsymbol{\alpha}_1,\boldsymbol{\alpha}_2,\boldsymbol{\alpha}_3,\boldsymbol{\beta}$ 是线性相关的，向量 $\boldsymbol{\beta}$ 可由向量组 $\boldsymbol{\alpha}_1,\boldsymbol{\alpha}_2,\boldsymbol{\alpha}_3$ 线性表示，且这种表示法是唯一的．

在向量空间 $\mathbb{R}^3$ 中就称向量 $\boldsymbol{\alpha}_1,\boldsymbol{\alpha}_2,\boldsymbol{\alpha}_3$ 是向量空间 $\mathbb{R}^3$ 的一个基，向量空间 $\mathbb{R}^3$ 的维数是3. 而方程组 $\boldsymbol{A}\boldsymbol{x}=\boldsymbol{\beta}$ 的唯一解 x_1,x_2,x_3 就称为向量 $\boldsymbol{\beta}$ 在基 $\boldsymbol{\alpha}_1,\boldsymbol{\alpha}_2,\boldsymbol{\alpha}_3$ 下的坐标．下面具体给出向量空间的基、维数和坐标的定义．

定义 4.7 设 V 为向量空间，如果有序向量组 $\boldsymbol{\alpha}_1,\boldsymbol{\alpha}_2,\cdots,\boldsymbol{\alpha}_r$ 是向量空间 V 的一个极大线性无关组，那么称向量组 $\boldsymbol{\alpha}_1,\boldsymbol{\alpha}_2,\cdots,\boldsymbol{\alpha}_r$ 是向量空间 V 的一个**基** (basis)，向量组 $\boldsymbol{\alpha}_1,\boldsymbol{\alpha}_2,\cdots,\boldsymbol{\alpha}_r$ 的秩 r 称为向量空间 V 的**维数** (dimension)，记为 $\dim(V)=r$，并称 V 为 r 维向量空间 (r-dimensional vector space).

零空间只含有零向量，没有极大线性无关组，即零向量空间$\{\mathbf{0}\}$没有基，它的维数为0.

为了方便我们用$\mathscr{A}$表示基$\boldsymbol{\alpha}_1,\boldsymbol{\alpha}_2,\cdots,\boldsymbol{\alpha}_r$，**基向量组前后的顺序是固定不变的，如果改变顺序就是另外一个基**. 基向量对应的矩阵记为$\boldsymbol{A}=[\boldsymbol{\alpha}_1,\boldsymbol{\alpha}_2,\cdots,\boldsymbol{\alpha}_r]$. 显然基构成的向量组是线性无关的，而通常的向量组可能是线性相关的.

定义 4.8 如果在向量空间V中取定一个基$\boldsymbol{\alpha}_1,\boldsymbol{\alpha}_2,\cdots,\boldsymbol{\alpha}_r$，因为$\boldsymbol{\alpha}_1,\boldsymbol{\alpha}_2,\cdots,\boldsymbol{\alpha}_r$是$V$的一个极大线性无关组，所以任意的向量$\boldsymbol{x}$可唯一地表示为

$$\boldsymbol{x}=k_1\boldsymbol{\alpha}_1+k_2\boldsymbol{\alpha}_2+\cdots+k_r\boldsymbol{\alpha}_r.$$

这时有序数组$k_1,k_2,\cdots,k_r$称为向量$\boldsymbol{x}$在基$\boldsymbol{\alpha}_1,\boldsymbol{\alpha}_2,\cdots,\boldsymbol{\alpha}_r$下的坐标.

特别地，在n维向量空间$\mathbb{R}^n$中取单位向量组

$$\boldsymbol{\varepsilon}_1=\begin{bmatrix}1\\0\\\vdots\\0\end{bmatrix},\boldsymbol{\varepsilon}_2=\begin{bmatrix}0\\1\\\vdots\\0\end{bmatrix},,\cdots,\boldsymbol{\varepsilon}_n=\begin{bmatrix}0\\0\\\vdots\\1\end{bmatrix}$$

为基，则向量$\boldsymbol{x}=[x_1,x_2,\cdots,x_n]^{\mathrm{T}}$可以表示为

$$\boldsymbol{x}=x_1\boldsymbol{\varepsilon}_1+x_2\boldsymbol{\varepsilon}_2+\cdots+x_n\boldsymbol{\varepsilon}_n,$$

可见向量$\boldsymbol{x}$在基$\boldsymbol{\varepsilon}_1,\boldsymbol{\varepsilon}_2,\cdots,\boldsymbol{\varepsilon}_n$中的坐标就是该向量的分量. 因此我们称基$\boldsymbol{\varepsilon}_1,\boldsymbol{\varepsilon}_2,\cdots,\boldsymbol{\varepsilon}_n$为$\mathbb{R}^n$中的**自然基或标准基**(standard basis).

显然，n元齐次线性方程$\boldsymbol{Ax}=\mathbf{0}$的基础解系就是该方程解空间的一个基. 基础解系所含解向量的个数就是方程$\boldsymbol{Ax}=\mathbf{0}$解空间$S$的维数. 如果$\mathrm{rank}(\boldsymbol{A})=r$，则有$\dim(S)=n-\mathrm{rank}(\boldsymbol{A})=n-r$.

对于n元齐次线性方程$\boldsymbol{Ax}=\mathbf{0}$，若$\mathrm{rank}(\boldsymbol{A})=r$，$\boldsymbol{\eta}_1,\boldsymbol{\eta}_2,\cdots,\boldsymbol{\eta}_{n-r}$是方程$\boldsymbol{Ax}=\mathbf{0}$的一个基础解系，这时有$\mathrm{rank}[\boldsymbol{\eta}_1,\boldsymbol{\eta}_2,\cdots,\boldsymbol{\eta}_{n-r}]=n-r$. 根据定义3.1，含有$n-r$个参数$k_1,k_2,\cdots,k_{n-r}$的线性组合

$$k_1\boldsymbol{\eta}_1+k_2\boldsymbol{\eta}_2+\cdots+k_{n-r}\boldsymbol{\eta}_{n-r},$$

就是方程$\boldsymbol{Ax}=\mathbf{0}$的通解.

若$\boldsymbol{\eta}_0$是非齐次线性方程$\boldsymbol{Ax}=\boldsymbol{\beta}$的一个特解，$k_1\boldsymbol{\eta}_1+k_2\boldsymbol{\eta}_2+\cdots+k_{n-r}\boldsymbol{\eta}_{n-r}$是导出$\boldsymbol{Ax}=\mathbf{0}$的通解，根据定义3.2，非齐次线性方程$\boldsymbol{Ax}=\boldsymbol{\beta}$的通解是

$$k_1\boldsymbol{\eta}_1+k_2\boldsymbol{\eta}_2+\cdots+k_{n-r}\boldsymbol{\eta}_{n-r}+\boldsymbol{\eta}_0.$$

例 4.16 设

$$\boldsymbol{A}=[\boldsymbol{\alpha}_1,\boldsymbol{\alpha}_2,\boldsymbol{\alpha}_3]=\begin{bmatrix}2&2&-1\\2&-1&2\\-1&2&2\end{bmatrix},\boldsymbol{B}=[\boldsymbol{\beta}_1,\boldsymbol{\beta}_2]=\begin{bmatrix}1&4\\0&3\\-4&2\end{bmatrix}.$$

验证 $\boldsymbol{\alpha}_1,\boldsymbol{\alpha}_2,\boldsymbol{\alpha}_3$ 是 $\mathbb{R}^3$ 的一个基,并求 $\boldsymbol{\beta}_1,\boldsymbol{\beta}_2$ 在这个基下的坐标.

解 要证 $\boldsymbol{\alpha}_1,\boldsymbol{\alpha}_2,\boldsymbol{\alpha}_3$ 是 $\mathbb{R}^3$ 的一个基,只要证 $\boldsymbol{\alpha}_1,\boldsymbol{\alpha}_2,\boldsymbol{\alpha}_3$ 线性无关,即只要证 $\operatorname{rank}(\boldsymbol{A})=3$ 即可.

设 $\boldsymbol{\beta}_1=x_{11}\boldsymbol{\alpha}_1+x_{21}\boldsymbol{\alpha}_2+x_{31}\boldsymbol{\alpha}_3$,$\boldsymbol{\beta}_2=x_{12}\boldsymbol{\alpha}_1+x_{22}\boldsymbol{\alpha}_2+x_{32}\boldsymbol{\alpha}_3$,即

$$[\boldsymbol{\alpha}_1,\boldsymbol{\alpha}_2,\boldsymbol{\alpha}_3]\begin{bmatrix}x_{11}\\x_{21}\\x_{31}\end{bmatrix}=\boldsymbol{\beta}_1,\ [\boldsymbol{\alpha}_1,\boldsymbol{\alpha}_2,\boldsymbol{\alpha}_3]\begin{bmatrix}x_{12}\\x_{22}\\x_{32}\end{bmatrix}=\boldsymbol{\beta}_2.$$

将上面的两个方程记为 $\boldsymbol{A}\boldsymbol{x}_1=\boldsymbol{\beta}_1$,$\boldsymbol{A}\boldsymbol{x}_2=\boldsymbol{\beta}_2$.

对矩阵 $[\boldsymbol{A},\boldsymbol{\beta}_1,\boldsymbol{\beta}_2]$ 施行初等行变换,将其化成行最简形.若 $\boldsymbol{A}$ 能化成单位矩阵 $\boldsymbol{I}$,则 $\boldsymbol{\alpha}_1$,$\boldsymbol{\alpha}_2,\boldsymbol{\alpha}_3$ 为 $\mathbb{R}^3$ 的一组基,且当用初等行变换将矩阵 $\boldsymbol{A}$ 化成 $\boldsymbol{I}$ 时,同样的初等行变换将向量 $\boldsymbol{\beta}_1$,$\boldsymbol{\beta}_2$ 化成向量 $\boldsymbol{x}_1,\boldsymbol{x}_2$.

$$\begin{aligned}[\boldsymbol{A},\boldsymbol{B}]&=\begin{bmatrix}2&2&-1&1&4\\2&-1&2&0&3\\-1&2&2&-4&2\end{bmatrix}\\
&\overset{\frac{1}{3}(r_1+r_2+r_3)}{\underset{r_3+r_1}{\overset{r_2-2r_1}{\sim}}}\begin{bmatrix}1&1&1&-1&3\\0&-3&0&2&-3\\0&3&3&-5&5\end{bmatrix}\\
&\underset{r_3\div 3}{\overset{r_2\div(-3)}{\sim}}\begin{bmatrix}1&1&1&-1&3\\0&1&0&-\frac{2}{3}&1\\0&1&1&-\frac{5}{3}&\frac{5}{3}\end{bmatrix}\\
&\underset{r_3-r_2}{\overset{r_1-r_3}{\sim}}\begin{bmatrix}1&0&0&\frac{2}{3}&\frac{4}{3}\\0&1&0&-\frac{2}{3}&1\\0&0&1&-1&\frac{2}{3}\end{bmatrix},\end{aligned}$$

因为 $\boldsymbol{A}\sim\boldsymbol{I}$,故 $\boldsymbol{\alpha}_1,\boldsymbol{\alpha}_2,\boldsymbol{\alpha}_3$ 为 $\mathbb{R}^3$ 的一个基,且有

$$[\boldsymbol{\beta}_1,\boldsymbol{\beta}_2]=[\boldsymbol{\alpha}_1,\boldsymbol{\alpha}_2,\boldsymbol{\alpha}_3]\begin{bmatrix}\frac{2}{3} & \frac{4}{3}\\ -\frac{2}{3} & 1\\ -1 & \frac{2}{3}\end{bmatrix},$$

即 $\boldsymbol{\beta}_1,\boldsymbol{\beta}_2$ 在基 $\boldsymbol{\alpha}_1,\boldsymbol{\alpha}_2,\boldsymbol{\alpha}_3$ 下的坐标依次为 $\begin{bmatrix}\frac{2}{3}\\ -\frac{2}{3}\\ -1\end{bmatrix}$ 和 $\begin{bmatrix}\frac{4}{3}\\ 1\\ \frac{2}{3}\end{bmatrix}$. ■

4.4.4 基变换与坐标变换

在 $\mathbb{R}^3$ 中取定一个基 $\boldsymbol{\alpha}_1,\boldsymbol{\alpha}_2,\boldsymbol{\alpha}_3$,这时向量 $\boldsymbol{\beta}$ 在基 $\boldsymbol{\alpha}_1,\boldsymbol{\alpha}_2,\boldsymbol{\alpha}_3$ 下就有唯一的坐标表示,记为 $\boldsymbol{x}=\begin{bmatrix}x_1\\ x_2\\ x_3\end{bmatrix}$. 即有

$$x_1\boldsymbol{\alpha}_1+x_2\boldsymbol{\alpha}_2+x_3\boldsymbol{\alpha}_3=\boldsymbol{\beta}.$$

如果在 $\mathbb{R}^3$ 中再取定一个基 $\boldsymbol{\gamma}_1,\boldsymbol{\gamma}_2,\boldsymbol{\gamma}_3$,设向量 $\boldsymbol{\beta}$ 在基 $\boldsymbol{\gamma}_1,\boldsymbol{\gamma}_2,\boldsymbol{\gamma}_3$ 下的坐标表示为 $\boldsymbol{k}=\begin{bmatrix}k_1\\ k_2\\ k_3\end{bmatrix}$,即有

$$k_1\boldsymbol{\gamma}_1+k_2\boldsymbol{\gamma}_2+k_3\boldsymbol{\gamma}_3=\boldsymbol{\beta}.$$

这时坐标 $\begin{bmatrix}x_1\\ x_2\\ x_3\end{bmatrix}$ 和 $\begin{bmatrix}k_1\\ k_2\\ k_3\end{bmatrix}$ 有什么关系呢?

基 $\boldsymbol{\alpha}_1,\boldsymbol{\alpha}_2,\boldsymbol{\alpha}_3$ 构成一个 3×3 的可逆矩阵,记为 $\boldsymbol{A}=[\boldsymbol{\alpha}_1,\boldsymbol{\alpha}_2,\boldsymbol{\alpha}_3]$,基 $\boldsymbol{\gamma}_1,\boldsymbol{\gamma}_2,\boldsymbol{\gamma}_3$ 也构成一个可逆矩阵,记为 $\boldsymbol{B}=[\boldsymbol{\gamma}_1,\boldsymbol{\gamma}_2,\boldsymbol{\gamma}_3]$,则有

$$x_1\boldsymbol{\alpha}_1+x_2\boldsymbol{\alpha}_2+x_3\boldsymbol{\alpha}_3=\boldsymbol{Ax}=\boldsymbol{Bk}=k_1\boldsymbol{\gamma}_1+k_2\boldsymbol{\gamma}_2+k_3\boldsymbol{\gamma}_3.$$

所以可得 $\boldsymbol{Ax}=\boldsymbol{Bk}$, $\boldsymbol{x}=\boldsymbol{A}^{-1}\boldsymbol{Bk}$. 这就是**从坐标 $\boldsymbol{k}$ 到坐标 $\boldsymbol{x}$ 的坐标变换公式**(transformation of coordinates). 反之,从坐标 $\boldsymbol{x}$ 到坐标 $\boldsymbol{k}$ 的坐标变换公式为 $\boldsymbol{k}=(\boldsymbol{B}^{-1}\boldsymbol{A})\boldsymbol{x}$.

基 $\boldsymbol{\alpha}_1,\boldsymbol{\alpha}_2,\boldsymbol{\alpha}_3$ 和 $\boldsymbol{\gamma}_1,\boldsymbol{\gamma}_2,\boldsymbol{\gamma}_3$ 都是 $\mathbb{R}^3$ 的极大线性无关组,它们是等价的,如何用其中的一个来表示另一个呢? 因为 $\mathbb{R}^3$ 中的基向量构成的矩阵 $\boldsymbol{A},\boldsymbol{B}$ 都是可逆矩阵,所以有 $\boldsymbol{B}=\boldsymbol{A}(\boldsymbol{A}^{-1}\boldsymbol{B})$. 进一步可写为

$$[\boldsymbol{\gamma}_1,\boldsymbol{\gamma}_2,\boldsymbol{\gamma}_3]=[\boldsymbol{\alpha}_1,\boldsymbol{\alpha}_2,\boldsymbol{\alpha}_3](\boldsymbol{A}^{-1}\boldsymbol{B}).$$

这里 $\boldsymbol{A}^{-1}\boldsymbol{B}$ 就是从基 $\boldsymbol{\alpha}_1,\boldsymbol{\alpha}_2,\boldsymbol{\alpha}_3$ 到 $\boldsymbol{\gamma}_1,\boldsymbol{\gamma}_2,\boldsymbol{\gamma}_3$ 的过渡矩阵(transition matrix). 反之,从基 $\boldsymbol{\gamma}_1,\boldsymbol{\gamma}_2,\boldsymbol{\gamma}_3$ 到基 $\boldsymbol{\alpha}_1,\boldsymbol{\alpha}_2,\boldsymbol{\alpha}_3$ 的过渡矩阵为 $\boldsymbol{B}^{-1}\boldsymbol{A}$.

例 4.17 设 $\mathbb{R}^2$ 的两个基 $\mathscr{A}$ 和 $\mathscr{B}$ 为

$$\mathscr{A}:\boldsymbol{\alpha}_1=\begin{bmatrix}1\\-4\end{bmatrix},\boldsymbol{\alpha}_2=\begin{bmatrix}3\\-5\end{bmatrix};\mathscr{B}:\boldsymbol{\gamma}_1=\begin{bmatrix}-9\\1\end{bmatrix},\boldsymbol{\gamma}_2=\begin{bmatrix}-5\\-1\end{bmatrix}.$$

(1) 求由基 $\mathscr{A}$ 到基 $\mathscr{B}$ 的过渡矩阵;

(2) 设向量 $\boldsymbol{\beta}$ 在基 $\mathscr{A}$ 下的坐标为 $\begin{bmatrix}-3\\2\end{bmatrix}$,求 $\boldsymbol{\beta}$ 在基 $\mathscr{B}$ 下的坐标.

解 (1) 记基 $\mathscr{A}$ 的向量 $\boldsymbol{\alpha}_1,\boldsymbol{\alpha}_2$ 构成矩阵 $\boldsymbol{A}$,基 $\mathscr{B}$ 的向量 $\boldsymbol{\gamma}_1,\boldsymbol{\gamma}_2$ 构成矩阵 $\boldsymbol{B}$. 基 $\mathscr{A}$ 到基 $\mathscr{B}$ 的过渡矩阵 $\boldsymbol{P}=\boldsymbol{A}^{-1}\boldsymbol{B}$. 用矩阵的初等行变换把矩阵 $[\boldsymbol{A},\boldsymbol{B}]$ 中的 $\boldsymbol{A}$ 变成 $\boldsymbol{I}$,则 $\boldsymbol{B}$ 相应地变成 $\boldsymbol{A}^{-1}\boldsymbol{B}$.

$$\begin{aligned}[\boldsymbol{A},\boldsymbol{B}] &= [\boldsymbol{\alpha}_1,\boldsymbol{\alpha}_2,\boldsymbol{\gamma}_1,\boldsymbol{\gamma}_2]\\ &=\begin{bmatrix}1&3&-9&-5\\-4&-5&1&-1\end{bmatrix}\\ &\overset{r}{\sim}\begin{bmatrix}1&0&6&4\\0&1&-5&-3\end{bmatrix}.\end{aligned}$$

于是,过渡矩阵 $\boldsymbol{P}=\begin{bmatrix}6&4\\-5&-3\end{bmatrix}$.

(2) 向量 $\boldsymbol{\beta}$ 在基 $\mathscr{A}$ 下的坐标为 $\begin{bmatrix}3\\-2\end{bmatrix}$,设 $\boldsymbol{\beta}$ 在基 $\mathscr{B}$ 下的坐标为 $\boldsymbol{x}$,则有

$$\boldsymbol{A}\begin{bmatrix}3\\-2\end{bmatrix}=\boldsymbol{B}\boldsymbol{x}.$$

求得 $\boldsymbol{x}=\boldsymbol{B}^{-1}\boldsymbol{A}\begin{bmatrix}3\\-2\end{bmatrix}$.

易求得 $\boldsymbol{B}^{-1}\boldsymbol{A}=\boldsymbol{P}^{-1}=\dfrac{1}{2}\begin{bmatrix}-3&-4\\5&6\end{bmatrix}$,故向量 $\boldsymbol{\beta}$ 在基 $\mathscr{B}$ 中的坐标(向量)为

$$\boldsymbol{P}^{-1}\begin{bmatrix}3\\-2\end{bmatrix}=\frac{1}{2}\begin{bmatrix}-3&-4\\5&6\end{bmatrix}\begin{bmatrix}3\\-2\end{bmatrix}=\begin{bmatrix}\frac{1}{2}\\1\end{bmatrix},$$

即向量 $\boldsymbol{\beta}$ 在基 $\mathscr{B}$ 中的坐标为 $\begin{bmatrix}\frac{1}{2}\\1\end{bmatrix}$. ■

4.4.5 向量到子空间的投影向量

在 n 维向量空间 $\mathbb{R}^n$ 中除了有基维数和坐标等概念外，二维平面内向量的分解还可在 n 维向量空间中进行推广．二维平面内有向量加法的平行四边形法则，它也可解释为对平行四边形对角线向量的一种分解．

设 $\boldsymbol{\alpha}_1,\boldsymbol{\alpha}_2,\cdots,\boldsymbol{\alpha}_n$ 是 n 维向量空间 $\mathbb{R}^n$ 的一个基，向量 $\boldsymbol{\beta}$ 在这个基上有唯一的分解式：

$$x_1\boldsymbol{\alpha}_1+\cdots+x_r\boldsymbol{\alpha}_r+x_{r+1}\boldsymbol{\alpha}_{r+1}+\cdots+x_n\boldsymbol{\alpha}_n=\boldsymbol{\beta}.$$

这时把分解式分为两个部分，例如可记为

$$(x_1\boldsymbol{\alpha}_1+\cdots+x_r\boldsymbol{\alpha}_r)+(x_{r+1}\boldsymbol{\alpha}_{r+1}+\cdots+x_n\boldsymbol{\alpha}_n)=\boldsymbol{\beta}.$$

这时称向量 $x_1\boldsymbol{\alpha}_1+\cdots+x_r\boldsymbol{\alpha}_r$ 就是向量 $\boldsymbol{\beta}$ 沿子空间 $\operatorname{span}\{\boldsymbol{\alpha}_{r+1},\cdots,\boldsymbol{\alpha}_n\}$ 到子空间 $\operatorname{span}\{\boldsymbol{\alpha}_1,\cdots,\boldsymbol{\alpha}_r\}$ 上的**投影向量**（projection vector）．

下面推导如何求一个向量在一个子空间上的投影向量．假设 $\boldsymbol{\alpha}_1,\boldsymbol{\alpha}_2,\cdots,\boldsymbol{\alpha}_n$ 是 $\mathbb{R}^n$ 的一个基，记

$$\boldsymbol{A}=[\boldsymbol{\alpha}_1,\boldsymbol{\alpha}_2,\cdots,\boldsymbol{\alpha}_r],\boldsymbol{B}=[\boldsymbol{\alpha}_{r+1},\boldsymbol{\alpha}_{r+2},\cdots,\boldsymbol{\alpha}_n],\boldsymbol{x}_1=\begin{bmatrix}x_1\\ \vdots\\ x_r\end{bmatrix},\boldsymbol{x}_2=\begin{bmatrix}x_{r+1}\\ \vdots\\ x_n\end{bmatrix},\boldsymbol{x}=\begin{bmatrix}\boldsymbol{x}_1\\ \boldsymbol{x}_2\end{bmatrix}.$$

这样向量 $\boldsymbol{\beta}$ 在 n 维向量空间 $\mathbb{R}^n$ 内分解式就可记为

$$\boldsymbol{A}\boldsymbol{x}_1+\boldsymbol{B}\boldsymbol{x}_2=\boldsymbol{\beta}\text{ 或 }[\boldsymbol{A},\boldsymbol{B}]\begin{bmatrix}\boldsymbol{x}_1\\ \boldsymbol{x}_2\end{bmatrix}=\boldsymbol{\beta}.$$

注意到矩阵 $[\boldsymbol{A},\boldsymbol{B}]$ 是可逆的，所以有 $\begin{bmatrix}\boldsymbol{x}_1\\ \boldsymbol{x}_2\end{bmatrix}=[\boldsymbol{A},\boldsymbol{B}]^{-1}\boldsymbol{\beta}$，进而可得

$$\boldsymbol{A}\boldsymbol{x}_1=\boldsymbol{A}\boldsymbol{x}_1+\boldsymbol{O}\boldsymbol{x}_2=[\boldsymbol{A},\boldsymbol{O}]\begin{bmatrix}\boldsymbol{x}_1\\ \boldsymbol{x}_2\end{bmatrix}=[\boldsymbol{A},\boldsymbol{O}]\,[\boldsymbol{A},\boldsymbol{B}]^{-1}\boldsymbol{\beta}.$$

显然如果是求向量 $\boldsymbol{\beta}$ 沿子空间 $\operatorname{span}\{\boldsymbol{\alpha}_1,\cdots,\boldsymbol{\alpha}_r\}$ 到子空间 $\operatorname{span}\{\boldsymbol{\alpha}_{r+1},\cdots,\boldsymbol{\alpha}_n\}$ 的投影向量 $\boldsymbol{B}\boldsymbol{x}_2$，则有

$$\boldsymbol{B}\boldsymbol{x}_2=\boldsymbol{O}\boldsymbol{x}_1+\boldsymbol{B}\boldsymbol{x}_2=[\boldsymbol{O},\boldsymbol{B}]\,[\boldsymbol{A},\boldsymbol{B}]^{-1}\boldsymbol{\beta}$$

例 4.18 向量

$$\boldsymbol{\alpha}_1=\begin{bmatrix}1\\-1\\-1\\1\end{bmatrix},\boldsymbol{\alpha}_2=\begin{bmatrix}1\\-1\\1\\-3\end{bmatrix},\boldsymbol{\alpha}_3=\begin{bmatrix}1\\1\\0\\0\end{bmatrix},\boldsymbol{\alpha}_4=\begin{bmatrix}1\\0\\2\\1\end{bmatrix}$$

是 $\mathbb{R}^4$ 的一个基,求向量 $\boldsymbol{\beta}=\begin{bmatrix}4\\-1\\2\\-1\end{bmatrix}$ 沿子空间 $\text{span}\{\boldsymbol{\alpha}_1,\boldsymbol{\alpha}_2\}$ 到子空间 $\text{span}\{\boldsymbol{\alpha}_3,\boldsymbol{\alpha}_4\}$ 上的投影向量.

解 求解方程 $x_1\boldsymbol{\alpha}_1+x_2\boldsymbol{\alpha}_2+x_3\boldsymbol{\alpha}_3+x_4\boldsymbol{\alpha}_4=\boldsymbol{\beta}$ 可得 $\boldsymbol{x}=\begin{bmatrix}1\\1\\1\\1\end{bmatrix}$,所以向量沿子空间 $\text{span}\{\boldsymbol{\alpha}_1,\boldsymbol{\alpha}_2\}$ 到子空间 $\text{span}\{\boldsymbol{\alpha}_3,\boldsymbol{\alpha}_4\}$ 上的投影向量是

$$\boldsymbol{\alpha}_3+\boldsymbol{\alpha}_4=\begin{bmatrix}2\\1\\2\\1\end{bmatrix}.$$

反之,向量 $\boldsymbol{\beta}$ 沿子空间 $\text{span}\{\boldsymbol{\alpha}_3,\boldsymbol{\alpha}_4\}$ 到子空间 $\text{span}\{\boldsymbol{\alpha}_1,\boldsymbol{\alpha}_2\}$ 上的投影向量是

$$\boldsymbol{\alpha}_1+\boldsymbol{\alpha}_2=\begin{bmatrix}2\\-2\\0\\-2\end{bmatrix}.$$

注意到

$$\boldsymbol{\alpha}_1+\boldsymbol{\alpha}_2=2\begin{bmatrix}1\\-1\\0\\-1\end{bmatrix}=2\boldsymbol{\gamma}_1,\boldsymbol{\alpha}_1-\boldsymbol{\alpha}_2=2\begin{bmatrix}0\\0\\-1\\2\end{bmatrix}=2\boldsymbol{\gamma}_2,$$

$$\boldsymbol{\alpha}_3+\boldsymbol{\alpha}_4=\begin{bmatrix}2\\1\\2\\1\end{bmatrix}=\boldsymbol{\gamma}_3,\boldsymbol{\alpha}_3-\boldsymbol{\alpha}_4=\begin{bmatrix}0\\1\\-2\\-1\end{bmatrix}=\boldsymbol{\gamma}_4.$$

求解方程 $y_1\boldsymbol{\gamma}_1+y_2\boldsymbol{\gamma}_2+y_3\boldsymbol{\gamma}_3+y_4\boldsymbol{\gamma}_4=\boldsymbol{\beta}$ 可得 $\boldsymbol{y}=\begin{bmatrix}2\\0\\1\\0\end{bmatrix}$. 所以向量 $\boldsymbol{\beta}$ 在沿子空间 $\text{span}\{\boldsymbol{\gamma}_3,\boldsymbol{\gamma}_4\}$ 到子空间 $\text{span}\{\boldsymbol{\gamma}_1,\boldsymbol{\gamma}_2\}$ 上的投影向量与向量 $\boldsymbol{\beta}$ 沿子空间 $\text{span}\{\boldsymbol{\alpha}_3,\boldsymbol{\alpha}_4\}$ 到子空间 $\text{span}\{\boldsymbol{\alpha}_1,\boldsymbol{\alpha}_2\}$ 上的投影向量完全相同.

4.4.6 小结

本节主要介绍了向量空间的定义,几种重要的生成子空间,向量空间的基、维数和坐标,向量到子空间的投影向量.

4.4.7 习题

1. 判别下列集合是否构成 $\mathbb{R}^3$ 上的向量空间:

(1) $\{\boldsymbol{x}\in\mathbb{R}^3 \mid x_1+x_2+x_3=0\}$;

(2) $\{\boldsymbol{x}\in\mathbb{R}^3 \mid x_1+x_2+x_3=1\}$;

(3) $\{\boldsymbol{x}\in\mathbb{R}^3 \mid x_1=x_2=x_3\}$.

2. 验证 $\boldsymbol{\alpha}_1=\begin{bmatrix}1\\0\\0\end{bmatrix},\boldsymbol{\alpha}_2=\begin{bmatrix}1\\1\\0\end{bmatrix},\boldsymbol{\alpha}_3=\begin{bmatrix}1\\1\\1\end{bmatrix}$ 是 $\mathbb{R}^3$ 的一个基,并求向量 $\boldsymbol{\beta}=\begin{bmatrix}3\\2\\1\end{bmatrix}$ 在这个基下的坐标.

3. 证明向量 $\boldsymbol{\alpha}_1=\begin{bmatrix}1\\1\\0\end{bmatrix},\boldsymbol{\alpha}_2=\begin{bmatrix}1\\0\\1\end{bmatrix}$ 生成的子空间为 L_1,向量 $\boldsymbol{\beta}_1=\begin{bmatrix}2\\-1\\3\end{bmatrix},\boldsymbol{\beta}_2=\begin{bmatrix}0\\1\\-1\end{bmatrix}$ 生成的子空间为 L_2,求证 $L_1=L_2$.

4. 已知 $\boldsymbol{A}=\begin{bmatrix}1&1&2\\0&1&1\\1&3&4\end{bmatrix}$,试求 $\text{Row}(\boldsymbol{A})$,$\text{Col}(\boldsymbol{A})$,$\text{Row}(\boldsymbol{A})^{\text{T}}$,$\text{Col}(\boldsymbol{A}^{\text{T}})$.

5. 设 $\mathbb{R}^3$ 的两个基 Ⅰ 和 Ⅱ 分别为

$$\text{Ⅰ}:\boldsymbol{\alpha}_1=\begin{bmatrix}1\\0\\0\end{bmatrix},\boldsymbol{\alpha}_2=\begin{bmatrix}1\\1\\0\end{bmatrix},\boldsymbol{\alpha}_3=\begin{bmatrix}1\\1\\1\end{bmatrix};\text{Ⅱ}:\boldsymbol{\gamma}_1=\begin{bmatrix}1\\2\\1\end{bmatrix},\boldsymbol{\gamma}_2=\begin{bmatrix}2\\3\\3\end{bmatrix},\boldsymbol{\gamma}_3=\begin{bmatrix}3\\7\\1\end{bmatrix}.$$

(1) 求由基 Ⅰ 到基 Ⅱ 的过渡矩阵;

(2) 设向量 $\boldsymbol{\beta}$ 在基 Ⅰ 下的坐标为 $[-3,2,1]^{\text{T}}$,求 $\boldsymbol{\beta}$ 在基 Ⅱ 下的坐标.

4.5 习题 4

1. 若 $\operatorname{rank}(\boldsymbol{\alpha}_1,\boldsymbol{\alpha}_2,\cdots,\boldsymbol{\alpha}_s)=r$，则（　　）．

A. 向量组中任意 $r-1$ 个向量均线性无关

B. 向量组中向量个数必大于 r

C. 向量组中任意 $r+1$ 个向量均线性相关

D. 向量组中任意 r 个向量均线性无关

2. 设 $\boldsymbol{A},\boldsymbol{B},\boldsymbol{C}$ 均为 n 阶矩阵，若 $\boldsymbol{AB}=\boldsymbol{C}$，且 $\boldsymbol{B}$ 可逆，则（　　）．

A. 矩阵 $\boldsymbol{C}$ 的行向量组与矩阵 $\boldsymbol{A}$ 的行向量组等价

B. 矩阵 $\boldsymbol{C}$ 的列向量组与矩阵 $\boldsymbol{A}$ 的列向量组等价

C. 矩阵 $\boldsymbol{C}$ 的行向量组与矩阵 $\boldsymbol{B}$ 的行向量组等价

D. 矩阵 $\boldsymbol{C}$ 的列向量组与矩阵 $\boldsymbol{B}$ 的列向量组等价

3. 设 $\boldsymbol{\alpha}_1,\boldsymbol{\alpha}_2,\cdots,\boldsymbol{\alpha}_s$ 均为 n 维列向量，$\boldsymbol{A}$ 是 $m\times n$ 矩阵，下列选项正确的是（　　）．

A. 若 $\boldsymbol{\alpha}_1,\boldsymbol{\alpha}_2,\cdots,\boldsymbol{\alpha}_s$ 线性相关，则 $\boldsymbol{A\alpha}_1,\boldsymbol{A\alpha}_2,\cdots,\boldsymbol{A\alpha}_s$ 线性相关

B. 若 $\boldsymbol{\alpha}_1,\boldsymbol{\alpha}_2,\cdots,\boldsymbol{\alpha}_s$ 线性相关，则 $\boldsymbol{A\alpha}_1,\boldsymbol{A\alpha}_2,\cdots,\boldsymbol{A\alpha}_s$ 线性无关

C. 若 $\boldsymbol{\alpha}_1,\boldsymbol{\alpha}_2,\cdots,\boldsymbol{\alpha}_s$ 线性无关，则 $\boldsymbol{A\alpha}_1,\boldsymbol{A\alpha}_2,\cdots,\boldsymbol{A\alpha}_s$ 线性相关

D. 若 $\boldsymbol{\alpha}_1,\boldsymbol{\alpha}_2,\cdots,\boldsymbol{\alpha}_s$ 线性无关，则 $\boldsymbol{A\alpha}_1,\boldsymbol{A\alpha}_2,\cdots,\boldsymbol{A\alpha}_s$ 线性无关

4. 设向量组 $\boldsymbol{\alpha}_1,\boldsymbol{\alpha}_2,\boldsymbol{\alpha}_3$ 线性无关，则下列向量组线性相关的是（　　）．

A. $\boldsymbol{\alpha}_1-\boldsymbol{\alpha}_2,\boldsymbol{\alpha}_2-\boldsymbol{\alpha}_3,\boldsymbol{\alpha}_3-\boldsymbol{\alpha}_1$

B. $\boldsymbol{\alpha}_1+\boldsymbol{\alpha}_2,\boldsymbol{\alpha}_2+\boldsymbol{\alpha}_3,\boldsymbol{\alpha}_3+\boldsymbol{\alpha}_1$

C. $\boldsymbol{\alpha}_1-2\boldsymbol{\alpha}_2,\boldsymbol{\alpha}_2-2\boldsymbol{\alpha}_3,\boldsymbol{\alpha}_3-2\boldsymbol{\alpha}_1$

D. $\boldsymbol{\alpha}_1+2\boldsymbol{\alpha}_2,\boldsymbol{\alpha}_2+2\boldsymbol{\alpha}_3,\boldsymbol{\alpha}_3+2\boldsymbol{\alpha}_1$

5. 设 $\boldsymbol{A},\boldsymbol{B}$ 为满足 $\boldsymbol{AB}=\boldsymbol{O}$ 的任意两个非零矩阵，则必有（　　）．

A. $\boldsymbol{A}$ 的列向量线性相关，$\boldsymbol{B}$ 的行向量线性相关

B. $\boldsymbol{A}$ 的列向量线性相关，$\boldsymbol{B}$ 的列向量线性相关

C. $\boldsymbol{A}$ 的行向量线性相关，$\boldsymbol{B}$ 的行向量线性相关

D. $\boldsymbol{A}$ 的行向量线性相关，$\boldsymbol{B}$ 的列向量线性相关

6. 设向量组 $\boldsymbol{\alpha}_1=\begin{bmatrix}1\\0\\1\end{bmatrix},\boldsymbol{\alpha}_2=\begin{bmatrix}0\\1\\1\end{bmatrix},\boldsymbol{\alpha}_3=\begin{bmatrix}1\\3\\5\end{bmatrix}$ 不能由向量组 $\boldsymbol{\beta}_1=\begin{bmatrix}1\\1\\1\end{bmatrix},\boldsymbol{\beta}_2=\begin{bmatrix}1\\2\\3\end{bmatrix},\boldsymbol{\beta}_3=\begin{bmatrix}3\\4\\a\end{bmatrix}$ 线性表示．

(1) 求 a 的值；

(2) 将向量组 $\boldsymbol{\beta}_1,\boldsymbol{\beta}_2,\boldsymbol{\beta}_3$ 用 $\boldsymbol{\alpha}_1,\boldsymbol{\alpha}_2,\boldsymbol{\alpha}_3$ 线性表示.

7. 设 $\boldsymbol{\alpha}_1,\boldsymbol{\alpha}_2,\cdots,\boldsymbol{\alpha}_s$ 是齐次线性方程 $\boldsymbol{Ax}=\boldsymbol{0}$ 的一个基础解系,向量 $\boldsymbol{\beta}$ 不是方程 $\boldsymbol{Ax}=\boldsymbol{0}$ 的解,即有 $\boldsymbol{A\beta}\neq\boldsymbol{0}$. 试证明向量组 $\boldsymbol{\beta}+\boldsymbol{\alpha}_1,\boldsymbol{\beta}+\boldsymbol{\alpha}_2,\cdots,\boldsymbol{\beta}+\boldsymbol{\alpha}_s$ 线性无关.

8. 设 $\boldsymbol{A}=[\boldsymbol{\alpha}_1,\boldsymbol{\alpha}_2]=\begin{bmatrix}a_{11}&a_{12}\\a_{21}&a_{22}\\a_{31}&a_{32}\\a_{41}&a_{42}\end{bmatrix}$, $\boldsymbol{B}=[\boldsymbol{\beta}_1,\boldsymbol{\beta}_2]=\begin{bmatrix}b_{11}&b_{12}\\b_{21}&b_{22}\\b_{31}&b_{32}\\b_{41}&b_{42}\end{bmatrix}$. 矩阵 $\boldsymbol{B}$ 的列向量组 $\boldsymbol{\beta}_1,\boldsymbol{\beta}_2$ 是线性方程 $\boldsymbol{A}^{\mathrm{T}}\boldsymbol{x}=\boldsymbol{0}$ 的解向量,且构成矩阵 $\boldsymbol{A},\boldsymbol{B}$ 的列向量组 $\boldsymbol{\alpha}_1,\boldsymbol{\alpha}_2$ 和 $\boldsymbol{\beta}_1,\boldsymbol{\beta}_2$ 均是线性无关的. 试证明向量组 $\boldsymbol{\alpha}_1,\boldsymbol{\alpha}_2,\boldsymbol{\beta}_1,\boldsymbol{\beta}_2$ 也是线性无关的.

4.7 自测题 4

一、填空题

1. 向量 $\boldsymbol{\alpha}=\begin{bmatrix}9\\24\\27\end{bmatrix}$ 与 $\boldsymbol{\beta}=\begin{bmatrix}3\\t+1\\9\end{bmatrix}$ 线性相关,则 $t=$________.

2. 设向量 $\boldsymbol{\alpha}_1=\begin{bmatrix}a\\0\\c\end{bmatrix}$, $\boldsymbol{\alpha}_2=\begin{bmatrix}b\\c\\0\end{bmatrix}$, $\boldsymbol{\alpha}_3=\begin{bmatrix}0\\a\\b\end{bmatrix}$ 线性相关,则 a,b,c 满足关系式________.

3. 设 $\boldsymbol{\alpha}_1=\begin{bmatrix}1\\2\end{bmatrix}$, $\boldsymbol{\alpha}_2=\begin{bmatrix}-1\\1\end{bmatrix}$ 与 $\boldsymbol{\beta}_1=\begin{bmatrix}-1\\0\end{bmatrix}$, $\boldsymbol{\beta}_2=\begin{bmatrix}2\\3\end{bmatrix}$ 是 $\mathbb{R}^2$ 的两个基,则从基 $\boldsymbol{\alpha}_1,\boldsymbol{\alpha}_2$ 到 $\boldsymbol{\beta}_1,\boldsymbol{\beta}_2$ 的过渡矩阵为________.

4. 已知向量组 $\boldsymbol{\alpha}_1=\begin{bmatrix}1\\0\\1\end{bmatrix}$, $\boldsymbol{\alpha}_2=\begin{bmatrix}0\\1\\1\end{bmatrix}$, $\boldsymbol{\alpha}_3=\begin{bmatrix}1\\1\\0\end{bmatrix}$ 和 $\boldsymbol{\beta}_1=\begin{bmatrix}1\\1\\1\end{bmatrix}$, $\boldsymbol{\beta}_2=\begin{bmatrix}1\\2\\3\end{bmatrix}$, $\boldsymbol{\beta}_3=\begin{bmatrix}3\\4\\a\end{bmatrix}$,并且向量组 $\boldsymbol{\alpha}_1,\boldsymbol{\alpha}_2,\boldsymbol{\alpha}_3$ 不能由向量组 $\boldsymbol{\beta}_1,\boldsymbol{\beta}_2,\boldsymbol{\beta}_3$ 线性表出,则 $a=$________.

5. 设 $\boldsymbol{A}=\begin{bmatrix}\lambda&1&1\\0&\lambda-1&0\\1&1&\lambda\end{bmatrix}$, $\boldsymbol{\beta}=\begin{bmatrix}a\\1\\1\end{bmatrix}$,已知方程 $\boldsymbol{Ax}=\boldsymbol{\beta}$ 存在两个不同的解,则 $\lambda=$________, $a=$________.

二、选择题

1. 若向量组 $\boldsymbol{\beta}_1,\boldsymbol{\beta}_2,\boldsymbol{\beta}_3$ 线性无关,则下列向量组线性相关的是(　　).

A. $\boldsymbol{\beta}_1-\boldsymbol{\beta}_2,\boldsymbol{\beta}_2-\boldsymbol{\beta}_3,\boldsymbol{\beta}_3-\boldsymbol{\beta}_1$　　B. $\boldsymbol{\beta}_1+\boldsymbol{\beta}_2,\boldsymbol{\beta}_2+\boldsymbol{\beta}_3,\boldsymbol{\beta}_3+\boldsymbol{\beta}_1$

C. $\boldsymbol{\beta}_1,\boldsymbol{\beta}_1+\boldsymbol{\beta}_2,\boldsymbol{\beta}_1+\boldsymbol{\beta}_2+\boldsymbol{\beta}_3$　　D. $\boldsymbol{\beta}_1+\boldsymbol{\beta}_2,2\boldsymbol{\beta}_2+\boldsymbol{\beta}_3,3\boldsymbol{\beta}_3+\boldsymbol{\beta}_1$

2. 设 $\boldsymbol{A}$ 为 $m\times n$ 矩阵，且 $m<n$，若 $\boldsymbol{A}$ 的行向量组线性无关，则方程 $\boldsymbol{Ax}=\boldsymbol{\beta}$ 的解的情况是(　　).

A. 有无穷多解　　B. 无解

C. 有唯一解　　D. 可能有解也可能无解

3. 若向量组 $\boldsymbol{\alpha},\boldsymbol{\beta},\boldsymbol{\gamma}$ 线性无关，向量组 $\boldsymbol{\alpha},\boldsymbol{\beta},\boldsymbol{\delta}$ 线性相关，则(　　).

A. $\boldsymbol{\delta}$ 必可由 $\boldsymbol{\alpha},\boldsymbol{\beta},\boldsymbol{\gamma}$ 线性表示　　B. $\boldsymbol{\beta}$ 必可由 $\boldsymbol{\alpha},\boldsymbol{\gamma},\boldsymbol{\delta}$ 线性表示

C. $\boldsymbol{\gamma}$ 必可由 $\boldsymbol{\alpha},\boldsymbol{\beta},\boldsymbol{\delta}$ 线性表示　　D. $\boldsymbol{\alpha}$ 必可由 $\boldsymbol{\beta},\boldsymbol{\gamma},\boldsymbol{\delta}$ 线性表示

4. 向量组 $\boldsymbol{\alpha}_1,\boldsymbol{\alpha}_2,\cdots,\boldsymbol{\alpha}_m(m\geqslant 2)$ 线性无关的充要条件是(　　).

A. $\boldsymbol{\alpha}_1,\boldsymbol{\alpha}_2,\cdots,\boldsymbol{\alpha}_m$ 都不是零向量

B. $\boldsymbol{\alpha}_1,\boldsymbol{\alpha}_2,\cdots,\boldsymbol{\alpha}_m$ 中任意两个向量都线性无关

C. $\boldsymbol{\alpha}_1,\boldsymbol{\alpha}_2,\cdots,\boldsymbol{\alpha}_m$ 中有一部分向量线性无关

D. $\boldsymbol{\alpha}_1,\boldsymbol{\alpha}_2,\cdots,\boldsymbol{\alpha}_m$ 中任意一个向量都不能由其余 $m-1$ 个向量线性表示

5. 下列命题错误的是(　　).

A. $\boldsymbol{\alpha}_1,\boldsymbol{\alpha}_2,\cdots,\boldsymbol{\alpha}_m$ 中没有一个向量能用其余向量线性表示，则该向量组线性无关

B. 若向量组 $\boldsymbol{\alpha}_1,\boldsymbol{\alpha}_2,\cdots,\boldsymbol{\alpha}_m$ 的秩小于 m，则此向量组必线性相关

C. 任何一组不全为零的数 $k_1,k_2,\cdots,k_m$，使 $k_1\boldsymbol{\alpha}_1+k_2\boldsymbol{\alpha}_2+\cdots+k_m\boldsymbol{\alpha}_m\neq\mathbf{0}$ 则向量组 $\boldsymbol{\alpha}_1,\boldsymbol{\alpha}_2,\cdots,\boldsymbol{\alpha}_m$ 线性无关

D. 若向量组 $\boldsymbol{\alpha}_1,\boldsymbol{\alpha}_2,\cdots,\boldsymbol{\alpha}_r$ 线性无关，向量组 $\boldsymbol{\beta}_1,\boldsymbol{\beta}_2,\cdots,\boldsymbol{\beta}_m$ 也线性无关，则 $\boldsymbol{\alpha}_1,\boldsymbol{\alpha}_2,\cdots,\boldsymbol{\alpha}_r,\boldsymbol{\beta}_1,\boldsymbol{\beta}_2,\cdots,\boldsymbol{\beta}_m$ 的秩为 $r+m$

三、计算题

1. 求向量组 $\boldsymbol{\alpha}_1=(1,2,3,-1)^{\mathrm{T}},\boldsymbol{\alpha}_2=(3,2,1,-1)^{\mathrm{T}},\boldsymbol{\alpha}_3=(2,3,1,1)^{\mathrm{T}},\boldsymbol{\alpha}_4=(2,2,2,-1)^{\mathrm{T}}$ 的秩和一个极大线性无关组，并把不属于极大线性无关组的向量用极大线性无关组线性表示.

2. 当 a 何值时，向量组 $\boldsymbol{\alpha}_1=\begin{bmatrix}1\\2\\3\end{bmatrix},\boldsymbol{\alpha}_2=\begin{bmatrix}3\\-1\\2\end{bmatrix},\boldsymbol{\alpha}_3=\begin{bmatrix}2\\3\\a\end{bmatrix}$ 线性相关？并将向量 $\boldsymbol{\alpha}_3$ 用 $\boldsymbol{\alpha}_1,\boldsymbol{\alpha}_2$ 线性表示.

3. 设向量组 $\begin{bmatrix}a\\3\\1\end{bmatrix},\begin{bmatrix}2\\b\\3\end{bmatrix},\begin{bmatrix}1\\2\\1\end{bmatrix},\begin{bmatrix}2\\3\\1\end{bmatrix}$ 的秩为 2，求 a,b 的值.

4. 已知非齐次线性方程组$\begin{cases} x_1 + x_2 + x_3 + x_4 = -1, \\ 4x_1 + 3x_2 + 5x_3 - x_4 = -1, \\ ax_1 + x_2 + 3x_3 + bx_4 = 1 \end{cases}$有 3 个线性无关的解.

(1) 证明方程组系数矩阵 $\boldsymbol{A}$ 的秩为 2;

(2) 求 a,b 的值及方程组的通解.

5. 已知$\mathbb{R}^3$的两个基为$\boldsymbol{\alpha}_1 = \begin{bmatrix} 1 \\ 1 \\ 1 \end{bmatrix}, \boldsymbol{\alpha}_2 = \begin{bmatrix} 1 \\ 0 \\ -1 \end{bmatrix}, \boldsymbol{\alpha}_3 = \begin{bmatrix} 1 \\ 0 \\ 1 \end{bmatrix}$与$\boldsymbol{\beta}_1 = \begin{bmatrix} 1 \\ 2 \\ 1 \end{bmatrix}, \boldsymbol{\beta}_2 = \begin{bmatrix} 2 \\ 3 \\ 4 \end{bmatrix}, \boldsymbol{\beta}_3 = \begin{bmatrix} 3 \\ 4 \\ 3 \end{bmatrix}$.

(1) 求由基 $\boldsymbol{\alpha}_1, \boldsymbol{\alpha}_2, \boldsymbol{\alpha}_2$ 到基 $\boldsymbol{\beta}_1, \boldsymbol{\beta}_2, \boldsymbol{\beta}_3$ 的过渡矩阵 $\boldsymbol{P}$;

(2) 设向量 $\boldsymbol{x}$ 在前一个基中的坐标为$\begin{bmatrix} 1 \\ 1 \\ 3 \end{bmatrix}$,求它在后一个基中的坐标.

第 5 章　内积空间

在向量空间中引入内积后，向量空间就成为内积空间．向量的长度、两向量间的距离、两向量的正交、勾股定理等内容就可以展开，不相容线性方程组的最小二乘解和极小范数解也可以讨论，至此求解线性方程组的理论得以完整．

你能感知的皆似邻域，你能采取的措施皆似投影！做事情，既要肯定成绩（投影），又要充分估计到困难（整个内积空间）．有限的条件下要抓住事物的主要矛盾（最小二乘法）．

5.1　向量的内积和正交

内容提要

本节引入了向量的内积，并通过向量的内积定义了向量的长度（模），建立了两向量的柯西-施瓦兹（Cauchy-Schwarz）不等式，利用柯西-施瓦兹不等式引入了向量间的夹角，定义了两个向量的正交．

5.1.1　内积的定义和性质

设 $\boldsymbol{A}$ 是 $m\times n$ 矩阵，矩阵和向量的乘法 $\boldsymbol{Ax}=\boldsymbol{\beta}$ 可视为矩阵 $\boldsymbol{A}$ 的行向量 $\boldsymbol{\alpha}_i^{\mathrm{T}}=[a_{i1},a_{i2},\cdots,a_{in}]$ 与向量 $\boldsymbol{x}$ 的内积等于 b_i，即有 $\boldsymbol{\alpha}_i^{\mathrm{T}}\boldsymbol{x}=b_i,i=1,2,\cdots,m$. 而齐次线性方程 $\boldsymbol{Ax}=\boldsymbol{0}$ 表明 $\boldsymbol{\alpha}_i^{\mathrm{T}}\boldsymbol{x}=0$. 这时称向量 $\boldsymbol{\alpha}_i$ 和向量 $\boldsymbol{x}$ 是**正交的**（orthogonal）．引入向量的内积可对线性方程 $\boldsymbol{Ax}=\boldsymbol{\beta}$ 加深理解．下面介绍向量内积的定义和性质．

定义 5.1　设有 n 维向量 $\boldsymbol{\alpha}=[a_1,a_2,\cdots,a_n]^{\mathrm{T}}\in\mathbb{R}^n$，$\boldsymbol{\beta}=[b_1,b_2,\cdots,b_n]^{\mathrm{T}}\in\mathbb{R}^n$，令

$$\langle\boldsymbol{\alpha},\boldsymbol{\beta}\rangle=\boldsymbol{\alpha}^{\mathrm{T}}\boldsymbol{\beta}=a_1b_1+a_2b_2+\cdots+a_nb_n.$$

记号 $\langle\boldsymbol{\alpha},\boldsymbol{\beta}\rangle$ 表示向量 $\boldsymbol{\alpha}$ 与 $\boldsymbol{\beta}$ 的内积或点积（inner product or dot product），数 $a_1b_1+a_2b_2+\cdots+a_nb_n$ 为向量 $\boldsymbol{\alpha}$ 与 $\boldsymbol{\beta}$ 内积的计算表达式．

注意到 $\boldsymbol{A\beta}=\boldsymbol{\gamma}$ 可理解为矩阵 $\boldsymbol{A}$ 的行向量与向量 $\boldsymbol{\beta}$ 的内积等于向量 $\boldsymbol{\gamma}$ 的各分量．由矩阵和向量的乘法性质 $\boldsymbol{A}(k\boldsymbol{\beta})=k\boldsymbol{A\beta}$，$\boldsymbol{A}(\boldsymbol{\beta}_1+\boldsymbol{\beta}_2)=\boldsymbol{A\beta}_1+\boldsymbol{A\beta}_2$，可得内积的性质．

性质 5.1 设有 $\boldsymbol{\alpha},\boldsymbol{\beta},\boldsymbol{\gamma} \in \mathbb{R}^n, k \in \mathbb{R}$. 直接由内积的定义可验证内积具有下面几条性质：

(1) 交换性：$\langle \boldsymbol{\alpha},\boldsymbol{\beta} \rangle = \langle \boldsymbol{\beta},\boldsymbol{\alpha} \rangle$.

(2) 线性性质：$\langle k\boldsymbol{\alpha},\boldsymbol{\beta} \rangle = k\langle \boldsymbol{\alpha},\boldsymbol{\beta} \rangle$.

(3) 分配律：$\langle \boldsymbol{\alpha}+\boldsymbol{\beta},\boldsymbol{\gamma} \rangle = \langle \boldsymbol{\alpha},\boldsymbol{\gamma} \rangle + \langle \boldsymbol{\beta},\boldsymbol{\gamma} \rangle$.

(4) 非负性：$\langle \boldsymbol{\alpha},\boldsymbol{\alpha} \rangle \geqslant 0, \langle \boldsymbol{\alpha},\boldsymbol{\alpha} \rangle = 0 \Leftrightarrow \boldsymbol{\alpha} = \mathbf{0}$.

引入上述内积的向量空间称为**内积空间**（inner product space）.

例 5.1 设 $\boldsymbol{\alpha},\boldsymbol{\beta} \in \mathbb{R}^n, k \in \mathbb{R}$，根据向量内积的性质计算 $\langle \boldsymbol{\alpha}-k\boldsymbol{\beta},\boldsymbol{\alpha}-k\boldsymbol{\beta} \rangle$.

解 根据向量内积的性质直接计算，同时注意到内积具有非负性，可得

$$\begin{aligned}&\langle \boldsymbol{\alpha}-k\boldsymbol{\beta},\boldsymbol{\alpha}-k\boldsymbol{\beta} \rangle \\ &= \langle \boldsymbol{\alpha},\boldsymbol{\alpha} \rangle + \langle -k\boldsymbol{\beta},-k\boldsymbol{\beta} \rangle + 2\langle \boldsymbol{\alpha},-k\boldsymbol{\beta} \rangle \\ &= \langle \boldsymbol{\alpha},\boldsymbol{\alpha} \rangle + k^2\langle \boldsymbol{\beta},\boldsymbol{\beta} \rangle - 2k\langle \boldsymbol{\alpha},\boldsymbol{\beta} \rangle \geqslant 0.\end{aligned}$$

■

5.1.2 向量的长度和正交

根据向量内积的非负性可以引入向量长度(或范数)(length or norm)的定义.

定义 5.2 向量 $\boldsymbol{\alpha} = [a_1, a_2, \cdots, a_n]^{\mathrm{T}} \in \mathbb{R}^n$ 的长度(或范数)记为 $\|\boldsymbol{\alpha}\|$，定义为向量 $\boldsymbol{\alpha}$ 与自身内积的算术根，即有

$$\|\boldsymbol{\alpha}\| = \sqrt{\langle \boldsymbol{\alpha},\boldsymbol{\alpha} \rangle} = \sqrt{a_1^2 + a_2^2 + \cdots + a_n^2}.$$

上述向量的范数也称为欧几里得范数. 向量的长度具有下面的性质：

性质 5.2 (1) 非负性(non-negative)：当 $\boldsymbol{\alpha} \neq \mathbf{0}$ 时，$\|\boldsymbol{\alpha}\| > 0$；当 $\boldsymbol{\alpha} = \mathbf{0}$ 时，$\|\boldsymbol{\alpha}\| = 0$；

(2) 齐次性(homogeneity)：$\|k\boldsymbol{\alpha}\| = |k|\,\|\boldsymbol{\alpha}\|$；

(3) 柯西-施瓦兹不等式(Cauchy-Schwarz inequality)：$|\langle \boldsymbol{\alpha},\boldsymbol{\beta} \rangle| \leqslant \|\boldsymbol{\alpha}\|\,\|\boldsymbol{\beta}\|$；

(4) 三角不等式(triangle inequality)：$\|\boldsymbol{\alpha}+\boldsymbol{\beta}\| \leqslant \|\boldsymbol{\alpha}\| + \|\boldsymbol{\beta}\|$.

注意：柯西-施瓦兹不等式中左端的绝对值符号不能去掉，尽管去掉后不等式仍然成立，但含义已经完全不同了. 前两条性质可由向量长度的定义直接得到，下面我们用二次函数的判别式的性质来证明柯西-施瓦兹不等式.

证明 (3) 任作向量 $\boldsymbol{\gamma} = \boldsymbol{\alpha} - k\boldsymbol{\beta}, k \in \mathbb{R}$. 由内积的非负性可得 $\langle \boldsymbol{\gamma},\boldsymbol{\gamma} \rangle \geqslant 0$，即有

$$\begin{aligned}\langle \boldsymbol{\gamma},\boldsymbol{\gamma} \rangle &= \langle \boldsymbol{\alpha}-k\boldsymbol{\beta},\boldsymbol{\alpha}-k\boldsymbol{\beta} \rangle \\ &= \langle \boldsymbol{\alpha},\boldsymbol{\alpha} \rangle + \langle -k\boldsymbol{\beta},-k\boldsymbol{\beta} \rangle + 2\langle \boldsymbol{\alpha},-k\boldsymbol{\beta} \rangle \\ &= \langle \boldsymbol{\alpha},\boldsymbol{\alpha} \rangle + k^2\langle \boldsymbol{\beta},\boldsymbol{\beta} \rangle - 2k\langle \boldsymbol{\alpha},\boldsymbol{\beta} \rangle \geqslant 0.\end{aligned}$$

显然上式也可解释为关于 k 的一元二次函数的图像在横轴的上方，即对应二次三项式的 $\Delta \leqslant$

0，即有

$$\Delta=(-2\langle\boldsymbol{\alpha},\boldsymbol{\beta}\rangle)^2-4\langle\boldsymbol{\beta},\boldsymbol{\beta}\rangle\langle\boldsymbol{\alpha},\boldsymbol{\alpha}\rangle\leqslant 0,$$

化简可得$\langle\boldsymbol{\alpha},\boldsymbol{\beta}\rangle^2\leqslant\langle\boldsymbol{\beta},\boldsymbol{\beta}\rangle\langle\boldsymbol{\alpha},\boldsymbol{\alpha}\rangle$. 两边取算术根即为柯西-施瓦兹不等式.

(4) 直接计算内积$\langle\boldsymbol{\alpha}+\boldsymbol{\beta},\boldsymbol{\alpha}+\boldsymbol{\beta}\rangle$可得

$$\begin{aligned}\|\boldsymbol{\alpha}+\boldsymbol{\beta}\|^2&=\langle\boldsymbol{\alpha}+\boldsymbol{\beta},\boldsymbol{\alpha}+\boldsymbol{\beta}\rangle\\&=\langle\boldsymbol{\alpha},\boldsymbol{\alpha}\rangle+\langle\boldsymbol{\beta},\boldsymbol{\beta}\rangle+2\langle\boldsymbol{\alpha},\boldsymbol{\beta}\rangle\\&=\|\boldsymbol{\alpha}\|^2+\|\boldsymbol{\beta}\|^2+2\langle\boldsymbol{\alpha},\boldsymbol{\beta}\rangle\\&\leqslant\|\boldsymbol{\alpha}\|^2+\|\boldsymbol{\beta}\|^2+2|\langle\boldsymbol{\alpha},\boldsymbol{\beta}\rangle|\\&\leqslant\|\boldsymbol{\alpha}\|^2+\|\boldsymbol{\beta}\|^2+2\|\boldsymbol{\alpha}\|\|\boldsymbol{\beta}\|\\&=(\|\boldsymbol{\alpha}+\boldsymbol{\beta}\|)^2.\end{aligned}$$

上式首尾两端直接取算术根即为三角不等式. 证毕. ■

尽管上面我们用柯西-施瓦兹不等式证明了三角不等式，但这并不能表明柯西-施瓦兹不等式要强于三角不等式，感兴趣的读者也可用三角不等式来证明柯西-施瓦兹不等式.

当$\|\boldsymbol{\alpha}\|=1$时，称$\boldsymbol{\alpha}$为**单位向量**(unit vector). 若$\boldsymbol{\alpha}\neq\mathbf{0}$，则$\dfrac{\boldsymbol{\alpha}}{\|\boldsymbol{\alpha}\|}$是一个单位向量. 由向量$\boldsymbol{\alpha}$得到向量$\dfrac{\boldsymbol{\alpha}}{\|\boldsymbol{\alpha}\|}$的过程称为向量$\boldsymbol{\alpha}$的单位化. 借助向量的单位化可审视柯西-施瓦兹不等式，这样会有新的发现. 当$\boldsymbol{\alpha},\boldsymbol{\beta}$是非零向量时，柯西-施瓦兹不等式可变形为

$$-1\leqslant\frac{\langle\boldsymbol{\alpha},\boldsymbol{\beta}\rangle}{\|\boldsymbol{\alpha}\|\|\boldsymbol{\beta}\|}=\left\langle\frac{\boldsymbol{\alpha}}{\|\boldsymbol{\alpha}\|},\frac{\boldsymbol{\beta}}{\|\boldsymbol{\beta}\|}\right\rangle\leqslant 1,\ \|\boldsymbol{\alpha}\|\|\boldsymbol{\beta}\|\neq 0.$$

回忆余弦函数在区间$[0,\pi]$上是单调递减的，尽管$\dfrac{\langle\boldsymbol{\alpha},\boldsymbol{\beta}\rangle}{\|\boldsymbol{\alpha}\|\|\boldsymbol{\beta}\|}$和$\left\langle\dfrac{\boldsymbol{\alpha}}{\|\boldsymbol{\alpha}\|},\dfrac{\boldsymbol{\beta}}{\|\boldsymbol{\beta}\|}\right\rangle$等值，但从计算的方便来看，引入下面的定义.

定义 5.3 当n维向量$\boldsymbol{\alpha}\neq\mathbf{0},\boldsymbol{\beta}\neq\mathbf{0}$时，定义

$$\theta=\arccos\frac{\langle\boldsymbol{\alpha},\boldsymbol{\beta}\rangle}{\|\boldsymbol{\alpha}\|\|\boldsymbol{\beta}\|}$$

为n维向量$\boldsymbol{\alpha}$与$\boldsymbol{\beta}$的夹角. 当$\langle\boldsymbol{\alpha},\boldsymbol{\beta}\rangle=0$时，称**向量$\boldsymbol{\alpha}$与$\boldsymbol{\beta}$正交**(orthogonality)，记为$\boldsymbol{\alpha}\perp\boldsymbol{\beta}$.

当向量$\boldsymbol{\alpha}$与$\boldsymbol{\beta}$中有一个为零向量时，向量$\boldsymbol{\alpha}$与$\boldsymbol{\beta}$的夹角不确定，可以取区间$[0,\pi]$内的任何值. 显然根据两个向量正交的定义，零向量与任何向量都是正交的.

从定义式$\theta=\arccos\dfrac{\langle\boldsymbol{\alpha},\boldsymbol{\beta}\rangle}{\|\boldsymbol{\alpha}\|\|\boldsymbol{\beta}\|}$，根据内积的性质可得

$$\theta=\arccos\frac{\langle\boldsymbol{\alpha},\boldsymbol{\beta}\rangle}{\|\boldsymbol{\alpha}\|\|\boldsymbol{\beta}\|}=\arccos\left\langle\frac{\boldsymbol{\alpha}}{\|\boldsymbol{\alpha}\|},\frac{\boldsymbol{\beta}}{\|\boldsymbol{\beta}\|}\right\rangle.$$

这表明当向量$\boldsymbol{\alpha},\boldsymbol{\beta}$是单位向量时，两个向量的内积就是这两个向量夹角的余弦值.

通过计算两个向量的夹角可以比较两个向量的接近程度．例如当两个向量的夹角很小时，可认为它们非常接近，当夹角接近直角可以认为它们差别很大．大数据中向量的夹角可用于文本分析中，用来比较两个文本的相似程度．

若向量 $\boldsymbol{\alpha}$ 和 $\boldsymbol{\beta}$ 是正交的，则相应的勾股定理为

$$\|\boldsymbol{\alpha}+\boldsymbol{\beta}\|^2=\|\boldsymbol{\alpha}\|^2+\|\boldsymbol{\beta}\|^2.$$

例 5.2 已知向量

$$\boldsymbol{\alpha}=\begin{bmatrix}1\\1\\1\end{bmatrix},\boldsymbol{\beta}=\begin{bmatrix}1\\0\\-1\end{bmatrix},\boldsymbol{\gamma}=\begin{bmatrix}1\\2\\3\end{bmatrix}.$$

(1) 计算向量 $\boldsymbol{\alpha}$ 分别与向量 $\boldsymbol{\beta},\boldsymbol{\gamma}$ 所成的夹角；

(2) 计算向量 $\boldsymbol{\gamma}-\dfrac{\langle\boldsymbol{\alpha},\boldsymbol{\gamma}\rangle}{\langle\boldsymbol{\alpha},\boldsymbol{\alpha}\rangle}\boldsymbol{\alpha}$，并验证该向量与向量 $\boldsymbol{\alpha}$ 正交；

(3) 验证等式

$$\|\boldsymbol{\gamma}\|^2=\left\|\boldsymbol{\gamma}-\frac{\langle\boldsymbol{\alpha},\boldsymbol{\gamma}\rangle}{\langle\boldsymbol{\alpha},\boldsymbol{\alpha}\rangle}\boldsymbol{\alpha}\right\|^2+\left\|\frac{\langle\boldsymbol{\alpha},\boldsymbol{\gamma}\rangle}{\langle\boldsymbol{\alpha},\boldsymbol{\alpha}\rangle}\boldsymbol{\alpha}\right\|^2.$$

解 (1) $\langle\boldsymbol{\alpha},\boldsymbol{\beta}\rangle=1+0-1=0$，所以向量 $\boldsymbol{\alpha}$ 和 $\boldsymbol{\beta}$ 所成的角是直角．

直接将向量 $\boldsymbol{\alpha},\boldsymbol{\gamma}$ 代入公式 $\theta=\arccos\dfrac{\langle\boldsymbol{\alpha},\boldsymbol{\gamma}\rangle}{\|\boldsymbol{\alpha}\|\ \|\boldsymbol{\gamma}\|}$ 计算可得

$$\theta=\arccos\frac{\langle\boldsymbol{\alpha},\boldsymbol{\gamma}\rangle}{\|\boldsymbol{\alpha}\|\ \|\boldsymbol{\gamma}\|}=\arccos\frac{6}{\sqrt{14}\times\sqrt{3}}=\arccos\frac{\sqrt{42}}{7}.$$

(2) 计算 $\boldsymbol{\gamma}-\dfrac{\langle\boldsymbol{\alpha},\boldsymbol{\gamma}\rangle}{\langle\boldsymbol{\alpha},\boldsymbol{\alpha}\rangle}\boldsymbol{\alpha}$ 可得

$$\boldsymbol{\gamma}-\frac{\langle\boldsymbol{\alpha},\boldsymbol{\gamma}\rangle}{\langle\boldsymbol{\alpha},\boldsymbol{\alpha}\rangle}\boldsymbol{\alpha}=\boldsymbol{\gamma}-\frac{6}{3}\boldsymbol{\alpha}=\begin{bmatrix}1\\2\\3\end{bmatrix}-2\begin{bmatrix}1\\1\\1\end{bmatrix}=\begin{bmatrix}-1\\0\\1\end{bmatrix}.$$

显然向量 $\boldsymbol{\gamma}-\dfrac{\langle\boldsymbol{\alpha},\boldsymbol{\gamma}\rangle}{\langle\boldsymbol{\alpha},\boldsymbol{\alpha}\rangle}\boldsymbol{\alpha}$ 与向量 $\boldsymbol{\alpha}$ 是垂直的．

(3) 直接验证可得

$$\|\boldsymbol{\gamma}\|^2=14,\left\|\frac{\langle\boldsymbol{\alpha},\boldsymbol{\gamma}\rangle}{\langle\boldsymbol{\alpha},\boldsymbol{\alpha}\rangle}\boldsymbol{\alpha}\right\|^2=\|2\boldsymbol{\alpha}\|^2=\left\|2\begin{bmatrix}1\\1\\1\end{bmatrix}\right\|^2=12,\left\|\boldsymbol{\gamma}-\frac{\langle\boldsymbol{\alpha},\boldsymbol{\gamma}\rangle}{\langle\boldsymbol{\alpha},\boldsymbol{\alpha}\rangle}\boldsymbol{\alpha}\right\|^2=\left\|\begin{bmatrix}-1\\0\\1\end{bmatrix}\right\|^2=2.$$

所以结论是成立的． ■

此例中向量$\frac{\langle \boldsymbol{\alpha},\boldsymbol{\gamma}\rangle}{\langle \boldsymbol{\alpha},\boldsymbol{\alpha}\rangle}\boldsymbol{\alpha}$称为向量$\boldsymbol{\gamma}$到向量$\boldsymbol{\alpha}$的**正交投影向量**(orthogonal projection vector),记为

$$\mathrm{proj}_{\boldsymbol{\alpha}}\boldsymbol{\gamma}=\frac{\langle \boldsymbol{\alpha},\boldsymbol{\gamma}\rangle}{\langle \boldsymbol{\alpha},\boldsymbol{\alpha}\rangle}\boldsymbol{\alpha}.$$

借助向量的运算符号也可表示为

$$\begin{aligned}\mathrm{proj}_{\boldsymbol{\alpha}}\boldsymbol{\gamma}&=\frac{\langle \boldsymbol{\alpha},\boldsymbol{\gamma}\rangle}{\langle \boldsymbol{\alpha},\boldsymbol{\alpha}\rangle}\boldsymbol{\alpha}\\&=\frac{\boldsymbol{\alpha}^{\mathrm{T}}\boldsymbol{\gamma}}{\boldsymbol{\alpha}^{\mathrm{T}}\boldsymbol{\alpha}}\boldsymbol{\alpha}\\&=\frac{\boldsymbol{\alpha}\boldsymbol{\alpha}^{\mathrm{T}}\boldsymbol{\gamma}}{\boldsymbol{\alpha}^{\mathrm{T}}\boldsymbol{\alpha}}\\&=[\boldsymbol{\alpha}(\boldsymbol{\alpha}^{\mathrm{T}}\boldsymbol{\alpha})^{-1}\boldsymbol{\alpha}^{\mathrm{T}}]\boldsymbol{\gamma}.\end{aligned}$$

稍后会发现,$\boldsymbol{\alpha}(\boldsymbol{\alpha}^{\mathrm{T}}\boldsymbol{\alpha})^{-1}\boldsymbol{\alpha}^{\mathrm{T}}$是个非常有用的表达式,即使向量$\boldsymbol{\alpha}$被一个列满秩矩阵代替后该结论也是成立的

长度$\left\|\boldsymbol{\gamma}-\frac{\langle \boldsymbol{\alpha},\boldsymbol{\gamma}\rangle}{\langle \boldsymbol{\alpha},\boldsymbol{\alpha}\rangle}\boldsymbol{\alpha}\right\|$称为向量$\boldsymbol{\gamma}$到向量$\boldsymbol{\alpha}$的距离. 向量

$$\boldsymbol{\gamma},\frac{\langle \boldsymbol{\alpha},\boldsymbol{\gamma}\rangle}{\langle \boldsymbol{\alpha},\boldsymbol{\alpha}\rangle}\boldsymbol{\alpha},\boldsymbol{\gamma}-\frac{\langle \boldsymbol{\alpha},\boldsymbol{\gamma}\rangle}{\langle \boldsymbol{\alpha},\boldsymbol{\alpha}\rangle}\boldsymbol{\alpha}.$$

恰好构成一个直角三角形的三条边向量. 注意到

$$\frac{\langle \boldsymbol{\alpha},\boldsymbol{\gamma}\rangle}{\langle \boldsymbol{\alpha},\boldsymbol{\alpha}\rangle}\boldsymbol{\alpha}=\left\langle\frac{\boldsymbol{\alpha}}{\|\boldsymbol{\alpha}\|},\boldsymbol{\gamma}\right\rangle\frac{\boldsymbol{\alpha}}{\|\boldsymbol{\alpha}\|}.$$

所以当$\boldsymbol{\alpha}$为单位向量时上述三个向量即为

$$\boldsymbol{\gamma},\langle \boldsymbol{\alpha},\boldsymbol{\gamma}\rangle\boldsymbol{\alpha},\boldsymbol{\gamma}-\langle \boldsymbol{\alpha},\boldsymbol{\gamma}\rangle\boldsymbol{\alpha}.$$

借助向量$\boldsymbol{\gamma}$和$\boldsymbol{\alpha}$的夹角θ,向量$\boldsymbol{\gamma}$在向量$\boldsymbol{\alpha}$上的正交投影向量$\mathrm{proj}_{\boldsymbol{\alpha}}\boldsymbol{\gamma}$还可由下面的方法得到. 向量$\boldsymbol{\gamma}$在向量$\boldsymbol{\alpha}$方向上的投影向量的模长为$\|\boldsymbol{\gamma}\|\cos\theta$,方向为$\frac{\boldsymbol{\alpha}}{\|\boldsymbol{\alpha}\|}$. 即有

$$\mathrm{proj}_{\boldsymbol{\alpha}}\boldsymbol{\gamma}=\|\boldsymbol{\gamma}\|\cos\theta\cdot\frac{\boldsymbol{\alpha}}{\|\boldsymbol{\alpha}\|}=\|\boldsymbol{\gamma}\|\cdot\frac{\boldsymbol{\gamma}\cdot\boldsymbol{\alpha}}{\|\boldsymbol{\gamma}\|\,\|\boldsymbol{\alpha}\|}\cdot\frac{\boldsymbol{\alpha}}{\|\boldsymbol{\alpha}\|}=\frac{\boldsymbol{\gamma}\cdot\boldsymbol{\alpha}}{\|\boldsymbol{\alpha}\|^{2}}\boldsymbol{\alpha}=\frac{\langle \boldsymbol{\alpha},\boldsymbol{\gamma}\rangle}{\langle \boldsymbol{\alpha},\boldsymbol{\alpha}\rangle}\boldsymbol{\alpha}.$$

5.1.3 小结

本节的主要内容有内积的定义和性质、向量的长度、单位向量、柯西-施瓦兹不等式、向量的夹角.

5.1.4 习题

1. 计算向量 $\boldsymbol{\alpha}=\begin{bmatrix}1\\2\\3\end{bmatrix}$，$\boldsymbol{\beta}=\begin{bmatrix}2\\-1\\0\end{bmatrix}$的内积，并把它们单位化．

2. 计算向量 $\boldsymbol{\alpha}=\begin{bmatrix}1\\2\\3\end{bmatrix}$，$\boldsymbol{\beta}=\begin{bmatrix}2\\1\\-1\end{bmatrix}$所成的夹角．

3. 已知向量 $\boldsymbol{\alpha}=\begin{bmatrix}1\\2\\3\end{bmatrix}$，$\boldsymbol{\beta}=\begin{bmatrix}2\\1\\-1\end{bmatrix}$，分别计算向量 $\boldsymbol{\alpha}$ 在 $\boldsymbol{\beta}$ 上的投影向量，$\boldsymbol{\beta}$ 在 $\boldsymbol{\alpha}$ 上的投影向量．

4. 设 $\boldsymbol{\alpha}=\begin{bmatrix}1\\0\\-2\end{bmatrix}$，$\boldsymbol{\beta}=\begin{bmatrix}-4\\2\\3\end{bmatrix}$，$\boldsymbol{\gamma}$ 与 $\boldsymbol{\alpha}$ 正交，且 $\boldsymbol{\beta}=\lambda\boldsymbol{\alpha}+\boldsymbol{\gamma}$，求 λ 和 $\boldsymbol{\gamma}$．

5.1.5 阅读材料：两向量的夹角与数据分析

应用一：信息检索

若在集合中有 m 个可通报搜索关键词和 n 个文档，则数据库可以表示为一个 $m\times n$ 的矩阵 $\boldsymbol{A}$. $\boldsymbol{A}$ 的每一列表示一个数据库中的文档．第 j 列表示对应于第 j 个文档中关键字的相对频率．

为了简化，考虑一个简单的例子，其中 $m=10$ 和 $n=8$. 假设一家公司提供了 8 种工作岗位，共要求员工掌握 10 种技能：忠实、敬业、积极、负责、效率、结果、沟通、团队、进取、低调．但每种岗位对这 10 种工作技能的要求并不相同，依频率统计见表 5.1 所列．

表 5.1 各工作岗位对各工作技能的要求

关键字	简历							
	M_1	M_2	M_3	M_4	M_5	M_6	M_7	M_8
忠诚	0	6	3	0	1	0	1	1
敬业	0	0	0	0	0	5	3	2
积极	5	4	4	5	4	0	3	2
负责	6	5	3	3	4	4	3	2
效率	0	0	0	0	3	0	4	3
结果	0	0	0	0	4	6	0	2
沟通	0	0	5	2	3	3	0	1
团队	5	3	3	2	4	2	1	1
进取	0	0	0	5	1	3	1	0
低调	0	4	4	3	4	1	0	3

数据库矩阵是将表格中的各列缩放成单位列向量后得到的．

因此，若 $\boldsymbol{A}$ 为对应表达式的矩阵，则数据库 $\boldsymbol{Q}$ 的各列可由下式确定：

$$\boldsymbol{q}_j=\frac{1}{\boldsymbol{\alpha}_j}\boldsymbol{\alpha}_j,j=1,2,\cdots,8.$$

为了搜索关键字：结果、沟通和低调，我们构造一个搜索向量 $\boldsymbol{x}$，它除了对应搜索行的三行不是零外，其余元素全是零．这样数据库矩阵 $\boldsymbol{Q}$ 和搜索向量 $\boldsymbol{x}$(每个元素都保留三位小数）为

$$\boldsymbol{Q}=\begin{bmatrix}0.000 & 0.594 & 0.327 & 0.000 & 0.100 & 0.000 & 0.147 & 0.154\\ 0.000 & 0.000 & 0.000 & 0.000 & 0.000 & 0.500 & 0.442 & 0.309\\ 0.539 & 0.396 & 0.436 & 0.574 & 0.400 & 0.000 & 0.442 & 0.309\\ 0.647 & 0.495 & 0.327 & 0.344 & 0.400 & 0.400 & 0.442 & 0.309\\ 0.000 & 0.000 & 0.000 & 0.000 & 0.300 & 0.000 & 0.590 & 0.463\\ 0.000 & 0.000 & 0.000 & 0.000 & 0.400 & 0.600 & 0.000 & 0.309\\ 0.000 & 0.000 & 0.546 & 0.229 & 0.300 & 0.300 & 0.000 & 0.154\\ 0.539 & 0.297 & 0.327 & 0.229 & 0.400 & 0.200 & 0.147 & 0.154\\ 0.000 & 0.000 & 0.000 & 0.574 & 0.100 & 0.300 & 0.147 & 0.154\\ 0.000 & 0.396 & 0.436 & 0.344 & 0.400 & 0.100 & 0.000 & 0.463\end{bmatrix} \quad \boldsymbol{x}=\begin{bmatrix}0.000\\0.000\\0.000\\0.000\\0.000\\0.577\\0.577\\0.000\\0.000\\0.577\end{bmatrix}.$$

若令 $\boldsymbol{y}=\boldsymbol{Q}^{\mathrm{T}}\boldsymbol{x}$，则

$$y_i=\boldsymbol{q}_i^{\mathrm{T}}\boldsymbol{x}=\cos\theta_i,$$

其中 θ_i 为单位向量 $\boldsymbol{x}$ 和 $\boldsymbol{q}_i$ 之间的夹角，对我们的例子有

$$y=[0.000,0.229,0.567,0.331,0.635,0.577,0.000,0.535]^{\mathrm{T}}.$$

由于 $y_5=0.635$ 为 $\boldsymbol{y}$ 中最接近 1 的元素，这说明搜索向量 $\boldsymbol{x}$ 最接近 $\boldsymbol{q}_5$ 的方向，因此，简历 M_5 是最匹配搜索标准确的一个．

应用二：统计学相关矩阵和协方差矩阵

假设我们希望了解一个班级的考试成绩和作业成绩的相关程度．例如考查某校一个班级线性代数学科的作业成绩和考试成绩．该班部分学生的一个学期的作业成绩和考试成绩见表 5.2 所列．对于每种情况，最好成绩均为 200 分．最后一行为班级的平均成绩．

表 5.2　某班部分学生一个学期的作业成绩和考试成绩

学生	成绩		
	作业	测验	期末
S_1	198	200	196
S_2	160	165	165

（续表）

学生	成绩		
	作业	测验	期末
S_3	158	158	133
S_4	150	165	91
S_5	175	182	151
S_6	134	135	101
S_7	152	136	80
平均	161	163	131

希望通过对每一个测试成绩和作业成绩集合的比较来衡量学生的成绩．为看到两种成绩的相关程度，并考虑到某些难度的差异，需要将每一种成绩调整为均值为零分．将每一列成绩减去这一列的平均成绩，这样变换后成绩的均值为零分．将变换后的成绩存储在矩阵 $\boldsymbol{X}$ 中：

$$\boldsymbol{X}=[\boldsymbol{x}_1,\boldsymbol{x}_2,\boldsymbol{x}_3]=\begin{bmatrix}37 & 37 & 65\\ -1 & 2 & 34\\ -3 & -5 & 2\\ -11 & 2 & -40\\ 14 & 19 & 20\\ -27 & -28 & -30\\ -9 & -27 & -51\end{bmatrix}$$

$\boldsymbol{X}$ 的列向量表示三个成绩集合中的每一个成绩相对于均值的偏差．为了比较两列成绩的相关性，可计算两列成绩向量之间的夹角的余弦．余弦值越接近 1，表示这两列成绩越高度相关．例如作业成绩和考试成绩的相关程度为

$$\cos\theta=\frac{\boldsymbol{x}_1^{\mathrm{T}}\boldsymbol{x}_2}{\|\boldsymbol{x}_1\|\ \|\boldsymbol{x}_2\|}\approx 0.92.$$

最好的相关度是 1，对应于两个变换后的成绩集合是成比例的．因此，对一个变换后具有好的相关度的向量，应满足

$$\boldsymbol{x}_2=k\boldsymbol{x}_1,k>0.$$

若将 $\boldsymbol{x}_1$ 和 $\boldsymbol{x}_2$ 的对应坐标组成数对，则每一个有序对均位于直线 $y=kx$ 上．尽管我们给出的例子中的向量 $\boldsymbol{x}_1$ 和 $\boldsymbol{x}_2$ 并没有非常好的相关度，但系数是 0.92 仍说明这两个成绩的集合是高度相关的．由 $\boldsymbol{x}_2=k\boldsymbol{x}_1$ 两边左乘 $\boldsymbol{x}_1$ 可得

$$\boldsymbol{x}_1^{\mathrm{T}}\boldsymbol{x}_2 = k\boldsymbol{x}_1^{\mathrm{T}}\boldsymbol{x}_1, k = \frac{\boldsymbol{x}_1^{\mathrm{T}}\boldsymbol{x}_2}{\boldsymbol{x}_1^{\mathrm{T}}\boldsymbol{x}_1} = \frac{2625}{2506} \approx 1.05.$$

这种斜率的选择得到了一个对数据点的最优最小二乘（least squares）拟合．

如果将 $\boldsymbol{x}_1$ 和 $\boldsymbol{x}_2$ 归一化为单位向量

$$\boldsymbol{u}_1 = \frac{\boldsymbol{x}_1}{\|\boldsymbol{x}_1\|}, \boldsymbol{u}_2 = \frac{\boldsymbol{x}_2}{\|\boldsymbol{x}_2\|},$$

则向量之间夹角的余弦值仍保持不变，并且它可以简单通过内积 $\boldsymbol{u}_1^{\mathrm{T}}\boldsymbol{u}_2$ 算得．将经过单位化后的三种成绩存储为一个矩阵：

$$\boldsymbol{U} = [\boldsymbol{u}_1, \boldsymbol{u}_2, \boldsymbol{u}_3] = \begin{bmatrix} 0.74 & 0.65 & 0.62 \\ -0.02 & 0.03 & 0.33 \\ -0.06 & -0.09 & 0.02 \\ -0.22 & 0.03 & -0.38 \\ 0.28 & 0.33 & 0.19 \\ -0.54 & -0.49 & -0.29 \\ -0.18 & -0.47 & -0.49 \end{bmatrix}$$

若令 $\boldsymbol{C} = \boldsymbol{U}^{\mathrm{T}}\boldsymbol{U}$，则

$$\boldsymbol{C} = \begin{bmatrix} 1 & 0.92 & 0.83 \\ 0.92 & 1 & 0.83 \\ 0.83 & 0.83 & 1 \end{bmatrix}.$$

且 $\boldsymbol{C}$ 的第 (i,j) 元素表示第 i 个成绩集合和第 j 个成绩集合的相关程度．称矩阵 $\boldsymbol{C}$ 为相关矩阵（correlation matrix）．

由于相关系数均为正的，所以例子中的三个成绩均是正相关的（positively correlated）．负相关系数表示两个数集是负相关的（negatively correlated），而相关系数为 0 表示两个数集是不相关的．因此，若两个数集对应的相对平均值的偏差向量是不相关的，则它们是正交的．

5.2 正交子空间

内容提要

两个向量的正交可扩充成两个子空间的正交，向量可以在两个正交的子空间上进行正交分解．正交投影的概念和最佳逼近定理就是基于子空间正交分解．

5.2.1 正交子空间与正交投影向量

和两个向量的正交相比,我们经常接触的是两向量组的正交,例如齐次线性方程 $\boldsymbol{A}\boldsymbol{x}=\boldsymbol{0}$ 的系数矩阵的行向量和方程的基础解系之间就是正交的．下面给出两个向量组正交的定义．

定义 5.4 设向量组 $A:\boldsymbol{\alpha}_1,\boldsymbol{\alpha}_2,\cdots,\boldsymbol{\alpha}_r$ 和 $B:\boldsymbol{\beta}_1,\boldsymbol{\beta}_2,\cdots,\boldsymbol{\beta}_s$ 是 $\mathbb{R}^n$ 中的两个向量组,若对任意的 $\boldsymbol{\alpha}_i\in A$ 和 $\boldsymbol{\beta}_j\in B$ 有

$$\langle\boldsymbol{\alpha}_i,\boldsymbol{\beta}_j\rangle=0,\boldsymbol{\alpha}_i\in A,\boldsymbol{\beta}_j\in B.$$

则称**向量组** A **和** B **正交**,记为 $A\perp B$.

根据此定义,零向量和任何组都正交．设 $\operatorname{rank}(\boldsymbol{A})=r$,则齐次线性方程 $\boldsymbol{A}_{m\times n}\boldsymbol{x}=\boldsymbol{0}$ 系数矩阵的行向量和它基础解系的解向量 $\boldsymbol{\eta}_1,\boldsymbol{\eta}_2,\cdots,\boldsymbol{\eta}_{n-r}$ 是正交的,系数矩阵 $\boldsymbol{A}$ 的行向量和方程组的通解 $c_1\boldsymbol{\eta}_1+c_2\boldsymbol{\eta}_2+\cdots+c_{n-r}\boldsymbol{\eta}_{n-r}$ 也是正交的．下面引入向量的正交补．

定义 5.5 设 $S=\{\boldsymbol{\alpha}_1,\boldsymbol{\alpha}_2,\cdots,\boldsymbol{\alpha}_r\}$ 为 n 维向量空间 $\mathbb{R}^n$ 的一个向量组,与 S 正交的向量的全体称为向量组 S 的**正交补**(orthogonal complement),记为 $S^{\perp}$. 即有

$$S^{\perp}=\{\boldsymbol{\beta}\in\mathbb{R}^n\mid\langle\boldsymbol{\beta},\boldsymbol{\alpha}_i\rangle=0,\forall\,\boldsymbol{\alpha}_i\in S\}.$$

定理 5.1 设向量组 $S=\{\boldsymbol{\alpha}_1,\boldsymbol{\alpha}_2,\cdots,\boldsymbol{\alpha}_r\}$,则 S 的正交补 $S^{\perp}$ 是一个子空间．

证明 显然因为有 $\langle\boldsymbol{0},\boldsymbol{\alpha}_i\rangle=0$,所以零向量 $\boldsymbol{0}\in S^{\perp}$,即 $S^{\perp}$ 非空．若再设有 $\boldsymbol{\beta}_1,\boldsymbol{\beta}_2\in S^{\perp}$,即 $\langle\boldsymbol{\alpha}_i,\boldsymbol{\beta}_j\rangle=0,i=1,2,\cdots,r,j=1,2$,则可得

$$\langle\boldsymbol{\alpha}_i,k_1\boldsymbol{\beta}_1+k_2\boldsymbol{\beta}_2\rangle=0.$$

所以 $k_1\boldsymbol{\beta}_1+k_2\boldsymbol{\beta}_2\in S^{\perp}$. 正交补 $S^{\perp}$ 对加法和数乘运算封闭的,所以正交补 $S^{\perp}$ 是一个子空间． ■

设 $\boldsymbol{A}\in\mathbb{R}^{m\times n}$, $\operatorname{rank}(\boldsymbol{A})=r<\min\{m,n\}$,显然齐次线性方程 $\boldsymbol{A}\boldsymbol{x}=\boldsymbol{0}$ 的解空间是矩阵 $\boldsymbol{A}$ 行向量组的正交补．像平面内向量可以唯一分解成两个垂直的向量和一样,向量空间 $\mathbb{R}^n$ 中的任意一个向量也可以在 $\mathbb{R}^n$ 的一个子空间和它的正交补上进行唯一的正交分解．

定理 5.2 设 $V^{\perp}$ 是 n 维向量空间 $\mathbb{R}^n$ 的子空间 V 的正交补,$\boldsymbol{\alpha}_1,\boldsymbol{\alpha}_2,\cdots,\boldsymbol{\alpha}_r$ 和 $\boldsymbol{\beta}_1,\boldsymbol{\beta}_2,\cdots,\boldsymbol{\beta}_s$ 分别是子空间 V 和 $V^{\perp}$ 的基,则向量组

$$\boldsymbol{\alpha}_1,\boldsymbol{\alpha}_2,\cdots,\boldsymbol{\alpha}_r,\boldsymbol{\beta}_1,\boldsymbol{\beta}_2,\cdots,\boldsymbol{\beta}_s$$

可构成 n 维向量空间 $\mathbb{R}^n$ 的一个基．

证明 因为 $\boldsymbol{\beta}_1,\boldsymbol{\beta}_2,\cdots,\boldsymbol{\beta}_s$ 是子空间 V 的正交补的一个基,所以若记矩阵 $\boldsymbol{A}^{\mathrm{T}}=[\boldsymbol{\alpha}_1,\boldsymbol{\alpha}_2,\cdots,\boldsymbol{\alpha}_r]$,则向量 $\boldsymbol{\beta}_1,\boldsymbol{\beta}_2,\cdots,\boldsymbol{\beta}_s$ 是齐次线性方程 $\boldsymbol{A}^{\mathrm{T}}\boldsymbol{x}=\boldsymbol{0}$ 的解空间的一个基础解系,由齐次线性方程组解的结构定理可得 $s=n-r$. 又根据例 4.8 可得向量组

$$\boldsymbol{\alpha}_1,\boldsymbol{\alpha}_2,\cdots,\boldsymbol{\alpha}_r,\boldsymbol{\beta}_1,\boldsymbol{\beta}_2,\cdots,\boldsymbol{\beta}_s$$

是线性无关的且秩为 n,所以它可构成向量空间 $\mathbb{R}^n$ 的一个基. ■

定理 5.3 (正交分解定理, orthogonal decomposition theorem) 若 V 是 n 维向量空间 $\mathbb{R}^n$ 的子空间,那么 $\mathbb{R}^n$ 中的任意向量 $\boldsymbol{y}$ 可唯一的分解为

$$\boldsymbol{y}=\hat{\boldsymbol{y}}+\boldsymbol{z},\hat{\boldsymbol{y}}\in V,\boldsymbol{z}\in V^{\perp}.$$

证明 设 V 是 $\mathbb{R}^n$ 的一个 r 维子空间,设 $\boldsymbol{\alpha}_1,\boldsymbol{\alpha}_2,\cdots,\boldsymbol{\alpha}_r$ 是它的一个基,$\boldsymbol{\beta}_1,\boldsymbol{\beta}_2,\cdots,\boldsymbol{\beta}_s$ 是 V 的正交补 $V^{\perp}$ 的一个基,显然有 $V\perp V^{\perp}$. 记

$$\boldsymbol{A}=[\boldsymbol{\alpha}_1,\boldsymbol{\alpha}_2,\cdots,\boldsymbol{\alpha}_r],\boldsymbol{B}=[\boldsymbol{\beta}_1,\boldsymbol{\beta}_2,\cdots,\boldsymbol{\beta}_s].$$

因为向量组 $\boldsymbol{\alpha}_1,\boldsymbol{\alpha}_2,\cdots,\boldsymbol{\alpha}_r,\boldsymbol{\beta}_1,\boldsymbol{\beta}_2,\cdots,\boldsymbol{\beta}_s$ 是 $\mathbb{R}^n$ 的一个基,所以对任意的向量 $\boldsymbol{\beta}\in\mathbb{R}^n$ 存在唯一的线性组合系数 $k_1,\cdots,k_r,l_1,\cdots,l_s$ 使得

$$(k_1\boldsymbol{\alpha}_1+k_2\boldsymbol{\alpha}_2+\cdots+k_r\boldsymbol{\alpha}_r)+(l_1\boldsymbol{\beta}_1+l_2\boldsymbol{\beta}_2+\cdots+l_s\boldsymbol{\beta}_s)=\boldsymbol{\beta} \tag{5.1}$$

成立. 这时有 $\hat{\boldsymbol{y}}=k_1\boldsymbol{\alpha}_1+k_2\boldsymbol{\alpha}_2+\cdots+k_r\boldsymbol{\alpha}_r,\boldsymbol{z}=l_1\boldsymbol{\beta}_1+l_2\boldsymbol{\beta}_2+\cdots+l_s\boldsymbol{\beta}_s$.

下面证明上面分解式中的 $\hat{\boldsymbol{y}},\boldsymbol{z}$ 还是唯一的,即与子空间 V 和 $V^{\perp}$ 的基的选取无关.

引入记号 $\boldsymbol{k}=\begin{bmatrix}k_1\\k_2\\\vdots\\k_r\end{bmatrix},\boldsymbol{l}=\begin{bmatrix}l_1\\l_2\\\vdots\\l_s\end{bmatrix}$,则上面关于向量 $\boldsymbol{\beta}$ 的分解式(5.1)可写成

$$[\boldsymbol{A},\boldsymbol{B}]\begin{bmatrix}\boldsymbol{k}\\\boldsymbol{l}\end{bmatrix}=\boldsymbol{\beta}.$$

因为矩阵 $[\boldsymbol{A},\boldsymbol{B}]$ 的列向量是 $\mathbb{R}^n$ 的一个基,所以矩阵 $[\boldsymbol{A},\boldsymbol{B}]$ 是可逆的,用矩阵 $\begin{bmatrix}\boldsymbol{A}^{\mathrm{T}}\\\boldsymbol{B}^{\mathrm{T}}\end{bmatrix}$ 左乘方程 $[\boldsymbol{A},\boldsymbol{B}]\begin{bmatrix}\boldsymbol{k}\\\boldsymbol{l}\end{bmatrix}=\boldsymbol{\beta}$ 可得

$$\begin{bmatrix}\boldsymbol{A}^{\mathrm{T}}\\\boldsymbol{B}^{\mathrm{T}}\end{bmatrix}[\boldsymbol{A},\boldsymbol{B}]\begin{bmatrix}\boldsymbol{k}\\\boldsymbol{l}\end{bmatrix}=\begin{bmatrix}\boldsymbol{A}^{\mathrm{T}}\\\boldsymbol{B}^{\mathrm{T}}\end{bmatrix}\boldsymbol{\beta}.$$

注意到矩阵 $\boldsymbol{A}$ 和 $\boldsymbol{B}$ 的列向量是正交的,所以可得

$$\begin{bmatrix}\boldsymbol{A}^{\mathrm{T}}\boldsymbol{A}&\boldsymbol{O}\\\boldsymbol{O}&\boldsymbol{B}^{\mathrm{T}}\boldsymbol{B}\end{bmatrix}\begin{bmatrix}\boldsymbol{k}\\\boldsymbol{l}\end{bmatrix}=\begin{bmatrix}\boldsymbol{A}^{\mathrm{T}}\boldsymbol{\beta}\\\boldsymbol{B}^{\mathrm{T}}\boldsymbol{\beta}\end{bmatrix}.$$

注意到有矩阵的秩公式 $\operatorname{rank}(\boldsymbol{A})=\operatorname{rank}(\boldsymbol{A}^{\mathrm{T}}\boldsymbol{A})$,所以可求得

$$\begin{cases}\boldsymbol{k}=(\boldsymbol{A}^{\mathrm{T}}\boldsymbol{A})^{-1}\boldsymbol{A}^{\mathrm{T}}\boldsymbol{\beta},\\\boldsymbol{l}=(\boldsymbol{B}^{\mathrm{T}}\boldsymbol{B})^{-1}\boldsymbol{B}^{\mathrm{T}}\boldsymbol{\beta}.\end{cases}$$

进一步可得

$$\begin{cases}\hat{\boldsymbol{y}}=\boldsymbol{A}\boldsymbol{k}=\boldsymbol{A}(\boldsymbol{A}^{\mathrm{T}}\boldsymbol{A})^{-1}\boldsymbol{A}^{\mathrm{T}}\boldsymbol{\beta},\\ \boldsymbol{z}=\boldsymbol{B}\boldsymbol{l}=\boldsymbol{B}(\boldsymbol{B}^{\mathrm{T}}\boldsymbol{B})^{-1}\boldsymbol{B}^{\mathrm{T}}\boldsymbol{\beta}.\end{cases}$$

仿照上面的证明过程，同理可设 $\boldsymbol{\gamma}_1,\boldsymbol{\gamma}_2,\cdots,\boldsymbol{\gamma}_r$ 和 $\boldsymbol{\delta}_1,\boldsymbol{\delta}_2,\cdots,\boldsymbol{\delta}_s$ 分别为子空间 V 和 $V^{\perp}$ 的另外的基．引入矩阵记号

$$\boldsymbol{C}=[\boldsymbol{\gamma}_1,\boldsymbol{\gamma}_2,\cdots,\boldsymbol{\gamma}_r],\boldsymbol{D}=[\boldsymbol{\delta}_1,\boldsymbol{\delta}_2,\cdots,\boldsymbol{\delta}_s].$$

若 $\boldsymbol{y}=\hat{\boldsymbol{y}}+\boldsymbol{z}$ 有不同的正交分解式 $\boldsymbol{y}=\hat{\boldsymbol{y}}^*+\boldsymbol{z}^*$，则同样的推证过程可得

$$\begin{cases}\hat{\boldsymbol{y}}^*=\boldsymbol{C}\boldsymbol{k}=\boldsymbol{C}(\boldsymbol{C}^{\mathrm{T}}\boldsymbol{C})^{-1}\boldsymbol{C}^{\mathrm{T}}\boldsymbol{\beta},\\ \boldsymbol{z}^*=\boldsymbol{D}\boldsymbol{l}=\boldsymbol{D}(\boldsymbol{D}^{\mathrm{T}}\boldsymbol{D})^{-1}\boldsymbol{D}^{\mathrm{T}}\boldsymbol{\beta}.\end{cases}$$

注意到矩阵 $\boldsymbol{A}$ 和 $\boldsymbol{C}$ 的列向量组同为子空间的一个基，所以有

$$\boldsymbol{C}=\boldsymbol{A}\boldsymbol{K}_{r\times r},\boldsymbol{D}=\boldsymbol{B}\boldsymbol{L}_{s\times s}.$$

且这里矩阵 $\boldsymbol{K},\boldsymbol{L}$ 都是可逆的．将 $\boldsymbol{C}=\boldsymbol{A}\boldsymbol{K}$ 代入 $\hat{\boldsymbol{y}}=\boldsymbol{C}(\boldsymbol{C}^{\mathrm{T}}\boldsymbol{C})^{-1}\boldsymbol{C}^{\mathrm{T}}\boldsymbol{\beta}$ 可得

$$\begin{aligned}\hat{\boldsymbol{y}}^*&=\boldsymbol{C}(\boldsymbol{C}^{\mathrm{T}}\boldsymbol{C})^{-1}\boldsymbol{C}^{\mathrm{T}}\boldsymbol{\beta}\\&=(\boldsymbol{A}\boldsymbol{K})[(\boldsymbol{A}\boldsymbol{K})^{\mathrm{T}}(\boldsymbol{A}\boldsymbol{K})]^{-1}(\boldsymbol{A}\boldsymbol{K})^{\mathrm{T}}\boldsymbol{\beta}\\&=\boldsymbol{A}\boldsymbol{K}[\boldsymbol{K}^{\mathrm{T}}\boldsymbol{A}^{\mathrm{T}}\boldsymbol{A}\boldsymbol{K}]^{-1}\boldsymbol{K}^{\mathrm{T}}\boldsymbol{A}^{\mathrm{T}}\boldsymbol{\beta}\\&=\boldsymbol{A}\boldsymbol{K}\boldsymbol{K}^{-1}(\boldsymbol{A}^{\mathrm{T}}\boldsymbol{A})^{-1}(\boldsymbol{K}^{\mathrm{T}})^{-1}\boldsymbol{K}^{\mathrm{T}}\boldsymbol{A}^{\mathrm{T}}\boldsymbol{\beta}\\&=\boldsymbol{A}(\boldsymbol{A}^{\mathrm{T}}\boldsymbol{A})^{-1}\boldsymbol{A}^{\mathrm{T}}\boldsymbol{\beta}\\&=\hat{\boldsymbol{y}}.\end{aligned}$$

同理可得 $\boldsymbol{z}^*=\boldsymbol{z}$. 所以向量 $\boldsymbol{y}=\hat{\boldsymbol{y}}+\boldsymbol{z}$ 的分解式是由正交子空间唯一确定的而与子空间基的选取无关．

根据定理5.3，可得 $\langle\hat{\boldsymbol{y}},\boldsymbol{z}\rangle=0$，进而可得勾股定理 $\|\boldsymbol{y}\|^2=\|\hat{\boldsymbol{y}}\|^2+\|\boldsymbol{z}\|^2$. 因为向量 $\hat{\boldsymbol{y}}$ 是唯一的，称向量 $\hat{\boldsymbol{y}}$ 为 $\boldsymbol{y}$ 在子空间 V 上的正交投影向量，记为 $\mathrm{proj}_V\boldsymbol{y}$. 和平面上点到直线的距离类似，这时向量 $\boldsymbol{y}-\hat{\boldsymbol{y}}$ 的长度 $\|\boldsymbol{y}-\hat{\boldsymbol{y}}\|=\|\boldsymbol{y}-\mathrm{proj}_V\boldsymbol{y}\|$ 称为向量 $\boldsymbol{y}$ 到子空间 V 的距离．在实际应用中，若用向量 $\hat{\boldsymbol{y}}$ 来代替向量 $\boldsymbol{y}$，则产生的绝对误差为 $\|\boldsymbol{y}-\hat{\boldsymbol{y}}\|$.

例 5.3 求向量 $\boldsymbol{\beta}=\begin{bmatrix}1\\2\\3\end{bmatrix}$ 到子空间 $V=\mathrm{span}\left\{\begin{bmatrix}1\\1\\1\end{bmatrix}\right\}$ 上的正交投影向量和向量 $\boldsymbol{\beta}$ 到该子空间 V 的距离．

解 方法一：记 $\boldsymbol{A}=\begin{bmatrix}1\\1\\1\end{bmatrix}$，根据上面得到的向量 $\boldsymbol{\beta}$ 到矩阵 $\boldsymbol{A}$ 的列空间上的正交投影向量

公式 $\boldsymbol{A}(\boldsymbol{A}^{\mathrm{T}}\boldsymbol{A})^{-1}\boldsymbol{A}^{\mathrm{T}}\boldsymbol{\beta}$ 可得

$$\boldsymbol{A}(\boldsymbol{A}^{\mathrm{T}}\boldsymbol{A})^{-1}\boldsymbol{A}^{\mathrm{T}}\boldsymbol{\beta}=\begin{bmatrix}1\\1\\1\end{bmatrix}\times\frac{1}{3}\times[1,1,1]\begin{bmatrix}1\\2\\3\end{bmatrix}=\frac{1}{3}\begin{bmatrix}1&1&1\\1&1&1\\1&1&1\end{bmatrix}\begin{bmatrix}1\\2\\3\end{bmatrix}=2\begin{bmatrix}1\\1\\1\end{bmatrix}.$$

方法二:根据向量的正交分解定理,向量在子空间和它的正交补空间的分解仅与这两个子空间相关,与子空间的基无关,所以可取与向量 $\boldsymbol{A}=\begin{bmatrix}1\\1\\1\end{bmatrix}$ 正交的向量组将向量 $\boldsymbol{A}$ 扩充成 $\mathbb{R}^3$ 的一个基,即有 $[\boldsymbol{A},\boldsymbol{B}]=\begin{bmatrix}1&1&1\\1&-1&0\\1&0&-1\end{bmatrix}$. 直接求解线性方程组 $[\boldsymbol{A},\boldsymbol{B}]\boldsymbol{x}=\boldsymbol{\beta}$. 将增广矩阵 $[\boldsymbol{A},\boldsymbol{B},\boldsymbol{\beta}]$ 化成行最简形可得

$$[\boldsymbol{A},\boldsymbol{B},\boldsymbol{\beta}]=\begin{bmatrix}1&1&1&1\\1&-1&0&2\\1&0&-1&3\end{bmatrix}\overset{r}{\sim}\begin{bmatrix}1&0&0&2\\0&1&0&0\\0&0&1&-1\end{bmatrix}.$$

所以有

$$2\begin{bmatrix}1\\1\\1\end{bmatrix}-\begin{bmatrix}1\\0\\-1\end{bmatrix}=\begin{bmatrix}1\\2\\3\end{bmatrix}.$$

进而可得向量 $\boldsymbol{\beta}$ 在子空间 V 上的正交投影向量为 $2\begin{bmatrix}1\\1\\1\end{bmatrix}$.

向量 $\boldsymbol{\beta}=\begin{bmatrix}1\\2\\3\end{bmatrix}$ 到子空间 V 的距离是

$$\left\|\begin{bmatrix}1\\2\\3\end{bmatrix}-2\begin{bmatrix}1\\1\\1\end{bmatrix}\right\|=\left\|\begin{bmatrix}-1\\0\\1\end{bmatrix}\right\|=\sqrt{2}.$$

■

5.2.2 最佳逼近定理

过直线外一点向直线引的所有线段中垂线段最短,这个结论可进一步推广．直线可推

广为若干个向量构成的子空间，而直线外一点可看成一个向量的终点．推广后的这个结论就是向量到子空间的最佳逼近定理．

定理5.4 （最佳逼近定理，best approximation theorem）设V是$\mathbb{R}^n$的一个子空间，$\boldsymbol{y}$是$\mathbb{R}^n$中的任意向量，$\hat{\boldsymbol{y}}$是向量$\boldsymbol{y}$在V上的正交投影向量，那么$\hat{\boldsymbol{y}}$是V中最接近$\boldsymbol{y}$的那个向量，即对所有$\boldsymbol{z}\in V$且异于$\hat{\boldsymbol{y}}$的向量成立

$$\|\boldsymbol{y}-\hat{\boldsymbol{y}}\| < \|\boldsymbol{y}-\boldsymbol{z}\|.$$

证明 取V中不同于$\hat{\boldsymbol{y}}$的向量$\boldsymbol{z}$，则有$\hat{\boldsymbol{y}}-\boldsymbol{z}\in V$. 根据向量的正交分解定理存在$\boldsymbol{y}-\boldsymbol{z}$的分解式

$$\boldsymbol{y}-\boldsymbol{z}=(\boldsymbol{y}-\hat{\boldsymbol{y}})+(\hat{\boldsymbol{y}}-\boldsymbol{z}),\hat{\boldsymbol{y}}-\boldsymbol{z}\in V,\boldsymbol{y}-\hat{\boldsymbol{y}}\in V^{\perp}.$$

上面的等式各自两边作内积可得

$$\|\boldsymbol{y}-\boldsymbol{z}\|^2=\|\boldsymbol{y}-\hat{\boldsymbol{y}}\|^2+\|\hat{\boldsymbol{y}}-\boldsymbol{z}\|^2.$$

因为$\hat{\boldsymbol{y}}-\boldsymbol{z}\neq\boldsymbol{0}$，所以可得$\|\hat{\boldsymbol{y}}-\boldsymbol{z}\|>0$. 从而可得对$V$中不同于$\hat{\boldsymbol{y}}$的任意向量$\boldsymbol{z}$有

$$\|\boldsymbol{y}-\boldsymbol{z}\| > \|\boldsymbol{y}-\hat{\boldsymbol{y}}\|.$$

证毕． ■

这时称向量$\hat{\boldsymbol{y}}$是向量$\boldsymbol{y}$在子空间V中的最佳逼近向量，$\|\boldsymbol{y}-\hat{\boldsymbol{y}}\|$是向量$\boldsymbol{y}$到子空间$V$的距离．根据定理5.4，在向量子空间$V$中用向量$\hat{\boldsymbol{y}}$来代替向量$\boldsymbol{y}$产生的误差为$\|\boldsymbol{y}-\hat{\boldsymbol{y}}\|$，而且这还是最小的误差．

根据最佳逼近理，例5.3中向量$\begin{bmatrix}1\\2\\3\end{bmatrix}$在子空间$\text{span}\left\{\begin{bmatrix}1\\1\\1\end{bmatrix}\right\}$中的最佳逼近向量就是$\begin{bmatrix}2\\2\\2\end{bmatrix}$.

这时用向量$\begin{bmatrix}2\\2\\2\end{bmatrix}$代替向量$\begin{bmatrix}1\\2\\3\end{bmatrix}$产生的误差是$\sqrt{2}$，这还是最小的误差．例如任意取值$\begin{bmatrix}k\\k\\k\end{bmatrix}$，总有

$$\left\|\begin{bmatrix}1\\2\\3\end{bmatrix}-\begin{bmatrix}k\\k\\k\end{bmatrix}\right\|^2=(k-1)^2+(k-2)^2+(k-3)^2=3(k^2-4k+4)+2\geqslant 2.$$

这表明向量$\begin{bmatrix}2\\2\\2\end{bmatrix}$确实是向量在子空间$V$内的**最佳逼近**（best approximation）.

例5.4 求向量$\begin{bmatrix}1\\2\\3\end{bmatrix}$在子空间$V=\text{span}\left\{\begin{bmatrix}1\\1\\1\end{bmatrix},\begin{bmatrix}1\\-2\\1\end{bmatrix}\right\}$中的最佳逼近向量．

解 取矩阵 $\boldsymbol{A}=\begin{bmatrix}1 & 1\\1 & -2\\1 & 1\end{bmatrix}$，根据上面所得的结论 $\hat{\boldsymbol{y}}=\boldsymbol{A}(\boldsymbol{A}^{\mathrm{T}}\boldsymbol{A})^{-1}\boldsymbol{A}^{\mathrm{T}}\boldsymbol{\beta}$，向量 $\boldsymbol{\beta}$ 在子空间 V 上的最佳逼近向量为

$$\begin{aligned}\boldsymbol{A}(\boldsymbol{A}^{\mathrm{T}}\boldsymbol{A})^{-1}\boldsymbol{A}^{\mathrm{T}}\boldsymbol{\beta}&=\begin{bmatrix}1 & 1\\1 & -2\\1 & 1\end{bmatrix}\begin{bmatrix}3 & 0\\0 & 6\end{bmatrix}^{-1}\begin{bmatrix}1 & 1 & 1\\1 & -2 & 1\end{bmatrix}\begin{bmatrix}1\\2\\3\end{bmatrix}\\&=\begin{bmatrix}1 & 1\\1 & -2\\1 & 1\end{bmatrix}\begin{bmatrix}\frac{1}{3} & \frac{1}{3} & \frac{1}{3}\\\frac{1}{6} & -\frac{1}{3} & \frac{1}{6}\end{bmatrix}\begin{bmatrix}1\\2\\3\end{bmatrix}\\&=\begin{bmatrix}\frac{1}{2} & 0 & \frac{1}{2}\\0 & 1 & 0\\\frac{1}{2} & 0 & \frac{1}{2}\end{bmatrix}\begin{bmatrix}1\\2\\3\end{bmatrix}\\&=\begin{bmatrix}2\\2\\2\end{bmatrix}.\end{aligned}$$

注意到 $\begin{bmatrix}1\\-2\\1\end{bmatrix}$ 与 $\begin{bmatrix}1\\2\\3\end{bmatrix}$ 正交，所以上面的结论是显而易见的． ■

5.2.3 小结

本节主要介绍二维平面内向量的正交分解、一般向量空间中向量在两个正交子空间中的分解，从分解的唯一性可引出正交投影向量，它可用于计算向量到子空间的距离或误差．

5.2.4 习题

1. 已知 $\boldsymbol{\alpha}=\begin{bmatrix}1\\1\\1\end{bmatrix}\in\mathbb{R}^3$，求向量 $\boldsymbol{\alpha}$ 生成子空间的正交补．

2. 验证向量 $\boldsymbol{\alpha}_1$ 和 $\boldsymbol{\alpha}_2$ 是正交的，并求出向量 $\boldsymbol{\beta}$ 在 $\mathrm{span}\{\boldsymbol{\alpha}_1,\boldsymbol{\alpha}_2\}$ 上的正交投影向量．

(1) $\boldsymbol{\beta}=\begin{bmatrix}-1\\4\\3\end{bmatrix},\boldsymbol{\alpha}_1=\begin{bmatrix}1\\1\\0\end{bmatrix},\boldsymbol{\alpha}_2=\begin{bmatrix}-1\\1\\0\end{bmatrix}$.

(2) $\boldsymbol{\beta}=\begin{bmatrix}6\\3\\-2\end{bmatrix},\boldsymbol{\alpha}_1=\begin{bmatrix}3\\4\\0\end{bmatrix},\boldsymbol{\alpha}_2=\begin{bmatrix}-4\\3\\0\end{bmatrix}$.

(3) $\boldsymbol{\beta}=\begin{bmatrix}-1\\2\\6\end{bmatrix},\boldsymbol{\alpha}_1=\begin{bmatrix}3\\-1\\2\end{bmatrix},\boldsymbol{\alpha}_2=\begin{bmatrix}1\\-1\\-2\end{bmatrix}$.

(4) $\boldsymbol{\beta}=\begin{bmatrix}6\\4\\1\end{bmatrix},\boldsymbol{\alpha}_1=\begin{bmatrix}-4\\-1\\1\end{bmatrix},\boldsymbol{\alpha}_2=\begin{bmatrix}0\\1\\1\end{bmatrix}$.

3. 在 $\boldsymbol{\alpha}_1$ 和 $\boldsymbol{\alpha}_2$ 生成的子空间 V 中,找出向量 $\boldsymbol{\beta}$ 的在子空间 V 上的正交投影向量,并计算用正交投影向量代替向量 $\boldsymbol{\beta}$ 产生的绝对误差.

(1) $\boldsymbol{\beta}=\begin{bmatrix}3\\1\\5\end{bmatrix},\boldsymbol{\alpha}_1=\begin{bmatrix}3\\1\\-1\end{bmatrix},\boldsymbol{\alpha}_2=\begin{bmatrix}1\\-1\\1\end{bmatrix}$.

(2) $\boldsymbol{\beta}=\begin{bmatrix}3\\-1\\1\end{bmatrix},\boldsymbol{\alpha}_1=\begin{bmatrix}1\\-2\\-1\end{bmatrix},\boldsymbol{\alpha}_2=\begin{bmatrix}-4\\1\\0\end{bmatrix}$.

4. 令 S 是由向量 $\boldsymbol{\alpha}=\begin{bmatrix}1\\0\\2\end{bmatrix}$ 和 $\boldsymbol{\beta}=\begin{bmatrix}0\\1\\-2\end{bmatrix}$ 生成的二维子空间.

(1) 求 $S^{\perp}$ 的一个基;

(2) 求 $\mathbb{R}^3$ 中向量 $\begin{bmatrix}x\\y\\z\end{bmatrix}$ 分别到子空间 S 和 $S^{\perp}$ 上的正交投影向量.

5.3 Schmidt 正交化

内容提要

从线性无关的向量组到正交向量组是对向量组认识的一大提升. 施密特正交化算法可把线性无关的向量组化成正交向量组,勾股定理也在一定程度上得以拓展.

5.3.1 正交向量组

上一节从两个向量的正交推广到了两个向量组间的正交，进而推广到两个子空间之间的正交，得到了向量到子空间的最佳逼近定量．向量到子空间的最佳逼近向量 $\hat{\boldsymbol{y}}=\boldsymbol{A}(\boldsymbol{A}^{\mathrm{T}}\boldsymbol{A})^{-1}\boldsymbol{A}^{\mathrm{T}}\boldsymbol{\beta}$ 的计算表明，如果矩阵 $\boldsymbol{A}$ 的列向量是彼此正交的，则计算逆矩阵 $(\boldsymbol{A}^{\mathrm{T}}\boldsymbol{A})^{-1}$ 就转化成计算一个对角矩阵的逆，这样会大大简化计算．所以为了计算 $(\boldsymbol{A}^{\mathrm{T}}\boldsymbol{A})^{-1}$，要将两个子空间的正交进一步加强为每个子空间的基向量之间也是彼此正交的．下面就引入正交向量组的概念．

定义 5.6 若不含零向量的向量组 $\boldsymbol{\alpha}_1,\boldsymbol{\alpha}_2,\cdots,\boldsymbol{\alpha}_r$ 中的向量是两两正交的，则称该向量组为**正交向量组**（orthogonal vectors）．若正交向量组 $\boldsymbol{\alpha}_1,\boldsymbol{\alpha}_2,\cdots,\boldsymbol{\alpha}_r$ 中的每个向量都还是单位向量，则称向量组 $\boldsymbol{\alpha}_1,\boldsymbol{\alpha}_2,\cdots,\boldsymbol{\alpha}_r$ 是**单位正交向量组**（standard orthonormal vectors）．

请注意**正交向量组是指不含零向量的向量组**，尽管把零向量加进去后正交向量组中的向量两两仍是正交的．

利用正交向量组可拓展勾股定理．设 $\boldsymbol{\beta}=\boldsymbol{\alpha}_1+\boldsymbol{\alpha}_2+\boldsymbol{\alpha}_3$，如果向量组 $\boldsymbol{\alpha}_1,\boldsymbol{\alpha}_2,\boldsymbol{\alpha}_3$ 是正交向量组，则可得

$$\|\boldsymbol{\beta}\|^2=\langle\boldsymbol{\alpha}_1+\boldsymbol{\alpha}_2+\boldsymbol{\alpha}_3,\boldsymbol{\alpha}_1+\boldsymbol{\alpha}_2+\boldsymbol{\alpha}_3\rangle=\|\boldsymbol{\alpha}_1\|^2+\|\boldsymbol{\alpha}_2\|^2+\|\boldsymbol{\alpha}_3\|^2.$$

例如 $\begin{bmatrix}3\\-1\\1\end{bmatrix}=\begin{bmatrix}1\\1\\1\end{bmatrix}+\begin{bmatrix}1\\-2\\1\end{bmatrix}+\begin{bmatrix}1\\0\\-1\end{bmatrix}$，则有

$$\left\|\begin{bmatrix}3\\-1\\1\end{bmatrix}\right\|^2=\left\|\begin{bmatrix}1\\1\\1\end{bmatrix}\right\|^2+\left\|\begin{bmatrix}1\\-2\\1\end{bmatrix}\right\|^2+\left\|\begin{bmatrix}1\\0\\-1\end{bmatrix}\right\|^2.$$

下面的定理表明正交向量组一定是线性无关的向量组．

定理 5.5 正交向量组是线性无关的向量组．

证明 设 $\boldsymbol{\alpha}_1,\boldsymbol{\alpha}_2,\cdots,\boldsymbol{\alpha}_r$ 是一正交向量组．根据线性无关的定义，设有数 $k_1,k_2,\cdots,k_r$，使得

$$k_1\boldsymbol{\alpha}_1+k_2\boldsymbol{\alpha}_2+\cdots+k_r\boldsymbol{\alpha}_r=\boldsymbol{0}.$$

用 $\boldsymbol{\alpha}_i,i=1,2,\cdots,r$ 与上式两端作内积可得

$$k_1\langle\boldsymbol{\alpha}_1,\boldsymbol{\alpha}_i\rangle+k_2\langle\boldsymbol{\alpha}_2,\boldsymbol{\alpha}_i\rangle+\cdots+k_r\langle\boldsymbol{\alpha}_r,\boldsymbol{\alpha}_i\rangle=\boldsymbol{0}.$$

注意到 $\langle\boldsymbol{\alpha}_j,\boldsymbol{\alpha}_i\rangle=0,i\neq j$，所以可得 $k_i\langle\boldsymbol{\alpha}_i,\boldsymbol{\alpha}_i\rangle=0$. 而 $\langle\boldsymbol{\alpha}_i,\boldsymbol{\alpha}_i\rangle\neq 0$，所以得到 $k_i=0,i=1,2,\cdots,r$. 所以向量组 $\boldsymbol{\alpha}_1,\boldsymbol{\alpha}_2,\cdots,\boldsymbol{\alpha}_r$ 是线性无关的．即正交的向量组一定是线性无关的向量组． ■

设 $\boldsymbol{\alpha}_1,\boldsymbol{\alpha}_2,\cdots,\boldsymbol{\alpha}_r$ 是 n 维向量空间 $\mathbb{R}^n$ 的一个正交向量组，构造矩阵 $\boldsymbol{A}=\begin{bmatrix}\boldsymbol{\alpha}_1^{\mathrm{T}}\\ \boldsymbol{\alpha}_2^{\mathrm{T}}\\ \vdots\\ \boldsymbol{\alpha}_r^{\mathrm{T}}\end{bmatrix}$，通过求解齐次线性方程 $\boldsymbol{Ax}=\boldsymbol{0}$，总可以找到与向量组 $\boldsymbol{\alpha}_1,\boldsymbol{\alpha}_2,\cdots,\boldsymbol{\alpha}_r$ 正交的一个非零向量记为 $\boldsymbol{\alpha}_{r+1}$. 显然扩充后的正交向量组是线性无关的，若 $r+1<n$，则仍可以通过求解齐次线性方程组使得正交向量组能够扩充，直到扩充成 n 个向量构成的正交向量组.

例 5.5 已知三维向量空间 $\mathbb{R}^3$ 中的向量 $\boldsymbol{\alpha}_1=\begin{bmatrix}1\\1\\1\end{bmatrix}$，求向量 $\boldsymbol{\alpha}_2,\boldsymbol{\alpha}_3$，使得向量组 $\boldsymbol{\alpha}_1,\boldsymbol{\alpha}_2,\boldsymbol{\alpha}_3$ 是正交向量组.

解 显然方程 $x_1+x_2+x_3=0$ 基础解系中的解向量 $\boldsymbol{x}_1=\begin{bmatrix}1\\-1\\0\end{bmatrix}$，$\boldsymbol{x}_2=\begin{bmatrix}1\\0\\-1\end{bmatrix}$ 是与 $\boldsymbol{\alpha}_1$ 正交的，但 $\boldsymbol{x}_1,\boldsymbol{x}_2$ 彼此并不正交. 这时可取 $\boldsymbol{\alpha}_2=\boldsymbol{x}_1$，并再求解方程组

$$\begin{bmatrix}1&1&1\\1&-1&0\end{bmatrix}\begin{bmatrix}x_1\\x_2\\x_3\end{bmatrix}=\begin{bmatrix}0\\0\end{bmatrix},$$

由

$$\begin{bmatrix}1&1&1\\1&-1&0\end{bmatrix}\overset{r}{\sim}\begin{bmatrix}1&0&\frac{1}{2}\\0&1&\frac{1}{2}\end{bmatrix},$$

得解向量 $\begin{bmatrix}1\\1\\-2\end{bmatrix}$. 取 $\boldsymbol{\alpha}_3=\begin{bmatrix}1\\1\\-2\end{bmatrix}$ 即可. ■

定义 5.7 设向量 $\boldsymbol{\alpha}_1,\boldsymbol{\alpha}_2,\cdots,\boldsymbol{\alpha}_r$ 是向量空间 $V(V\subseteq\mathbb{R}^n)$ 的一个基，若向量 $\boldsymbol{\alpha}_i,\boldsymbol{\alpha}_j$ 两两正交则称该基为**正交基**(orthogonal basis). 若正交基 $\boldsymbol{\alpha}_1,\boldsymbol{\alpha}_2,\cdots,\boldsymbol{\alpha}_r$ 的向量都是单位向量则称之为**标准正交基**(standard orthogonal basis).

设 $\boldsymbol{\alpha}_1,\boldsymbol{\alpha}_2,\cdots,\boldsymbol{\alpha}_r$ 是向量空间 V 的一个基，则对任意的向量 $\boldsymbol{\beta}\in V$，方程组 $x_1\boldsymbol{\alpha}_1+x_2\boldsymbol{\alpha}_2+\cdots+x_r\boldsymbol{\alpha}_r=\boldsymbol{\beta}$ 有唯一的解. 为了求出这个解，只要对方程 $x_1\boldsymbol{\alpha}_1+x_2\boldsymbol{\alpha}_2+\cdots+x_r\boldsymbol{\alpha}_r=\boldsymbol{\beta}$ 两边与向量 $\boldsymbol{\alpha}_i$ 作内积可得

$$x_i\langle\boldsymbol{\alpha}_i,\boldsymbol{\alpha}_i\rangle=\langle\boldsymbol{\alpha}_i,\boldsymbol{\beta}\rangle,$$

进而解得 $x_i=\frac{\langle \boldsymbol{\alpha}_i,\boldsymbol{\beta}\rangle}{\langle \boldsymbol{\alpha}_i,\boldsymbol{\alpha}_i\rangle}$. 当 $\boldsymbol{\alpha}_1,\boldsymbol{\alpha}_2,\cdots,\boldsymbol{\alpha}_r$ 是标准正交基时则有 $x_i=\langle \boldsymbol{\alpha}_i,\boldsymbol{\beta}\rangle$. 所以标准正交向量组或标准正交基有很好的性质. 如何从线性无关的向量组得到标准正交向量组是很重要的,除了可通过连续求解齐次线性方程组来扩充正交向量组外,另一种就是下面的经典的 Schmidt 正交化算法.

5.3.2 Schmidt 正交化算法

设 $\boldsymbol{\alpha}_1,\boldsymbol{\alpha}_2,\cdots,\boldsymbol{\alpha}_r$ 是向量空间 V 的一个基,下面用 Schmidt 正交化算法求 V 的一个标准正交基. 就是要求一两两正交的单位向量组 $\boldsymbol{\varepsilon}_1,\boldsymbol{\varepsilon}_2,\cdots,\boldsymbol{\varepsilon}_r$,使 $\boldsymbol{\varepsilon}_1,\boldsymbol{\varepsilon}_2,\cdots,\boldsymbol{\varepsilon}_r$ 与 $\boldsymbol{\alpha}_1\boldsymbol{\alpha}_2,\cdots,\boldsymbol{\alpha}_r$ 等价. 这个过程称为把**基 $\boldsymbol{\alpha}_1\boldsymbol{\alpha}_2,\cdots,\boldsymbol{\alpha}_r$ 标准正交化**.

首先由基 $\boldsymbol{\alpha}_1,\boldsymbol{\alpha}_2,\cdots,\boldsymbol{\alpha}_r$ 用 Schmidt 正交化算法构造一个正交基,然后再将正交基单位化,最终得到一个标准正交基.

首先取 $\boldsymbol{\beta}_1=\boldsymbol{\alpha}_1$,其次注意到向量 $\boldsymbol{\beta}_2$ 是向量 $\boldsymbol{\alpha}_2$ 和 $\boldsymbol{\beta}_1$ 的一个线性组合,且要和向量 $\boldsymbol{\beta}_1$ 正交,所以可设 $\boldsymbol{\beta}_2=\boldsymbol{\alpha}_2+k_{21}\boldsymbol{\beta}_1$. 再两边与向量 $\boldsymbol{\beta}_1$ 作内积可得

$$\langle \boldsymbol{\beta}_2,\boldsymbol{\beta}_1\rangle=\langle \boldsymbol{\alpha}_2,\boldsymbol{\beta}_1\rangle+k_{21}\langle \boldsymbol{\beta}_1,\boldsymbol{\beta}_1\rangle=0.$$

解得 $k_{21}=-\frac{\langle \boldsymbol{\alpha}_2,\boldsymbol{\beta}_1\rangle}{\langle \boldsymbol{\beta}_1,\boldsymbol{\beta}_1\rangle}$. 类似地,向量 $\boldsymbol{\beta}_3$ 是向量 $\boldsymbol{\alpha}_3$ 和向量 $\boldsymbol{\beta}_1,\boldsymbol{\beta}_2$ 的线性组合,可设

$$\boldsymbol{\beta}_3=\boldsymbol{\alpha}_3+k_{31}\boldsymbol{\beta}_1+k_{32}\boldsymbol{\beta}_2.$$

两边分别与 $\boldsymbol{\beta}_1$ 和 $\boldsymbol{\beta}_2$ 作内积可得

$$k_{31}=-\frac{\langle \boldsymbol{\alpha}_3,\boldsymbol{\beta}_1\rangle}{\langle \boldsymbol{\beta}_1,\boldsymbol{\beta}_1\rangle},k_{32}=-\frac{\langle \boldsymbol{\alpha}_3,\boldsymbol{\beta}_2\rangle}{\langle \boldsymbol{\beta}_2,\boldsymbol{\beta}_2\rangle}.$$

求得

$$\boldsymbol{\beta}_3=\boldsymbol{\alpha}_3-\frac{\langle \boldsymbol{\alpha}_3,\boldsymbol{\beta}_1\rangle}{\langle \boldsymbol{\beta}_1,\boldsymbol{\beta}_1\rangle}\boldsymbol{\beta}_1-\frac{\langle \boldsymbol{\alpha}_3,\boldsymbol{\beta}_2\rangle}{\langle \boldsymbol{\beta}_2,\boldsymbol{\beta}_2\rangle}\boldsymbol{\beta}_2.$$

一般情况总结成下面的线性无关向量组的**施密特正交化算法**(Schmidt orthogonalization algorithm):

$$\boldsymbol{\beta}_1=\boldsymbol{\alpha}_1,$$

$$\boldsymbol{\beta}_2=\boldsymbol{\alpha}_2-\frac{\langle \boldsymbol{\alpha}_2,\boldsymbol{\beta}_1\rangle}{\langle \boldsymbol{\beta}_1,\boldsymbol{\beta}_1\rangle}\boldsymbol{\beta}_1,$$

$$\vdots$$

$$\boldsymbol{\beta}_r=\boldsymbol{\alpha}_r-\frac{\langle \boldsymbol{\alpha}_r,\boldsymbol{\beta}_1\rangle}{\langle \boldsymbol{\beta}_1,\boldsymbol{\beta}_1\rangle}\boldsymbol{\beta}_1-\frac{\langle \boldsymbol{\alpha}_r,\boldsymbol{\beta}_2\rangle}{\langle \boldsymbol{\beta}_2,\boldsymbol{\beta}_2\rangle}\boldsymbol{\beta}_2-\cdots-\frac{\langle \boldsymbol{\alpha}_r,\boldsymbol{\beta}_{r-1}\rangle}{\langle \boldsymbol{\beta}_{r-1},\boldsymbol{\beta}_{r-1}\rangle}\boldsymbol{\beta}_{r-1}.$$

容易验证 $\boldsymbol{\beta}_1,\boldsymbol{\beta}_2,\cdots,\boldsymbol{\beta}_r$ 是两两正交的. 一般情况,记

$$k_{ij}=\frac{\langle \boldsymbol{\alpha}_i,\boldsymbol{\beta}_j\rangle}{\langle \boldsymbol{\beta}_j,\boldsymbol{\beta}_j\rangle},i=2,3,\cdots,r,j=1,2,\cdots,r-1.$$

则上面的 r 个等式可移项化为

$$\begin{cases}\boldsymbol{\alpha}_1=\boldsymbol{\beta}_1,\\ \boldsymbol{\alpha}_2=\boldsymbol{\beta}_2+k_{21}\boldsymbol{\beta}_1,\\ \quad\vdots\\ \boldsymbol{\alpha}_r=\boldsymbol{\beta}_r+k_{r1}\boldsymbol{\beta}_1+k_{r2}\boldsymbol{\beta}_2+\cdots+k_{r,r-1}\boldsymbol{\beta}_{r-1}.\end{cases}$$

借助矩阵乘法上式可表示为

$$[\boldsymbol{\alpha}_1,\boldsymbol{\alpha}_2,\cdots,\boldsymbol{\alpha}_r]=[\boldsymbol{\beta}_1,\boldsymbol{\beta}_2,\cdots,\boldsymbol{\beta}_r]\begin{bmatrix}1 & k_{21} & \cdots & k_{r1}\\ 0 & 1 & \cdots & k_{r2}\\ \vdots & \vdots & & \vdots\\ 0 & 0 & \cdots & k_{r,r-1}\\ 0 & 0 & \cdots & 1\end{bmatrix}.$$

记矩阵 $\boldsymbol{R}^*=\begin{bmatrix}1 & k_{21} & \cdots & k_{r1}\\ 0 & 1 & \cdots & k_{r2}\\ \vdots & \vdots & & \vdots\\ 0 & 0 & \cdots & k_{r,r-1}\\ 0 & 0 & \cdots & 1\end{bmatrix}$，显然矩阵 $\boldsymbol{R}^*$ 是单位上三角矩阵是可逆的，所以向量组 $\boldsymbol{\beta}_1,\boldsymbol{\beta}_2,\cdots,\boldsymbol{\beta}_r$ 和 $\boldsymbol{\alpha}_1,\boldsymbol{\alpha}_2,\cdots,\boldsymbol{\alpha}_r$ 是等价的．

下面再把 $\boldsymbol{\beta}_1,\boldsymbol{\beta}_2,\cdots,\boldsymbol{\beta}_r$ 单位化，即取

$$\boldsymbol{\varepsilon}_1=\frac{\boldsymbol{\beta}_1}{\|\boldsymbol{\beta}_1\|},\boldsymbol{\varepsilon}_2=\frac{\boldsymbol{\beta}_2}{\|\boldsymbol{\beta}_2\|},\cdots,\boldsymbol{\varepsilon}_r=\frac{\boldsymbol{\beta}_r}{\|\boldsymbol{\beta}_r\|}.$$

这就是向量空间 V 的一个标准正交基．从构造过程可以看出，向量组 $\boldsymbol{\beta}_1,\boldsymbol{\beta}_2,\cdots,\boldsymbol{\beta}_r$ 与 $\boldsymbol{\alpha}_1,\boldsymbol{\alpha}_2,\cdots,\boldsymbol{\alpha}_r$ 等价，对任意的 $k(1\leqslant k\leqslant r)$，向量组 $\boldsymbol{\beta}_1,\boldsymbol{\beta}_2,\cdots,\boldsymbol{\beta}_k$ 与 $\boldsymbol{\alpha}_1,\boldsymbol{\alpha}_2,\cdots,\boldsymbol{\alpha}_k$ 也等价．

设 $\boldsymbol{Q}=[\boldsymbol{\varepsilon}_1,\boldsymbol{\varepsilon}_2,\cdots,\boldsymbol{\varepsilon}_r]$，则从上面的标准正交化过程可以看出，若令 $\boldsymbol{A}=[\boldsymbol{\alpha}_1,\boldsymbol{\alpha}_2,\cdots,\boldsymbol{\alpha}_r]$，则 $\boldsymbol{A}=\boldsymbol{QR}$，其中 $\boldsymbol{Q}$ 为列向量，是单位正交向量，$\boldsymbol{R}$ 是一个上三角矩阵，它是由上面的矩阵 $\boldsymbol{R}^*$ 左乘一个对角矩阵 $\mathrm{diag}(\|\boldsymbol{\beta}_1\|,\|\boldsymbol{\beta}_1\|,\cdots,\|\boldsymbol{\beta}_r\|)$．称 $\boldsymbol{A}=\boldsymbol{QR}$ 是矩阵 $\boldsymbol{A}$ 的**正交三角分解**(orthogonal trigonometric decomposition) 或 QR 分解．

例 5.6 设 $\boldsymbol{\alpha}_1=\begin{bmatrix}3\\1\\-1\\3\end{bmatrix},\boldsymbol{\alpha}_2=\begin{bmatrix}-5\\1\\5\\-7\end{bmatrix},\boldsymbol{\alpha}_3=\begin{bmatrix}1\\1\\-2\\8\end{bmatrix}$，试用施密特正交化把该向量组标准正交化．

解 直接套用 Schmidt 正交化的公式可得

$$\boldsymbol{\beta}_1=\boldsymbol{\alpha}_1=\begin{bmatrix}3\\1\\-1\\3\end{bmatrix},$$

$$\boldsymbol{\beta}_2=\boldsymbol{\alpha}_2-\frac{\langle\boldsymbol{\alpha}_2,\boldsymbol{\beta}_1\rangle}{\langle\boldsymbol{\beta}_1,\boldsymbol{\beta}_1\rangle}\boldsymbol{\beta}_1=\begin{bmatrix}-5\\1\\5\\-7\end{bmatrix}+\frac{40}{20}\begin{bmatrix}3\\1\\-1\\3\end{bmatrix}=\begin{bmatrix}1\\3\\3\\-1\end{bmatrix},$$

$$\boldsymbol{\beta}_3=\boldsymbol{\alpha}_3-\frac{\langle\boldsymbol{\alpha}_3,\boldsymbol{\beta}_1\rangle}{\langle\boldsymbol{\beta}_1,\boldsymbol{\beta}_1\rangle}\boldsymbol{\beta}_1-\frac{\langle\boldsymbol{\alpha}_3,\boldsymbol{\beta}_2\rangle}{\langle\boldsymbol{\beta}_2,\boldsymbol{\beta}_2\rangle}\boldsymbol{\beta}_2$$

$$=\begin{bmatrix}1\\1\\-2\\8\end{bmatrix}-\frac{30}{20}\begin{bmatrix}3\\1\\-1\\3\end{bmatrix}+\frac{10}{20}\begin{bmatrix}1\\3\\3\\-1\end{bmatrix}=\begin{bmatrix}-3\\1\\1\\3\end{bmatrix}.$$

再把所得的正交向量 $\boldsymbol{\beta}_1,\boldsymbol{\beta}_2,\boldsymbol{\beta}_3$ 单位化可得

$$\boldsymbol{\varepsilon}_1=\frac{\boldsymbol{\beta}_1}{\|\boldsymbol{\beta}_1\|}=\frac{1}{2\sqrt{5}}\begin{bmatrix}3\\1\\-1\\3\end{bmatrix},$$

$$\boldsymbol{\varepsilon}_2=\frac{\boldsymbol{\beta}_2}{\|\boldsymbol{\beta}_2\|}=\frac{1}{2\sqrt{5}}\begin{bmatrix}1\\3\\3\\-1\end{bmatrix},$$

$$\boldsymbol{\varepsilon}_3=\frac{\boldsymbol{\beta}_3}{\|\boldsymbol{\beta}_3\|}=\frac{1}{2\sqrt{5}}\begin{bmatrix}-3\\1\\1\\3\end{bmatrix}.$$

由于计算可能有误,最后仍需验证等式

$$\langle\boldsymbol{\varepsilon}_i,\boldsymbol{\varepsilon}_j\rangle=\begin{cases}0,i\neq j,\\1,i=j,\end{cases}(i,j=1,2,3)$$

是否成立,若不成立,则需重新检查或重新计算. ■

注 5.1 Schmidt 正交化具有明显的几何意义.

例 5.7 已知 $\boldsymbol{\alpha}_1=\begin{bmatrix}a\\b\\c\end{bmatrix}$,求一组非零向量 $\boldsymbol{\alpha}_2,\boldsymbol{\alpha}_3$,使 $\boldsymbol{\alpha}_1,\boldsymbol{\alpha}_2,\boldsymbol{\alpha}_3$ 两两正交.

解 求解线性方程 $ax_1+bx_2+cx_3=0$ 可得与向量 $\boldsymbol{\alpha}_1$ 正交的一个向量组为 $\boldsymbol{\beta}_1=\begin{bmatrix}b\\-a\\0\end{bmatrix}$,$\boldsymbol{\beta}_2=\begin{bmatrix}c\\0\\-a\end{bmatrix}$. 这时可将向量组 $\boldsymbol{\beta}_1,\boldsymbol{\beta}_2$ 施密特正交化. 也可从向量 $\boldsymbol{\beta}_1,\boldsymbol{\beta}_2$ 中任取一个和第一个向量建立线性方程组 $\begin{cases}ax_1+bx_2+cx_3=0,\\bx_1-ax_2+0x_3=0\end{cases}$ 或 $\begin{cases}ax_1+bx_2+cx_3=0,\\cx_1+0x_2-ax_3=0,\end{cases}$ 再用克莱姆法则求解,即得第三个向量可分别取 $\begin{bmatrix}ac\\bc\\-(a^2+b^2)\end{bmatrix}$ 或 $\begin{bmatrix}ab\\-(a^2+c^2)\\bc\end{bmatrix}$. 最终得正交向量组 $\boldsymbol{\alpha}_1$,$\boldsymbol{\alpha}_2,\boldsymbol{\alpha}_3$ 为 $\begin{bmatrix}a\\b\\c\end{bmatrix}$,$\begin{bmatrix}b\\-a\\0\end{bmatrix}$,$\begin{bmatrix}ac\\bc\\-(a^2+b^2)\end{bmatrix}$ 或 $\begin{bmatrix}a\\b\\c\end{bmatrix}$,$\begin{bmatrix}c\\0\\-a\end{bmatrix}$,$\begin{bmatrix}ab\\-(a^2+c^2)\\bc\end{bmatrix}$. 可以验证上面两个向量组确实就是正交向量组. ■

根据上例的结论,当 $\begin{bmatrix}a\\b\\c\end{bmatrix}=\begin{bmatrix}1\\1\\1\end{bmatrix}$ 时,对应的正交向量组为 $\begin{bmatrix}1\\1\\1\end{bmatrix}$,$\begin{bmatrix}1\\0\\-1\end{bmatrix}$,$\begin{bmatrix}1\\-2\\1\end{bmatrix}$.

5.3.3 正交矩阵与正交变换

设矩阵 $\boldsymbol{A}=[\boldsymbol{\alpha}_1,\boldsymbol{\alpha}_2,\cdots,\boldsymbol{\alpha}_r]$ 的列向量是 r 维子空间 V 的一个正交基,则有 $\boldsymbol{A}^{\mathrm{T}}\boldsymbol{A}=\boldsymbol{I}_r$,这表

明矩阵 $\boldsymbol{A}$ 的列向量组是标准正交的，因为矩阵 $\boldsymbol{A}$ 不一定是方阵，所以这并不能表明矩阵 $\boldsymbol{A}$ 是可逆的．但当矩阵 $\boldsymbol{A}$ 是方阵时，就可得到 $\boldsymbol{A}^{\mathrm{T}}\boldsymbol{A}=\boldsymbol{I}_n$，进而有 $\boldsymbol{A}\boldsymbol{A}^{\mathrm{T}}=\boldsymbol{I}_n$，这表明矩阵 $\boldsymbol{A}$ 的行向量组也是标准正交的向量组．

定义 5.8 如果 n 阶矩阵 $\boldsymbol{A}$ 满足 $\boldsymbol{A}^{\mathrm{T}}\boldsymbol{A}=\boldsymbol{I}$（即 $\boldsymbol{A}^{-1}=\boldsymbol{A}^{\mathrm{T}}$），那么称 $\boldsymbol{A}$ 为**正交矩阵**（orthogonal matrix），简称**正交阵**．

$\boldsymbol{A}^{\mathrm{T}}\boldsymbol{A}=\boldsymbol{I}$ 用矩阵 $\boldsymbol{A}$ 的列向量表示为

$$\begin{bmatrix}\boldsymbol{\alpha}_1^{\mathrm{T}}\\ \boldsymbol{\alpha}_2^{\mathrm{T}}\\ \vdots\\ \boldsymbol{\alpha}_n^{\mathrm{T}}\end{bmatrix}[\boldsymbol{\alpha}_1,\boldsymbol{\alpha}_2,\cdots,\boldsymbol{\alpha}_n]=\boldsymbol{I},$$

这也就是 n^2 个关系式

$$\boldsymbol{\alpha}_i^{\mathrm{T}}\boldsymbol{\alpha}_j=\begin{cases}1, & 当\ i=j,\\ 0, & 当\ i\neq j,\end{cases}\quad i,j=1,2,\cdots,n.$$

这说明方阵 $\boldsymbol{A}$ 为正交矩阵的充要条件是 $\boldsymbol{A}$ 的列向量都是单位向量且两两正交．

因为 $\boldsymbol{A}^{\mathrm{T}}\boldsymbol{A}=\boldsymbol{I}$ 与 $\boldsymbol{A}\boldsymbol{A}^{\mathrm{T}}=\boldsymbol{I}$ 等价，所以上述的结论对 $\boldsymbol{A}$ 的行向量也成立．由此可见，n 阶正交矩阵的 n 个行（列）向量构成向量空间 $\mathbb{R}^n$ 的一个标准正交基．向量空间 $\mathbb{R}^n$ 中最常见的标准正交基为

$$\boldsymbol{\varepsilon}_1=\begin{bmatrix}1\\0\\ \vdots\\0\end{bmatrix},\boldsymbol{\varepsilon}_2=\begin{bmatrix}0\\1\\ \vdots\\0\end{bmatrix},\cdots,\boldsymbol{\varepsilon}_n=\begin{bmatrix}0\\0\\ \vdots\\1\end{bmatrix}.$$

通常称基 $\boldsymbol{\varepsilon}_1,\boldsymbol{\varepsilon}_2,\cdots,\boldsymbol{\varepsilon}_n$ 为 $\mathbb{R}^n$ 的自然基，而 $\begin{bmatrix}\frac{\sqrt{2}}{2}\\ \frac{\sqrt{2}}{2}\end{bmatrix},\begin{bmatrix}-\frac{\sqrt{2}}{2}\\ \frac{\sqrt{2}}{2}\end{bmatrix}$ 是 $\mathbb{R}^n$ 的一个标准正交基，但不是 $\mathbb{R}^n$ 的自然基，矩阵 $\begin{bmatrix}\sin\theta & \cos\theta\\ -\cos\theta & \sin\theta\end{bmatrix}$ 行向量或列向量也是 $\mathbb{R}^n$ 的一个标准正交基．

例 5.8 验证矩阵 $\boldsymbol{B}=-\frac{1}{9}\begin{bmatrix}-1 & 8 & 4\\ 8 & -1 & 4\\ 4 & 4 & -7\end{bmatrix}$ 是否是正交矩阵？

证明 直接由正交矩阵的定义可以验证矩阵 $\boldsymbol{B}$ 的列向量两两正交且长度是 1，所以矩阵 $\boldsymbol{B}$ 是正交矩阵．■

正交矩阵具有下列性质：

性质 5.3 (1) 若 $\boldsymbol{A}$ 为正交矩阵，则 $\boldsymbol{A}^{-1}$ 和 $\boldsymbol{A}^{\mathrm{T}}$ 也是正交矩阵，且 $\det(\boldsymbol{A})=1$ 或 $\det(\boldsymbol{A})=-1$；

(2) 若 $\boldsymbol{A}$ 和 $\boldsymbol{B}$ 都是正交矩阵，则 $\boldsymbol{AB}$ 也是正交矩阵．

定义 5.9 若 $\boldsymbol{P}$ 为正交矩阵，则线性变换 $\boldsymbol{y}=\boldsymbol{Px}$ 称为**正交变换**（orthogonal transformation）．

正交变换保持向量的长度不变．即若 $\boldsymbol{y}=\boldsymbol{Px}$ 为正交变换，则有

$$\|\boldsymbol{y}\|=\sqrt{\boldsymbol{y}^{\mathrm{T}}\boldsymbol{y}}=\sqrt{\boldsymbol{x}^{\mathrm{T}}\boldsymbol{P}^{\mathrm{T}}\boldsymbol{Px}}=\sqrt{\boldsymbol{x}^{\mathrm{T}}\boldsymbol{x}}=\|\boldsymbol{x}\|.$$

5.3.4 小结

本节主要介绍正交向量组的定义、正交向量组的性质、施密特正交化算法、正交矩阵、正交矩阵的性质、正交矩阵的判定、正交变换等．

5.3.5 习题

1. 设 $\boldsymbol{\eta}_1,\boldsymbol{\eta}_2,\boldsymbol{\eta}_3$ 是内积空间 $\mathbb{R}^4$ 的三维子空间 V 的一个标准正交基，令 $\boldsymbol{\alpha}=2\boldsymbol{\eta}_1-2\boldsymbol{\eta}_2+\boldsymbol{\eta}_3,\boldsymbol{\beta}=3\boldsymbol{\eta}_1+\boldsymbol{\eta}_2-4\boldsymbol{\eta}_3$．求：

(1) $\langle\boldsymbol{\alpha},\boldsymbol{\beta}\rangle$；

(2) $\|\boldsymbol{\alpha}\|,\|\boldsymbol{\beta}\|$ 的值．

2. 设 $\boldsymbol{x},\boldsymbol{y}$ 是 $\mathbb{R}^n$ 中的向量，并令 $\boldsymbol{Q}$ 是 $n\times n$ 正交矩阵．证明：若令 $\boldsymbol{z}=\boldsymbol{Qx},\boldsymbol{w}=\boldsymbol{Qy}$，则向量 $\boldsymbol{z}$ 和 $\boldsymbol{w}$ 的夹角等于向量 $\boldsymbol{x}$ 和 $\boldsymbol{y}$ 的夹角．

3. 试把向量组 $\boldsymbol{\alpha}_1=\begin{bmatrix}1\\1\\1\end{bmatrix},\boldsymbol{\alpha}_2=\begin{bmatrix}1\\2\\3\end{bmatrix},\boldsymbol{\alpha}_3=\begin{bmatrix}1\\4\\9\end{bmatrix}$ Schmidt 正交化，然后再单位化．

4. 判断矩阵 $\boldsymbol{A}=\begin{bmatrix}1&-\frac{1}{2}&\frac{1}{3}\\-\frac{1}{2}&1&\frac{1}{2}\\\frac{1}{3}&\frac{1}{2}&-1\end{bmatrix}$ 是否是正交矩阵，并说明理由．

5. 设 $\boldsymbol{x}$ 为 n 维列向量，且 $\boldsymbol{x}^{\mathrm{T}}\boldsymbol{x}=1$，令 $\boldsymbol{H}=\boldsymbol{I}-2\boldsymbol{xx}^{\mathrm{T}}$，证明 $\boldsymbol{H}$ 是对称的正交矩阵．

6. 设 $\boldsymbol{\alpha}_1,\boldsymbol{\alpha}_2,\boldsymbol{\alpha}_3$ 是两两正交的单位向量，向量组 $\boldsymbol{\beta}_1,\boldsymbol{\beta}_2,\boldsymbol{\beta}_3$ 可以用向量组 $\boldsymbol{\alpha}_1,\boldsymbol{\alpha}_2,\boldsymbol{\alpha}_3$ 线性表示，即有

$$\boldsymbol{\beta}_1=-\frac{1}{3}\boldsymbol{\alpha}_1+\frac{2}{3}\boldsymbol{\alpha}_2+\frac{2}{3}\boldsymbol{\alpha}_3,\boldsymbol{\beta}_2=\frac{2}{3}\boldsymbol{\alpha}_1+\frac{2}{3}\boldsymbol{\alpha}_2-\frac{1}{3}\boldsymbol{\alpha}_3,\boldsymbol{\beta}_3=-\frac{2}{3}\boldsymbol{\alpha}_1+\frac{1}{3}\boldsymbol{\alpha}_2-\frac{2}{3}\boldsymbol{\alpha}_3.$$

证明 $\boldsymbol{\beta}_1,\boldsymbol{\beta}_2,\boldsymbol{\beta}_3$ 也是两两正交的单位向量．

5.4 最小二乘解

内容提要

不相容线性方程组没有精确解，那就寻求它的近似解，通常就是寻求它的最小二乘解．利用向量在正交子空间上分解的唯一性，可求得不相容方程组的最小二乘解．它是上一节介绍的向量在子空间上的最佳逼近定理的应用．

5.4.1 最小二乘解的法方程法

当方程 $\boldsymbol{Ax}=\boldsymbol{\beta}$ 需要求解，而又不存在精确解时，这时最好的方法是寻求能使得 $\|\boldsymbol{Ax}-\boldsymbol{\beta}\|$ 最小的解．而最小二乘问题就是寻求使 $\|\boldsymbol{Ax}-\boldsymbol{\beta}\|$ 最小的解．所谓最小二乘就是指 $\|\boldsymbol{Ax}-\boldsymbol{\beta}\|^2$ 是平方和最小．

定义 5.10 矩阵 $\boldsymbol{A}$ 是 $m\times n$ 矩阵，$\boldsymbol{\beta}\in\mathbb{R}^m$，则不相容方程 $\boldsymbol{Ax}=\boldsymbol{\beta}$ 的**最小二乘解**是 $\mathbb{R}^n$ 中使得

$$\|\boldsymbol{A}\hat{\boldsymbol{x}}-\boldsymbol{\beta}\|\leqslant\|\boldsymbol{Ax}-\boldsymbol{\beta}\|$$

对所有的 $\boldsymbol{x}\in\mathbb{R}^n$ 都成立的向量 $\hat{\boldsymbol{x}}$．称 $\|\boldsymbol{A}\hat{\boldsymbol{x}}-\boldsymbol{\beta}\|$ 为**最小二乘误差**（least squares error）．

注意到不相容方程 $\boldsymbol{Ax}=\boldsymbol{\beta}$ 没有精确解，即不存在向量 $\boldsymbol{x}$ 使得 $\|\boldsymbol{Ax}-\boldsymbol{\beta}\|=0$．这时要找向量 $\boldsymbol{x}$ 使得 $\|\boldsymbol{Ax}-\boldsymbol{\beta}\|$ 最小．注意到对任意向量 $\boldsymbol{x}$，矩阵向量 $\boldsymbol{Ax}$ 的乘积可表示矩阵 $\boldsymbol{A}$ 的列空间内的所有向量，所以对 $\boldsymbol{\beta}\notin\mathrm{Col}(\boldsymbol{A})$，当 $\boldsymbol{Ax}$ 等于向量 $\boldsymbol{\beta}$ 在列空间 $\mathrm{Col}(\boldsymbol{A})$ 内的正交投影向量时，$\|\boldsymbol{Ax}-\boldsymbol{\beta}\|$ 才能最小．对于给定的 $\boldsymbol{A}$ 和 $\boldsymbol{\beta}$，应用最佳逼近定理于列空间 $\mathrm{Col}(\boldsymbol{A})$，取 $\hat{\boldsymbol{\beta}}=\mathrm{proj}_{\mathrm{Col}(\boldsymbol{A})}\boldsymbol{\beta}$，则 $\hat{\boldsymbol{\beta}}$ 属于 $\boldsymbol{A}$ 的列空间且是最接近 $\boldsymbol{\beta}$ 的向量，故方程 $\boldsymbol{A}\hat{\boldsymbol{x}}=\hat{\boldsymbol{\beta}}$ 是相容的，这时 $\hat{\boldsymbol{x}}$ 的各分量就是用矩阵 $\boldsymbol{A}$ 的列向量来线性表示向量 $\hat{\boldsymbol{\beta}}$ 的系数，向量 $\hat{\boldsymbol{x}}$ 就是方程 $\boldsymbol{Ax}=\boldsymbol{\beta}$ 的最小二乘解．

若 $\hat{\boldsymbol{x}}$ 是方程 $\boldsymbol{A}\hat{\boldsymbol{x}}=\hat{\boldsymbol{\beta}}$ 的解，则由最佳逼近定理，向量 $\boldsymbol{\beta}-\hat{\boldsymbol{\beta}}$ 和 $\boldsymbol{A}$ 的列向量正交，即有 $\boldsymbol{\beta}-\boldsymbol{A}\hat{\boldsymbol{x}}$ 正交于矩阵 $\boldsymbol{A}$ 的每一列．这时可设 $\boldsymbol{\alpha}_i$ 是 $\boldsymbol{A}$ 的列向量，则有 $\langle\boldsymbol{\alpha}_i,\boldsymbol{\beta}-\boldsymbol{A}\hat{\boldsymbol{x}}\rangle=0$，或者

$$\boldsymbol{\alpha}_i^{\mathrm{T}}(\boldsymbol{\beta}-\boldsymbol{A}\hat{\boldsymbol{x}})=\boldsymbol{0}.$$

由于 $\boldsymbol{\alpha}_i^{\mathrm{T}}$ 是矩阵 $\boldsymbol{A}^{\mathrm{T}}$ 的行向量，所以可得

$$\boldsymbol{A}^{\mathrm{T}}(\boldsymbol{\beta}-\boldsymbol{A}\hat{\boldsymbol{x}})=\boldsymbol{0}.$$

这表明矩阵方程 $\boldsymbol{Ax}=\boldsymbol{\beta}$ 的每个最小二乘解都满足方程 $\boldsymbol{A}^{\mathrm{T}}\boldsymbol{A}\hat{\boldsymbol{x}}=\boldsymbol{A}^{\mathrm{T}}\boldsymbol{\beta}$．方程 $\boldsymbol{A}^{\mathrm{T}}\boldsymbol{A}\hat{\boldsymbol{x}}=\boldsymbol{A}^{\mathrm{T}}\boldsymbol{\beta}$ 通常被称为方程 $\boldsymbol{Ax}=\boldsymbol{\beta}$ 的**法方程**．

反之，方程 $\boldsymbol{A}^{\mathrm{T}}(\boldsymbol{A}\hat{\boldsymbol{x}}-\boldsymbol{\beta})=\boldsymbol{0}$ 的解也是不相容方程 $\boldsymbol{Ax}=\boldsymbol{\beta}$ 的最小二乘解．显然上面的每一

步推证都是可逆的,所以有下面的结论.

定理 5.6 不相容方程 $\boldsymbol{Ax}=\boldsymbol{\beta}$ 的最小二乘解集和法方程 $\boldsymbol{A}^{\mathrm{T}}\boldsymbol{Ax}=\boldsymbol{A}^{\mathrm{T}}\boldsymbol{\beta}$ 的解集相同.

下面用对向量的标量函数求导数的方法来证明上述结论.

证明 方程 $\boldsymbol{Ax}=\boldsymbol{\beta}$ 的最小二乘解就是要求 $\|\boldsymbol{Ax}-\boldsymbol{\beta}\|^2$ 取最小值的向量 $\boldsymbol{x}$,对 $\|\boldsymbol{Ax}-\boldsymbol{\beta}\|^2$ 展开可得

$$\begin{aligned}\|\boldsymbol{Ax}-\boldsymbol{\beta}\|^2&=(\boldsymbol{Ax}-\boldsymbol{\beta})^{\mathrm{T}}(\boldsymbol{Ax}-\boldsymbol{\beta})\\&=\boldsymbol{x}^{\mathrm{T}}\boldsymbol{A}^{\mathrm{T}}\boldsymbol{Ax}-2\boldsymbol{x}^{\mathrm{T}}\boldsymbol{A}^{\mathrm{T}}\boldsymbol{\beta}+\boldsymbol{\beta}^{\mathrm{T}}\boldsymbol{\beta}.\end{aligned}$$

再对向量 $\boldsymbol{x}$ 求导数

$$\frac{\mathrm{d}\ \|\boldsymbol{Ax}-\boldsymbol{\beta}\|^2}{\mathrm{d}\boldsymbol{x}}=2\boldsymbol{A}^{\mathrm{T}}\boldsymbol{Ax}-2\boldsymbol{A}^{\mathrm{T}}\boldsymbol{\beta}.$$

令 $2\boldsymbol{A}^{\mathrm{T}}\boldsymbol{Ax}-2\boldsymbol{A}^{\mathrm{T}}\boldsymbol{\beta}=\boldsymbol{0}$ 可解得 $\boldsymbol{A}^{\mathrm{T}}\boldsymbol{Ax}=\boldsymbol{A}^{\mathrm{T}}\boldsymbol{\beta}$. 这表明方程 $\boldsymbol{Ax}=\boldsymbol{\beta}$ 的最小二乘解一定是法方程 $\boldsymbol{A}^{\mathrm{T}}\boldsymbol{Ax}=\boldsymbol{A}^{\mathrm{T}}\boldsymbol{\beta}$ 的解.

反之,如果 $\boldsymbol{x}_0$ 是向量 $\boldsymbol{x}$ 的标量二次函数 $f(\boldsymbol{x})=\|\boldsymbol{Ax}-\boldsymbol{\beta}\|^2$ 关于 $\boldsymbol{x}$ 导数为零的点,即有 $\boldsymbol{A}^{\mathrm{T}}\boldsymbol{Ax}_0=\boldsymbol{A}^{\mathrm{T}}\boldsymbol{\beta}$,且关于向量 $\boldsymbol{x}$ 的海赛矩阵(Hessian matrix)是半正定的,即有

$$\frac{\mathrm{d}^2 f(\boldsymbol{x})}{\mathrm{d}\boldsymbol{x}^2}=2\boldsymbol{A}^{\mathrm{T}}\boldsymbol{A}\geqslant 0.$$

则 $\boldsymbol{A}^{\mathrm{T}}\boldsymbol{Ax}_0=\boldsymbol{A}^{\mathrm{T}}\boldsymbol{\beta}$ 的解总能使 $f(\boldsymbol{x})$ 取最小值. 即 $\boldsymbol{A}^{\mathrm{T}}\boldsymbol{Ax}=\boldsymbol{A}^{\mathrm{T}}\boldsymbol{\beta}$ 的解总是 $\boldsymbol{Ax}=\boldsymbol{\beta}$ 的最小二乘解. ■

当矩阵 $\boldsymbol{A}$ 的列向量线性无关时,向量 $\boldsymbol{\beta}$ 在子空间 $\mathrm{Col}(\boldsymbol{A})$ 中的最佳逼近为向量 $\boldsymbol{\beta}$ 在子空间 $\mathrm{Col}(\boldsymbol{A})$ 上的正交投影,即有

$$\hat{\boldsymbol{\beta}}=\mathrm{proj}_{\mathrm{Col}(\boldsymbol{A})}\boldsymbol{\beta}=\boldsymbol{A}(\boldsymbol{A}^{\mathrm{T}}\boldsymbol{A})^{-1}\boldsymbol{A}^{\mathrm{T}}\boldsymbol{\beta}.$$

求解方程

$$\boldsymbol{A}\hat{\boldsymbol{x}}=\boldsymbol{A}(\boldsymbol{A}^{\mathrm{T}}\boldsymbol{A})^{-1}\boldsymbol{A}^{\mathrm{T}}\boldsymbol{\beta},$$

可得

$$\hat{\boldsymbol{x}}=(\boldsymbol{A}^{\mathrm{T}}\boldsymbol{A})^{-1}\boldsymbol{A}^{\mathrm{T}}\boldsymbol{\beta}.$$

这就是当 $\boldsymbol{A}$ 的列向量组线性无关时,不相容方程 $\boldsymbol{Ax}=\boldsymbol{\beta}$ 唯一的最小二乘解. 如果矩阵 $\boldsymbol{A}$ 是列降秩的,则方程 $\boldsymbol{Ax}=\boldsymbol{\beta}$ 的最小二乘解有无限多个.

例 5.9 求不相容方程 $\boldsymbol{Ax}=\boldsymbol{\beta}$ 的最小二乘解和最小二乘误差,其中 $\boldsymbol{A}=\begin{bmatrix}4&0\\0&2\\1&1\end{bmatrix}$,
$\boldsymbol{\beta}=\begin{bmatrix}2\\0\\11\end{bmatrix}$.

解 直接计算可得 $A^TA=\begin{bmatrix}17&1\\1&5\end{bmatrix}$，$A^T\beta=\begin{bmatrix}19\\11\end{bmatrix}$. 法方程 $A^TAx=A^T\beta$ 就是 $\begin{bmatrix}17&1\\1&5\end{bmatrix}\begin{bmatrix}x_1\\x_2\end{bmatrix}=\begin{bmatrix}19\\11\end{bmatrix}$，直接求解可得

$$\hat{x}=(A^TA)^{-1}A^T\beta=\frac{1}{84}\begin{bmatrix}5&-1\\-1&17\end{bmatrix}\begin{bmatrix}19\\11\end{bmatrix}=\frac{1}{84}\begin{bmatrix}84\\168\end{bmatrix}=\begin{bmatrix}1\\2\end{bmatrix}.$$

最小二乘误差 $\|A\hat{x}-\beta\|$ 为

$$\|A\hat{x}-\beta\|=\left\|\begin{bmatrix}4&0\\0&2\\1&1\end{bmatrix}\begin{bmatrix}1\\2\end{bmatrix}-\begin{bmatrix}2\\0\\11\end{bmatrix}\right\|=\left\|\begin{bmatrix}2\\4\\-8\end{bmatrix}\right\|=\sqrt{84}.$$

■

例 5.10 求不相容方程 $Ax=\beta$ 的最小二乘解和最小二乘误差，其中 $A=\begin{bmatrix}1&1&1\\1&1&1\end{bmatrix}$，$\beta=\begin{bmatrix}1\\3\end{bmatrix}$.

解 计算法方程组 $A^TAx=A^T\beta$ 可得方程 $x_1+x_2+x_3=2$. 求解可得原方程组的最小二乘解为

$$x=c_1\begin{bmatrix}1\\-1\\0\end{bmatrix}+c_2\begin{bmatrix}1\\0\\-1\end{bmatrix}+\begin{bmatrix}2\\0\\0\end{bmatrix},c_1,c_2\in\mathbb{R}.$$

最小二乘误差 $\|A\hat{x}-\beta\|$ 为

$$\|A\hat{x}-\beta\|=\left\|\begin{bmatrix}2\\2\end{bmatrix}-\begin{bmatrix}1\\3\end{bmatrix}\right\|=\sqrt{2}.$$

很明显尽管最小二乘解 $\hat{x}$ 有无限多个，但最小二乘误差 $\|A\hat{x}-\beta\|$ 是唯一的. ■

5.4.2 最小二乘解的正交分解法

借助向量在两个正交子空间上的正交分解是唯一的，可得到求解方程 $Ax=\beta$ 最小二乘解的其他方法. 第一种是先求得向量 β 在子空间 $\mathrm{Col}(A)$ 上的正交投影向量 $\hat{y}=A(A^TA)^{-1}A^T\beta$，再求解方程 $A\hat{x}=\hat{y}$. 第二种设 $\mathrm{rank}\,(A_{n\times m})=r$，先求解齐次线性方程 $A^Tx=0$，得到它的基础解系 $B=[\eta_1,\eta_2,\cdots,\eta_{n-r}]$，然后再求解线性方程 $[A,B]\begin{bmatrix}u\\v\end{bmatrix}=\beta$. 求得该方程通

解中的向量 $\boldsymbol{u}$ 就是方程 $\boldsymbol{Ax}=\boldsymbol{\beta}$ 的最小二乘解.

例 5.11 求不相容方程 $\boldsymbol{Ax}=\boldsymbol{\beta}$ 的最小二乘解,其中 $\boldsymbol{A}=[\boldsymbol{\alpha}_1,\boldsymbol{\alpha}_2]=\begin{bmatrix}1&1\\1&-1\\1&1\\1&-1\end{bmatrix}$,$\boldsymbol{\beta}=\begin{bmatrix}1\\2\\3\\4\end{bmatrix}$.

解 由于 $\boldsymbol{A}$ 的列向量 $\boldsymbol{\alpha}_1,\boldsymbol{\alpha}_2$ 相互正交,所以 $\boldsymbol{\beta}$ 在 Col($\boldsymbol{A}$) 上的正交投影向量 $\hat{\boldsymbol{\beta}}$ 如下:

$$\begin{aligned}\hat{\boldsymbol{\beta}}&=\frac{\boldsymbol{\beta}^{\mathrm{T}}\boldsymbol{\alpha}_1}{\|\boldsymbol{\alpha}_1\|^2}\boldsymbol{\alpha}_1+\frac{\boldsymbol{\beta}^{\mathrm{T}}\boldsymbol{\alpha}_2}{\|\boldsymbol{\alpha}_2\|^2}\boldsymbol{\alpha}_2\\&=\frac{10}{4}\boldsymbol{\alpha}_1+\frac{-2}{4}\boldsymbol{\alpha}_2=[\boldsymbol{\alpha}_1,\boldsymbol{\alpha}_2]\begin{bmatrix}\frac{5}{2}\\-\frac{1}{2}\end{bmatrix}\\&=\begin{bmatrix}2\\3\\2\\3\end{bmatrix}.\end{aligned}$$

既然 $\hat{\boldsymbol{\beta}}$ 已经求得,就可以直接求解方程 $\boldsymbol{A}\hat{\boldsymbol{x}}=\hat{\boldsymbol{\beta}}$. 而由上面 $\hat{\boldsymbol{\beta}}$ 的分解式立即得到

$$\hat{\boldsymbol{x}}=\begin{bmatrix}\frac{5}{2}\\-\frac{1}{2}\end{bmatrix}.$$

本例也可直接求解齐次线性方程 $\boldsymbol{A}^{\mathrm{T}}\boldsymbol{x}=\boldsymbol{0}$,解得一基础解系

$$\boldsymbol{B}=[\boldsymbol{\beta}_1,\boldsymbol{\beta}_2]=\begin{bmatrix}1&0\\0&1\\-1&0\\0&-1\end{bmatrix}.$$

再求解非齐次线性方程组$[\boldsymbol{A},\boldsymbol{B}]\begin{bmatrix}\boldsymbol{u}\\\boldsymbol{v}\end{bmatrix}=\boldsymbol{\beta}$ 可得

$$[\boldsymbol{A},\boldsymbol{B},\boldsymbol{\beta}]=\begin{bmatrix}1&1&1&0&1\\1&-1&0&1&2\\1&1&-1&0&3\\1&-1&0&-1&4\end{bmatrix}\overset{r}{\sim}\begin{bmatrix}1&0&0&0&\frac{5}{2}\\0&1&0&0&-\frac{1}{2}\\0&0&1&0&-1\\0&0&0&1&-1\end{bmatrix}.$$

即得方程$[\boldsymbol{A},\boldsymbol{B}]\begin{bmatrix}\boldsymbol{u}\\\boldsymbol{v}\end{bmatrix}=\boldsymbol{\beta}$的解为$\begin{bmatrix}\boldsymbol{u}\\\boldsymbol{v}\end{bmatrix}=\begin{bmatrix}\frac{5}{2}\\-\frac{1}{2}\\-1\\-1\end{bmatrix}$. 所以可得原方程组的最小二乘解为$\hat{\boldsymbol{x}}=\begin{bmatrix}\frac{5}{2}\\-\frac{1}{2}\end{bmatrix}$.

■

考虑到数值计算的特点方程$\boldsymbol{Ax}=\boldsymbol{\beta}$的最小二乘解也可借助系数矩阵$\boldsymbol{A}$的QR分解求出.

定理 5.7 给定一个$m\times n$矩阵$\boldsymbol{A}$,它的列向量是线性无关的,设矩阵$\boldsymbol{A}$的QR分解为$\boldsymbol{A}=\boldsymbol{QR}$,那么对每一个属于$\mathbb{R}^m$的$\boldsymbol{\beta}$,方程$\boldsymbol{Ax}=\boldsymbol{\beta}$唯一的最小二乘解为

$$\hat{\boldsymbol{x}}=\boldsymbol{R}^{-1}\boldsymbol{Q}^{\mathrm{T}}\boldsymbol{\beta}.$$

证明 因为矩阵$\boldsymbol{A}$的列向量是线性无关的,根据矩阵的秩公式

$$\operatorname{rank}(\boldsymbol{A}^{\mathrm{T}}\boldsymbol{A})=\operatorname{rank}(\boldsymbol{A})=n,$$

所以矩阵$\boldsymbol{A}^{\mathrm{T}}\boldsymbol{A}$是可逆的. 进而可得方程$\boldsymbol{Ax}=\boldsymbol{\beta}$的法方程$\boldsymbol{A}^{\mathrm{T}}\boldsymbol{Ax}=\boldsymbol{A}^{\mathrm{T}}\boldsymbol{\beta}$只有唯一解,而这个唯一解就是方程$\boldsymbol{Ax}=\boldsymbol{\beta}$的最小二乘解. 根据方程$\boldsymbol{Ax}=\boldsymbol{\beta}$的最小二乘解和法方程的非空解集是相等的,所以方程$\boldsymbol{Ax}=\boldsymbol{\beta}$的最小二乘解也是唯一的. 将$\hat{\boldsymbol{x}}=\boldsymbol{R}^{-1}\boldsymbol{Q}^{\mathrm{T}}\boldsymbol{\beta}$代入方程$\boldsymbol{A}^{\mathrm{T}}\boldsymbol{Ax}=\boldsymbol{A}^{\mathrm{T}}\boldsymbol{\beta}$验证可得

$$\boldsymbol{A}^{\mathrm{T}}\boldsymbol{A}\hat{\boldsymbol{x}}=(\boldsymbol{QR})^{\mathrm{T}}(\boldsymbol{QR})(\boldsymbol{R}^{-1}\boldsymbol{Q}^{\mathrm{T}}\boldsymbol{\beta})=\boldsymbol{R}^{\mathrm{T}}\boldsymbol{Q}^{\mathrm{T}}\boldsymbol{QRR}^{-1}\boldsymbol{Q}^{\mathrm{T}}\boldsymbol{\beta}=\boldsymbol{R}^{\mathrm{T}}\boldsymbol{Q}^{\mathrm{T}}\boldsymbol{\beta}=\boldsymbol{A}^{\mathrm{T}}\boldsymbol{\beta}.$$

该定理得证. ■

例 5.12 求$\boldsymbol{Ax}=\boldsymbol{\beta}$的最小二乘解,其中

$$\boldsymbol{A}=\begin{bmatrix}1&3&5\\1&1&0\\1&1&2\\1&3&3\end{bmatrix}=\frac{1}{2}\begin{bmatrix}1&1&1\\1&-1&-1\\1&-1&1\\1&1&-1\end{bmatrix}\begin{bmatrix}2&4&5\\0&2&3\\0&0&2\end{bmatrix},\boldsymbol{\beta}=\begin{bmatrix}3\\5\\7\\-3\end{bmatrix}.$$

解 注意到矩阵$\boldsymbol{A}$的QR分解已给出,所以可直接计算$\boldsymbol{Q}^{\mathrm{T}}\boldsymbol{\beta}$可得

$$\boldsymbol{Q}^{\mathrm{T}}\boldsymbol{\beta}=\frac{1}{2}\begin{bmatrix}1&1&1&1\\1&-1&-1&1\\1&-1&1&-1\end{bmatrix}\begin{bmatrix}3\\5\\7\\-3\end{bmatrix}=\begin{bmatrix}6\\-6\\4\end{bmatrix}.$$

满足 $R\hat{x}=Q^{T}\beta$ 的最小二乘解是方程

$$\begin{bmatrix}2&4&5\\0&2&3\\0&0&2\end{bmatrix}\begin{bmatrix}x_1\\x_2\\x_3\end{bmatrix}=\begin{bmatrix}6\\-6\\4\end{bmatrix}$$

的解，解得 $\hat{x}=\begin{bmatrix}10\\-6\\2\end{bmatrix}$. ■

5.4.3 小结

本节主要介绍方程 $Ax=\beta$ 最小二乘解的含义、求方程 $Ax=\beta$ 的最小二乘解的三种方法.

5.4.4 习题

1. 通过构造 $\hat{x}$ 求方程 $Ax=\beta$ 的最小二乘解，并计算最小二乘误差.

(1) $A=\begin{bmatrix}-1&2\\2&-3\\-1&3\end{bmatrix}$，$\beta=\begin{bmatrix}4\\1\\2\end{bmatrix}$；(2) $A=\begin{bmatrix}1&5\\3&1\\-2&4\end{bmatrix}$，$\beta=\begin{bmatrix}4\\-2\\-3\end{bmatrix}$.

2. 通过构造 $\hat{x}$ 求方程 $Ax=\beta$ 的最小二乘解，并计算最小二乘误差.

(1) $A=\begin{bmatrix}1&3\\1&-1\\1&1\end{bmatrix}$，$\beta=\begin{bmatrix}5\\1\\0\end{bmatrix}$；(2) $A=\begin{bmatrix}1&1\\1&1\\1&0\end{bmatrix}$，$\beta=\begin{bmatrix}1\\2\\3\end{bmatrix}$.

3. 设

$$A=\begin{bmatrix}1&-3&-5\\1&1&-2\\1&-3&1\\1&1&4\end{bmatrix},\beta=\begin{bmatrix}-6\\1\\1\\6\end{bmatrix}.$$

若使用施密特正交化算法对矩阵 A 进行 QR 分解，并已经求得矩阵 Q 和 R 的前两列分别为

$$Q=\frac{1}{2}\begin{bmatrix}1&-1&-\\1&1&-\\1&-1&-\\1&1&-\end{bmatrix},R=2\begin{bmatrix}1&-1&-\\0&2&-\\0&0&-\end{bmatrix}.$$

(1) 请分别填写矩阵 $\boldsymbol{Q}$ 和矩阵 $\boldsymbol{R}$ 的第三列；

(2) 利用矩阵 $\boldsymbol{A}$ 的 QR 分解求方程 $\boldsymbol{Ax}=\boldsymbol{\beta}$ 的最小二乘解．

5.4.5 阅读材料:层次分析法(二)

阅读材料:管理科学中的层次分析法

在第二章矩阵的运算中介绍了数学系引进人才所有的层次分析法．这个过程包括选择决策所需要的准则,并给每一个准则赋予权重．候选人引进与否决定于其在研究、教学及学术活动三个方面的排序．委员会对每一个候选人都在这三个方面赋予权重．权重的度量取决于候选人在每个领域中的相对强弱,一旦所有权重都被赋值,则总排序的结果即可通过矩阵乘以一个向量来求得．

该过程的关键是如何赋予权重．教学方面的评估将依赖于委员会的定性判定．这种判定必须转化为量化的权重．研究方面的评估可以定量地通过候选人在期刊上发表论文的页数及定性地考虑期刊的质量来进行．确定定性判别权重的标准方法是,首先将候选人之间进行两两比较,然后使用比较的结果来确定权重．我们此处描述的方法可导出一个不相容的方程组,将通过求解方程组的最小二乘解来确定权重．

对于给出的例子,委员会定性地认为教学和研究是同等重要的,它们均是学术活动重要性的两倍．为反映这样的判断,研究、教学和学术活动的权重 w_1,w_2 和 w_3 必须满足

$$w_1=w_2,w_1=2w_2,w_2=2w_3.$$

此外,权重的和必须为 1. 权重可通过下面的方程组求得

$$\begin{cases} w_1-\ w_2+0w_3=0, \\ w_1+0w_2-2w_3=0, \\ 0w_1+\ w_2-2w_3=0, \\ w_1+\ w_2+\ w_3=1. \end{cases}$$

尽管这个方程组的个数超过了未知量的个数,但它仍然有唯一解 $\boldsymbol{w}=\begin{bmatrix}0.4\\0.4\\0.2\end{bmatrix}$．但通常这样的方程组是不相容的．事实上,如果委员会使用四个准则,并依据他们自己的判断给出两两比较的结果,最终得到的方程组(有七个方程、四个未知量)是不相容的．对不相容的方程组可通过求解方程组的最小二乘解确定和为 1 的权重．用下面的例子来说明．

例 5.13 假设数学系为了引进一名博士,只有四名候选人:张,王,李,陈．为了研究对应的权重,委员会决定同时考虑论文发表的数量和质量两个方面．委员会认为论文的质量要比论文的质量更重要,因此,他们给出论文的数量权重为 0.4,而质量的权重为 0.6. 该决策对应的层次结构见表 5.3 所列．

表 5.3 准则层与子准则层

目标层	选择候选人(1.00)			
准则层(权重)	研究(0.40)		数学(0.40)	学术活动(0.20)
子准则层	研究数量(0.40)	研究质量(0.60)		
候选人 $\begin{bmatrix} Z \\ W \\ L \\ C \end{bmatrix}$	$\begin{bmatrix} 0.35 \\ 0.20 \\ 0.25 \\ 0.20 \end{bmatrix}$	$\begin{bmatrix} 0.3289 \\ 0.1739 \\ 0.2188 \\ 0.2784 \end{bmatrix}$	$\begin{bmatrix} 0.21 \\ 0.29 \\ 0.33 \\ 0.17 \end{bmatrix}$	$\begin{bmatrix} 0.23 \\ 0.28 \\ 0.28 \\ 0.21 \end{bmatrix}$

所有委员会计算的权重敢包含在表 5.3 中．下面考查发表论文的数量和质量的权重是如何获得的，以及如何将表 5.3 中的所有权重组合在一起得到候选人总排序的结果．

研究数量的权重是通过计算候选人发表论文的页数除以所有候选人发表论文的总页数来求得．页数、教学和学术活动权重在表 5.4 中给出．

表 5.4 研究数量及数学和学术活动的权重

候选人	论文页数	权 重	教 学	学术活动
张博士	700	0.35	0.21	0.23
王博士	400	0.20	0.29	0.28
李博士	500	0.25	0.33	0.28
陈博士	400	0.20	0.17	0.21
总 计	2000	1.00	1.00	1.00

为了对研究质量进行评级，委员会两两比较了候选人发表论文的质量．若在某一对比中对候选人的评估相同，则他们将得到相同的权重．同时委员会一致同意没有任何一个候选人的质量权重会超过其他候选人质量权重的两倍．因此，若候选人 i 比候选人 j 的论文给人更深刻的印象，则权重将会按照下面的方法赋值：

$$w_i = \beta w_j \text{ 或 } w_j = \frac{1}{\beta} w_i \text{，其中 } 1 < \beta \leqslant 2.$$

在研究了所有候选人的论文后，委员会同意了下列的成对比较权重：

$$w_1 = 1.75 w_2,\ w_1 = 1.5 w_3,\ w_1 = 1.25 w_4,\ w_2 = 0.75 w_3,\ w_2 = 0.50 w_4,\ w_3 = 0.75 w_4.$$

这些条件可导出下面的线性方程组

$$\begin{cases}1w_1-1.75w_2+\ \ 0w_3+\ \ 0w_4=0,\\1w_1+\ \ 0w_2-1.5w_3+\ \ 0w_4=0,\\1w_1+\ \ 0w_2+\ \ 0w_3-1.25w_4=0,\\0w_1+\ \ 1w_2-1.75w_3+\ \ 0w_4=0,\\0w_1+\ \ 1w_2+\ \ 0w_3-\ 0.5w_4=0,\\0w_1+\ \ 0w_2+\ \ 1w_3-0.75w_4=0.\end{cases}$$

因为 $\boldsymbol{w}$ 是一个权重向量,其分量的和必然是 1.

$$w_1+w_2+w_3+w_4=1.$$

求出的层次分析权重必须严格满足最后给出的方程,因此 w_4 可按照如下方式计算:

$$w_4=1-w_1-w_2-w_3.$$

将其代入上面的 6 个方程可得

$$\begin{cases}1w_1-1.75w_2+\ \ 0w_3=0,\\1w_1+\ \ 0w_2-\ 1.5w_3=0,\\2.25w_1+1.25w_2+1.25w_3=1.25,\\0w_1+\ \ 1w_2-1.75w_3=0,\\0.5w_1+\ 1.5w_2+\ 0.5w_3=0.5,\\0.75w_1+0.75w_2+1.75w_3=0.75.\end{cases}$$

尽管这个方程组是不相容的,但其存在唯一的最小二乘解:

$$w_1=0.3289,w_2=0.1739,w_3=0.2188.$$

利用关系式 $w_4=1-w_1-w_2-w_3$ 可得 $w_4=0.2784$.

决策过程的最后一步是利用不同的分类及其子类来计算排序向量. 我们将每一个向量乘以表中给出的相应权重,然后将它们组合成为总排序向量 $\boldsymbol{r}$.

$$\boldsymbol{r}=0.40\left\{0.40\begin{bmatrix}0.35\\0.20\\0.25\\0.20\end{bmatrix}+0.60\begin{bmatrix}0.3289\\0.1739\\0.2188\\0.2784\end{bmatrix}\right\}+0.40\begin{bmatrix}0.21\\0.28\\0.28\\0.21\end{bmatrix}+0.20\begin{bmatrix}0.23\\0.28\\0.28\\0.21\end{bmatrix}$$

$$=0.40\begin{bmatrix}0.3373\\0.1843\\0.2313\\0.2470\end{bmatrix}+0.40\begin{bmatrix}0.21\\0.28\\0.28\\0.21\end{bmatrix}+0.20\begin{bmatrix}0.23\\0.28\\0.28\\0.21\end{bmatrix}$$

$$
=\begin{bmatrix}0.2649\\0.2457\\0.2805\\0.2088\end{bmatrix}.
$$

具有最高评级的候选人是李博士，张博士是第二位，王博士和陈博士排第三位和第四位．

■

5.5 最小二乘法在线性模型中的应用

内容提要

本节介绍最小二乘法在拟合直线、二次曲线、高次曲线、平面、二次曲面及一般曲面中的应用．

5.5.1 最小二乘直线

下面介绍最小二乘法在建立线性模型中的一些经典应用场景．选取科学和工程中的常见分析记号．将方程 $\boldsymbol{Ax}=\boldsymbol{\beta}$ 写成 $\boldsymbol{X\beta}=\boldsymbol{y}$，称 $\boldsymbol{X}$ 为设计矩阵，$\boldsymbol{\beta}$ 为参数向量，$\boldsymbol{y}$ 为观测向量．

变量 x 和 y 之间最简单的关系是线性方程 $y=\beta_0+\beta_1 x$. 实验数据常给出点 $(x_1,y_1),\cdots,(x_n,y_n)$，它们的图形近似接近于直线．我们希望确定参数 β_0 和 β_1，使得直线尽可能"接近"这些点．

假设 β_0 和 β_1 固定，考虑直线 $y=\beta_0+\beta_1 x$ 和对应的每个数据点 (x_j,y_j)，有一个在直线上的点 $(x_j,\beta_0+\beta_1 x_j)$ 具有同样的 x 坐标．我们称 y_j 为 y 的观测值，而 $\beta_0+\beta_1 x_j$ 为 y_j 的预测值（由直线确定）．观测值 y_j 和预测值 y 之间的差称为余差．

有几种方法来度量直线如何"接近"数据，最常见的选择是余差平方之和（主要原因是数学计算简单）．**最小二乘直线** $y=\beta_0+\beta_1 x$ 是余差平方之和最小的，这条直线也称为 $\boldsymbol{y}$ 对 $\boldsymbol{x}$ 的回归直线，这是因为假设数据中的任何误差只出现在 y 坐标．直线的系数 β_0,β_1 被称为（线性）回归系数．

如果数据点在直线上，则参数 β_0 和 β_1 满足方程：

预测值	观测值
$\boldsymbol{y}$ 值	$\boldsymbol{y}$ 值
$\beta_0+\beta_1 x_1$	$=y_1$
$\beta_0+\beta_1 x_2$	$=y_2$
$\vdots$	$\vdots$
$\beta_0+\beta_1 x_n$	$=y_n$

我们可将这个方程组写成

$$\boldsymbol{X\beta}=\boldsymbol{y}\text{，其中 }\boldsymbol{X}=\begin{bmatrix}1 & x_1\\1 & x_2\\\vdots & \vdots\\1 & x_n\end{bmatrix},\boldsymbol{\beta}=\begin{bmatrix}\beta_0\\\beta_1\end{bmatrix},\boldsymbol{y}=\begin{bmatrix}y_1\\y_2\\\vdots\\y_n\end{bmatrix}.$$

当然，如果数据点不在直线上，就没有参数 β_0，β_1 使得 $\boldsymbol{X\beta}$ 中的预测值 y 与 $\boldsymbol{y}$ 中的观测值 y_j 相等，且 $\boldsymbol{X\beta}=\boldsymbol{y}$ 没有解．这就是方程 $\boldsymbol{Ax}=\boldsymbol{\beta}$ 的最小二乘问题，只是记法不同．

例 5.14　求最小二乘直线的方程 $y=\beta_0+\beta_1x$，最佳拟合数据点为(2,1)，(5,2)，(7,3)，(8,3)．

解　利用数据的 x 坐标构造矩阵 $\boldsymbol{X}$ 和 y 坐标构造向量 $\boldsymbol{y}$ 得到

$$\boldsymbol{X}=\begin{bmatrix}1 & 2\\1 & 5\\1 & 7\\1 & 8\end{bmatrix},\boldsymbol{y}=\begin{bmatrix}1\\2\\3\\3\end{bmatrix}.$$

对方程 $\boldsymbol{X\beta}=\boldsymbol{y}$ 两边乘以 $\boldsymbol{X}^{\mathrm{T}}$ 得到法方程 $\boldsymbol{X}^{\mathrm{T}}\boldsymbol{X\beta}=\boldsymbol{X}^{\mathrm{T}}\boldsymbol{y}$. 计算可得

$$\boldsymbol{X}^{\mathrm{T}}\boldsymbol{X}=\begin{bmatrix}1 & 1 & 1 & 1\\2 & 5 & 7 & 8\end{bmatrix}\begin{bmatrix}1 & 2\\1 & 5\\1 & 7\\1 & 8\end{bmatrix}=\begin{bmatrix}4 & 22\\22 & 142\end{bmatrix},$$

$$\boldsymbol{X}^{\mathrm{T}}\boldsymbol{y}=\begin{bmatrix}1 & 1 & 1 & 1\\2 & 5 & 7 & 8\end{bmatrix}\begin{bmatrix}1\\2\\3\\3\end{bmatrix}=\begin{bmatrix}9\\57\end{bmatrix}.$$

法方程 $\boldsymbol{X}^{\mathrm{T}}\boldsymbol{X\beta}=\boldsymbol{X}^{\mathrm{T}}\boldsymbol{y}$ 是

$$\begin{bmatrix}4 & 22\\22 & 142\end{bmatrix}\begin{bmatrix}\beta_0\\\beta_1\end{bmatrix}=\begin{bmatrix}9\\57\end{bmatrix}.$$

因此

$$\begin{bmatrix}\beta_0\\\beta_1\end{bmatrix}=\begin{bmatrix}4 & 22\\22 & 142\end{bmatrix}^{-1}\begin{bmatrix}9\\57\end{bmatrix}=\frac{1}{84}\begin{bmatrix}142 & -22\\-22 & 4\end{bmatrix}\begin{bmatrix}9\\57\end{bmatrix}=\begin{bmatrix}\frac{2}{7}\\\frac{5}{14}\end{bmatrix}.$$

这样最小二乘直线为 $y=\frac{2}{7}+\frac{5}{14}x$. ■

5.5.2 一般线性模型

在一些应用,必须将数据点拟合成非直线的形式. 下面的例子中,矩阵方程仍然是 $\boldsymbol{X\beta}=\boldsymbol{y}$,但特定的 $\boldsymbol{X}$ 会从一个问题变到下一个. 统计学家常引入**余差向量** $\boldsymbol{\varepsilon}$,定义为 $\boldsymbol{\varepsilon}=\boldsymbol{y}-\boldsymbol{X\beta}$. 并记作

$$\boldsymbol{y}=\boldsymbol{X\beta}+\boldsymbol{\varepsilon}.$$

任何具有这种形式的方程称为**线性模型**. 一旦 $\boldsymbol{X}$ 和 $\boldsymbol{y}$ 被确定,使 $\boldsymbol{\varepsilon}$ 长度达到最小化相当于找出 $\boldsymbol{X\beta}=\boldsymbol{y}$ 的最小二乘解. 在每种情况下,最小二乘解 $\hat{\boldsymbol{y}}$ 是下面法方程的解

$$\boldsymbol{X}^{\mathrm{T}}\boldsymbol{X\beta}=\boldsymbol{X}^{\mathrm{T}}\boldsymbol{y}.$$

5.5.3 其他曲线的最小二乘拟合

当分散画出的数据点 $(x_1,y_1),\cdots,(x_n,y_n)$ 不接近于任何一条直线时,一个适合的假设是 x 和 y 具有其他函数关系.

下面的例子说明如何将数据拟合成一般形式的曲线:

$$y=\beta_0 f_0(x)+\beta_1 f_1(x)+\cdots+\beta_k f_k(x), \tag{5.2}$$

其中 $f_0,\cdots,f_k$ 是已知函数,$\beta_0,\cdots,\beta_k$ 是待定参数. 下面将看到尽管方程(5.2)中含有非线性函数,但它仍是未知参数的线性模型.

例 5.15 若数据点 $(x_1,y_1),\cdots,(x_n,y_n)$ 明显位于某条抛物线上,而不是一条直线上. 例如,如果 x 坐标表示某公司的产量水平,而 y 坐标表示生产水平为每天 x 单位时的平均费用,那么一个典型的平均成本曲线看起来像是开口向上的抛物线. 在生态系统中,一个开口向下的抛物线常用于对一种植物中营养成分的净初始建模,它是树叶表面积的函数. 假设用下列形式的方程逼近数据:

$$y=\beta_0+\beta_1 x+\beta_2 x^2. \tag{5.3}$$

方程(5.3)给出产生数据的"最小二乘拟合"的线性模型.

解 理想的关系用方程(5.3)描述. 若实际的参数值为 β_0,β_1,β_2,那么第一个数据点的坐标 (x_1,y_1) 满足下列形式的方程:

$$y_1=\beta_0+\beta_1 x_1+\beta_2 x_1^2+\varepsilon_1,$$

其中 ε_1 是观测值 y_1 和预测值 y 间的余差. 对每一个数据点,可写出类似的方程:

$$y_1=\beta_0+\beta_1x_1+\beta_2x_1^2+\varepsilon_1,$$
$$y_2=\beta_0+\beta_1x_2+\beta_2x_2^2+\varepsilon_2,$$
$$\vdots$$
$$y_n=\beta_0+\beta_1x_n+\beta_2x_n^2+\varepsilon_n.$$

可将上述方程组简单描述为 $\boldsymbol{y}=\boldsymbol{X\beta}+\boldsymbol{\varepsilon}$ 的形式．通过检查方程组前面几行和观察数据形状，我们可以求出 $\boldsymbol{X}$.

$$\begin{bmatrix}y_1\\y_2\\\vdots\\y_n\end{bmatrix}=\begin{bmatrix}1&x_1&x_1^2\\1&x_2&x_2^2\\\vdots&\vdots&\vdots\\1&x_n&x_n^2\end{bmatrix}\begin{bmatrix}\beta_0\\\beta_1\\\beta_2\end{bmatrix}+\begin{bmatrix}\varepsilon_1\\\varepsilon_2\\\vdots\\\varepsilon_n\end{bmatrix},$$

$$\boldsymbol{y}=\boldsymbol{X\beta}+\boldsymbol{\varepsilon}.$$

■

例 5.16　如果数据点具有下面的模式，那么一个适合的模型是下面形式的方程：

$$y=\beta_0+\beta_1x+\beta_2x^2+\beta_3x^3.$$

这类数据可能来自公司的总成本，描述一个关于产量水平的函数．求线性模型并用最小二乘法拟合这类数据 $(x_1,y_1),\cdots,(x_n,y_n)$.

解　类似上例的分析，我们得到观测向量 $\boldsymbol{y}$，设计矩阵 $\boldsymbol{X}$、参数向量 $\boldsymbol{\beta}$ 和余差向量 $\boldsymbol{\varepsilon}$ 如下：

$$\boldsymbol{y}=\begin{bmatrix}y_1\\y_2\\\vdots\\y_n\end{bmatrix},\boldsymbol{X}=\begin{bmatrix}1&x_1&x_1^2&x_1^3\\1&x_2&x_2^2&x_2^3\\\vdots&\vdots&\vdots&\vdots\\1&x_n&x_n^2&x_n^3\end{bmatrix},\boldsymbol{\beta}=\begin{bmatrix}\beta_0\\\beta_1\\\beta_2\\\beta_3\end{bmatrix},\boldsymbol{\varepsilon}=\begin{bmatrix}\varepsilon_1\\\varepsilon_2\\\vdots\\\varepsilon_n\end{bmatrix}.$$

■

5.5.4　多重回归

假设一个实验包含两个独立的变量（例如 u 和 v）和一个相关变量（例如 y）．一个简单的通过 u 和 v 来预测 y 的方程有如下的形式：

$$y=\beta_0+\beta_1u+\beta_2v.$$

更一般的预测方程具有下面的形式：

$$y=\beta_0+\beta_1u+\beta_2v+\beta_3u^2+\beta_4uv+\beta_5u^2.$$

这个方程常用于地质学，例如，模拟地面侵蚀、冰川、土壤酸碱性以及其他数据．这种情形的最小二乘似合称为**趋势曲面**.

上面的两个方程都可以推出一个线性模型,因为它们是未知参数的线性关系(尽管 u 和 v 是乘法). 一般地,一个线性模型是指 y 可由下面方程来预测:

$$y=\beta_0 f_0(u,v)+\beta_1 f_1(u,v)+\cdots+\beta_k f_k(u,v),$$

其中,$f_0,\cdots,f_k$ 是某类已知函数,$\beta_0,\cdots,\beta_k$ 是未知参数.

例 5.17 在地理学中,局部地形模型由数据$(u_1,v_1,y_1),\cdots,(u_n,v_n,y_n)$来构造,其中 u_j,v_j,y_j 分别表示地形的纬度、经度和海拔高度. 描述基于方程 $y=\beta_0+\beta_1 u+\beta_2 v$ 的线性模型且给出这些数据的最小二乘拟合,该解称为最小二乘平面.

解 我们希望数据满足下列方程:

$$\begin{aligned} y_1&=\beta_0+\beta_1 u_1+\beta_2 v_1+\varepsilon_1,\\ y_2&=\beta_0+\beta_1 u_2+\beta_2 v_2+\varepsilon_2,\\ &\vdots\\ y_n&=\beta_0+\beta_1 u_n+\beta_2 v_n+\varepsilon_n. \end{aligned}$$

这个方程组的矩阵形式是 $\boldsymbol{y}=\boldsymbol{X\beta}+\boldsymbol{\varepsilon}$,其中观测向量 $\boldsymbol{y}$,设计矩阵 $\boldsymbol{X}$、参数向量 $\boldsymbol{\beta}$ 和余差向量 $\boldsymbol{\varepsilon}$ 分别为

$$\boldsymbol{y}=\begin{bmatrix} y_1\\ y_2\\ \vdots\\ y_n\end{bmatrix},\boldsymbol{X}=\begin{bmatrix} 1 & u_1 & v_1\\ 1 & u_2 & v_2\\ \vdots & \vdots & \vdots\\ 1 & u_n & v_n\end{bmatrix},\boldsymbol{\beta}=\begin{bmatrix}\beta_0\\ \beta_1\\ \beta_2\end{bmatrix},\boldsymbol{\varepsilon}=\begin{bmatrix}\varepsilon_1\\ \varepsilon_2\\ \vdots\\ \varepsilon_n\end{bmatrix}.$$

■

上例表明,多重回归的线性模型和前面例题中的简单回归模型具有同样的抽象形式. 线性代数为我们理解所有线性模型内在的一般原理提供了帮助. 只要 $\boldsymbol{X}$ 定义适当,关于 $\boldsymbol{\beta}$ 的法方程就具有相同的矩阵形式,不管包含多少变量. 这样,对 $\boldsymbol{X}^{\mathrm{T}}\boldsymbol{X}$ 可逆的任何线性模型,最小二乘解 $\hat{\boldsymbol{\beta}}$ 总可以由$(\boldsymbol{X}^{\mathrm{T}}\boldsymbol{X})^{-1}\boldsymbol{X}^{\mathrm{T}}\boldsymbol{y}$ 计算得到.

5.5.5 小结

本节从最小二乘法用于拟合直线开始,介绍了最小二乘法,最小二乘法还可用于拟合二次曲线、三次曲线及一般曲线,还可用于拟合平面和二次曲面等一般曲面.

5.5.6 习题

1. 某产品的月销售额受季节波动的影响,近似销售的数据具有下面的形式:

$$y=\beta_0+\beta_1 x+\beta_2\sin(2\pi x/12),$$

其中 x 是按月统计的时间．$\beta_0+\beta_1 x$ 给出的是基本销售趋势，其中的正弦项反映季节对销售的影响．给出导致上面最小二乘拟合的方程的线性模型的设计矩阵和参数向量，假设数据是$(x_1,y_1),\cdots,(x_n,y_n)$.

2. 某一实验测得数据为(1,7.9)，(2,5.4)，(3,−0.9)，描述由下列形式的函数拟合这些数据产生的最小二乘模型：

$$y=A\cos x+B\sin x.$$

3. 令 $\bar{x}=\dfrac{1}{n}(x_1+x_2+\cdots+x_n)$ 和 $\bar{y}=\dfrac{1}{n}(y_1+y_2+\cdots+y_n)$，证明：数据$(x_1,y_1),(x_2,y_2),\cdots,(x_n,y_n)$ 的最小二乘直线必通过$(\bar{x},\bar{y})$，也就是证明 $\bar{x}$ 和 $\bar{y}$ 满足直线方程 $\bar{y}=\hat{\beta}_0+\hat{\beta}_1\bar{x}$.

提示：从向量方程 $\boldsymbol{y}=\boldsymbol{X}\hat{\boldsymbol{\beta}}+\boldsymbol{\varepsilon}$ 导出这个方程，将 $\boldsymbol{X}$ 的第一列全表示为 1，利用余差向量 $\boldsymbol{\varepsilon}$ 与 $\boldsymbol{X}$ 的列空间正交的事实得到它正交于 1.

4. 给定数据的最小二乘问题，$(x_1,y_1),(x_2,y_2),\cdots,(x_n,y_n)$，利用下列缩写符号：

$$\sum x=\sum_{i=1}^{n}x_i,\ \sum x^2=\sum_{i=1}^{n}x_i^2,$$

$$\sum y=\sum_{i=1}^{n}y_i,\ \sum xy=\sum_{i=1}^{n}x_iy_i.$$

证明最小二乘直线 $y=\hat{\beta}_0+\hat{\beta}_1 x$ 的法方程 $\boldsymbol{X}^{\mathrm{T}}\boldsymbol{y}=\boldsymbol{X}^{\mathrm{T}}\boldsymbol{X}\hat{\boldsymbol{\beta}}+\boldsymbol{X}^{\mathrm{T}}\boldsymbol{\varepsilon}$ 可以写成

$$\begin{cases}\hat{\beta}_0+\hat{\beta}_1\sum x=\sum y,\\ \hat{\beta}_0\sum x+\hat{\beta}_1\sum x^2=\sum xy.\end{cases}$$

5. 设 $\hat{\boldsymbol{\beta}}$ 是向量方程 $\boldsymbol{y}=\boldsymbol{X\beta}$ 的最小二乘解，其中 $\boldsymbol{X}$ 的列数大于等于 2. 考虑下列记号：

(1) $\|\boldsymbol{X}\hat{\boldsymbol{\beta}}\|^2$ 是回归项的平方和，记为 $SS(R)$；

(2) $\|\boldsymbol{y}-\boldsymbol{X}\hat{\boldsymbol{\beta}}\|^2$ 是误差项的平方和，记为 $SS(E)$；

(3) $\|\boldsymbol{y}\|^2$ 为坐标项的平方和，记为 $SS(T)$.

每一个讨论回归和线性模型 $\boldsymbol{y}=\boldsymbol{X}\hat{\boldsymbol{\beta}}+\boldsymbol{\varepsilon}$ 的统计教材都引入这些数，尽管术语和符号会有所变化．为了简单起见，假设 y 的平均值是零，在这种情况下，$SS(T)$ 与被称为 y 值集合的方差成正比．

试证明：

(1) $SS(T)=SS(R)+SS(E)$；

(2) $\|\boldsymbol{X}\hat{\boldsymbol{\beta}}\|^2=\hat{\boldsymbol{\beta}}^{\mathrm{T}}\boldsymbol{X}^{\mathrm{T}}\boldsymbol{y}$，$SS(E)=\boldsymbol{y}^{\mathrm{T}}\boldsymbol{y}-\hat{\boldsymbol{\beta}}^{\mathrm{T}}\boldsymbol{X}^{\mathrm{T}}\boldsymbol{y}$.

5.6　极小范数解

教材分析：当线性方程 $\boldsymbol{Ax}=\boldsymbol{\beta}$ 有无限多个解时，由于实际问题往往对应着相应的资源付出，所以在实际问题的研究中通常会要求找出范数最小的那个解，它就是线性方程的极小范数解．

5.6.1 方程组的极小范数解

方程 $\boldsymbol{Ax}=\boldsymbol{\beta}$ 的极小范数解是指在方程的通解中长度最小的那个解，也可理解为方程 $\boldsymbol{Ax}=\boldsymbol{\beta}$ 的解是一个不过原点的超平面，而极小范数解就是超平面上的所有点中到原点的距离最小的那个点代表的解．齐次线性方程是一定有解的，且零解就是该方程的极小范数解．如果矩阵 $\boldsymbol{A}$ 可逆，则方程 $\boldsymbol{Ax}=\boldsymbol{\beta}$ 有唯一解，这样问题就解决了．所以本节讨论方程 $\boldsymbol{Ax}=\boldsymbol{\beta}$ 的解不唯一时它的极小范数解．

若矩阵 $\boldsymbol{A}\in\mathbb{R}^{r\times n}$ 是行满秩的，则有结论 $\operatorname{rank}(\boldsymbol{A})=\operatorname{rank}(\boldsymbol{AA}^{\mathrm{T}})=r$. 所以矩阵 $\boldsymbol{AA}^{\mathrm{T}}\in\mathbb{R}^{r\times r}$ 是可逆的．若矩阵 $\boldsymbol{A}$ 是行满秩的，则矩阵方程 $\boldsymbol{Ax}=\boldsymbol{\beta}$ 有解，假定方程 $\boldsymbol{Ax}=\boldsymbol{\beta}$ 的解是不唯一的．通过变量的替换来求解方程 $\boldsymbol{Ax}=\boldsymbol{\beta}$. 令 $\boldsymbol{x}=\boldsymbol{A}^{\mathrm{T}}\boldsymbol{y}$，则原方程转化为方程 $\boldsymbol{AA}^{\mathrm{T}}\boldsymbol{y}=\boldsymbol{\beta}$. 显然方程 $\boldsymbol{AA}^{\mathrm{T}}\boldsymbol{y}=\boldsymbol{\beta}$ 的解为 $\boldsymbol{y}=(\boldsymbol{AA}^{\mathrm{T}})^{-1}\boldsymbol{\beta}$. 将 $\boldsymbol{y}=(\boldsymbol{AA}^{\mathrm{T}})^{-1}\boldsymbol{\beta}$ 代入 $\boldsymbol{x}=\boldsymbol{A}^{\mathrm{T}}\boldsymbol{y}$ 可得 $\boldsymbol{x}=\boldsymbol{A}^{\mathrm{T}}(\boldsymbol{AA}^{\mathrm{T}})^{-1}\boldsymbol{\beta}$. 下面证明该解就是方程 $\boldsymbol{Ax}=\boldsymbol{\beta}$ 的**极小范数解**(minimal norm solution)．

例 5.18 求方程 $x_1+2x_2+x_3=2$ 的极小范数解．

解 直接套用公式 $\boldsymbol{x}=\boldsymbol{A}^{\mathrm{T}}(\boldsymbol{AA}^{\mathrm{T}})^{-1}\boldsymbol{\beta}$ 可得

$$\boldsymbol{x}=\begin{bmatrix}1\\2\\1\end{bmatrix}\left([1,2,1]\begin{bmatrix}1\\2\\1\end{bmatrix}\right)^{-1}\times 2=\frac{1}{3}\begin{bmatrix}1\\2\\1\end{bmatrix}.$$

■

定理 5.8 设 $\boldsymbol{A}\in\mathbb{R}^{m\times n}$，相容线性方程 $\boldsymbol{Ax}=\boldsymbol{\beta}$ 的极小范数解 $\boldsymbol{x}\in\operatorname{Row}(\boldsymbol{A})$ 是唯一的．

为了证明定理 5.8，先给出下面结论作为引理．

引理 5.1 设 $\boldsymbol{A}\in\mathbb{R}^{m\times n}$，$\operatorname{Col}(\boldsymbol{A})$ 表示 $\boldsymbol{A}$ 的列向量生成的子空间，$\operatorname{Null}(\boldsymbol{A})$ 是 $\boldsymbol{A}$ 的核或零空间，则

$$(\operatorname{Row}(\boldsymbol{A}))^{\perp}=\operatorname{Null}(\boldsymbol{A}).\tag{5.4}$$

证明 任取 $\boldsymbol{x}\in\operatorname{Null}(\boldsymbol{A})$，则有 $\boldsymbol{x}\in(\operatorname{Row}(\boldsymbol{A}))^{\perp}$.

设 $\boldsymbol{x}\in\mathbb{R}^n$ 且 $\boldsymbol{x}\in\operatorname{Null}(\boldsymbol{A})$，则 $\boldsymbol{Ax}=\boldsymbol{0}$. 根据两个向量内积的定义 $\langle\boldsymbol{\alpha},\boldsymbol{\beta}\rangle=\boldsymbol{\beta}^{\mathrm{T}}\boldsymbol{\alpha}$ 可得 $\boldsymbol{x}\perp\operatorname{Row}(\boldsymbol{A})$，即 $\boldsymbol{x}\in(\operatorname{Row}(\boldsymbol{A}))^{\perp}$.

从上面的证明过程可以得出，若 $\boldsymbol{x}\in(\operatorname{Row}(\boldsymbol{A}))^{\perp}$，则同样可得到 $\boldsymbol{x}\in\operatorname{Null}(\boldsymbol{A})$. ■

借助这个引理，定理 5.8 的证明如下．

证明 设 $\boldsymbol{Ax}=\boldsymbol{\beta}$ 的极小范数解为 $\boldsymbol{x}_0$，下面用反证法证明 $\boldsymbol{x}_0\in\operatorname{Row}(\boldsymbol{A})$.

设 $\boldsymbol{\alpha}_1,\boldsymbol{\alpha}_2,\boldsymbol{\alpha}_r$ 和 $\boldsymbol{\beta}_1,\boldsymbol{\beta}_2,\cdots,\boldsymbol{\beta}_s$ 分别是 n 维向量空间 $\mathbb{R}^n$ 的子空间 $\operatorname{Row}(\boldsymbol{A})$ 和 $\operatorname{Null}(\boldsymbol{A})$ 的一个基，则 $\boldsymbol{\alpha}_1,\boldsymbol{\alpha}_2,\boldsymbol{\alpha}_r,\boldsymbol{\beta}_1,\boldsymbol{\beta}_2,\cdots,\boldsymbol{\beta}_s$ 是向量空间 $\mathbb{R}^n$ 的一个基．若 $\boldsymbol{x}_0\notin\operatorname{Row}(\boldsymbol{A})$，则向量 $\boldsymbol{x}_0$ 可以在 $\mathbb{R}^n$ 上作正交分解

$$\boldsymbol{x}_0=\boldsymbol{y}_0+\boldsymbol{y}_1,\ \boldsymbol{y}_0\in\operatorname{Row}(\boldsymbol{A}),\ \boldsymbol{y}_1\in\operatorname{Null}(\boldsymbol{A}),\ \boldsymbol{y}_1\neq\boldsymbol{0}.$$

下面证明 $\boldsymbol{y}_0$ 才是 $\boldsymbol{Ax}=\boldsymbol{\beta}$ 的极小范数解．因为 $\boldsymbol{y}_0$ 与 $\boldsymbol{y}_1$ 正交且 $\boldsymbol{y}_1 \neq \boldsymbol{0}$,所以有

$$\|\boldsymbol{x}_0\|^2=\|\boldsymbol{y}_0\|^2+\|\boldsymbol{y}_1\|^2>\|\boldsymbol{y}_0\|^2.$$

而

$$\boldsymbol{\beta}=\boldsymbol{Ax}_0=\boldsymbol{Ay}_0+\boldsymbol{Ay}_1=\boldsymbol{Ay}_0.$$

这表明 $\boldsymbol{y}_0$ 是 $\boldsymbol{Ax}=\boldsymbol{\beta}$ 的解且范数 $\|\boldsymbol{x}_0\|^2>\|\boldsymbol{y}_0\|^2$,这与 $\boldsymbol{x}_0$ 是 $\boldsymbol{Ax}=\boldsymbol{b}$ 的极小范数解矛盾．所以一定有 $\boldsymbol{x}_0\in \mathrm{Row}\,(\boldsymbol{A})$.

再证唯一性．若还有 $\boldsymbol{y}_0\in \mathrm{Row}\,(\boldsymbol{A})$ 且 $\boldsymbol{Ay}_0=\boldsymbol{\beta}$,则

$$\boldsymbol{A}(\boldsymbol{x}_0-\boldsymbol{y}_0)=\boldsymbol{Ax}_0-\boldsymbol{Ay}_0=\boldsymbol{0}.$$

即有 $\boldsymbol{x}_0-\boldsymbol{y}_0\in \mathrm{Null}(\boldsymbol{A})=(\mathrm{Row}\,(\boldsymbol{A}))^{\perp}$；又有 $\boldsymbol{x}_0-\boldsymbol{y}_0\in \mathrm{Row}\,(\boldsymbol{A})$,故

$$\boldsymbol{x}_0-\boldsymbol{y}_0\in \mathrm{Row}\,(\boldsymbol{A})\cap(\mathrm{Row}(\boldsymbol{A}))^{\perp}.$$

即 $\boldsymbol{x}_0=\boldsymbol{y}_0$. 这表明方程的极小范数解是唯一的． ■

综合以上可得下面的结论．

定理 5.9 若 $\boldsymbol{A}$ 是行满秩矩阵,则方程 $\boldsymbol{Ax}=\boldsymbol{\beta}$ 存在唯一的极小范数解

$$\boldsymbol{x}=\boldsymbol{A}^{\mathrm{T}}(\boldsymbol{AA}^{\mathrm{T}})^{-1}\boldsymbol{\beta}.$$

例 5.19 求方程 $\begin{cases}x_1+x_2+\ \ x_3=1,\\ x_1+x_2+2x_3=2\end{cases}$ 的极小范数解．

解 方程组的系数矩阵为 $\boldsymbol{A}=\begin{bmatrix}1&1&1\\1&1&2\end{bmatrix}$,常数项为 $\boldsymbol{\beta}=\begin{bmatrix}1\\2\end{bmatrix}$. 将其代入公式 $\boldsymbol{x}=\boldsymbol{A}^{\mathrm{T}}(\boldsymbol{AA}^{\mathrm{T}})^{-1}\boldsymbol{\beta}$ 可得

$$\begin{aligned}\boldsymbol{x}&=\boldsymbol{A}^{\mathrm{T}}(\boldsymbol{AA}^{\mathrm{T}})^{-1}\boldsymbol{\beta}\\&=\begin{bmatrix}1&1\\1&1\\1&2\end{bmatrix}\left(\begin{bmatrix}1&1&1\\1&1&2\end{bmatrix}\begin{bmatrix}1&1\\1&1\\1&2\end{bmatrix}\right)^{-1}\begin{bmatrix}1\\2\end{bmatrix}\\&=\frac{1}{2}\begin{bmatrix}1&1\\1&1\\1&2\end{bmatrix}\begin{bmatrix}6&-4\\-4&3\end{bmatrix}\begin{bmatrix}1\\2\end{bmatrix}\\&=\begin{bmatrix}1&1\\1&1\\1&2\end{bmatrix}\begin{bmatrix}-1\\1\end{bmatrix}\end{aligned}$$

$$=\begin{bmatrix}0\\0\\1\end{bmatrix}.$$

同时可求得原方程组的通解为

$$\boldsymbol{x}=c\begin{bmatrix}-1\\1\\0\end{bmatrix}+\begin{bmatrix}0\\0\\1\end{bmatrix},c\in\mathbb{R}.$$

对比可以发现特解$\begin{bmatrix}0\\0\\1\end{bmatrix}$确实是原方程组的极小范数解． ■

例 5.20 求方程$\begin{cases}x_1+x_2+x_3=1,\\x_1+x_2+x_3=1\end{cases}$的极小范数解．

解 显然方程组中只有一个方程是有效的，另一个方程是多余的．

记

$$\boldsymbol{A}=\begin{bmatrix}1&1&1\\1&1&1\end{bmatrix},\boldsymbol{x}=\begin{bmatrix}x_1\\x_2\\x_3\end{bmatrix},\boldsymbol{\beta}=\begin{bmatrix}1\\1\end{bmatrix}.$$

令 $\boldsymbol{x}=\boldsymbol{A}^{\mathrm{T}}\boldsymbol{y}$，方程组 $\boldsymbol{Ax}=\boldsymbol{\beta}$ 转化成 $\boldsymbol{AA}^{\mathrm{T}}\boldsymbol{y}=\boldsymbol{\beta}$. 将 $\boldsymbol{AA}^{\mathrm{T}}\boldsymbol{y}=\boldsymbol{\beta}$ 化简成 $\begin{bmatrix}3&3\\3&3\end{bmatrix}\begin{bmatrix}y_1\\y_2\end{bmatrix}=\boldsymbol{\beta}$. 再求 $3y_1+3y_2=1$ 的极小范数解．还是将 $3y_1+3y_2=1$ 化成$[3,3]\begin{bmatrix}3\\3\end{bmatrix}z=1$. 解得 $z=\frac{1}{18}$.

再逐级回代可得$\begin{bmatrix}y_1\\y_2\end{bmatrix}=\frac{1}{6}\begin{bmatrix}1\\1\end{bmatrix}$，

$$\boldsymbol{x}=\boldsymbol{A}^{\mathrm{T}}\boldsymbol{y}=\frac{1}{6}\begin{bmatrix}1&1\\1&1\\1&1\end{bmatrix}\begin{bmatrix}1\\1\end{bmatrix}=\frac{1}{3}\begin{bmatrix}1\\1\\1\end{bmatrix}.$$

这与直接求解方程 $x_1+x_2+x_3=1$ 所得的结果是完全一致的．该极小范数解的几何意义是明显的． ■

如果不相容方程组的最小二乘解不唯一，这时它的最小二乘极小范数解就是唯一的．

例 5.21 求方程$\begin{cases}x_1+x_2+x_3=1,\\x_1+x_2+x_3=3\end{cases}$的最小二乘极小范数解．

解 显然原方程组是没有精确解的. 记 $A=\begin{bmatrix}1&1&1\\1&1&1\end{bmatrix}$, 将原方程组写成矩阵向量乘积的形式

$$\begin{bmatrix}1&1&1\\1&1&1\end{bmatrix}\begin{bmatrix}x_1\\x_2\\x_3\end{bmatrix}=A\begin{bmatrix}x_1\\x_2\\x_3\end{bmatrix}=\begin{bmatrix}1\\3\end{bmatrix}.$$

将其左乘 A^{T} 可得 $A^{\mathrm{T}}Ax=A^{\mathrm{T}}\beta$, 具体就是

$$\begin{bmatrix}2&2&2\\2&2&2\\2&2&2\end{bmatrix}\begin{bmatrix}x_1\\x_2\\x_3\end{bmatrix}=\begin{bmatrix}4\\4\\4\end{bmatrix}.$$

此时方程显然是有解的. 将其化简成 $x_1+x_2+x_3=2$. 再对 $x_1+x_2+x_3=2$ 变形令 $B=[1,1,1]$ 可得

$$x=\begin{bmatrix}x_1\\x_2\\x_3\end{bmatrix}=B^{\mathrm{T}}(BB^{\mathrm{T}})^{-1}\times 2=\frac{2}{3}\begin{bmatrix}1\\1\\1\end{bmatrix}.$$

此即为原方程的最小二乘极小范数解. ■

5.6.2 行最简形与极小范数解

下面借助矩阵 A 的行最简形求方程 $Ax=\beta$ 的极小范数解. 设 $A=[I_r, B_{r\times(n-r)}]\in\mathbb{R}^{r\times n}$, $x\in\mathbb{R}^n$, $\beta\in\mathbb{R}^r$, 则方程 $Ax=\beta$ 的通解为

$$x=\begin{bmatrix}B\\-I_{n-r}\end{bmatrix}c_{n-r}+\begin{bmatrix}\beta\\0\end{bmatrix}.$$

解向量 x 的长度平方为

$$\begin{aligned}\|x\|^2&=\left(\begin{bmatrix}B\\-I_{n-r}\end{bmatrix}c_{n-r}+\begin{bmatrix}\beta\\0\end{bmatrix}\right)^{\mathrm{T}}\left(\begin{bmatrix}B\\-I_{n-r}\end{bmatrix}c_{n-r}+\begin{bmatrix}\beta\\0\end{bmatrix}\right)\\&=c_{n-r}^{\mathrm{T}}(B^{\mathrm{T}}B+I_{n-r})c_{n-r}+2\beta^{\mathrm{T}}Bc_{n-r}+\beta^{\mathrm{T}}\beta.\end{aligned}$$

为了求 $\|x\|^2$ 的极小值, 可仿照最小二乘解的方法, 这里可视 $\|x\|$ 是方程

$$\begin{bmatrix}B\\-I_{n-r}\end{bmatrix}c_{n-r}=-\begin{bmatrix}\beta\\0\end{bmatrix}$$

解的误差. 直接对参数向量 $\boldsymbol{c}_{n-r}$ 求导数并令结果为零可得

$$\frac{\mathrm{d}\,\boldsymbol{x}^{\mathrm{T}}\boldsymbol{x}}{\mathrm{d}\,\boldsymbol{c}_{n-r}}=2(\boldsymbol{B}^{\mathrm{T}}\boldsymbol{B}+\boldsymbol{I}_{n-r})\boldsymbol{c}_{n-r}+2\boldsymbol{B}^{\mathrm{T}}\boldsymbol{\beta}=\boldsymbol{0}.$$

移项化简可得

$$\boldsymbol{c}_{n-r}=-(\boldsymbol{B}^{\mathrm{T}}\boldsymbol{B}+\boldsymbol{I}_{n-r})^{-1}\boldsymbol{B}^{\mathrm{T}}\boldsymbol{\beta}.$$

再将 $\boldsymbol{c}_{n-r}$ 代入

$$\boldsymbol{x}=\begin{bmatrix}\boldsymbol{B}\\-\boldsymbol{I}_{n-r}\end{bmatrix}\boldsymbol{c}_{n-r}+\begin{bmatrix}\boldsymbol{\beta}\\\boldsymbol{0}\end{bmatrix},$$

可得

$$\begin{aligned}\boldsymbol{x}&=-\begin{bmatrix}\boldsymbol{B}\\-\boldsymbol{I}_{n-r}\end{bmatrix}(\boldsymbol{B}^{\mathrm{T}}\boldsymbol{B}+\boldsymbol{I}_{n-r})^{-1}\boldsymbol{B}^{\mathrm{T}}\boldsymbol{\beta}+\begin{bmatrix}\boldsymbol{\beta}\\\boldsymbol{0}\end{bmatrix}\\&=\begin{bmatrix}-\boldsymbol{B}(\boldsymbol{B}^{\mathrm{T}}\boldsymbol{B}+\boldsymbol{I}_{n-r})^{-1}\boldsymbol{B}^{\mathrm{T}}\boldsymbol{\beta}+\boldsymbol{\beta}\\(\boldsymbol{B}^{\mathrm{T}}\boldsymbol{B}+\boldsymbol{I}_{n-r})^{-1}\boldsymbol{B}^{\mathrm{T}}\boldsymbol{\beta}\end{bmatrix}\\&=\begin{bmatrix}\boldsymbol{I}_r-\boldsymbol{B}(\boldsymbol{B}^{\mathrm{T}}\boldsymbol{B}+\boldsymbol{I}_{n-r})^{-1}\boldsymbol{B}^{\mathrm{T}}\\(\boldsymbol{B}^{\mathrm{T}}\boldsymbol{B}+\boldsymbol{I}_{n-r})^{-1}\boldsymbol{B}^{\mathrm{T}}\end{bmatrix}\boldsymbol{\beta}.\end{aligned}$$

此即为基于行最简形的方程$[\boldsymbol{I}_r,\boldsymbol{B}]\boldsymbol{x}=\boldsymbol{\beta}$ 的极小范数解的解析表达式.

如果将 $\boldsymbol{A}=[\boldsymbol{I}_r,\boldsymbol{B}]$ 代入极小范数解的表达式 $\boldsymbol{x}=\boldsymbol{A}^{\mathrm{T}}(\boldsymbol{A}\boldsymbol{A}^{\mathrm{T}})^{-1}\boldsymbol{\beta}$ 可得

$$\begin{aligned}\boldsymbol{x}&=\boldsymbol{A}^{\mathrm{T}}(\boldsymbol{A}\boldsymbol{A}^{\mathrm{T}})^{-1}\boldsymbol{\beta}\\&=\begin{bmatrix}\boldsymbol{I}_r\\\boldsymbol{B}^{\mathrm{T}}\end{bmatrix}(\boldsymbol{I}_r+\boldsymbol{B}\boldsymbol{B}^{\mathrm{T}})^{-1}\boldsymbol{\beta}\\&=\begin{bmatrix}(\boldsymbol{I}_r+\boldsymbol{B}\boldsymbol{B}^{\mathrm{T}})^{-1}\\\boldsymbol{B}^{\mathrm{T}}(\boldsymbol{I}_r+\boldsymbol{B}\boldsymbol{B}^{\mathrm{T}})^{-1}\end{bmatrix}\boldsymbol{\beta}.\end{aligned}$$

通过对比可以发现,这两种基于矩阵 $\boldsymbol{A}$ 的行最简形的极小范数解的表达式并不相同,下面证明尽管外在形式不同,但这两种解析表达式是相等的.

定理 5.10 基于矩阵 $\boldsymbol{A}$ 的行最简形的线性方程 $\boldsymbol{A}\boldsymbol{x}=\boldsymbol{\beta}$ 的极小范数解的表达式

$$\boldsymbol{x}=\begin{bmatrix}\boldsymbol{I}_r-\boldsymbol{B}(\boldsymbol{B}^{\mathrm{T}}\boldsymbol{B}+\boldsymbol{I}_{n-r})^{-1}\boldsymbol{B}^{\mathrm{T}}\\(\boldsymbol{B}^{\mathrm{T}}\boldsymbol{B}+\boldsymbol{I}_{n-r})^{-1}\boldsymbol{B}^{\mathrm{T}}\end{bmatrix}\boldsymbol{\beta}$$

和

$$\boldsymbol{x}=\begin{bmatrix}(\boldsymbol{I}_r+\boldsymbol{B}\boldsymbol{B}^{\mathrm{T}})^{-1}\\\boldsymbol{B}^{\mathrm{T}}(\boldsymbol{I}_r+\boldsymbol{B}\boldsymbol{B}^{\mathrm{T}})^{-1}\end{bmatrix}\boldsymbol{\beta}$$

是相等的.

证明 显然只要证明

$$\begin{cases}(\boldsymbol{I}_r+\boldsymbol{B}\boldsymbol{B}^{\mathrm{T}})^{-1}=\boldsymbol{I}_r-\boldsymbol{B}(\boldsymbol{B}^{\mathrm{T}}\boldsymbol{B}+\boldsymbol{I}_{n-r})^{-1}\boldsymbol{B}^{\mathrm{T}},\\ \boldsymbol{B}^{\mathrm{T}}(\boldsymbol{I}_r+\boldsymbol{B}\boldsymbol{B}^{\mathrm{T}})^{-1}=(\boldsymbol{B}^{\mathrm{T}}\boldsymbol{B}+\boldsymbol{I}_{n-r})^{-1}\boldsymbol{B}^{\mathrm{T}}\end{cases}$$

成立即可.

假设$(\boldsymbol{I}_r+\boldsymbol{B}\boldsymbol{B}^{\mathrm{T}})^{-1}=\boldsymbol{I}_r-\boldsymbol{B}(\boldsymbol{B}^{\mathrm{T}}\boldsymbol{B}+\boldsymbol{I}_{n-r})^{-1}\boldsymbol{B}^{\mathrm{T}}$ 成立,将其两边右乘$(\boldsymbol{I}_r+\boldsymbol{B}\boldsymbol{B}^{\mathrm{T}})$可得

$$\boldsymbol{I}_r=(\boldsymbol{I}_r+\boldsymbol{B}\boldsymbol{B}^{\mathrm{T}})-\boldsymbol{B}(\boldsymbol{B}^{\mathrm{T}}\boldsymbol{B}+\boldsymbol{I}_{n-r})^{-1}\boldsymbol{B}^{\mathrm{T}}(\boldsymbol{I}_r+\boldsymbol{B}\boldsymbol{B}^{\mathrm{T}}),$$

进而有

$$\boldsymbol{I}_r=(\boldsymbol{I}_r+\boldsymbol{B}\boldsymbol{B}^{\mathrm{T}})-\boldsymbol{B}(\boldsymbol{B}^{\mathrm{T}}\boldsymbol{B}+\boldsymbol{I}_{n-r})^{-1}(\boldsymbol{B}^{\mathrm{T}}\boldsymbol{I}_r+\boldsymbol{B}^{\mathrm{T}}\boldsymbol{B}\boldsymbol{B}^{\mathrm{T}}),$$

$$\boldsymbol{I}_r=(\boldsymbol{I}_r+\boldsymbol{B}\boldsymbol{B}^{\mathrm{T}})-\boldsymbol{B}(\boldsymbol{B}^{\mathrm{T}}\boldsymbol{B}+\boldsymbol{I}_{n-r})^{-1}(\boldsymbol{I}_{n-r}+\boldsymbol{B}^{\mathrm{T}}\boldsymbol{B})\boldsymbol{B}^{\mathrm{T}},$$

这样得到

$$\boldsymbol{I}_r=(\boldsymbol{I}_r+\boldsymbol{B}\boldsymbol{B}^{\mathrm{T}})-\boldsymbol{B}\boldsymbol{B}^{\mathrm{T}}.$$

注意到上面推证的每一步都可逆,所以原式得证.

类似的方法也可证明 $\boldsymbol{B}^{\mathrm{T}}(\boldsymbol{I}_r+\boldsymbol{B}\boldsymbol{B}^{\mathrm{T}})^{-1}=(\boldsymbol{B}^{\mathrm{T}}\boldsymbol{B}+\boldsymbol{I}_{n-r})^{-1}\boldsymbol{B}^{\mathrm{T}}$ 成立.

下面通过构造两种不同的求逆矩阵的方法来证明定理中的结论.

注意到和矩阵$[\boldsymbol{I}_r,\boldsymbol{B}]$的行向量正交的向量组构成的矩阵为$[-\boldsymbol{B}^{\mathrm{T}},\boldsymbol{I}_{n-r}]$,它们可拼成可逆矩阵$\begin{bmatrix}\boldsymbol{I}_r & \boldsymbol{B}\\ -\boldsymbol{B}^{\mathrm{T}} & \boldsymbol{I}_{n-r}\end{bmatrix}$. 因为有

$$\begin{bmatrix}\boldsymbol{I}_r & \boldsymbol{B}\\ -\boldsymbol{B}^{\mathrm{T}} & \boldsymbol{I}_{n-r}\end{bmatrix}\begin{bmatrix}\boldsymbol{I}_r & -\boldsymbol{B}\\ \boldsymbol{B} & \boldsymbol{I}_{n-r}\end{bmatrix}=\begin{bmatrix}\boldsymbol{I}_r+\boldsymbol{B}\boldsymbol{B}^{\mathrm{T}} & \boldsymbol{O}\\ \boldsymbol{O} & \boldsymbol{I}_{n-r}+\boldsymbol{B}^{\mathrm{T}}\boldsymbol{B}\end{bmatrix}.$$

所以有

$$\begin{aligned}\begin{bmatrix}\boldsymbol{I}_r & \boldsymbol{B}\\ -\boldsymbol{B}^{\mathrm{T}} & \boldsymbol{I}_{n-r}\end{bmatrix}^{-1}&=\begin{bmatrix}\boldsymbol{I}_r & -\boldsymbol{B}\\ \boldsymbol{B} & \boldsymbol{I}_{n-r}\end{bmatrix}\begin{bmatrix}\boldsymbol{I}_r+\boldsymbol{B}\boldsymbol{B}^{\mathrm{T}} & \boldsymbol{O}\\ \boldsymbol{O} & \boldsymbol{I}_{n-r}+\boldsymbol{B}^{\mathrm{T}}\boldsymbol{B}\end{bmatrix}^{-1}\\ &=\begin{bmatrix}(\boldsymbol{I}_r+\boldsymbol{B}\boldsymbol{B}^{\mathrm{T}})^{-1} & -\boldsymbol{B}(\boldsymbol{I}_{n-r}+\boldsymbol{B}^{\mathrm{T}}\boldsymbol{B})^{-1}\\ \boldsymbol{B}(\boldsymbol{I}_r+\boldsymbol{B}\boldsymbol{B}^{\mathrm{T}})^{-1} & (\boldsymbol{I}_{n-r}+\boldsymbol{B}^{\mathrm{T}}\boldsymbol{B})^{-1}\end{bmatrix}.\end{aligned}$$

另外可设矩阵$\begin{bmatrix}\boldsymbol{I}_r & \boldsymbol{B}\\ -\boldsymbol{B}^{\mathrm{T}} & \boldsymbol{I}_{n-r}\end{bmatrix}$的逆矩阵为$\begin{bmatrix}\boldsymbol{X} & \boldsymbol{U}\\ \boldsymbol{Y} & \boldsymbol{V}\end{bmatrix}$,即有等式

$$\begin{bmatrix}\boldsymbol{I}_r & \boldsymbol{B}\\ -\boldsymbol{B}^{\mathrm{T}} & \boldsymbol{I}_{n-r}\end{bmatrix}\begin{bmatrix}\boldsymbol{X} & \boldsymbol{U}\\ \boldsymbol{Y} & \boldsymbol{V}\end{bmatrix}=\begin{bmatrix}\boldsymbol{I}_r & \boldsymbol{O}\\ \boldsymbol{O} & \boldsymbol{I}_{n-r}\end{bmatrix}.$$

用分块矩阵的乘法展开可得

$$\begin{cases}X+BY=I_r,\\-B^{\mathrm T}X+Y=O_{(n-r)\times r},\\U+BV=O_{r\times(n-r)},\\-B^{\mathrm T}U+V=I_{n-r}.\end{cases}$$

求解可得

$$\begin{cases}X=I_r-B(I_{n-r}+B^{\mathrm T}B)^{-1}B^{\mathrm T},\\Y=(I_{n-r}+B^{\mathrm T}B)^{-1}B^{\mathrm T},\\V=(I_{n-r}+B^{\mathrm T}B)^{-1},\\U=-B(I_{n-r}+B^{\mathrm T}B)^{-1}.\end{cases}$$

对比两种求逆矩阵的结果即得所要证明的结论． ■

例 5.22 用矩阵的行最简形方法求方程组$\begin{cases}x_1+3x_3=1,\\x_2+2x_3=3\end{cases}$的极小范数解．

解 原方程组的增广矩阵为

$$[I_2,B,\beta]=\begin{bmatrix}1&0&3&-1\\0&1&-2&1\end{bmatrix}$$

其中 $B=\begin{bmatrix}3\\-2\end{bmatrix}$，$\beta=\begin{bmatrix}-1\\1\end{bmatrix}$．注意到有$(B^{\mathrm T}B+I_{3-2})^{-1}=\dfrac{1}{14}$，将其代入公式

$$x=\begin{bmatrix}I_r-B(B^{\mathrm T}B+I_{n-r})^{-1}B^{\mathrm T}\\(B^{\mathrm T}B+I_{n-r})^{-1}B^{\mathrm T}\end{bmatrix}\beta,$$

可得

$$x=\begin{bmatrix}I_2-\dfrac{1}{14}BB^{\mathrm T}\\\dfrac{1}{14}B^{\mathrm T}\end{bmatrix}\beta=\begin{bmatrix}\beta-\dfrac{1}{14}B(B^{\mathrm T}\beta)\\\dfrac{1}{14}B^{\mathrm T}\beta\end{bmatrix}$$

$$=\begin{bmatrix}\begin{bmatrix}-1\\1\end{bmatrix}+\dfrac{5}{14}\begin{bmatrix}3\\-2\end{bmatrix}\\-\dfrac{5}{14}\end{bmatrix}=\frac{1}{14}\begin{bmatrix}1\\4\\-5\end{bmatrix}.$$

这与用公式 $x=A^{\mathrm T}(AA^{\mathrm T})^{-1}\beta$ 得到的结果完全一致． ■

5.6.3 小结

本节介绍了方程 $\boldsymbol{A}\boldsymbol{x}=\boldsymbol{\beta}$ 极小范数解的含义，最小二乘极小范数解、极小范数解的求法．

5.6.4 习题

1．求下列方程组的极小范数解：

(1) $x_1+2x_2+3x_3=1$；(2) $\begin{cases}x_1+x_2+x_3=1,\\2x_1+x_2-x_3=4.\end{cases}$

5.7 矩阵范数简介

内容提要

向量的长度(范数)提供了向量大小的一种比较的尺度．在实际应用中，矩阵有时也需要进行某种程度的大小比较，这就需要引入矩阵的范数．

5.7.1 向量范数的定义

内积引入向量的长度具有非负性齐次性和三角不等式，受此启发，在不引入内积的条件也可以定义向量的范数．

定义 5.11 设 V 是实数域 $\mathbb{R}$ 上的线性空间，$\|\boldsymbol{\alpha}\|$ 是以 V 中向量 $\boldsymbol{\alpha}$ 为自变量的非负实值函数，如果它满足以下三个条件：

(1) 非负性：当 $\boldsymbol{\alpha}\neq\boldsymbol{0}$ 时，$\|\boldsymbol{\alpha}\|>0$；当 $\boldsymbol{\alpha}=\boldsymbol{0}$ 时，$\|\boldsymbol{\alpha}\|=0$；

(2) 齐次性：对任意的 $k\in\mathbb{R}$，$\boldsymbol{\alpha}\in V$，有 $\|k\boldsymbol{\alpha}\|=|k|\,\|\boldsymbol{\alpha}\|$；

(3) 三角不等式：对任意 $\boldsymbol{\alpha},\boldsymbol{\beta}\in V$，有 $\|\boldsymbol{\alpha}+\boldsymbol{\beta}\|\leqslant\|\boldsymbol{\alpha}\|+\|\boldsymbol{\beta}\|$ 成立．

则称 $\|\boldsymbol{\alpha}\|$ 为向量 $\boldsymbol{\alpha}$ 的范数，并称定义了范数的向量空间为**赋范向量空间**(normed vector space)．

例 5.23 在 n 维线性空间 $\mathbb{R}^n$ 中，对任意的向量 $\boldsymbol{x}=[x_1,x_2,\cdots,x_n]^{\mathrm{T}}\in\mathbb{R}^n$，定义

$$\|\boldsymbol{x}\|_1=\sum_{i=1}^{n}|x_i|=(|x_1|+|x_2|+\cdots+|x_n|),\tag{5.5}$$

$$\|\boldsymbol{x}\|_2=\sqrt{\boldsymbol{x}^{\mathrm{T}}\boldsymbol{x}}=\sqrt{\langle\boldsymbol{x},\boldsymbol{x}\rangle}=\left(\sum_{i=1}^{n}x_i^2\right)^{\frac{1}{2}},\tag{5.6}$$

$$\|\boldsymbol{x}\|_\infty=\max_{1\leqslant i\leqslant n}|x_i|.\tag{5.7}$$

容易证明 $\|x\|_1$，$\|x\|_2$ 和 $\|x\|_\infty$ 都是满足定义 5.11 中的三个条件．因此 $\|x\|_1$，$\|x\|_2$ 和 $\|x\|_\infty$ 都是 $\mathbb{R}^n$ 上的范数，分别称为 1－范数、2－范数或 Euclid 范数、∞－范数．

证明　(1) 显然 $\|x\|_1$ 是向量空间 $\mathbb{R}^n$ 上的一种实值函数．满足非负性．

齐次性．对任意实向量 $x=[x_1,x_2,\cdots,x_n]^T\in\mathbb{R}^n$，实数 k，有

$$\begin{aligned}\|kx\|_1&=|kx_1|+|kx_2|+\cdots+|kx_n|\\&=|k|(|x_1|+|x_2|+\cdots+|x_n|)\\&=|k|\ \|x\|_1.\end{aligned}$$

三角不等式．对于任意的复向量 $x=[x_1,x_2,\cdots,x_n]^T$，$y=[y_1,y_2,\cdots,y_n]^T$ 可得

$$\begin{aligned}\|x+y\|_1&=|x_1+y_1|+|x_2+y_2|+\cdots+|x_n+y_n|\\&\leqslant|x_1|+|y_1|+|x_2|+|y_2|+\cdots+|x_n|+|y_n|\\&=|x_1|+|x_2|+\cdots+|x_n|+|y_1|+|y_2|+\cdots+|y_n|\\&=\|x\|_1+\|y\|_1.\end{aligned}$$

所以 $\|x\|_1$ 是向量空间 $\mathbb{R}^n$ 上的一种向量范数．

(2) 显然 $\|x\|_2$ 是 $\mathbb{R}^n$ 上的实值函数，并且满足非负性，即有当 $x\neq 0$ 时，有 $\|x\|>0$；当 $x=0$ 时有 $\|x\|=0$.

齐次性．对任意 $k\in\mathbb{R}$，有

$$\|kx\|_2=\sqrt{|k_1x_1|^2+|k_2x_2|^2+\cdots+|k_nx_n|^2}=|k|\ \|x\|_2.$$

三角不等式．对任意复向量 $y=[y_1,y_2,\cdots,y_n]^T$，有

$$\begin{aligned}\|x+y\|^2&=|x_1+y_1|^2+|x_2+y_2|^2+\cdots+|x_n+y_n|^2\\&\leqslant(|x_1|+|y_1|)^2+(|x_2|+|y_2|)^2+\cdots+(|x_n|+|y_n|)^2\\&=\sum_{i=1}^n|x_i|^2+2\sum_{i=1}^n|x_i||y_i|+\sum_{i=1}^n|y_i|^2\\&\leqslant|x\|^2+2\|x\|\ \|y\|+\|y\|^2\\&=(\|x\|+\|y\|)^2.\end{aligned}$$

上面证明中的第一个不等号用到了实数域上的三角不等式，第二个不等号用到了实向量 $[|x_1|,|x_2|,\cdots,|x_n|]^T$，$[|y_1|,|y_2|,\cdots,|y_n|]^T$ 的柯西-施瓦兹不等式．因此可得

$$\|x+y\|_2\leqslant\|x\|_2+\|y\|_2.$$

所以 $\|x\|_2$ 为 $\mathbb{C}^n$ 上的一种向量范数．

(3) 显然 $\|x\|_\infty$ 是 $\mathbb{R}^n$，$\mathbb{R}^n$ 上的一种实值函数．

非负性．当 $x\neq 0$ 时有 $\|x\|_\infty=\max\limits_i|x_i|>0$，显然当 $x=0$ 时有 $\|0\|_\infty=0$.

齐次性．对任意复向量 $\boldsymbol{x}=[x_1,x_2,\cdots,x_n]^{\mathrm{T}}$ 及复数 k，有

$$\|k\boldsymbol{x}\|_\infty=\max_i|kx_i|=|k|\max_i|x_i|=k\|\boldsymbol{x}\|_\infty.$$

三角不等式．对任意向量 $\boldsymbol{x}=[x_1,x_2,\cdots,x_n]^{\mathrm{T}},\boldsymbol{y}=[y_1,y_2,\cdots,y_n]^{\mathrm{T}}$ 可得

$$\begin{aligned}\|\boldsymbol{x}+\boldsymbol{y}\|_\infty&=\max_i|x_i+y_i|\\&\leqslant\max_i(|x_i|+|y_i|)\\&\leqslant\max_i|x_i|+\max_j|y_j|\\&=\|\boldsymbol{x}\|_\infty+\|\boldsymbol{y}\|_\infty.\end{aligned}$$

所以 $\|\boldsymbol{x}\|_\infty$ 是向量空间 $\mathbb{R}^n$ 上的一种向量范数． ■

例如向量 $\boldsymbol{x}=\begin{bmatrix}1\\-2\\3\end{bmatrix}$ 的这三种范数依次为

$$\|\boldsymbol{x}\|_1=1+2+3=6,\ \|\boldsymbol{x}\|_2=\sqrt{1+4+9}=\sqrt{14},\ \|\boldsymbol{x}\|_\infty=\max\{1,2,3\}=3.$$

5.7.2 矩阵范数的定义

向量的范数具有非负性、齐次性和三角不等式等性质，受此启发可定义矩阵的范数．$m\times n$ 实矩阵 $\boldsymbol{A}$ 的范数定义如下．

定义 5.12 设 $\|\boldsymbol{A}\|$ 是以 $\mathbb{R}^{m\times n}$ 中的矩阵 $\boldsymbol{A}$ 为自变量的非负实值函数，如果它满足下面四个条件：

(1) 非负性：当 $\boldsymbol{A}\neq\boldsymbol{O}$ 时，$\|\boldsymbol{A}\|>0$；当 $\boldsymbol{A}=\boldsymbol{O}$ 时，$\|\boldsymbol{A}\|=0$；

(2) 齐次性：对任意 $k\in\mathbb{R},\boldsymbol{A}\in\mathbb{R}^{m\times n}$，有 $\|k\boldsymbol{A}\|=|k|\,\|\boldsymbol{A}\|$；

(3) 三角不等式：对任意 $\boldsymbol{A},\boldsymbol{B}\in\mathbb{R}^{m\times n}$，有 $\|\boldsymbol{A}+\boldsymbol{B}\|\leqslant\|\boldsymbol{A}\|+\|\boldsymbol{B}\|$；

(4) 相容性：$\|\boldsymbol{AB}\|\leqslant\|\boldsymbol{A}\|\,\|\boldsymbol{B}\|$，即两个矩阵乘积的范数不超过两个矩阵范数的乘积．

因为常遇到矩阵的乘法，上面矩阵范数的定义包括矩阵范数的相容性．将三角不等式中的 $\boldsymbol{B}$ 用 $\boldsymbol{B}-\boldsymbol{A}$ 代替可得 $\|\boldsymbol{B}\|\leqslant\|\boldsymbol{A}\|+\|\boldsymbol{B}-\boldsymbol{A}\|$，同时再将 $\boldsymbol{A}$ 和 $\boldsymbol{B}$ 的位置互换可得 $\|\boldsymbol{A}\|-\|\boldsymbol{B}\|\leqslant\|\boldsymbol{B}-\boldsymbol{A}\|$，进而有

$$\big|\,\|\boldsymbol{A}\|-\|\boldsymbol{B}\|\,\big|\leqslant\|\boldsymbol{A}-\boldsymbol{B}\|.$$

5.7.3 几种常见的矩阵范数

下面是几种常见的矩阵范数．

例 5.24 对于 $\boldsymbol{A}=(a_{ij})\in\mathbb{R}^{m\times n}$,令

$$\|\boldsymbol{A}\|_1=\max_{1\leqslant j\leqslant n}\left(\sum_{i=1}^{m}|a_{ij}|\right),$$

$$\|\boldsymbol{A}\|_\infty=\max_{1\leqslant i\leqslant m}\left(\sum_{j=1}^{n}|a_{ij}|\right),$$

$$\|\boldsymbol{A}\|_F=\left(\sum_{i=1}^{m}\sum_{j=1}^{n}a_{ij}^2\right)^{\frac{1}{2}}=(\operatorname{tr}(\boldsymbol{A}^T\boldsymbol{A}))^{\frac{1}{2}},$$

$$\|\boldsymbol{A}\|_2==(\lambda[\boldsymbol{A}^T\boldsymbol{A}])^{\frac{1}{2}},$$

其中$\lambda[\boldsymbol{A}^T\boldsymbol{A}]$是矩阵$\boldsymbol{A}^T\boldsymbol{A}$是最大特征值.容易证明:$\|\boldsymbol{A}\|_1$,$\|\boldsymbol{A}\|_\infty$,$\|\boldsymbol{A}\|_F$和$\|\boldsymbol{A}\|_2$都是$\mathbb{R}^{m\times n}$上的矩阵范数,$\|\boldsymbol{A}\|_F$称为矩阵$\boldsymbol{A}$的Frobenius范数(F-范数),$\|\boldsymbol{A}\|_2$称为矩阵$\boldsymbol{A}$的谱范数,$\|\boldsymbol{A}\|_\infty$称为行和范数,$\|\boldsymbol{A}\|_1$称为列和范数.

下面只给出F-范数相容性的证明.设$\boldsymbol{A}\in\mathbb{R}^{m\times n}$,$\boldsymbol{B}\in\mathbb{R}^{n\times s}$,借助柯西-施瓦兹不等式,用$[\boldsymbol{AB}]_{ij}$表示矩阵$\boldsymbol{AB}$中$(i,j)$位置上的元素,可得

$$\begin{aligned}
\|\boldsymbol{AB}\|_F&=\sqrt{\sum_{i=1}^{m}\sum_{j=1}^{s}[\boldsymbol{AB}]_{ij}^2}\\
&=\sqrt{\sum_{i=1}^{m}\sum_{j=1}^{s}\left(\sum_{k=1}^{n}a_{ik}b_{kj}\right)^2}\\
&\leqslant\sqrt{\sum_{i=1}^{m}\sum_{j=1}^{s}\left(\sum_{k=1}^{n}|a_{ik}||b_{kj}|\right)^2}\\
&\leqslant\sqrt{\sum_{i=1}^{m}\sum_{j=1}^{s}\left(\sum_{k=1}^{n}|a_{ik}|^2\right)\left(\sum_{k=1}^{n}|b_{kj}|\right)^2}\\
&\leqslant\sqrt{\sum_{i=1}^{m}\sum_{k=1}^{n}|a_{ik}|^2}\cdot\sqrt{\sum_{j=1}^{s}\sum_{k=1}^{n}|b_{kj}|^2}\\
&=\|\boldsymbol{A}\|_F\|\boldsymbol{B}\|_F.
\end{aligned}$$

所以$\|\boldsymbol{A}\|_F$是$\mathbb{R}^{m\times n}$的一种矩阵范数. ■

矩阵的Frobenius范数$\|\boldsymbol{A}\|_F$是$\mathbb{R}^{m\times n}$中的内积$\langle\boldsymbol{A},\boldsymbol{B}\rangle=\operatorname{tr}(\boldsymbol{B}^T\boldsymbol{A})$所导出的范数.因此,矩阵的Frobenius范数是向量Euclid范数的自然推广.Frobenius范数还具有正交变换不变性的特点.

定理 5.11 设$\boldsymbol{A}\in\mathbb{R}^{m\times n}$,则对任意的正交矩阵$\boldsymbol{U}\in\mathbb{R}^{m\times m}$和$\boldsymbol{V}\in\mathbb{R}^{n\times n}$,结论

$$\|\boldsymbol{UA}\|_F=\|\boldsymbol{AV}\|_F=\|\boldsymbol{UAV}\|_F=\|\boldsymbol{A}\|_F$$

成立.称为F-范数的正交变换不变性.

证明 直接利用F-范数的定义和正交矩阵的性质验证可得

$$\| \boldsymbol{UA} \|_F = \sqrt{\operatorname{tr}[(\boldsymbol{UA})^T(\boldsymbol{UA})]} = \sqrt{\operatorname{tr}[\boldsymbol{A}^T\boldsymbol{U}^T\boldsymbol{UA}]}$$
$$= \sqrt{\operatorname{tr}(\boldsymbol{A}^T\boldsymbol{A})} = \| \boldsymbol{A} \|_F$$

和

$$\| \boldsymbol{AV} \|_F = \sqrt{\operatorname{tr}[(\boldsymbol{AV})^T(\boldsymbol{AV})]}$$
$$= \sqrt{\operatorname{tr}[\boldsymbol{V}^T\boldsymbol{A}^T\boldsymbol{AV}]}$$
$$= \sqrt{\operatorname{tr}(\boldsymbol{A}^T\boldsymbol{AVV}^T)}$$
$$= \sqrt{\operatorname{tr}(\boldsymbol{A}^T\boldsymbol{A})} = \| \boldsymbol{A} \|_F.$$

进而有

$$\| \boldsymbol{UAV} \|_F = \| \boldsymbol{AV} \|_F = \| \boldsymbol{A} \|_F.$$

■

例 5.25 设 $\| \boldsymbol{A} \|_P$ 是 $\mathbb{R}^{n\times n}$ 中的一种矩阵范数，$\boldsymbol{P}$ 是 n 阶可逆矩阵．证明 $\| \boldsymbol{A} \|_P = \| \boldsymbol{P}^{-1}\boldsymbol{AP} \|$ 是 $\mathbb{R}^{n\times n}$ 上的一种矩阵范数．

证明 (1) 若 $\boldsymbol{A}=\boldsymbol{O}$，则 $\| \boldsymbol{A} \|_P=0$；当 $\boldsymbol{A}\neq\boldsymbol{O}$ 时，$\boldsymbol{P}^{-1}\boldsymbol{AP}\neq\boldsymbol{O}$，从而

$$\| \boldsymbol{A} \|_P = \| \boldsymbol{P}^{-1}\boldsymbol{AP} \| > 0.$$

(2) 对于 $k\in\mathbb{R}$，总有

$$\| k\boldsymbol{A} \|_P = \| k\boldsymbol{P}^{-1}\boldsymbol{AP} \| = |k| \, \| \boldsymbol{P}^{-1}\boldsymbol{AP} \| = |k| \, \| \boldsymbol{A} \|_P.$$

(3) 关于三角不等式有

$$\| \boldsymbol{A}+\boldsymbol{B} \|_P = \| \boldsymbol{P}^{-1}(\boldsymbol{A}+\boldsymbol{B})\boldsymbol{P} \|$$
$$= \| \boldsymbol{P}^{-1}\boldsymbol{AP} + \boldsymbol{P}^{-1}\boldsymbol{BP} \|$$
$$\leqslant \| \boldsymbol{P}^{-1}\boldsymbol{AP} \| + \| \boldsymbol{P}^{-1}\boldsymbol{BP} \|$$
$$= \| \boldsymbol{A} \|_P + \| \boldsymbol{B} \|_P.$$

(4) 相容性：

$$\| \boldsymbol{AB} \|_P = \| \boldsymbol{P}^{-1}\boldsymbol{ABP} \| = \| \boldsymbol{P}^{-1}\boldsymbol{APP}^{-1}\boldsymbol{BP} \|$$
$$\leqslant \| \boldsymbol{P}^{-1}\boldsymbol{AP} \| \, \| \boldsymbol{P}^{-1}\boldsymbol{BP} \| = \| \boldsymbol{A} \|_P \| \boldsymbol{B} \|_P.$$

综合以上四点可得 $\| \boldsymbol{A} \|_P$ 是 $\mathbb{R}^{n\times n}$ 上的一种矩阵范数．证毕． ■

5.7.4 与向量范数的相容性

最后介绍矩阵范数与向量范数的相容性．

定义 5.13 如果矩阵 $\boldsymbol{A}\in\mathbb{R}^{m\times n}$ 的范数 $\| \boldsymbol{A} \|_m$ 与 n 维向量 $\boldsymbol{x}$ 的范数 $\| \boldsymbol{x} \|_v$，对任意的

矩阵 $\boldsymbol{A}$ 和向量 $\boldsymbol{x}$ 均有 $\|\boldsymbol{Ax}\|_{\mathrm{v}} \leqslant \|\boldsymbol{A}\|_{\mathrm{m}} \|\boldsymbol{x}\|_{\mathrm{v}}$，则称矩阵范数 $\|\boldsymbol{A}\|_{\mathrm{m}}$ 与向量范数 $\|\boldsymbol{x}\|_{\mathrm{v}}$ 是相容的．

定理 5.12 设 $\|\boldsymbol{x}\|_{\mathrm{v}}$ 是某种向量范数，对 n 阶矩阵 $\boldsymbol{A}$ 定义

$$\|\boldsymbol{A}\|_{\mathrm{m}} = \max_{\boldsymbol{x}\neq \boldsymbol{0}} \frac{\|\boldsymbol{Ax}\|_{\mathrm{v}}}{\|\boldsymbol{x}\|_{\mathrm{v}}} = \max_{\|\boldsymbol{x}\|=1} \|\boldsymbol{Ax}\|_{\mathrm{v}}. \tag{5.8}$$

则 $\|\boldsymbol{A}\|_{\mathrm{m}}$ 是矩阵范数，称为由向量范数 $\|\boldsymbol{x}\|_{\mathrm{v}}$ 导出的矩阵范数，它具有乘法相容性并且与向量范数 $\|\boldsymbol{x}\|_{\mathrm{v}}$ 相容．

证明 首先证明满足式(5.8)定义的矩阵范数与向量范数是相容的．显然对零向量 $\boldsymbol{x}=\boldsymbol{0}$，相容性是满足的．当 $\boldsymbol{x}\neq\boldsymbol{0}$ 时，有

$$\frac{\|\boldsymbol{Ax}\|_{\mathrm{v}}}{\|\boldsymbol{x}\|_{\mathrm{v}}} \leqslant \max_{\boldsymbol{y}\neq\boldsymbol{0}} \frac{\|\boldsymbol{Ay}\|_{\mathrm{v}}}{\|\boldsymbol{y}\|_{\mathrm{v}}} = \|\boldsymbol{A}\|_{\mathrm{m}},$$

即得 $\|\boldsymbol{Ax}\|_{\mathrm{v}} \leqslant \|\boldsymbol{A}\|_{\mathrm{m}} \|\boldsymbol{x}\|_{\mathrm{v}}$，满足相容性．

容易验证式(5.8)中的定义满足非负性、齐次性．满足三角不等式的证明如下：

$$\begin{aligned}\|\boldsymbol{A}+\boldsymbol{B}\|_{\mathrm{m}} &= \max_{\boldsymbol{x}\neq\boldsymbol{0}} \frac{\|(\boldsymbol{A}+\boldsymbol{B})\boldsymbol{x}\|_{\mathrm{v}}}{\|\boldsymbol{x}\|_{\mathrm{v}}} \\ &\leqslant \max_{\boldsymbol{x}\neq\boldsymbol{0}} \frac{\|\boldsymbol{Ax}\|_{\mathrm{v}} + \|\boldsymbol{Bx}\|_{\mathrm{v}}}{\|\boldsymbol{x}\|_{\mathrm{v}}} \\ &\leqslant \max_{\boldsymbol{x}\neq\boldsymbol{0}} \frac{\|\boldsymbol{Bx}\|_{\mathrm{v}}}{\|\boldsymbol{x}\|_{\mathrm{v}}} + \max_{\boldsymbol{x}\neq\boldsymbol{0}} \frac{\|\boldsymbol{Bx}\|_{\mathrm{v}}}{\|\boldsymbol{x}\|_{\mathrm{v}}} \\ &= \|\boldsymbol{A}\|_{\mathrm{m}} + \|\boldsymbol{B}\|_{\mathrm{m}}.\end{aligned}$$

下面根据矩阵范数 $\|\boldsymbol{A}\|_{\mathrm{m}}$ 与向量范数 $\|\boldsymbol{x}\|_{\mathrm{v}}$ 的相容性 $\|\boldsymbol{Ax}\|_{\mathrm{v}} \leqslant \|\boldsymbol{A}\|_{\mathrm{m}} \|\boldsymbol{x}\|_{\mathrm{v}}$，证明矩阵范数 $\|\boldsymbol{A}\|_{\mathrm{m}}$ 也满足相容性．

$$\begin{aligned}\|\boldsymbol{AB}\|_{\mathrm{m}} &= \max_{\boldsymbol{x}\neq\boldsymbol{0}} \frac{\|\boldsymbol{ABx}\|_{\mathrm{v}}}{\|\boldsymbol{x}\|_{\mathrm{v}}} \\ &\leqslant \max_{\boldsymbol{x}\neq\boldsymbol{0}} \frac{\|\boldsymbol{A}\|_{\mathrm{m}} \|\boldsymbol{Bx}\|_{\mathrm{v}}}{\|\boldsymbol{x}\|_{\mathrm{v}}} \\ &= \|\boldsymbol{A}\|_{\mathrm{m}} \max_{\boldsymbol{x}\neq\boldsymbol{0}} \frac{\|\boldsymbol{Bx}\|_{\mathrm{v}}}{\|\boldsymbol{x}\|_{\mathrm{v}}} \\ &= \|\boldsymbol{A}\|_{\mathrm{m}} \|\boldsymbol{B}\|_{\mathrm{m}}.\end{aligned}$$

这表明矩阵范数 $\|\boldsymbol{A}\|_{\mathrm{m}}$ 具备相容性． ■

定理 5.13 设 $\boldsymbol{A}\in\mathbb{R}^{m\times n}$，在 n 维线性空间 $\mathbb{R}^n$ 中，对任意的向量 $\boldsymbol{x}\in\mathbb{R}^n$ 成立

$$\|\boldsymbol{A}\|_1 = \max_{\|\boldsymbol{x}\|_1=1} \|\boldsymbol{Ax}\|_1 = \max_{1\leqslant j\leqslant n}\left(\sum_{i=1}^{m} |a_{ij}|\right),$$

$$\|A\|_\infty=\max_{\|x\|_\infty=1}\|Ax\|_\infty=\max_{1\leqslant i\leqslant m}\left(\sum_{j=1}^{n}|a_{ij}|\right),$$

$$\|A\|_2=\max_{\|x\|_2=1}\|Ax\|_2=(\lambda[A^{\mathrm{T}}A])^{\frac{1}{2}}.$$

证明 设 $A=[\alpha_1,\alpha_2,\cdots,\alpha_n]\in\mathbb{R}^{m\times n}$，其中 $\alpha_j\in\mathbb{R}^m$，$j=1,2,\cdots,n$. 对于任意 $x\neq 0$，有

$$\begin{aligned}\|Ax\|_1&=\left\|\sum_{j=1}^{n}x_j\alpha_j\right\|_1\\&\leqslant\sum_{j=1}^{n}|x_j|\ \|\alpha_j\|_1\\&\leqslant\max_{1\leqslant j\leqslant n}\|\alpha_j\|_1\|x\|_1.\end{aligned}$$

所以可得

$$\|A\|_1=\frac{\|Ax\|_1}{\|x\|_1}\leqslant\max_{1\leqslant j\leqslant n}\|\alpha_j\|_1.$$

另一方面，若 $\max\limits_{1\leqslant j\leqslant n}\|\alpha_j\|_1=\|\alpha_k\|_1$，则由自然基向量 $\|\varepsilon_k\|_1=1$ 和 $\|A\varepsilon_k\|_1=\|\alpha_k\|_1=\max\limits_{1\leqslant j\leqslant n}\|\alpha_j\|_1$，可得 $\|A\|_1\geqslant\max\limits_{1\leqslant j\leqslant n}\|\alpha_j\|_1$. 定理 5.13 第一个式子成立.

同理可证定理 5.13 第二个式子成立.

接下来证明第三个式子成立. 对 n 阶实对称矩阵 $A^{\mathrm{T}}A$，存在正交矩阵使得

$$A^{\mathrm{T}}A=U\Lambda U^{\mathrm{T}},$$

其中 Λ 是对角矩阵，其对角元是 $A^{\mathrm{T}}A$ 的特征值，则

$$\begin{aligned}\|A\|_2^2&=\max_{\|x\|_2=1}x^{\mathrm{T}}A^{\mathrm{T}}Ax\\&=\max_{\|x\|_2=1}x^{\mathrm{T}}U\Lambda U^{\mathrm{T}}x\\&=\max_{\|y\|_2=1}y^{\mathrm{T}}\Lambda y\\&=\lambda_{\max}(A^{\mathrm{T}}A).\end{aligned}$$

上式首尾两端取算术根即得定理中的第三个式子，证毕. ■

这也是称 $\|A\|_1$ 为列和范数、$\|A\|_\infty$ 为行和范数的原因.

例 5.26 设 $A=\begin{bmatrix}-1&-1&4\\1&1&2\\1&-2&2\end{bmatrix}$，计算 $\|A\|_1$，$\|A\|_\infty$，$\|A\|_F$，$\|A\|_2$.

解 直接按矩阵行和范数和列和范数的定义计算可得 $\|A\|_1=4+2+2=8$，$\|A\|_\infty=1+1+4=6$.

计算得到 $A^{\mathrm{T}}A=\begin{bmatrix}3&0&0\\0&6&-6\\0&-6&24\end{bmatrix}$，所以可得 $\|A\|_F=\sqrt{33}$.

矩阵 $\boldsymbol{A}^{\mathrm{T}}\boldsymbol{A}$ 的特征值为 $\lambda_1=3,\lambda_2=\dfrac{5+\sqrt{13}}{2},\lambda_3=\dfrac{5-\sqrt{13}}{2}$. 所以可得

$$\|\boldsymbol{A}\|_2=\sqrt{\frac{5+\sqrt{13}}{2}}=\frac{\sqrt{10+2\sqrt{13}}}{2}.$$

■

5.7.5 小结

本节主要介绍了矩阵范数的定义和性质、几种常见的矩阵范数(1-范数、∞-范数、F-范数等),F-范数的正交变换不变性、矩阵范数的相容性.

5.7.6 习题

1. 设 $\langle\boldsymbol{\alpha},\boldsymbol{\beta}\rangle$ 是内积空间 V 上向量的内积,试证明 $\|\boldsymbol{\alpha}\|=\sqrt{\langle\boldsymbol{\alpha},\boldsymbol{\alpha}\rangle}$ 是 V 上的向量范数.

2. 求下列向量的 1-范数、2-范数和 ∞-范数.

$$\begin{bmatrix}1\\-2\\3\end{bmatrix},\begin{bmatrix}-1\\-2\\0\end{bmatrix},\begin{bmatrix}5\\-4\\-5\end{bmatrix},\begin{bmatrix}1\\-1\\1\end{bmatrix}.$$

3. 证明矩阵的 Frobenius 范数满足矩阵范数定义

$$\|\boldsymbol{A}\|_F=\left(\sum_{i=1}^{m}\sum_{j=1}^{n}a_{ij}^2\right)^{\frac{1}{2}}=(\mathrm{tr}(\boldsymbol{A}^{\mathrm{T}}\boldsymbol{A}))^{\frac{1}{2}}.$$

4. 求下列矩阵的行和范数、列和范数,F-范数和谱范数:

$$\boldsymbol{A}=\begin{bmatrix}2&1\\1&2\end{bmatrix},\boldsymbol{B}=\begin{bmatrix}1&2\\-1&0\end{bmatrix},\boldsymbol{C}=\begin{bmatrix}2&-1&0\\0&2&3\\1&2&0\end{bmatrix}.$$

5.8 习题 5

1. 求下列两向量之间的夹角:

$$(1)\boldsymbol{\alpha}=\begin{bmatrix}2\\1\\3\end{bmatrix},\boldsymbol{\beta}=\begin{bmatrix}6\\3\\9\end{bmatrix};(2)\boldsymbol{\alpha}=\begin{bmatrix}-2\\3\\1\end{bmatrix},\boldsymbol{\beta}=\begin{bmatrix}1\\2\\4\end{bmatrix}.$$

2. 求向量 $\boldsymbol{\alpha}$ 到向量 $\boldsymbol{\beta}$ 生成子空间的正交投影向量 $\mathrm{proj}_{\boldsymbol{\beta}}\boldsymbol{\alpha}$,并验证向量 $\mathrm{proj}_{\boldsymbol{\beta}}\boldsymbol{\alpha}$ 与向量 $\boldsymbol{\alpha}-$

$\mathrm{proj}_{\boldsymbol{\beta}}\boldsymbol{\alpha}$ 是正交的.

(1)$\boldsymbol{\alpha}=\begin{bmatrix}2\\4\\3\end{bmatrix}$,$\boldsymbol{\beta}=\begin{bmatrix}1\\1\\1\end{bmatrix}$;(2)$\boldsymbol{\alpha}=\begin{bmatrix}2\\-5\\4\end{bmatrix}$,$\boldsymbol{\beta}=\begin{bmatrix}1\\2\\-1\end{bmatrix}$.

3. 设 t 是固定的实数,并令

$$c=\cos t, s=\sin t, \boldsymbol{\alpha}=[c, cs, cs^2, \cdots, cs^{n-1}, s^n]^{\mathrm{T}}.$$

证明:$\boldsymbol{\alpha}$ 是 $\mathbb{R}^{n+1}$ 中的单位向量.

提示:

$$1+s^2+s^4+\cdots+s^{2n-2}=\frac{1-s^{2n}}{1-s^2}.$$

4. 令 S 是由向量 $\boldsymbol{\alpha}=\begin{bmatrix}1\\-1\\1\end{bmatrix}$ 生成的 $\mathbb{R}^3$ 的一个子空间,求 $S^{\perp}$ 的一个基.

5. 令 $\boldsymbol{\alpha},\boldsymbol{\beta}$ 为 $\mathbb{R}^n$ 中两个线性无关的向量,并令 $S=\mathrm{span}\{\boldsymbol{\alpha},\boldsymbol{\beta}\}$. 定义矩阵 $\boldsymbol{A}=\boldsymbol{\alpha}\boldsymbol{\beta}^{\mathrm{T}}+\boldsymbol{\beta}\boldsymbol{\alpha}^{\mathrm{T}}$.

(1) 证明矩阵 $\boldsymbol{A}$ 是对称矩阵;

(2) 证明 $\mathrm{Null}(\boldsymbol{A})=S^{\perp}$.

6. 求下列方程组的最小二乘解:

(1)$\begin{cases}x_1+x_2=3,\\2x_1-3x_2=1,\\0x_1+0x_2=2;\end{cases}$ (2)$\begin{cases}-x_1+x_2=10,\\2x_1+x_2=5,\\x_1-2x_2=20.\end{cases}$

7. 求下列每一个方程 $\boldsymbol{Ax}=\boldsymbol{\beta}$ 的所有最小二乘解.

(1)$\boldsymbol{A}=\begin{bmatrix}1&2\\2&4\\-1&-2\end{bmatrix}$,$\boldsymbol{\beta}=\begin{bmatrix}3\\2\\1\end{bmatrix}$;(2)$\boldsymbol{A}=\begin{bmatrix}1&1&3\\-1&3&1\\1&2&4\end{bmatrix}$,$\boldsymbol{\beta}=\begin{bmatrix}-2\\0\\8\end{bmatrix}$.

8. 设 $\boldsymbol{A}$ 是一秩为 n 的 $m\times n$ 矩阵,令 $\boldsymbol{P}=\boldsymbol{A}(\boldsymbol{A}^{\mathrm{T}}\boldsymbol{A})^{-1}\boldsymbol{A}^{\mathrm{T}}$.

(1) 证明对每一个 $\boldsymbol{\beta}\in\mathrm{Col}(\boldsymbol{P})$,都有 $\boldsymbol{P\beta}=\boldsymbol{\beta}$;

(2) 若 $\boldsymbol{\beta}\in(\mathrm{Row}(\boldsymbol{A}))^{\perp}$,则有 $\boldsymbol{P\beta}=\boldsymbol{0}$.

9. 设 $\boldsymbol{A}$ 是一个秩为 n 的 $m\times n$ 矩阵,令 $\boldsymbol{P}=\boldsymbol{A}(\boldsymbol{A}^{\mathrm{T}}\boldsymbol{A})^{-1}\boldsymbol{A}^{\mathrm{T}}$.

(1) 证明 $\boldsymbol{P}^2=\boldsymbol{P}$;

(2) 证明 $\boldsymbol{P}^k=\boldsymbol{P}$,其中 $k=1,2,\cdots$;

(3) 证明 $\boldsymbol{P}$ 是对称矩阵.

提示:若 $\boldsymbol{B}$ 是非奇异矩阵,则 $(\boldsymbol{B}^{-1})^{\mathrm{T}}=(\boldsymbol{B}^{\mathrm{T}})^{-1}$.

10. 令

$$\boldsymbol{\alpha}_1=\frac{\sqrt{2}}{6}\begin{bmatrix}1\\1\\-4\end{bmatrix},\boldsymbol{\alpha}_2=\frac{1}{3}\begin{bmatrix}2\\2\\1\end{bmatrix},\boldsymbol{\alpha}_3=\frac{\sqrt{2}}{2}\begin{bmatrix}-1\\1\\0\end{bmatrix}.$$

(1) 证明 $\boldsymbol{\alpha}_1,\boldsymbol{\alpha}_2,\boldsymbol{\alpha}_3$ 构成 $\mathbb{R}^3$ 的一个标准正交基;

(2) 将向量 $\boldsymbol{\beta}=\begin{bmatrix}1\\1\\1\end{bmatrix}$ 表示成 $\boldsymbol{\alpha}_1,\boldsymbol{\alpha}_2,\boldsymbol{\alpha}_3$ 线性组合的形式.

5.9 自测题 5

一、填空题

1. 向量 $\boldsymbol{\alpha}=\begin{bmatrix}1\\1\\2\end{bmatrix}$ 和 $\boldsymbol{\beta}=\begin{bmatrix}-2\\1\\2\end{bmatrix}$ 的夹角是________.

2. 已知向量 $\boldsymbol{x}=\begin{bmatrix}1\\1\\2\\2\end{bmatrix}$ 和 $\boldsymbol{y}=\begin{bmatrix}-2\\1\\2\\0\end{bmatrix}$,计算向量 $\boldsymbol{x}$ 到 $\text{span}\{\boldsymbol{y}\}$ 的正交投影向量为 $\text{proj}_{\text{span}\{\boldsymbol{y}\}}\boldsymbol{x}$,则 $\langle\boldsymbol{x},\boldsymbol{x}-\text{proj}_{\text{span}\{\boldsymbol{y}\}}\boldsymbol{x}\rangle=$________.

3. 将 $\boldsymbol{\alpha}_1=\begin{bmatrix}1\\1\\2\end{bmatrix}$,$\boldsymbol{\alpha}_2=\begin{bmatrix}2\\1\\2\end{bmatrix}$ 正交化得 $\boldsymbol{\beta}_1=$________,$\boldsymbol{\beta}_2=$________,单位化得 $\boldsymbol{\varepsilon}_1=$________,$\boldsymbol{\varepsilon}_2=$________.

4. n 维向量 $\boldsymbol{\beta}$ 与 $\boldsymbol{\gamma}$ 的夹角为 $\arccos\frac{1}{3}$,若 $\boldsymbol{Q}$ 是 $n\times n$ 的正交矩阵,则向量 $\boldsymbol{Q\beta}$ 与 $\boldsymbol{Q\gamma}$ 的夹角是________.

5. 矩阵 $\begin{bmatrix}-2&3\\-4&5\end{bmatrix}$ 的 1 - 范数等于________.

二、判断题(在正确的命题后的括号内填 A,错误的括号内填 B,并举出反例)

1. 若 $\boldsymbol{\alpha}$ 和 $\boldsymbol{\beta}$ 是 $\mathbb{R}^n$ 中单位向量,且有 $|\boldsymbol{\alpha}^{\mathrm{T}}\boldsymbol{\beta}|=1$,则 $\boldsymbol{\alpha}$ 和 $\boldsymbol{\beta}$ 是线性无关的.(　　)

2. 设U,V,W是$\mathbb{R}^3$的子空间,若有$U\perp V$及$V\perp W$,则有$U\perp W$.(　　)

3. 如果$\boldsymbol{A}$是$m\times n$矩阵,则$\boldsymbol{A}\boldsymbol{A}^{\mathrm{T}}$和$\boldsymbol{A}^{\mathrm{T}}\boldsymbol{A}$有相同的秩.(　　)

4. 若$\mathrm{Null}(\boldsymbol{A})=\mathrm{span}\{\boldsymbol{0}\}$,则方程$\boldsymbol{Ax}=\boldsymbol{\beta}$将有唯一的最小二乘解.(　　)

5. 若$\boldsymbol{Q}_1$与$\boldsymbol{Q}_2$是同阶的正交矩阵,则$\boldsymbol{Q}_1^{\mathrm{T}}\boldsymbol{Q}_2$也是正交矩阵.(　　)

三、计算与证明

1. 已知$\boldsymbol{\alpha},\boldsymbol{\beta}$是内积空间$V$中的$n$维向量.证明三角不等式$\|\boldsymbol{\alpha}+\boldsymbol{\beta}\|^2\leqslant(\|\boldsymbol{\alpha}\|+\|\boldsymbol{\beta}\|)^2$.

2. 设$\boldsymbol{\eta}_1,\boldsymbol{\eta}_2,\boldsymbol{\eta}_3$是内积空间$V$的三维子空间$S$的一个标准正交基,令

$$\boldsymbol{x}=2\boldsymbol{\eta}_1-2\boldsymbol{\eta}_2+\boldsymbol{\eta}_3,\boldsymbol{y}=3\boldsymbol{\eta}_1+\boldsymbol{\eta}_2-4\boldsymbol{\eta}_3.$$

(1) 求$\langle\boldsymbol{x},\boldsymbol{y}\rangle$的值;

(2) 求$\|\boldsymbol{x}\|$的值.

3. 设S是由向量$\boldsymbol{\eta}_1=\begin{bmatrix}1\\0\\2\end{bmatrix},\boldsymbol{\eta}_2=\begin{bmatrix}0\\1\\-2\end{bmatrix}$生成的内积空间$\mathbb{R}^3$的二维子空间.

(1) 求$S^{\perp}$的一个基,

(2) 求向量$\begin{bmatrix}x\\y\\z\end{bmatrix}$到子空间$S^{\perp}$的正交投影向量.

4. 对矩阵$\boldsymbol{A}=\begin{bmatrix}-1&3\\1&5\end{bmatrix}$进行QR分解,其中$\boldsymbol{Q}$是正交矩阵,$\boldsymbol{R}$是上三角矩阵.

5. 求方程$\boldsymbol{Ax}=\boldsymbol{\beta}$的最小二乘解,并计算最小二乘误差.

$$\boldsymbol{A}=\begin{bmatrix}2&1\\1&1\\2&1\end{bmatrix},\boldsymbol{\beta}=\begin{bmatrix}12\\6\\18\end{bmatrix}.$$

第 6 章　相似矩阵

本章将通过求解一类特殊的含有参数 λ 的线性方程 $\boldsymbol{Ax}=\lambda\boldsymbol{x}$ 来确定一个矩阵的特征值和特征向量并最终实现一个矩阵的相似对角化．这既是前四章内容的一个综合应用，也为后续内容打下基础．

也可从“降维”和“升维”的角度来体会和理解特征对(特征值与特征向量)和相似矩阵．所谓降维，对于 n 阶方阵 $\boldsymbol{A}$ 和非零向量北，当 $y=\boldsymbol{Ax}=\lambda\boldsymbol{x}$ 时，就实现了降维．因为该变换把具有伸缩和旋转两个维度的变换 $y=\boldsymbol{Ax}$ 变成了只有一个维度的正比例函数似的变换 $y=\lambda\boldsymbol{x}$．当然这里并非对所有的非零向量变换式 $y=\boldsymbol{Ax}=\lambda\boldsymbol{x}$ 都成立，只有对特定的非零向量和数 λ，变换式 $y=\boldsymbol{Ax}=\lambda\boldsymbol{x}$ 才成立．这样的限定也可以理解为一种“降维”．所谓“升维”，就是对任意的非零向量北都能实现 $\boldsymbol{Ax}=\lambda\boldsymbol{x}$．“升维”的方法是对 n 阶方阵 $\boldsymbol{A}$ 先找到 n 个线性无关的特征向量 $\boldsymbol{p}_1,\boldsymbol{p}_2,\cdots,\boldsymbol{p}_n$，通过把北表示成 $\boldsymbol{p}_1,\boldsymbol{p}_2,\cdots,\boldsymbol{p}_n$ 的线性组合 $\boldsymbol{x}=k_1\boldsymbol{p}_1+k_2\boldsymbol{p}_2+\cdots+k_n\boldsymbol{p}_n$ 的形式来实现的，即有

$$\begin{aligned}\boldsymbol{Ax}&=\boldsymbol{A}(k_1\boldsymbol{p}_1+k_2\boldsymbol{p}_2+\cdots+k_n\boldsymbol{p}_n)\\&=k_1\boldsymbol{Ap}_1+k_2\boldsymbol{Ap}_2+\cdots+k_n\boldsymbol{Ap}_n\\&=k_1\lambda_1\boldsymbol{p}_1+k_2\lambda_2\boldsymbol{p}_2+\cdots+k_n\lambda_n\boldsymbol{p}_n.\end{aligned}$$

从上面的表达式可以发现，一个 n 阶方阵 $\boldsymbol{A}$ 能否求得 n 个线性无关的特征向量就成为能否实现“升维”的充分条件．实际的结果是每个矩阵都可以“降维”(至少求得一个特征向量)，但并不是每个矩阵都可以“升维”(求得 n 个线性无关的特征向量)．所以如何判定一个矩阵能否“升维”就构成本章的重要内容．

不积跬步，无以至千里；不积小流，无以成江海。通过简单的运算合成复杂的运算，体会和理解在有组织和层级的条件下通过实现一个个普通人的梦想进而实现中国梦．

单独看等式 $\boldsymbol{Ap}_i=\lambda_i\boldsymbol{p}_i,i=1,2,\cdots,n$，是特征值和特征向量，将这 n 个等式写到一起，综合起来就是

$$\begin{aligned}\boldsymbol{A}[\boldsymbol{p}_1,\boldsymbol{p}_2,\cdots,\boldsymbol{p}_n]&=[\lambda_1\boldsymbol{p}_1,\lambda_2\boldsymbol{p}_2,\cdots,\lambda_n\boldsymbol{p}_n]\\&=[\boldsymbol{p}_1,\boldsymbol{p}_2,\cdots,\boldsymbol{p}_n]\mathrm{diag}(\lambda_1,\lambda_2,\cdots,\lambda_n).\end{aligned}$$

如果令 $\boldsymbol{P}=[\boldsymbol{p}_1,\boldsymbol{p}_2,\cdots,\boldsymbol{p}_n]$，且矩阵 $\boldsymbol{P}$ 可逆，则有

$$P^{-1}AP = \mathrm{diag}(\lambda_1, \lambda_2, \cdots, \lambda_n).$$

这就是矩阵的相似对角化，进一步满足一定的条件还可以正交相似对角化.

这表明任何有志青年(特征致特征向量)，要想有更大的作为(矩阵相似对角化)，就需要对自己严格要求(单位长度、特征向量和特征值按一定的顺序)才能实现.

6.1 方阵的特征值与特征向量

内容提要

第三章讨论了齐次线性方程 $\boldsymbol{Ax}=\boldsymbol{0}$ 和非齐次线性方程 $\boldsymbol{Ax}=\boldsymbol{\beta}$ 解的情况，本节讨论形如 $\boldsymbol{Ax}=\lambda\boldsymbol{x}$ 的含参数的线性方程. 对比 $\boldsymbol{Ax}=\boldsymbol{\beta}$ 与 $\boldsymbol{Ax}=\lambda\boldsymbol{x}$ 可以发现，方程 $\boldsymbol{Ax}=\boldsymbol{\beta}$ 中矩阵 $\boldsymbol{A}$ 起的作用是将向量从 $\boldsymbol{x}$ 变成 $\boldsymbol{\beta}$，通常矩阵 $\boldsymbol{A}$ 对向量 $\boldsymbol{x}$ 有两种变换：一种是旋转，另一种是伸缩. 而方程 $\boldsymbol{Ax}=\lambda\boldsymbol{x}$ 表明矩阵 $\boldsymbol{A}$ 对向量 $\boldsymbol{x}$ 只有伸缩变换，而并无旋转变换. 我们称 λ 为矩阵的特征值，非零向量 $\boldsymbol{x}$ 为矩阵的特征向量.

6.1.1 特征值和特征向量的定义

定义 6.1 设 $\boldsymbol{A}$ 是 n 阶方阵，如果数 λ 和 n 维非零列向量 $\boldsymbol{x}$ 使

$$\boldsymbol{Ax}=\lambda\boldsymbol{x}, \boldsymbol{x}\neq\boldsymbol{0}$$

成立，那么数 λ 称为矩阵 $\boldsymbol{A}$ 的**特征值**(eigenvalue)，非零向量 $\boldsymbol{x}$ 称为 $\boldsymbol{A}$ 的对应于特征值 λ 的**特征向量**(eigenvector).

根据特征值和特征向量的定义式 $\boldsymbol{Ax}=\lambda\boldsymbol{x}, \boldsymbol{x}\neq\boldsymbol{0}$ 可得出一些有意义的结论：

(1) 等式 $\boldsymbol{Ax}=\lambda\boldsymbol{x}$ 表明矩阵 $\boldsymbol{A}$ 一定是方阵.

(2) 若向量 $\boldsymbol{x}$ 是矩阵 $\boldsymbol{A}$ 的特征向量，则 $k\boldsymbol{x}\,(k\neq 0)$ 也是矩阵 $\boldsymbol{A}$ 的特征向量. 这表明和矩阵 $\boldsymbol{A}$ 的特征值对应的特征向量不唯一.

(3) 若 λ 是方阵 $\boldsymbol{A}$ 的特征值，则 $k\lambda$ 则通常不是 $\boldsymbol{A}$ 的特征值.

(4) 恒等式 $\boldsymbol{Ix}=\boldsymbol{x}$ 表明任何非零向量都是单位矩阵 $\boldsymbol{I}$ 的特征向量.

(5) 恒等式 $(k\boldsymbol{I})\boldsymbol{x}=k\boldsymbol{x}$ 表明 k 是数量矩阵 $k\boldsymbol{I}$ 的特征值，任何非零向量 $\boldsymbol{x}$ 都可取为特征向量.

(6) 简单的计算表明 $a+2b$ 是行和相等矩阵 $\begin{bmatrix} a & b & b \\ b & a & b \\ b & b & a \end{bmatrix}$ 的一个特征值，而 $\begin{bmatrix} 1 \\ 1 \\ 1 \end{bmatrix}$ 就是对应的特征向量. 它的一般情况对行和相等的矩阵也成立.

(7) 一般情况，等式 $\boldsymbol{Ax}=\lambda\boldsymbol{Ix}$ 可写成 $(\boldsymbol{A}-\lambda\boldsymbol{I})\boldsymbol{x}=\boldsymbol{0}$，根据克莱姆法则的等价命题和齐次线性方程有非零解的判定定理可得 $(\boldsymbol{A}-\lambda\boldsymbol{I})\boldsymbol{x}=\boldsymbol{0}$ 有非零解的充要条件是

$$\det(\boldsymbol{A}-\lambda\boldsymbol{I})=0,$$

即

$$\det(\boldsymbol{A}-\lambda\boldsymbol{I})=\begin{vmatrix} a_{11}-\lambda & a_{12} & \cdots & a_{1n} \\ a_{21} & a_{22}-\lambda & \cdots & a_{2n} \\ \vdots & \vdots & & \vdots \\ a_{n1} & a_{n2} & \cdots & a_{nn}-\lambda \end{vmatrix}=0.$$

上式是以 λ 为未知数的一元 n 次方程，称为矩阵 $\boldsymbol{A}$ 的**特征方程**(characteristic equation)，其左端 $\det(\boldsymbol{A}-\lambda\boldsymbol{I})$ 是 λ 的 n 次多项式，记作 $f_{\boldsymbol{A}}(\lambda)$，称为矩阵 $\boldsymbol{A}$ 的**特征多项式**(characteristic polynomial). 显然，$\boldsymbol{A}$ 的特征值就是特征方程的根．特征方程在复数范围内恒有根，其根的个数就是方程的次数(重根按重数计算). 因此，n 阶矩阵 $\boldsymbol{A}$ 在复数范围内有 n 个特征值．

有的教材将矩阵 $\boldsymbol{A}$ 的特征多项式定义为

$$\det(\lambda\boldsymbol{I}-\boldsymbol{A})=\begin{vmatrix} \lambda-a_{11} & -a_{12} & \cdots & -a_{1n} \\ -a_{21} & \lambda-a_{22} & \cdots & -a_{2n} \\ \vdots & \vdots & & \vdots \\ -a_{n1} & -a_{n2} & \cdots & \lambda-a_{nn} \end{vmatrix}=0.$$

这两者的区别是前者 λ 的最高次项的系数 $(-1)^n$ 可能是负的，而后者 λ 的最高次项的系数一定是正的，如果已知矩阵 $\boldsymbol{A}$，要计算特征多项式，显然前者矩阵 $\boldsymbol{A}$ 中的元素不需要改变符号，而后者则要完全改就符号．

由特征多项式 $\det(\boldsymbol{A}-\lambda\boldsymbol{I})$ 的定义和方阵的行列式等于它的转置行列式可得下面的结论．

(8) 矩阵 $\boldsymbol{A}$ 与它的转置矩阵 $\boldsymbol{A}^{\mathrm{T}}$ 有相同的特征多项式，进而它们有相同的特征值．即有 $\det(\boldsymbol{A}-\lambda\boldsymbol{I})=\det(\boldsymbol{A}^{\mathrm{T}}-\lambda\boldsymbol{I})$.

(9) 上三角或下三角矩阵主对角线上的元素就是该矩阵的特征值．

6.1.2 特征值和特征向量的求法

将式 $\boldsymbol{Ax}=\lambda\boldsymbol{x}$ 写成 $\boldsymbol{Ax}=\lambda\boldsymbol{Ix}$，再移项变形为 $(\boldsymbol{A}-\lambda\boldsymbol{I})\boldsymbol{x}=\boldsymbol{0}$，注意到特征向量 $\boldsymbol{x}$ 为非零向量，所以齐次线性方程 $(\boldsymbol{A}-\lambda\boldsymbol{I})\boldsymbol{x}=\boldsymbol{0}$ 一定存在非零解，据此可断定该齐次线性方程的行列式为零，所以可得关于 λ 的 n 次方程

$$\det(\boldsymbol{A}-\lambda\boldsymbol{I})=0.$$

求解这个方程可以得到矩阵 $\boldsymbol{A}$ 的特征值为 $\lambda_1,\lambda_2,\cdots,\lambda_n$，再将 $\lambda_1,\lambda_2,\cdots,\lambda_n$ 代入方程 $(\boldsymbol{A}-\lambda\boldsymbol{I})\boldsymbol{x}=\boldsymbol{0}$ 可求得特征值 $\lambda_1,\lambda_2,\cdots,\lambda_n$ 对应的特征向量.

例 6.1 求矩阵 $\boldsymbol{A}=\begin{bmatrix}2&5\\5&2\end{bmatrix}$ 的特征值和特征向量.

解 $\boldsymbol{A}$ 的特征多项式为

$$|\boldsymbol{A}-\lambda\boldsymbol{I}|=\begin{vmatrix}2-\lambda&5\\5&2-\lambda\end{vmatrix}=(2-\lambda)^2-25=\lambda^2-4\lambda-21=(\lambda-7)(\lambda+3),$$

所以 $\boldsymbol{A}$ 的特征值为 $\lambda_1=7,\lambda_2=-3$.

当 $\lambda_1=7$ 时，对应的特征向量应满足

$$\begin{bmatrix}2-7&5\\5&2-7\end{bmatrix}\begin{bmatrix}x_1\\x_2\end{bmatrix}=\begin{bmatrix}0\\0\end{bmatrix},$$

即

$$\begin{bmatrix}-5&5\\5&-5\end{bmatrix}\begin{bmatrix}x_1\\x_2\end{bmatrix}=\begin{bmatrix}0\\0\end{bmatrix},$$

解得 $x_1=x_2$，所以对应的特征向量可取 $\boldsymbol{\xi}_1=\begin{bmatrix}1\\1\end{bmatrix}$.

当 $\lambda_2=-3$ 时，由

$$\begin{bmatrix}2+3&5\\5&2+3\end{bmatrix}\begin{bmatrix}x_1\\x_2\end{bmatrix}=\begin{bmatrix}0\\0\end{bmatrix},$$

即

$$\begin{bmatrix}1&1\\1&1\end{bmatrix}\begin{bmatrix}x_1\\x_2\end{bmatrix}=\begin{bmatrix}0\\0\end{bmatrix},$$

解得 $x_1=-x_2$，所以对应的特征向量可取 $\boldsymbol{\xi}_1=\begin{bmatrix}-1\\1\end{bmatrix}$.

显然，若 $\boldsymbol{\xi}_i$ 是矩阵 $\boldsymbol{A}$ 的属于特征值 λ_i 的特征向量，则 $k\boldsymbol{\xi}_i$，$k\neq 0$ 也是对应于 λ_i 的特征向量. ■

例 6.2 求矩阵 $\boldsymbol{A}=\begin{bmatrix}4&0&0\\5&3&2\\-2&0&2\end{bmatrix}$ 的特征值和特征向量.

解 $\boldsymbol{A}$ 的特征多项式为

$$|\boldsymbol{A}-\lambda\boldsymbol{I}|=\det\begin{bmatrix}4-\lambda & 0 & 0\\ 5 & 3-\lambda & 2\\ -2 & 0 & 2-\lambda\end{bmatrix}=(4-\lambda)(3-\lambda)(2-\lambda).$$

所以 $\boldsymbol{A}$ 的特征值为 $\lambda_1=2,\lambda_2=3,\lambda_3=4.$

当 $\lambda_1=2$ 时，解方程 $(\boldsymbol{A}-2\boldsymbol{I})\boldsymbol{x}=\boldsymbol{0}$. 由

$$\boldsymbol{A}-2\boldsymbol{I}=\begin{bmatrix}2 & 0 & 0\\ 5 & 1 & 2\\ -2 & 0 & 0\end{bmatrix}\overset{r}{\sim}\begin{bmatrix}1 & 0 & 0\\ 0 & 1 & 2\\ 0 & 0 & 0\end{bmatrix}$$

得基础解系

$$\boldsymbol{\xi}_1=\begin{bmatrix}0\\ 2\\ -1\end{bmatrix},$$

所以 $k\boldsymbol{\xi}_1,k\neq 0$ 是对应于 $\lambda_1=2$ 的全部特征向量.

当 $\lambda_2=3$ 时，解方程 $(\boldsymbol{A}-3\boldsymbol{I})\boldsymbol{x}=\boldsymbol{0}$. 由

$$\boldsymbol{A}-3\boldsymbol{I}=\begin{bmatrix}1 & 0 & 0\\ 5 & 0 & 2\\ -2 & 0 & 1\end{bmatrix}\overset{r}{\sim}\begin{bmatrix}1 & 0 & 0\\ 0 & 0 & 1\\ 0 & 0 & 0\end{bmatrix}$$

得基础解系 $\boldsymbol{\xi}_2=\begin{bmatrix}0\\ 1\\ 0\end{bmatrix}$，所以 $k\boldsymbol{\xi}_2,k\neq 0$ 是对应于 $\lambda_2=3$ 的全部的特征向量.

当 $\lambda_2=4$ 时，解方程 $(\boldsymbol{A}-4\boldsymbol{I})\boldsymbol{x}=\boldsymbol{0}$. 由

$$\boldsymbol{A}-4\boldsymbol{I}=\begin{bmatrix}0 & 0 & 0\\ 5 & -1 & 2\\ -2 & 0 & -4\end{bmatrix}\overset{r}{\sim}\begin{bmatrix}1 & 0 & 2\\ 0 & 1 & 8\\ 0 & 0 & 0\end{bmatrix}$$

得基础解系 $\boldsymbol{\xi}_3=\begin{bmatrix}2\\ 8\\ -1\end{bmatrix}$，所以 $k\boldsymbol{\xi}i_3,k\neq 0$ 是对应于 $\lambda_3=4$ 的全部的特征向量. ■

简单的计算表明矩阵 $\boldsymbol{A}=\begin{bmatrix}\lambda & 1 & 0\\ 0 & \lambda & 1\\ 0 & 0 & \lambda\end{bmatrix}$ 的特征值为 λ（三重），但对应线性无关的特征向量

只有一个,可取为$\begin{bmatrix}1\\0\\0\end{bmatrix}$. 据此结论可构造出特征值为$\lambda$,特征向量个数为从1到$n$的$n$阶方阵$\boldsymbol{A}$. 例如特征值为$\lambda$,线性无关的特征向量个数从1到3的三阶矩阵可分别为

$$\begin{bmatrix}\lambda & 1 & 0\\0 & \lambda & 1\\0 & 0 & \lambda\end{bmatrix},\begin{bmatrix}\lambda & 0 & 0\\0 & \lambda & 1\\0 & 0 & \lambda\end{bmatrix},\begin{bmatrix}\lambda & 0 & 0\\0 & \lambda & 0\\0 & 0 & \lambda\end{bmatrix}.$$

6.1.3 特征值和特征向量的性质

如果已知矩阵$\boldsymbol{A}$的特征值,可求出和矩阵$\boldsymbol{A}$相关矩阵的特征值.

定理6.1 设n阶矩阵$\boldsymbol{A}=(a_{ij})_{n\times n}$的特征值为$\lambda_1,\lambda_2,\cdots,\lambda_n$,则

(1)$\lambda_1+\lambda_2+\cdots+\lambda_n=a_{11}+a_{22}+\cdots+a_{nn}$;

(2)$\lambda_1\lambda_2\cdots\lambda_n=\det(\boldsymbol{A})$.

证明 矩阵$\boldsymbol{A}$的特征多项式为

$$\det(\lambda\boldsymbol{I}-\boldsymbol{A})=\begin{vmatrix}\lambda-a_{11} & -a_{12} & \cdots & -a_{1n}\\-a_{21} & \lambda-a_{22} & \cdots & -a_{2n}\\\vdots & \vdots & & \vdots\\-a_{n1} & -a_{n2} & \cdots & \lambda-a_{nn}\end{vmatrix}.$$

用行列式的递归定义展开可以发现含λ的n次幂和$n-1$次幂只能在行列式$\det(\lambda\boldsymbol{I}-\boldsymbol{A})$主对角线上的元素的连续乘积中出现.所以有

$$(\lambda-a_{11})(\lambda-a_{22})\cdots(\lambda-a_{nn})=\lambda^n-\lambda^{n-1}(a_{11}+a_{22}+\cdots+a_{nn})+\cdots+(-1)^n a_{11}a_{22}\cdots a_{nn}.$$

令$\lambda=0$可得$\det(\lambda\boldsymbol{I}-\boldsymbol{A})$展开式的常数项为$\det(-\boldsymbol{A})=(-1)^n\det(\boldsymbol{A})$. 进而可得$\det(\lambda\boldsymbol{I}-\boldsymbol{A})$展开式的前两项和最后一项,具体是

$$\det(\lambda\boldsymbol{I}-\boldsymbol{A})=\lambda^n-\lambda^{n-1}(a_{11}+a_{22}+\cdots+a_{nn})+\cdots+(-1)^n\det(\boldsymbol{A}).$$

另一方面,根据n次复多项式的因式分解定理,特征多项式$\det(\lambda\boldsymbol{I}-\boldsymbol{A})$可分解成$n$个一次因式的连乘积,即有

$$\begin{aligned}\det(\lambda\boldsymbol{I}-\boldsymbol{A})&=(\lambda-\lambda_1)(\lambda-\lambda_2)\cdots(\lambda-\lambda_n)\\&=\lambda^n-\lambda^{n-1}(\lambda_1+\lambda_2+\cdots+\lambda_n)+(-1)^n\lambda_1\lambda_2\cdots\lambda_n.\end{aligned}$$

比较$\det(\lambda\boldsymbol{I}-\boldsymbol{A})$展开式的第二项和最后一项即得定理中的结论. ■

矩阵$\boldsymbol{A}$的所有特征值的和称为**矩阵$\boldsymbol{A}$的迹**(trace),记为tr($\boldsymbol{A}$). 性质(1)表明有

$$\mathrm{tr}(\boldsymbol{A})=a_{11}+a_{22}+\cdots+a_{nn}.$$

将特征多项式 $\det(\lambda \boldsymbol{I}-\boldsymbol{A})$ 展开的方法如下．根据行列式的性质，可将行列式

$$\det(\lambda \boldsymbol{I}-\boldsymbol{A})=\begin{vmatrix} \lambda-a_{11} & -a_{12} & \cdots & -a_{1n} \\ -a_{21} & \lambda-a_{22} & \cdots & -a_{2n} \\ \vdots & \vdots & & \vdots \\ -a_{n1} & -a_{n2} & \cdots & \lambda-a_{nn} \end{vmatrix}$$

的每一列拆分成两列的和，即有

$$\begin{bmatrix} -a_{1j} \\ \vdots \\ \lambda-a_{jj} \\ \vdots \end{bmatrix}=\begin{bmatrix} 0 \\ \vdots \\ \lambda \\ \vdots \end{bmatrix}+\begin{bmatrix} -a_{1j} \\ \vdots \\ -a_{jj} \\ \vdots \end{bmatrix}.$$

这样行列式 $\det(\lambda \boldsymbol{I}-\boldsymbol{A})$ 能拆分成 2^n 个行列式的和．可根据拆分后的行列式中含 λ 的个数进行分类，例如含有 n 个 λ 的项只能是

$$\begin{vmatrix} \lambda & 0 & \cdots & 0 \\ 0 & \lambda & \cdots & 0 \\ \vdots & \vdots & & \vdots \\ 0 & 0 & \cdots & \lambda \end{vmatrix}.$$

含 $n-1$ 个 λ 的项共有 n 个，它们是

$$\begin{vmatrix} \lambda & 0 & \cdots & -a_{1n} \\ 0 & \lambda & \cdots & -a_{2n} \\ \vdots & \vdots & & \vdots \\ 0 & 0 & \cdots & -a_{nn} \end{vmatrix},\cdots,\begin{vmatrix} -a_{11} & 0 & \cdots & 0 \\ -a_{21} & \lambda & \cdots & 0 \\ \vdots & \vdots & & \vdots \\ -a_{n1} & 0 & \cdots & \lambda \end{vmatrix}.$$

依次可得含 λ 的一次项的多项式有 n 个，依次是

$$\begin{vmatrix} \lambda & -a_{12} & \cdots & -a_{1n} \\ 0 & -a_{22} & \cdots & -a_{2n} \\ \vdots & \vdots & & \vdots \\ 0 & -a_{n2} & \cdots & -a_{nn} \end{vmatrix},\begin{vmatrix} -a_{11} & 0 & \cdots & -a_{1n} \\ -a_{21} & \lambda & \cdots & -a_{2n} \\ \vdots & \vdots & & \vdots \\ -a_{n1} & 0 & \cdots & -a_{nn} \end{vmatrix},\cdots,\begin{vmatrix} -a_{11} & -a_{12} & \cdots & 0 \\ -a_{21} & -a_{22} & \cdots & 0 \\ \vdots & \vdots & & \vdots \\ -a_{n1} & -a_{n2} & \cdots & \lambda \end{vmatrix}.$$

最后不含 λ 的多项式只有一个是

$$\begin{vmatrix} -a_{11} & -a_{12} & \cdots & -a_{1n} \\ -a_{21} & -a_{22} & \cdots & -a_{2n} \\ \vdots & \vdots & & \vdots \\ -a_{n1} & -a_{n2} & \cdots & -a_{nn} \end{vmatrix} = (-1)^n \det(\boldsymbol{A}).$$

将这些项合并在一起可得

$$\det(\lambda\boldsymbol{I}-\boldsymbol{A})=\lambda^n-\lambda^{n-1}(a_{11}+a_{22}+\cdots+a_{nn})+\cdots+(-1)^n\det(\boldsymbol{A}).$$

特别地，对二阶方阵，令方阵 $\boldsymbol{A}=\begin{bmatrix} a_{11} & a_{12} \\ a_{21} & a_{22} \end{bmatrix}$ 的特征值为 λ_1 与 λ_2，则有

$$|\lambda\boldsymbol{I}-\boldsymbol{A}|=\lambda^2-(a_{11}+a_{22})\lambda+a_{11}a_{22}-a_{12}a_{21}=\lambda^2-(\lambda_1+\lambda_2)\lambda+\lambda_1\lambda_2.$$

设三阶方阵 $\boldsymbol{A}=(a_{ij})_{3\times3}$ 的特征值为 $\lambda_1,\lambda_2,\lambda_3$，则有

$$\det(\lambda\boldsymbol{I}-\boldsymbol{A})=\lambda^3-\lambda^2(a_{11}+a_{22}+a_{33})+\lambda\left(\begin{vmatrix} a_{22} & a_{23} \\ a_{32} & a_{33} \end{vmatrix}+\begin{vmatrix} a_{11} & a_{13} \\ a_{31} & a_{33} \end{vmatrix}+\begin{vmatrix} a_{11} & a_{12} \\ a_{21} & a_{22} \end{vmatrix}\right)-\begin{vmatrix} a_{11} & a_{12} & a_{13} \\ a_{21} & a_{22} & a_{23} \\ a_{31} & a_{32} & a_{33} \end{vmatrix}$$

$$=\lambda^3-\lambda^2(\lambda_1+\lambda_2+\lambda_3)+\lambda(\lambda_1\lambda_2+\lambda_1\lambda_3+\lambda_2\lambda_3)-\lambda_1\lambda_2\lambda_3.$$

由性质(2)可知，矩阵 $\boldsymbol{A}$ 可逆的充分必要条件是它的 n 个特征值 $\lambda_1,\lambda_2,\cdots,\lambda_n$ 全不为零．设 λ_i 为矩阵 $\boldsymbol{A}$ 的一个特征值，若 $\operatorname{rank}(\boldsymbol{A}-\lambda_i\boldsymbol{I})=r$，则由方程

$$(\boldsymbol{A}-\lambda_i\boldsymbol{I})\boldsymbol{x}=\boldsymbol{0}$$

可求得一基础解系为 $\boldsymbol{p}_1,\boldsymbol{p}_2,\cdots,\boldsymbol{p}_{n-r}$，那么 $\boldsymbol{p}_1,\boldsymbol{p}_2,\cdots,\boldsymbol{p}_{n-r}$ 便是矩阵 $\boldsymbol{A}$ 的对应于特征值 λ_i 的特征向量．若 λ_i 为实数，则 $\boldsymbol{p}_j$ 可取实向量，若 λ_i 为复数，则 $\boldsymbol{p}_j$ 为复向量．

定理 6.2 设 λ 是矩阵 $\boldsymbol{A}$ 的特征值，证明：

(1) λ^m 是 $\boldsymbol{A}^m$ 的特征值，$k\lambda$ 是矩阵 $k\boldsymbol{A}$ 的特征值；

(2) 当 $\boldsymbol{A}$ 可逆时，λ^{-1} 是 $\boldsymbol{A}^{-1}$ 的特征值；

(3) 当 $\boldsymbol{A}$ 可逆时，$\lambda^{-1}\det(\boldsymbol{A})$ 是 $\boldsymbol{A}^*$ 的特征值．

证明 设矩阵 $\boldsymbol{A}$ 的特征值 λ 对应的特征向量为 $\boldsymbol{x}$，即有 $\boldsymbol{Ax}=\lambda\boldsymbol{x}$．

(1) 对矩阵特征值的定义式 $\boldsymbol{Ax}=\lambda\boldsymbol{x}$ 两边同时乘以矩阵 $\boldsymbol{A}^{m-1}$，再利用定义式 $\boldsymbol{Ax}=\lambda\boldsymbol{x}$ 即得所证结果，即有

$$\boldsymbol{A}^{m-1}\boldsymbol{Ax}=\boldsymbol{A}^{m-1}(\lambda\boldsymbol{x})=\lambda\boldsymbol{A}^{m-1}\boldsymbol{x}=\cdots=\lambda^m\boldsymbol{x}.$$

(2) 因为矩阵 $\boldsymbol{A}$ 可逆的，所以特征值 λ 不为零，对定义式 $\boldsymbol{Ax}=\lambda\boldsymbol{x}$ 两边同时乘以 $\boldsymbol{A}^{-1}$ 可得 $\boldsymbol{A}^{-1}\boldsymbol{Ax}=\boldsymbol{A}^{-1}\lambda\boldsymbol{x}=\lambda\boldsymbol{A}^{-1}\boldsymbol{x}$. 变形即得 $\boldsymbol{A}^{-1}\boldsymbol{x}=\lambda^{-1}\boldsymbol{x}$.

(3) 对等式 $\boldsymbol{Ax}=\lambda\boldsymbol{x}$ 两边同时左乘 $\boldsymbol{A}^*$ 可得 $\boldsymbol{A}^*\boldsymbol{Ax}=\lambda\boldsymbol{A}^*\boldsymbol{x}$，变形为 $\lambda^{-1}(\det(\boldsymbol{A}))\boldsymbol{x}=\boldsymbol{A}^*\boldsymbol{x}$. 即矩阵 $\boldsymbol{A}$ 可逆时，$\boldsymbol{A}^*$ 的特征值是 $\lambda^{-1}\det(\boldsymbol{A})$. ■

设 $f(\boldsymbol{A})=a_2\boldsymbol{A}^2+a_1\boldsymbol{A}+a_0\boldsymbol{I}$ 是矩阵 $\boldsymbol{A}$ 的多项式，若 λ 是矩阵 $\boldsymbol{A}$ 的特征值，则 $f(\lambda)$ 是矩阵多项式 $f(\boldsymbol{A})$ 的特征值.

例 6.3 设三阶矩阵 $\boldsymbol{A}$ 的特征值为 $1,-1,2$，求 $\boldsymbol{A}^*+3\boldsymbol{A}-2\boldsymbol{I}$ 的特征值.

解 因为 $\boldsymbol{A}^*=|\boldsymbol{A}|\boldsymbol{A}^{-1}=-2\boldsymbol{A}^{-1}$，所以有

$$\boldsymbol{Ax}=\lambda\boldsymbol{x},\boldsymbol{A}^*\boldsymbol{x}=-2\boldsymbol{A}^{-1}\boldsymbol{x}=-\frac{2}{\lambda}\boldsymbol{x}.$$

进而有

$$(\boldsymbol{A}^*+3\boldsymbol{A}-2\boldsymbol{I})\boldsymbol{x}=\left(-\frac{2}{\lambda}+3\lambda-2\right)\boldsymbol{x}.$$

直接将矩阵 $\boldsymbol{A}$ 的特征值 $1,-1,2$ 代入 $-\frac{2}{\lambda}+3\lambda-2$ 可得矩阵 $\boldsymbol{A}^*+3\boldsymbol{A}-2\boldsymbol{I}$ 的特征值为

$$-2+3-2=-1,2-3-2=-3,-1+3\times2-2=3.$$

■

下面介绍矩阵 $\boldsymbol{A}$ 的特征向量的性质. 主要目的是揭示矩阵 $\boldsymbol{A}$ 不同特征值对应的特征向量是线性无关的.

定理 6.3 设 $\boldsymbol{p}_1,\boldsymbol{p}_2,\cdots,\boldsymbol{p}_r$ 是矩阵 $\boldsymbol{A}$ 的对应于特征值 λ 的特征向量，则特征向量 $\boldsymbol{p}_1,\boldsymbol{p}_2,\cdots,\boldsymbol{p}_r$ 的非零线性组合 $k_1\boldsymbol{p}_1+k_2\boldsymbol{p}_2+\cdots+k_r\boldsymbol{p}_r$ 仍是矩阵 $\boldsymbol{A}$ 的属于特征值 λ 的特征向量，即有

$$\boldsymbol{A}(k_1\boldsymbol{p}_1+k_2\boldsymbol{p}_2+\cdots+k_r\boldsymbol{p}_r)=\lambda(k_1\boldsymbol{p}_1+k_2\boldsymbol{p}_2+\cdots+k_r\boldsymbol{p}_r).$$

矩阵 $\boldsymbol{A}$ 的特征值 λ 的特征向量的全体加上零向量称为特征值 λ 的**特征子空间**（characteristic subspace），记为 $\lambda_{\boldsymbol{A}}$. 例如矩阵 $\boldsymbol{A}$ 的特征值 λ 的线性无关的特征向量为 $\boldsymbol{\eta}_1,\boldsymbol{\eta}_2,\cdots,\boldsymbol{\eta}_r$，则特征子空间为

$$\lambda_{\boldsymbol{A}}=\{\boldsymbol{\alpha}\mid\boldsymbol{\alpha}=k_1\boldsymbol{\eta}_1+k_2\boldsymbol{\eta}_2+\cdots+k_r\boldsymbol{\eta}_r,k_1,k_2,\cdots,k_r\in\mathbb{R}\}.$$

定理 6.4 设 $\lambda_1,\lambda_2,\cdots,\lambda_m$ 是方阵 $\boldsymbol{A}$ 的 m 个特征值，$\boldsymbol{p}_1,\boldsymbol{p}_2,\cdots,\boldsymbol{p}_m$ 依次是与对应的特征向量，如果 $\lambda_1,\lambda_2,\cdots,\lambda_m$ 各不相等，则 $\boldsymbol{p}_1,\boldsymbol{p}_2,\cdots,\boldsymbol{p}_m$ 线性无关.

证明 设特征向量 $\boldsymbol{p}_1,\boldsymbol{p}_2,\cdots,\boldsymbol{p}_m$ 的线性组合 $k_1\boldsymbol{p}_1+k_2\boldsymbol{p}_2+\cdots+k_m\boldsymbol{p}_m=\boldsymbol{0}$，对其两边分别左乘矩阵 $\boldsymbol{I},\boldsymbol{A},\boldsymbol{A}^2,\boldsymbol{A}^{m-1}$ 可得

$$\begin{cases} k_1\boldsymbol{p}_1 + k_2\boldsymbol{p}_2 + \cdots + k_m\boldsymbol{p}_m = \boldsymbol{0}, \\ \lambda_1(k_1\boldsymbol{p}_1) + \lambda_2(k_2\boldsymbol{p}_2) + \cdots + \lambda_m(k_m\boldsymbol{p}_m) = \boldsymbol{0}, \\ \lambda_1^2(k_1\boldsymbol{p}_1) + \lambda_2^2(k_2\boldsymbol{p}_2) + \cdots + \lambda_m^2(k_m\boldsymbol{p}_m) = \boldsymbol{0}, \\ \vdots \\ \lambda_1^{m-1}(k_1\boldsymbol{p}_1) + \lambda_2^{m-1}(k_2\boldsymbol{p}_2) + \cdots + \lambda_m^{m-1}(k_m\boldsymbol{p}_m) = \boldsymbol{0}. \end{cases}$$

上式可用矩阵形式统一写成

$$[k_1\boldsymbol{p}_1, k_2\boldsymbol{p}_2, k_3\boldsymbol{p}_3, \cdots, k_m\boldsymbol{p}_m]\begin{bmatrix} 1 & \lambda_1 & \lambda_1^2 & \cdots & \lambda_1^{m-1} \\ 1 & \lambda_2 & \lambda_2^2 & \cdots & \lambda_2^{m-1} \\ 1 & \lambda_3 & \lambda_3^2 & \cdots & \lambda_3^{m-1} \\ \vdots & \vdots & \vdots & & \vdots \\ 1 & \lambda_m & \lambda_m^2 & \cdots & \lambda_m^{m-1} \end{bmatrix} = \boldsymbol{O}_{m\times m}.$$

因为特征值$\lambda_1,\lambda_2,\cdots,\lambda_m$各不相同,所以上面的范德蒙德矩阵可逆,同时右乘范德蒙德矩阵的逆矩阵可得

$$[k_1\boldsymbol{p}_1, k_2\boldsymbol{p}_2, \cdots, k_m\boldsymbol{p}_m] = \boldsymbol{O}_{m\times m} = [\boldsymbol{0}, \boldsymbol{0}, \cdots, \boldsymbol{0}].$$

进而得$k_1=k_2=\cdots=k_m=0$,所以不同特征值$\lambda_1,\lambda_2,\cdots,\lambda_m$的特征向量$\boldsymbol{p}_1,\boldsymbol{p}_2,\cdots,\boldsymbol{p}_m$是线性无关的. ■

推论 6.1 设λ_1和λ_2是方阵$\boldsymbol{A}$的两个不同的特征值,$\boldsymbol{\xi}_1,\boldsymbol{\xi}_2,\cdots,\boldsymbol{\xi}_s$和$\boldsymbol{\eta}_1,\boldsymbol{\eta}_2,\cdots,\boldsymbol{\eta}_t$分别是对应于$\lambda_1$和$\lambda_2$线性无关的特征向量,则$\boldsymbol{\xi}_1,\boldsymbol{\xi}_2,\cdots,\boldsymbol{\xi}_s,\boldsymbol{\eta}_1,\boldsymbol{\eta}_2,\cdots,\boldsymbol{\eta}_t$线性无关.

证明 令$\boldsymbol{\alpha}=k_1\boldsymbol{\xi}_1+k_2\boldsymbol{\xi}_2+\cdots+k_s\boldsymbol{\xi}_s$,$\boldsymbol{\beta}=l_1\boldsymbol{\eta}_1+l_2\boldsymbol{\eta}_2+\cdots+l_t\boldsymbol{\eta}_t$. 根据定理6.3,若$\boldsymbol{\alpha}\neq\boldsymbol{0}$,$\boldsymbol{\beta}\neq\boldsymbol{0}$,则向量$\boldsymbol{\alpha}$,$\boldsymbol{\beta}$分别是矩阵$\boldsymbol{A}$的属于特征值$\lambda_1$和$\lambda_2$的特征向量.

若$\boldsymbol{\alpha}+\boldsymbol{\beta}=\boldsymbol{0}$成立,则表明不同特征值的特征向量$\boldsymbol{\alpha}$和$\boldsymbol{\beta}$是线性相关的,而定理6.4表明不同特征值的特征向量是线性无关的. 所以当且仅当$\boldsymbol{\alpha}=\boldsymbol{\beta}=\boldsymbol{0}$或

$$k_1\boldsymbol{\xi}_1+k_2\boldsymbol{\xi}_2+\cdots+k_s\boldsymbol{\xi}_s=l_1\boldsymbol{\eta}_1+l_2\boldsymbol{\eta}_2+\cdots+l_t\boldsymbol{\eta}_t=\boldsymbol{0}$$

时,$\boldsymbol{\alpha}+\boldsymbol{\beta}=\boldsymbol{0}$才能成立. 注意到$\boldsymbol{\xi}_1,\boldsymbol{\xi}_2,\cdots,\boldsymbol{\xi}_s$是矩阵$\boldsymbol{A}$的属于特征值$\lambda_1$的线性无关的特征向量,所以可得$k_1=k_2=\cdots=k_s=0$. 同理可得$l_1=l_2=\cdots=l_t=0$. 命题得证. ■

定理6.4和推论6.1提供了如何尽可能多找矩阵的线性无关的特征向量的方法:先求出矩阵$\boldsymbol{A}$不同的特征值,再找出每个特征值的线性无关的特征向量,将它们放在一起就能构成一个线性无关的特征向量组. 因为$n+1$个n维向量一定是线性无关的,所以n阶方阵$\boldsymbol{A}$最多有n个线性无关的特征向量.

定理 6.5 设$\lambda\neq0$是m阶矩阵$\boldsymbol{A}_{m\times n}\boldsymbol{B}_{n\times m}$的特征值,证明$\lambda$也是$n$阶矩阵$\boldsymbol{B}_{n\times m}\boldsymbol{A}_{m\times n}$的特征值.

证明 由题设，$\lambda \neq 0$ 是 n 阶矩阵 $\boldsymbol{A}_{m\times n}\boldsymbol{B}_{n\times m}$ 的特征值，假设对应的特征向量为 $\boldsymbol{x} \neq \boldsymbol{0}$，则有

$$\boldsymbol{ABx} = \lambda \boldsymbol{x}.$$

因为 $\lambda\boldsymbol{x} \neq \boldsymbol{0}$，所以 $\boldsymbol{Bx} \neq \boldsymbol{0}$. 对上式左乘矩阵 $\boldsymbol{B}$ 可得

$$(\boldsymbol{BA})(\boldsymbol{Bx}) = \lambda(\boldsymbol{Bx}).$$

所以 λ 也是矩阵 $\boldsymbol{BA}$ 的特征值．这时对应的特征向量是 $\boldsymbol{Bx}$. ■

显然上面的结论可说明矩阵 $\boldsymbol{BA}$ 与 $\boldsymbol{AB}$ 共享非零特征值．

例 6.4 设 λ_1 和 λ_2 是矩阵 $\boldsymbol{A}$ 的两个不同的特征值，对应的特征向量依次为 $\boldsymbol{p}_1$ 和 $\boldsymbol{p}_2$，证明 $\boldsymbol{p}_1 + \boldsymbol{p}_2$ 不是 $\boldsymbol{A}$ 的特征向量．

证明 反证法．设 $\boldsymbol{p}_1 + \boldsymbol{p}_2$ 是 $\boldsymbol{A}$ 的特征向量，对应的特征值是 λ，则有

$$\boldsymbol{A}(\boldsymbol{p}_1 + \boldsymbol{p}_2) = \lambda(\boldsymbol{p}_1 + \boldsymbol{p}_2).$$

同时有

$$\boldsymbol{Ap}_1 = \lambda_1\boldsymbol{p}_1, \boldsymbol{Ap}_2 = \lambda_2\boldsymbol{p}_2.$$

所以有

$$\boldsymbol{A}(\boldsymbol{p}_1 + \boldsymbol{p}_2) = \boldsymbol{Ap}_1 + \boldsymbol{Ap}_2 = \lambda_1\boldsymbol{p}_1 + \lambda_2\boldsymbol{p}_2 = \lambda(\boldsymbol{p}_1 + \boldsymbol{p}_2)$$

进而可得

$$(\lambda_1 - \lambda)\boldsymbol{p}_1 = (\lambda - \lambda_2)\boldsymbol{p}_2.$$

因为 $\boldsymbol{p}_1$ 与 $\boldsymbol{p}_2$ 线性无关，所以有

$$\lambda_1 - \lambda = \lambda - \lambda_2 = 0.$$

这与题设矛盾．所以 $\boldsymbol{p}_1 + \boldsymbol{p}_2$ 不是矩阵 $\boldsymbol{A}$ 的特征向量． ■

6.1.4 小结

本节的主要内容有矩阵的特征值和特征向量的定义，如何求较为简单的矩阵的特征值和特征向量，矩阵的特征值和特征向量的性质，不同特征值的特征向量是线性无关的．

6.1.5 习题

1. 求下列矩阵的特征值和特征向量：

(1) $\begin{bmatrix} 2 & 7 \\ 7 & 2 \end{bmatrix}$；(2) $\begin{bmatrix} 5 & 3 \\ 3 & 5 \end{bmatrix}$；(3) $\begin{bmatrix} 2 & 1 \\ -1 & 4 \end{bmatrix}$；(4) $\begin{bmatrix} 3 & -2 \\ 1 & -1 \end{bmatrix}$.

2. 求下列矩阵的特征值和特征向量：

(1) $\begin{bmatrix} 2 & -1 & 2 \\ 5 & -3 & 3 \\ 0 & 0 & -2 \end{bmatrix}$；(2) $\begin{bmatrix} 1 & 2 & 3 \\ 2 & 1 & 3 \\ 3 & 3 & 6 \end{bmatrix}$.

3. 求下列矩阵的特征值和特征向量：

(1) $\begin{bmatrix} 2 & 1 & 1 \\ 1 & 2 & 1 \\ 1 & 1 & 2 \end{bmatrix}$；(2) $\begin{bmatrix} a & b & b \\ b & a & b \\ b & b & a \end{bmatrix}$.

4. 设 n 阶矩阵 $\boldsymbol{A}$，$\boldsymbol{B}$ 满足 $\operatorname{rank}(\boldsymbol{A})+\operatorname{rank}(\boldsymbol{B})<n$，证明 $\boldsymbol{A}$ 与 $\boldsymbol{B}$ 有公共的特征值和公共的特征向量.

5. 设 n 阶矩阵 $\boldsymbol{A}$ 满足 $\boldsymbol{A}^2-3\boldsymbol{A}+2\boldsymbol{I}=\boldsymbol{O}$，证明 $\boldsymbol{A}$ 的特征值只能取 1 或 2.

6. 设 $\boldsymbol{A}$ 为正交矩阵，且 $\det(\boldsymbol{A})=-1$，证明 $\lambda=-1$ 是 $\boldsymbol{A}$ 的特征值.

7. 已知三阶矩阵 $\boldsymbol{A}$ 的特征值为 1，2，3，求 $\det(\boldsymbol{A}^3-5\boldsymbol{A}^2+7\boldsymbol{A})$.

8. 已知三阶矩阵 $\boldsymbol{A}$ 的特征值为 1，2，−3，求 $\det(\boldsymbol{A}^*+3\boldsymbol{A}+2\boldsymbol{I})$.

6.1.6　阅读材料：人口迁移

假设一个大城市的总人口保持相对稳定. 总体上，每年有 6% 的人从城市搬到郊区，2% 的人从郊区搬到城市. 如果初始时，30% 的人生活在城市，70% 的人生活在郊区，那么 10 年后城市和郊区的人口比例有什么变化？30 年后？50 年后呢？人口的变化可由矩阵乘法来确定. 若令

$$\boldsymbol{A}=\begin{bmatrix} 0.94 & 0.02 \\ 0.06 & 0.98 \end{bmatrix},\boldsymbol{x}_0=\begin{bmatrix} 0.30 \\ 0.70 \end{bmatrix}.$$

则一年后，在城市和郊区生活的人口比例可由 $\boldsymbol{x}_1=\boldsymbol{A}\boldsymbol{x}_0$ 求得. 两年后的比例可由 $\boldsymbol{x}_2=\boldsymbol{A}^2\boldsymbol{x}_0$ 求得. 一般地，n 年后的比例可由 $\boldsymbol{x}_n=\boldsymbol{A}^n\boldsymbol{x}_0$ 给出. 计算 $n=10$，30 和 50 时的百分比，并将它们舍入到最接近的百分比，可得

$$\boldsymbol{x}_{10}=\begin{bmatrix} 0.27 \\ 0.73 \end{bmatrix},\boldsymbol{x}_{30}=\begin{bmatrix} 0.25 \\ 0.75 \end{bmatrix},\boldsymbol{x}_{50}=\begin{bmatrix} 0.25 \\ 0.75 \end{bmatrix}.$$

事实上，当 n 增加时，向量序列 $\boldsymbol{x}_n=\boldsymbol{A}^n\boldsymbol{x}_0$ 收敛到极限 $\boldsymbol{x}=\begin{bmatrix} 0.25 \\ 0.75 \end{bmatrix}$. 向量 $\boldsymbol{x}_n$ 的极限称为该过程的稳态向量(steady - state vector).

为理解该过程趋向于一个稳态的原因，将坐标变换为不同的坐标系十分有用. 对新的坐标系，选择向量 $\boldsymbol{u}_1$ 和 $\boldsymbol{u}_2$，使得容易看出乘以矩阵 $\boldsymbol{A}$ 的作用. 特别地，如果选择 $\boldsymbol{u}_1$ 为稳态向量 $\boldsymbol{x}$ 的任意倍数，则 $\boldsymbol{A}\boldsymbol{u}_1$ 将等于 $\boldsymbol{u}_1$. 我们选择 $\boldsymbol{u}_1=\begin{bmatrix} 1 \\ 3 \end{bmatrix}$ 及 $\boldsymbol{u}_2=\begin{bmatrix} -1 \\ 1 \end{bmatrix}$. 选对第二个向量的是因为乘以 $\boldsymbol{A}$ 的运算相当于将向量进行缩放，缩放因子为 0.92. 因此，新的基向量满足

$$Au_1=\begin{bmatrix}0.94 & 0.02\\0.06 & 0.98\end{bmatrix}\begin{bmatrix}1\\3\end{bmatrix}=\begin{bmatrix}1\\3\end{bmatrix}=u_1,$$

$$Au_2=\begin{bmatrix}0.94 & 0.02\\0.06 & 0.98\end{bmatrix}\begin{bmatrix}-1\\1\end{bmatrix}=\begin{bmatrix}-0.92\\0.92\end{bmatrix}=0.92u_2.$$

初始向量 x_0 可写成新基向量的线性组合

$$x_0=\begin{bmatrix}0.30\\0.70\end{bmatrix}=0.25\begin{bmatrix}1\\3\end{bmatrix}-0.05\begin{bmatrix}-1\\1\end{bmatrix}=0.25u_1-0.05u_2.$$

并由此得到

$$x_n=A^nx_0=0.25u_1-0.05(0.92)^nu_2.$$

当 n 增大时，第二部分的元素趋于零．事实上，当 $n>27$ 时，它的元素已经足够小了，使得 x_n 的舍入值等于 $0.25u_1=\begin{bmatrix}0.25\\0.75\end{bmatrix}$.

这个应用问题是一类称为马尔可夫过程(Markov process)的数学模型．向量序列 x_1，x_2，…，x_n 称为马尔可夫链(Markov chain)．矩阵 A 的特殊结构在于它的所有元素均为非负的，且各列元素相加均为 1．这样的矩阵称为随机矩阵(stochastic matrix)．理解此类问题的关键是进行基变换，使得矩阵在其中的作用变得十分简单．特别地，如果 A 是 $n\times n$ 矩阵，则我们选择基向量，使得矩阵对每一个基向量 u_j 的作用仅仅是乘以某因子 λ_j，即

$$Au_j=\lambda_ju_j,\ j=1,2,\cdots,n.$$

很多应用问题中会用到一个 $n\times n$ 矩阵 A，求解这类问题的关键是寻找矩阵的 n 个线性无关的特征向量 $u_1,u_2,\cdots,u_n$ 和特征值 $\lambda_1,\cdots,\lambda_n$，使得 $Au_j=\lambda_ju_j$ 成立．这时对任意的初始向量 x_0，存在唯一的坐标 $\begin{bmatrix}k_1\\k_2\\\vdots\\k_n\end{bmatrix}$ 使得 $x=k_1u_1+k_2u_2+\cdots+k_nu_n$ 成立．这时若要计算 A^nx，则有

$$\begin{aligned}x_n&=A^nx_0\\&=A^n(k_1u_1+k_2u_2+\cdots+k_nu_n)\\&=k_1A^nu_1+k_2A^nu_2+\cdots+k_nA^nu_n\\&=k_1\lambda_1^nu_1+k_2\lambda_2^nu_2+\cdots+k_n\lambda_n^nu_n.\end{aligned}$$

据此即可预测马尔可夫链的发展趋势．

6.2 相似矩阵

内容提要

单独看等式$\boldsymbol{A}\boldsymbol{p}_i=\lambda_i\boldsymbol{p}_i, i=1,2,\cdots,n$是特征值和特征向量，将这$n$个等式写到一起，综合起来就是

$$\begin{aligned}\boldsymbol{A}[\boldsymbol{p}_1,\boldsymbol{p}_2,\cdots,\boldsymbol{p}_n]&=[\lambda_1\boldsymbol{p}_1,\lambda_2\boldsymbol{p}_2,\cdots,\lambda_n\boldsymbol{p}_n]\\&=[\boldsymbol{p}_1,\boldsymbol{p}_2,\cdots,\boldsymbol{p}_n]\mathrm{diag}(\lambda_1,\lambda_2,\cdots,\lambda_n).\end{aligned}$$

如果令$\boldsymbol{P}=[\boldsymbol{p}_1,\boldsymbol{p}_2,\cdots,\boldsymbol{p}_n]$，且矩阵$\boldsymbol{P}$可逆，则有

$$\boldsymbol{P}^{-1}\boldsymbol{A}\boldsymbol{P}=\mathrm{diag}(\lambda_1,\lambda_2,\cdots,\lambda_n).$$

这就是矩阵的相似对角化．通过本节的学习要体会如何将离散的信息综合起来，也要学会从综合的信息中提取所需要的个别信息．同时要注意离散信息综合起来的条件．

6.2.1 相似矩阵的定义与性质

n阶矩阵$\boldsymbol{A}$理论上有n个特征值(相同的特征值按重数计算)，但这个特征值可能最多对应n个线性无关的特征向量，也可能最多只对应一个特征向量．如果n阶方阵$\boldsymbol{A}$有n个线性无关的特征向量，则矩阵$\boldsymbol{A}$会有些“很好”的性质．

(1) 如果n阶矩阵$\boldsymbol{A}$有n个特征值$\lambda_1,\lambda_2,\cdots,\lambda_n$，且对应有$n$个线性无关的特征向量$\boldsymbol{\alpha}_1,\boldsymbol{\alpha}_2,\cdots,\boldsymbol{\alpha}_n$，则这组特征向量可作为向量空间$\mathbb{R}^n$的一个基，对任意的向量$\boldsymbol{\beta}$，存在唯一的坐标$\begin{bmatrix}k_1\\k_2\\\vdots\\k_n\end{bmatrix}$使得$k_1\boldsymbol{\alpha}_1+k_2\boldsymbol{\alpha}_2+\cdots+k_n\boldsymbol{\alpha}_n=\boldsymbol{\beta}$成立．这时若要计算$\boldsymbol{A}^n\boldsymbol{\beta}$，则有

$$\begin{aligned}\boldsymbol{A}^n\boldsymbol{\beta}&=\boldsymbol{A}^n(k_1\boldsymbol{\alpha}_1+k_2\boldsymbol{\alpha}_2+\cdots+k_n\boldsymbol{\alpha}_n)\\&=k_1\boldsymbol{A}^n\boldsymbol{\alpha}_1+k_2\boldsymbol{A}^n\boldsymbol{\alpha}_2+\cdots+k_n\boldsymbol{A}^n\boldsymbol{\alpha}_n\\&=k_1\lambda_1^n\boldsymbol{\alpha}_1+k_2\lambda_2^n\boldsymbol{\alpha}_2+\cdots+k_n\lambda_n^n\boldsymbol{\alpha}_n.\end{aligned}$$

如果$|\lambda_i|<1$，则对应的向量$\lambda_i^n\boldsymbol{\alpha}_i$会趋向于零．据此可对事物未来的发展趋势作出预测．

(2) 如果已知n阶方阵$\boldsymbol{A}$的n个特征值和对应的n个线性无关的特征向量，则可反过来求出矩阵$\boldsymbol{A}$.

例 6.5 已知三阶矩阵$\boldsymbol{A}$的特征值为$\lambda_1=1,\lambda_2=2,\lambda_3=3$，对应的特征向量为

$$\boldsymbol{\beta}_1=\begin{bmatrix}1\\1\\1\end{bmatrix},\boldsymbol{\beta}_2=\begin{bmatrix}1\\1\\0\end{bmatrix},\boldsymbol{\beta}_3=\begin{bmatrix}1\\0\\0\end{bmatrix}.$$

求矩阵 $\boldsymbol{A}$.

解 由题设条件可得 $\boldsymbol{A}\boldsymbol{\beta}_1=\lambda_1\boldsymbol{\beta}_1,\boldsymbol{A}\boldsymbol{\beta}_1=\lambda_2\boldsymbol{\beta}_2,\boldsymbol{A}\boldsymbol{\beta}_3=\lambda_3\boldsymbol{\beta}_3$. 将这三个等式写在一起可得

$$\boldsymbol{A}[\boldsymbol{\beta}_1,\boldsymbol{\beta}_2,\boldsymbol{\beta}_3]=[\boldsymbol{\beta}_1,\boldsymbol{\beta}_2,\boldsymbol{\beta}_3]\begin{bmatrix}\lambda_1&0&0\\0&\lambda_2&0\\0&0&\lambda_3\end{bmatrix}.$$

记 $\boldsymbol{P}=[\boldsymbol{\beta}_1,\boldsymbol{\beta}_2,\boldsymbol{\beta}_3]$. 因为向量 $\boldsymbol{\beta}_1,\boldsymbol{\beta}_2,\boldsymbol{\beta}_3$ 线性无关,所以矩阵 $\boldsymbol{P}$ 可逆,进而可得 $\boldsymbol{AP}=\boldsymbol{P}\mathrm{diag}(\lambda_1,\lambda_2,\lambda_3)$. 代入数据计算得

$$\begin{aligned}\boldsymbol{A}&=\boldsymbol{P}\mathrm{diag}(\lambda_1,\lambda_2,\lambda_3)\boldsymbol{P}^{-1}\\&=\begin{bmatrix}1&0&0\\1&1&0\\1&1&1\end{bmatrix}\begin{bmatrix}1&0&0\\0&2&0\\0&0&3\end{bmatrix}\begin{bmatrix}1&0&0\\1&1&0\\1&1&1\end{bmatrix}^{-1}\\&=\begin{bmatrix}1&0&0\\-1&2&0\\-1&-1&3\end{bmatrix}.\end{aligned}$$

■

显然如果已知矩阵 $\boldsymbol{A}$,理论上 $\boldsymbol{A}$ 的特征值和特征向量都是能确定的. 例 6.5 表明,如果已知 n 阶矩阵 $\boldsymbol{A}$ 的 n 个特征值和 n 个线性无关的特征向量,则矩阵 $\boldsymbol{A}$ 也是能唯一确定的. 如果 n 阶矩阵 $\boldsymbol{A}$ 只有 $n-1$ 个线性无关的特征向量,则矩阵 $\boldsymbol{A}$ 是无法确定的. 例如二阶方阵 $\boldsymbol{A}$ 的特征值为 2(二重),特征向量为 $\begin{bmatrix}1\\0\end{bmatrix}$,则 $\boldsymbol{A}$ 是无法确定的,例如矩阵 $\begin{bmatrix}2&1\\0&2\end{bmatrix}$ 和 $\begin{bmatrix}2&3\\0&2\end{bmatrix}$ 都是满足上述条件的.

上面的两种情况均可归结为 $\boldsymbol{A}^n$ 的计算. 若 n 阶矩阵 $\boldsymbol{A}$ 有 n 个线性无关的特征向量,将这 n 个等式 $\boldsymbol{A}\boldsymbol{\beta}_i=\lambda_i\boldsymbol{\beta}_i$ 写到一起,综合起来就是

$$\begin{aligned}\boldsymbol{A}[\boldsymbol{\beta}_1,\boldsymbol{\beta}_2,\cdots,\boldsymbol{\beta}_n]&=[\lambda_1\boldsymbol{\beta}_1,\lambda_2\boldsymbol{\beta}_2,\cdots,\lambda_n\boldsymbol{\beta}_n]\\&=[\boldsymbol{\beta}_1,\boldsymbol{\beta}_2,\cdots,\boldsymbol{\beta}_n]\mathrm{diag}(\lambda_1,\lambda_2,\cdots,\lambda_n).\end{aligned}$$

如果令 $\boldsymbol{P}=[\boldsymbol{\beta}_1,\boldsymbol{\beta}_2,\cdots,\boldsymbol{\beta}_n]$,则矩阵 $\boldsymbol{P}$ 可逆,且有

$$\boldsymbol{P}^{-1}\boldsymbol{AP}=\mathrm{diag}(\lambda_1,\lambda_2,\cdots,\lambda_n).$$

这就是矩阵的相似对角化，这时会有

$$\boldsymbol{P}^{-1}\boldsymbol{A}^{n}\boldsymbol{P}=\mathrm{diag}(\lambda_1^n,\lambda_2^n,\cdots,\lambda_n^n).$$

为了在更一般的条件下界定上面矩阵的关系，引入矩相似矩阵的定义．

定义 6.2 设 $\boldsymbol{A},\boldsymbol{B}$ 都是 n 阶矩阵，若有可逆矩阵 $\boldsymbol{P}$，使

$$\boldsymbol{P}^{-1}\boldsymbol{A}\boldsymbol{P}=\boldsymbol{B},$$

则称 $\boldsymbol{B}$ 是 $\boldsymbol{A}$ 的**相似矩阵**(similar matrix)，或者说矩阵 $\boldsymbol{A}$ 与矩阵 $\boldsymbol{B}$ 相似．对 $\boldsymbol{A}$ 进行运算 $\boldsymbol{P}^{-1}\boldsymbol{A}\boldsymbol{P}$ 称为对 $\boldsymbol{A}$ 进行**相似变换**(similarity transformation)，可逆矩阵 $\boldsymbol{P}$ 称为把矩阵 $\boldsymbol{A}$ 变成 $\boldsymbol{B}$ 的相似变换矩阵．

这里请注意，矩阵相似定义中的矩阵 $\boldsymbol{B}$ 不一定是上面讨论中的对角矩阵，所以相似的矩阵不一定可以对角化，但相似于对角矩阵的矩阵是一定可以对角化的．相似作为矩阵间的一种关系满足以下性质．

(1) 反身性：方阵 $\boldsymbol{A}$ 与自身相似．

(2) 对称性：若矩阵 $\boldsymbol{A}$ 和 $\boldsymbol{B}$ 相似，则矩阵 $\boldsymbol{B}$ 也和 $\boldsymbol{A}$ 相似．

(3) 传递性：若矩阵 $\boldsymbol{A}$ 和 $\boldsymbol{B}$ 相似，$\boldsymbol{B}$ 和 $\boldsymbol{C}$ 相似，则矩阵 $\boldsymbol{A}$ 和 $\boldsymbol{C}$ 相似．

直接由相似矩阵的定义可得相似矩阵有下面的性质．

定理 6.6 若 n 阶矩阵 $\boldsymbol{A}$ 与 $\boldsymbol{B}$ 相似，则

(1) $\boldsymbol{A}$ 与 $\boldsymbol{B}$ 的特征多项式相同，从而 $\boldsymbol{A}$ 与 $\boldsymbol{B}$ 的特征值也相同．

(2) $\boldsymbol{A}$ 与 $\boldsymbol{B}$ 有相同的秩．

(3) $\boldsymbol{A}$ 与 $\boldsymbol{B}$ 有相同的迹．

(4) $\boldsymbol{A}$ 与 $\boldsymbol{B}$ 要么同时可逆，要么同时不可逆，若同时可逆，则它们的逆矩阵也相似．

(5) 若 $\boldsymbol{A}$ 与对角矩阵 $\mathrm{diag}(\lambda_1,\lambda_2,\cdots,\lambda_n)$ 相似，则矩阵 $\boldsymbol{A}$ 是可以相似对角化的，且 $\lambda_1,\lambda_2,\cdots,\lambda_n$ 就是矩阵 $\boldsymbol{A}$ 的 n 个特征值．

6.2.2 矩阵可相似对角化的条件

定理 6.7 n 阶矩阵 $\boldsymbol{A}$ 与对角矩阵相似(即 $\boldsymbol{A}$ 能相似对角化)的充分必要条件是 $\boldsymbol{A}$ 有 n 个线性无关的特征向量．

证明 必要性：若 n 阶方程 $\boldsymbol{A}$ 可相似对角化，即存在可逆矩阵 $\boldsymbol{P}$ 使得 $\boldsymbol{P}^{-1}\boldsymbol{A}\boldsymbol{P}=\mathrm{diag}(\lambda_1,\lambda_2,\cdots,\lambda_n)$ 成立．记 $\boldsymbol{P}=[\boldsymbol{\beta}_1,\boldsymbol{\beta}_2,\cdots,\boldsymbol{\beta}_n]$，因为 $\boldsymbol{P}$ 是可逆矩阵，所以向量组 $\boldsymbol{\beta}_1,\boldsymbol{\beta}_2,\cdots,\boldsymbol{\beta}_n$ 是线性无关的．$\boldsymbol{P}^{-1}\boldsymbol{A}\boldsymbol{P}=\mathrm{diag}(\lambda_1,\lambda_2,\cdots,\lambda_n)$ 可以化为 $\boldsymbol{A}\boldsymbol{P}=\boldsymbol{P}\mathrm{diag}(\lambda_1,\lambda_2,\cdots,\lambda_n)$，进一步可写成

$$\boldsymbol{A}[\boldsymbol{\beta}_1,\boldsymbol{\beta}_2,\cdots,\boldsymbol{\beta}_n]=[\boldsymbol{\beta}_1,\boldsymbol{\beta}_2,\cdots,\boldsymbol{\beta}_n]\mathrm{diag}(\lambda_1,\lambda_2,\cdots,\lambda_n).$$

分开写成 n 个等式即得 $\boldsymbol{A}\boldsymbol{\beta}_i=\lambda_i\boldsymbol{\beta}_i,i=1,2,\cdots,n$. 所以矩阵 $\boldsymbol{A}$ 有 n 个线性无关的特征向量.

充分性：若矩阵 $\boldsymbol{A}$ 有 n 个线性无关的特征向量，则上面的每一步都是可逆推回去的．所以定理得证．■

推论 6.2 如果 n 阶矩阵 $\boldsymbol{A}$ 的 n 个特征值互不相等，则 $\boldsymbol{A}$ 与对角矩阵相似．

对于矩阵 $\boldsymbol{A}$ 的一个特征值 λ，称其作为 $\boldsymbol{A}$ 的特征方程根的重数为特征值 λ 的**代数重数**(algebraic multiplicity)，记作 m_λ．称矩阵 $\boldsymbol{A}$ 的对应于特征值 λ 的线性无关的特征向量的个数，即 $\mathrm{Null}(\boldsymbol{A}-\lambda\boldsymbol{I})$ 的维数称为 λ 的**几何重数**(geometric multiplicity)，记作 ρ_λ．对一般方阵而言，设 λ 是它的一个实特征值，则一定成立 $1 \leqslant \rho_\lambda \leqslant m_\lambda$．即有下面的定理．

定理 6.8 设 n 阶矩阵 $\boldsymbol{A}$ 属于实特征值 λ_0 有 k 个线性无关的特征向量，则矩阵 $\boldsymbol{A}$ 的特征多项式 $\det(\lambda\boldsymbol{I}-\boldsymbol{A})$ 必有因子 $(\lambda-\lambda_0)^k$．

证明 设 $\boldsymbol{\alpha}_1,\boldsymbol{\alpha}_2,\cdots,\boldsymbol{\alpha}_k$ 是 $\boldsymbol{A}$ 的属于实特征值 λ_0 的线性无关的实特征向量，有

$$\boldsymbol{A}\boldsymbol{\alpha}_i=\lambda_0\boldsymbol{\alpha}_i,i=1,2,\cdots,k.$$

则存在向量 $\boldsymbol{\alpha}_{k+1},\cdots,\boldsymbol{\alpha}_n$ 使得 $\boldsymbol{P}=[\boldsymbol{\alpha}_1,\cdots,\boldsymbol{\alpha}_k,\boldsymbol{\alpha}_{k+1},\cdots,\boldsymbol{\alpha}_n]$ 是可逆矩阵，且有

$$\boldsymbol{AP}=[\lambda_0\boldsymbol{\alpha}_1,\cdots,\lambda_0\boldsymbol{\alpha}_k\boldsymbol{A}\boldsymbol{\alpha}_{k+1},\cdots,\boldsymbol{A}\boldsymbol{\alpha}_n].$$

设矩阵 $\boldsymbol{P}$ 的逆矩阵为 $\boldsymbol{P}^{-1}=\begin{bmatrix}\boldsymbol{\beta}_1^{\mathrm{T}}\\\boldsymbol{\beta}_2^{\mathrm{T}}\\\vdots\\\boldsymbol{\beta}_n^{\mathrm{T}}\end{bmatrix}$，则用矩阵 $\boldsymbol{P}^{-1}$ 左乘 $\boldsymbol{AP}$ 可得

$$\boldsymbol{P}^{-1}\boldsymbol{AP}=\begin{bmatrix}\boldsymbol{\beta}_1^{\mathrm{T}}\\\boldsymbol{\beta}_2^{\mathrm{T}}\\\vdots\\\boldsymbol{\beta}_n^{\mathrm{T}}\end{bmatrix}[\lambda_0\boldsymbol{\alpha}_1,\cdots,\lambda_0\boldsymbol{\alpha}_k,\boldsymbol{A}\boldsymbol{\alpha}_{k+1},\cdots,\boldsymbol{A}\boldsymbol{\alpha}_n]$$

$$=\begin{bmatrix}\boldsymbol{\beta}_1^{\mathrm{T}}\lambda_0\boldsymbol{\alpha}_1 & \cdots & \boldsymbol{\beta}_1^{\mathrm{T}}\lambda_0\boldsymbol{\alpha}_k & \boldsymbol{\beta}_1^{\mathrm{T}}\boldsymbol{A}\boldsymbol{\alpha}_{k+1} & \cdots & \boldsymbol{\beta}_1^{\mathrm{T}}\boldsymbol{A}\boldsymbol{\alpha}_n\\ \vdots & & \vdots & \vdots & & \vdots\\ \boldsymbol{\beta}_k^{\mathrm{T}}\lambda_0\boldsymbol{\alpha}_1 & \cdots & \boldsymbol{\beta}_k^{\mathrm{T}}\lambda_0\boldsymbol{\alpha}_k & \boldsymbol{\beta}_k^{\mathrm{T}}\boldsymbol{A}\boldsymbol{\alpha}_{k+1} & \cdots & \boldsymbol{\beta}_k^{\mathrm{T}}\boldsymbol{A}\boldsymbol{\alpha}_n\\ \boldsymbol{\beta}_{k+1}^{\mathrm{T}}\lambda_0\boldsymbol{\alpha}_1 & \cdots & \boldsymbol{\beta}_{k+1}^{\mathrm{T}}\lambda_0\boldsymbol{\alpha}_k & \boldsymbol{\beta}_{k+1}^{\mathrm{T}}\boldsymbol{A}\boldsymbol{\alpha}_{k+1} & \cdots & \boldsymbol{\beta}_{k+1}^{\mathrm{T}}\boldsymbol{A}\boldsymbol{\alpha}_n\\ \vdots & & \vdots & \vdots & & \vdots\\ \boldsymbol{\beta}_n^{\mathrm{T}}\lambda_0\boldsymbol{\alpha}_1 & \cdots & \boldsymbol{\beta}_n^{\mathrm{T}}\lambda_0\boldsymbol{\alpha}_k & \boldsymbol{\beta}_n^{\mathrm{T}}\boldsymbol{A}\boldsymbol{\alpha}_{k+1} & \cdots & \boldsymbol{\beta}_n^{\mathrm{T}}\boldsymbol{A}\boldsymbol{\alpha}_n\end{bmatrix}$$

$$=\begin{bmatrix}\lambda_0 & \cdots & 0 & \boldsymbol{\beta}_1^{\mathrm{T}}\boldsymbol{A}\boldsymbol{\alpha}_{k+1} & \cdots & \boldsymbol{\beta}_1^{\mathrm{T}}\boldsymbol{A}\boldsymbol{\alpha}_n\\ \vdots & & \vdots & \vdots & & \vdots\\ 0 & \cdots & \lambda_0 & \boldsymbol{\beta}_k^{\mathrm{T}}\boldsymbol{A}\boldsymbol{\alpha}_{k+1} & \cdots & \boldsymbol{\beta}_k^{\mathrm{T}}\boldsymbol{A}\boldsymbol{\alpha}_n\\ \vdots & & \vdots & \vdots & & \vdots\\ 0 & \cdots & 0 & \boldsymbol{\beta}_n^{\mathrm{T}}\boldsymbol{A}\boldsymbol{\alpha}_{k+1} & \cdots & \boldsymbol{\beta}_n^{\mathrm{T}}\boldsymbol{A}\boldsymbol{\alpha}_n\end{bmatrix}.$$

这是一个准上三角矩阵．若分别记

$$\boldsymbol{B}_1=\begin{bmatrix}\boldsymbol{\beta}_1^{\mathrm{T}}\boldsymbol{A}\boldsymbol{\alpha}_{k+1} & \cdots & \boldsymbol{\beta}_1^{\mathrm{T}}\boldsymbol{A}\boldsymbol{\alpha}_n\\ \vdots & & \vdots\\ \boldsymbol{\beta}_k^{\mathrm{T}}\boldsymbol{A}\boldsymbol{\alpha}_{k+1} & \cdots & \boldsymbol{\beta}_k^{\mathrm{T}}\boldsymbol{A}\boldsymbol{\alpha}_n\end{bmatrix},\boldsymbol{A}_1=\begin{bmatrix}\boldsymbol{\beta}_{k+1}^{\mathrm{T}}\boldsymbol{A}\boldsymbol{\alpha}_{k+1} & \cdots & \boldsymbol{\beta}_{k+1}^{\mathrm{T}}\boldsymbol{A}\boldsymbol{\alpha}_n\\ \vdots & & \vdots\\ \boldsymbol{\beta}_n^{\mathrm{T}}\boldsymbol{A}\boldsymbol{\alpha}_{k+1} & \cdots & \boldsymbol{\beta}_n^{\mathrm{T}}\boldsymbol{A}\boldsymbol{\alpha}_n\end{bmatrix},$$

则可将上式写成分块的形式

$$\boldsymbol{P}^{-1}\boldsymbol{A}\boldsymbol{P}=\begin{bmatrix}\lambda_0\boldsymbol{I}_k & \boldsymbol{B}_1\\ \boldsymbol{O} & \boldsymbol{A}_1\end{bmatrix}.$$

因 $\boldsymbol{A}$ 与 $\boldsymbol{P}^{-1}\boldsymbol{A}\boldsymbol{P}$ 相似，具有相同的特征多项式，故有

$$\det(\lambda\boldsymbol{I}-\boldsymbol{A})=\det\begin{bmatrix}(\lambda-\lambda_0)\boldsymbol{I}_k & -\boldsymbol{B}_1\\ \boldsymbol{O} & \lambda\boldsymbol{I}_{n-k}-\boldsymbol{A}_1\end{bmatrix}.$$

即可得 $(\lambda-\lambda_0)^k$ 是矩阵 $\boldsymbol{A}$ 的特征多项式 $\det(\lambda\boldsymbol{I}-\boldsymbol{A})$ 的因式．证毕．■

推论 6.3 n 阶方阵 $\boldsymbol{A}$ 可相似对角化的充要条件是属于每个特征值的线性无关的特征向量的个数恰好等于该特征值的重数．

例 6.6 设矩阵

$$\boldsymbol{A}=\begin{bmatrix}7 & 4 & 16\\ 2 & 5 & 8\\ -2 & -2 & -5\end{bmatrix},$$

问 $\boldsymbol{A}$ 能否对角化？若能，则求可逆矩阵 $\boldsymbol{P}$ 和对角矩阵 $\boldsymbol{\Lambda}$，使 $\boldsymbol{P}^{-1}\boldsymbol{A}\boldsymbol{P}=\boldsymbol{\Lambda}$.

解 先求 $\boldsymbol{A}$ 的特征值．

$$\begin{aligned}\det(\boldsymbol{A}-\lambda\boldsymbol{I}) &= \det\begin{bmatrix}7-\lambda & 4 & 16\\ 2 & 5-\lambda & 8\\ -2 & -2 & -5-\lambda\end{bmatrix}\\ &\overset{r_1-2r_2}{=} \det\begin{bmatrix}3-\lambda & -6+2\lambda & 0\\ 2 & 5-\lambda & 8\\ -2 & -2 & -5-\lambda\end{bmatrix}\\ &\overset{r_3+r_2}{=} \det\begin{bmatrix}3-\lambda & -6+2\lambda & 0\\ 2 & 5-\lambda & 8\\ 0 & 3-\lambda & 3-\lambda\end{bmatrix}\end{aligned}$$

$$=(3-\lambda)^2\det\begin{bmatrix}1 & -2 & 0\\ 2 & 5-\lambda & 8\\ 0 & 1 & 1\end{bmatrix}$$

$$=(3-\lambda)^2(1-\lambda).$$

所以矩阵 $\boldsymbol{A}$ 的特征值为 $\lambda_1=1,\lambda_2=\lambda_3=3$.

再求 $\boldsymbol{A}$ 的特征向量．

当 $\lambda_1=1$ 时，解方程 $(\boldsymbol{A}-\boldsymbol{I})\boldsymbol{x}=\boldsymbol{0}$. 由

$$\boldsymbol{A}-\boldsymbol{I}=\begin{bmatrix}6 & 4 & 16\\ 2 & 4 & 8\\ -2 & -2 & -4\end{bmatrix}\overset{r}{\sim}\begin{bmatrix}1 & 0 & 2\\ 0 & 1 & 1\\ 0 & 0 & 0\end{bmatrix}$$

得对应的特征向量 $\boldsymbol{\xi}_1=\begin{bmatrix}2\\ 1\\ -1\end{bmatrix}$.

当 $\lambda_2=\lambda_3=3$ 时，解方程 $(\boldsymbol{A}-3\boldsymbol{I})\boldsymbol{x}=\boldsymbol{0}$. 由

$$\boldsymbol{A}-3\boldsymbol{I}=\begin{bmatrix}4 & 4 & 16\\ 2 & 2 & 8\\ -2 & -2 & -8\end{bmatrix}\overset{r}{\sim}\begin{bmatrix}1 & 1 & 4\\ 0 & 0 & 0\\ 0 & 0 & 0\end{bmatrix}$$

得对应的线性无关的特征向量

$$\boldsymbol{\xi}_2=\begin{bmatrix}1\\ -1\\ 0\end{bmatrix},\boldsymbol{\xi}_3=\begin{bmatrix}4\\ 0\\ -1\end{bmatrix}.$$

由定理 6.4 的推论知 $\boldsymbol{\xi}_1,\boldsymbol{\xi}_2,\boldsymbol{\xi}_3$ 线性无关，再由定理 6.7 知 $\boldsymbol{A}$ 可对角化，并且若记

$$\boldsymbol{P}=[\boldsymbol{\xi}_1,\boldsymbol{\xi}_2,\boldsymbol{\xi}_3]=\begin{bmatrix}2 & 1 & 4\\ 1 & -1 & 0\\ -1 & 0 & -1\end{bmatrix},$$

则有

$$\boldsymbol{P}^{-1}\boldsymbol{A}\boldsymbol{P}=\mathrm{diag}(1,3,3).$$

要注意上式中对角矩阵的对角元的排列次序应与 $\boldsymbol{P}$ 中列向量的排列次序一致． ■

例 6.7 已知 $\begin{cases}x_n=4x_{n-1}-5y_{n-1},\\ y_n=2x_{n-1}-3y_{n-1},\end{cases}$ 且 $\begin{cases}x_0=2,\\ y_0=1,\end{cases}$ 求 x_{100}.

解 方法一：将$\begin{cases}x_n=4x_{n-1}-5y_{n-1},\\ y_n=2x_{n-1}-3y_{n-1}\end{cases}$表示成矩阵向量乘积并推递得

$$\begin{bmatrix}x_n\\ y_n\end{bmatrix}=\begin{bmatrix}4&-5\\ 2&-3\end{bmatrix}\begin{bmatrix}x_{n-1}\\ y_{n-1}\end{bmatrix}=\begin{bmatrix}4&-5\\ 2&-3\end{bmatrix}^2\begin{bmatrix}x_{n-2}\\ y_{n-2}\end{bmatrix}=\cdots=\begin{bmatrix}4&-5\\ 2&-3\end{bmatrix}^n\begin{bmatrix}x_0\\ y_0\end{bmatrix}.$$

记 $\boldsymbol{A}=\begin{bmatrix}4&-5\\ 2&-3\end{bmatrix}$，则可得 $|\lambda\boldsymbol{I}-\boldsymbol{A}|=\lambda^2-\lambda-2$，特征值为$\lambda_1=2,\lambda_2=-1$，对应的特征向量为

$\boldsymbol{\alpha}_1=\begin{bmatrix}5\\ 2\end{bmatrix}$，$\boldsymbol{\alpha}_2=\begin{bmatrix}1\\ 1\end{bmatrix}$. 从而得 $\boldsymbol{P}=\begin{bmatrix}5&1\\ 2&1\end{bmatrix}$，使得 $\boldsymbol{P}^{-1}\boldsymbol{A}\boldsymbol{P}=\begin{bmatrix}2&0\\ 0&-1\end{bmatrix}$.

$$\boldsymbol{A}^n=\boldsymbol{P}\boldsymbol{\Lambda}^n\boldsymbol{P}^{-1}=\begin{bmatrix}5&1\\ 2&1\end{bmatrix}\begin{bmatrix}2^n&0\\ 0&(-1)^{100}\end{bmatrix}\times\frac{1}{3}\times\begin{bmatrix}1&-1\\ -2&5\end{bmatrix}.$$

$$\begin{bmatrix}x_{100}\\ y_{100}\end{bmatrix}=\begin{bmatrix}5&1\\ 2&1\end{bmatrix}\begin{bmatrix}2^n&0\\ 0&(-1)^{100}\end{bmatrix}\times\frac{1}{3}\times\begin{bmatrix}1&-1\\ -2&5\end{bmatrix}\begin{bmatrix}2\\ 1\end{bmatrix}=\frac{1}{3}\begin{bmatrix}5\times2^{100}+1\\ 2\times2^{100}+1\end{bmatrix}.$$

故 $x_{100}=\frac{5}{3}\times2^{100}+\frac{1}{3}$.

方法二：记$\begin{bmatrix}x_n\\ y_n\end{bmatrix}=\boldsymbol{\beta}_n$，$\begin{bmatrix}x_0\\ y_0\end{bmatrix}=\begin{bmatrix}2\\ 1\end{bmatrix}=\boldsymbol{\beta}_0$，则递推关系为$\boldsymbol{\beta}_n=\boldsymbol{A}\boldsymbol{\beta}_{n-1}$. 求出$\boldsymbol{A}$的特征值及对应的特征向量对$\lambda_1=2,\boldsymbol{\alpha}_1=\begin{bmatrix}5\\ 2\end{bmatrix}$和$\lambda_2=-1,\boldsymbol{\alpha}_2=\begin{bmatrix}1\\ 1\end{bmatrix}$. 将$\boldsymbol{\beta}_0$用$\boldsymbol{\alpha}_1,\boldsymbol{\alpha}_2$线性表示得$\boldsymbol{\beta}_0=\frac{1}{3}\boldsymbol{\alpha}_1+\frac{1}{3}\boldsymbol{\alpha}_2$. 从而有

$$\boldsymbol{\beta}_1=\boldsymbol{A}\boldsymbol{\beta}_0=\boldsymbol{A}\left(\frac{1}{3}\boldsymbol{\alpha}_1+\frac{1}{3}\boldsymbol{\alpha}_2\right)=\frac{1}{3}(\lambda_1\boldsymbol{\alpha}_1+\lambda_2\boldsymbol{\alpha}_2),$$

$$\boldsymbol{\beta}_2=\boldsymbol{A}\boldsymbol{\beta}_1=\boldsymbol{A}\times\frac{1}{3}(\lambda_1\boldsymbol{\alpha}_1+\lambda_2\boldsymbol{\alpha}_2)=\frac{1}{3}(\lambda_1^2\boldsymbol{\alpha}_1+\lambda_2^3\boldsymbol{\alpha}_2),$$

$$\vdots$$

$$\boldsymbol{\beta}_{100}=\boldsymbol{A}\boldsymbol{\beta}_{99}=\frac{1}{3}(\lambda_1^{100}\boldsymbol{\alpha}_1+\lambda_2^{100}\boldsymbol{\alpha}_2)$$

$$=\frac{1}{3}\left(2^{100}\begin{bmatrix}5\\ 2\end{bmatrix}+\begin{bmatrix}1\\ 1\end{bmatrix}\right).\tag{6.1}$$

从而得 $x_{100}=\frac{5}{3}\times2^{100}+\frac{1}{3}$. ■

6.2.3 小结

本节主要内容包括矩阵相似的定义、矩阵可相似对角化的条件等．如果 n 阶方阵 $\boldsymbol{A}$ 有 n 个线性无关的特征向量，则方阵 $\boldsymbol{A}$ 是可以相似对角化的，如果方阵 $\boldsymbol{A}$ 有 n 个不同的特征值，则方阵 $\boldsymbol{A}$ 也是可以相似对角化的．如何将一个矩阵相似对角化是一项基本技能，主要步骤包括求特征值、计算特征向量、构造可逆矩阵、将矩阵相似对角化．

6.2.4 习题

1. 设三阶矩阵 $\boldsymbol{A}$ 的特征值为 $\lambda_1=2,\lambda_2=-2,\lambda_3=1$，对应的特征向量分别为

$$\boldsymbol{p}_1=\begin{bmatrix}0\\1\\1\end{bmatrix},\boldsymbol{p}_2=\begin{bmatrix}1\\1\\1\end{bmatrix},\boldsymbol{p}_3=\begin{bmatrix}1\\1\\0\end{bmatrix}.$$

求 $\boldsymbol{A}$.

2. 设 $\boldsymbol{A},\boldsymbol{B}$ 都是 n 阶矩阵，且 $\boldsymbol{A}$ 可逆，证明 $\boldsymbol{AB}$ 与 $\boldsymbol{BA}$ 相似．

3. 设矩阵 $\boldsymbol{A}=\begin{bmatrix}2&0&1\\3&1&x\\4&0&5\end{bmatrix}$ 可相似对角化，求 x.

4. 已知 $\boldsymbol{p}=\begin{bmatrix}1\\1\\-1\end{bmatrix}$ 是矩阵 $\boldsymbol{A}=\begin{bmatrix}2&-1&2\\5&a&3\\-1&b&-2\end{bmatrix}$ 的一个特征向量．

(1) 求参数 a,b 及特征向量 $\boldsymbol{p}$ 对应的特征值；

(2) 问 $\boldsymbol{A}$ 能不相似对角化，并说明理由．

5. 设 $\boldsymbol{A}=\begin{bmatrix}1&4&2\\0&-3&4\\0&4&3\end{bmatrix}$，求 $\boldsymbol{A}^{100}$.

6. 某地区每年有比例为 p 的农村居民移民城镇，有比例为 q 的城镇居民移民到农村．假设该地区的总人口不变，且上述人口的迁移规律也不变．把 n 年后的农村人口和城镇人口占总人口的比例依次记为 x_n 和 $y_n(x_n+y_n=1)$.

(1) 求关系式 $\begin{bmatrix}x_{n+1}\\y_{n+1}\end{bmatrix}=\boldsymbol{A}\begin{bmatrix}x_n\\y_n\end{bmatrix}$ 中的矩阵 $\boldsymbol{A}$；

(2) 设目前农村人口和城镇人口相等，即 $\begin{bmatrix}x_0\\y_0\end{bmatrix}=\begin{bmatrix}0.5\\0.5\end{bmatrix}$，求 $\begin{bmatrix}x_n\\y_n\end{bmatrix}$.

7. 已知数列 $\{a_n\}$ 满足条件 $a_1=1,a_2=1,a_{n+2}=a_{n+1}+a_n,n\geqslant 1$. 求数列 $\{a_n\}$ 的通项公式．

6.3 实对称矩阵的相似对角化

内容提要

要判定一个方阵是否可以相似对角化是比较困难的，但实对称矩阵都是可以相似对角化的，而且是可以正交相似对角化．本节首先回顾了复数的相关知识，然后证明了实对称矩阵的特征值都是实数、实对称矩阵不同特征值对应的特征向量正交这两条性质，最后证明了实对称矩阵正交相似对角化定理，并给出了实对称矩阵正交相似对角化的具体步骤．

6.3.1 复数知识简介

本节涉及的复数部分内容如下．

虚数单位i满足 $\mathrm{i}^2=-1$．称形如 $a+b\mathrm{i}$ 的数为复数，这里 $a,b\in\mathbb{R}$，称 a 为复数 $a+b\mathrm{i}$ 的实部，b 为复数 $a+b\mathrm{i}$ 的虚部．复数的全体记为 $\mathbb{C}$．复数和实数一样可以定义运算．设 $a+b\mathrm{i},c+d\mathrm{i}\in\mathbb{C}$ 是两个复数，则它们的和定义为

$$(a+b\mathrm{i})+(c+d\mathrm{i})=(a+c)+(b+d)\mathrm{i}.$$

它们的差定义为

$$(a+b\mathrm{i})-(c+d\mathrm{i})=(a-c)+(b-d)\mathrm{i}.$$

它们的乘积定义为

$$(a+b\mathrm{i})\times(c+d\mathrm{i})=ac+ad\mathrm{i}+cb\mathrm{i}-bd=(ac-bd)+(ad+bc)\mathrm{i}.$$

复数 $a+b\mathrm{i}$ 的共轭复数表示为 $\overline{a+b\mathrm{i}}$，它和 $a+b\mathrm{i}$ 的实部相等，虚部互为相反数，即有 $\overline{a+b\mathrm{i}}=a-b\mathrm{i}$. 复数 $a+b\mathrm{i}$ 和它的共轭复数 $a-b\mathrm{i}$ 相乘得 $(a+b\mathrm{i})(a-b\mathrm{i})=a^2+b^2$. 复数 $a+b\mathrm{i}$ 的模长为 $|a+b\mathrm{i}|=\sqrt{a^2+b^2}$.

复数 $a+b\mathrm{i}$ 除以非零复数 $c+d\mathrm{i}$ 定义为

$$\frac{a+b\mathrm{i}}{c+d\mathrm{i}}=\frac{(a+b\mathrm{i})(c-d\mathrm{i})}{(c+d\mathrm{i})(c-d\mathrm{i})}=\frac{(ac+bd)+(bc-ad)\mathrm{i}}{c^2+d^2}=\frac{ac+bd}{c^2+d^2}+\frac{bc-ad}{c^2+d^2}\mathrm{i}.$$

n 维复向量的全体记为 $\mathbb{C}^n$. 设 $\boldsymbol{\alpha}=\begin{bmatrix}a+b\mathrm{i}\\c+d\mathrm{i}\end{bmatrix}\in\mathbb{C}^2$，则有 $\boldsymbol{\alpha}^{\mathrm{T}}=[a+b\mathrm{i},c+d\mathrm{i}]$，$\boldsymbol{\alpha}$ 的共轭向量为 $\bar{\boldsymbol{\alpha}}=\begin{bmatrix}a-b\mathrm{i}\\c-d\mathrm{i}\end{bmatrix}$，向量 $\boldsymbol{\alpha}$ 的共轭转置为 $\boldsymbol{\alpha}^{\mathrm{H}}=\begin{bmatrix}a+b\mathrm{i}\\c+d\mathrm{i}\end{bmatrix}^{\mathrm{H}}=[a-b\mathrm{i},c-d\mathrm{i}]$.

若矩阵 $\mathbf{A}$ 中含有虚数单位i的矩阵称为复矩阵，它的共轭转置记为 $\mathbf{A}^{\mathrm{H}}$，定义为 $\mathbf{A}^{\mathrm{H}}=\overline{\mathbf{A}^{\mathrm{T}}}$.

若 $\boldsymbol{A}=\begin{bmatrix}3+4\mathrm{i} & 2\mathrm{i}\\ 5 & \mathrm{i}\end{bmatrix}$，则有

$$\boldsymbol{A}^{\mathrm{H}}=\overline{\boldsymbol{A}^{\mathrm{T}}}=\overline{\begin{bmatrix}3+4\mathrm{i} & 2\mathrm{i}\\ 5 & \mathrm{i}\end{bmatrix}^{\mathrm{T}}}=\overline{\begin{bmatrix}3+4\mathrm{i} & 5\\ 2\mathrm{i} & \mathrm{i}\end{bmatrix}}=\begin{bmatrix}3-4\mathrm{i} & 5\\ -2\mathrm{i} & -\mathrm{i}\end{bmatrix}.$$

对于非零复向量 $\boldsymbol{\beta}=\begin{bmatrix}b_1\\ b_2\\ b_3\end{bmatrix}$，有 $\boldsymbol{\beta}^{\mathrm{H}}\boldsymbol{\beta}=\|\boldsymbol{\beta}\|^2=|b_1|^2+|b_2|^2+|b_3|^2>0$. 可以验证对适当维数的复矩阵成立 $(\boldsymbol{AB})^{\mathrm{H}}=\boldsymbol{B}^{\mathrm{H}}\boldsymbol{A}^{\mathrm{H}}$，$(\boldsymbol{A\alpha})^{\mathrm{H}}=\boldsymbol{\alpha}^{\mathrm{H}}\boldsymbol{A}^{\mathrm{H}}$，$(\lambda\boldsymbol{\alpha})^{\mathrm{H}}=\bar{\lambda}\boldsymbol{\alpha}^{\mathrm{H}}$.

6.3.2 实对称矩阵特征值的性质

通常一个矩阵并不总能相似对角化，但是实对称矩阵都是可以相似对角化的．为了证明实对称矩阵都是可以相似对角化的，先给出关于实对称矩阵特征值和特征向量的两条性质.

定理 6.9 实对称矩阵的特征值都是实数．

证明 用 $\bar{\lambda}$ 表示复数 λ 的共轭复数．只要证明 $\bar{\lambda}=\lambda$，即证得 λ 是实数．设 λ 是实对称矩阵 $\boldsymbol{A}$ 的特征值，$\boldsymbol{\alpha}$ 是对应的非零特征向量，即有 $\boldsymbol{A\alpha}=\lambda\boldsymbol{\alpha}$，$\boldsymbol{A}^{\mathrm{H}}=\boldsymbol{A}$.

对式 $\boldsymbol{A\alpha}=\lambda\boldsymbol{\alpha}$ 左右两端分别左乘 $\boldsymbol{\alpha}^{\mathrm{H}}$ 可得

$$\boldsymbol{\alpha}^{\mathrm{H}}\boldsymbol{A\alpha}=\boldsymbol{\alpha}^{\mathrm{H}}\boldsymbol{A}^{\mathrm{H}}\boldsymbol{\alpha}=(\boldsymbol{A\alpha})^{\mathrm{H}}\boldsymbol{\alpha}=(\lambda\boldsymbol{\alpha})^{\mathrm{H}}\boldsymbol{\alpha}=\bar{\lambda}\|\boldsymbol{\alpha}\|^2.$$

对 $\lambda\boldsymbol{\alpha}$ 左乘 $\boldsymbol{\alpha}^{\mathrm{H}}$ 可得

$$\lambda\boldsymbol{\alpha}^{\mathrm{H}}\boldsymbol{\alpha}=\lambda\|\boldsymbol{\alpha}\|^2.$$

上面两式的右端相等得到 $\bar{\lambda}\|\boldsymbol{\alpha}\|^2=\lambda\|\boldsymbol{\alpha}\|^2$. 因为 $\|\boldsymbol{\alpha}\|^2\neq 0$，所以有 $\bar{\lambda}=\lambda$. 即 λ 是实数．■

定理 6.9 表明实对称矩阵 $\boldsymbol{A}$ 的所有特征值 λ 都是实数，这表明方程 $(\lambda\boldsymbol{I}-\boldsymbol{A})\boldsymbol{x}=\boldsymbol{0}$ 的解向量也都可以取实向量．即实对称矩阵的所有特征向量都可以取实向量．不但如此，实对称矩阵不同特征值的特征向量还是正交的．

定理 6.10 实对称矩阵的不同特征值的特征向量都是正交的．

证明 设 λ_1，λ_2 是实对称矩阵 $\boldsymbol{A}$ 的两个不同的特征值，$\boldsymbol{\alpha}_1$，$\boldsymbol{\alpha}_2$ 是对应的特征向量．下面证明 $\boldsymbol{\alpha}_1$ 与 $\boldsymbol{\alpha}_2$ 正交．

根据条件有 $\boldsymbol{A\alpha}_1=\lambda_1\boldsymbol{\alpha}_1$ 和 $\boldsymbol{A\alpha}_2=\lambda_2\boldsymbol{\alpha}_2$. 据此可得

$$\lambda_1\boldsymbol{\alpha}_1^{\mathrm{T}}\boldsymbol{\alpha}_2=(\boldsymbol{A\alpha}_1^{\mathrm{T}})\boldsymbol{\alpha}_2=\boldsymbol{\alpha}_1^{\mathrm{T}}\boldsymbol{A}^{\mathrm{T}}\boldsymbol{\alpha}_2=\boldsymbol{\alpha}_1^{\mathrm{T}}\boldsymbol{A\alpha}_2=\boldsymbol{\alpha}_1^{\mathrm{T}}\lambda_2\boldsymbol{\alpha}_2=\lambda_2\boldsymbol{\alpha}_1^{\mathrm{T}}\boldsymbol{\alpha}_2.$$

进一步得到 $(\lambda_1-\lambda_2)\boldsymbol{\alpha}_1^{\mathrm{T}}\boldsymbol{\alpha}_2=0$. 因为 $\lambda_1-\lambda_2\neq 0$，所以 $\boldsymbol{\alpha}_1^{\mathrm{T}}\boldsymbol{\alpha}_2=0$，即向量 $\boldsymbol{\alpha}_1$ 与 $\boldsymbol{\alpha}_2$ 正交．■

6.3.3 实对称矩阵正交相似对角化定理

下面的定理表明实对称矩阵不但是可以相似对角化的，而且是可以正交相似对角化的．

定理 6.11 设 $\boldsymbol{A}$ 为 n 阶对称矩阵，则必存在正交矩阵 $\boldsymbol{Q}$，使得 $\boldsymbol{Q}^{-1}\boldsymbol{A}\boldsymbol{Q}=\boldsymbol{Q}^{\mathrm{T}}\boldsymbol{A}\boldsymbol{Q}=\boldsymbol{\Lambda}$，其中 $\boldsymbol{\Lambda}$ 是以 $\boldsymbol{A}$ 的 n 个特征值为对角元的对角矩阵．

证明 用数学归纳法证明．当 $n=1$ 时，取 $\boldsymbol{Q}=[1]$ 即可．当 $n=2$ 时，设 $\boldsymbol{A}=\begin{bmatrix} a & b \\ b & c \end{bmatrix}$ 为二阶实对称矩阵，即 $a,b,c\in\mathbb{R}$.

$$\det(\boldsymbol{A}-\lambda\boldsymbol{I}_2)=\begin{vmatrix} a-\lambda & b \\ b & c-\lambda \end{vmatrix}=\lambda^2-(a+c)\lambda+ac-b^2.$$

特征方程 $\det(\boldsymbol{A}-\lambda\boldsymbol{I}_2)=0$ 的根为

$$\lambda=\frac{(a+c)\pm\sqrt{(a+c)^2-4(ac-b^2)}}{2}=\frac{(a+c)\pm\sqrt{(a-c)^2+4b^2}}{2}.$$

若 $b\neq 0$，则 $(a-c)^2+4b^2>0$. 则 $\boldsymbol{A}$ 有两个不同的特征值，因而有两个线性无关的特征向量，且这两个特征向量是正交的，故 $\boldsymbol{A}$ 可以正交相似对角化．若 $b=0$，则 $\boldsymbol{A}=\mathrm{diag}(a,c)$ 是对角矩阵，故二阶实对称矩阵可正交相似对角化．

设命题对 $n-1$ 阶实对称矩阵成立，下面证明该命题对 n 阶实对称矩阵成立，这里 $n\geqslant 3$.

设 $\boldsymbol{A}$ 为 n 阶实对称矩阵，λ_1 是 $\boldsymbol{A}$ 的一个实特征值，$\boldsymbol{\xi}_1$ 是实对称矩阵 $\boldsymbol{A}$ 的对应于 λ_1 的一个单位实特征向量，即有 $\boldsymbol{A}\boldsymbol{\xi}_1=\lambda_1\boldsymbol{\xi}_1$. 以 $\boldsymbol{\xi}_1$ 为第一列，构造 n 阶正交矩阵 $\boldsymbol{Q}_1=[\boldsymbol{\xi}_1,\boldsymbol{\alpha}_2,\cdots,\boldsymbol{\alpha}_n]$，则 $\boldsymbol{\xi}_1,\boldsymbol{\alpha}_2,\cdots,\boldsymbol{\alpha}_n$ 是 $\mathbb{R}^n$ 的一个标准正交基，但 $\boldsymbol{\alpha}_2,\cdots,\boldsymbol{\alpha}_n$ 一般不是 $\boldsymbol{A}$ 的特征向量．此时有

$$\boldsymbol{Q}_1^{-1}\boldsymbol{A}\boldsymbol{Q}_1=\boldsymbol{Q}_1^{\mathrm{T}}\boldsymbol{A}\boldsymbol{Q}_1=\begin{bmatrix} \boldsymbol{\xi}_1^{\mathrm{T}} \\ \boldsymbol{\alpha}_2^{\mathrm{T}} \\ \vdots \\ \boldsymbol{\alpha}_n^{\mathrm{T}} \end{bmatrix}\boldsymbol{A}[\boldsymbol{\xi}_1,\boldsymbol{\alpha}_2,\cdots,\boldsymbol{\alpha}_n]$$

$$=\begin{bmatrix} \boldsymbol{\xi}_1^{\mathrm{T}} \\ \boldsymbol{\alpha}_2^{\mathrm{T}} \\ \vdots \\ \boldsymbol{\alpha}_n^{\mathrm{T}} \end{bmatrix}[\lambda_1\boldsymbol{\xi}_1,\boldsymbol{A}\boldsymbol{\alpha}_2,\cdots,\boldsymbol{A}\boldsymbol{\alpha}_n]$$

$$=\begin{bmatrix} \boldsymbol{\xi}_1^{\mathrm{T}}\lambda_1\boldsymbol{\xi}_1 & \boldsymbol{\xi}_1^{\mathrm{T}}\boldsymbol{A}\boldsymbol{\alpha}_2 & \cdots & \boldsymbol{\xi}_1^{\mathrm{T}}\boldsymbol{A}\boldsymbol{\alpha}_n \\ \boldsymbol{\alpha}_2^{\mathrm{T}}\lambda_1\boldsymbol{\xi}_1 & \boldsymbol{\alpha}_2^{\mathrm{T}}\boldsymbol{A}\boldsymbol{\alpha}_2 & \cdots & \boldsymbol{\alpha}_2^{\mathrm{T}}\boldsymbol{A}\boldsymbol{\alpha}_n \\ \vdots & \vdots & & \vdots \\ \boldsymbol{\alpha}_n^{\mathrm{T}}\lambda_1\boldsymbol{\xi}_1 & \boldsymbol{\alpha}_n^{\mathrm{T}}\boldsymbol{A}\boldsymbol{\alpha}_2 & \cdots & \boldsymbol{\alpha}_n^{\mathrm{T}}\boldsymbol{A}\boldsymbol{\alpha}_n \end{bmatrix}$$

$$=\begin{bmatrix}\lambda_1\boldsymbol{\xi}_1^{\mathrm{T}}\boldsymbol{\xi}_1 & \boldsymbol{\xi}_1^{\mathrm{T}}\boldsymbol{A}^{\mathrm{T}}\boldsymbol{\alpha}_2 & \cdots & \boldsymbol{\xi}_1^{\mathrm{T}}\boldsymbol{A}^{\mathrm{T}}\boldsymbol{\alpha}_n\\ \lambda_1\boldsymbol{\alpha}_2^{\mathrm{T}}\boldsymbol{\xi}_1 & \boldsymbol{\alpha}_2^{\mathrm{T}}\boldsymbol{A}\boldsymbol{\alpha}_2 & \cdots & \boldsymbol{\alpha}_2^{\mathrm{T}}\boldsymbol{A}\boldsymbol{\alpha}_n\\ \vdots & \vdots & & \vdots\\ \lambda_1\boldsymbol{\alpha}_n^{\mathrm{T}}\boldsymbol{\xi}_1 & \boldsymbol{\alpha}_n^{\mathrm{T}}\boldsymbol{A}\boldsymbol{\alpha}_2 & \cdots & \boldsymbol{\alpha}_n^{\mathrm{T}}\boldsymbol{A}\boldsymbol{\alpha}_n\end{bmatrix}$$

$$=\begin{bmatrix}\lambda_1\boldsymbol{\xi}_1^{\mathrm{T}}\boldsymbol{\xi}_1 & (\boldsymbol{A}\boldsymbol{\xi}_1)^{\mathrm{T}}\boldsymbol{\alpha}_2 & \cdots & (\boldsymbol{A}\boldsymbol{\xi}_1)^{\mathrm{T}}\boldsymbol{\alpha}_n\\ \lambda_1\boldsymbol{\alpha}_2^{\mathrm{T}}\boldsymbol{\xi}_1 & \boldsymbol{\alpha}_2^{\mathrm{T}}\boldsymbol{A}\boldsymbol{\alpha}_2 & \cdots & \boldsymbol{\alpha}_2^{\mathrm{T}}\boldsymbol{A}\boldsymbol{\alpha}_n\\ \vdots & \vdots & & \vdots\\ \lambda_1\boldsymbol{\alpha}_n^{\mathrm{T}}\boldsymbol{\xi}_1 & \boldsymbol{\alpha}_n^{\mathrm{T}}\boldsymbol{A}\boldsymbol{\alpha}_2 & \cdots & \boldsymbol{\alpha}_n^{\mathrm{T}}\boldsymbol{A}\boldsymbol{\alpha}_n\end{bmatrix}$$

$$=\begin{bmatrix}\lambda_1\boldsymbol{\xi}_1^{\mathrm{T}}\boldsymbol{\xi}_1 & \lambda_1\boldsymbol{\xi}_1^{\mathrm{T}}\boldsymbol{\alpha}_2 & \cdots & \lambda_1\boldsymbol{\xi}_1^{\mathrm{T}}\boldsymbol{\alpha}_n\\ \lambda_1\boldsymbol{\alpha}_2^{\mathrm{T}}\boldsymbol{\xi}_1 & \boldsymbol{\alpha}_2^{\mathrm{T}}\boldsymbol{A}\boldsymbol{\alpha}_2 & \cdots & \boldsymbol{\alpha}_2^{\mathrm{T}}\boldsymbol{A}\boldsymbol{\alpha}_n\\ \vdots & \vdots & & \vdots\\ \lambda_1\boldsymbol{\alpha}_n^{\mathrm{T}}\boldsymbol{\xi}_1 & \boldsymbol{\alpha}_n^{\mathrm{T}}\boldsymbol{A}\boldsymbol{\alpha}_2 & \cdots & \boldsymbol{\alpha}_n^{\mathrm{T}}\boldsymbol{A}\boldsymbol{\alpha}_n\end{bmatrix}$$

$$=\begin{bmatrix}\lambda_1 & 0 & \cdots & 0\\ 0 & \boldsymbol{\alpha}_2^{\mathrm{T}}\boldsymbol{A}\boldsymbol{\alpha}_2 & \cdots & \boldsymbol{\alpha}_2^{\mathrm{T}}\boldsymbol{A}\boldsymbol{\alpha}_n\\ \vdots & \vdots & & \vdots\\ 0 & \boldsymbol{\alpha}_n^{\mathrm{T}}\boldsymbol{A}\boldsymbol{\alpha}_2 & \cdots & \boldsymbol{\alpha}_n^{\mathrm{T}}\boldsymbol{A}\boldsymbol{\alpha}_n\end{bmatrix}.$$

记$n-1$阶矩阵$\begin{bmatrix}\boldsymbol{\alpha}_2^{\mathrm{T}}\boldsymbol{A}\boldsymbol{\alpha}_2 & \cdots & \boldsymbol{\alpha}_2^{\mathrm{T}}\boldsymbol{A}\boldsymbol{\alpha}_n\\ \vdots & & \vdots\\ \boldsymbol{\alpha}_n^{\mathrm{T}}\boldsymbol{A}\boldsymbol{\alpha}_2 & \cdots & \boldsymbol{\alpha}_n^{\mathrm{T}}\boldsymbol{A}\boldsymbol{\alpha}_n\end{bmatrix}$为$\boldsymbol{B}$,因为$\boldsymbol{A}$是实对称矩阵,所以$\boldsymbol{B}$是$n-1$阶实对称矩阵. 根据归纳假设,$\boldsymbol{B}$可以正交相似对角化,即存在$n-1$阶正交矩阵$\boldsymbol{Q}_{n-1}$,使得$\boldsymbol{Q}_{n-1}^{\mathrm{T}}\boldsymbol{B}\boldsymbol{Q}_{n-1}=\boldsymbol{\Lambda}_1$,其中$\boldsymbol{\Lambda}_1$为$n-1$阶对角矩阵. 作$n$阶正交矩阵$\boldsymbol{Q}_2=\begin{bmatrix}1 & \boldsymbol{0}^{\mathrm{T}}\\ \boldsymbol{0} & \boldsymbol{Q}_{n-1}\end{bmatrix}$,即有$\boldsymbol{Q}_2^{-1}=\boldsymbol{Q}_2^{\mathrm{T}}=\begin{bmatrix}1 & \boldsymbol{0}^{\mathrm{T}}\\ \boldsymbol{0} & \boldsymbol{Q}_{n-1}^{-1}\end{bmatrix}=\begin{bmatrix}1 & \boldsymbol{0}^{\mathrm{T}}\\ \boldsymbol{0} & \boldsymbol{Q}_{n-1}^{\mathrm{T}}\end{bmatrix}$. 从而有

$$\boldsymbol{Q}_2^{-1}\boldsymbol{Q}_1^{-1}\boldsymbol{A}\boldsymbol{Q}_1\boldsymbol{Q}_2=\begin{bmatrix}1 & \boldsymbol{0}^{\mathrm{T}}\\ \boldsymbol{0} & \boldsymbol{Q}_{n-1}^{\mathrm{T}}\end{bmatrix}\begin{bmatrix}\lambda_1 & \boldsymbol{0}^{\mathrm{T}}\\ \boldsymbol{0} & \boldsymbol{B}\end{bmatrix}\begin{bmatrix}1 & \boldsymbol{0}^{\mathrm{T}}\\ \boldsymbol{0} & \boldsymbol{Q}_{n-1}\end{bmatrix}$$

$$=\begin{bmatrix}\lambda_1 & \boldsymbol{0}^{\mathrm{T}}\\ \boldsymbol{0} & \boldsymbol{Q}_{n-1}^{\mathrm{T}}\boldsymbol{B}\boldsymbol{Q}_{n-1}\end{bmatrix}=\mathrm{diag}(\lambda_1,\boldsymbol{\Lambda}_1).$$

令$\boldsymbol{Q}_1\boldsymbol{Q}_2=\boldsymbol{Q}$,显然矩阵$\boldsymbol{Q}$是正交矩阵. 令$\mathrm{diag}(\lambda_1,\boldsymbol{\Lambda}_1)=\boldsymbol{\Lambda}$则$\boldsymbol{\Lambda}$是$n$阶对角矩阵. 即存在$n$阶

正交矩阵 $\boldsymbol{Q}$,使得 $\boldsymbol{Q}^{\mathrm{T}}\boldsymbol{A}\boldsymbol{Q}=\boldsymbol{\Lambda}$ 是 n 阶对角矩阵.

由 $\boldsymbol{Q}^{\mathrm{T}}\boldsymbol{A}\boldsymbol{Q}=\boldsymbol{\Lambda}$ 可得 $\boldsymbol{A}\boldsymbol{Q}=\boldsymbol{Q}\boldsymbol{\Lambda}$,据此即得对角矩阵 $\boldsymbol{\Lambda}$ 主对角线上的元素即为矩阵 $\boldsymbol{A}$ 的 n 个特征值.证毕. ■

注 6.1 注意到矩阵 $\boldsymbol{Q}_1^{\mathrm{T}}\boldsymbol{A}\boldsymbol{Q}_1$ 是实对称矩阵,所以当说明了该矩阵的第一列中元素 $\boldsymbol{\alpha}_i^{\mathrm{T}}\boldsymbol{\xi}$ 是零元素后,据此即可证得矩阵 $\boldsymbol{Q}_1^{\mathrm{T}}\boldsymbol{A}\boldsymbol{Q}_1$ 第一列中的非对角线元素也是零元素,从而矩阵 $\boldsymbol{Q}_1^{\mathrm{T}}\boldsymbol{A}\boldsymbol{Q}_1$ 是准对角矩阵.

根据此定理可得下面的推论.

推论 6.4 设 $\boldsymbol{A}$ 为 n 阶实对称矩阵,λ 是 $\boldsymbol{A}$ 的特征方程的 k 重根,则矩阵 $\boldsymbol{A}-\lambda\boldsymbol{I}$ 的秩 $\operatorname{rank}(\boldsymbol{A}-\lambda\boldsymbol{I})=n-k$,从而对应特征值 λ 恰有 k 个线性无关的特征向量.

证明 根据定理 6.11,设实对称矩阵 $\boldsymbol{A}$ 与对角矩阵 $\boldsymbol{\Lambda}=\operatorname{diag}(\lambda_1,\lambda_2,\cdots,\lambda_n)$ 相似,从而矩阵 $\boldsymbol{A}-\lambda\boldsymbol{I}$ 与 $\boldsymbol{\Lambda}-\lambda\boldsymbol{I}$ 相似.当 λ 是 $\boldsymbol{A}$ 的 k 重特征值时,矩阵 $\boldsymbol{A}$ 的 n 个特征值中恰有 k 个等于 λ,有 $n-k$ 个不等于 λ,从而对角矩阵 $\boldsymbol{\Lambda}-\lambda\boldsymbol{I}$ 的对角元恰有 k 个等于 0,$n-k$ 个不等于 0. 于是可得 $\operatorname{rank}(\boldsymbol{\Lambda}-\lambda\boldsymbol{I})=\operatorname{rank}(\boldsymbol{A}-\lambda\boldsymbol{I})=n-k$. 注意到方程 $(\boldsymbol{A}-\lambda\boldsymbol{I})\boldsymbol{x}=\boldsymbol{0}$ 的线性无关的解向量的个数为 $n-\operatorname{rank}(\boldsymbol{A}-\lambda\boldsymbol{I})=n-(n-k)=k$. 即矩阵 $\boldsymbol{A}$ 的 k 重特征值 λ 恰有 k 个线性无关的特征向量. ■

下面具体说明如何将一个实对称矩阵正交相似对角化.

6.3.4 实对称矩阵正交相似对角化的步骤

依据定理 6.11 及其推论 6.4,实对称矩阵 $\boldsymbol{A}$ 正交相似对角化的步骤如下:

(1) 求出 $\boldsymbol{A}$ 的全部不同的特征值 $\lambda_1,\cdots,\lambda_s$,它们的重数依次为 $k_1,\cdots,k_s$,其中 $k_1+k_2+\cdots k_s=n$.

(2) 对每个 k_i 重的特征值 λ_i,求方程 $(\boldsymbol{A}-\lambda_i\boldsymbol{I})\boldsymbol{x}=\boldsymbol{0}$ 的基础解系,得 k_i 个线性无关的特征向量.再把它们正交化、单位化,得 k_i 个两两正交的单位特征向量.因 $k_1+k_2+\cdots k_s=n$,故总可得 n 个两两正交的单位特征向量.

(3) 把这 n 个两两正交的单位特征向量构成正交矩阵 $\boldsymbol{Q}$,便有 $\boldsymbol{Q}^{-1}\boldsymbol{A}\boldsymbol{Q}=\boldsymbol{Q}^{\mathrm{T}}\boldsymbol{A}\boldsymbol{Q}=\boldsymbol{\Lambda}$. 注意 $\boldsymbol{\Lambda}$ 中对角元的排列次序与 $\boldsymbol{Q}$ 中列向量的排列次序相对应.

例 6.8 设

$$\boldsymbol{A}=\begin{bmatrix}3 & -2 & 4\\ -2 & 6 & 2\\ 4 & 2 & 3\end{bmatrix},$$

求一个正交矩阵 $\boldsymbol{Q}$,使 $\boldsymbol{Q}^{-1}\boldsymbol{A}\boldsymbol{Q}=\boldsymbol{\Lambda}$ 为对角矩阵.

解 (1) 求矩阵 $\boldsymbol{A}$ 的特征值.计算特征多项式得

$$\det(\boldsymbol{A}-\lambda\boldsymbol{I}) = \begin{vmatrix} 3-\lambda & -2 & 4 \\ -2 & 6-\lambda & 2 \\ 4 & 2 & 3-\lambda \end{vmatrix}$$

$$\overset{r_1-2r_2}{=} \begin{vmatrix} 7-\lambda & 2\lambda-14 & 0 \\ -2 & 6-\lambda & 2 \\ 4 & 2 & 3-\lambda \end{vmatrix}$$

$$\overset{r_3+2r_2}{=} \begin{vmatrix} 7-\lambda & 2\lambda-14 & 0 \\ -2 & 6-\lambda & 2 \\ 0 & 14-2\lambda & 7-\lambda \end{vmatrix}$$

$$=(7-\lambda)^2\begin{vmatrix} 1 & -2 & 0 \\ -2 & 6-\lambda & 2 \\ 0 & 2 & 1 \end{vmatrix}$$

$$=-(7-\lambda)^2(\lambda+2).$$

求得 $\boldsymbol{A}$ 的特征值为 $\lambda_1=-2,\lambda_2=\lambda_3=7$.

(2) 求不同特征值的特征向量．对应 $\lambda_1=-2$,解方程 $(\boldsymbol{A}+2\boldsymbol{I})\boldsymbol{x}=\boldsymbol{0}$,由

$$\boldsymbol{A}+2\boldsymbol{I}=\begin{bmatrix} 5 & -2 & 4 \\ -2 & 8 & 2 \\ 4 & 2 & 5 \end{bmatrix} \overset{r}{\sim} \begin{bmatrix} 1 & 0 & 1 \\ 0 & 2 & 1 \\ 0 & 0 & 0 \end{bmatrix},$$

得基础解系 $\boldsymbol{\xi}_1=\begin{bmatrix} 2 \\ 1 \\ -2 \end{bmatrix}$. 将 $\boldsymbol{\xi}_1$ 单位化得 $\boldsymbol{\eta}_1=\begin{bmatrix} \frac{2}{3} \\ \frac{1}{3} \\ -\frac{2}{3} \end{bmatrix}$.

对应 $\lambda_2=\lambda_3=7$,解方程 $(\boldsymbol{A}-7\boldsymbol{I})\boldsymbol{x}=\boldsymbol{0}$. 由

$$\boldsymbol{A}-7\boldsymbol{I}=\begin{bmatrix} -4 & -2 & 4 \\ -2 & -1 & 2 \\ 4 & 2 & -4 \end{bmatrix} \overset{r}{\sim} \begin{bmatrix} 1 & \frac{1}{2} & -1 \\ 0 & 0 & 0 \\ 0 & 0 & 0 \end{bmatrix},$$

得基础解系 $\boldsymbol{\xi}_2=\begin{bmatrix} 1 \\ 0 \\ 1 \end{bmatrix},\boldsymbol{\xi}_3=\begin{bmatrix} 1 \\ -2 \\ 0 \end{bmatrix}$.

(3) 将 $\boldsymbol{\xi}_2,\boldsymbol{\xi}_3$ 正交化：取 $\boldsymbol{\eta}_2=\boldsymbol{\xi}_2$，

$$\boldsymbol{\eta}_3=\boldsymbol{\xi}_3-\frac{\langle\boldsymbol{\eta}_2,\boldsymbol{\xi}_3\rangle}{\|\boldsymbol{\eta}_2\|^2}\boldsymbol{\eta}_2=\begin{bmatrix}1\\-2\\0\end{bmatrix}-\frac{1}{2}\begin{bmatrix}1\\0\\1\end{bmatrix}=\frac{1}{2}\begin{bmatrix}1\\-4\\-1\end{bmatrix}.$$

再将 $\boldsymbol{\eta}_2,\boldsymbol{\eta}_3$ 单位化得 $\dfrac{\boldsymbol{\eta}_2}{\|\boldsymbol{\eta}_2\|}=\dfrac{1}{\sqrt{2}}\begin{bmatrix}1\\0\\1\end{bmatrix}$，$\dfrac{\boldsymbol{\eta}_3}{\|\boldsymbol{\eta}_3\|}=\dfrac{1}{3\sqrt{2}}\begin{bmatrix}1\\-4\\-1\end{bmatrix}$.

单位正交特征向量 $\boldsymbol{\eta}_1,\dfrac{\boldsymbol{\eta}_2}{\|\boldsymbol{\eta}_2\|},\dfrac{\boldsymbol{\eta}_3}{\|\boldsymbol{\eta}_3\|}$ 构成正交矩阵

$$\boldsymbol{P}=\left[\boldsymbol{\eta}_1,\frac{\boldsymbol{\eta}_2}{\|\boldsymbol{\eta}_2\|},\frac{\boldsymbol{\eta}_3}{\|\boldsymbol{\eta}_3\|}\right]=\begin{bmatrix}\frac{2}{3}&\frac{\sqrt{2}}{2}&\frac{1}{3\sqrt{2}}\\\frac{1}{3}&0&-\frac{4}{3\sqrt{2}}\\-\frac{2}{3}&\frac{\sqrt{2}}{2}&-\frac{1}{3\sqrt{2}}\end{bmatrix},$$

最终可得

$$\boldsymbol{P}^{-1}\boldsymbol{A}\boldsymbol{P}=\boldsymbol{P}^{\mathrm{T}}\boldsymbol{A}\boldsymbol{P}=\boldsymbol{\Lambda}=\begin{bmatrix}-2&0&0\\0&7&0\\0&0&7\end{bmatrix}.$$

■

注 6.2 这里不同特征值的顺序安排，同一特征值的特征向量也可有不同的先后顺序，这样得到的结果在外形上会有很大的不同．另外在求解 $(\boldsymbol{A}-\lambda_2\boldsymbol{I})\boldsymbol{x}=\boldsymbol{0}$ 时，也会得到不同的形式．本例中特征值 7 对应的特征向量也可取 $\begin{bmatrix}-1\\2\\0\end{bmatrix}$，$\begin{bmatrix}4\\2\\5\end{bmatrix}$，这时对应的正交矩阵可取 $\boldsymbol{Q}=\begin{bmatrix}-\frac{1}{\sqrt{5}}&\frac{4}{\sqrt{45}}&-\frac{2}{3}\\\frac{2}{\sqrt{5}}&\frac{2}{\sqrt{45}}&-\frac{1}{3}\\0&\frac{5}{\sqrt{45}}&\frac{2}{3}\end{bmatrix}$，则有 $\boldsymbol{Q}^{\mathrm{T}}\boldsymbol{A}\boldsymbol{Q}=\mathrm{diag}(7,7,-2)$.

例 6.9 设 $\boldsymbol{A}=\begin{bmatrix}1&1&a\\1&a&1\\a&1&1\end{bmatrix}$，$\boldsymbol{\beta}=\begin{bmatrix}1\\1\\-2\end{bmatrix}$，已知线性方程 $\boldsymbol{A}\boldsymbol{x}=\boldsymbol{\beta}$ 有解，且不唯一．试求：

(1)a 的值；

(2) 正交矩阵 $\boldsymbol{Q}$,使得 $\boldsymbol{Q}^{\mathrm{T}}\boldsymbol{A}\boldsymbol{Q}$ 为对角矩阵．

解 (1) 因为 $\boldsymbol{A}\boldsymbol{x}=\boldsymbol{\beta}$ 有解且不唯一，所以 $\det(\boldsymbol{A})=0$. 注意到矩阵的结构计算得

$$\det(\boldsymbol{A})=\begin{vmatrix}1&1&a\\1&a&1\\a&1&1\end{vmatrix}=(a+2)^2(a-1)^2=0.$$

解得 $a=-2,a=1$. 经验证 $a=1$ 时，方程 $\boldsymbol{A}\boldsymbol{x}=\boldsymbol{\beta}$ 无解，舍去．所以 $a=-2$.

(2) 当 $a=-2$ 时，得 $\boldsymbol{A}=\begin{bmatrix}1&1&-2\\1&-2&1\\-2&1&1\end{bmatrix}$．由

$$\det(\lambda\boldsymbol{I}-\boldsymbol{A})=\det\begin{bmatrix}\lambda-1&-1&2\\-1&\lambda+2&-1\\2&-1&\lambda-1\end{bmatrix}=\lambda(\lambda+3)(\lambda-3)=0.$$

可解得矩阵 $\boldsymbol{A}$ 的特征值为 $\lambda_1=0,\lambda_2=3,\lambda_3=-3$.

当 $\lambda_1=0$ 时，解得对应的特征向量为 $\boldsymbol{\eta}_1=\begin{bmatrix}1\\1\\1\end{bmatrix}$.

当 $\lambda_2=3$ 时，解得对应的特征向量为 $\boldsymbol{\eta}_2=\begin{bmatrix}1\\0\\-1\end{bmatrix}$.

当 $\lambda_3=-3$ 时，解得对应的特征向量为 $\boldsymbol{\eta}_3=\begin{bmatrix}1\\-2\\1\end{bmatrix}$.

因为矩阵 $\boldsymbol{A}$ 是实对称矩阵且特征值互异，这时它的三个特征向量已经是正交的．只要再对这三个特征向量单位化即可．令 $\boldsymbol{Q}=\left[\dfrac{\boldsymbol{\eta}_1}{\|\boldsymbol{\eta}_1\|},\dfrac{\boldsymbol{\eta}_2}{\|\boldsymbol{\eta}_2\|},\dfrac{\boldsymbol{\eta}_3}{\|\boldsymbol{\eta}_3\|}\right]=\begin{bmatrix}\frac{1}{\sqrt{3}}&\frac{1}{\sqrt{2}}&\frac{1}{\sqrt{6}}\\\frac{1}{\sqrt{3}}&0&-\frac{2}{\sqrt{6}}\\\frac{1}{\sqrt{3}}&-\frac{1}{\sqrt{2}}&\frac{1}{\sqrt{6}}\end{bmatrix}$．则有 $\boldsymbol{Q}^{\mathrm{T}}\boldsymbol{A}\boldsymbol{Q}=\boldsymbol{Q}^{-1}\boldsymbol{A}\boldsymbol{Q}=\mathrm{diag}(0,3,-3)$. ■

6.3.5 小结

本节主要介绍了实对称矩阵特征值都是实数，实对称矩阵不同特征值的特征向量是正

交的,实对称矩阵都是可以相似对角化的,也是可以正交相似对角化的;实对称矩阵对正交相似对角化的具体方法.

6.3.6 习题

1. 将下列矩阵正交相似对角化.

(1)$\boldsymbol{A}=\begin{bmatrix}2&-2&0\\-2&1&-2\\0&-2&0\end{bmatrix}$;

(2)$\boldsymbol{B}=\begin{bmatrix}2&2&-2\\2&5&-4\\-2&-4&5\end{bmatrix}$.

2. 设矩阵 $\boldsymbol{A}=\begin{bmatrix}1&-2&-4\\-2&x&-2\\-4&-2&1\end{bmatrix}$ 与 $\boldsymbol{\Lambda}=\begin{bmatrix}5&0&0\\0&-4&0\\0&0&y\end{bmatrix}$ 相似,求 x,y. 并求一个正交矩阵 $\boldsymbol{Q}$,使得 $\boldsymbol{Q}^{-1}\boldsymbol{A}\boldsymbol{Q}=\boldsymbol{\Lambda}$.

3. 设三阶实对称矩阵 $\boldsymbol{A}$ 的特征值为 $\lambda_1=-1,\lambda_2=\lambda_3=1$,对应于 λ_1 的特征向量为 $\boldsymbol{p}_1=\begin{bmatrix}0\\1\\1\end{bmatrix}$. 求 $\boldsymbol{A}$.

4. 设 $\boldsymbol{\alpha}=(a_1,a_2,\cdots,a_n)^{\mathrm{T}},a_1\neq 0,\boldsymbol{A}=\boldsymbol{\alpha}\boldsymbol{\alpha}^{\mathrm{T}}$.

(1) 证明 $\lambda=0$ 是 $\boldsymbol{A}$ 的 $n-1$ 重特征值;

(2) 求 $\boldsymbol{A}$ 的非零特征值及 n 个线性无关的特征向量.

5. 设 $\boldsymbol{A}=\begin{bmatrix}3&-2\\-2&3\end{bmatrix}$,求 $\phi(\boldsymbol{A})=\boldsymbol{A}^{10}-5\boldsymbol{A}^9$.

6.4 习题 6

1. 设 $\boldsymbol{A}$ 为二阶方阵,$\boldsymbol{\alpha}_1,\boldsymbol{\alpha}_2$ 是线性无关的二维列向量,有 $\boldsymbol{A}\boldsymbol{\alpha}_1=\boldsymbol{0},\boldsymbol{A}\boldsymbol{\alpha}_2=2\boldsymbol{\alpha}_1+\boldsymbol{\alpha}_2$,则 $\boldsymbol{A}$ 的非零特征值为________.

2. 若三维列向量 $\boldsymbol{\alpha},\boldsymbol{\beta}$ 满足 $\boldsymbol{\alpha}^{\mathrm{T}}\boldsymbol{\beta}=2$,其中 $\boldsymbol{\alpha}^{\mathrm{T}}$ 为 $\boldsymbol{\alpha}$ 的转置,则矩阵 $\boldsymbol{A}=\boldsymbol{\beta}\boldsymbol{\alpha}^{\mathrm{T}}$ 的非零特征值为________.

3. 矩阵 $\begin{bmatrix}0&-2&-2\\2&2&-2\\-2&-2&2\end{bmatrix}$ 的非零特征值是________.

4. 设向量 $\boldsymbol{\alpha}=[a_1,a_2,\cdots,a_n]^{\mathrm{T}}$，$\boldsymbol{\beta}=[b_1,b_2,\cdots,b_n]^{\mathrm{T}}$ 都是非零向量，且满足条件 $\boldsymbol{\alpha}^{\mathrm{T}}\boldsymbol{\beta}=0$，记为 n 阶矩阵 $\boldsymbol{A}=\boldsymbol{\alpha}\boldsymbol{\beta}^{\mathrm{T}}$. 求：

(1)$\boldsymbol{A}^2$；

(2) 矩阵 $\boldsymbol{A}$ 的特征值和特征向量 .

5. 证明矩阵 $\boldsymbol{A}=\begin{bmatrix}1&1&\cdots&1\\1&1&\cdots&1\\\vdots&\vdots&&\vdots\\1&1&\cdots&1\end{bmatrix}$ 与 $\boldsymbol{A}=\begin{bmatrix}0&0&\cdots&1\\0&0&\cdots&2\\\vdots&\vdots&&\vdots\\0&0&\cdots&n\end{bmatrix}$ 相似 .

6. 设 $\boldsymbol{A},\boldsymbol{B}$ 是可逆矩阵，且 $\boldsymbol{A}$ 与 $\boldsymbol{B}$ 相似，则下列结论错误的是(　　).

A. $\boldsymbol{A}^{\mathrm{T}}$ 与 $\boldsymbol{B}^{\mathrm{T}}$ 相似　　B. $\boldsymbol{A}^{-1}$ 与 $\boldsymbol{B}^{-1}$ 相似

C. $\boldsymbol{A}+\boldsymbol{A}^{\mathrm{T}}$ 与 $\boldsymbol{B}+\boldsymbol{B}^{\mathrm{T}}$ 相似　　D. $\boldsymbol{A}+\boldsymbol{A}^{-1}$ 与 $\boldsymbol{B}+\boldsymbol{B}^{-1}$ 相似

7. 已知矩阵 $\boldsymbol{A}=\begin{bmatrix}2&0&0\\0&2&1\\0&0&1\end{bmatrix}$，$\boldsymbol{B}=\begin{bmatrix}2&1&0\\0&2&0\\0&0&1\end{bmatrix}$，$\boldsymbol{C}=\begin{bmatrix}1&0&0\\0&2&0\\0&0&2\end{bmatrix}$，则(　　).

A. $\boldsymbol{A}$ 与 $\boldsymbol{C}$ 相似，$\boldsymbol{B}$ 与 $\boldsymbol{C}$ 相似　　B. $\boldsymbol{A}$ 与 $\boldsymbol{C}$ 相似，$\boldsymbol{B}$ 与 $\boldsymbol{C}$ 不相似

C. $\boldsymbol{A}$ 与 $\boldsymbol{C}$ 不相似，$\boldsymbol{B}$ 与 $\boldsymbol{C}$ 相似　　D. $\boldsymbol{A}$ 与 $\boldsymbol{C}$ 不相似，$\boldsymbol{B}$ 与 $\boldsymbol{C}$ 不相似

8. 下列矩阵中与矩阵 $\begin{bmatrix}1&1&0\\0&1&1\\0&0&1\end{bmatrix}$ 相似的为(　　).

A. $\begin{bmatrix}1&1&-1\\0&1&1\\0&0&1\end{bmatrix}$　　B. $\begin{bmatrix}1&0&-1\\0&1&1\\0&0&1\end{bmatrix}$

C. $\begin{bmatrix}1&1&-1\\0&1&0\\0&0&1\end{bmatrix}$　　D. $\begin{bmatrix}1&0&-1\\0&1&0\\0&0&1\end{bmatrix}$

9. 设矩阵 $\boldsymbol{A}=\begin{bmatrix}0&2&-3\\-1&3&-3\\1&-2&a\end{bmatrix}$ 相似于矩阵 $\boldsymbol{B}=\begin{bmatrix}1&-2&0\\0&b&0\\0&3&1\end{bmatrix}$，求：

(1)a,b 的值；

(2) 可逆矩阵 $\boldsymbol{P}$，使得 $\boldsymbol{P}^{-1}\boldsymbol{A}\boldsymbol{P}$ 为对角矩阵 .

10. 已知矩阵 $\boldsymbol{A}=\begin{bmatrix}0&-1&1\\2&-3&0\\0&0&0\end{bmatrix}$.

(1) 求 $\boldsymbol{A}^{99}$；

(2) 设三阶矩阵 $\boldsymbol{B}=[\boldsymbol{\alpha}_1,\boldsymbol{\alpha}_2,\boldsymbol{\alpha}_3]$ 满足 $\boldsymbol{B}^2=\boldsymbol{BA}$，记 $\boldsymbol{B}^{100}=[\boldsymbol{\beta}_1,\boldsymbol{\beta}_2,\boldsymbol{\beta}_3]$，将 $\boldsymbol{\beta}_1,\boldsymbol{\beta}_2,\boldsymbol{\beta}_3$ 表示为 $\boldsymbol{\alpha}_1,\boldsymbol{\alpha}_2,\boldsymbol{\alpha}_3$ 的线性组合．

11. 设 $\boldsymbol{A}$ 为二阶方阵，$\boldsymbol{P}=[\boldsymbol{\alpha},\boldsymbol{A\alpha}]$，其中 $\boldsymbol{\alpha}$ 是非零向量且不是矩阵 $\boldsymbol{A}$ 的特征向量．

(1) 证明 $\boldsymbol{P}$ 是可逆矩阵；

(2) 若 $\boldsymbol{A}^2\boldsymbol{\alpha}+\boldsymbol{A\alpha}-6\boldsymbol{\alpha}=\boldsymbol{0}$. 求 $\boldsymbol{P}^{-1}\boldsymbol{AP}$，并判断 $\boldsymbol{A}$ 是否相似于对角矩阵．

12. 设 $\boldsymbol{A}$ 为三阶方阵，$\boldsymbol{\alpha}_1,\boldsymbol{\alpha}_2,\boldsymbol{\alpha}_3$ 是线性无关的三维列向量，且满足

$$\boldsymbol{A\alpha}_1=\boldsymbol{\alpha}_1+\boldsymbol{\alpha}_2+\boldsymbol{\alpha}_3,\ \boldsymbol{A\alpha}_2=2\boldsymbol{\alpha}_2+\boldsymbol{\alpha}_3,\ \boldsymbol{A\alpha}_3=2\boldsymbol{\alpha}_2+3\boldsymbol{\alpha}_3.$$

(1) 求矩阵 $\boldsymbol{B}$，使得 $\boldsymbol{A}[\boldsymbol{\alpha}_1,\boldsymbol{\alpha}_2,\boldsymbol{\alpha}_3]=[\boldsymbol{\alpha}_1,\boldsymbol{\alpha}_2,\boldsymbol{\alpha}_3]\boldsymbol{B}$；

(2) 求矩阵 $\boldsymbol{A}$ 的特征值；

(3) 求可逆矩阵 $\boldsymbol{P}$，使得 $\boldsymbol{P}^{-1}\boldsymbol{AP}$ 为对角矩阵．

13. 设 $\boldsymbol{A}$ 为三阶实对称矩阵，$\boldsymbol{A}$ 的秩为 2，且 $\boldsymbol{A}\begin{bmatrix}1&1\\0&0\\-1&1\end{bmatrix}=\begin{bmatrix}-1&1\\0&0\\1&1\end{bmatrix}$.

(1) 求矩阵 $\boldsymbol{A}$ 的所有特征值和特征向量；

(2) 求矩阵 $\boldsymbol{A}$.

14. 设实对称矩阵 $\boldsymbol{A}=\begin{bmatrix}a&1&1\\1&a&-1\\1&-1&a\end{bmatrix}$，求可逆矩阵 $\boldsymbol{P}$，使 $\boldsymbol{P}^{-1}\boldsymbol{AP}$ 为对角矩阵，并计算行列式 $\det(\boldsymbol{A}-\boldsymbol{I})$.

6.5　自测题 6

一、填空题

1. 设 $\lambda=4$ 是 n 阶矩阵 $\boldsymbol{A}$ 的一个特征值，则行列式 $\det(4\boldsymbol{I}-\boldsymbol{A})=$____，rank $(4\boldsymbol{I}-\boldsymbol{A})$ ____ n，齐次线性方程组 $(4\boldsymbol{I}-\boldsymbol{A})\boldsymbol{x}=\boldsymbol{0}$ 一定有____解．

2. 已知三阶矩阵 $\boldsymbol{A}$ 的三个特征值为 1,2,3，则 $\boldsymbol{A}^{-1}$ 的特征值为________，$\boldsymbol{A}^2+2\boldsymbol{A}+3\boldsymbol{I}$ 的特征值为________．

3. 已知矩阵 $\boldsymbol{A}=\begin{bmatrix}4&2&1\\-2&0&-1\\1&1&x\end{bmatrix}$ 有特征值 $\lambda_1=\lambda_2=2,\lambda_3=0$，则 $x=$____．

4. 设 $\lambda=2$ 是可逆矩阵 $\boldsymbol{A}$ 的一个特征值，则 $\left(\frac{1}{3}\boldsymbol{A}^2\right)^{-1}+\boldsymbol{I}$ 的一个特征值是____．

5. 设 $\boldsymbol{A}=\begin{bmatrix}2&0&0\\0&0&1\\0&1&x\end{bmatrix}$，$\boldsymbol{B}=\mathrm{diag}(2,y,-1)$，若 $\boldsymbol{A}$ 与 $\boldsymbol{B}$ 相似，则 $x=$____，$y=$____．

二、选择题

1. 设 $\boldsymbol{\xi}_1,\boldsymbol{\xi}_2$ 是矩阵 $\boldsymbol{A}$ 的对应于特征值 λ 的特征向量，则（　　）．

A. $\boldsymbol{\xi}_1$ 与 $\boldsymbol{\xi}_2$ 线性无关　　B. $\boldsymbol{\xi}_1$ 与 $\boldsymbol{\xi}_2$ 线性相关

C. $k_1\boldsymbol{\xi}_1+k_2\boldsymbol{\xi}_2$ 是 $\boldsymbol{A}$ 的特征向量　　D. $\boldsymbol{A}(k_1\boldsymbol{\xi}_1+k_2\boldsymbol{\xi}_2)=\lambda(k_1\boldsymbol{\xi}_1+k_2\boldsymbol{\xi}_2)$

2. 已知三阶矩阵的特征值为 $1,2,-1$，则 $\boldsymbol{A}^*$ 的特征值为（　　）．

A. $\frac{1}{2},\frac{1}{4},-\frac{1}{4}$　　B. $-2,-1,2$

C. $1,\frac{1}{2},-1$　　D. $-\frac{1}{2},-1,\frac{1}{2}$

3. n 阶矩阵 $\boldsymbol{A}$ 具有 n 个不同的特征值是 $\boldsymbol{A}$ 与对角矩阵相似的（　　）．

A. 充分必要条件　　B. 充分而非必要条件

C. 必要而非充分条件　　D. 既非充分也非必要条件

4. 设 $\boldsymbol{A},\boldsymbol{B}$ 为 n 阶矩阵，且 $\boldsymbol{A}$ 与 $\boldsymbol{B}$ 相似，$\boldsymbol{I}$ 为 n 阶单位矩阵，则（　　）．

A. $\lambda\boldsymbol{I}-\boldsymbol{A}=\lambda\boldsymbol{I}-\boldsymbol{B}$

B. $\boldsymbol{A}$ 与 $\boldsymbol{B}$ 有相同的特征值与特征向量

C. $\boldsymbol{A}$ 与 $\boldsymbol{B}$ 都相似于一个对角矩阵

D. $\boldsymbol{A}$ 与 $\boldsymbol{B}$ 有相同的行列式和迹

5. 设 $\boldsymbol{A}$ 为三阶矩阵，且 $\boldsymbol{I}-\boldsymbol{A},2\boldsymbol{I}-\boldsymbol{A},-3\boldsymbol{I}-\boldsymbol{A}$ 均不可逆，则下列结论不正确的是（　　）．

A. $\boldsymbol{A}$ 可对角化　　B. $\boldsymbol{A}$ 为可逆矩阵

C. $\boldsymbol{A}+\boldsymbol{I}$ 也可能不可逆　　D. $\det(\boldsymbol{A})=-6$

三、解答题

1. 若 $\boldsymbol{A}$ 为正交矩阵，则 $\boldsymbol{A}^{-1},\boldsymbol{A}^*$ 也是正交矩阵，且 $\det(\boldsymbol{A})=\pm1$.

2. 设 $\boldsymbol{A}$ 与 $\boldsymbol{B}$ 都是 n 阶正交矩阵，证明 $\boldsymbol{AB},\boldsymbol{BA}$ 均是正交矩阵．

3. 求矩阵 $\boldsymbol{A}=\begin{bmatrix}1&2&3\\2&1&3\\3&3&6\end{bmatrix}$ 的特征值与特征向量．

4. 已知三阶矩阵 $\boldsymbol{A}$ 的特征值为 $1,2,-3$，求 $\det(\boldsymbol{A}^*+3\boldsymbol{A}+2\boldsymbol{I})$.

5. 将对称矩阵 $\boldsymbol{A}=\begin{bmatrix}2&-2&0\\-2&1&-2\\0&-2&0\end{bmatrix}$ 化为对角矩阵．

第7章　二次型

二次型就是二次齐次多项式函数，将二次曲面化为标准曲面是二次型的一个来源．借助矩阵理论来研究二次型是本章的基本思路．本章主要内容有二次型的矩阵表示、二次型的标准形和规范形、用配方法化二次型为标准形、用正交变换法化二次型为标准形、正定二次型．

二次型是线性代数理论的一个应用，配方法化二次型为标准形和用正交变换法化二次型为标准形是主要内容．它们是基于标量和矩阵的不同的方法．这表明要实现同一个目标可以有不同层级的方法，这就需要提升自己的能力(要从初等的配方法提升到矩阵变换法)，视具体情况选用适合的方法达成目标．

7.1　二次型及其标准形

内容提要

二次型是矩阵的一种应用．本节的主要内容有二次型的定义、用实对称矩阵表示二次型、二次型的标准形和规范形、二次型的秩、矩阵的合同、合同矩阵的性质．

7.1.1　二次型的定义

方程 $2x_1^2+3x_2^2=1$ 和 $5x_1^2-4x_1x_2+5x_2^2=48$ 都表示椭圆，而方程 $3x_1^2-5x_2^2=1$ 和 $x_1^2-8x_1x_2-5x_2^2=16$ 都表示双曲线，显然这两组方程中的前者我们一眼就能判断它们对应曲线的类型，而后者要判断它的类型就需要一定时间．这四个方程的左端都是二次齐次式，这一章就讨论二次齐次式函数的化简问题．

定义 7.1　含有 n 个变量 $x_1,x_2,\cdots\cdots,x_n$ 的二次齐次函数(quadratic homogeneous function)

$$f(x_1,x_2,\cdots,x_n)=a_{11}x_1^2+a_{22}x_2^2+\cdots+a_{nn}x_n^2+2a_{12}x_1x_2+$$
$$2a_{13}x_1x_3+\cdots+2a_{n-1,n}x_{n-1}x_n$$

称为**二次型**(quadratic form).

若在上面的二次型表达式中令 $a_{ij}=a_{ji}$,则 $2a_{ij}x_ix_j=a_{ij}x_ix_j+a_{ji}x_jx_i$,于是上式可写成

$$\begin{aligned} f(x_1,x_2,\cdots,x_n) &= a_{11}x_1^2+a_{12}x_1x_2+\cdots+a_{1n}x_1x_n+ \\ &\quad a_{21}x_2x_1+a_{22}x_2x_2+\cdots a_{2n}x_2x_n+\cdots+ \\ &\quad a_{n1}x_nx_1+a_{n2}x_nx_2+\cdots a_{nn}x_n^2 \\ &= \sum_{i,j=1}^{n} a_{ij}x_ix_j. \end{aligned} \tag{7.1}$$

引入矩阵的记号,则二次型可有简化的表达形式.记

$$\boldsymbol{A}=\begin{bmatrix} a_{11} & a_{12} & \cdots & a_{1n} \\ a_{21} & a_{22} & \cdots & a_{2n} \\ \vdots & \vdots & & \vdots \\ a_{n1} & a_{n2} & \cdots & a_{nn} \end{bmatrix}, \boldsymbol{x}=\begin{bmatrix} x_1 \\ x_2 \\ \vdots \\ x_n \end{bmatrix},$$

则二次型可用矩阵表示为 $f(\boldsymbol{x})=\boldsymbol{x}^{\mathrm{T}}\boldsymbol{A}\boldsymbol{x}$,其中 $\boldsymbol{A}$ 为实对称矩阵.这样对一个给定的 n 元二次型 $f(x_1,x_2,\cdots,x_n)$ 就存在唯一的一个 n 阶实对称矩阵 $\boldsymbol{A}$ 和它对应.反之,若给定一个 n 阶实对称矩阵,也存在唯一个 n 元实二次型和它对应.这样就可以把实对称矩阵 $\boldsymbol{A}$ 的相关结论推广到二次型上来,例如可以把二次型 $f(x_1,x_2,\cdots,x_n)$ 对应矩阵 $\boldsymbol{A}$ 的秩的定义为该二次型的秩.

例 7.1 $f(x_1,x_2,x_3)=\boldsymbol{x}^{\mathrm{T}}\boldsymbol{A}\boldsymbol{x}=\sum_{i=1}^{3}\sum_{j=1}^{3}(i\times j)\times x_ix_j$ 试写出对应的二次型矩阵.

解 显然二次型的矩阵为 $\boldsymbol{A}=\begin{bmatrix} 1 & 2 & 3 \\ 2 & 4 & 6 \\ 3 & 6 & 9 \end{bmatrix}$. ■

例 7.2 已知二次型 $f(x_1,x_2,x_3)=(1-a)x_1^2+(1-a)x_2^2+2x_3^2+2(1+a)x_1x_2$ 的秩为2,试求 a 的值.

解 和该二次型对应的矩阵是 $\boldsymbol{A}=\begin{bmatrix} 1-a & 1+a & 0 \\ 1+a & 1-a & 0 \\ 0 & 0 & 2 \end{bmatrix}$,由于二次型的秩为 2,所以

$\det(\boldsymbol{A})=2\begin{vmatrix} 1-a & 1+a \\ 1+a & 1-a \end{vmatrix}=-8a=0$. 解得 $a=0$. ■

7.1.2 标准形和规范形

对于 n 元二次型 $f(x_1,x_2,\cdots,x_n)$,我们讨论的主要问题是能否找到可逆的线性变换

$$\begin{cases}x_1=c_{11}y_1+c_{12}y_2+\cdots+c_{1n}y_n,\\x_2=c_{21}y_1+c_{22}y_2+\cdots+c_{2n}y_n,\\\quad\vdots\\x_n=c_{n1}y_1+c_{n2}y_2+\cdots+c_{nn}y_n.\end{cases}$$

使二次型只含有平方项,也就是将上式化成

$$f=k_1y_1^2+k_2y_2^2+\cdots+k_ny_n^2,$$

这种只含有平方项的二次型,称为二次型的**标准形**. 通常二次型的标准形并不是唯一的. 同一个二次型若用不同的线性变换可能得到不同的标准形,例如二次型

$$f(x_1,x_2)=2x_1{}^2+4x_1^2x_2^2+4x_2^2=2(x_1+x_2)^2+2x_2^2=x_1{}^2+(2x_2+x_1)^2,$$

若经过线性替换

$$\begin{cases}x_1=y_1-y_2,\\x_2=y_2\end{cases}\text{和}\begin{cases}x_1=y_1,\\x_2=\dfrac{1}{2}(-y_1+y_2),\end{cases}$$

分别得到二次型 $f=2y_1^2+2y_2^2$ 和 $f=y_1^2+y_2^2$.

如果二次型标准形的系数 $k_1,k_2,\cdots,k_n$ 只能从 $1,-1,0$ 中取值,即这时的标准形为

$$f=y_1^2+\cdots+y_p^2-y_{p+1}^2-\cdots-y_r^2,$$

则称其为二次型的**规范形**(normal form). 二次型的规范形是唯一的,例如上述二次型的规范形是 $f=y_1^2+y_2^2$.

7.1.3 矩阵的合同

由于二次型和实对称矩阵间存在着一一对应的关系,所以把实对称矩阵 $\boldsymbol{A}$ 叫作**二次型 f 的矩阵**,也把 f 叫作**实对称矩阵 $\boldsymbol{A}$ 的二次型**. 矩阵 $\boldsymbol{A}$ 的秩也叫作**二次型 f 的秩**.

对于二次型,我们的主要任务是用可逆的线性变换把二次型化成标准形和规范形.

记 $\boldsymbol{C}=(c_{ij})_{n\times n}$,把可逆变换记作 $\boldsymbol{x}=\boldsymbol{C}\boldsymbol{y}$,代入 $f(\boldsymbol{x})=\boldsymbol{x}^{\mathrm{T}}\boldsymbol{A}\boldsymbol{x}$ 有

$$f(\boldsymbol{x})\xlongequal{\boldsymbol{x}=\boldsymbol{C}\boldsymbol{y}}f(\boldsymbol{C}\boldsymbol{y})=(\boldsymbol{C}\boldsymbol{y})^{\mathrm{T}}\boldsymbol{A}(\boldsymbol{C}\boldsymbol{y})=\boldsymbol{y}^{\mathrm{T}}(\boldsymbol{C}^{\mathrm{T}}\boldsymbol{A}\boldsymbol{C})\boldsymbol{y}=g(\boldsymbol{y}).$$

定义 7.2 设 $\boldsymbol{A}$ 和 $\boldsymbol{B}$ 是 n 阶矩阵,若有可逆矩阵 $\boldsymbol{C}$,使得 $\boldsymbol{B}=\boldsymbol{C}^{\mathrm{T}}\boldsymbol{A}\boldsymbol{C}$,则称矩阵 $\boldsymbol{A}$ 与 $\boldsymbol{B}$ **合同**(congruence).

若矩阵 $\boldsymbol{C}$ 可逆,对矩阵 $\boldsymbol{A}$ 施加运算 $\boldsymbol{C}^{\mathrm{T}}\boldsymbol{A}\boldsymbol{C}$,称为对矩阵 $\boldsymbol{A}$ 进行合同变换. 显然,如果 $\boldsymbol{C}$ 可逆,则有 $\mathrm{rank}(\boldsymbol{A})=\mathrm{rank}(\boldsymbol{C}^{\mathrm{T}}\boldsymbol{A}\boldsymbol{C})$. 如果矩阵 $\boldsymbol{A}$ 是实对称矩阵,则与矩阵 $\boldsymbol{A}$ 合同的矩阵仍是实对称矩阵.

回忆第二章初等矩阵的内容,$\boldsymbol{I}_3[r_3,r_1(k)]=\begin{bmatrix}1&0&0\\0&1&0\\k&0&1\end{bmatrix}$ 表示将单位矩阵的第一行的 k 倍加到第三行,$(\boldsymbol{I}_3[r_3,r_1(k)])^{\mathrm{T}}=\boldsymbol{I}_3[c_3,c_1(k)]=\begin{bmatrix}1&0&k\\0&1&0\\0&0&1\end{bmatrix}$ 表示将单位矩阵第一列的 k 倍加到第三列. 利用这类初等矩阵可将实对称矩阵经合同变换化成对角矩阵.

定理 7.1 存在一系列的第三类初等矩阵 $\boldsymbol{P}_1,\boldsymbol{P}_2,\cdots,\boldsymbol{P}_s$ 可将实对称矩阵 $\boldsymbol{A}$ 经合同变换化成对角矩阵,即有

$$\boldsymbol{P}_s^{\mathrm{T}}\cdots\boldsymbol{P}_2^{\mathrm{T}}\boldsymbol{P}_1^{\mathrm{T}}\boldsymbol{A}\boldsymbol{P}_1\boldsymbol{P}_2\cdots\boldsymbol{P}_s=\mathrm{diag}(d_1,d_2,\cdots,d_n).$$

证明 仅对三阶矩阵给出证明. 若矩阵 $\boldsymbol{A}$ 已经是对角矩阵,则结论已经成立. 这时可任取两个乘积为单位矩阵的初等矩阵即可(例如可取 $\boldsymbol{P}_1=\boldsymbol{I}_3[c_2,c_1(k)]$,$\boldsymbol{P}_2=\boldsymbol{I}_3[c_2,c_1(-k)]$).

设矩阵 $\boldsymbol{A}$ 不是对角矩阵,下面分两种情况讨论.

(1) 假设矩阵 $\boldsymbol{A}=(a_{ij})$ 的第一列中元素 $a_{11}\neq 0$,若 a_{21} 不为零,可取 $\boldsymbol{P}_1=\boldsymbol{I}_3\left[c_2,c_1\left(-\dfrac{a_{21}}{a_{11}}\right)\right]$,则经合同变换 $\boldsymbol{P}_1^{\mathrm{T}}\boldsymbol{A}\boldsymbol{P}_1$ 可将矩阵 $\boldsymbol{A}$ 中位置(2,1)和(1,2)上的元素化成零. 类似的方法可将矩阵 $\boldsymbol{A}$ 的非对角元素全经合同变换全化成零元素.

(2) 若矩阵 $\boldsymbol{A}$ 中的元素 $a_{11}=0$,而 a_{21},a_{31} 不全为零,可用初等变换 $\boldsymbol{I}_3[c_1,c_2(1)]$ 经合同变换将矩阵 $\boldsymbol{A}$ 的(1,1)位置上的元素化成非零元素,这时就转化成了第一种情况. 证毕. ■

为了记录上面合同变换所用所有初等矩阵的乘积 $\boldsymbol{P}_1\boldsymbol{P}_2\cdots\boldsymbol{P}_s$,可将矩阵 $\boldsymbol{A}$ 和单位矩阵 $\boldsymbol{I}$ 排列成 $\begin{bmatrix}\boldsymbol{A}\\\boldsymbol{I}\end{bmatrix}$,这时对矩阵 $\boldsymbol{A}$ 所作的初等列变换都将初单位矩阵 $\boldsymbol{I}$ 通过变形记录下来,即有

$$\begin{bmatrix}\boldsymbol{A}\\ \\ \boldsymbol{I}\end{bmatrix}\boldsymbol{P}_1\boldsymbol{P}_2\cdots\boldsymbol{P}_s=\begin{bmatrix}\boldsymbol{A}\boldsymbol{P}_1\boldsymbol{P}_2\cdots\boldsymbol{P}_s\\ \\ \boldsymbol{P}_1\boldsymbol{P}_2\cdots\boldsymbol{P}_s\end{bmatrix}.$$

例 7.3 用初等变换法将矩阵 $\boldsymbol{A}=\begin{bmatrix}1&1&1\\1&2&3\\1&3&5\end{bmatrix}$ 合同变换为对角矩阵.

解

$$\begin{bmatrix} A \\ I \end{bmatrix}=\begin{bmatrix} 1 & 1 & 1 \\ 1 & 2 & 3 \\ 1 & 3 & 5 \\ 1 & 0 & 0 \\ 0 & 1 & 0 \\ 0 & 0 & 1 \end{bmatrix} \overset{\substack{r_2-r_1 \\ r_3-r_1}}{\sim} \begin{bmatrix} 1 & 1 & 1 \\ 0 & 1 & 2 \\ 0 & 2 & 4 \\ 1 & 0 & 0 \\ 0 & 1 & 0 \\ 0 & 0 & 1 \end{bmatrix}$$

$$\overset{\substack{c_2-c_1 \\ c_3-c_1}}{\sim} \begin{bmatrix} 1 & 0 & 0 \\ 0 & 1 & 2 \\ 0 & 2 & 4 \\ 1 & -1 & -1 \\ 0 & 1 & 0 \\ 0 & 0 & 1 \end{bmatrix} \overset{\substack{r_3-2r_2 \\ c_3-2c_2}}{\sim} \begin{bmatrix} 1 & 0 & 0 \\ 0 & 1 & 0 \\ 0 & 0 & 0 \\ 1 & -1 & 1 \\ 0 & 1 & -2 \\ 0 & 0 & 1 \end{bmatrix}.$$

所以可令 $\boldsymbol{P}=\begin{bmatrix} 1 & -1 & 1 \\ 0 & 1 & -2 \\ 0 & 0 & 1 \end{bmatrix}$，则有

$$\boldsymbol{P}^{\mathrm{T}}\boldsymbol{AP}=\mathrm{diag}(1,1,0).$$

■

7.1.4 小结

本节主要介绍了二次型的定义，二次型的矩阵表示，二次型与实对称矩阵是一一对应的，二次型的标准形和规范形，矩阵的合同，用初等行列变换将二次型化成标准形．

7.1.5 习题

1. 若二次型 $f(x_1,x_2,x_3)=\boldsymbol{x}^{\mathrm{T}}\boldsymbol{Ax}=x_1^2+2x_2^2+2x_1x_2-2x_2x_3$，则实对称矩阵 $\boldsymbol{A}=$ ________．

2. 若矩阵 $\boldsymbol{A}=\begin{bmatrix} 1 & 1 & 0 \\ 1 & 2 & -2 \\ 0 & -2 & 5 \end{bmatrix}$，则二次型 $f=\boldsymbol{x}^{\mathrm{T}}\boldsymbol{Ax}=$ ________．

3. 二次型 $f(x_1,x_2)=x_1^2+4x_1x_2+4x_2^2$ 的秩为________．

4. 下列二次型的矩阵是

(1) $f(\boldsymbol{x})=\boldsymbol{x}^{\mathrm{T}}\begin{bmatrix}2 & 1\\3 & 1\end{bmatrix}\boldsymbol{x}$；(2) $f(\boldsymbol{x})=\boldsymbol{x}^{\mathrm{T}}\begin{bmatrix}1 & 2 & 3\\4 & 5 & 6\\7 & 8 & 9\end{bmatrix}\boldsymbol{x}$.

5. 求二次方程 $f(x_1,x_2,x_3)=[x_1,x_2,x_3]\begin{bmatrix}2 & 2 & 0\\2 & 2 & 0\\0 & 0 & 3\end{bmatrix}\begin{bmatrix}x_1\\x_2\\x_3\end{bmatrix}=0$ 的解．

6. 用初等行列变换将矩阵 $\boldsymbol{A}=\begin{bmatrix}0 & 1 & 1\\1 & 0 & -3\\1 & -3 & 0\end{bmatrix}$ 化成标准形，并写出所作合同变换的矩阵 $\boldsymbol{C}$.

7.2 化二次型为标准形

内容提要

配方法化二次型为标准形是二次型化简的一个基本技能，是中学阶段对二次函数进行配方的延续和拓展，但配方法得到的标准形并不是唯一的．正交变换法是化二次型为标准形的常用方法，它的理论基础是实对称矩阵可以正交相似于对角矩阵．正交变换法可以化二次型为标准形，但所用的正交替换通常并不唯一．

7.2.1 配方法

在中学阶段我们学过了用配方法可以用在二次型的化简上，可以通过连续运用配方法将一个二次型化成完全平方的形式．具体是把二次型中含有 x_1 的项提取出来，对变量 x_1 进行配方，对 x_1 的配方完成后，再对 x_2 进行配方……最后对 x_n 进行配方．下面通过具体的例子来说明．

例 7.4 化二次型 $f(x_1,x_2,x_3)=x_1^2+2x_2^2+5x_3^2+2x_1x_2+2x_1x_3+6x_2x_3$ 成标准形，并求所用的线性变换．

解 由于 f 中含变量 x_1 的平方项，故把含 x_1 的项归并起来，配方可得

$$\begin{aligned}f&=x_1^2+2x_2^2+5x_3^2+2x_1x_2+2x_1x_3+6x_2x_3\\&=(x_1+x_2+x_3)^2-x_2^2-x_3^2-2x_2x_3+2x_2^2+5x_3^2+6x_2x_3\\&=(x_1+x_2+x_3)^2+x_2^2+4x_2x_3+4x_3^2\\&=(x_1+x_2+x_3)^2+(x_2+2x_3)^2.\end{aligned}$$

令$\begin{cases} y_1 = x_1 + x_2 + x_3, \\ y_2 = x_2 + 2x_3, \\ y_3 = x_3 \end{cases}$ 即$\begin{cases} x_1 = y_1 - y_2 + y_3, \\ x_2 = y_2 - 2y_3, \\ x_3 = y_3, \end{cases}$ 就把 f 化成标准形(规范形)$f = y_1^2 + y_2^2$,所用的线性变换为

$$x = Cy = \begin{bmatrix} 1 & -1 & 1 \\ 0 & 1 & -2 \\ 0 & 0 & 1 \end{bmatrix} \begin{bmatrix} y_1 \\ y_2 \\ y_3 \end{bmatrix}.$$

例 7.5 化二次型 $f = 2x_1x_2 + 2x_1x_3 - 6x_2x_3$ 为标准形,并求所用的线性变换.

解 在 f 中不含有 x_1 的平方项.由于含有 x_1x_2 的乘积项,故可令

$$\begin{cases} x_1 = y_1 + y_2, \\ x_2 = y_1 - y_2, \\ x_3 = y_3, \end{cases}$$

代入可得

$$f = 2y_1^2 - 2y_2^2 - 4y_1y_2 + 8y_2y_3,$$

再配方得

$$f = 2(y_1 - y_2)^2 - 2(y_2 - 2y_3)^2 + 6y_3^2.$$

令$\begin{cases} z_1 = y_1 - y_2, \\ z_2 = y_2 - 2y_3, \\ z_3 = y_3, \end{cases}$即$\begin{cases} y_1 = z_1 + z_2 + 2z_3, \\ y_2 = z_2 + 2z_3, \\ y_3 = z_3, \end{cases}$ 就把 f 化成规范形

$$f = z_1^2 - z_2^2 + z_3^2,$$

所用的线性变换为

$$x = \begin{bmatrix} 1 & 1 & 0 \\ 1 & -1 & 0 \\ 0 & 0 & 1 \end{bmatrix} y = \begin{bmatrix} 1 & 1 & 0 \\ 1 & -1 & 0 \\ 0 & 0 & 1 \end{bmatrix} \begin{bmatrix} 1 & 1 & 2 \\ 0 & 1 & 2 \\ 0 & 0 & 1 \end{bmatrix} \begin{bmatrix} z_1 \\ z_2 \\ z_3 \end{bmatrix}$$

$$= \begin{bmatrix} 1 & 2 & 4 \\ 1 & 1 & 0 \\ 0 & 0 & 1 \end{bmatrix} \begin{bmatrix} z_1 \\ z_2 \\ z_3 \end{bmatrix}.$$

一般地,任何二次型都可用上面例子中的方法找到可逆的线性变换,把二次型化成标准形或规范形.

7.2.2 正交变换法

由上一节的定理 6.11 知，任意给的实对称矩阵 $\boldsymbol{A}$，总能找到正交矩阵 $\boldsymbol{Q}$，使 $\boldsymbol{Q}^{-1}\boldsymbol{AQ}=\boldsymbol{\Lambda}$，即 $\boldsymbol{Q}^{\mathrm{T}}\boldsymbol{AQ}=\boldsymbol{\Lambda}$. 把此结论用于二次型，即有

定理 7.2 任给的 n 元二次型 $f(x_1,x_2,\cdots,x_n)=\boldsymbol{x}^{\mathrm{T}}\boldsymbol{Ax}$，$\boldsymbol{A}^{\mathrm{T}}=\boldsymbol{A}=(a_{ij})_{n\times n}$，总存在正交变换 $\boldsymbol{x}=\boldsymbol{Qy}$，使 $f(x_1,x_2,\cdots,x_n)$ 化成标准形

$$f(x_1,x_2,\cdots,x_n)\xlongequal{\boldsymbol{x}=\boldsymbol{Qy}}\lambda_1y_1^2+\lambda_2y_2^2+\cdots+\lambda_ny_n^2,$$

其中 $\lambda_1\geqslant\lambda_2\geqslant\cdots\geqslant\lambda_n$ 是矩阵 $\boldsymbol{A}$ 的特征值.

推论 7.1 任意给 n 元二次型的标准形

$$g(y_1,y_2,\cdots,y_n)=\boldsymbol{y}^{\mathrm{T}}\boldsymbol{\Lambda y}=\lambda_1y_1^2+\lambda_2y_2^2+\cdots+\lambda_ny_n^2,$$

总能找到可逆变换 $\boldsymbol{y}=\boldsymbol{Kz}$，使 $g(\boldsymbol{Kz})$ 为规范形.

证明 设二次型 $g(y_1,y_2,\cdots,y_n)$ 的秩为 r，则特征值 λ_i 中有 r 个不为零，不妨设特征值 $\lambda_1,\cdots,\lambda_r$ 不为零，余下的特征值 $\lambda_{r+1}=\cdots=\lambda_n$ 全为零，令

$$\boldsymbol{K}=\mathrm{diag}(k_1,k_2,\cdots,k_n),$$

其中 $k_i=\dfrac{1}{\sqrt{|\lambda_i|}}$，$i\leqslant r$，若 $r<i\leqslant n$，则 $k_i=1$. 则矩阵 $\boldsymbol{K}$ 可逆，变换 $\boldsymbol{y}=\boldsymbol{Kz}$ 把 $g(y_1,y_2,\cdots,y_n)$ 化成

$$g(y_1,y_2,\cdots,y_n)=\boldsymbol{y}^{\mathrm{T}}\boldsymbol{\Lambda y}=\boldsymbol{z}^{\mathrm{T}}\boldsymbol{K}^{\mathrm{T}}\boldsymbol{\Lambda Kz}=\boldsymbol{z}^{\mathrm{T}}\boldsymbol{K}^{\mathrm{T}}\boldsymbol{\Lambda Kz}.$$

而

$$\boldsymbol{K}^{\mathrm{T}}\boldsymbol{\Lambda K}=\mathrm{diag}\left(\frac{\lambda_1}{|\lambda_1|},\cdots,\frac{\lambda_i}{|\lambda_i|},0,\cdots,0\right).$$

即可逆变换 $\boldsymbol{y}=\boldsymbol{Kz}$ 把 $g(y_1,y_2,\cdots,y_n)$ 化成规范形

$$g(y_1,y_2,\cdots,y_n)\xlongequal{\boldsymbol{y}=\boldsymbol{Kz}}\frac{\lambda_1}{|\lambda_1|}z_1^2+\cdots+\frac{\lambda_i}{|\lambda_i|}z_r^2.$$

■

例 7.6 利用正交变换化二次型 $f(x_1,x_2,x_3)=2x_1^2+5x_2^2+5x_3^2+4x_1x_2-4x_1x_3-8x_2x_3$ 为标准形.

解 先写出二次型的矩阵 $\boldsymbol{A}=\begin{bmatrix}2&2&-2\\2&5&-4\\-2&-4&5\end{bmatrix}$.

再求矩阵 $\boldsymbol{A}$ 的特征值和特征向量. $\boldsymbol{A}$ 特征多项式为

$$\det(\lambda \boldsymbol{I}-\boldsymbol{A})=\begin{vmatrix}\lambda-2 & -2 & 2\\ -2 & \lambda-5 & 4\\ 2 & 4 & \lambda-5\end{vmatrix}$$

$$\overset{c_3+c_2}{=}\begin{vmatrix}\lambda-2 & -2 & 0\\ -2 & \lambda-5 & \lambda-1\\ 2 & 4 & \lambda-1\end{vmatrix}$$

$$\overset{r_2-r_3}{=}\begin{vmatrix}\lambda-2 & -2 & 0\\ -4 & \lambda-9 & 0\\ 2 & 4 & \lambda-1\end{vmatrix}$$

$$=(\lambda-1)(\lambda^2-11\lambda+18)$$

$$=(\lambda-1)^2(\lambda-10).$$

矩阵 $\boldsymbol{A}$ 的特征值为 $\lambda_1=1,\lambda_2=1,\lambda_3=10$.

当 $\lambda=1$ 时,则方程组

$$(\boldsymbol{I}-\boldsymbol{A})\boldsymbol{x}=\begin{bmatrix}-1 & -2 & 2\\ -2 & -4 & 4\\ 2 & 4 & -4\end{bmatrix}\begin{bmatrix}x_1\\ x_2\\ x_3\end{bmatrix}=\begin{bmatrix}0\\ 0\\ 0\end{bmatrix}$$

线性无关的特征向量为

$$\boldsymbol{\alpha}_1=\begin{bmatrix}2\\ -1\\ 0\end{bmatrix},\boldsymbol{\alpha}_2=\begin{bmatrix}2\\ 0\\ 1\end{bmatrix}.$$

当 $\lambda=10$ 时,由方程组

$$(10\boldsymbol{I}-\boldsymbol{A})\boldsymbol{x}=\begin{bmatrix}8 & -2 & 2\\ -2 & 5 & 4\\ 2 & 4 & 5\end{bmatrix}\begin{bmatrix}x_1\\ x_2\\ x_3\end{bmatrix}=\begin{bmatrix}0\\ 0\\ 0\end{bmatrix}$$

解得特征向量为

$$\boldsymbol{\alpha}_3=\begin{bmatrix}1\\ 2\\ -2\end{bmatrix}.$$

取 $\boldsymbol{\beta}_1=\boldsymbol{\alpha}_1$ 将 $\lambda=1$ 对应的第二个特征向量施密特正交化得

$$\boldsymbol{\beta}_2=\boldsymbol{\alpha}_2-\frac{\langle\boldsymbol{\alpha}_2,\boldsymbol{\beta}_1\rangle}{\langle\boldsymbol{\beta}_1,\boldsymbol{\beta}_1\rangle}\boldsymbol{\beta}_1=\begin{bmatrix}2\\0\\1\end{bmatrix}-\frac{4}{5}\begin{bmatrix}2\\-1\\0\end{bmatrix}=\frac{1}{5}\begin{bmatrix}2\\4\\5\end{bmatrix}.$$

再将 $\boldsymbol{\beta}_1,\boldsymbol{\beta}_2,\boldsymbol{\alpha}_3$ 单位化得

$$\boldsymbol{\xi}_1=\frac{\boldsymbol{\beta}_1}{\|\boldsymbol{\beta}_1\|}=\frac{1}{\sqrt{5}}\begin{bmatrix}2\\-1\\0\end{bmatrix},\boldsymbol{\xi}_2=\frac{\boldsymbol{\beta}_2}{\|\boldsymbol{\beta}_2\|}=\frac{1}{\sqrt{45}}\begin{bmatrix}2\\4\\5\end{bmatrix},\boldsymbol{\xi}_3=\frac{\boldsymbol{\alpha}_3}{\|\boldsymbol{\alpha}_3\|}=\frac{1}{3}\begin{bmatrix}1\\2\\-2\end{bmatrix}.$$

最终得到正交矩阵 $\boldsymbol{Q}=\begin{bmatrix}\frac{2}{\sqrt{5}}&\frac{2}{\sqrt{45}}&\frac{1}{3}\\-\frac{1}{\sqrt{5}}&\frac{4}{\sqrt{45}}&\frac{2}{3}\\0&\frac{5}{\sqrt{45}}&-\frac{2}{3}\end{bmatrix}$. 则有

$$\boldsymbol{Q}^{-1}\boldsymbol{A}\boldsymbol{Q}=\boldsymbol{Q}^{\mathrm{T}}\boldsymbol{A}\boldsymbol{Q}=\mathrm{diag}(1,1,10).$$

令 $\boldsymbol{y}=\boldsymbol{Q}\boldsymbol{x}$，则该正交变换可将原二次型化成标准形，

$$f(x_1,x_2,x_3)=\boldsymbol{x}^{\mathrm{T}}\boldsymbol{Q}\boldsymbol{x}=(\boldsymbol{Q}\boldsymbol{y})^{\mathrm{T}}\boldsymbol{A}(\boldsymbol{Q}\boldsymbol{y})=\boldsymbol{y}^{\mathrm{T}}(\boldsymbol{Q}^{\mathrm{T}}\boldsymbol{A}\boldsymbol{Q})\boldsymbol{y}=y_1^2+y_2^2+10y_3^2.$$

■

例 7.7 设二次型 $f(x_1,x_2,x_3)=\sum\limits_{i=1}^{3}\sum\limits_{j=1}^{3}(i\times j)x_ix_j$.

(1) 试写出二次型矩阵；

(2) 求正交矩阵 $\boldsymbol{Q}$ 使得二次型经过正交变换后化成标准形；

(3) 求 $f(x_1,x_2,x_3)=0$ 的解.

解 (1) 显然二次型的矩阵为 $\boldsymbol{A}=\begin{bmatrix}1&2&3\\2&4&6\\3&6&9\end{bmatrix}$.

(2) 显然有矩阵 $\boldsymbol{A}$ 可得

$$\begin{bmatrix}1&2&3\\2&4&6\\3&6&9\end{bmatrix}\begin{bmatrix}1\\2\\3\end{bmatrix}=\begin{bmatrix}1\\2\\3\end{bmatrix}[1,2,3]\begin{bmatrix}1\\2\\3\end{bmatrix}=14\begin{bmatrix}1\\2\\3\end{bmatrix}.$$

所以 $\boldsymbol{p}_1=\begin{bmatrix}1\\2\\3\end{bmatrix}$ 是矩阵 $\boldsymbol{A}$ 的特征值为 $\lambda_1=14$ 的一个特征向量. 另外由 $\mathrm{rank}(\boldsymbol{A})=1$ 可得矩阵 $\boldsymbol{A}$ 的

另外两个特征值为$\lambda_2=\lambda_3=0$. 求解方程$\boldsymbol{Ax}=\boldsymbol{0}$,等价于求解方程$x_1+2x_2+3x_3=0$,得两个线性无关的特征向量为$\boldsymbol{p}_2=\begin{bmatrix}2\\-1\\0\end{bmatrix}$,$\boldsymbol{p}_2=\begin{bmatrix}4\\3\\-5\end{bmatrix}$. 注意到向量$\boldsymbol{p}_1,\boldsymbol{p}_2,\boldsymbol{p}_3$已经是正交的特征向量,只要将它们单位化即得所求的正交矩阵$\boldsymbol{Q}=\begin{bmatrix}\frac{1}{\sqrt{14}}&\frac{2}{\sqrt{5}}&\frac{4}{\sqrt{50}}\\\frac{2}{\sqrt{14}}&\frac{-1}{\sqrt{5}}&\frac{3}{\sqrt{50}}\\\frac{3}{\sqrt{14}}&0&\frac{-5}{\sqrt{50}}\end{bmatrix}$,进而有$\boldsymbol{Q}^{\mathrm{T}}\boldsymbol{AQ}=\mathrm{diag}(14,0,0)$.

再令$\boldsymbol{x}=\boldsymbol{Qy}$,代入$f(\boldsymbol{x})=\boldsymbol{x}^{\mathrm{T}}\boldsymbol{Ax}$可得

$$f(\boldsymbol{x})=\boldsymbol{x}^{\mathrm{T}}\boldsymbol{Ax}=\boldsymbol{y}^{\mathrm{T}}\boldsymbol{Q}^{\mathrm{T}}\boldsymbol{AQy}=\boldsymbol{y}^{\mathrm{T}}(\boldsymbol{Q}^{\mathrm{T}}\boldsymbol{AQ})\boldsymbol{y}=\boldsymbol{y}^{\mathrm{T}}\mathrm{diag}(14,0,0)\boldsymbol{y}=14y_1^2+0y_2^2+0y_3^2=14y_1^2.$$

(3) 原方程$f(x_1,x_2,x_3)=0$可写为

$$f(x_1,x_2,x_3)=\boldsymbol{x}^{\mathrm{T}}\begin{bmatrix}1&2&3\\2&4&6\\3&6&9\end{bmatrix}\boldsymbol{x}=\boldsymbol{x}^{\mathrm{T}}\begin{bmatrix}1\\2\\3\end{bmatrix}[1,2,3]\boldsymbol{x}=([1,2,3]\boldsymbol{x})^2=0,$$

得$x_1+2x_2+3x_3=0$. 方程组$x_1+2x_2+3x_3=0$的通解为

$$\boldsymbol{x}=c_1\begin{bmatrix}2\\-1\\0\end{bmatrix}+c_2\begin{bmatrix}3\\0\\-1\end{bmatrix},c_1,c_2\in\mathbb{R}.$$

此解也为方程$f(x_1,x_2,x_3)=0$的解. ■

7.2.3 小结

用配方法化二次型为标准形分为两种情形,一种是含有完全平方项的,直接对完全平方项进行配方,另一种是不含完全平方项,只含有交叉项的,将交叉项化成完全平方项. 将二次型化成标准形后再化成规范形就可以了. 规范形是唯一的. 用正交变换化二次型为标准形要求解二次型矩阵的特征值和特征向量,借助正交相似变换才可以.

7.2.4 习题

1. 用配方法化下列二次型为标准形,并写出所用的线性变换.

(1) $f(x_1,x_2)=4x_1^2-4x_1x_2+4x_2^2$;

(2) $f(x_1,x_2)=2x_1^2+6x_1x_2-6x_2^2$;

(3) $f(x_1,x_2)=x_1^2-6x_1x_2+9x_2^2$;

(4) $f(x_1,x_2)=3x_1^2+4x_1x_2$.

2. 用正交变换法化下列二次型为标准形,并写出所用的线性变换.

(1) $f(x_1,x_2)=2x_1^2-4x_1x_2-x_2^2$;

(2) $f(x_1,x_2)=-x_1^2-2x_1x_2-x_2^2$.

3. 用正交变换把下列二次型化成标准形:

(1) $f(x_1,x_2,x_3)=[x_1,x_2,x_3]\begin{bmatrix}1&1&0\\1&1&0\\0&0&2\end{bmatrix}\begin{bmatrix}x_1\\x_2\\x_3\end{bmatrix}$;

(2) $f(x_1,x_2,x_3)=x_1^2+x_3^2+2x_1x_2-2x_2x_3$.

4. 用正交变换把下面二次曲面的方程化成标准方程:

$3x^2+5y^2+5z^2+4xy-4xz-10yz=1$.

7.3 正定二次型

内容提要

如果认为矩阵是实数的一种推广,则正定矩阵就是正实数的推广,正实数的许多性质在正定矩阵中都有所体现.惯性定理体现了合同变换中实对称矩阵的若干不变性质.正定二次型的定义和判定是本节的重要内容.

7.3.1 惯性定理

二次型的标准形不是唯一的,合同变换 $\boldsymbol{C}^{\mathrm{T}}\boldsymbol{A}\boldsymbol{C}=\boldsymbol{\Lambda}$ 满足

$$\operatorname{rank}(\boldsymbol{A})=\operatorname{rank}(\boldsymbol{C}^{\mathrm{T}}\boldsymbol{A}\boldsymbol{C})=\operatorname{rank}(\boldsymbol{\Lambda}),$$

可得标准形中所含的非零项数是确定的,标准形中所含正系数的个数也是确定的.这个结论称为**惯性定理**(inertia theorem).

定理 7.3 设二次型 $f(\boldsymbol{x})=\boldsymbol{x}^{\mathrm{T}}\boldsymbol{A}\boldsymbol{x}$ 的秩为 r,且有两个可逆的线性变换

$$\boldsymbol{x}=\boldsymbol{C}\boldsymbol{y} \text{ 和 } \boldsymbol{x}=\boldsymbol{P}\boldsymbol{z}$$

使

$$f=k_1y_1^2+k_2y_2^2+\cdots+k_py_p^2+k_{p+1}y_{p+1}^2+\cdots+k_ry_r^2, k_i\neq 0$$

及

$$f=\lambda_1z_1^2+\lambda_2z_2^2+\cdots+\lambda_qz_q^2+\lambda_{q+1}z_{q+1}^2+\cdots+\lambda_rz_r^2, \lambda_i\neq 0,$$

则 $k_1,k_2,\cdots,k_r$ 中正数的个数与 $\lambda_1,\lambda_2,\cdots,\lambda_r$ 中正数的个数相等．

证明　设标准形 $k_1y_1^2+k_2y_2^2+\cdots+k_ry_r^2$ 中前 p 个系数 $k_1,k_2,\cdots,k_p$ 是正数，后 $r-p$ 个系数 $k_{p+1},\cdots,k_r$ 是负数，类似设标准形 $\lambda_1z_1^2+\lambda_2z_2^2+\cdots+\lambda_rz_r^2$ 中前 q 个系数 $\lambda_1,\lambda_2,\cdots,\lambda_q$ 是正数，后 $r-q$ 个系数 $\lambda_{q+1},\cdots,\lambda_r$ 是负数．现在来证明 $p=q$.

用反证法，假设 $p>q$ 成立，下面得出矛盾的结论．在条件 $\boldsymbol{x}=\boldsymbol{C}\boldsymbol{y}$，$\boldsymbol{x}=\boldsymbol{P}\boldsymbol{z}$ 下有

$$
\begin{aligned}
f(\boldsymbol{x}) &= \boldsymbol{x}^{\mathrm{T}}\boldsymbol{A}\boldsymbol{x} \\
&= k_1y_1^2+k_2y_2^2+\cdots+k_py_p^2+k_{p+1}y_{p+1}^2+\cdots+k_ry_r^2 \\
&= \lambda_1z_1^2+\lambda_2z_2^2+\cdots+\lambda_qz_q^2+\lambda_{q+1}z_{q+1}^2+\cdots+\lambda_rz_r^2.
\end{aligned}
$$

由条件 $\boldsymbol{x}=\boldsymbol{C}\boldsymbol{y}$，$\boldsymbol{x}=\boldsymbol{P}\boldsymbol{z}$ 可得 $\boldsymbol{C}\boldsymbol{y}=\boldsymbol{P}\boldsymbol{z}$，可改写成 $\boldsymbol{z}=\boldsymbol{P}^{-1}\boldsymbol{C}\boldsymbol{y}$. 令 $\boldsymbol{P}^{-1}\boldsymbol{C}=\boldsymbol{G}=(g_{ij})_{n\times n}$，则 $\boldsymbol{z}=\boldsymbol{G}\boldsymbol{y}$ 可写成

$$
\begin{cases}
z_1=g_{11}y_1+g_{12}y_2+\cdots+g_{1n}y_n, \\
z_2=g_{21}y_1+g_{22}y_2+\cdots+g_{2n}y_n, \\
\qquad\vdots \\
z_q=g_{q1}y_1+g_{q2}y_2+\cdots+g_{qn}y_n, \\
\qquad\vdots \\
z_n=g_{n1}y_1+g_{n2}y_2+\cdots+g_{nn}y_n.
\end{cases}
$$

考虑齐次线性方程组

$$
\begin{cases}
g_{11}y_1+g_{12}y_2+\cdots+g_{1n}y_n=0, \\
g_{21}y_1+g_{22}y_2+\cdots+g_{2n}y_n=0, \\
\qquad\vdots \\
g_{q1}y_1+g_{q2}y_2+\cdots+g_{qn}y_n=0, \\
y_{p+1}=0, \\
y_{p+2}=0, \\
\qquad\vdots \\
y_n=0.
\end{cases}
$$

该方程组中含有 n 个未知量 $y_1,y_2,\cdots,y_n$，而只含有 $q+n-p=n+(q-p)<n$ 个方程，由齐次线性方程组解的理论可知，它有非零解

$$[y_1,y_2,\cdots,y_n]=[m_1,m_2,\cdots,m_p,0,\cdots,0].$$

显然该解的后 $n-p$ 个分量全为零，前 p 个分量中至少有一个不为零．将该解代入

$$
\begin{aligned}
f(\boldsymbol{x}) &= \boldsymbol{x}^{\mathrm{T}}\boldsymbol{A}\boldsymbol{x} \\
&= k_1 y_1^2 + k_2 y_2^2 + \cdots + k_p y_p^2 + k_{p+1} y_{p+1}^2 + \cdots + k_r y_r^2 \\
&= k_1 m_1^2 + k_2 m_2^2 + \cdots + k_p m_p^2 > 0.
\end{aligned}
$$

可得 $f(\boldsymbol{x}) = \boldsymbol{x}^{\mathrm{T}}\boldsymbol{A}\boldsymbol{x} > 0$. 同时将该解代入 $\boldsymbol{z} = \boldsymbol{G}\boldsymbol{y}$ 可得

$$[z_1, z_2, \cdots, z_n] = [0, \cdots, 0, s_{q+1}, \cdots, s_n].$$

即前 q 个分量为零,将其代入

$$
\begin{aligned}
f(\boldsymbol{x}) &= \boldsymbol{x}^{\mathrm{T}}\boldsymbol{A}\boldsymbol{x} \\
&= \lambda_1 z_1^2 + \lambda_2 z_2^2 + \cdots + \lambda_q z_q^2 + \lambda_{q+1} z_{q+1}^2 + \cdots + \lambda_r z_r^2 \\
&= \lambda_{q+1} s_{q+1}^2 + \cdots + \lambda_r s_r^2 \leqslant 0.
\end{aligned}
$$

可得 $f(\boldsymbol{x}) = \boldsymbol{x}^{\mathrm{T}}\boldsymbol{A}\boldsymbol{x} \leqslant 0$,这与 $f(\boldsymbol{x}) = \boldsymbol{x}^{\mathrm{T}}\boldsymbol{A}\boldsymbol{x} > 0$ 是相矛盾的. 故 $p > q$ 是不成立的,即有 $p \leqslant q$. 同理可证 $q \leqslant p$ 成立,所以 $p = q$ 成立. ■

该定理表明,尽管将二次型化成标准形时所得的标准形可能是不唯一的,但所对应的标准形中的系数中正数的个数和负数的个数是唯一的. 该定理通常称为**惯性定理**. 二次型的标准形中的正系数的个数 p 称为二次型的**正惯性指数**,负系数的个数 $r-p$ 称为**负惯性指数**,它们的差 $p-(r-p)=2p-r$ 称为**符号差** (signature). 此时二次型的规范形便可唯一地写成

$$f = y_1^2 + y_2^2 + \cdots + y_p^2 - \cdots - y_r^2.$$

7.3.2 正定二次型

定义 7.3 设二次型 $f(\boldsymbol{x}) = \boldsymbol{x}^{\mathrm{T}}\boldsymbol{A}\boldsymbol{x}$,如果对任何 $\boldsymbol{x} \neq \boldsymbol{0}$,都有 $f(\boldsymbol{x}) > 0$,显然有 $f(\boldsymbol{0}) = 0$,则称 f 为**正定二次型** (positive definite quadratic form),并称**对称矩阵 $\boldsymbol{A}$ 是正定的**;如果对任何的 $\boldsymbol{x} \neq \boldsymbol{0}$ 都有 $f(\boldsymbol{x}) < 0$,则称 f 为**负定二次型** (negative definite quadratic form),并称**对称矩阵 $\boldsymbol{A}$ 是负定的**.

定理 7.4 n 元二次型 $f(\boldsymbol{x}) = \boldsymbol{x}^{\mathrm{T}}\boldsymbol{A}\boldsymbol{x}$ 为正定二次型的充分必要条件是它的标准形的 n 个系数全为正,即它的规范形的 n 个系数全为 1,亦即它的正惯性指数等于 n.

证明 设可逆线性替换 $\boldsymbol{x} = \boldsymbol{C}\boldsymbol{y}$($\boldsymbol{C}$ 取能使得实对称矩阵 $\boldsymbol{A}$ 正交相似对角化的矩阵就可以),使得

$$f(\boldsymbol{x}) = f(\boldsymbol{C}\boldsymbol{y}) = \boldsymbol{y}^{\mathrm{T}}(\boldsymbol{C}^{\mathrm{T}}\boldsymbol{A}\boldsymbol{C})\boldsymbol{y} = \sum_{i=1}^{n} k_i y_i^2.$$

先证明充分性. 设 $k_i > 0, i = 1, 2, \cdots, n$. 任给 $\boldsymbol{x} \neq \boldsymbol{0}$,则 $\boldsymbol{y} = \boldsymbol{C}^{-1}\boldsymbol{x} \neq \boldsymbol{0}$,所以

$$f(\boldsymbol{x}) = \sum_{i=1}^{n} k_i y_i^2 > 0.$$

再用反证法证必要性．假设有 $k_s \leqslant 0$，令 $\boldsymbol{\varepsilon}_s$ 表示当 s 个位置上元素为 1，其余位置上元素为 0 的单位向量，则当 $\boldsymbol{y}=\boldsymbol{\varepsilon}_s$ 时，有 $f(\boldsymbol{C}\boldsymbol{\varepsilon}_s)=k_s \leqslant 0$. 显然 $\boldsymbol{C}\boldsymbol{\varepsilon}_s \neq \boldsymbol{0}$，这与 f 正定相矛盾．这就证明了 $k_i > 0, i=1,2,\cdots,n$. ■

推论 7.2 对称矩阵 $\boldsymbol{A}$ 为正定的充分必要条件 $\boldsymbol{A}$ 的特征值全为正．

进一步由该推论可得出下面的结论．

推论 7.3 对称矩阵 $\boldsymbol{A}$ 为正定的充分必要条件：存在可逆矩阵 $\boldsymbol{U}$，使得 $\boldsymbol{A}=\boldsymbol{U}^{\mathrm{T}}\boldsymbol{U}$，即矩阵 $\boldsymbol{A}$ 与单位矩阵合同．

由该推论及公式 $\det(\boldsymbol{A})=\lambda_1\lambda_2\cdots\lambda_n$，进一步可得正定矩阵的行列式大于零．

定义 7.4 n 阶方阵 $\boldsymbol{A}=(a_{ij})$ 的如下子阵

$$\boldsymbol{H}_1=a_{11}, \boldsymbol{H}_2=\begin{bmatrix} a_{11} & a_{12} \\ a_{21} & a_{22} \end{bmatrix}, \cdots, \boldsymbol{H}_i=\begin{bmatrix} a_{11} & \cdots & a_{1i} \\ \vdots & & \vdots \\ a_{i1} & \cdots & a_{ii} \end{bmatrix}, \cdots, \boldsymbol{H}_n=\begin{bmatrix} a_{11} & \cdots & a_{1n} \\ \vdots & & \vdots \\ a_{n1} & \cdots & a_{nn} \end{bmatrix}=\boldsymbol{A},$$

称为矩阵 $\boldsymbol{A}$ 的顺序主子阵．顺序主子阵生成的行列式称为**顺序主子式**，记为 $\det(\boldsymbol{H}_i), i=1, 2,\cdots,n$.

定理 7.5 对称矩阵 $\boldsymbol{A}=(a_{ij})_{n\times n}$ 为正定矩阵的充分必要条件是 $\boldsymbol{A}$ 的各阶顺序主子式都为正，即 $\det(\boldsymbol{H}_i)>0, i=1,2,\cdots,n$.

证明 先证明必要性．设二次型

$$f(x_1,x_2,\cdots,x_n)=\sum_{i=1}^{n}\sum_{j=1}^{n}a_{ij}x_ix_j$$

是正定的．对于每个 $k, 1\leqslant k\leqslant n$，令

$$f_k(x_1,x_2,\cdots,c_k)=\sum_{i=1}^{k}\sum_{j=1}^{k}a_{ij}x_ix_j.$$

下面来证明 f_k 是一个 k 元的正定二次型．对于任意一组不全为零的实数 $c_1,c_2,\cdots,c_k$，有

$$f_k(c_1,c_2,\cdots,c_k)=\sum_{i=1}^{k}\sum_{j=1}^{k}a_{ij}c_ic_j=f(c_1,\cdots,c_k,0,\cdots,0)>0.$$

因此，$f_k(x_1,x_2,\cdots,c_k)$ 是正定的．由正定矩阵的行列式大于零可得

$$\det(\boldsymbol{H}_i)=\begin{vmatrix} a_{11} & \cdots & a_{1k} \\ \vdots & & \vdots \\ a_{k1} & \cdots & a_{kk} \end{vmatrix}>0, k=1,2,\cdots,n.$$

这就证明了矩阵 $\boldsymbol{A}$ 的顺序主子式全大于零．

再证充分性．对 n 作数学归纳法．

当 $n=1$ 时，$f(x_1)=a_{11}x_1^2$，由条件 $a_{11}>0$，显然 $f(x_1)=a_{11}x_1^2$ 是正定的．

假设充分性的结论对$n-1$元的二次型成立，现在来证明这个结论对n元二次型也成立．令

$$\boldsymbol{A}_1=\begin{bmatrix} a_{11} & \cdots & a_{1,n-1} \\ \vdots & & \vdots \\ a_{n-1,1} & \cdots & a_{n-1,n-1} \end{bmatrix},\boldsymbol{\alpha}=\begin{bmatrix} a_{1n} \\ \vdots \\ a_{n-1,n} \end{bmatrix},$$

于是矩阵$\boldsymbol{A}$可以分块写成$\boldsymbol{A}=\begin{bmatrix} \boldsymbol{A}_1 & \boldsymbol{\alpha} \\ \boldsymbol{\alpha}^{\mathrm{T}} & a_{nn} \end{bmatrix}$．既然$\boldsymbol{A}$的顺序主子式全大于零，当然$\boldsymbol{A}_1$的顺序主子式也全大于零．由归纳法假定，$\boldsymbol{A}_1$是正定矩阵，即有$n-1$阶可逆矩阵$\boldsymbol{G}$使得$\boldsymbol{G}^{\mathrm{T}}\boldsymbol{A}_1\boldsymbol{G}=\boldsymbol{I}_{n-1}$．这里$\boldsymbol{I}_{n-1}$是$n-1$阶单位矩阵．令$\boldsymbol{C}_1=\begin{bmatrix} \boldsymbol{G} & \boldsymbol{0} \\ \boldsymbol{0}^{\mathrm{T}} & 1 \end{bmatrix}$，于是

$$\boldsymbol{C}_1^{\mathrm{T}}\boldsymbol{A}\boldsymbol{C}_1=\begin{bmatrix} \boldsymbol{G}^{\mathrm{T}} & \boldsymbol{0} \\ \boldsymbol{0}^{\mathrm{T}} & 1 \end{bmatrix}\begin{bmatrix} \boldsymbol{A}_1 & \boldsymbol{\alpha} \\ \boldsymbol{\alpha}^{\mathrm{T}} & a_{nn} \end{bmatrix}\begin{bmatrix} \boldsymbol{G} & \boldsymbol{0} \\ \boldsymbol{0}^{\mathrm{T}} & 1 \end{bmatrix}=\begin{bmatrix} \boldsymbol{I}_{n-1} & \boldsymbol{G}^{\mathrm{T}}\boldsymbol{\alpha} \\ \boldsymbol{\alpha}^{\mathrm{T}}\boldsymbol{G} & a_{nn} \end{bmatrix}.$$

再令$\boldsymbol{C}_2=\begin{bmatrix} \boldsymbol{I}_{n-1} & -\boldsymbol{G}^{\mathrm{T}}\boldsymbol{\alpha} \\ \boldsymbol{0} & 1 \end{bmatrix}$，有

$$\begin{aligned}\boldsymbol{C}_2^{\mathrm{T}}\boldsymbol{C}_1^{\mathrm{T}}\boldsymbol{A}\boldsymbol{C}_1\boldsymbol{C}_2&=\begin{bmatrix} \boldsymbol{I}_{n-1} & \boldsymbol{0} \\ -\boldsymbol{\alpha}^{\mathrm{T}}\boldsymbol{G} & 1 \end{bmatrix}\begin{bmatrix} \boldsymbol{I}_{n-1} & \boldsymbol{G}^{\mathrm{T}}\boldsymbol{\alpha} \\ \boldsymbol{\alpha}^{\mathrm{T}}\boldsymbol{G} & a_{nn} \end{bmatrix}\begin{bmatrix} \boldsymbol{I}_{n-1} & -\boldsymbol{G}^{\mathrm{T}}\boldsymbol{\alpha} \\ \boldsymbol{0} & 1 \end{bmatrix}\\&=\begin{bmatrix} \boldsymbol{I}_{n-1} & \boldsymbol{0} \\ \boldsymbol{0} & a_{nn}-\boldsymbol{\alpha}^{\mathrm{T}}\boldsymbol{G}\boldsymbol{G}^{\mathrm{T}}\boldsymbol{\alpha} \end{bmatrix}.\end{aligned}$$

令$\boldsymbol{C}=\boldsymbol{C}_1\boldsymbol{C}_2$，$a=a_{nn}-\boldsymbol{\alpha}^{\mathrm{T}}\boldsymbol{G}\boldsymbol{G}^{\mathrm{T}}\boldsymbol{\alpha}$，就有

$$\boldsymbol{C}^{\mathrm{T}}\boldsymbol{A}\boldsymbol{C}=\operatorname{diag}(1,\cdots,1,a).$$

两边取行列式可得$\det(\boldsymbol{C})\det(\boldsymbol{A})\det(\boldsymbol{C})=a$．由条件$\det(\boldsymbol{A})>0$，可得$a>0$．显然

$$\operatorname{diag}(1,\cdots,1,a)=\operatorname{diag}(1,\cdots,1,\sqrt{a})\boldsymbol{I}_n\operatorname{diag}(1,\cdots,1,\sqrt{a}).$$

这即说明矩阵$\boldsymbol{A}$与单位矩阵合同，因此矩阵$\boldsymbol{A}$是正定矩阵，或者二次型$f(x_1,x_2,\cdots,x_n)$是正定的．根据归纳法原理，充分性得证． ■

推论 7.4 对称矩阵$\boldsymbol{A}$为负定的充分必要条件是矩阵$-\boldsymbol{A}$是正定矩阵，即有

$$(-1)^r\begin{vmatrix} a_{11} & \cdots & a_{1r} \\ \vdots & & \vdots \\ a_{r1} & \cdots & a_{rr} \end{vmatrix}>0,r=1,2,\cdots,n.$$

进一步即矩阵$\boldsymbol{A}$的奇数阶主子式为负，而偶数阶主子式为正．

上面的定理和推论放在一起称为**赫尔维茨定理**（Hurwitz's theorem）．

例 7.8 判定下列二次型的正定性.

(1) $f(x,y,z)=-5x^2-6y^2-4z^2+4xy+4xz$;

(2) $f(x,y,z)=5x^2+y^2+5z^2+4xy-8xz-4yz$.

解 (1) 二次型的矩阵为 $\boldsymbol{A}=\begin{bmatrix}-5&2&2\\2&-6&0\\2&0&-4\end{bmatrix}$,其中各阶顺序主子式分别为

$$a_{11}=-5<0,\begin{vmatrix}a_{11}&a_{12}\\a_{21}&a_{22}\end{vmatrix}=\begin{vmatrix}-5&2\\2&-6\end{vmatrix}=26>0,\det(\boldsymbol{A})=-80<0.$$

所以该二次型是负定的.

(2) 该二次型的矩阵为 $\boldsymbol{A}=\begin{bmatrix}5&2&-4\\2&1&-2\\-4&-2&5\end{bmatrix}$,其中各阶顺序主子式分别为

$$5>0,\begin{vmatrix}5&2\\2&1\end{vmatrix}>0,\det(\boldsymbol{A})>0.$$

所以该二次型是正定的.

和正定、负定二次型定义对应的概念有半正定、半负定和不定的二次型.现叙述如下.

定义 7.5 设二次型 $f(\boldsymbol{x})=\boldsymbol{x}^{\mathrm{T}}\boldsymbol{A}\boldsymbol{x}$,如果对任何 $\boldsymbol{x}\neq\boldsymbol{0}$,都有 $f(\boldsymbol{x})\geqslant 0$,则称 $f(\boldsymbol{x})$ 为**半正定二次型**,并称**实对称矩阵 $\boldsymbol{A}$ 是半正定的** (positive semi - definite);如果对任何的 $\boldsymbol{x}\neq\boldsymbol{0}$ 都有 $f(\boldsymbol{x})\leqslant 0$,则称 f 为**半负定二次型**,并称**实对称矩阵 $\boldsymbol{A}$ 是半负定的** (negative semi - definite).如果一个二次型既不是半正定的与不是半负定的,那称该二次型是**不定的** (indefinite).

关于半正定二次型有下面的结论.

定理 7.6 对于实二次型 $f(\boldsymbol{x})=\boldsymbol{x}^{\mathrm{T}}\boldsymbol{A}\boldsymbol{x}$,其中 $\boldsymbol{A}$ 是实对称矩阵.下列条件是等价的:

(1) $\boldsymbol{A}$ 是半正定的;

(2) 它的正惯性指数和秩相等;

(3) 有可逆矩阵 $\boldsymbol{C}$,使得 $\boldsymbol{C}^{\mathrm{T}}\boldsymbol{A}\boldsymbol{C}=\mathrm{diag}(d_1,d_2,\cdots,d_n)$,其中 $d_i\geqslant 0,i=1,2,\cdots,n$;

(4) 存在实矩阵 $\boldsymbol{B}$,使得 $\boldsymbol{A}=\boldsymbol{B}^{\mathrm{T}}\boldsymbol{B}$;

(5) 矩阵 $\boldsymbol{A}$ 的所有主子式(行指标和列指标相的子式)皆大于或等于零.

请注意在结论(5)中仅有顺序主子式全大于零或等于零是不能保证二次型的半正定性的.例如

$$f(x,y)=-y^2=[x,y]\begin{bmatrix}0&0\\0&-1\end{bmatrix}\begin{bmatrix}x\\y\end{bmatrix}$$

就是一个反例.

7.3.3 小结

本节主要内容有二次型的惯性定理,正定(负定)二次型的定义与判别,半正定、半负定、不定二次型的定义与判别.

7.3.4 习题

1. 已知不等式 $x_1^2+x_2^2+5x_3^2>-2ax_1x_2+2x_1x_3-4x_2x_3$ 恒成立,求 a 的取值范围.

2. 判断下列二次型的正定性:

(1) $f=-2x_1^2-6x_2^2-4x_3^2+2x_1x_2+2x_1x_3$;

(2) $f=x_1^2+3x_2^2+9x_3^2-2x_1x_2+4x_1x_3$.

3. 证明对称矩阵 $\boldsymbol{A}$ 为正定矩阵的充分必要条件:存在可逆矩阵 $\boldsymbol{U}$,使得 $\boldsymbol{A}=\boldsymbol{U}^{\mathrm{T}}\boldsymbol{U}$,即矩阵 $\boldsymbol{A}$ 与单位矩阵 $\boldsymbol{I}$ 合同.

4. 设 $\boldsymbol{A}$ 是实对称矩阵. 证明:当实数 t 充分大之后,矩阵 $t\boldsymbol{I}+\boldsymbol{A}$ 是正定矩阵.

5. 证明:如果 $\boldsymbol{A}$ 是正定矩阵,那么 $\boldsymbol{A}^{-1}$ 也是正定矩阵.

6. 如果 $\boldsymbol{A},\boldsymbol{B}$ 都是 n 阶正定矩阵,证明 $\boldsymbol{A}+\boldsymbol{B}$ 也是正定矩阵.

7.4 习题 7

1. 设二次型 $f(x_1,x_2,x_3)=ax_1^2+ax_2^2+(a-1)x_3^2+2x_1x_3-2x_2x_3$.

(1) 求二次型 f 的矩阵的所有特征值;

(2) 若二次型 f 的规范形为 $y_1^2+y_2^2$,求 a 的值.

2. 已知二次型 $f(x_1,x_2,x_3)=\boldsymbol{x}^{\mathrm{T}}\boldsymbol{A}\boldsymbol{x}$ 在正交变换 $\boldsymbol{x}=\boldsymbol{Q}\boldsymbol{y}$ 下的标准形为 $y_1^2+y_2^2$,且 $\boldsymbol{Q}$ 的第三列为 $\begin{bmatrix}\frac{\sqrt{2}}{2}\\0\\\frac{\sqrt{2}}{2}\end{bmatrix}$.

(1) 求矩阵 $\boldsymbol{A}$;

(2) 证明 $\boldsymbol{A}+\boldsymbol{I}$ 为正定矩阵,其中 $\boldsymbol{I}$ 为三阶单位矩阵.

3. 若二次曲面的方程 $x^2+3y^2+z^2+2axy+2xz+2yz=4$ 经过正交变换化为 $y_1^2+4z_1^2=4$,则 $a=$________.

4. 已知 $\boldsymbol{A}=\begin{bmatrix}1&0&1\\0&1&1\\-1&0&a\\0&a&-1\end{bmatrix}$，二次型 $f(x_1,x_2,x_3)=\boldsymbol{x}^{\mathrm{T}}(\boldsymbol{A}^{\mathrm{T}}\boldsymbol{A})\boldsymbol{x}$ 的秩为 2.

(1) 求实数 a 的值；

(2) 求正交变换 $\boldsymbol{x}=\boldsymbol{Q}\boldsymbol{y}$ 将二次型 f 化为标准形 .

5. 设二次型 $f(x_1,x_2,x_3)=2(a_1x_1+a_2x_2+a_3x_3)^2+(b_1x_1+b_2x_2+b_3x_3)^2$，记 $\boldsymbol{\alpha}=\begin{bmatrix}a_1\\a_2\\a_3\end{bmatrix}$，$\boldsymbol{\beta}=\begin{bmatrix}b_1\\b_2\\b_3\end{bmatrix}$.

(1) 证明二次型 f 对应的矩阵为 $2\boldsymbol{\alpha}\boldsymbol{\alpha}^{\mathrm{T}}+\boldsymbol{\beta}\boldsymbol{\beta}^{\mathrm{T}}$；

(2) 若 $\boldsymbol{\alpha}$，$\boldsymbol{\beta}$ 正交且为单位向量，证明 f 在正交变换下的标准形为 $2y_1^2+y_2^2$.

5. 设二次型 $f(x_1,x_2,x_3)=x_1^2-x_2^2+2ax_1x_3+4x_2x_3$ 的负惯性指数为1，则 a 的取值范围是________ .

6. 设二次型 $f(x_1,x_2,x_3)=2x_1^2-x_2^2+ax_3^2+2x_1x_2+2x_2x_3-8x_1x_3$ 在正交变换 $\boldsymbol{x}=\boldsymbol{Q}\boldsymbol{y}$ 下的标准形为 $\lambda_1y_1^2+\lambda_2y_2^2$，求 a 的值及一个正交矩阵 $\boldsymbol{Q}$.

7. 设实二次型 $f(x_1,x_2,x_3)=(x_1-x_2+x_3)^2+(x_2+x_3)^2+(x_1+ax_3)^2$，其中 a 是参数 .

(1) 求 $f(x_1,x_2,x_3)=0$ 的解；

(2) 求 $f(x_1,x_2,x_3)$ 的规范形 .

8. 设二次型 $f(x_1,x_2)=x_1^2-4x_1x_2+4x_2^2$ 经正交变换 $\begin{bmatrix}x_1\\x_2\end{bmatrix}=\boldsymbol{Q}\begin{bmatrix}y_1\\y_2\end{bmatrix}$ 化为二次型 $g(y_1,y_2)=ay_1^2+4x_1x_2+by_2^2$，其中 $a\geqslant b$.

(1) 求 a，b 的值；

(2) 求正交矩阵 $\boldsymbol{Q}$.

9. 设 $\boldsymbol{D}=\begin{bmatrix}\boldsymbol{A}&\boldsymbol{C}\\\boldsymbol{C}^{\mathrm{T}}&\boldsymbol{B}\end{bmatrix}$ 是正定矩阵，其中 $\boldsymbol{A}$，$\boldsymbol{B}$ 分别为 m 阶、n 阶对称矩阵，$\boldsymbol{C}$ 为 $m\times n$ 阶矩阵 .

(1) 计算 $\boldsymbol{P}^{\mathrm{T}}\boldsymbol{D}\boldsymbol{P}$，其中 $\boldsymbol{P}=\begin{bmatrix}\boldsymbol{I}_m&-\boldsymbol{A}^{-1}\boldsymbol{C}\\\boldsymbol{O}&\boldsymbol{I}_n\end{bmatrix}$；

(2) 利用(1) 的结果判定矩阵 $\boldsymbol{B}-\boldsymbol{C}^{\mathrm{T}}\boldsymbol{A}^{-1}\boldsymbol{C}$ 是否为正定矩阵，并证明结论 .

10. 设矩阵 $\boldsymbol{A}=\begin{bmatrix}0&1&0&0\\1&0&0&0\\0&0&y&1\\0&0&1&2\end{bmatrix}$.

(1) 已知 $\boldsymbol{A}$ 的一个特征值为 3,求 y.

(2) 求可逆矩阵 $\boldsymbol{P}$,使得 $(\boldsymbol{AP})^{\mathrm{T}}(\boldsymbol{AP})$ 为对角矩阵.

7.5 自测题 7

一、填空题

1. 二次型 $f(x_1,x_2,x_3)=(x_1+x_2)^2+(x_2-x_3)^2+(x_3+x_1)^2=\boldsymbol{x}^{\mathrm{T}}\boldsymbol{Ax}$ 的矩阵 $\boldsymbol{A}$ 为________.

2. 二次型 $f(x_1,x_2,x_3)=(x_1+x_2)^2+(x_2-x_3)^2+(x_3+x_1)^2$ 的秩为________.

3. 二次型 $f(x_1,x_2,x_3)=2x_1^2+x_2^2+x_3^2+2x_1x_2+tx_2x_3$ 是正定的,则 t 的取值范围是________.

4. 二次型 $f(x_1,x_2,x_3)=2x_1x_2+2x_1x_3-6x_2x_3$ 的符号差是________.

5. 二次型 $f(x_1,x_2,x_3)=x_1^2+2x_2^2+5x_3^2+2x_1x_2+2x_1x_3+6x_2x_3$ 的秩为________.

二、选择题

1. 设 $\boldsymbol{A}=\begin{bmatrix}1&2\\2&1\end{bmatrix}$,则在实数域上与 $\boldsymbol{A}$ 合同的矩阵为( ).

A. $\begin{bmatrix}-2&1\\1&-2\end{bmatrix}$ B. $\begin{bmatrix}2&-2\\-1&2\end{bmatrix}$

C. $\begin{bmatrix}2&1\\1&2\end{bmatrix}$ D. $\begin{bmatrix}1&-2\\-2&1\end{bmatrix}$

2. 设二次型 $f(x_1,x_2,x_3)$ 在正交变换 $\boldsymbol{x}=\boldsymbol{Py}$ 下的标准形为 $2y_1^2+y_2^2-y_3^2$,其中 $\boldsymbol{P}=[\boldsymbol{e}_1,\boldsymbol{e}_2,\boldsymbol{e}_3]$,若 $\boldsymbol{Q}=[\boldsymbol{e}_1,-\boldsymbol{e}_3,\boldsymbol{e}_2]$,则 $f(x_1,x_2,x_3)$ 在正交变换 $\boldsymbol{x}=\boldsymbol{Qy}$ 下的标准形为( ).

A. $2y_1^2-y_2^2+y_3^2$ B. $2y_1^2+y_2^2-y_3^2$

C. $2y_1^2+y_2^2-y_3^2$ D. $2y_1^2+y_2^2+y_3^2$

3. 设二次型 $f(x_1,x_2,x_3)=x_1^2+x_2^2+x_3^2+4x_1x_2+4x_2x_3+4x_1x_3$,则 $f(x_1,x_2,x_3)=2$ 在空间直角坐标系下表示的二次曲面是( ).

A. 单叶双曲面 B. 双叶双曲面

C. 椭球面 D. 柱面

4. 设 $\boldsymbol{A}$ 是 3 阶实对称矩阵,$\boldsymbol{I}$ 是 3 阶单位矩阵. 若 $\boldsymbol{A}^2+\boldsymbol{A}=2\boldsymbol{I}$,且 $\det(\boldsymbol{A})=4$,则二次型 $\boldsymbol{x}^{\mathrm{T}}\boldsymbol{Ax}$ 的规范形是( ).

A. $y_1^2+y_2^2+y_3^2$ B. $y_1^2+y_2^2-y_3^2$

C. $y_1^2-y_2^2-y_3^2$　　　　D. $-y_1^2-y_2^2-y_3^2$

5. 二次型 $f(x_1,x_2,x_3)=x_1^2+3x_2^2+9x_3^2-2x_1x_2+4x_1x_3$ 是(　　).

A. 正定的　　B. 负定的　　C. 不定的　　D. 无法确定

三、解答题

1. 设二次型 $f(x_1,x_2,x_3)=\boldsymbol{x}^{\mathrm{T}}\boldsymbol{A}\boldsymbol{x}=ax_1^2+2x_2^2-2x_3^2+2bx_1x_3, b>0$,其中二次型的矩阵 $\boldsymbol{A}$ 的特征值之和为 1,特征值之积为 -12.

(1) 求 a,b 的值;

(2) 利用正交变换将二次型 f 化为标准形,并写出所用的正交变换和对应的正交矩阵.

2. 设 $\boldsymbol{A}$ 是 $m\times n$ 实矩阵,$\boldsymbol{I}$ 为 n 阶单位矩阵,已知矩阵 $\boldsymbol{B}=\lambda\boldsymbol{I}+\boldsymbol{A}^{\mathrm{T}}\boldsymbol{A}$. 试证当 $\lambda>0$ 时,矩阵 $\boldsymbol{B}$ 是正定矩阵.

3. 设有 n 元二次型 $f(x_1,x_2,\cdots,x_n)=(x_1+a_1x_2)^2+(x_2+a_2x_3)^2+\cdots+(x_{n-1}+a_{n-1}x_n)^2+(x_n+a_nx_1)^2$,其中 $a_i(i=1,2,\cdots,n)$ 为实数. 试问:当 $a_1,a_2,\cdots,a_n$ 满足何种条件时,二次型 $f(x_1,x_2,\cdots,x_n)$ 为正定二次型.

4. 设矩阵 $\boldsymbol{A}=\begin{bmatrix}0&1&0&0\\1&0&0&0\\0&0&y&1\\0&0&1&2\end{bmatrix}$.

(1) 已知 $\boldsymbol{A}$ 的一个特征值为 3,试求 y;

(2) 求可逆矩阵 $\boldsymbol{P}$,使得 $(\boldsymbol{AP})^{\mathrm{T}}(\boldsymbol{AP})$ 为对角矩阵.

5. 试确定二次型 $f(x_1,x_2,x_3)=-2x_1^2-6x_2^2-4x_3^2+2x_1x_2+2x_1x_3$ 的标准形.

第 8 章　矩阵的分解

矩阵蕴含多方面的信息，我们要做的工作就是将这些信息提取出来，而矩阵的分解就是把目标矩阵表示成一些特殊矩阵的乘积(或和)，通过这些特殊矩阵把需要的信息提取或揭示出来．

本章主要内容包括求线性方程组的初等行变换法，又称矩阵的LU分解或矩阵的三角分解；为了把矩阵表示得更精简，矩阵可以做满秩分解；矩阵的施密特正交化对应的矩阵乘积形式称为矩阵的正交三角分解．如果想提高信息的传输效率或创造新的空间可以考虑矩阵的奇异值分解．同时大数据中的潜在语义分析就是通过相应矩阵的奇异值分解构造出新的空间，并在新的空间里尽可能达成特定目标．

奇异值分解是矩阵分解的一种形式，这种矩阵分解提供了和原来矩阵相关的新的向量空间．游击战是很多战争形式中的一种，通过充分利用地形降低战争参与人数，拓展了战争的呈现形式，争取战争向着有利于自己的一方发展．奇异值分解和游击战争具有异曲同工之妙！

8.1　行阶梯形与三角(LU) 分解

内容提要

为了求多项式方程的根，需要对多项式进行因式分解．为了求解线性方程组也需要将线性方程组的系数矩阵化成几个矩阵连乘的形式，这就是矩阵的分解．特别地，如果矩阵 $\boldsymbol{A}$ 可分解成一个下三角矩阵和一个上三角矩阵的乘积，这就是矩阵的三角分解或 LU 分解．

8.1.1　初等下三角矩阵

第二章引入了初等矩阵，它是单位矩阵经过一次初等变换得到的矩阵．可以对初等矩阵的概念进行推广得到初等下三角矩阵和初等上三角矩阵．

对角线上元素全为 1 的上(下) 三角矩阵称为**单位上(下) 三角矩阵** (unit upper(lower) triangular matrix) . 例如

$$\begin{bmatrix}1&0&0\\2&1&0\\3&4&1\end{bmatrix},\begin{bmatrix}1&2&3\\0&1&4\\0&0&1\end{bmatrix}$$

就是三阶单位上(下) 角矩阵. 可以证明单位上(下) 三角矩阵的逆矩阵仍为单位上(下) 三角矩阵,例如有

$$\begin{bmatrix}1&1&1\\0&1&1\\0&0&1\end{bmatrix}^{-1}=\begin{bmatrix}1&-1&0\\0&1&-1\\0&0&1\end{bmatrix}.$$

主对角线上元素全为 1,某个主对角线元素下方不全为零,其余元素全是零的矩阵为**初等下三角矩阵** (elementary lower triangular matrix) . 即形如

$$\begin{bmatrix}1&&&&&\\&\ddots&&&&\\&&1&&&\\&&a_{i+1,i}&1&&\\&&\vdots&&\ddots&\\&&a_{ni}&&&1\end{bmatrix}$$

的矩阵称为**初等下三角矩阵** .

初等下三角矩阵的逆矩阵仍为同型的初等下三角矩阵,只要把原先非主对角线上的非零元素改变符号即可 . 具体为

$$\begin{bmatrix}1&&&&&\\&\ddots&&&&\\&&1&&&\\&&a_{i+1,i}&1&&\\&&\vdots&&\ddots&\\&&a_{ni}&&&1\end{bmatrix}^{-1}=\begin{bmatrix}1&&&&&\\&\ddots&&&&\\&&1&&&\\&&-a_{i+1,i}&1&&\\&&\vdots&&\ddots&\\&&-a_{ni}&&&1\end{bmatrix}.$$

以三阶初等下三角矩阵为例有

$$\begin{bmatrix}1&0&0\\2&1&0\\3&0&1\end{bmatrix}^{-1}=\begin{bmatrix}1&0&0\\-2&1&0\\-3&0&1\end{bmatrix},\begin{bmatrix}1&0&0\\a_{21}&1&0\\a_{31}&0&1\end{bmatrix}^{-1}=\begin{bmatrix}1&0&0\\-a_{21}&1&0\\-a_{31}&0&1\end{bmatrix}.$$

关于初等下三角矩阵的乘积有

$$\begin{bmatrix}1&0&0\\2&1&0\\3&0&1\end{bmatrix}\begin{bmatrix}1&0&0\\0&1&0\\0&4&1\end{bmatrix}=\begin{bmatrix}1&0&0\\2&1&0\\3&4&1\end{bmatrix}$$

但

$$\begin{bmatrix}1&0&0\\0&1&0\\0&4&1\end{bmatrix}\begin{bmatrix}1&0&0\\2&1&0\\3&0&1\end{bmatrix}=\begin{bmatrix}1&0&0\\2&1&0\\11&4&1\end{bmatrix}.$$

一般有

$$\begin{bmatrix}1&0&0\\a_{21}&1&0\\a_{31}&0&1\end{bmatrix}\begin{bmatrix}1&0&0\\0&1&0\\0&a_{32}&1\end{bmatrix}=\begin{bmatrix}1&0&0\\a_{21}&1&0\\a_{31}&a_{32}&1\end{bmatrix}.$$

注意，这时矩阵乘法的顺序不能交换，如果交换结论就不成立了．例如有

$$\begin{bmatrix}1&0&0\\0&1&0\\0&c&1\end{bmatrix}\begin{bmatrix}1&0&0\\a&1&0\\b&0&1\end{bmatrix}=\begin{bmatrix}1&0&0\\a&1&0\\b+ac&c&1\end{bmatrix}\neq\begin{bmatrix}1&0&0\\a&1&0\\b&c&1\end{bmatrix}.$$

8.1.2 矩阵三角分解的定义

如果矩阵 $\boldsymbol{A}$ 是可逆的，则线性方程 $\boldsymbol{Ax}=\boldsymbol{\beta}$ 可通过将它的增广矩阵 $[\boldsymbol{A},\boldsymbol{\beta}]$ 化成行最简形 $[\boldsymbol{I},\boldsymbol{A}^{-1}\boldsymbol{\beta}]$ 来求解得到 $\boldsymbol{x}=\boldsymbol{A}^{-1}\boldsymbol{\beta}$. 这个过程一般包括两个阶段，若记矩阵 $\boldsymbol{A}=\boldsymbol{LU}$，其中 $\boldsymbol{L}$ 为下三角矩阵，$\boldsymbol{U}$ 为上三角矩阵，则可先化矩阵 $\boldsymbol{A}$ 为上三角矩阵 $\boldsymbol{U}$(即行阶梯形)，再化上三角矩阵 $\boldsymbol{U}$ 为单位矩阵 $\boldsymbol{I}$(即行最简形).

$$[\boldsymbol{A},\boldsymbol{\beta}]\overset{r}{\sim}[\boldsymbol{U},\boldsymbol{L}^{-1}\boldsymbol{\beta}]\overset{r}{\sim}[\boldsymbol{I},\boldsymbol{U}^{-1}\boldsymbol{L}^{-1}\boldsymbol{\beta}]=[\boldsymbol{I},(\boldsymbol{LU})^{-1}\boldsymbol{\beta}]=[\boldsymbol{I},\boldsymbol{A}^{-1}\boldsymbol{\beta}].$$

定义 8.1 设 $\boldsymbol{A}$ 是 n 阶可逆矩阵，如果有单位下三角矩阵 $\boldsymbol{L}$ 和上三角矩阵 $\boldsymbol{U}$，使得 $\boldsymbol{A}=\boldsymbol{LU}$，则称 $\boldsymbol{A}$ 能作三角分解，并且称 $\boldsymbol{A}=\boldsymbol{LU}$ 为 $\boldsymbol{A}$ 的**三角分解** (triangular decomposition) 或 **$\boldsymbol{LU}$ 分解** (LU decomposition)．

例如$\begin{bmatrix}1&3\\2&8\end{bmatrix}=\begin{bmatrix}1&0\\2&1\end{bmatrix}\begin{bmatrix}1&3\\0&2\end{bmatrix}$就是矩阵$\begin{bmatrix}1&3\\2&8\end{bmatrix}$的一个三角分解．但是并不是所有的可逆矩阵都有三角分解，例如并不存在$a,b,c,d(bd\neq 0)$，使得

$$\begin{bmatrix}0&1\\1&0\end{bmatrix}=\begin{bmatrix}1&0\\a&1\end{bmatrix}\begin{bmatrix}b&c\\0&d\end{bmatrix}$$

成立．下面给出可逆矩阵$\boldsymbol{A}$能进行三角分解的一个充要条件．

8.1.3 矩阵可LU分解的充要条件

下面的定理给出了矩阵可进行LU分解的充分必要条件．

定理8.1 （LU分解定理）设$\boldsymbol{A}$是n阶可逆矩阵，则存在唯一的单位下三角矩阵$\boldsymbol{L}$和唯一的上三角矩阵$\boldsymbol{U}$使得$\boldsymbol{A}=\boldsymbol{LU}$的充分必要条件是$\boldsymbol{A}$的所有顺序主子式均不为零，即

$$\det(\boldsymbol{H}_i)=\det\begin{bmatrix}a_{11}&\cdots&a_{1i}\\\vdots&&\vdots\\a_{i1}&\cdots&a_{ii}\end{bmatrix}\neq 0,i=1,2,\cdots,n-1. \tag{8.1}$$

证明 必要性．如果存在单位下三角矩阵$\boldsymbol{L}$和上三角矩阵$\boldsymbol{U}$使得$\boldsymbol{A}=\boldsymbol{LU}$，记

$$\boldsymbol{U}=\begin{bmatrix}u_{11}&u_{12}&\cdots&u_{1n}\\0&u_{22}&\cdots&u_{2n}\\\vdots&\vdots&&\vdots\\0&0&\cdots&u_{nn}\end{bmatrix}.$$

则$|\boldsymbol{A}|=|\boldsymbol{LU}|=|\boldsymbol{U}|=u_{11}u_{22}\cdots u_{nn}$．因为$\boldsymbol{A}$可逆，所以$u_{ii}\neq 0$. 将$\boldsymbol{A}=\boldsymbol{LU}$分块写成

$$\begin{bmatrix}\boldsymbol{A}_{11}&\boldsymbol{A}_{12}\\\boldsymbol{A}_{21}&\boldsymbol{A}_{22}\end{bmatrix}=\begin{bmatrix}\boldsymbol{L}_{11}&\boldsymbol{O}\\\boldsymbol{L}_{21}&\boldsymbol{L}_{22}\end{bmatrix}\begin{bmatrix}\boldsymbol{U}_{11}&\boldsymbol{U}_{12}\\\boldsymbol{O}&\boldsymbol{U}_{22}\end{bmatrix},$$

其中$\boldsymbol{A}_{11},\boldsymbol{L}_{11},\boldsymbol{U}_{11}$分别是$\boldsymbol{A},\boldsymbol{L},\boldsymbol{U}$的$k$阶顺序主子阵，于是

$$\boldsymbol{A}_{11}=\boldsymbol{L}_{11}\boldsymbol{U}_{11}.$$

从而$|\boldsymbol{A}_{11}|=|\boldsymbol{U}_{11}|=u_{11}u_{22}\cdots u_{kk}\neq 0,k=1,2,\cdots,n$. 并且

$$u_{11}=a_{11},u_{kk}=\frac{\det(\boldsymbol{H}_k)}{\det(\boldsymbol{H}_{k-1})},k=2,\cdots,n. \tag{8.2}$$

充分性：对矩阵的阶数作数学归纳法证明分解式$\boldsymbol{A}=\boldsymbol{LU}$存在．当矩阵的阶数为1时结论显然成立，设对$n-1$阶矩阵有分解式$\boldsymbol{A}=\boldsymbol{LU}$. 对$n$阶矩阵$\boldsymbol{A}$记

$$\boldsymbol{A}=\begin{bmatrix}\boldsymbol{A}_{n-1}&\boldsymbol{\beta}\\\boldsymbol{\alpha}^{\mathrm{T}}&a_{nn}\end{bmatrix},$$

其中 $\boldsymbol{A}_{n-1}$ 为 $\boldsymbol{A}$ 的 $n-1$ 阶顺序主子矩阵．根据定理的条件，$\boldsymbol{A}_{n-1}$ 是可逆矩阵，则有

$$\begin{bmatrix} \boldsymbol{I}_{n-1} & \boldsymbol{0} \\ -\boldsymbol{\alpha}^{\mathrm{T}}\boldsymbol{A}_{n-1}^{-1} & 1 \end{bmatrix}\boldsymbol{A}=\begin{bmatrix} \boldsymbol{I}_{n-1} & \boldsymbol{0} \\ -\boldsymbol{\alpha}^{\mathrm{T}}\boldsymbol{A}_{n-1}^{-1} & 1 \end{bmatrix}\begin{bmatrix} \boldsymbol{A}_{n-1} & \boldsymbol{\beta} \\ \boldsymbol{\alpha}^{\mathrm{T}} & a_{nn} \end{bmatrix}$$

$$=\begin{bmatrix} \boldsymbol{A}_{n-1} & \boldsymbol{\beta} \\ \boldsymbol{0}^{\mathrm{T}} & a_{nn}-\boldsymbol{\alpha}^{\mathrm{T}}\boldsymbol{A}_{n-1}^{-1}\boldsymbol{\beta} \end{bmatrix}.$$

从而

$$\boldsymbol{A}=\begin{bmatrix} \boldsymbol{I}_{n-1} & \boldsymbol{0} \\ \boldsymbol{\alpha}^{\mathrm{T}}\boldsymbol{A}_{n-1}^{-1} & 1 \end{bmatrix}\begin{bmatrix} \boldsymbol{A}_{n-1} & \boldsymbol{\beta} \\ \boldsymbol{0}^{\mathrm{T}} & a_{nn}-\boldsymbol{\alpha}^{\mathrm{T}}\boldsymbol{A}_{n-1}^{-1}\boldsymbol{\beta} \end{bmatrix}.$$

则归纳假设，存在 $n-1$ 阶单位下三角矩阵 $\boldsymbol{L}_{n-1}$ 和上三角矩阵 $\boldsymbol{U}_{n-1}$ 使得 $\boldsymbol{A}_{n-1}=\boldsymbol{L}_{n-1}\boldsymbol{U}_{n-1}$．于是可得

$$\boldsymbol{A}=\begin{bmatrix} \boldsymbol{I}_{n-1} & \boldsymbol{0} \\ \boldsymbol{\alpha}^{\mathrm{T}}\boldsymbol{A}_{n-1}^{-1} & 1 \end{bmatrix}\begin{bmatrix} \boldsymbol{L}_{n-1}\boldsymbol{U}_{n-1} & \boldsymbol{\beta} \\ \boldsymbol{0}^{\mathrm{T}} & a_{nn}-\boldsymbol{\alpha}^{\mathrm{T}}\boldsymbol{A}_{n-1}^{-1}\boldsymbol{\beta} \end{bmatrix}$$

$$=\begin{bmatrix} \boldsymbol{I}_{n-1} & \boldsymbol{0} \\ \boldsymbol{\alpha}^{\mathrm{T}}\boldsymbol{A}_{n-1}^{-1} & 1 \end{bmatrix}\begin{bmatrix} \boldsymbol{L}_{n-1} & \boldsymbol{0} \\ \boldsymbol{0}^{\mathrm{T}} & 1 \end{bmatrix}\begin{bmatrix} \boldsymbol{U}_{n-1} & \boldsymbol{L}_{n-1}^{-1}\boldsymbol{\beta} \\ \boldsymbol{0}^{\mathrm{T}} & a_{nn}-\boldsymbol{\alpha}^{\mathrm{T}}\boldsymbol{A}_{n-1}^{-1}\boldsymbol{\beta} \end{bmatrix}.$$

令

$$\boldsymbol{L}=\begin{bmatrix} \boldsymbol{I}_{n-1} & \boldsymbol{0} \\ \boldsymbol{\alpha}^{\mathrm{T}}\boldsymbol{A}_{n-1}^{-1} & 1 \end{bmatrix}\begin{bmatrix} \boldsymbol{L}_{n-1} & \boldsymbol{0} \\ \boldsymbol{0}^{\mathrm{T}} & 1 \end{bmatrix},\boldsymbol{U}=\begin{bmatrix} \boldsymbol{U}_{n-1} & \boldsymbol{L}_{n-1}^{-1}\boldsymbol{\beta} \\ \boldsymbol{0}^{\mathrm{T}} & a_{nn}-\boldsymbol{\alpha}^{\mathrm{T}}\boldsymbol{A}_{n-1}^{-1}\boldsymbol{\beta} \end{bmatrix}.$$

即得 $\boldsymbol{A}=\boldsymbol{L}\boldsymbol{U}$，其中 $\boldsymbol{L}$ 是单位下三角矩阵，$\boldsymbol{U}$ 是上三角矩阵．因此矩阵的阶为 n 时分解式 $\boldsymbol{A}=\boldsymbol{L}\boldsymbol{U}$ 也存在．

下面证明分解的唯一性．如果

$$\boldsymbol{A}=\boldsymbol{L}\boldsymbol{U}=\bar{\boldsymbol{L}}\bar{\boldsymbol{U}},$$

其中 $\boldsymbol{L},\bar{\boldsymbol{L}}$ 为 n 阶单位下三角矩阵，$\boldsymbol{U},\bar{\boldsymbol{U}}$ 为 n 阶可逆上三角矩阵，则

$$\bar{\boldsymbol{L}}^{-1}\boldsymbol{L}=\bar{\boldsymbol{U}}\boldsymbol{U}^{-1}.$$

上式左边的矩阵是单位下三角矩阵，而右边的矩阵是上三角矩阵．因此

$$\bar{\boldsymbol{L}}^{-1}\boldsymbol{L}=\bar{\boldsymbol{U}}\boldsymbol{U}^{-1}=\boldsymbol{I}.$$

于是 $\boldsymbol{L}=\bar{\boldsymbol{L}},\boldsymbol{U}=\bar{\boldsymbol{U}}$. 这就证明了唯一性． ■

因为可逆的上三角矩阵 $\boldsymbol{U}$ 可以写成

$$\boldsymbol{U}=\begin{bmatrix} u_{11} & u_{12} & \cdots & u_{1n} \\ 0 & u_{22} & \cdots & u_{2n} \\ \vdots & \vdots & & \vdots \\ 0 & 0 & \cdots & u_{nn} \end{bmatrix}$$

$$=\begin{bmatrix} u_{11} & 0 & \cdots & 0 \\ 0 & u_{22} & \cdots & 0 \\ \vdots & \vdots & & \vdots \\ 0 & 0 & \cdots & u_{nn} \end{bmatrix}\begin{bmatrix} 1 & \frac{u_{12}}{u_{11}} & \frac{u_{13}}{u_{11}} & \cdots & \frac{u_{1n}}{u_{11}} \\ 0 & 1 & \frac{u_{23}}{u_{22}} & \cdots & \frac{u_{2n}}{u_{22}} \\ & & \ddots & \ddots & \vdots \\ & & & 1 & \frac{u_{n-1,n}}{u_{n-1,n-1}} \\ & & & & 1 \end{bmatrix}. \tag{8.3}$$

故根据定理 8.1 和式(8.2) 与式(8.3) 容易得到下面的定理.

定理 8.2 设 $\boldsymbol{A}$ 是 n 阶可逆矩阵,则存在唯一的单位下三角矩阵 $\boldsymbol{U}$,和唯一的对角矩阵 $\boldsymbol{D}=\operatorname{diag}(d_1,d_2,\cdots,d_n)$ 和唯一的单位上三角矩阵 $\boldsymbol{U}$ 使得

$$\boldsymbol{A}=\boldsymbol{LDU} \tag{8.4}$$

的充分必要条件是 $\boldsymbol{A}$ 的所有顺序主子式均非零,即 $\det(\boldsymbol{H}_k)\neq 0,k=1,2,\cdots,n-1$,并且

$$d_1=a_{11},d_k=\frac{\det(\boldsymbol{H}_k)}{\det(\boldsymbol{H}_{k-1})},k=2,3,\cdots,n. \tag{8.5}$$

分解式(8.4) 称为矩阵 $\boldsymbol{A}$ 的 LDU 分解.

根据矩阵的初等行变换可对矩阵进行 LDU 分解.

例 8.1 求可逆矩阵 $\boldsymbol{A}=\begin{bmatrix} 2 & 2 & 3 \\ 4 & 7 & 7 \\ -2 & 4 & 5 \end{bmatrix}$ 的 LDU 分解.

解 用初等行变换.若只用第 i 行乘数 k 加到第 j 行($i<j$),行初等变换能把 $\boldsymbol{A}$ 化为上三角矩阵 $\boldsymbol{U}$,则有下三角形可逆矩阵 $\boldsymbol{P}$,使 $\boldsymbol{PA}=\boldsymbol{U}$ 成立,从而就有 LU 分解 $\boldsymbol{A}=\boldsymbol{P}^{-1}\boldsymbol{U}$.

为求 $\boldsymbol{P}$,只要对矩阵 $\boldsymbol{A}$ 作初等行变换,将其化成上三角矩阵即可.

$$(\boldsymbol{A},\boldsymbol{I})=\left[\begin{array}{ccc|ccc} 2 & 2 & 3 & 1 & 0 & 0 \\ 4 & 7 & 7 & 0 & 1 & 0 \\ -2 & 4 & 5 & 0 & 0 & 1 \end{array}\right]\overset{r}{\sim}\left[\begin{array}{ccc|ccc} 2 & 2 & 3 & 1 & 0 & 0 \\ 0 & 3 & 1 & -2 & 1 & 0 \\ 0 & 6 & 8 & 1 & 0 & 1 \end{array}\right]$$

$$\stackrel{r}{\sim}\left[\begin{array}{ccc|ccc}2&2&3&1&0&0\\0&3&1&-2&1&0\\0&0&6&5&-2&1\end{array}\right].$$

所以有

$$\boldsymbol{P}=\begin{bmatrix}1&0&0\\-2&1&0\\5&-2&1\end{bmatrix},\boldsymbol{PA}=\begin{bmatrix}2&2&3\\0&3&1\\0&0&6\end{bmatrix}.$$

令

$$\boldsymbol{L}=\boldsymbol{P}^{-1}=\begin{bmatrix}1&0&0\\2&1&0\\-1&2&1\end{bmatrix},\boldsymbol{U}=\boldsymbol{PA}=\begin{bmatrix}2&2&3\\0&3&1\\0&0&6\end{bmatrix}.$$

则

$$\boldsymbol{A}=\begin{bmatrix}1&0&0\\2&1&0\\-1&2&1\end{bmatrix}\begin{bmatrix}2&2&3\\0&3&1\\0&0&6\end{bmatrix}=\boldsymbol{LU}.$$

再利用初等变换有

$$\begin{aligned}\boldsymbol{A}&=\begin{bmatrix}1&0&0\\2&1&0\\-1&2&1\end{bmatrix}\mathrm{diag}(2,3,6)\mathrm{diag}\left(\frac{1}{2},\frac{1}{3},\frac{1}{6}\right)\begin{bmatrix}2&2&3\\0&3&1\\0&0&6\end{bmatrix}\\&=\begin{bmatrix}1&0&0\\2&1&0\\-1&2&1\end{bmatrix}\mathrm{diag}(2,3,6)\begin{bmatrix}1&1&\frac{3}{2}\\0&1&\frac{1}{3}\\0&0&1\end{bmatrix}\\&=\boldsymbol{LD\widetilde{U}}.\end{aligned}$$

■

也可利用初等下三角矩阵法对矩阵进行 LDU 分解 .

例 8.2 求可逆矩阵 $A=\begin{bmatrix}2 & -1 & 3\\ 1 & 2 & 0\\ 2 & 4 & 2\end{bmatrix}$ 的 LDU 分解．

解 因为 $\det(\boldsymbol{H}_1)=2,\det(\boldsymbol{H}_2)=5$，所以 $\boldsymbol{A}$ 有唯一的 LDU 分解式．构造矩阵

$$\boldsymbol{L}_1=\begin{bmatrix}1 & 0 & 0\\ \frac{1}{2} & 1 & 0\\ 1 & 0 & 1\end{bmatrix},\boldsymbol{L}_1^{-1}=\begin{bmatrix}1 & 0 & 0\\ -\frac{1}{2} & 1 & 0\\ -1 & 0 & 1\end{bmatrix}.$$

计算

$$\boldsymbol{L}_1^{-1}\boldsymbol{A}=\begin{bmatrix}2 & -1 & 3\\ 0 & \frac{5}{2} & -\frac{3}{2}\\ 0 & 5 & -1\end{bmatrix}=\boldsymbol{A}^{(1)}.$$

对 $\boldsymbol{A}^{(1)}$ 构造矩阵

$$\boldsymbol{L}_2=\begin{bmatrix}1 & 0 & 0\\ 0 & 1 & 0\\ 0 & 2 & 1\end{bmatrix},\boldsymbol{L}_2^{-1}=\begin{bmatrix}1 & 0 & 0\\ 0 & 1 & 0\\ 0 & -2 & 1\end{bmatrix}.$$

计算

$$\boldsymbol{L}_2^{-1}\boldsymbol{A}^{(1)}=\begin{bmatrix}1 & 0 & 0\\ 0 & 1 & 0\\ 0 & -2 & 1\end{bmatrix}\begin{bmatrix}2 & -1 & 3\\ 0 & \frac{5}{2} & -\frac{3}{2}\\ 0 & 5 & -1\end{bmatrix}=\begin{bmatrix}2 & -1 & 3\\ 0 & \frac{5}{2} & -\frac{3}{2}\\ 0 & 0 & 2\end{bmatrix}=\boldsymbol{A}^{(2)}.$$

即有

$$\boldsymbol{L}_2^{-1}\boldsymbol{L}_1^{-1}\boldsymbol{A}=\boldsymbol{A}^{(2)},$$

计算可得

$$\boldsymbol{A}=\boldsymbol{L}_1\boldsymbol{L}_2\boldsymbol{A}^{(2)}.$$

即

$$L = L_1 L_2 = \begin{bmatrix} 1 & 0 & 0 \\ \frac{1}{2} & 1 & 0 \\ 1 & 0 & 1 \end{bmatrix} \begin{bmatrix} 1 & 0 & 0 \\ 0 & 1 & 0 \\ 0 & 2 & 1 \end{bmatrix} = \begin{bmatrix} 1 & 0 & 0 \\ \frac{1}{2} & 1 & 0 \\ 1 & 2 & 1 \end{bmatrix}.$$

于是得 A 的 LDU 分解为

$$A = L_1 L_2 A^{(2)} = \underbrace{\begin{bmatrix} 1 & 0 & 0 \\ \frac{1}{2} & 1 & 0 \\ 1 & 2 & 1 \end{bmatrix}}_{L} \underbrace{\begin{bmatrix} 2 & 0 & 0 \\ 0 & \frac{5}{2} & 0 \\ 0 & 0 & 2 \end{bmatrix}}_{D} \underbrace{\begin{bmatrix} 1 & -\frac{1}{2} & \frac{3}{2} \\ 0 & 1 & -\frac{3}{5} \\ 0 & 0 & 1 \end{bmatrix}}_{U}$$

■

8.1.4 小结

本节主要介绍了初等下三角矩阵的定义和它的逆,矩阵三角分解的定义和矩阵可进行三角分解的条件.

8.1.5 习题

1. 判别下列矩阵可否三角分解:

(1) $\begin{bmatrix} 1 & 2 \\ 2 & 3 \end{bmatrix}$;(2) $\begin{bmatrix} 1 & 2 & 3 \\ 2 & 3 & 4 \\ 3 & 4 & 5 \end{bmatrix}$.

2. 求下列矩阵的三角分解:

(1) $\begin{bmatrix} 2 & 3 \\ 4 & 11 \end{bmatrix}$;(2) $\begin{bmatrix} 7 & 8 \\ 7 & 17 \end{bmatrix}$;(3) $\begin{bmatrix} 1 & 2 & 3 \\ 1 & 6 & 8 \\ 1 & 7 & 14 \end{bmatrix}$.

3. 求下列矩阵的三角分解:

(1) $\begin{bmatrix} 2 & 3 & 4 \\ 1 & 1 & 9 \\ 1 & 2 & -6 \end{bmatrix}$;(2) $\begin{bmatrix} 2 & 3 & 4 \\ 3 & 5 & 2 \\ 4 & 3 & 20 \end{bmatrix}$;(3) $\begin{bmatrix} 2 & 3 & 4 \\ -2 & -1 & 2 \\ 0 & -2 & -5 \end{bmatrix}$.

4. 利用系数矩阵的三角分解求解下列线性方程组.

(1) $\begin{cases} x_1 + 2x_2 = 1, \\ x_1 + 8x_2 = 2; \end{cases}$(2) $\begin{cases} 2x_1 + 3x_2 + 4x_3 = 1, \\ x_1 + x_2 + 9x_3 = -7, \\ x_1 + 2x_2 - 6x_3 = 9. \end{cases}$

8.2　行最简形与满秩分解

内容提要

如果矩阵 $\boldsymbol{A}$ 是方阵且是可逆的，则它有许多好的性质．如果矩阵 $\boldsymbol{A}$ 不是方阵，但它是行满秩的或列满秩的，则它有仅次于可逆矩阵的好的性质．如果矩阵既不是行满秩也不是列满秩的，我们希望能把该矩阵分解为两个满秩矩阵的乘积，这就是矩阵的满秩分解．通过矩阵的满秩分解，可以让降秩矩阵以满秩矩阵乘积的形式出现，仍然具有满秩矩阵的性质．

8.2.1　满秩分解的定义

n 阶可逆矩阵 $\boldsymbol{A}$ 化成行阶梯形引出了矩阵的三角分解 $\boldsymbol{A}=\boldsymbol{LU}$，如果矩阵 $\boldsymbol{A}$ 是降秩的，即有 $\operatorname{rank}(\boldsymbol{A})=r$，则矩阵 $\boldsymbol{U}$ 的后 $n-r$ 行为零，在与 $\boldsymbol{L}$ 相乘时，$\boldsymbol{U}$ 的后 $n-r$ 行会把可逆矩阵 $\boldsymbol{L}$ 的后 $n-r$ 列置为零，所以可把矩阵 $\boldsymbol{L}$ 的后 $n-r$ 列和矩阵 $\boldsymbol{U}$ 的后 $n-r$ 行去掉，这并不影响 $\boldsymbol{LU}$ 乘积的结果．这里矩阵 $\boldsymbol{L},\boldsymbol{U}$ 都是满秩矩阵，这就是矩阵的**满秩分解**（full rank decomposition）．找出矩阵 $\boldsymbol{A}$ 的列向量组的极大线性无关组，并把矩阵 $\boldsymbol{A}$ 用这个极大线性无关组线性表示，这也构成矩阵 $\boldsymbol{A}$ 的满秩分解．满秩分解的定义如下．

定义 8.2　设 $\boldsymbol{A}\in\mathbb{R}^{m\times n}$，$n\leqslant m$，且 $\operatorname{rank}(\boldsymbol{A})=r\leqslant n$，如果存在列满秩矩阵 $\boldsymbol{C}\in\mathbb{R}^{m\times r}$ 和行满秩矩阵 $\boldsymbol{R}\in\mathbb{R}^{r\times n}$，使得

$$\boldsymbol{A}=\boldsymbol{CR}. \tag{8.6}$$

则称式 $\boldsymbol{A}=\boldsymbol{CR}$ 为矩阵 $\boldsymbol{A}$ 的满秩分解．

根据此定义，若 $r=\operatorname{rank}(\boldsymbol{A}_{m\times n})=n$，则矩阵 $\boldsymbol{A}$ 是列满秩矩阵，此时有 $\boldsymbol{A}=\boldsymbol{AI}_n$，这即为矩阵 $\boldsymbol{A}$ 的满秩分解．如果矩阵 $\boldsymbol{A}\in\mathbb{R}^{m\times n}$ 是行满秩的，则它的满秩分解为 $\boldsymbol{A}=\boldsymbol{I}_m\boldsymbol{A}$．这两种满秩分解都是平凡的，通常讨论的满秩分解都是非平凡的．

8.2.2　满秩分解定理

关于矩阵的满秩分解还有下面的结论．

定理 8.3　（满秩分解定理）设 $m\times n$ 矩阵 $\boldsymbol{A}$ 的秩为 r，则存在 $m\times r$ 矩阵 $\boldsymbol{C}$ 和 $r\times n$ 矩阵 $\boldsymbol{R}$ 使得

$$\boldsymbol{A}=\boldsymbol{CR}.$$

并且 $\operatorname{rank}(\boldsymbol{C})=\operatorname{rank}(\boldsymbol{R})=r$.

证明 证法一:对矩阵 $\boldsymbol{A}$ 存在可逆矩阵 $\boldsymbol{P}$ 和 $\boldsymbol{Q}$ 使得 $\boldsymbol{A}=\boldsymbol{P}\begin{bmatrix}\boldsymbol{I}_r & \boldsymbol{O}\\ \boldsymbol{O} & \boldsymbol{O}\end{bmatrix}\boldsymbol{Q}$. 因为

$$\begin{bmatrix}\boldsymbol{I}_r & \boldsymbol{O}\\ \boldsymbol{O} & \boldsymbol{O}\end{bmatrix}=\begin{bmatrix}\boldsymbol{I}_r\\ \boldsymbol{O}\end{bmatrix}[\boldsymbol{I}_r,\boldsymbol{O}].$$

故式 $\boldsymbol{A}=\boldsymbol{P}\begin{bmatrix}\boldsymbol{I}_r & \boldsymbol{O}\\ \boldsymbol{O} & \boldsymbol{O}\end{bmatrix}\boldsymbol{Q}$ 可以改写为 $\boldsymbol{A}=\boldsymbol{P}\begin{bmatrix}\boldsymbol{I}_r\\ \boldsymbol{O}\end{bmatrix}[\boldsymbol{I}_r,\boldsymbol{O}]\boldsymbol{Q}$. 令

$$\boldsymbol{P}\begin{bmatrix}\boldsymbol{I}_r\\ \boldsymbol{O}\end{bmatrix}=\boldsymbol{C},[\boldsymbol{I}_r,\boldsymbol{O}]\boldsymbol{Q}=\boldsymbol{R},$$

便得 $\boldsymbol{A}=\boldsymbol{CR}$,其中 $\boldsymbol{C}$ 是 $m\times r$ 矩阵,它的 r 个列是非奇异矩阵 $\boldsymbol{P}$ 的前 r 列,因而线性无关, $\operatorname{rank}(\boldsymbol{C})=r$. $\boldsymbol{R}$ 是 $r\times n$ 矩阵,它的 r 个行是可逆矩阵 $\boldsymbol{Q}$ 的前 r 行,也是线性无关的. 故 $\operatorname{rank}(\boldsymbol{R})=r$.

证法二:利用初等下三角矩阵可以构造性地证明满秩分解定理,证明过程也给出了进行满秩分解的方法.

用矩阵的初等行变换和交换矩阵可得,总存在可逆矩阵 $\boldsymbol{P}$,使得 $\boldsymbol{PA}=\begin{bmatrix}\boldsymbol{R}\\ \boldsymbol{O}\end{bmatrix}$ 成立. 即有 $\boldsymbol{A}=\boldsymbol{P}^{-1}\begin{bmatrix}\boldsymbol{R}\\ \boldsymbol{O}\end{bmatrix}$. 记 $\boldsymbol{P}^{-1}=[\boldsymbol{C},\boldsymbol{S}]$,则有 $\boldsymbol{A}=[\boldsymbol{C},\boldsymbol{S}]\begin{bmatrix}\boldsymbol{R}\\ \boldsymbol{O}\end{bmatrix}=\boldsymbol{CR}$,即为矩阵 $\boldsymbol{A}$ 的一个满秩分解. ■

矩阵 $\boldsymbol{A}$ 的满秩分解一般是不唯一的. 事实上,对任一 r 阶可逆矩阵 $\boldsymbol{D}$,若令 $\boldsymbol{C}_1=\boldsymbol{CD}$, $\boldsymbol{R}_1=\boldsymbol{D}^{-1}\boldsymbol{R}$,则显然有 $\boldsymbol{A}=\boldsymbol{C}_1\boldsymbol{R}_1$.

例 8.3 用初等行变换求矩阵 $\boldsymbol{A}=\begin{bmatrix}-1 & 0 & 1 & 2\\ 1 & 2 & -1 & 1\\ 2 & 2 & -2 & -1\end{bmatrix}$ 的一个满秩分解.

解 对矩阵 $[\boldsymbol{A},\boldsymbol{I}]$ 进行初等行变换可得

$$[\boldsymbol{A},\boldsymbol{I}]=\left[\begin{array}{cccc|ccc}-1 & 0 & 1 & 2 & 1 & 0 & 0\\ 1 & 2 & -1 & 1 & 0 & 1 & 0\\ 2 & 2 & -2 & -1 & 0 & 0 & 1\end{array}\right]\overset{r}{\sim}\left[\begin{array}{cccc|ccc}-1 & 0 & 1 & 2 & 1 & 0 & 0\\ 0 & 2 & 0 & 3 & 1 & 1 & 0\\ 0 & 0 & 0 & 0 & 1 & -1 & 1\end{array}\right].$$

令 $\boldsymbol{P}=\begin{bmatrix}1 & 0 & 0\\ 1 & 1 & 0\\ 1 & -1 & 1\end{bmatrix}$, $\boldsymbol{R}=\begin{bmatrix}-1 & 0 & 1 & 2\\ 0 & 2 & 0 & 3\end{bmatrix}$,则有 $\boldsymbol{A}=\boldsymbol{P}^{-1}\begin{bmatrix}\boldsymbol{R}\\ \boldsymbol{O}\end{bmatrix}$. 可求得 $\boldsymbol{P}^{-1}=\begin{bmatrix}1 & 0 & 0\\ -1 & 1 & 0\\ -2 & 1 & 1\end{bmatrix}$,于是有

$$A=\begin{bmatrix}1&0\\-1&1\\-2&1\end{bmatrix}\begin{bmatrix}-1&0&1&2\\0&2&0&3\end{bmatrix}.$$

■

若记 $C=[\alpha_1,\alpha_2,\cdots,\alpha_r]$，$R=\begin{bmatrix}\beta_1^{\mathrm T}\\\beta_2^{\mathrm T}\\\vdots\\\beta_r^{\mathrm T}\end{bmatrix}$，则有

$$A=CR=[\alpha_1,\alpha_2,\cdots,\alpha_r]\begin{bmatrix}\beta_1^{\mathrm T}\\\beta_2^{\mathrm T}\\\vdots\\\beta_r^{\mathrm T}\end{bmatrix}=\alpha_1\beta_1^{\mathrm T}+\alpha_1\beta_2^{\mathrm T}+\cdots+\alpha_1\beta_r^{\mathrm T}.$$

这也是满秩分解的一种表示方法.

例 8.4 设 A_1 与 A_2 都是 $m\times n$ 矩阵，证明

$$\mathrm{rank}\,(A_1+A_2)\leqslant\mathrm{rank}\,(A_1)+\mathrm{rank}\,(A_2).$$

证明 如果 $A_1=O$，或者 $A_2=O$，则结论成立. 如果 $A_1\neq O$ 且 $A_2\neq O$，设 A_1 与 A_2 的满秩分解分别是

$$A_1=C_1R_1,A_2=C_2R_2.$$

则有

$$A_1+A_2=C_1R_1+C_2R_2=[C_1,C_2]\begin{bmatrix}R_1\\R_2\end{bmatrix}.$$

从而有

$$\begin{aligned}\mathrm{rank}\,(A_1+A_2)&\leqslant\mathrm{rank}\,[C_1,C_2]\\&\leqslant\mathrm{rank}\,(C_1)+\mathrm{rank}\,(C_2)\\&=\mathrm{rank}\,(A_1)+\mathrm{rank}\,(A_2).\end{aligned}$$

证毕. ■

8.2.3 极大线性无关组与满秩分解

若 $r=\mathrm{rank}\,(A_{m\times n})<n$，但矩阵 A 的前 r 列是线性无关的，则后 $n-r$ 列可以用前 r 列线性表示. 事实上，可设 $A=[A_1,A_2]\in\mathbb{R}^{m\times n}$，且 $\mathrm{rank}\,(A_1)=r$，则矩阵方程 $A_1X=A_2$ 等价于

$A_1^T A_1 X = A_1^T A_2$. 它的解为

$$X = (A_1^T A_1)^{-1} A_1^T A_2.$$

这时矩阵 A 有如下唯一的满秩分解式：

$$A = [A_1, A_2] = [A_1 I_r, A_1 X] = A_1 [I_r, X] = A_1 [I_r, (A_1^T A_1)^{-1} A_1^T A_2].$$

尽管上式中 $X = (A_1^T A_1)^{-1} A_1^T A_2$ 显得烦琐，但实际上寻找 X 可以比这简单许多．只要将矩阵 A 化成行最简形，则左上角是 r 阶单位矩阵 I_r，而 I_r 的右边即为 X. 它揭示了如何用 A 的前 r 列线性表示后面的 $n-r$ 列．

例 8.5 对 $A = [\alpha_1, \alpha_2, \alpha_3, \alpha_4] = \begin{bmatrix} 1 & 1 & 1 & 1 \\ 1 & 2 & -1 & 0 \\ 2 & 1 & 4 & 3 \\ 2 & 3 & 0 & 1 \end{bmatrix}$ 进行满秩分解．

解 将矩阵 A 化成行最简形可得

$$A = \begin{bmatrix} 1 & 1 & 1 & 1 \\ 1 & 2 & -1 & 0 \\ 2 & 1 & 4 & 3 \\ 2 & 3 & 0 & 1 \end{bmatrix} \overset{r}{\sim} \begin{bmatrix} 1 & 1 & 1 & 1 \\ 0 & 1 & -2 & 1 \\ 0 & -1 & 2 & 1 \\ 0 & 1 & -2 & 1 \end{bmatrix} \overset{r}{\sim} \begin{bmatrix} 1 & 0 & 3 & 2 \\ 0 & 1 & -2 & -1 \\ 0 & 0 & 0 & 0 \\ 0 & 0 & 0 & 0 \end{bmatrix} = B.$$

从行最简形可得矩阵 A 的前两列线性无关，后两列是前两列的线性组合，即有

$$\alpha_1 = \alpha_1, \alpha_2 = \alpha_2, \alpha_3 = 3\alpha_1 - 2\alpha_2, \alpha_4 = 2\alpha_1 - \alpha_2.$$

写成满秩分解的形式为

$$A = \begin{bmatrix} 1 & 1 & 1 & 1 \\ 1 & 2 & -1 & 0 \\ 2 & 1 & 4 & 3 \\ 2 & 3 & 0 & 1 \end{bmatrix} = \begin{bmatrix} 1 & 1 \\ 1 & 2 \\ 2 & 1 \\ 2 & 3 \end{bmatrix} \begin{bmatrix} 1 & 0 & 3 & 2 \\ 0 & 1 & -2 & -1 \end{bmatrix}.$$

显然上面的分解式也可写成

$$A = \begin{bmatrix} 1 & 1 & 1 & 1 \\ 1 & 2 & -1 & 0 \\ 2 & 1 & 4 & 3 \\ 2 & 3 & 0 & 1 \end{bmatrix} = \begin{bmatrix} 1 & 1 \\ 2 & 1 \\ 1 & 2 \\ 3 & 2 \end{bmatrix} \begin{bmatrix} 0 & 1 & -2 & -1 \\ 1 & 0 & 3 & 2 \end{bmatrix}.$$

■

从上面的讨论可以发现，矩阵的满秩分解就是确定矩阵中的一个最大线性无关列向量

组，并将其余的向量用最大线性无关组线性表示．沿着上面例 8.5 中的思路，如果矩阵 $\boldsymbol{A}$ 的前 r 列线性相关，仍用矩阵 $\boldsymbol{A}$ 的行最简形，可以简便地求得矩阵 $\boldsymbol{A}$ 的满秩分解．方法是将矩阵 $\boldsymbol{A}$ 化成行最简形，只是把在上一例中矩阵 $\boldsymbol{A}$ 的前 r 列替换成行最简形中主元所在的 r 个列即可．

例 8.6 求矩阵 $\boldsymbol{A}=[\boldsymbol{\alpha}_1,\boldsymbol{\alpha}_2,\boldsymbol{\alpha}_3,\boldsymbol{\alpha}_4,\boldsymbol{\alpha}_5]=\begin{bmatrix}2&-1&-1&1&2\\1&1&-2&1&4\\4&-6&2&-2&4\\3&6&-9&7&9\end{bmatrix}$ 的满秩分解．

解 将其化成行最简形可得

$$\boldsymbol{A}\overset{r}{\sim}\begin{bmatrix}1&1&-2&1&4\\0&1&-1&1&0\\0&0&0&1&-3\\0&0&0&0&0\end{bmatrix}\overset{r}{\sim}\begin{bmatrix}1&0&-1&0&4\\0&1&-1&0&3\\0&0&0&1&-3\\0&0&0&0&0\end{bmatrix}.$$

从行最简形可以看出，矩阵 $\boldsymbol{A}$ 的第 1，2，4 列是一个最大线性无关组，第 3，5 列可以用第 1，2，4 列线性表示．即有线性关系式

$$\boldsymbol{\alpha}_1=\boldsymbol{\alpha}_1,\boldsymbol{\alpha}_2=\boldsymbol{\alpha}_2,\boldsymbol{\alpha}_3=-\boldsymbol{\alpha}_1-\boldsymbol{\alpha}_2,\boldsymbol{\alpha}_4=\boldsymbol{\alpha}_4,\boldsymbol{\alpha}_5=4\boldsymbol{\alpha}_1+3\boldsymbol{\alpha}_2-3\boldsymbol{\alpha}_4.$$

所以矩阵 $\boldsymbol{A}$ 的一个满秩分解是

$$\boldsymbol{A}=[\boldsymbol{\alpha}_1,\boldsymbol{\alpha}_2,\boldsymbol{\alpha}_4]\begin{bmatrix}1&0&-1&0&4\\0&1&-1&0&3\\0&0&0&1&-3\end{bmatrix}$$

■

矩阵的满秩分解是剔除矩阵携带冗余信息的一种方法．这种方法可以看作是求向量组的极大线性无关组并把原向量组用极大线性无关组表示的矩阵版．

8.2.4 满秩分解的应用

借助矩阵 $\boldsymbol{A}$ 的满秩分解 $\boldsymbol{A}=\boldsymbol{CR}$ 可求得方程 $\boldsymbol{Ax}=\boldsymbol{\beta}$ 的最小二乘解和极小范数解．

定理 8.4 若矩阵 $\boldsymbol{A}$ 的满秩分解为 $\boldsymbol{A}=\boldsymbol{CR}$，则不相容线性方程 $\boldsymbol{Ax}=\boldsymbol{\beta}$ 的最小二乘极小范数解为

$$\boldsymbol{x}=\boldsymbol{R}^{\mathrm{T}}(\boldsymbol{RR}^{\mathrm{T}})^{-1}(\boldsymbol{C}^{\mathrm{T}}\boldsymbol{C})^{-1}\boldsymbol{C}^{\mathrm{T}}\boldsymbol{\beta}.$$

证明 根据第五章的定理 5.6 可得不相容方程 $\boldsymbol{Ax}=\boldsymbol{\beta}$ 的法方程 $\boldsymbol{A}^{\mathrm{T}}\boldsymbol{Ax}=\boldsymbol{A}^{\mathrm{T}}\boldsymbol{\beta}$ 是相容的．即方程

$$R^{T}C^{T}CRx = R^{T}C^{T}\beta \tag{8.7}$$

是相容的,它的解就是不相容方程 $Ax=\beta$ 的最小二乘解.

将式(8.7)移项再左边提取矩阵 R^{T} 可得

$$R^{T}(C^{T}CRx - C^{T}\beta) = 0. \tag{8.8}$$

注意到矩阵乘法的消去律,所以式(8.8)可同解变形为

$$C^{T}CRx - C^{T}\beta = 0. \tag{8.9}$$

所以 $C^{T}CRx = C^{T}\beta$ 的解是不相容方程 $Ax=\beta$ 的最小二乘解.

注意到矩阵 $C^{T}C$ 是可逆的,所以 $Rx=(C^{T}C)^{-1}C^{T}\beta$ 与 $C^{T}CRx=C^{T}\beta$ 是同解的. 根据定理 5.9 中极小范数解的结论,可令 $x=R^{T}y$,代入 $Rx=(C^{T}C)^{-1}C^{T}\beta$ 可得 $y=(RR^{T})^{-1}(C^{T}C)^{-1}C^{T}\beta$. 这时

$$x = R^{T}y = R^{T}(RR^{T})^{-1}(C^{T}C)^{-1}C^{T}\beta$$

就是不相容方程 $Ax=\beta$ 的最小二乘极小范数解. ■

定理 8.5 若矩阵 A 的满秩分解为 $A=CR$,则相容线性方程 $Ax=\beta$ 的极小范数解为

$$x = R^{T}(RR^{T})^{-1}(C^{T}C)^{-1}C^{T}\beta.$$

证明 根据定理 4.2,矩阵的消去律和可逆矩阵的性质可得 $CRx=\beta$ 与下列方程是同解的:

$$R^{T}C^{T}CRx = R^{T}C^{T}\beta,$$

$$C^{T}CRx = C^{T}\beta,$$

$$Rx = (C^{T}C)^{-1}C^{T}\beta.$$

再根据定理 5.9 中满秩线性方程组极小范数解的表达式可得

$$x = R^{T}(RR^{T})^{-1}(C^{T}C)^{-1}C^{T}\beta$$

是相容方程 $Ax=\beta$ 的极小范数解. ■

8.2.5 小结

本节主要介绍满秩分解的定义、用初等行变换法对矩阵进行满秩分解、用矩阵的满秩分解求线性方程组的最小二乘解和极小范数解.

8.2.6 习题

1. 求下列矩阵的满秩分解:

(1) $\begin{bmatrix} 1 & 2 & -1 \\ 2 & 4 & -2 \\ 3 & 6 & -3 \end{bmatrix}$;(2) $\begin{bmatrix} 1 & 2 \\ 2 & 3 \\ 3 & 4 \end{bmatrix}$;(3) $\begin{bmatrix} 3 & 1 & 0 & 2 \\ 1 & -1 & 2 & -1 \\ 1 & 3 & -4 & 4 \end{bmatrix}$.

2. 求下列矩阵的满秩分解：

(1) $\begin{bmatrix} 1 & 2 & 3 & 0 \\ 0 & 2 & 1 & -1 \\ -2 & 4 & -2 & -4 \end{bmatrix}$；(2) $\begin{bmatrix} 1 & -1 & 1 & 1 \\ -1 & 1 & -1 & -1 \\ -1 & -1 & 1 & 1 \\ 1 & 1 & -1 & -1 \end{bmatrix}$；(3) $\begin{bmatrix} 1 & 2 & 3 & 6 \\ 2 & 4 & 6 & 12 \\ 1 & 2 & 3 & 6 \\ 2 & 4 & 6 & 12 \end{bmatrix}$.

3. 当 $ab \neq 0$ 时，求矩阵 $\begin{bmatrix} a & b & b & b \\ b & a & b & b \\ b & b & a & b \\ b & b & b & a \end{bmatrix}$ 的满秩分解.

4. 求方程组 $\begin{bmatrix} 1 & 2 & 1 \\ 2 & 4 & 2 \\ 1 & 2 & 1 \end{bmatrix}\begin{bmatrix} x_1 \\ x_2 \\ x_3 \end{bmatrix} = \begin{bmatrix} 1 \\ 2 \\ 1 \end{bmatrix}$ 的极小范数解.

5. 求方程组 $\begin{bmatrix} 1 & -2 & 1 \\ 2 & -4 & 2 \\ 1 & -2 & 1 \end{bmatrix}\begin{bmatrix} x_1 \\ x_2 \\ x_3 \end{bmatrix} = \begin{bmatrix} 1 \\ 1 \\ 1 \end{bmatrix}$ 的最小二乘极小范数解.

8.3 Schmidt 正交化与正交三角分解

内容提要

矩阵的正交三角分解是用矩阵的施密特正交化把一个可逆矩阵分解成一个正交矩阵和一个上三角矩阵的乘积.

8.3.1 矩阵正交三角分解的定义

若矩阵 $\boldsymbol{A}$ 可逆，求解方程 $\boldsymbol{Ax}=\boldsymbol{\beta}$ 除了可对矩阵进行三角分解外，还可进行正交三角分解，也称为矩阵的 QR 分解，这里 Q 代表正交矩阵，R 代表上三角矩阵.

定义 8.3 将一个实可逆矩阵 $\boldsymbol{A}$ 分解成一个正交矩阵 $\boldsymbol{Q}$ 和一个上三角矩阵 $\boldsymbol{R}$ 的乘积，称为矩阵 $\boldsymbol{A}$ 的正交三角分解，即分解式 $\boldsymbol{A}=\boldsymbol{QR}$ 称为矩阵 $\boldsymbol{A}$ 的 QR **分解** (QR factorization) 或**正交三角分解**.

设可逆矩阵 $\boldsymbol{A}$ 的正交三角分解为 $\boldsymbol{A}=\boldsymbol{QR}$，则线性方程 $\boldsymbol{Ax}=\boldsymbol{\beta}$ 可化为 $\boldsymbol{Rx}=\boldsymbol{Q}^{\mathrm{T}}\boldsymbol{\beta}$，注意到矩阵 $\boldsymbol{R}$ 是上三角矩阵，所以线性方程组 $\boldsymbol{Rx}=\boldsymbol{Q}^{\mathrm{T}}\boldsymbol{\beta}$ 通过逐级回代即可求解.

8.3.2 可逆矩阵的 QR 分解

借助向量组的施密特正交化的定义对可逆矩阵 $\boldsymbol{A}$ 进行 QR 分解.

定理 8.6 设$\boldsymbol{A}$是n阶可逆矩阵,则存在正交矩阵$\boldsymbol{Q}$和可逆上三角矩阵$\boldsymbol{R}$使得$\boldsymbol{A}=\boldsymbol{QR}$成立,且除去相差一个对角元绝对值全等于1的对角矩阵因子外分解式是唯一的.

证明 记$\boldsymbol{A}=[\boldsymbol{\alpha}_1,\boldsymbol{\alpha}_2,\cdots,\boldsymbol{\alpha}_n]$,$\boldsymbol{\alpha}_i$是矩阵$\boldsymbol{A}$的第$i$列向量.因为矩阵$\boldsymbol{A}$非奇异,所以向量组$\boldsymbol{\alpha}_1,\boldsymbol{\alpha}_2,\cdots,\boldsymbol{\alpha}_n$是线性无关的.运用Schmidt正交化的方法将线性无关的向量组$\boldsymbol{\alpha}_1,\boldsymbol{\alpha}_2,\cdots,\boldsymbol{\alpha}_n$先化为正交向量组$\boldsymbol{\beta}_1,\boldsymbol{\beta}_2,\cdots,\boldsymbol{\beta}_n$,即有

$$\begin{cases}\boldsymbol{\beta}_1=\boldsymbol{\alpha}_1,\\ \boldsymbol{\beta}_2=\boldsymbol{\alpha}_2-k_{21}\boldsymbol{\beta}_1,\\ \boldsymbol{\beta}_3=\boldsymbol{\alpha}_3-k_{31}\boldsymbol{\beta}_1-k_{32}\boldsymbol{\beta}_2,\\ \quad\vdots\\ \boldsymbol{\beta}_n=\boldsymbol{\alpha}_n-k_{n1}\boldsymbol{\beta}_1-k_{n2}\boldsymbol{\beta}_2-\cdots-k_{n,n-1}\boldsymbol{\beta}_{n-1}.\end{cases}\tag{8.10}$$

其中系数$k_{ij}=\dfrac{\langle\boldsymbol{\alpha}_i,\boldsymbol{\beta}_j\rangle}{\langle\boldsymbol{\beta}_j,\boldsymbol{\beta}_j\rangle},j<i$.移项可以将式(8.10)改写为

$$\begin{cases}\boldsymbol{\alpha}_1=\boldsymbol{\beta}_1,\\ \boldsymbol{\alpha}_2=\boldsymbol{\beta}_2+k_{21}\boldsymbol{\beta}_1,\\ \boldsymbol{\alpha}_3=\boldsymbol{\beta}_3+k_{31}\boldsymbol{\beta}_1+k_{32}\boldsymbol{\beta}_2,\\ \quad\vdots\\ \boldsymbol{\alpha}_n=\boldsymbol{\beta}_n+k_{n1}\boldsymbol{\beta}_1+k_{n2}\boldsymbol{\beta}_2+\cdots+k_{n,n-1}\boldsymbol{\beta}_{n-1}.\end{cases}\tag{8.11}$$

写成矩阵的形式为

$$[\boldsymbol{\alpha}_1,\boldsymbol{\alpha}_2,\cdots,\boldsymbol{\alpha}_n]=[\boldsymbol{\beta}_1,\boldsymbol{\beta}_2,\cdots,\boldsymbol{\beta}_n]\begin{bmatrix}1&k_{21}&\cdots&k_{n-1,1}&k_{n1}\\0&1&\cdots&k_{n-1,2}&k_{n2}\\\vdots&\vdots&&\vdots&\vdots\\0&0&\cdots&1&k_{n,n-1}\\0&0&\cdots&0&1\end{bmatrix}.$$

引入记号

$$\boldsymbol{B}=[\boldsymbol{\beta}_1,\boldsymbol{\beta}_2,\cdots,\boldsymbol{\beta}_n],\boldsymbol{K}=\begin{bmatrix}1&k_{21}&\cdots&k_{n-1,1}&k_{n1}\\0&1&\cdots&k_{n-1,2}&k_{n2}\\\vdots&\vdots&&\vdots&\vdots\\0&0&\cdots&1&k_{n,n-1}\\0&0&\cdots&0&1\end{bmatrix}.$$

因为矩阵$\boldsymbol{A}$可逆,所以矩阵$\boldsymbol{B}$也是可逆的,同时矩阵$\boldsymbol{B}$的列向量之间是互相正交的.引入

矩阵

$$\boldsymbol{\Lambda}=\begin{bmatrix}\frac{1}{\|\boldsymbol{\beta}_1\|} & 0 & \cdots & 0\\ 0 & \frac{1}{\|\boldsymbol{\beta}_2\|} & \cdots & 0\\ \vdots & \vdots & & \vdots\\ 0 & 0 & \cdots & \frac{1}{\|\boldsymbol{\beta}_n\|}\end{bmatrix}.$$

显然有

$$\boldsymbol{A}=[\boldsymbol{\beta}_1,\boldsymbol{\beta}_2,\cdots,\boldsymbol{\beta}_n]\begin{bmatrix}\frac{1}{\|\boldsymbol{\beta}_1\|} & 0 & \cdots & 0\\ 0 & \frac{1}{\|\boldsymbol{\beta}_2\|} & \cdots & 0\\ \vdots & \vdots & & \vdots\\ 0 & 0 & \cdots & \frac{1}{\|\boldsymbol{\beta}_n\|}\end{bmatrix}\begin{bmatrix}\|\boldsymbol{\beta}_1\| & 0 & \cdots & 0\\ 0 & \|\boldsymbol{\beta}_2\| & \cdots & 0\\ \vdots & \vdots & & \vdots\\ 0 & 0 & \cdots & \|\boldsymbol{\beta}_n\|\end{bmatrix}\boldsymbol{K}. \tag{8.12}$$

令

$$\boldsymbol{Q}=[\boldsymbol{\beta}_1,\boldsymbol{\beta}_2,\cdots,\boldsymbol{\beta}_n]\begin{bmatrix}\frac{1}{\|\boldsymbol{\beta}_1\|} & 0 & \cdots & 0\\ 0 & \frac{1}{\|\boldsymbol{\beta}_2\|} & \cdots & 0\\ \vdots & \vdots & & \vdots\\ 0 & 0 & \cdots & \frac{1}{\|\boldsymbol{\beta}_n\|}\end{bmatrix},\boldsymbol{R}=\begin{bmatrix}\|\boldsymbol{\beta}_1\| & 0 & \cdots & 0\\ 0 & \|\boldsymbol{\beta}_2\| & \cdots & 0\\ \vdots & \vdots & & \vdots\\ 0 & 0 & \cdots & \|\boldsymbol{\beta}_n\|\end{bmatrix}\boldsymbol{K}.$$

则 $\boldsymbol{Q}$ 为正交矩阵，$\boldsymbol{R}$ 为非奇异上三角矩阵．由式(8.12)，有 $\boldsymbol{A}=\boldsymbol{QR}$．这就证明了 QR 分解的存在性．

下面证明除去相差一个对角元绝对值全等于 1 的对角矩阵因子外分解式是唯一的．

设矩阵 $\boldsymbol{A}$ 有两个 QR 分解

$$\boldsymbol{A}=\boldsymbol{QR}=\boldsymbol{Q}_1\boldsymbol{R}_1,$$

其中 $\boldsymbol{Q},\boldsymbol{Q}_1$ 为正交矩阵，$\boldsymbol{R},\boldsymbol{R}_1$ 为非奇异上三角矩阵，则

$$Q = Q_1 R_1 R^{-1} = Q_1 D,$$

其中 $D = R_1 R^{-1}$ 为非奇异上三角矩阵．于是

$$I = Q^T Q = (Q_1 D)^T (Q_1 D) = D^T D.$$

这说明 D 为正交矩阵．比较等式 $D^T D = DD^T = I$ 的对角元，可导出 D 为对角矩阵，并且对角元的绝对值全等于 1，于是 $R_1 = DR$，$Q_1 = QD^{-1}$． ■

注 8.1 矩阵 D 也可以解释为

$$A = QR = QIR = QD^T DR = (QD^T)(DR) = Q_1 R_1.$$

这里的 D 是对角矩阵且不能改变矩阵 Q 中每个列向量的模长，所以矩阵 D 的每个对角元素的模只能是1，如果 D 是实矩阵，则其对角元素只能在 $+1$，-1 中选取，如果 D 是复矩阵，则 D 的对角元只能在单位向量中选取．若要求 R 中的对角元素全为正，则 D 只能是实矩阵，且 $+1$，-1 中只能取 $+1$，这时 D 只能是单位矩阵 I，分解式是唯一的．所以如果在非奇异矩阵 A 的 QR 分解式中规定上三角矩阵 R 的各个对角元的符号全为正数，则 A 的 QR 分解式是唯一的．

例 8.7 试用矩阵的 Schmidt 正交化方法求矩阵 $A = \begin{bmatrix} 1 & 2 & 2 \\ 2 & 1 & 2 \\ 1 & 2 & 1 \end{bmatrix}$ 的 QR 分解．

解 令 $\boldsymbol{\alpha}_1 = [1,2,1]^T$，$\boldsymbol{\alpha}_2 = [2,1,2]^T$，$\boldsymbol{\alpha}_3 = [2,2,1]^T$，Schmidt 正交化可得

$$\boldsymbol{\beta}_1 = \boldsymbol{\alpha}_1 = [1,2,1]^T,$$

$$\boldsymbol{\beta}_2 = \boldsymbol{\alpha}_2 - \boldsymbol{\beta}_1 = [1,-1,1]^T,$$

$$\boldsymbol{\beta}_3 = \boldsymbol{\alpha}_3 - \frac{7}{6}\boldsymbol{\beta}_1 - \frac{1}{3}\boldsymbol{\beta}_2 = \left[\frac{1}{2},0,-\frac{1}{2}\right]^T.$$

将上式移项可得

$$\boldsymbol{\alpha}_1 = \boldsymbol{\beta}_1,$$

$$\boldsymbol{\alpha}_2 = \boldsymbol{\beta}_2 + \boldsymbol{\beta}_1,$$

$$\boldsymbol{\alpha}_3 = \boldsymbol{\beta}_3 + \frac{7}{6}\boldsymbol{\beta}_1 + \frac{1}{3}\boldsymbol{\beta}_2.$$

写成矩阵的形式为

$$[\boldsymbol{\alpha}_1,\boldsymbol{\alpha}_2,\boldsymbol{\alpha}_3] = [\boldsymbol{\beta}_1,\boldsymbol{\beta}_2,\boldsymbol{\beta}_3]\begin{bmatrix} 1 & 1 & \frac{7}{6} \\ 0 & 1 & \frac{1}{3} \\ 0 & 0 & 1 \end{bmatrix}$$

$$
=\begin{bmatrix}1 & 1 & \frac{1}{2}\\ 2 & -1 & 0\\ 1 & 1 & -\frac{1}{2}\end{bmatrix}\begin{bmatrix}1 & 1 & \frac{7}{6}\\ 0 & 1 & \frac{1}{3}\\ 0 & 0 & 1\end{bmatrix}
$$

$$
=\begin{bmatrix}1 & 1 & \frac{1}{2}\\ 2 & -1 & 0\\ 1 & 1 & -\frac{1}{2}\end{bmatrix}\operatorname{diag}\left(\frac{1}{\sqrt{6}},\frac{1}{\sqrt{3}},\sqrt{2}\right)\operatorname{diag}\left(\sqrt{6},\sqrt{3},\frac{1}{\sqrt{2}}\right)\begin{bmatrix}1 & 1 & \frac{7}{6}\\ 0 & 1 & \frac{1}{3}\\ 0 & 0 & 1\end{bmatrix}
$$

$$
=\begin{bmatrix}\frac{1}{\sqrt{6}} & \frac{1}{\sqrt{3}} & \frac{1}{\sqrt{2}}\\ \frac{2}{\sqrt{6}} & -\frac{1}{\sqrt{3}} & 0\\ \frac{1}{\sqrt{6}} & \frac{1}{\sqrt{3}} & -\frac{1}{\sqrt{2}}\end{bmatrix}\begin{bmatrix}\sqrt{6} & \sqrt{6} & \frac{7}{\sqrt{6}}\\ 0 & \sqrt{3} & \frac{1}{\sqrt{3}}\\ 0 & 0 & \frac{1}{\sqrt{2}}\end{bmatrix}.
$$

即有 $\boldsymbol{A}=\boldsymbol{QR}$. ■

8.3.3 小结

本节主要介绍了矩阵正交三角分解的定义以及用施密特正交化方法对矩阵进行正交三角分解.

8.3.4 习题

1. 求下列矩阵的正交三角分解:

(1) $\begin{bmatrix}1 & 2\\ 2 & 3\end{bmatrix}$;(2) $\begin{bmatrix}1 & 3\\ -3 & 1\end{bmatrix}$;(3) $\begin{bmatrix}1 & 1 & 0\\ 1 & 0 & -1\\ 0 & 1 & -1\end{bmatrix}$;(4) $\begin{bmatrix}1 & 2 & 2\\ 2 & 1 & 2\\ 2 & 2 & 1\end{bmatrix}$.

2. 求下列矩阵的正交三角分解:

(1) $\begin{bmatrix}2 & 2 & 1\\ 0 & 2 & 2\\ 2 & 1 & 2\end{bmatrix}$;(2) $\begin{bmatrix}1 & 0 & 2\\ 2 & 0 & 4\\ 1 & 1 & 0\end{bmatrix}$;(3) $\begin{bmatrix}1 & 1 & -1\\ -1 & 1 & 1\\ 1 & 1 & -1\\ 1 & 1 & 1\end{bmatrix}$.

3. 设 $\boldsymbol{A}=\boldsymbol{QR}$,其中 $\boldsymbol{Q}$ 是 $m\times n$ 矩阵,$\boldsymbol{R}$ 是 $n\times n$ 矩阵. 证明:如果 $\boldsymbol{A}$ 的列向量线性无关,那么矩阵 $\boldsymbol{R}$ 一定可逆.

4. 设 $\boldsymbol{A}=\boldsymbol{QR}$，其中矩阵 $\boldsymbol{R}$ 可逆，证明矩阵 $\boldsymbol{A}$ 和 $\boldsymbol{Q}$ 有相同的列空间．

5. 设 $\boldsymbol{A}=\boldsymbol{QR}$，其中 $\boldsymbol{Q}$ 是一个具有正交列向量的 $m\times n$ 矩阵，$\boldsymbol{R}$ 是 $n\times n$ 矩阵．证明：如果矩阵 $\boldsymbol{A}$ 的列向量是线性相关的，则矩阵 $\boldsymbol{R}$ 不可逆．

提示：考虑齐次线性方程 $\boldsymbol{Ax}=\boldsymbol{QRx}=\boldsymbol{0}$ 的解．因为 $\boldsymbol{A}$ 的列向量线性相关，所以 $\boldsymbol{Ax}=\boldsymbol{0}$ 有非零解．而 $\boldsymbol{Q}$ 的列向量是线性无关的，根据矩阵的消去律 $\boldsymbol{QRx}=\boldsymbol{0}$ 与 $\boldsymbol{Rx}=\boldsymbol{0}$ 同解．所以方程 $\boldsymbol{Rx}=\boldsymbol{0}$ 也有非零解，即 $\boldsymbol{R}$ 是不可逆的．

8.4 奇异值分解

内容提要

实对称矩阵可进行谱分解，对于长方阵则有奇异值分解．奇异值分解不仅是矩阵理论和矩阵计算的最基本和最重要的工具之一，在人工智能中的潜在语义分析和图像压缩等许多领域都有直接的应用．

8.4.1 矩阵奇异值的定义

设 $\boldsymbol{A}\in\mathbb{R}^{m\times n}$，则矩阵 $\boldsymbol{A}^{\mathrm{T}}\boldsymbol{A}$ 的特征值都是非负实数．事实上，设 λ 是 $\boldsymbol{A}^{\mathrm{T}}\boldsymbol{A}$ 的任一特征值，$\boldsymbol{x}$ 是相应的特征向量，即有 $\boldsymbol{A}^{\mathrm{T}}\boldsymbol{Ax}=\lambda\boldsymbol{x}$，则两边左乘 $\boldsymbol{x}^{\mathrm{T}}$ 可得下式

$$\lambda\boldsymbol{x}^{\mathrm{T}}\boldsymbol{x}=\boldsymbol{x}^{\mathrm{T}}\boldsymbol{A}^{\mathrm{T}}\boldsymbol{Ax}=(\boldsymbol{Ax})^{\mathrm{T}}(\boldsymbol{Ax})\geqslant 0.$$

这表明有 $\lambda\geqslant 0$．另外根据定理 6.5 中的结论可得矩阵 $\boldsymbol{A}^{\mathrm{T}}\boldsymbol{A}$ 和 $\boldsymbol{AA}^{\mathrm{T}}$ 有相同的非零特征值．

定义 8.4 已知 $\boldsymbol{A}\in\mathbb{R}^{m\times n}$，$\mathrm{rank}(\boldsymbol{A})=r$，设 $\boldsymbol{A}^{\mathrm{T}}\boldsymbol{A}$ 的特征值为

$$\lambda_1\geqslant\cdots\geqslant\lambda_r>\lambda_{r+1}=\cdots=\lambda_n=0.$$

称 $\sigma_i=\sqrt{\lambda_i}\,(i=1,2,\cdots,n)$ 为 $\boldsymbol{A}$ 的**奇异值**（singular value），特别地，称 $\sigma_1,\sigma_2,\cdots,\sigma_r$ 为 $\boldsymbol{A}$ 的**正奇异值**．令 $\Sigma=\mathrm{diag}(\sigma_1,\sigma_2,\cdots,\sigma_r)$，则称矩阵 $\boldsymbol{S}=\begin{bmatrix}\Sigma & \boldsymbol{O}_{r\times(n-r)}\\ \boldsymbol{O}_{(m-r)\times r} & \boldsymbol{O}_{(m-r)\times(n-r)}\end{bmatrix}$ 为矩阵 $\boldsymbol{A}$ 的**奇异值矩阵**（singular value matrix）．

显然矩阵 $\boldsymbol{A}$ 的奇异值是 $\boldsymbol{A}^{\mathrm{T}}\boldsymbol{A}$ 特征值的算术根，奇异值的个数是矩阵 $\boldsymbol{A}$ 的列数，$\boldsymbol{A}$ 非零奇异值个数等于矩阵 $\boldsymbol{A}$ 的秩．

例 8.8 求矩阵 $\boldsymbol{A}=\begin{bmatrix}4 & 11 & 14\\ 8 & 7 & -12\end{bmatrix}$ 的奇异值．

解 首先计算矩阵 $\boldsymbol{A}^{\mathrm{T}}\boldsymbol{A}$ 得

$$\boldsymbol{A}^{\mathrm{T}}\boldsymbol{A}=\begin{bmatrix}4 & 8\\ 11 & 7\\ 14 & -2\end{bmatrix}\begin{bmatrix}4 & 11 & 14\\ 8 & 7 & -12\end{bmatrix}=\begin{bmatrix}80 & 100 & 40\\ 100 & 170 & 140\\ 40 & 140 & 200\end{bmatrix}.$$

其次计算得 $\boldsymbol{A}^{\mathrm{T}}\boldsymbol{A}$ 的特征值为 $\lambda_1=360,\lambda_2=90,\lambda_3=0$.（注意到 $\boldsymbol{A}^{\mathrm{T}}\boldsymbol{A}\boldsymbol{x}=\lambda\boldsymbol{x}$，所以可求矩阵 $\frac{1}{20}\boldsymbol{A}^{\mathrm{T}}\boldsymbol{A}=\begin{bmatrix}4 & 5 & 2\\ 5 & \frac{17}{2} & 7\\ 2 & 7 & 10\end{bmatrix}$ 的特征值然后再乘以 20 得 $\boldsymbol{A}^{\mathrm{T}}\boldsymbol{A}$ 的特征值，同时注意到矩阵 $\boldsymbol{A}^{\mathrm{T}}\boldsymbol{A}$ 有个特征值为 0，所以可得 $\det(\boldsymbol{A}^{\mathrm{T}}\boldsymbol{A}-\lambda\boldsymbol{I})=\lambda(\lambda^2+a\lambda+b)$，再令 $\lambda=2,3$ 可得 a,b，进而求得 $\frac{1}{20}\boldsymbol{A}^{\mathrm{T}}\boldsymbol{A}$ 特征值）

最后求得矩阵 $\boldsymbol{A}$ 的奇异值为 $\sigma_1=6\sqrt{10},\sigma_2=3\sqrt{10},\sigma_3=0$. ■

8.4.2 矩阵的奇异值分解

关于矩阵的奇异值有下面的结果.

定理 8.7 设 $\boldsymbol{A}$ 是 $m\times n$ 的实矩阵，$\operatorname{rank}(\boldsymbol{A})=r$，矩阵 $\boldsymbol{A}^{\mathrm{T}}\boldsymbol{A}$ 的 r 个非零特征值的算术根记为 $\sigma_1,\sigma_2,\cdots,\sigma_r$，引入记号 $\boldsymbol{\Sigma}=\operatorname{diag}(\sigma_1,\sigma_2,\cdots,\sigma_r)$. 则存在 m 阶正交矩阵 $\boldsymbol{U}$ 和 n 阶正交矩阵 $\boldsymbol{V}$，使得

$$\boldsymbol{A}=\boldsymbol{U}\begin{bmatrix}\boldsymbol{\Sigma} & \boldsymbol{O}_{r\times(n-r)}\\ \boldsymbol{O}_{(m-r)\times r} & \boldsymbol{O}_{(m-r)\times(n-r)}\end{bmatrix}\boldsymbol{V}^{\mathrm{T}}. \tag{8.13}$$

式(8.13)称为矩阵 $\boldsymbol{A}$ 的**奇异值分解**（singular value decomposition）.

证明 因为 $\operatorname{rank}(\boldsymbol{A})=r$，可设 $\boldsymbol{A}^{\mathrm{T}}\boldsymbol{A}$ 的特征值是

$$\sigma_1^2\geqslant\cdots\geqslant\sigma_r{}^2>0,\cdots,\sigma_{r+1}{}^2=\cdots=\sigma_n{}^2=0.$$

因为 $\boldsymbol{A}^{\mathrm{T}}\boldsymbol{A}$ 是实对称矩阵，存在 n 阶正交矩阵 $\boldsymbol{V}$ 使得

$$\boldsymbol{V}^{\mathrm{T}}\boldsymbol{A}^{\mathrm{T}}\boldsymbol{A}\boldsymbol{V}=\begin{bmatrix}\boldsymbol{\Sigma}^2 & \boldsymbol{O}_{r\times(n-r)}\\ \boldsymbol{O}_{(n-r)\times r} & \boldsymbol{O}_{(n-r)\times(n-r)}\end{bmatrix},$$

或

$$\boldsymbol{A}^{\mathrm{T}}\boldsymbol{A}\boldsymbol{V}=\boldsymbol{V}\begin{bmatrix}\boldsymbol{\Sigma}^2 & \boldsymbol{O}_{r\times(n-r)}\\ \boldsymbol{O}_{(n-r)\times r} & \boldsymbol{O}_{(n-r)\times(n-r)}\end{bmatrix}. \tag{8.14}$$

记 $\boldsymbol{V}=[\boldsymbol{V}_1,\boldsymbol{V}_2]$，其中 $\boldsymbol{V}_1$ 是 $n\times r$ 矩阵，$\boldsymbol{V}_2$ 是 $n\times(n-r)$ 矩阵. 上式可改写为

$$\boldsymbol{A}^{\mathrm{T}}\boldsymbol{A}[\boldsymbol{V}_1,\boldsymbol{V}_2]=[\boldsymbol{V}_1,\boldsymbol{V}_2]\begin{bmatrix}\boldsymbol{\Sigma}^2 & \boldsymbol{O}_{r\times(n-r)}\\ \boldsymbol{O}_{(n-r)\times r} & \boldsymbol{O}_{(n-r)\times(n-r)}\end{bmatrix}. \tag{8.15}$$

分块写为

$$\boldsymbol{A}^{\mathrm{T}}\boldsymbol{A}\boldsymbol{V}_1=\boldsymbol{V}_1\Sigma^2,\boldsymbol{A}^{\mathrm{T}}\boldsymbol{A}\boldsymbol{V}_2=\boldsymbol{O}_{n\times(n-r)}. \tag{8.16}$$

由式(8.16)左边的等式可得

$$\boldsymbol{V}_1^{\mathrm{T}}\boldsymbol{A}^{\mathrm{T}}\boldsymbol{A}\boldsymbol{V}_1=\boldsymbol{V}_1^{\mathrm{T}}\boldsymbol{V}_1\Sigma^2=\Sigma^2. \tag{8.17}$$

等式(8.17)两边分别左乘Σ^{-1}和右乘Σ^{-1}可得

$$(\Sigma^{-1}\boldsymbol{V}_1^{\mathrm{T}}\boldsymbol{A}^{\mathrm{T}})(\boldsymbol{A}\boldsymbol{V}_1\Sigma^{-1})=\boldsymbol{I}_r. \tag{8.18}$$

等式 $\boldsymbol{A}^{\mathrm{T}}\boldsymbol{A}\boldsymbol{V}_2=\boldsymbol{O}_{n\times(n-r)}$ 两边左乘 $\boldsymbol{V}_2^{\mathrm{T}}$ 可得 $\boldsymbol{V}_2^{\mathrm{T}}\boldsymbol{A}^{\mathrm{T}}\boldsymbol{A}\boldsymbol{V}_2=\boldsymbol{O}_{(n-r)\times(n-r)}$,所以有

$$\boldsymbol{A}\boldsymbol{V}_2=\boldsymbol{O}_{n\times(n-r)}. \tag{8.19}$$

令 $\boldsymbol{V}_1=\boldsymbol{A}\boldsymbol{V}_1\Sigma^{-1}\in\mathbb{R}^{m\times r}$,由式(8.18)可知 $\boldsymbol{V}_1$ 的列向量是标准正交向量组,变形可得

$$\boldsymbol{U}_1\Sigma=\boldsymbol{A}\boldsymbol{V}_1 \text{ 或 } \boldsymbol{U}_1^{\mathrm{T}}\boldsymbol{A}\boldsymbol{V}_1=\Sigma. \tag{8.20}$$

取 $\boldsymbol{U}_2\in\mathbb{R}^{m\times(m-r)}$ 使 $\boldsymbol{U}=[\boldsymbol{U}_1,\boldsymbol{U}_2]\in\mathbb{C}^{m\times m}$ 是正交矩阵,则

$$\boldsymbol{U}_2^{\mathrm{T}}\boldsymbol{A}\boldsymbol{V}_1=\boldsymbol{U}_2^{\mathrm{T}}\boldsymbol{U}_1\Sigma=\boldsymbol{O}_{(m-r)\times r}. \tag{8.21}$$

由式(8.19)、式(8.20)和式(8.21)有

$$\begin{aligned}\boldsymbol{U}^{\mathrm{T}}\boldsymbol{A}\boldsymbol{V}&=\begin{bmatrix}\boldsymbol{U}_1^{\mathrm{T}}\\\boldsymbol{U}_2^{\mathrm{T}}\end{bmatrix}\boldsymbol{A}[\boldsymbol{V}_1,\boldsymbol{V}_2]\\&=\begin{bmatrix}\boldsymbol{U}_1^{\mathrm{T}}\boldsymbol{A}\boldsymbol{V}_1&\boldsymbol{U}_1^{\mathrm{T}}\boldsymbol{A}\boldsymbol{V}_2\\\boldsymbol{U}_2^{\mathrm{T}}\boldsymbol{A}\boldsymbol{V}_1&\boldsymbol{U}_2^{\mathrm{T}}\boldsymbol{A}\boldsymbol{V}_2\end{bmatrix}\\&=\begin{bmatrix}\Sigma&\boldsymbol{O}_{r\times(n-r)}\\\boldsymbol{O}_{(m-r)\times r}&\boldsymbol{O}_{(m-r)\times(n-r)}\end{bmatrix}.\end{aligned}$$

这就证明了式(8.13).证毕. ■

根据上面证过程中的式(8.20)可得简化的奇异值分解.

推论8.1 设$\boldsymbol{A}\in\mathbb{R}^{m\times n}$, rank$(\boldsymbol{A})=r$,记$\boldsymbol{U}=[\boldsymbol{U}_1,\boldsymbol{U}_2]$,$\boldsymbol{V}=[\boldsymbol{V}_1,\boldsymbol{V}_2]$,则矩阵$\boldsymbol{A}$的奇异值分解可简化为

$$\boldsymbol{A}=\boldsymbol{U}\begin{bmatrix}\Sigma&\boldsymbol{O}\\\boldsymbol{O}&\boldsymbol{O}\end{bmatrix}\boldsymbol{V}^{\mathrm{T}}=[\boldsymbol{U}_1,\boldsymbol{U}_2]\begin{bmatrix}\Sigma&\boldsymbol{O}\\\boldsymbol{O}&\boldsymbol{O}\end{bmatrix}[\boldsymbol{V}_1,\boldsymbol{V}_2]^{\mathrm{T}}=\boldsymbol{U}_1\Sigma\boldsymbol{V}_1^{\mathrm{T}}.$$

矩阵的奇异值分解中的两个正交矩阵的列向量分别是矩阵 $\boldsymbol{A}^{\mathrm{T}}\boldsymbol{A}$ 和 $\boldsymbol{A}\boldsymbol{A}^{\mathrm{T}}$ 的特征向量.

例 8.9 设矩阵 $\boldsymbol{A}$ 的奇异值分解式为 $\boldsymbol{A}=\boldsymbol{U}\begin{bmatrix}\Sigma&\boldsymbol{O}\\\boldsymbol{O}&\boldsymbol{O}\end{bmatrix}\boldsymbol{V}^{\mathrm{T}}$.

证明:$\boldsymbol{V}$ 的列向量是 $\boldsymbol{A}^{\mathrm{T}}\boldsymbol{A}$ 的特征向量,$\boldsymbol{U}$ 的列向量是 $\boldsymbol{A}\boldsymbol{A}^{\mathrm{T}}$ 的特征向量.

证明 从定理 8.7 的证明过程可得

$$\boldsymbol{V}^{\mathrm{T}}\boldsymbol{A}^{\mathrm{T}}\boldsymbol{A}\boldsymbol{V}=\begin{bmatrix}\boldsymbol{\Sigma}^2 & \boldsymbol{O}\\ \boldsymbol{O} & \boldsymbol{O}\end{bmatrix},$$

或

$$\boldsymbol{A}^{\mathrm{T}}\boldsymbol{A}\boldsymbol{V}=\boldsymbol{V}\begin{bmatrix}\boldsymbol{\Sigma}^2 & \boldsymbol{O}\\ \boldsymbol{O} & \boldsymbol{O}\end{bmatrix}.$$

可以看出,$\boldsymbol{V}$ 的列向量是 $\boldsymbol{A}^{\mathrm{T}}\boldsymbol{A}$ 的标准正交特征向量. 同时可以发现 $\boldsymbol{V}$ 的前 r 个列向量 $\boldsymbol{V}_1$ 是 $\boldsymbol{A}^{\mathrm{T}}\boldsymbol{A}$ 对应于 r 个非零特征值 $\sigma_1^2,\cdots,\sigma_r^2$ 的标准正交特征向量,即有

$$\boldsymbol{A}^{\mathrm{T}}\boldsymbol{A}\boldsymbol{V}_1=\boldsymbol{V}_1\boldsymbol{\Sigma}^2. \tag{8.22}$$

同时利用分解式 $\boldsymbol{A}=\boldsymbol{U}\begin{bmatrix}\boldsymbol{\Sigma} & \boldsymbol{O}\\ \boldsymbol{O} & \boldsymbol{O}\end{bmatrix}\boldsymbol{V}^{\mathrm{T}}$ 可得

$$\boldsymbol{A}\boldsymbol{A}^{\mathrm{T}}=\boldsymbol{U}\begin{bmatrix}\boldsymbol{\Sigma} & \boldsymbol{O}\\ \boldsymbol{O} & \boldsymbol{O}\end{bmatrix}\boldsymbol{V}^{\mathrm{T}}\boldsymbol{V}\begin{bmatrix}\boldsymbol{\Sigma} & \boldsymbol{O}\\ \boldsymbol{O} & \boldsymbol{O}\end{bmatrix}\boldsymbol{U}^{\mathrm{T}}=\boldsymbol{U}\begin{bmatrix}\boldsymbol{\Sigma}^2 & \boldsymbol{O}\\ \boldsymbol{O} & \boldsymbol{O}\end{bmatrix}\boldsymbol{U}^{\mathrm{T}},$$

进而有

$$\boldsymbol{A}\boldsymbol{A}^{\mathrm{T}}\boldsymbol{U}=\boldsymbol{U}\begin{bmatrix}\boldsymbol{\Sigma}^2 & \boldsymbol{O}\\ \boldsymbol{O} & \boldsymbol{O}\end{bmatrix}.$$

这表明 $\boldsymbol{U}$ 的列向量是 $\boldsymbol{A}\boldsymbol{A}^{\mathrm{T}}$ 的特征向量.

记 $\boldsymbol{U}=[\boldsymbol{U}_1,\boldsymbol{U}_2]$,则由

$$\boldsymbol{A}\boldsymbol{A}^{\mathrm{T}}[\boldsymbol{U}_1,\boldsymbol{U}_2]=[\boldsymbol{U}_1,\boldsymbol{U}_2]\begin{bmatrix}\boldsymbol{\Sigma}^2 & \boldsymbol{O}\\ \boldsymbol{O} & \boldsymbol{O}\end{bmatrix}.$$

可得 $\boldsymbol{A}\boldsymbol{A}^{\mathrm{T}}\boldsymbol{U}_1=\boldsymbol{U}_1\boldsymbol{\Sigma}^2$. 这表明矩阵 $\boldsymbol{U}$ 的前 r 列是矩阵 $\boldsymbol{A}\boldsymbol{A}^{\mathrm{T}}$ 的对应于非零特征值的特征向量.

由上面定理的证明过程也证明如下:

进一步利用式(8.20)、式(8.22) 可得

$$\begin{aligned}\boldsymbol{A}\boldsymbol{A}^{\mathrm{T}}\boldsymbol{U}_1&=\boldsymbol{A}\boldsymbol{A}^{\mathrm{T}}(\boldsymbol{A}\boldsymbol{V}_1\boldsymbol{\Sigma}^{-1})\\&=\boldsymbol{A}(\boldsymbol{A}^{\mathrm{T}}\boldsymbol{A}\boldsymbol{V}_1)\boldsymbol{\Sigma}^{-1}\\&=\boldsymbol{A}(\boldsymbol{V}_1\boldsymbol{\Sigma}^2)\boldsymbol{\Sigma}^{-1}\\&=\boldsymbol{A}\boldsymbol{V}_1(\boldsymbol{\Sigma}^2\boldsymbol{\Sigma}^{-1})\\&=\boldsymbol{A}\boldsymbol{V}_1\boldsymbol{\Sigma}\\&=(\boldsymbol{U}_1\boldsymbol{\Sigma})\boldsymbol{\Sigma}\\&=\boldsymbol{U}_1\boldsymbol{\Sigma}^2.\end{aligned}$$

这表明 $\boldsymbol{U}$ 的前 r 列向量恰是 $\boldsymbol{AA}^{\mathrm{T}}$ 对应于特征值 $\sigma_1^2,\cdots,\sigma_r^2$ 的标准正交特征向量. ■

需要指出的是,在奇异值分解式 $\boldsymbol{A}=\boldsymbol{U}\begin{bmatrix}\Sigma & \boldsymbol{O}\\ \boldsymbol{O} & \boldsymbol{O}\end{bmatrix}\boldsymbol{V}^{\mathrm{T}}$ 中,虽然 $\boldsymbol{V}$ 的列向量是 $\boldsymbol{A}^{\mathrm{T}}\boldsymbol{A}$ 的特征向量,$\boldsymbol{U}$ 的列向量是 $\boldsymbol{AA}^{\mathrm{T}}$ 的特征向量,而且 $\boldsymbol{A}^{\mathrm{T}}\boldsymbol{A}$ 和 $\boldsymbol{AA}^{\mathrm{T}}$ 的非零特征值完全相同,但依此确定的矩阵 $\boldsymbol{V}$ 和 $\boldsymbol{U}$ 不一定能够形成 $\boldsymbol{A}$ 的奇异值分解.

例如

$$\boldsymbol{A}=\begin{bmatrix}-1 & 0\\ 0 & 1\\ 2 & 0\end{bmatrix},$$

可求得 $\boldsymbol{A}^{\mathrm{T}}\boldsymbol{A}=\begin{bmatrix}5 & 0\\ 0 & 1\end{bmatrix}$ 的特征值为 $\lambda_1=5,\lambda_2=1$,由两两正交的单位特征向量构成的正交矩阵可取

$$\boldsymbol{V}=\begin{bmatrix}1 & 0\\ 0 & 1\end{bmatrix}.$$

又因为 $\boldsymbol{AA}^{\mathrm{T}}=\begin{bmatrix}1 & 0 & -2\\ 0 & 1 & 0\\ -2 & 0 & 4\end{bmatrix}$ 的特征值为 $\lambda_1=5,\lambda_2=1,\lambda_3=0$,对应的特征向量为

$$\boldsymbol{p}_1=\begin{bmatrix}1\\ 0\\ -2\end{bmatrix},\boldsymbol{p}_2=\begin{bmatrix}0\\ 1\\ 0\end{bmatrix},\boldsymbol{p}_3=\begin{bmatrix}2\\ 0\\ 1\end{bmatrix}.$$

则两两正交的单位特征向量构成的正交矩阵 $\boldsymbol{U}=\dfrac{1}{\sqrt{5}}\begin{bmatrix}1 & 0 & 2\\ 0 & \sqrt{5} & 0\\ -2 & 0 & 1\end{bmatrix}$ 时有

$$\boldsymbol{U}\begin{bmatrix}\sqrt{5} & 0\\ 0 & 1\\ 0 & 0\end{bmatrix}\boldsymbol{V}^{\mathrm{T}}=\begin{bmatrix}1 & 0\\ 0 & 1\\ -2 & 0\end{bmatrix}\neq\boldsymbol{A}.$$

而取作 $\boldsymbol{U}=\dfrac{1}{\sqrt{5}}\begin{bmatrix}-1 & 0 & 2\\ 0 & \sqrt{5} & 0\\ 2 & 0 & 1\end{bmatrix}$ 时,有

$$\boldsymbol{U}\begin{bmatrix}\sqrt{5} & 0\\ 0 & 1\\ 0 & 0\end{bmatrix}\boldsymbol{V}^{\mathrm{T}}=\begin{bmatrix}-1 & 0\\ 0 & 1\\ 2 & 0\end{bmatrix}=\boldsymbol{A}.$$

注意这时有

$$\boldsymbol{U}_1=\boldsymbol{A}\boldsymbol{V}_1\boldsymbol{\Sigma}^{-1}. \tag{8.23}$$

注意到式(8.23),这也是式(8.20)的内容．这时可以先计算出$\boldsymbol{\Sigma}$和$\boldsymbol{V}_1$,利用式(8.23)来计算$\boldsymbol{U}_1$．这样得到正确的奇异值分解．例如,可以取

$$\boldsymbol{V}=\begin{bmatrix}-1 & 0\\ 0 & -1\end{bmatrix},$$

这时有

$$\boldsymbol{U}_1=\boldsymbol{A}\boldsymbol{V}\boldsymbol{\Sigma}^{-1}=\begin{bmatrix}-1 & 0\\ 0 & 1\\ 2 & 0\end{bmatrix}\begin{bmatrix}-1 & 0\\ 0 & -1\end{bmatrix}\begin{bmatrix}\frac{1}{\sqrt{5}} & 0\\ 0 & 1\\ 0 & 0\end{bmatrix}=\frac{1}{\sqrt{5}}\begin{bmatrix}1 & 0\\ 0 & -\sqrt{5}\\ -2 & 0\end{bmatrix}.$$

这时 $\boldsymbol{V}$ 可取

$$\boldsymbol{U}=\frac{1}{\sqrt{5}}\begin{bmatrix}1 & 0 & 2\\ 0 & -\sqrt{5} & 0\\ -2 & 0 & 1\end{bmatrix},$$

易验证有

$$\boldsymbol{U}\begin{bmatrix}\sqrt{5} & 0\\ 0 & 1\\ 0 & 0\end{bmatrix}\boldsymbol{V}^{\mathrm{T}}=\frac{1}{\sqrt{5}}\begin{bmatrix}1 & 0 & 2\\ 0 & -\sqrt{5} & 0\\ -2 & 0 & 1\end{bmatrix}\begin{bmatrix}\sqrt{5} & 0\\ 0 & 1\\ 0 & 0\end{bmatrix}\begin{bmatrix}-1 & 0\\ 0 & -1\end{bmatrix}=\begin{bmatrix}-1 & 0\\ 0 & 1\\ 2 & 0\end{bmatrix}=\boldsymbol{A}.$$

例 8.10 求矩阵 $\boldsymbol{A}=\begin{bmatrix}1 & 0 & 1\\ 0 & 1 & 1\\ 0 & 0 & 0\end{bmatrix}$ 的奇异值分解．

解 $\boldsymbol{B}=\boldsymbol{A}^{\mathrm{T}}\boldsymbol{A}=\begin{bmatrix}1 & 0 & 1\\ 0 & 1 & 1\\ 1 & 1 & 2\end{bmatrix}$ 的特征值为 $\lambda_1=3,\lambda_2=1,\lambda_3=0$. 它们对应的特征向量为

$$\boldsymbol{\xi}=\begin{bmatrix}1\\ 1\\ 2\end{bmatrix},\boldsymbol{\xi}_2=\begin{bmatrix}1\\ -1\\ 0\end{bmatrix},\boldsymbol{\xi}_3=\begin{bmatrix}1\\ 1\\ -1\end{bmatrix}.$$

于是可得

$$\operatorname{rank}(\boldsymbol{A})=2,\boldsymbol{\Sigma}=\begin{bmatrix}\sqrt{3} & 0\\ 0 & 1\end{bmatrix}.$$

且使 $\boldsymbol{V}^{\mathrm{T}}\boldsymbol{A}^{\mathrm{T}}\boldsymbol{A}\boldsymbol{V}=\begin{bmatrix}\boldsymbol{\Sigma} & \boldsymbol{O}\\ \boldsymbol{O} & \boldsymbol{O}\end{bmatrix}$ 成立的正交矩阵为

$$\boldsymbol{V}=\begin{bmatrix}1 & 1 & 1\\ 1 & -1 & 1\\ 2 & 0 & -1\end{bmatrix}\operatorname{diag}\left(\frac{1}{\sqrt{6}},\frac{1}{\sqrt{2}},\frac{1}{\sqrt{3}}\right).$$

根据 $\boldsymbol{U}_1=\boldsymbol{A}\boldsymbol{V}_1\boldsymbol{\Sigma}^{-1}$，计算得

$$\begin{aligned}\boldsymbol{U}_1&=\boldsymbol{A}\boldsymbol{V}_1\boldsymbol{\Sigma}^{-1}\\ &=\begin{bmatrix}1 & 0 & 1\\ 0 & 1 & 1\\ 0 & 0 & 0\end{bmatrix}\begin{bmatrix}1 & 1\\ 1 & -1\\ 2 & 0\end{bmatrix}\operatorname{diag}\left(\frac{1}{\sqrt{6}},\frac{1}{\sqrt{2}}\right)\begin{bmatrix}\frac{1}{\sqrt{3}} & 0\\ 0 & 1\end{bmatrix}\\ &=\begin{bmatrix}3 & 1\\ 3 & -1\\ 0 & 0\end{bmatrix}\operatorname{diag}\left(\frac{1}{3\sqrt{2}},\frac{1}{\sqrt{2}}\right)\\ &=\begin{bmatrix}\frac{1}{\sqrt{2}} & \frac{1}{\sqrt{2}}\\ \frac{1}{\sqrt{2}} & -\frac{1}{\sqrt{2}}\\ 0 & 0\end{bmatrix}.\end{aligned}$$

构造

$$\boldsymbol{U}_2=\begin{bmatrix}0\\ 0\\ 1\end{bmatrix},\boldsymbol{U}=[\boldsymbol{U}_1,\boldsymbol{U}_2]=\begin{bmatrix}\frac{1}{\sqrt{2}} & \frac{1}{\sqrt{2}} & 0\\ \frac{1}{\sqrt{2}} & -\frac{1}{\sqrt{2}} & 0\\ 0 & 0 & 1\end{bmatrix}.$$

则 $\boldsymbol{A}$ 的奇异值分解为

$$\boldsymbol{A}=\boldsymbol{U}\begin{bmatrix}\boldsymbol{\Sigma} & \boldsymbol{O}\\ \boldsymbol{O} & \boldsymbol{O}\end{bmatrix}\boldsymbol{V}^{\mathrm{T}}$$

$$=\begin{bmatrix}\frac{1}{\sqrt{2}} & \frac{1}{\sqrt{2}} & 0\\ \frac{1}{\sqrt{2}} & -\frac{1}{\sqrt{2}} & 0\\ 0 & 0 & 1\end{bmatrix}\mathrm{diag}(\sqrt{3},1,0)\mathrm{diag}\left(\frac{1}{\sqrt{6}},\frac{1}{\sqrt{2}},\frac{1}{\sqrt{3}}\right)\begin{bmatrix}1 & 1 & 2\\ 1 & -1 & 0\\ 1 & 1 & -1\end{bmatrix}$$

$$=\begin{bmatrix}1 & 0 & 1\\ 0 & 1 & 1\\ 0 & 0 & 0\end{bmatrix}.$$

■

8.4.3 奇异值分解与最小二乘解

借助矩阵 $\boldsymbol{A}$ 的奇异值分解可求得方程 $\boldsymbol{Ax}=\boldsymbol{\beta}$ 的最小二乘解．

定理8.8 设 $\boldsymbol{A}\in\mathbb{R}^{m\times n}$，$\mathrm{rank}(\boldsymbol{A})=r$，矩阵 $\boldsymbol{A}$ 的简化奇异值分解为 $\boldsymbol{A}=\boldsymbol{U}_1\boldsymbol{\Sigma}\boldsymbol{V}_1^{\mathrm{T}}$，则不相容方程 $\boldsymbol{Ax}=\boldsymbol{\beta}$ 的最小二乘解为 $\boldsymbol{x}=\boldsymbol{V}_1\boldsymbol{\Sigma}^{-1}\boldsymbol{U}_1^{\mathrm{T}}\boldsymbol{\beta}$. 如果 $\boldsymbol{Ax}=\boldsymbol{\beta}$ 的最小二乘解是不唯一的，则 $\boldsymbol{x}=\boldsymbol{V}_1\boldsymbol{\Sigma}^{-1}\boldsymbol{U}_1^{\mathrm{T}}\boldsymbol{\beta}$ 还是方程 $\boldsymbol{Ax}=\boldsymbol{\beta}$ 的最小二乘极小范数解．

证明 显然令 $\boldsymbol{F}=\boldsymbol{U}_1$，$\boldsymbol{G}=\boldsymbol{\Sigma}\boldsymbol{V}_1^{\mathrm{T}}$，则矩阵 $\boldsymbol{A}$ 的简化后的奇异值分解式 $\boldsymbol{A}=\boldsymbol{U}_1(\boldsymbol{\Sigma}\boldsymbol{V}_1^{\mathrm{T}})$，也可视为矩阵 $\boldsymbol{A}$ 的一种满秩分解．利用定理 8.4 中矩阵的满秩分解 $\boldsymbol{A}=\boldsymbol{FG}$ 和线性方程 $\boldsymbol{Ax}=\boldsymbol{\beta}$ 的最小二乘解的结论

$$\boldsymbol{x}=\boldsymbol{G}^{\mathrm{T}}(\boldsymbol{GG}^{\mathrm{T}})^{-1}(\boldsymbol{F}^{\mathrm{T}}\boldsymbol{F})^{-1}\boldsymbol{F}^{\mathrm{T}}\boldsymbol{\beta},$$

直接将 $\boldsymbol{F}=\boldsymbol{U}_1$，$\boldsymbol{G}=\boldsymbol{\Sigma}\boldsymbol{V}_1^{\mathrm{T}}$ 代入验证可得 $\boldsymbol{x}=\boldsymbol{V}_1\boldsymbol{\Sigma}^{-1}\boldsymbol{U}_1^{\mathrm{T}}\boldsymbol{\beta}$ 就是方程 $\boldsymbol{Ax}=\boldsymbol{\beta}$ 的最小二乘解．如果最小二乘解不唯一，则 $\boldsymbol{x}=\boldsymbol{V}_1\boldsymbol{\Sigma}^{-1}\boldsymbol{U}_1^{\mathrm{T}}\boldsymbol{\beta}$ 还是方程 $\boldsymbol{Ax}=\boldsymbol{\beta}$ 的最小二乘极小范数解． ■

推论 8.2 设 $\boldsymbol{A}\in\mathbb{R}^{m\times n}$，$\mathrm{rank}(\boldsymbol{A})=r$，矩阵 $\boldsymbol{A}$ 的奇异值分解为 $\boldsymbol{A}=\boldsymbol{U}\begin{bmatrix}\boldsymbol{\Sigma} & \boldsymbol{O}\\ \boldsymbol{O} & \boldsymbol{O}\end{bmatrix}\boldsymbol{V}^{\mathrm{T}}$，则 $\boldsymbol{x}_0=\boldsymbol{V}\begin{bmatrix}\boldsymbol{\Sigma}^{-1} & \boldsymbol{O}\\ \boldsymbol{O} & \boldsymbol{O}\end{bmatrix}\boldsymbol{U}^{\mathrm{T}}\boldsymbol{\beta}$ 是不相容方程 $\boldsymbol{Ax}=\boldsymbol{\beta}$ 的最小二乘解；如果 $\boldsymbol{Ax}=\boldsymbol{\beta}$ 的最小二乘解是不唯一的，则 $\boldsymbol{x}_0$ 是方程 $\boldsymbol{Ax}=\boldsymbol{\beta}$ 的最小二乘极小范数解．

8.4.4 奇异值分解在图像压缩中的应用

矩阵的奇异值分解在图像传输中有重要的应用．设向量 $\boldsymbol{\alpha}=\begin{bmatrix}a_1\\ \vdots\\ a_m\end{bmatrix}$，$\boldsymbol{\beta}=\begin{bmatrix}b_1\\ \vdots\\ b_n\end{bmatrix}$，矩阵

$A=\alpha\beta^{T}$，传输矩阵 A 需要传输 $m\times n$ 个元素，传输向量 α 和 β 只需要传输 $m+n$ 个元素．在得到向量 α,β 后可以再重构矩阵 A. 利用这个原理，矩阵的奇异值分解可用于图像压缩和传输．

假定一幅数字图像有 $m\times n$ 个像素，每个像素表示一个灰度值，通常黑白图片的灰度值是介于0和255之间的一个整数．如果将这 mn 个数一起传输，数据量会很大，因此在数据传输前通常会对数据进行压缩，使得发送端传输的数据减少，而在接收端利用这些传输的数据进行失真度较小的原图像重构．用矩阵的奇异值分解可以很好地做到这一点．

设矩阵 A 有奇异值分解式

$$A=U\begin{bmatrix}\Sigma & O\\ O & O\end{bmatrix}V^{T},\Sigma=\mathrm{diag}(\sigma_1,\sigma_2,\cdots,\sigma_r).$$

这里约定

$$\sigma_1\geqslant\sigma_2\geqslant\cdots\geqslant\sigma_r\geqslant\sigma_{r+1}=\cdots=\sigma_n=0$$

是矩阵 A 的奇异值．将 m 阶正交矩阵 U 和 n 阶正交矩阵 V 按列写成

$$U=[\beta_1,\beta_2,\cdots,\beta_m],V=[\gamma_1,\gamma_2,\cdots,\gamma_n],$$

这时矩阵 A 可写成

$$A=U\begin{bmatrix}\Sigma & O\\ O & O\end{bmatrix}V^{T}=\sigma_1\beta_1\gamma_1^{T}+\sigma_2\beta_2\gamma_2^{T}+\cdots+\sigma_r\beta_r\gamma_r^{T}.$$

实际上较小的奇异值对图像清晰度的贡献也较小．可从上式中选取前 k 个较大的奇异值和对应的向量 $\beta_1,\cdots,\beta_k$ 与 $\gamma_1,\cdots,\gamma_k$，共有 $(m+n+1)k$ 个数值来代替原来的 mn 个数据进行图像传输，接收端得到数据后通过公式 $A_k=\sigma_1\beta_1\gamma_1^{T}+\sigma_2\beta_2\gamma_2^{T}+\cdots+\sigma_k\beta_k\gamma_k^{T}$ 来恢复图像．显然 k 越大，图像的恢复程度越好，但 k 越大，传输的数据也较多，图像的传输效率也较低．通常用比值 $\rho=\dfrac{mn}{(m+n+1)k}$，$1\leqslant k\leqslant r$ 来反映图像的传输效率，称它为**压缩比**（compression ratio）．

图 8.1 的左上角是长宽为 640×328 像素的福建舰的图片，其后依次是 $k=30,60,90,120,150$ 对应的压缩图片．对应奇异值分解后的 $T=328$，第一行中间图片的压缩比计算如下：

$$\rho=\frac{mn}{(m+n+1)k}=\frac{328\times 640}{(325+640+1)\times 30}=\frac{209920}{969\times 30}=\frac{209920}{29070}\approx 7.22.$$

图 8.1 中 6 幅图对比可以发现，当 $k=90$，即 $\rho=2.41$ 时，原图和压缩过的图片已经很难用裸眼直接区分．这表明奇异值分解有很高的图片压缩效率．

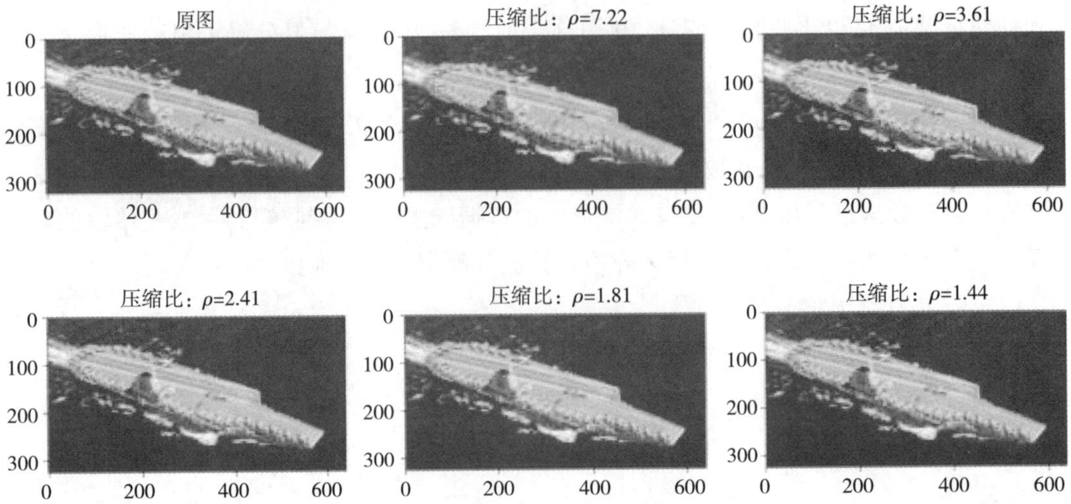

图 8.1　奇异值分解图片压缩效果对比图

在 k 值一定的条件下，图像传输的效率还与奇异值的分布有关．可以用 Frobenius 范数来衡量图像的失真程度．引入记号

$$\boldsymbol{U}_k=[\boldsymbol{\beta}_{k+1},\boldsymbol{\beta}_{k+2},\cdots,\boldsymbol{\beta}_r],\textstyle\sum_k=\operatorname{diag}(\sigma_{k+1},\cdots,\sigma_r),\boldsymbol{V}_k=[\boldsymbol{\gamma}_{k+1},\boldsymbol{\gamma}_{k+2},\cdots,\boldsymbol{\gamma}_r].$$

计算矩阵 $\boldsymbol{A}-\boldsymbol{A}_k$ 的 F - 范数得

$$\begin{aligned}
\|\boldsymbol{A}-\boldsymbol{A}_k\|_F^2&=\|\sigma_{k+1}\boldsymbol{\beta}_{k+1}\boldsymbol{\gamma}_{k+1}^{\mathrm{T}}+\sigma_{k+2}\boldsymbol{\beta}_{k+2}\boldsymbol{\gamma}_{k+2}^{\mathrm{T}}+\cdots+\sigma_r\boldsymbol{\beta}_r\boldsymbol{\gamma}_r^{\mathrm{T}}\|_F^2\\
&=\|\boldsymbol{U}_k\textstyle\sum_k\boldsymbol{V}_k^{\mathrm{T}}\|_F^2\\
&=\operatorname{tr}[(\boldsymbol{U}_k\textstyle\sum_k\boldsymbol{V}_k^{\mathrm{T}})^{\mathrm{T}}(\boldsymbol{U}_k\textstyle\sum_k\boldsymbol{V}_k^{\mathrm{T}})]\\
&=\operatorname{tr}[\boldsymbol{V}_k\textstyle\sum_k\boldsymbol{U}_k^{\mathrm{T}}\boldsymbol{U}_k\textstyle\sum_k\boldsymbol{V}_k^{\mathrm{T}}]\\
&=\operatorname{tr}[\boldsymbol{V}_k\textstyle\sum_k\boldsymbol{I}_k\textstyle\sum_k\boldsymbol{V}_k^{\mathrm{T}}]\\
&=\operatorname{tr}[\boldsymbol{V}_k\textstyle\sum_k^2\boldsymbol{V}_k^{\mathrm{T}}]\\
&=\operatorname{tr}[\textstyle\sum_k^2\boldsymbol{V}_k^{\mathrm{T}}\boldsymbol{V}_k]\\
&=\operatorname{tr}(\textstyle\sum_k^2)\\
&=\sigma_{k+1}^2+\sigma_{k+2}^2+\cdots+\sigma_r^2.
\end{aligned}$$

等式 $\|\boldsymbol{A}-\boldsymbol{A}_k\|_F=\sqrt{\sigma_{k+1}^2+\sigma_{k+2}^2+\cdots+\sigma_r^2}$ 表明，如果矩阵 $\boldsymbol{A}$ 较小的奇异值较多，则 k 可以更小些，这样也不影响传输效果，如果矩阵 $\boldsymbol{A}$ 的奇异值较大且非常接近，则要保持较高的清晰度，k 的值可能较大．

上面的证明用到矩阵迹的性质 $\operatorname{tr}(\boldsymbol{AB})=\operatorname{tr}(\boldsymbol{BA})$．现证明如下．设 $\boldsymbol{A}=(a_{ij})_{m\times n}$，$\boldsymbol{B}=(b_{ij})_{n\times m}$，记 $[\boldsymbol{AB}]_{ij}$ 表示矩阵 $\boldsymbol{AB}$ 的 (i,j) 位置上的元素，则有

$$\begin{aligned}\mathrm{tr}(\boldsymbol{AB}) &= \sum_{i=1}^{m}[\boldsymbol{AB}]_{ii} \\ &= \sum_{i=1}^{m}\left(\sum_{k=1}^{n} a_{ik}b_{ki}\right) \\ &= \sum_{k=1}^{n}\left(\sum_{i=1}^{m} b_{ki}a_{ik}\right) \\ &= \sum_{k=1}^{n}[\boldsymbol{BA}]_{kk} \\ &= \mathrm{tr}(\boldsymbol{BA}).\end{aligned}$$

8.4.5 小结

本节主要介绍矩阵 $\boldsymbol{A}^{\mathrm{T}}\boldsymbol{A},\boldsymbol{A}\boldsymbol{A}^{\mathrm{T}}$ 的性质,特征值的性质,奇异值分解的定义,奇异值矩阵,奇异值分解定理,如何对一个矩阵进行奇异值分解,奇异值分解在求解方程组和图像压缩中的应用.

8.4.6 习题

1. 求下列矩阵的奇异值分解:

(1) $\begin{bmatrix}1 & 0\\ 0 & -3\end{bmatrix}$;(2) $\begin{bmatrix}-3 & 0\\ 0 & 0\end{bmatrix}$;(3) $\begin{bmatrix}2 & 3\\ 0 & 2\end{bmatrix}$;(4) $\begin{bmatrix}3 & 0\\ 8 & 3\end{bmatrix}$.

2. 求下列矩阵的奇异值分解:

(1) $\begin{bmatrix}1 & 0 & 0\\ 2 & 0 & 0\end{bmatrix}$;(2) $\begin{bmatrix}-1 & 1\\ 0 & 0\\ 1 & -1\end{bmatrix}$;(3) $\begin{bmatrix}-1 & 0 & 1\\ 0 & 1 & 0\\ 1 & 0 & -1\end{bmatrix}$.

3. 给定一个奇异值分解 $\boldsymbol{A}=\boldsymbol{V}\boldsymbol{\Sigma}\boldsymbol{U}^{\mathrm{T}}$,求矩阵 $\boldsymbol{A}^{\mathrm{T}}$ 的奇异值分解. 证明 $\boldsymbol{A}$ 与 $\boldsymbol{A}^{\mathrm{T}}$ 有相同的非零奇异值.

4. 设矩阵 $\boldsymbol{A}\in\mathbb{R}^{m\times n}$, $\mathrm{rank}(\boldsymbol{A})=r, r<\min\{m,n\}$. 矩阵 $\boldsymbol{A}$ 的奇异值分解为 $\boldsymbol{A}=\boldsymbol{U}\begin{bmatrix}\boldsymbol{\Sigma} & \boldsymbol{O}\\ \boldsymbol{O} & \boldsymbol{O}\end{bmatrix}\boldsymbol{V}^{\mathrm{T}}$,其中 $\boldsymbol{U}=[\boldsymbol{\alpha}_1,\boldsymbol{\alpha}_2,\cdots,\boldsymbol{\alpha}_m]$,$\boldsymbol{V}=[\boldsymbol{\beta}_1,\boldsymbol{\beta}_2,\cdots,\boldsymbol{\beta}_n]$. 证明

$$\mathrm{Col}(\boldsymbol{A})=\mathrm{span}\{\boldsymbol{\alpha}_1,\boldsymbol{\alpha}_2,\cdots,\boldsymbol{\alpha}_r\},\mathrm{Row}(\boldsymbol{A})=\mathrm{span}\{\boldsymbol{\beta}_1,\boldsymbol{\beta}_2,\cdots,\boldsymbol{\beta}_r\}.$$

5. 矩阵 $\boldsymbol{A}$ 的奇异值分解如下:

$$\boldsymbol{A}=\begin{bmatrix}0.40 & -0.78 & 0.47\\ 0.37 & -0.33 & -0.87\\ -0.84 & -0.52 & -0.16\end{bmatrix}\begin{bmatrix}7.10 & 0 & 0\\ 0 & 3.10 & 0\\ 0 & 0 & 0\end{bmatrix}\begin{bmatrix}0.30 & -0.51 & -0.81\\ 0.76 & 0.64 & -0.12\\ 0.58 & -0.58 & 0.58\end{bmatrix},$$

其中 $\boldsymbol{U},\boldsymbol{V}$ 的数字四舍五入到小数点后两位数字.

(1) 矩阵 $\boldsymbol{A}$ 的秩是多少?

(2) 利用这个分解,不用计算写出 $\mathrm{Col}(\boldsymbol{A})$ 的一个基和 $\mathrm{Null}(\boldsymbol{A})$ 的一个基.

6. 利用上题的条件写出 $\mathrm{Col}(\boldsymbol{A}^{\mathrm{T}})$ 和 $\mathrm{Null}(\boldsymbol{A}^{\mathrm{T}})$ 的一个基.

8.5 习题 8

1. 求下列矩阵的 LU 分解和 LDU 分解:

(1) $\begin{bmatrix}2&3&4\\1&1&9\\1&2&-6\end{bmatrix}$;(2) $\begin{bmatrix}1&2&4\\2&1&2\\4&2&5\end{bmatrix}$.

2. 利用系数矩阵的三角分解求解下列线性方程组.

(1) $\begin{cases}3x_1-2x_2=12,\\2x_1+x_2=1;\end{cases}$ (2) $\begin{cases}2x_1+3x_2+4x_3=9,\\3x_1+5x_2+2x_3=10,\\4x_1+3x_2+30x_3=37.\end{cases}$

3. 求下列矩阵的满秩分解:

(1) $\begin{bmatrix}1&2&3&0\\0&2&1&-1\\1&0&2&1\end{bmatrix}$;(2) $\begin{bmatrix}1&0&-1&1\\0&2&2&2\\-1&4&5&3\end{bmatrix}$;

(3) $\begin{bmatrix}2&-1&1&3\\5&1&0&8\\1&3&-2&2\end{bmatrix}$;(4) $\begin{bmatrix}1&-1&1&1\\-1&1&-1&-1\\1&1&-1&-1\\-1&-1&1&1\end{bmatrix}$.

4. 设矩阵 $\boldsymbol{F}\in\mathbb{R}^{m\times r}$,$\boldsymbol{G}\in\mathbb{R}^{r\times n}$,$\mathrm{rank}(\boldsymbol{F})=\mathrm{rank}(\boldsymbol{G})=r$. 试证明 $\mathrm{rank}(\boldsymbol{FG})=r$.

5. 求下列矩阵的奇异值分解:

(1) $\begin{bmatrix}1&0&-1\\-2&0&2\end{bmatrix}$;(2) $\begin{bmatrix}1&0\\0&1\\2&2\end{bmatrix}$.

6. 证明 $\boldsymbol{A}$ 的奇异值分解 $\boldsymbol{A}=\boldsymbol{U}\Sigma\boldsymbol{V}^{\mathrm{T}}$ 中 $\boldsymbol{V}$ 的行向量与 $\boldsymbol{U}$ 的列向量分别为 $\boldsymbol{A}^{\mathrm{T}}\boldsymbol{A}$ 及 $\boldsymbol{A}\boldsymbol{A}^{\mathrm{T}}$ 的特征向量.

7. 设 $\boldsymbol{A}$ 为 $m\times n$ 矩阵,且 $\mathrm{rank}(\boldsymbol{A})=r>0$,若 $\boldsymbol{A}$ 的奇异值分解为 $\boldsymbol{A}=\boldsymbol{U}\begin{bmatrix}\Sigma&\boldsymbol{O}\\\boldsymbol{O}&\boldsymbol{O}\end{bmatrix}\boldsymbol{V}^{\mathrm{T}}$,试求矩阵 $\boldsymbol{B}=\begin{bmatrix}\boldsymbol{A}\\\boldsymbol{A}\end{bmatrix}$ 的一个奇异值分解.

8. 求下列矩阵的 QR 分解：

(1)$\boldsymbol{A}=\begin{bmatrix}1 & -1 & 4\\1 & 4 & -2\\1 & 4 & 2\\1 & -1 & 0\end{bmatrix}$；(2)$\boldsymbol{A}=\begin{bmatrix}1 & -2 & -1\\2 & 0 & 1\\2 & -4 & 2\\4 & 0 & 0\end{bmatrix}$.

8.6 自测题 8

一、填空题

1. 已知矩阵 $\boldsymbol{A}=\begin{bmatrix}0 & 1\\-1 & 0\\0 & 2\\1 & 0\end{bmatrix}$. 计算矩阵 $\boldsymbol{A}$ 的奇异值为________.

2. 已知矩阵 $\boldsymbol{A}^{\mathrm{T}}\boldsymbol{A}$ 的特征值为 $\lambda_1=3,\lambda_2=1,\lambda_3=0$，则矩阵 $\boldsymbol{A}$ 的非零奇异值为 $\sigma_1=$ ________，$\sigma_2=$ ________.

3. 矩阵 $\boldsymbol{A}$ 的奇异值分解为

$$\boldsymbol{A}=\begin{bmatrix}1 & 0 & 1\\0 & 1 & 1\\0 & 0 & 0\end{bmatrix}=\begin{bmatrix}\frac{1}{\sqrt{2}} & \frac{1}{\sqrt{2}} & 0\\\frac{1}{\sqrt{2}} & -\frac{1}{\sqrt{2}} & 0\\0 & 0 & 1\end{bmatrix}\mathrm{diag}(\sqrt{3},1,0)\,\mathrm{diag}\left(\frac{1}{\sqrt{6}},\frac{1}{\sqrt{2}},\frac{1}{\sqrt{3}}\right)\begin{bmatrix}1 & 1 & 2\\1 & -1 & 0\\1 & 1 & -1\end{bmatrix}.$$

则 $\boldsymbol{A}$ 的简化奇异值分解为(　　).

二、选择题

1. 向量组的施密特正交化和下列哪种矩阵的分解高度相关？(　　)

A. 矩阵的三角分解　　B. 矩阵的满秩分解

C. 矩阵的正交三角分解　　D. 矩阵的奇异值分解

2. 秩不为零矩阵的最大奇异值(　　).

A. 大于零　　B. 小于零

C. 等于零　　D. 无法确定

3. 矩阵的 QR 分解，其中 Q 是指(　　).

A. 可逆矩阵　　B. 上三角可逆矩阵

C. 正定矩阵　　D. 正交矩阵

4. 已矩 $\boldsymbol{U},\boldsymbol{V}$ 是正交矩阵，则表达式

$$\boldsymbol{A}=\begin{bmatrix}1 & 0\\ 0 & 1\\ -2 & 0\end{bmatrix}=\boldsymbol{V}\begin{bmatrix}\sqrt{5} & 0\\ 0 & 1\\ 0 & 0\end{bmatrix}\boldsymbol{U}^{\mathrm{T}}$$

是矩阵 $\boldsymbol{A}$ 的(　　).

A. 奇异值分解　　B. 满秩分解

C. 正交三角分解　　D. LU 分解

三、计算题

1. 计算矩阵 $\boldsymbol{A}=\begin{bmatrix}a & -b & -c & -d\\ b & a & d & -c\\ c & -d & a & b\\ d & c & -b & a\end{bmatrix}$ 的奇异值.

四、证明题

1. 设 $\boldsymbol{A}_1$ 与 $\boldsymbol{A}_2$ 都是 $m\times n$ 矩阵，证明

$$\operatorname{rank}(\boldsymbol{A}_1+\boldsymbol{A}_2)\leqslant\operatorname{rank}(\boldsymbol{A}_1)+\operatorname{rank}(\boldsymbol{A}_2).$$

2. 设矩阵 $\boldsymbol{A}\in\mathbb{R}^{m\times n}$, $\operatorname{rank}(\boldsymbol{A})=r<\min\{m,n\}$ 的简化奇异值分解为 $\boldsymbol{A}=\boldsymbol{U}\Sigma\boldsymbol{V}^{\mathrm{T}}$，其中矩阵 $\Sigma=\operatorname{diag}(\sigma_1,\sigma_2,\cdots,\sigma_r)$，$\sigma_1,\sigma_2,\cdots,\sigma_r$ 是矩阵 $\boldsymbol{A}$ 的正的奇异值，$\boldsymbol{U}\in\mathbb{R}^{m\times r}$ 和 $\boldsymbol{V}\in\mathbb{R}^{n\times r}$ 的列都是标准正交的向量．证明不相容方程 $\boldsymbol{Ax}=\boldsymbol{\beta}$ 的最小二乘极小范数解为 $\boldsymbol{x}=\boldsymbol{V}\Sigma^{-1}\boldsymbol{U}^{\mathrm{T}}$.

第 9 章　线性空间与线性变换

第四章介绍了向量空间 $\mathbb{R}^n$，向量组的线性相关性，求解线性方程组，向量空间或它的子空间的基、维数等．这些概念让我们对向量空间 $\mathbb{R}^n$ 的理解更加深入，也为相关的应用提供了理论支撑．能否将 n 维向量空间的性质做进一步的推广？本章介绍的线性空间就是在向量空间的基础上的一种推广，它比线性空间有更丰富的内容和更强的实用性．

有时创新是解决问题的有效途径，通过不同线性空间之间的转换和不同角度的审视，为我们解决老的问题或新的问题提供了新的途径．线性空间和线性变换也为理解“发展才是硬道理，中国解决所有问题的关键是要靠自己的发展”这句话提供了新的视角．

江南园林也有对空间和时间之间的对应（变换）独特的处理．苏州拙政园里的梧竹幽居亭，四个门看四季景色，就构成空间（四个门）和时间（春夏秋冬）的对应．南门春景黄素馨小桥与流水，西门夏景荷叶田田枫杨如荫，北门秋景梧桐落叶知秋，东门冬景白墙漏窗．就是一种通过对亭子空间的处理达到一种四季观景的预期效果，从而强化亭子的美学价值，也可以视为对（线性）变换的应用．

9.1　线性空间的定义与性质

内容提要

线性空间是向量空间的抽象．“线性”是指所涉及的相关运算保持线性性质，而“空间”则表示相应的运算具有封闭性，运算得到的结果仍在这个集合中，不会超出这个集合．

9.1.1　线性空间的定义

实数域上的 n 维向量空间 $\mathbb{R}^n$ 可推广为一般的线性空间．

定义 9.1　设 V 是个非空集合，对 V 中的任意两个元素 $\boldsymbol{\alpha}$，$\boldsymbol{\beta}$ 能定义加法运算，即 V 中存在唯一的元素 $\boldsymbol{\gamma}$ 与之对应，即有 $\boldsymbol{\gamma}=\boldsymbol{\alpha}+\boldsymbol{\beta}$.

同时加法运算具有下面四条性质：

(1)$\boldsymbol{\alpha}+\boldsymbol{\beta}=\boldsymbol{\beta}+\boldsymbol{\alpha}$；

(2)$(\boldsymbol{\alpha}+\boldsymbol{\beta})+\boldsymbol{\gamma}=\boldsymbol{\alpha}+(\boldsymbol{\beta}+\boldsymbol{\gamma})$；

(3) 在 V 中存在零元素 $\mathbf{0}$，使得对任意的元素 $\boldsymbol{\alpha}\in V$ 有 $\mathbf{0}+\boldsymbol{\alpha}=\boldsymbol{\alpha}$；

(4) 对于 V 中的任意元素 $\boldsymbol{\alpha}$，都有 V 中的元素 $\boldsymbol{\beta}$ 使得 $\boldsymbol{\alpha}+\boldsymbol{\beta}=\mathbf{0}$.

$\mathbb{R}$ 是一个实数域，对实数域 $\mathbb{R}$ 中的元素 k 和集合 V 中的元素 $\boldsymbol{\alpha}$，定义了数乘运算，即对任意的 $k\in\mathbb{R}$ 和 $\boldsymbol{\alpha}\in V$，在集合 V 中有唯一的元素 $\boldsymbol{\delta}$ 与之对应，即有 $\boldsymbol{\delta}=k\boldsymbol{\alpha}$. 数乘运算具有下面两条性质：

(5)$1\boldsymbol{\alpha}=\boldsymbol{\alpha}$；

(6)$k(l\boldsymbol{\alpha})=(kl)\boldsymbol{\alpha}$；

加法和数乘运算具有下面两条性质：

(7)$(k+l)\boldsymbol{\alpha}=k\boldsymbol{\alpha}+k\boldsymbol{\alpha}$；

(8)$k(\boldsymbol{\alpha}+\boldsymbol{\beta})=k\boldsymbol{\alpha}+k\boldsymbol{\beta}$.

则称集合 V 是数域 $\mathscr{R}$ 上的一个**线性空间** (linear space)，V 中的元素称为向量. ■

由第四章的知识可知 n 维实向量空间 $\mathbb{R}^n$ 就是一个线性空间，但线性空间包含的内容远比 $\mathbb{R}^n$ 更丰富.

例 9.1 次数不超过 2 的实系数多项式的全体，记作 $\mathbb{R}[x]_2$，即

$$\mathbb{R}[x]_2=\{\boldsymbol{p}=a_2x^2+a_1x+a_0\mid a_2,a_1,a_0\in\mathbb{R}\},$$

对于通常的多项式的加法和数乘多项式的乘法构成线性空间. ■

例 9.2 2 次实多项式的全体，记作 $Q[x]_2$，即

$$Q[x]_2=\{\boldsymbol{p}=a_2x^2+a_1x+a_0\mid a_2,a_1,a_0\in\mathbb{R},a_2\neq 0\},$$

对于通常的多项式的加法和数乘多项式的乘法不构成线性空间. 这是因为

$$0\boldsymbol{p}=0(a_2x^2+a_1x+a_0)=\mathbf{0}\notin Q[x]_2,$$

即 $Q[x]_2$ 对数乘运算不封闭. ■

例 9.3 可以验证集合

$$F=\{f(x)=a+b\sin x+c\cos x\mid a,b,c\in\mathbb{R}\}$$

中的元素对于通常函数的加法和数乘构成一个线性空间. ■

例 9.4 n 元有序实数组的全体

$$S^n=\{\boldsymbol{x}=(x_1,x_2,\cdots,x_n)^{\mathrm{T}}\mid x,x_2,\cdots,x_n\in\mathbb{R}\}$$

对于通常的有序数组的加法及如下定义的乘法

$$\lambda\circ(x_1,x_2,\cdots,x_n)^{\mathrm{T}}=(0,\cdots,0)^{\mathrm{T}}$$

不构成线性空间. 虽可以验证 S^n 对运算是封闭的，但因 $1\circ\boldsymbol{x}=\mathbf{0}$，不满足定义 9.1 中运算规律

(5),即所定义的运算不是线性运算,所以 S^n 不是线性空间. ■

注 9.1 比较 S^n 与 $\mathbb{R}^n$ 可以发现作为集合它们是一样的,但 $\mathbb{R}^n$ 是线性空间,S^n 则不构成线性空间,所以是否构成线性空间与在这个集合上定义的运算有关. 若定义的运算不是线性运算则不构成线性空间. 所以定义的线性运算是线性空间的本质,其中的元素可能没有想象中的重要. ■

下面的这个例子可以加深我们对线性空间的理解.

例 9.5 实数域 $\mathbb{R}$ 上的正实数的全体记为 $\mathbb{R}^+$,在其中定义加法运算和数乘运算如下:

$$a \oplus b = ab, a, b \in \mathbb{R}^+,$$

$$\lambda \circ a = a^\lambda, \lambda \in \mathbb{R}, a \in \mathbb{R}^+.$$

验证 $\mathbb{R}^+$ 对于上述的加法运算和数乘运算构成线性空间.

证明 需要验证以下结论:

(1) 对加法运算封闭:对任意的 $a, b \in \mathbb{R}^+$,有 $a \oplus b = ab \in \mathbb{R}^+$;

(2) 对数乘运算封闭:对任意的 $\lambda \in \mathbb{R}, a \in \mathbb{R}^+$,有 $\lambda \circ a = a^\lambda \in \mathbb{R}^+$.

(3) $a \oplus b = ab = ba = b \oplus a$;

(4) $(a \oplus b) \oplus c = (ab) \oplus c = (ab)c = abc = a(bc) = a \oplus (b \oplus c)$;

(5) $\mathbb{R}^+$ 中存在零元素 1,对任何 $a \in \mathbb{R}^+$,有 $a \oplus 1 = a1 = a$;

(6) 对任何 $a \in \mathbb{R}^+$,有负元素 $a^{-1} \in \mathbb{R}^+$,使 $a \oplus a^{-1} = aa^{-1} = 1$;

(7) $1 \circ a = a^1 = a$;

(8) $\lambda \circ (\mu \circ a) = \lambda \circ a^\mu = a^{\lambda\mu} = (\lambda\mu) \circ a$;

(9) $(\lambda + \mu) \circ a = a^{\lambda+\mu} = a^\lambda a^\mu = a^\lambda \oplus a^\mu = (\lambda \circ a) \oplus (\mu \circ a)$;

(10) $\lambda \circ (a \oplus b) = \lambda \circ (ab) = (ab)^\lambda = a^\lambda b^\lambda = a^\lambda \oplus b^\lambda = (\lambda \circ a) \oplus (\lambda \circ b)$.

因此,$\mathbb{R}^+$ 对于所定义的运算构成线性空间. ■

9.1.2 线性空间的性质

根据线性空间的定义,可得线性空间具有下面的性质:

性质 9.1 (1) 零向量是唯一的.

(2) 任意一个向量的负向量是唯一的,$\boldsymbol{\alpha}$ 的负向量记作 $-\boldsymbol{\alpha}$.

(3) $0\boldsymbol{\alpha} = \mathbf{0}, (-1)\boldsymbol{\alpha} = -\boldsymbol{\alpha}, \lambda\mathbf{0} = \mathbf{0}$.

(4) 如果 $\lambda\boldsymbol{\alpha} = \mathbf{0}$,则 $\lambda = 0$ 或 $\boldsymbol{\alpha} = \mathbf{0}$.

证明 (1) 设 $\mathbf{0}_1, \mathbf{0}_2$ 是线性空间 V 中的两个零向量,即对任何 $\boldsymbol{\alpha} \in V$,有 $\boldsymbol{\alpha} + \mathbf{0}_1 = \boldsymbol{\alpha}, \boldsymbol{\alpha} + \mathbf{0}_2 = \boldsymbol{\alpha}$. 于是特别有

$$\mathbf{0}_1 + \mathbf{0}_2 = \mathbf{0}_1, \mathbf{0}_2 + \mathbf{0}_1 = \mathbf{0}_2,$$

所以

$$\mathbf{0}_1=\mathbf{0}_1+\mathbf{0}_2=\mathbf{0}_2+\mathbf{0}_1=\mathbf{0}_2.$$

(2) 设 $\boldsymbol{\beta},\boldsymbol{\gamma}$ 是 $\boldsymbol{\alpha}$ 的负向量,即有 $\boldsymbol{\alpha}+\boldsymbol{\beta}=\mathbf{0},\boldsymbol{\alpha}+\boldsymbol{\gamma}=\mathbf{0}$. 于是

$$\boldsymbol{\beta}=\boldsymbol{\beta}+(\boldsymbol{\alpha}+\boldsymbol{\gamma})=(\boldsymbol{\beta}+\boldsymbol{\alpha})+\boldsymbol{\gamma}=\mathbf{0}+\boldsymbol{\gamma}=\boldsymbol{\gamma}.$$

(3)$\boldsymbol{\alpha}+0\boldsymbol{\alpha}=1\boldsymbol{\alpha}+0\boldsymbol{\alpha}=(1+0)\boldsymbol{\alpha}=1\boldsymbol{\alpha}=\boldsymbol{\alpha}$,所以 $0\boldsymbol{\alpha}=\mathbf{0}$.

$$\boldsymbol{\alpha}+(-1)\boldsymbol{\alpha}=1\boldsymbol{\alpha}+(-1)\boldsymbol{\alpha}=[1+(-1)]\boldsymbol{\alpha}=0\boldsymbol{\alpha}=\mathbf{0}.$$

所以

$$(-1)\boldsymbol{\alpha}=-\boldsymbol{\alpha}.$$

$$\lambda\mathbf{0}=\lambda[\boldsymbol{\alpha}+(-1)\boldsymbol{\alpha}]=\lambda\boldsymbol{\alpha}+(-1)\lambda\boldsymbol{\alpha}=[\lambda+(-\lambda)]\boldsymbol{\alpha}=0\boldsymbol{\alpha}=\mathbf{0}.$$

(4) 若 $\lambda\neq 0$,在 $\lambda\boldsymbol{\alpha}=\mathbf{0}$ 两边乘$\dfrac{1}{\lambda}$,得

$$\frac{1}{\lambda}(\lambda\boldsymbol{\alpha})=\frac{1}{\lambda}\mathbf{0}=\mathbf{0},$$

而

$$\frac{1}{\lambda}(\lambda\boldsymbol{\alpha})=\left(\frac{1}{\lambda}\lambda\right)\boldsymbol{\alpha}=1\boldsymbol{\alpha}=\boldsymbol{\alpha},$$

所以 $\boldsymbol{\alpha}=\mathbf{0}$. ■

上面的例子表明在向量空间 $\mathbb{R}^n$ 中常见的运算在一般线性空间中仍然成立.

9.1.3 线性空间的子空间

定义 9.2 设 V 是一个线性空间,L 是 V 的一个非空子集,如果 L 对于 V 中所定义的加法和数乘两种运算也构成一个线性空间,则称 L 为 V 的子空间 (subspace).

一个非空子集要满足什么条件才能构成子空间?因为 L 是 V 的一部分,V 中的运算对于 L 而言,条件(1)(2)(5)(6)(7)(8),显然是满足的,因此只要 L 对运算封闭且满足条件(3)(4)即可. 但由线性空间的性质知,若 L 对运算封闭,则即能满足条件(3),(4). 所以可得下面的结论.

定理 9.1 线性空间 V 的非空子集 L 构成子空间的充分必要条件:L 对于 V 中的加法和数乘两种运算封闭.

例 9.6 记实数域上次数不超过 2 的实系数多项式的全体构成的线性空间为 $\mathbb{R}[x]_2$,则 $\mathbb{R}[x]_2$ 是 $\mathbb{R}[x]_3$ 的一个线性子空间.

9.1.4 小结

本节主要介绍线性空间的定义与性质、线性子空间.

9.1.5 习题

1. 验证下面矩阵的集合在约定矩阵的加法和数乘运算的基础上构成实数域上的线性空间：

(1) 三阶方阵的全体 S_1；

(2) 三阶对称矩阵的全体 S_2；

(3) 主对角线上元素之和等于零的三阶方阵的全体 S_3.

2. 验证下列集合是否构成$\mathbb{R}[t]_3$ 的子空间：

(1) 所有形如 $p(t)=at^2$ 的多项式，其中 $a\in\mathbb{R}$.

(2) 所有形如 $p(t)=a+t^2$ 的多项式，其中 $a\in\mathbb{R}$.

(3) 所有次数最高是 3 的整系数多项式.

(4) 所有使 $p(0)=0$ 的多项式.

3. 对于集合$\mathbb{R}^+$ 和数域$\mathbb{R}$，加法和数量乘法定义如下：

$$a\oplus b=ab,k\circ a=a^k,\forall a,b\in\mathbb{R}^+,k\in\mathbb{R}.$$

这时$\mathbb{R}^+$ 对上述的加法和数乘运算构成实数域$\mathbb{R}$ 上的线性空间，则 $2\oplus 3$ 和 $2\circ 3$ 分别等于(　　).

A. 6,6　　B. 6,9　　C. 9,6　　D. 9,9

4. 设集合 V 是数域$\mathbb{R}$ 上的线性空间，除了满足运算的封闭性，还应满足八条运算性质，其中关于加法和数乘都涉及的性质：

$$(7)(k+l)\boldsymbol{\alpha}=k\boldsymbol{\alpha}+l\boldsymbol{\alpha},(8)k(\boldsymbol{\alpha}+\boldsymbol{\beta})=k\boldsymbol{\alpha}+l\boldsymbol{\beta}.$$

在这两条性质中(　　).

A. 性质(7)(8) 左右两端的加号含义完全相同

B. 性质(7)(8) 左右两端的加号含义完全不同

C. 性质(7) 两端的加法含义相同

D. 性质(8) 两端的加号含义相同

9.2 向量组的线性相关性

内容提要

在一般线性空间中仍可引入线性组合、线性表示、向量组线性相关和线性无关的概念，而判断向量组线性相关和线性无关仍可化为线性方程组的求解.

9.2.1 向量组线性相关性的概念

像 n 维向量空间 $\mathbb{R}^n$ 一样，在一般的线性空间 V 中也可引入线性表示、线性组合、线性相关、线性无关等概念．只是要注意这里的“向量”和 n 维向量空间 $\mathbb{R}^n$ 中的向量有了质的区别．

定义 9.3 设 V 是实数域 $\mathbb{R}$ 上某个线性空间，$\boldsymbol{\alpha}_1,\boldsymbol{\alpha}_2,\cdots,\boldsymbol{\alpha}_r(r\geqslant 1)$ 是 V 中的一组向量，$k_1,k_2,\cdots,k_r$ 是数域 $\mathbb{R}$ 中的一组数，则

$$\boldsymbol{\alpha}=k_1\boldsymbol{\alpha}_1+k_2\boldsymbol{\alpha}_2+\cdots+k_r\boldsymbol{\alpha}_r$$

称为向量组 $\boldsymbol{\alpha}_1,\boldsymbol{\alpha}_2,\cdots,\boldsymbol{\alpha}_r$ 的一个**线性组合**，有时也说向量 $\boldsymbol{\alpha}$ 可由向量组 $\boldsymbol{\alpha}_1,\boldsymbol{\alpha}_2,\cdots,\boldsymbol{\alpha}_r$ **线性表示**．

例如在区间 $[0,2\pi]$ 上，等式 $\cos 2x=2\cos^2 x-1$ 表示向量 $\cos 2x$ 是向量 $\cos^2 x$ 与 1 的一个线性组合．

定义 9.4 设 $\boldsymbol{\alpha}_1,\boldsymbol{\alpha}_2,\cdots,\boldsymbol{\alpha}_r$ 与 $\boldsymbol{\beta}_1,\boldsymbol{\beta}_2,\cdots,\boldsymbol{\beta}_s$ 是 V 中的两个向量组．若 $\boldsymbol{\alpha}_1,\boldsymbol{\alpha}_2,\cdots,\boldsymbol{\alpha}_r$ 中的每个向量都可由向量组 $\boldsymbol{\beta}_1,\boldsymbol{\beta}_2,\cdots,\boldsymbol{\beta}_s$ 线性表示，则称向量组 $\boldsymbol{\alpha}_1,\boldsymbol{\alpha}_2,\cdots,\boldsymbol{\alpha}_r$ 可由向量组 $\boldsymbol{\beta}_1,\boldsymbol{\beta}_2,\cdots,\boldsymbol{\beta}_s$ 线性表示；若两个向量组可以互相线性表出，则称这两个向量组是等价的．

向量组之间的等价具有反身性、传递性和对称性．

例如在不超过 2 次多项式线性空间 $\mathbb{R}[x]_2$ 上，向量组 $1,x,x^2$ 与 $1,x-1,(x-1)^2$ 是可以互相线性表示的，这两个向量组是等价的．

定义 9.5 线性空间 V 中的向量组 $\boldsymbol{\alpha}_1,\boldsymbol{\alpha}_2,\cdots,\boldsymbol{\alpha}_r$ 称为是**线性相关的**，若有数域 $\mathbb{R}$ 中存在 r 个不全为零的数 $k_1,k_2,\cdots,k_r$，使得

$$k_1\boldsymbol{\alpha}_1+k_2\boldsymbol{\alpha}_2+\cdots+k_r\boldsymbol{\alpha}_r=\mathbf{0}.$$

否则称向量组 $\boldsymbol{\alpha}_1,\boldsymbol{\alpha}_2,\cdots,\boldsymbol{\alpha}_r$ 是**线性无关的**．换句话说，向量组 $\boldsymbol{\alpha}_1,\boldsymbol{\alpha}_2,\cdots,\boldsymbol{\alpha}_r$ 线性无关是指当且仅当 $k_1=k_2=\cdots=k_r=0$ 时才有等式

$$k_1\boldsymbol{\alpha}_1+k_2\boldsymbol{\alpha}_2+\cdots+k_r\boldsymbol{\alpha}_r=\mathbf{0}$$

成立．

例如可以验证闭区间 $[a,b]$ 上连续函数的全体构成线性空间，记为 $C[a,b]$．在这个线性空间上，向量组 $\cos^2 x,1$ 是线性无关的，向量组 $\cos 2x,\cos^2 x,1$ 是线性相关的．又如在区间 $[0,2\pi]$ 上，向量组 $1,\sin x,\cos x$ 是线性无关的．设有 $k_1+k_2\sin x+k_3\cos x=0$ 成立，对该式求一阶和二阶导数可得

$$\begin{cases}k_1+k_2\sin x+k_3\cos x=0,\\ k_2\cos x-k_3\sin x=0,\\ -k_2\sin x-k_3\cos x=0,\end{cases}\text{或可写成}\begin{bmatrix}1 & \sin x & \cos x\\ 0 & \cos x & -\sin x\\ 0 & -\sin x & -\cos x\end{bmatrix}\begin{bmatrix}k_1\\ k_2\\ k_3\end{bmatrix}=\mathbf{0}.$$

显然系数矩阵的行列式为 $\det\begin{vmatrix} 1 & \sin x & \cos x \\ 0 & \cos x & -\sin x \\ 0 & -\sin x & -\cos x \end{vmatrix} = -1 \neq 0$. 所以对应的方程组只有零解，进而向量组 $1,\sin x,\cos x$ 是线性无关的.

对区间 $[0,2\pi]$ 上的向量组 $t,\sin t,\cos t$,类似的方法可得行列式

$$\begin{vmatrix} t & \sin t & \cos t \\ 1 & \cos t & -\sin t \\ 0 & \sin t & \cos t \end{vmatrix} = t, t \in [0,2\pi],$$

尽管 $t=0$ 时,向量组 $t,\sin t,\cos t$ 是线性相关的,但是根据定义 9.5,向量组 $t,\sin t,\cos t$ 仍是线性无关的.

9.2.2 线性相关性的性质

线性相关的主要性质如下:

(1) 单个向量线性相关的充要条件是 $\boldsymbol{\alpha}$ 为零向量. 两个向量线性相关,则其中的一个定是另一个的纯量倍数.

证明 必要性:单独的一个向量 $\boldsymbol{\alpha}$ 线性相关,由线性相关的定义可得等式 $k\boldsymbol{\alpha}=\mathbf{0}$ 成立,而 k 又不为零,故由 $k\boldsymbol{\alpha}=\mathbf{0}$ 可得 $k^{-1}(k\boldsymbol{\alpha})=(k^{-1}k)\boldsymbol{\alpha}=1\boldsymbol{\alpha}=\boldsymbol{\alpha}=k\mathbf{0}=\mathbf{0}$.

充分性:若 $\boldsymbol{\alpha}=\mathbf{0}$,则显然可得 $k\boldsymbol{\alpha}=\mathbf{0}$.

两个向量线性相关的,即有 $k_1\boldsymbol{\alpha}_1+k_2\boldsymbol{\alpha}_2=\mathbf{0}$ 成立,而 k_1,k_2 不全为零,设 $k_1\neq 0$,则有 $\boldsymbol{\alpha}_1=-\dfrac{k_2}{k_1}\boldsymbol{\alpha}_2$,即一个是另一个的纯量倍数. ■

(2) 向量组 $\boldsymbol{\alpha}_1,\boldsymbol{\alpha}_2,\cdots,\boldsymbol{\alpha}_r (r\geqslant 3)$ 线性相关的充要条件是其中至少有一个向量是其余向量的线性组合.

证明 必要性:由线性相关的定义,向量 $\boldsymbol{\alpha}_1,\boldsymbol{\alpha}_2,\cdots,\boldsymbol{\alpha}_r$ 线性相关,存在不全为零的数 $k_1,k_2,\cdots,k_r$ 使得

$$k_1\boldsymbol{\alpha}_1+k_2\boldsymbol{\alpha}_2+\cdots+k_r\boldsymbol{\alpha}_r=\mathbf{0}$$

成立. 其中 $k_1,k_2,\cdots,k_r$ 至少有一个不为零,设 k_1 不为零,所以可得

$$\boldsymbol{\alpha}_1=-\frac{1}{k_1}(k_2\boldsymbol{\alpha}_2+\cdots+k_r\boldsymbol{\alpha}_r).$$

即其中至少有一个向量是其余向量的线性组合.

充分性显然成立. ■

(3) 向量组 $\boldsymbol{\beta}_1,\boldsymbol{\beta}_2,\cdots,\boldsymbol{\beta}_s$ 可由向量组 $\boldsymbol{\alpha}_1,\boldsymbol{\alpha}_2,\cdots,\boldsymbol{\alpha}_r$ 线性表示,若 $s>r$,则向量组 $\boldsymbol{\beta}_1,\boldsymbol{\beta}_2,\cdots,\boldsymbol{\beta}_s$ 线性相关.

证明 引入矩阵表达形式，向量组 $\boldsymbol{\beta}_1,\boldsymbol{\beta}_2,\cdots,\boldsymbol{\beta}_s$ 可由向量组 $\boldsymbol{\alpha}_1,\boldsymbol{\alpha}_2,\cdots,\boldsymbol{\alpha}_r$ 线性表示，所以存在 $r\times s$ 矩阵 $\boldsymbol{K}_{r\times s}$，使得

$$[\boldsymbol{\alpha}_1,\boldsymbol{\alpha}_2,\cdots,\boldsymbol{\alpha}_r]\boldsymbol{K}_{r\times s}=[\boldsymbol{\beta}_1,\boldsymbol{\beta}_2,\cdots,\boldsymbol{\beta}_s]$$

成立．注意到 $s>r$，所以对齐次线性方程组 $\boldsymbol{K}_{r\times s}\boldsymbol{x}=\boldsymbol{0}$ 肯定有非零解 $\boldsymbol{x}_0=\begin{bmatrix}x_1\\x_2\\\vdots\\x_s\end{bmatrix}$．所以存在不全为零的数 $x_1,x_2,\cdots,x_s$ 使得

$$[\boldsymbol{\alpha}_1,\boldsymbol{\alpha}_2,\cdots,\boldsymbol{\alpha}_r]\boldsymbol{K}_{r\times s}\boldsymbol{x}_0=[\boldsymbol{\beta}_1,\boldsymbol{\beta}_2,\cdots,\boldsymbol{\beta}_s]\boldsymbol{x}_0=x_1\boldsymbol{\beta}_1+x_2\boldsymbol{\beta}_2+\cdots+x_s\boldsymbol{\beta}_s=\boldsymbol{0}$$

成立．所以向量组 $\boldsymbol{\beta}_1,\boldsymbol{\beta}_2,\cdots,\boldsymbol{\beta}_s$ 是线性相关的． ■

性质(3) 的逆否命题：向量组 $\boldsymbol{\beta}_1,\boldsymbol{\beta}_2,\cdots,\boldsymbol{\beta}_s$ 可由向量组 $\boldsymbol{\alpha}_1,\boldsymbol{\alpha}_2,\cdots,\boldsymbol{\alpha}_r$ 线性表示，若 $\boldsymbol{\beta}_1,\boldsymbol{\beta}_2,\cdots,\boldsymbol{\beta}_s$ 线性无关，则 $s\leqslant r$. 读者可自行证明．

(4) 两个等价的线性无关的向量组必含有相同个数的向量．

证明 这个结论是上一个结论的推论．证明如下：

向量组 $\boldsymbol{\alpha}_1,\boldsymbol{\alpha}_2,\cdots,\boldsymbol{\alpha}_r$ 与 $\boldsymbol{\beta}_1,\boldsymbol{\beta}_2,\cdots,\boldsymbol{\beta}_s$ 是线性无且等价的向量组，所以它们可以互相线性表示．用上面的结论可得 $r\leqslant s$ 和 $s\leqslant r$，所以 $r=s$，即线性无关且等价的向量组含在相同个数的向量． ■

(5) 若向量组 $\boldsymbol{\alpha}_1,\boldsymbol{\alpha}_2,\cdots,\boldsymbol{\alpha}_r$ 线性无关，而向量组 $\boldsymbol{\alpha}_1,\boldsymbol{\alpha}_2,\cdots,\boldsymbol{\alpha}_r,\boldsymbol{\beta}$ 线性相关，则 $\boldsymbol{\beta}$ 可以由 $\boldsymbol{\alpha}_1,\boldsymbol{\alpha}_2,\cdots,\boldsymbol{\alpha}_r$ 线性表示，且表达式是唯一的．

证明 因为 $\boldsymbol{\alpha}_1,\boldsymbol{\alpha}_2,\cdots,\boldsymbol{\alpha}_r$ 线性无关，所以线性组合式 $k_1\boldsymbol{\alpha}_1+k_2\boldsymbol{\alpha}_2+\cdots+k_r\boldsymbol{\alpha}_r=\boldsymbol{0}$ 成立当且仅当 $k_1=k_2=\cdots=k_r=0$. 而 $\boldsymbol{\alpha}_1,\boldsymbol{\alpha}_2,\cdots,\boldsymbol{\alpha}_r,\boldsymbol{\beta}$ 线性相关，所以

$$k_1\boldsymbol{\alpha}_1+k_2\boldsymbol{\alpha}_2+\cdots+k_r\boldsymbol{\alpha}_r+k\boldsymbol{\beta}=\boldsymbol{0}$$

成立且其中 $k_1,k_2,\cdots,k_r,k$ 不全为零，进而只能是 $k\neq0$. 否则若 $k=0$，而 $k_1,k_2,\cdots,k_r$ 不全为零，可得 $\boldsymbol{\alpha}_1,\boldsymbol{\alpha}_2,\cdots,\boldsymbol{\alpha}_r$ 是线性相关的，这与条件 $\boldsymbol{\alpha}_1,\boldsymbol{\alpha}_2,\cdots,\boldsymbol{\alpha}_r$ 相性无关相矛盾．

将 $k_1\boldsymbol{\alpha}_1+k_2\boldsymbol{\alpha}_2+\cdots+k_r\boldsymbol{\alpha}_r+k\boldsymbol{\beta}=\boldsymbol{0}$ 移项变形可得

$$\boldsymbol{\beta}=-\frac{1}{k}(k_1\boldsymbol{\alpha}_1+k_2\boldsymbol{\alpha}_2+\cdots+k_r\boldsymbol{\alpha}_r),$$

所以 $\boldsymbol{\beta}$ 可由向量组 $\boldsymbol{\alpha}_1,\boldsymbol{\alpha}_2,\cdots,\boldsymbol{\alpha}_r$ 线性表出．

下面证明表达式是唯一的．若有两个不同的表达式

$$\boldsymbol{\beta}=s_1\boldsymbol{\alpha}_1+s_2\boldsymbol{\alpha}_2+\cdots+s_r\boldsymbol{\alpha}_r$$

与

$$\boldsymbol{\beta}=t_1\boldsymbol{\alpha}_1+t_2\boldsymbol{\alpha}_2+\cdots+t_r\boldsymbol{\alpha}_r$$

则二者相减得

$$\mathbf{0}=(s_1-t_1)\boldsymbol{\alpha}_1+(s_2-t_2)\boldsymbol{\alpha}_2+\cdots+(s_r-t_r)\boldsymbol{\alpha}_r.$$

若 $s_i-t_i(i=1,2,\cdots,r)$ 不全为零,则向量组 $\boldsymbol{\alpha}_1,\boldsymbol{\alpha}_2,\cdots,\boldsymbol{\alpha}_r$ 线性相关,与已知条件矛盾．故 $s_i-t_i(i=1,2,\cdots,r)$ 全为零,即 $t_i=s_i(i=1,2,\cdots,r)$,即表达式是唯一的． ■

定义 9.6 设 $A:\boldsymbol{\alpha}_1,\boldsymbol{\alpha}_2,\cdots,\boldsymbol{\alpha}_s$ 是线性空间 V 中的一个向量组,如果 $A_0:\boldsymbol{\alpha}_1,\boldsymbol{\alpha}_2,\cdots,\boldsymbol{\alpha}_r$ 是与向量组 A 等价的一个线性无关的部分组,则称向量组 A_0 是向量组 A 的一个极大线性无关组．向量组 A_0 所含向量的个数称为向量组的秩,记为

$$\operatorname{rank}(\boldsymbol{A}_0)=\operatorname{rank}[\boldsymbol{\alpha}_1,\boldsymbol{\alpha}_2,\cdots,\boldsymbol{\alpha}_r]=r.$$

零向量组没有极大线性无关组,规定零向量组的秩为零．

一般来说,向量组的极大线性无关组是不唯一的,但每一个极大线性无关组都与向量组本身是等价的．由等价的传递性可知,一个向量组的任意两个极大线性无关组都是等价的,并且任意两个等价向量组的极大线性无关组也是等价的．进而,一个向量组的极大线性无关组都含有相同个数的向量,即向量组的秩是唯一的,并且等价的向量组具有相同的秩．

9.2.3 线性相关性的判定

例 9.7 证明实数域 $\mathbb{R}$ 上的线性空间 $\mathbb{R}^{2\times2}$ 的一组向量(矩阵)

$$\boldsymbol{E}_{11}=\begin{bmatrix}1&0\\0&0\end{bmatrix},\boldsymbol{E}_{12}=\begin{bmatrix}0&1\\0&0\end{bmatrix},\boldsymbol{E}_{21}=\begin{bmatrix}0&0\\1&0\end{bmatrix},\boldsymbol{E}_{22}=\begin{bmatrix}0&0\\0&1\end{bmatrix}$$

是线性无关的．

证明 直接按向量组线性无关的定义证明即可,在此略去． ■

练习 9.1 证明 $\mathbb{R}^{2\times2}$ 上的一组向量

$$\boldsymbol{\alpha}_1=\begin{bmatrix}1&0\\0&0\end{bmatrix},\boldsymbol{\alpha}_2=\begin{bmatrix}-1&0\\1&1\end{bmatrix},\boldsymbol{\alpha}_3=\begin{bmatrix}0&0\\1&1\end{bmatrix}$$

是线性相关的．

例 9.8 证明 $\mathbb{R}^{2\times2}$ 上的一组向量

$$\boldsymbol{\alpha}_1=\begin{bmatrix}1&1\\1&1\end{bmatrix},\boldsymbol{\alpha}_2=\begin{bmatrix}1&1\\0&1\end{bmatrix},\boldsymbol{\alpha}_3=\begin{bmatrix}1&1\\1&0\end{bmatrix},\boldsymbol{\alpha}_4=\begin{bmatrix}1&0\\1&1\end{bmatrix}$$

是线性无关的．

解 设有实数域 $\mathbb{R}$ 上的数 k_1,k_2,k_3,k_4 使得 $k_1\boldsymbol{\alpha}_1+k_2\boldsymbol{\alpha}_2+k_3\boldsymbol{\alpha}_3+k_4\boldsymbol{\alpha}_4=\mathbf{0}$ 成立,可得

$$\begin{cases}k_1+k_2+k_3+k_4=0,\\k_1+k_2+k_3+0k_4=0,\\k_1+0k_2+k_3+k_4=0,\\k_1+k_2+0k_3+k_4=0.\end{cases}$$

求解这个齐次线性方程组，由系数矩阵的初等行变换化简可得

$$\begin{bmatrix}1&1&1&1\\1&1&1&0\\1&0&1&1\\1&1&0&1\end{bmatrix}\sim\begin{bmatrix}1&1&1&1\\0&0&0&-1\\0&-1&0&0\\0&0&-1&0\end{bmatrix}\sim\begin{bmatrix}1&1&1&1\\0&-1&0&0\\0&0&-1&0\\0&0&0&-1\end{bmatrix}.$$

故该方程组只有零解，从而向量组线性无关．

例 9.9 区间$[a,b]$上的全体实连续函数按通常的函数的加法和数与函数的乘法也能构成一个线性空间$C[a,b]$. 证明在实函数空间$C[a,b]$上向量

$$1,\cos^2 t,\cos 2t$$

是线性相关的．

证明 设有k_1,k_2,k_3，考查关于k_1,k_2,k_3的方程$k_1\times 1+k_2\cos^2 t+k_3\cos 2t=0$是否有非零解．若关于$k_1,k_2,k_3$的方程$k_1\times 1+k_2\cos^2 t+k_3\cos 2t=0$有非零解$k_1,k_2,k_3$，则对该式子求各阶导数，所得的结果仍有非零解$k_1,k_2,k_3$.

对其求一阶导数可得

$$-2k_2\cos t\sin t-2k_3\sin 2t=0,$$

对其求二阶导数可得

$$-2k_2\cos 2t-4k_3\cos 2t=0.$$

将上面三个式子联立得到关于k_1,k_2,k_3的齐次线性方程组：

$$\begin{cases}k_1\times 1+k_2\cos^2 t+k_3\cos 2t=0,\\-2k_2\cos t\sin t-2k_3\sin 2t=0,\\-2k_2\cos 2t-4k_3\cos 2t=0.\end{cases}$$

可写成

$$\begin{bmatrix}1&\cos^2 t&\cos 2t\\0&-\sin 2t&-2\sin 2t\\0&-2\cos 2t&-4\cos 2t\end{bmatrix}\begin{bmatrix}k_1\\k_2\\k_3\end{bmatrix}=\mathbf{0}.$$

注意到系数矩阵的行列式恒为零，即有

$$\det\begin{vmatrix}1 & \cos^2 t & \cos 2t\\ 0 & -\sin 2t & -2\sin 2t\\ 0 & -2\cos 2t & -4\cos 2t\end{vmatrix}=\det\begin{vmatrix}-\sin 2t & -2\sin 2t\\ -2\cos 2t & -4\cos 2t\end{vmatrix}$$

$$=4\sin 2t\cos 2t-4\sin 2t\cos 2t=0.$$

故存在不全为零的常数 k_1,k_2,k_3 使得 $k_1\times 1+k_2\cos^2 t+k_3\cos 2t=0$ 成立．即向量 $1,\cos^2 t,\cos 2t$ 是线性相关的．

类似的方法可以证明在 $C[a,b]$ 上向量组 t,t^2,e^{2t} 是线性无关的；向量组 $1,t,t^2,\cdots,t^n(n\geqslant 3)$ 是线性无关的；向量组 $\sin 2\pi t,\sin 4\pi t,\cdots,\sin 2n\pi t(n\geqslant 3)$ 是线性无关的．

9.2.4 小结

1. 基本概念

本节介绍的基本概念主要包括线性组合，线性表示，向量组的等价，等价具有反身性、对称性和传递性，线性相关，线性无关，极大线性无关向量组，向量组的秩．

2. 线性相关和线性无关的性质

(1) 单独一个向量线性相关的充要条件是该向量是零向量；

(2) 两个向量线性相关的充要条件是其中一个向量是另一个向量的纯量倍数；

(3) 三个或以上向量线性相关的充要条件是其中至少有一个向量是其余向量的线性组合；

(4) 若向量组 $\boldsymbol{\alpha}_1,\boldsymbol{\alpha}_2,\cdots,\boldsymbol{\alpha}_r$ 线性无关，且它们可由向量组 $\boldsymbol{\beta}_1,\boldsymbol{\beta}_2,\cdots,\boldsymbol{\beta}_s$ 线性表出，则 $r\leqslant s$.

(5) 等价的线性无关的向量组必含有相同个数的向量．

9.2.5 习题

1. 判断题

(1) 若向量组 $\boldsymbol{\alpha}_1,\boldsymbol{\alpha}_2,\cdots,\boldsymbol{\alpha}_r$ 线性无关，而向量组 $\boldsymbol{\alpha}_1,\boldsymbol{\alpha}_2,\cdots,\boldsymbol{\alpha}_r,\boldsymbol{\beta}$ 线性相关，则 $\boldsymbol{\beta}$ 可以由 $\boldsymbol{\alpha}_1,\boldsymbol{\alpha}_2,\cdots,\boldsymbol{\alpha}_r$ 线性表示，且表达式是唯一的．(　　)

(2) 线性空间 V 中两个等价的线性无关的向量组必含有相同个数的向量．(　　)

2. 全体实函数的集合，按通常函数的加法和数乘构成实数域上的线性空间．试在区间 $\left(0,\frac{\pi}{2}\right)$ 上的判断下列函数组的线性相关性：

(1) e^t,e^{2t},e^{3t}；(2) $1,\sin^2 t,\sin 2t$.

9.3 基、维数与坐标

内容提要

把向量空间$\mathbb{R}^n$中的基、维数和坐标的概念推广到$\mathbb{R}[x]_3$和$L(1,\sin x,\cos x)$等一般的线性空间.

9.3.1 基、维数与坐标的定义

定义 9.7 在线性空间V中,如果存在一组有序向量组$\mathscr{A}=\{\boldsymbol{\alpha}_1,\boldsymbol{\alpha}_2,\cdots,\boldsymbol{\alpha}_n\}$满足:

(1)$\mathscr{A}$中的元素都是线性无关的;

(2)V中任意一个向量总可以用$\mathscr{A}$中的元素$\boldsymbol{\alpha}_1,\boldsymbol{\alpha}_2,\cdots,\boldsymbol{\alpha}_n$线性表示.

那么,$\boldsymbol{\alpha}_1,\boldsymbol{\alpha}_2,\cdots,\boldsymbol{\alpha}_n$就称为线性空间$V$的一个**基**,$n$称为线性空间$V$的**维数**.只含一个零向量的线性空间没中基,规定它的维数为0.

请注意线性空间(向量空间)的基是有序向量组.

维数为n的线性空间V称为n维线性空间,记作$\dim(V)$.例如$\mathbb{R}^3$是一个三维线性空间,即有$\dim(\mathbb{R}^3)=3$,次数不超过2的实系数多项式的全体$\mathbb{R}[x]_2$是一个3维空间,即有$\dim(\mathbb{R}[x]_2)=3$. $1,x,x^2$就是$\mathbb{R}[x]_2$的一个基;根据多项式$f(x)\in\mathbb{R}[x]_2$在点$a\in\mathbb{R}$处的泰勒展开式可得$f(a),x-a,(x-a)^2$也构成$\mathbb{R}[x]_2$的一个基.线性空间的维数可以是无穷维的,例如实系数多项式的全体$\mathbb{R}[x]$就是一个无穷维线性空间.无穷维空间和有限维空间有很大区别,线性代数只研究有限维线性空间.

定义 9.8 设$\mathscr{A}=\{\boldsymbol{\alpha}_1,\boldsymbol{\alpha}_2,\cdots,\boldsymbol{\alpha}_n\}$是线性空间$V$的一个基.对于任意一个向量$\boldsymbol{\alpha}$,总有且仅有一组有序数$x_1,x_2,\cdots,x_n$,使

$$\boldsymbol{\alpha}=x_1\boldsymbol{\alpha}_1+x_2\boldsymbol{\alpha}_2+\cdots+x_n\boldsymbol{\alpha}_n,$$

有序数组$(x_1,x_2,\cdots,x_n)$就称为向量$\boldsymbol{\alpha}$在基$\mathscr{A}$下的坐标,并记作

$$[\boldsymbol{x}]_{\mathscr{A}}=\begin{bmatrix}x_1\\x_2\\\vdots\\x_n\end{bmatrix}.$$

显然$\mathscr{A}$作为向量空间V的一个基,基向量具有特定的顺序,该顺序决定了向量$\boldsymbol{\alpha}$在基$\mathscr{A}$

下的坐标$\begin{bmatrix}x_1\\x_2\\\vdots\\x_n\end{bmatrix}$是个有序数组，是与基中向量$\boldsymbol{\alpha}_1,\boldsymbol{\alpha}_2,\cdots,\boldsymbol{\alpha}_n$的位置顺序有明确的对应关系，这一点很重要.

例 9.10 在线性空间$\mathbb{R}[x]_2$中，$\boldsymbol{p}_0(x)=1,\boldsymbol{p}_1(x)=x,\boldsymbol{p}_2(x)=x^2$就是它的一个基，记为$\mathscr{P}$. 任一个不超过2的多项式$\boldsymbol{p}(x)=a_0+a_1x+a_2x^2$都可以表示为$\boldsymbol{p}(x)=a_0\boldsymbol{p}_0+a_1\boldsymbol{p}_1+a_2\boldsymbol{p}_2$. 因此$\boldsymbol{p}(x)$在这个基中的坐标为$[\boldsymbol{p}(x)]_{\mathscr{P}}=\begin{bmatrix}a_0\\a_1\\a_2\end{bmatrix}$. 若另取一个基

$$\mathscr{Q}=\boldsymbol{q}_0(x)=1,\boldsymbol{q}_1(x)=x-1,\boldsymbol{q}_2(x)=(x-1)^2\},$$

则根据泰勒展开式可得

$$\begin{aligned}\boldsymbol{p}(x)&=\boldsymbol{p}(1)+\boldsymbol{p}'(1)(x-1)+\frac{\boldsymbol{p}''(1)}{2!}(x-1)^2\\&=(a_0+a_1+a_2)+(a_1+2a_2)(x-1)+a_2(x-1)^2.\end{aligned}$$

因此$\boldsymbol{p}(x)$在这个基中的坐标为

$$[\boldsymbol{p}(x)]_{\mathscr{Q}}=\begin{bmatrix}a_0+a_1+a_2\\a_1+2a_2\\a_2\end{bmatrix}.$$

■

9.3.2 线性空间的同构

一般的n维线性空间V通常要比n维向量空间$\mathbb{R}^n$抽象些，但引入适当的基之后，V中任意一个向量在这个基下都有唯一的坐标，而这个坐标就是$\mathbb{R}^n$中的一个向量. 这样就能把一般的n维线性空间V和n维向量空间$\mathbb{R}^n$联系起来，线性空间V中的运算和$\mathbb{R}$中的运算就有了对应，线性空间V中向量$\boldsymbol{\alpha},\boldsymbol{\beta}$的加法对应向量空间$\mathbb{R}^n$中坐标$\boldsymbol{x},\boldsymbol{y}$的相加，$V$中的数乘对应$\mathbb{R}^n$中的数乘运算.

设$\boldsymbol{\alpha},\boldsymbol{\beta}\in V$，$\mathscr{A}=\{\boldsymbol{\alpha}_1,\boldsymbol{\alpha}_2,\cdots,\boldsymbol{\alpha}_n\}$是$V$中的一个基，此时设$\boldsymbol{\alpha}=x_1\boldsymbol{\alpha}_1+x_2\boldsymbol{\alpha}_2+\cdots+x_n\boldsymbol{\alpha}_n$，$\boldsymbol{\beta}=y_1\boldsymbol{\alpha}_1+y_2\boldsymbol{\alpha}_2+\cdots+y_n\boldsymbol{\alpha}_n$. 于是

$$\boldsymbol{\alpha}+\boldsymbol{\beta}=(x_1+y_1)\boldsymbol{\alpha}_1+(x_2+y_2)\boldsymbol{\alpha}_2+\cdots+(x_n+y_n)\boldsymbol{\alpha}_n,$$

$$\lambda\boldsymbol{\alpha}=(\lambda x_1)\boldsymbol{\alpha}_1+(\lambda x_2)\boldsymbol{\alpha}_2+\cdots+(\lambda x_n)\boldsymbol{\alpha}_n,$$

即 $\boldsymbol{\alpha}+\boldsymbol{\beta}$ 的坐标是

$$[\boldsymbol{\alpha}+\boldsymbol{\beta}]_{\mathscr{A}}=\begin{bmatrix}x_1+y_1\\x_2+y_2\\\vdots\\x_n+y_n\end{bmatrix}=\begin{bmatrix}x_1\\x_2\\\vdots\\x_n\end{bmatrix}+\begin{bmatrix}y_1\\y_2\\\vdots\\y_n\end{bmatrix}=[\boldsymbol{\alpha}]_{\mathscr{A}}+[\boldsymbol{\beta}]_{\mathscr{A}}.$$

$\lambda\boldsymbol{\alpha}$ 的坐标是

$$[\lambda\boldsymbol{\alpha}]_{\mathscr{A}}=\begin{bmatrix}\lambda x_1\\\lambda x_2\\\vdots\\\lambda x_n\end{bmatrix}=\lambda\begin{bmatrix}x_1\\x_2\\\vdots\\x_n\end{bmatrix}=\lambda[\boldsymbol{\alpha}]_{\mathscr{A}}.$$

总之，只要在 n 维线性空间 V 中取定一个基 $\mathscr{A}$，则 V 中的向量 $\boldsymbol{\alpha}$ 与 $\mathbb{R}^n$ 中的 n 维数组向量 $\begin{bmatrix}x_1\\x_2\\\vdots\\x_n\end{bmatrix}$ 之间就能建立一个映射，且这个映射能保持线性关系．即具有下面的性质．

性质 9.2 设 $\mathscr{A}$ 是 n 维线性空间 V 的一个基，向量 $\boldsymbol{\alpha},\boldsymbol{\beta}$ 在基 $\mathscr{A}$ 下的坐标分别为 $[\boldsymbol{\alpha}]_{\mathscr{A}}=\begin{bmatrix}x_1\\x_2\\\vdots\\x_n\end{bmatrix}$，$[\boldsymbol{\beta}]_{\mathscr{A}}=\begin{bmatrix}y_1\\y_2\\\vdots\\y_n\end{bmatrix}$，则有

(1) $[\boldsymbol{\alpha}+\boldsymbol{\beta}]_{\mathscr{A}}=[\boldsymbol{\alpha}]_{\mathscr{A}}+[\boldsymbol{\beta}]_{\mathscr{A}}$；

(2) $[\lambda\boldsymbol{\alpha}]_{\mathscr{A}}=\lambda[\boldsymbol{\alpha}]_{\mathscr{A}}$.

更进一步，这个映射还是个**一一映射**．

定理 9.2 设 $\mathscr{A}=\{\boldsymbol{\alpha}_1,\boldsymbol{\alpha}_2,\cdots,\boldsymbol{\alpha}_n\}$ 是线性空间 V 的一个基，对任意 $\boldsymbol{\alpha}\in V$，坐标映射 $\boldsymbol{\alpha}\mapsto[\boldsymbol{\alpha}]_{\mathscr{A}}\in\mathbb{R}^n$ 是从线性空间 V 到向量空间 $\mathbb{R}^n$ 的一个一一映射．

证明 先证明这个坐标映射是映上的．显然任给 $\mathbb{R}^n$ 中的向量 $\begin{bmatrix}x_1\\x_2\\\vdots\\x_n\end{bmatrix}$，依坐标映射可得

向量 $x_1\boldsymbol{\alpha}_1+x_2\boldsymbol{\alpha}_2+\cdots+x_n\boldsymbol{\alpha}_n$ 一定是线性空间 V 中的元素．所以坐标映射 $\boldsymbol{\alpha}\mapsto[\boldsymbol{\alpha}]_{\mathscr{A}}$ 是映上的．

再证明坐标映射是一一映射的．设有向量 $\boldsymbol{\alpha},\boldsymbol{\beta}\in V$ 满足条件 $[\boldsymbol{\alpha}]_{\mathscr{A}}=\begin{bmatrix}x_1\\x_2\\\vdots\\x_n\end{bmatrix}=\begin{bmatrix}y_1\\y_2\\\vdots\\y_n\end{bmatrix}=[\boldsymbol{\beta}]_{\mathscr{A}}$，在坐标映射 $\boldsymbol{\alpha}\mapsto[\boldsymbol{\alpha}]_{\mathscr{A}}$ 下有

$$\boldsymbol{\alpha}=x_1\boldsymbol{\alpha}_1+x_2\boldsymbol{\alpha}_2+\cdots+x_n\boldsymbol{\alpha}_n=y_1\boldsymbol{\alpha}_1+y_2\boldsymbol{\alpha}_2+\cdots+y_n\boldsymbol{\alpha}_n=\boldsymbol{\beta}.$$

进而可得坐标映射也是一一的．所以坐标映射 $\boldsymbol{\alpha}\mapsto[\boldsymbol{\alpha}]_{\mathscr{A}}$ 是从 V 到 $\mathbb{R}^n$ 的一一映射．证毕．

■

如果线性空间 V 到向量空间 $\mathbb{R}^n$ 的坐标映射保持各自的加法和数乘的线性关系不变的同时又是一一映射，就认为这两个不同的线性空间在线性运算上有“相同的结构”，称 V 与 $\mathbb{R}^n$ **同构**(isomorphism)．例如线性空间 $\operatorname{span}\{1,x,x^2\}$ 和 $\mathbb{R}^3$ 是同构的，线性空间 $\operatorname{span}\{1,\sin x,\cos x\}$ 和 $\mathbb{R}^3$ 也是同构的．

一般地，设 V 与 U 是两个线性空间，如果在它们的向量之间有一一对应关系，且这个对应关系保持线性运算对应，那么就说线性空间 V 与 U 同构．

显然任何 n 维线性空间都与 $\mathbb{R}^n$ 同构，即维数相等的线性空间都同构．从而可知线性空间的结构完全被它的维数所决定．

同构的概念除向量一一对应外，主要是保持线性运算的对应关系．因此，V 中抽象的线性运算就可转化为 $\mathbb{R}^n$ 中的线性运算，并且 $\mathbb{R}^n$ 中凡只涉及线性运算的性质就都适用于 V．但 $\mathbb{R}^n$ 中超出线性运算的性质，在 V 中就不一定具备，例如 $\mathbb{R}^n$ 中的内积概念在 V 中就不一定有意义．如果适当定义 V 中的内积，让两个不同线性空间中的内积也能对应起来，这就是拥有内积的线性空间的同构，即欧氏空间的同构．

9.3.3 小结

本节主要介绍一般线性空间中基维数和坐标的定义，线性空间 V 与向量空间 $\mathbb{R}^n$ 之间的坐标映射，坐标映射的性质，线性空间的同构．

9.3.4 习题

1. 试证明 $a+\sin(x+b)\in\operatorname{span}\{1,\sin x,\cos x\}$，$a,b\in\mathbb{R}$，并用基向量 $1,\sin x,\cos x$ 线性表示 $5+\sin(x+6)$．

2. 在 $\mathbb{R}[x]_3$ 中下列向量组是否构成 $\mathbb{R}[x]_3$ 的一个基？

(1) $\mathscr{A}$: $1+x,x+x^2,1+x^3,2+2x+x^2+x^3$；

(2) $\mathscr{B}$: $-1+x,1-x^2,-2+2x+x^2,x^3$．

3. 已知线性空间 $\mathbb{R}[x]_2$（次数不超过 2 的一元多项式的全体）的两组基分别是：$\boldsymbol{\varepsilon}_1=x^2$，$\boldsymbol{\varepsilon}_2=x$，$\boldsymbol{\varepsilon}_3=1$ 和 $\boldsymbol{\alpha}_1=(x-3)^2$，$\boldsymbol{\alpha}_2=x-3$，$\boldsymbol{\alpha}_3=1$. 求向量 $\boldsymbol{\alpha}=2x^2-5x+7$ 在这两组基下的坐标.

4. 在线性空间 span $\{1,\sin x,\cos x\}$ 中，下列向量组是否构成它的一个基？如果不能构成 span $\{1,\sin x,\cos x\}$ 的一个基，请说明理由.

(1) $\mathscr{A}$：$2,\sin(x+2),\cos(x+2)$；

(2) $\mathscr{B}$：$3,\sin(x+a),\cos(x+b),a,b\in\mathbb{R}$.

9.4 基变换与坐标变换

内容提要

一般线性空间中基变换和坐标变换是向量空间 $\mathbb{R}^n$ 中基变换和坐标变换的推广，它是从具体到抽象的一个实例，也是线性代数的要义所在.

9.4.1 基变换的定义

$\mathbb{R}[x]_2$ 中的一个基为 $1,x,x^2$，多项式 $f(x)=7+9x+3x^2$ 在这该基下的可表示为

$$f(x)=7\cdot 1+9\cdot x+3\cdot x^2=[1,x,x^2]\begin{bmatrix}7\\9\\3\end{bmatrix}.$$

显然 $19,x-1,(x-1)^2$ 是 $\mathbb{R}[x]_2$ 中的另一个基. 根据基的定义，基向量 $19,x-1,(x-1)^2$ 可以用基 $1,x,x^2$ 线性表示，即有

$$\begin{cases}19=19\cdot 1,\\x-1=1-1\cdot x,\\(x-1)^2=1-2\cdot x+x^2.\end{cases}$$

借助矩阵向量乘积的形式，上式可写为

$$[19,x-1,(x-1)^2]=[1,x,x^2]\begin{bmatrix}19&-1&1\\0&1&-2\\0&0&1\end{bmatrix}.$$

令 $\boldsymbol{P}=\begin{bmatrix}19&-1&1\\0&1&-2\\0&0&1\end{bmatrix}$，显然矩阵 $\boldsymbol{P}$ 是三阶方阵，注意到基 $19,x-1,(x-1)^2$ 和 $1,x,x^2$ 都

是线性无关的，所以矩阵 $\boldsymbol{P}$ 是可逆的．即有

$$[1,x,x^2]=[19,x-1,(x-1)^2]\begin{bmatrix}19 & -1 & 1\\ 0 & 1 & -2\\ 0 & 0 & 1\end{bmatrix}^{-1}.$$

将其代入 $f(x)=[1,x,x^2]\begin{bmatrix}7\\9\\3\end{bmatrix}$ 可得

$$\begin{aligned}f(x)&=[1,x,x^2]\begin{bmatrix}7\\9\\3\end{bmatrix}\\&=[19,x-1,(x-1)^2]\begin{bmatrix}19 & -1 & 1\\ 0 & -1 & -2\\ 0 & 0 & 1\end{bmatrix}^{-1}\begin{bmatrix}7\\9\\3\end{bmatrix}\\&=[19,x-1,(x-1)^2]\begin{bmatrix}\frac{1}{19} & \frac{1}{19} & \frac{1}{19}\\ 0 & 1 & 2\\ 0 & 0 & 1\end{bmatrix}\begin{bmatrix}7\\9\\3\end{bmatrix}\\&=[19,x-1,(x-1)^2]\begin{bmatrix}1\\15\\3\end{bmatrix}\\&=19+15(x-1)+3(x-1)^2.\end{aligned}$$

读者可验证这里所得的结果与对多项式 $f(x)=7+9x+3x^2$ 在点 $x_0=1$ 进行泰勒展开得到的结果是一样的．一般情况有下面的基变换和坐标变换的定义．

定义 9.9 设 $\mathscr{A}=[\boldsymbol{\alpha}_1,\boldsymbol{\alpha}_2,\cdots,\boldsymbol{\alpha}_n]$ 及 $\mathscr{B}=[\boldsymbol{\beta}_1,\boldsymbol{\beta}_2,\cdots,\boldsymbol{\beta}_n]$ 是 n 维线性空间 V 中的两个基，且有

$$\begin{cases}\boldsymbol{\beta}_1=p_{11}\boldsymbol{\alpha}_1+p_{21}\boldsymbol{\alpha}_2+\cdots+p_{n1}\boldsymbol{\alpha}_n,\\ \boldsymbol{\beta}_2=p_{12}\boldsymbol{\alpha}_1+p_{22}\boldsymbol{\alpha}_2+\cdots+p_{n2}\boldsymbol{\alpha}_n,\\ \qquad\vdots\\ \boldsymbol{\beta}_n=p_{1n}\boldsymbol{\alpha}_1+p_{2n}\boldsymbol{\alpha}_2+\cdots+p_{nn}\boldsymbol{\alpha}.\end{cases}\tag{9.1}$$

n 阶矩阵 $\boldsymbol{P}_{\mathscr{A}\mathscr{B}}=(p_{ij})_{n\times n}$ 称为从基 $\mathscr{A}$ 到 $\mathscr{B}$ 的**过渡矩阵**，借用矩阵与向量乘积的形式，式(9.1)可

表示为

$$[\boldsymbol{\beta}_1,\boldsymbol{\beta}_2,\cdots,\boldsymbol{\beta}_n]=[\boldsymbol{\alpha}_1,\boldsymbol{\alpha}_2,\cdots,\boldsymbol{\alpha}_n]\boldsymbol{P}_{\mathscr{A}\mathscr{B}} \text{ 或 } \mathscr{B}=\mathscr{A}\boldsymbol{P}_{\mathscr{A}\mathscr{B}}. \tag{9.2}$$

式(9.1)或式(9.2)称为**基变换公式**(change of basis).

由于 $\boldsymbol{\beta}_1,\boldsymbol{\beta}_2,\cdots,\boldsymbol{\beta}_n$ 线性无关,故过渡矩阵 $\boldsymbol{P}_{\mathscr{A}\mathscr{B}}$ 可逆.

例 9.11 函数组 $2,\sin(x+2),\cos(x+2)$ 和函数组 $3,\sin(x+3),\cos(x+3)$ 都是线性空间 $\operatorname{span}\{1,\sin x,\cos x\}$ 的一个基,且有

$$[2,\sin(x+2),\cos(x+2)]=[1,\sin x,\cos x]\begin{bmatrix}2 & 0 & 0\\ 0 & \cos 2 & -\sin 2\\ 0 & \sin 2 & \cos 2\end{bmatrix},$$

$$[3,\sin(x+3),\cos(x+3)]=[1,\sin x,\cos x]\begin{bmatrix}3 & 0 & 0\\ 0 & \cos 3 & -\sin 3\\ 0 & \sin 3 & \cos 3\end{bmatrix}.$$

所以从基 $[2,\sin(x+2),\cos(x+2)]$ 到 $[3,\sin(x+3),\cos(x+3)]$ 的过渡矩阵为

$$\boldsymbol{P}=\begin{bmatrix}2 & 0 & 0\\ 0 & \cos 2 & -\sin 2\\ 0 & \sin 2 & \cos 2\end{bmatrix}^{-1}\begin{bmatrix}3 & 0 & 0\\ 0 & \cos 3 & -\sin 3\\ 0 & \sin 3 & \cos 3\end{bmatrix}.$$

■

这里解题的一般思路是找出线性空间中的“自然基”,然后将别的基用自然基线性表示,这样能建立起两个“一般基”间的关系式.

9.4.2 坐标变换公式

定理 9.3 设 n 维向量空间 V 中的向量 $\boldsymbol{\alpha}$ 在基 $\mathscr{A}=[\boldsymbol{\alpha}_1,\boldsymbol{\alpha}_2,\cdots,\boldsymbol{\alpha}_n]$ 和 $\mathscr{B}=[\boldsymbol{\beta}_1,\boldsymbol{\beta}_2,\cdots,\boldsymbol{\beta}_n]$ 下的坐标分别为 $[\boldsymbol{\alpha}]_{\mathscr{A}}=\begin{bmatrix}x_1\\ x_2\\ \vdots\\ x_n\end{bmatrix}$, $[\boldsymbol{\alpha}]_{\mathscr{B}}=\begin{bmatrix}y_1\\ y_2\\ \vdots\\ y_n\end{bmatrix}$. 若两个基 $\mathscr{A},\mathscr{B}$ 满足关系式(9.2),即有 $\mathscr{B}=\mathscr{A}\boldsymbol{P}_{\mathscr{A}\mathscr{B}}$,则有**坐标变换公式**

$$\begin{bmatrix}x_1\\ x_2\\ \vdots\\ x_n\end{bmatrix}=\boldsymbol{P}_{\mathscr{A}\mathscr{B}}\begin{bmatrix}y_1\\ y_2\\ \vdots\\ y_n\end{bmatrix} \text{ 或 } \begin{bmatrix}y_1\\ y_2\\ \vdots\\ y_n\end{bmatrix}=\boldsymbol{P}_{\mathscr{A}\mathscr{B}}^{-1}\begin{bmatrix}x_1\\ x_2\\ \vdots\\ x_n\end{bmatrix}. \tag{9.3}$$

证明 因为 $\mathscr{B}=\mathscr{A}\boldsymbol{P}_{\mathscr{A}\mathscr{B}}$，所以可得

$$\boldsymbol{\alpha}=[\boldsymbol{\alpha}_1,\boldsymbol{\alpha}_2,\cdots,\boldsymbol{\alpha}_n]\begin{bmatrix}x_1\\x_2\\\vdots\\x_n\end{bmatrix}=[\boldsymbol{\beta}_1,\boldsymbol{\beta}_2,\cdots,\boldsymbol{\beta}_n]\begin{bmatrix}y_1\\y_2\\\vdots\\y_n\end{bmatrix}$$

$$=[\boldsymbol{\alpha}_1,\boldsymbol{\alpha}_2,\cdots,\boldsymbol{\alpha}_n]\boldsymbol{P}_{\mathscr{A}\mathscr{B}}\begin{bmatrix}y_1\\y_2\\\vdots\\y_n\end{bmatrix},$$

由于 $\boldsymbol{\alpha}_1,\boldsymbol{\alpha}_2,\cdots,\boldsymbol{\alpha}_n$ 线性无关，故有式(9.3)成立．

这个定理的逆命题也成立．即若任一向量的两种坐标满足坐标变换公式(9.3)，则两个基满足基变换公式(9.2).

基变换为定义，而坐标变换为定理，所以基变换较为根本，而坐标变换从属于基变换．

例 9.12 在 $\mathbb{R}[x]_2$ 中取两个基 $\mathscr{A}=[\boldsymbol{\alpha}_1,\boldsymbol{\alpha}_2,\boldsymbol{\alpha}_3]$ 和 $\mathscr{B}=[\boldsymbol{\beta}_1,\boldsymbol{\beta}_2,\boldsymbol{\beta}_3]$ 分别为

$$\begin{cases}\boldsymbol{\alpha}_1=2x^2+3x+4,\\\boldsymbol{\alpha}_2=x^2-4x+3,\\\boldsymbol{\alpha}_3=4x^2+x-2;\end{cases}\quad\begin{cases}\boldsymbol{\beta}_1=x^2,\\\boldsymbol{\beta}_2=x^2+x,\\\boldsymbol{\beta}_3=x^2+x+1.\end{cases}$$

求从基 $\mathscr{A}$ 到基 $\mathscr{B}$ 的基变换公式．设某多项式在基 $\mathscr{A}$ 下的坐标为 $\begin{bmatrix}x_1\\x_2\\x_3\end{bmatrix}$，在基 $\mathscr{B}$ 下的坐标为 $\begin{bmatrix}y_1\\y_2\\y_3\end{bmatrix}$，求坐标变换公式 $\begin{bmatrix}y_1\\y_2\\y_3\end{bmatrix}=\boldsymbol{P}^{-1}\begin{bmatrix}x_1\\x_2\\x_3\end{bmatrix}$.

解 借助自然基 $x^2,x,1$，将基 $\mathscr{A}$ 和 $\mathscr{B}$ 分别用自然基表示可得

$$[\boldsymbol{\alpha}_1,\boldsymbol{\alpha}_2,\boldsymbol{\alpha}_3]=[x^2,x,1]\boldsymbol{A},[\boldsymbol{\beta}_1,\boldsymbol{\beta}_2,\boldsymbol{\beta}_3]=[x^2,x,1]\boldsymbol{B},$$

其中

$$\boldsymbol{A}=\begin{bmatrix}2&1&4\\3&-4&1\\4&3&-2\end{bmatrix},\boldsymbol{B}=\begin{bmatrix}1&1&1\\0&1&1\\0&0&1\end{bmatrix}.$$

得基变换公式为

$$[\boldsymbol{\beta}_1,\boldsymbol{\beta}_2,\boldsymbol{\beta}_3]=[\boldsymbol{\alpha}_1,\boldsymbol{\alpha}_2,\boldsymbol{\alpha}_3]\boldsymbol{A}^{-1}\boldsymbol{B}.$$

设某多项式 $\boldsymbol{p}(x)$ 在基 $\boldsymbol{\alpha}_1,\boldsymbol{\alpha}_2,\boldsymbol{\alpha}_3$ 和基 $\boldsymbol{\beta}_1,\boldsymbol{\beta}_2,\boldsymbol{\beta}_3$ 下的坐标分别为 $\boldsymbol{x},\boldsymbol{y}$,则有

$$\boldsymbol{p}(x)=[\boldsymbol{\alpha}_1,\boldsymbol{\alpha}_2,\boldsymbol{\alpha}_3]\boldsymbol{x}=[\boldsymbol{\beta}_1,\boldsymbol{\beta}_2,\boldsymbol{\beta}_3]\boldsymbol{y}.$$

所以可得

$$[x^2,x,1]\boldsymbol{Ax}=[x^2,x,1]\boldsymbol{By},\boldsymbol{Ax}=\boldsymbol{By},\boldsymbol{y}=\boldsymbol{B}^{-1}\boldsymbol{Ax}.$$

故坐标变换公式为

$$\begin{bmatrix}y_1\\y_2\\y_3\end{bmatrix}=\boldsymbol{B}^{-1}\boldsymbol{A}\begin{bmatrix}x_1\\x_2\\x_3\end{bmatrix}.$$

易知矩阵 $\boldsymbol{B}$ 的逆矩阵为

$$\boldsymbol{B}^{-1}=\begin{bmatrix}1&-1&0\\0&1&-1\\0&0&1\end{bmatrix},$$

所以坐标变换公式为

$$\begin{bmatrix}y_1\\y_2\\y_3\end{bmatrix}=\boldsymbol{B}^{-1}\boldsymbol{A}\begin{bmatrix}x_1\\x_2\\x_3\end{bmatrix}=\begin{bmatrix}-1&5&3\\-1&-7&3\\4&3&-2\end{bmatrix}\begin{bmatrix}x_1\\x_2\\x_3\end{bmatrix}.$$

基变换公式为

$$\begin{aligned}[\boldsymbol{\beta}_1,\boldsymbol{\beta}_2,\boldsymbol{\beta}_3]&=[\boldsymbol{\alpha}_1,\boldsymbol{\alpha}_2,\boldsymbol{\alpha}_3]\boldsymbol{A}^{-1}\boldsymbol{B}\\&=[\boldsymbol{\alpha}_1,\boldsymbol{\alpha}_2,\boldsymbol{\alpha}_3]\begin{bmatrix}-1&5&3\\-1&-7&3\\4&3&-2\end{bmatrix}^{-1}.\end{aligned}$$

■

9.4.3 小结

本节主要介绍了一般线性空间中基变换的公式与坐标变换的公式,它们是向量空间 $\mathbb{R}^n$ 中基变换和坐标变换公式的推广.

9.4.4 习题

1. 集合 $\mathbb{R}^{2\times2}$ 是实数域 $\mathbb{R}$ 上的线性空间,$\boldsymbol{\varepsilon}_1=\begin{bmatrix}1\\2\end{bmatrix}$,$\boldsymbol{\varepsilon}_2=\begin{bmatrix}2\\1\end{bmatrix}$ 和 $\boldsymbol{\alpha}_1=\begin{bmatrix}1\\1\end{bmatrix}$,$\boldsymbol{\alpha}_2=\begin{bmatrix}1\\-1\end{bmatrix}$ 分别

是$\mathbb{R}^{2\times 2}$的两组基，则从基$\boldsymbol{\varepsilon}_1,\boldsymbol{\varepsilon}_2$到基$\boldsymbol{\alpha}_1,\boldsymbol{\alpha}_2$的过渡矩阵是________.

2. 在实数域上，某线性空间的两组基分别是 Ⅰ：$\begin{bmatrix}1\\0\\1\end{bmatrix}$，$\begin{bmatrix}0\\1\\0\end{bmatrix}$ 和 Ⅱ：$\begin{bmatrix}1\\2\\1\end{bmatrix}$，$\begin{bmatrix}0\\1\\0\end{bmatrix}$，则从基 Ⅱ 到基 Ⅰ 的过渡矩阵是________.

3. 已知线性空间$\mathbb{R}[x]_2$的两组基分别是$\varepsilon_1=x^2,\varepsilon_2=x,\varepsilon_3=1$和$\alpha_1=(x-2)^2,\alpha_2=(x-2),\alpha_3=1$. 求：

(1) 从基$\varepsilon_1,\varepsilon_2,\varepsilon_3$到基$\alpha_1,\alpha_2,\alpha_3$的过渡矩阵.

(2) 求向量$\alpha=2x^2+5x+7$在这两组基下的坐标.

9.5 线性变换

内容提要

线性变换是向量映射$\boldsymbol{y}=\boldsymbol{A}\boldsymbol{x}$的推广，也是线性方程$\boldsymbol{A}\boldsymbol{x}=\boldsymbol{\beta}$从静态向动态的转变.

9.5.1 线性变换的定义

设矩阵$\boldsymbol{A}\in\mathbb{R}^{m\times n}$，则$\boldsymbol{A}\boldsymbol{x}=\boldsymbol{\beta}$可视为一个线性方程组，而$\boldsymbol{y}=\boldsymbol{A}\boldsymbol{x}$，其中$\boldsymbol{x}\in\mathbb{R}^n,\boldsymbol{y}\in\mathbb{R}^m$，则可视为函数$y=ax$的推广，它是一个线性映射.

定义9.10 设V_n,U_m分别是n维和m维线性空间，$\mathscr{F}$是一个从V_n到U_m的映射，如果映射$\mathscr{F}$满足：

(1) 任给$\boldsymbol{\alpha}_1,\boldsymbol{\alpha}_2\in V_n$，有$\mathscr{F}(\boldsymbol{\alpha}_1+\boldsymbol{\alpha}_2)=\mathscr{F}(\boldsymbol{\alpha}_1)+\mathscr{F}(\boldsymbol{\alpha}_2)$；

(2) 任给$\boldsymbol{\alpha}\in V_n,\lambda\in\mathbb{R}$，有$\mathscr{F}(\lambda\boldsymbol{\alpha})=\lambda\mathscr{F}(\boldsymbol{\alpha})$，那么，$\mathscr{F}$就称为从$V_n$到$V_m$的**线性映射**(linear mapping)，若$V_n=V_m$，则线性映射$\mathscr{F}$称为**线性变换**(linear transformation).

根据定义中线性映射满足的条件，设$\boldsymbol{\alpha}_1,\boldsymbol{\alpha}_2\in V,\lambda_1,\lambda_2\in\mathbb{R}$，则有

$$\mathscr{F}(\lambda_1\boldsymbol{\alpha}_1+\lambda_2\boldsymbol{\alpha}_2)=\mathscr{F}(\lambda_1\boldsymbol{\alpha}_1)+\mathscr{F}(\lambda_2\boldsymbol{\alpha}_2)=\lambda_1\mathscr{F}(\boldsymbol{\alpha}_1)+\lambda_2\mathscr{F}(\boldsymbol{\alpha}_2).$$

所以线性映射就是保持映射前后线性关系不变的映射. 例如关系式

$$\begin{bmatrix}y_1\\y_2\\\vdots\\y_m\end{bmatrix}=\begin{bmatrix}a_{11}&a_{12}&\cdots&a_{1n}\\a_{21}&a_{22}&\cdots&a_{2n}\\\vdots&\vdots&&\vdots\\a_{m1}&a_{m2}&\cdots&a_{mn}\end{bmatrix}\begin{bmatrix}x_1\\x_2\\\vdots\\x_n\end{bmatrix}$$

就确定了一个从$\mathbb{R}^n$到$\mathbb{R}^m$的映射，并且是个线性映射.

特别，在定义 9.10 中，如果 $U_m=V_n$，那么 $\mathscr{F}$ 是一个从线性空间 V_n 到自身的线性映射，称为**线性空间 V_n 中的线性变换**.

下面我们主要讨论线性空间 V_n 中的线性变换，也涉及线性空间 V_n 到 V_m 的线性映射.

例 9.13 在线性空间 $\mathbb{R}[x]_2$ 中：

(1) 微分运算 $\mathscr{D}$ 是一个线性变换. 这是因为任取

$$p=a_2x^2+a_1x+a_0\in\mathbb{R}[x]_2,\text{则 }\mathscr{D}p=2a_2x+a_1;$$

$$q=b_2x^2+b_1x+b_0\in\mathbb{R}[x]_2,\text{则 }\mathscr{D}q=2b_2x+b_1.$$

从而有

$$\begin{aligned}\mathscr{D}(p+q)&=\mathscr{D}[(a_2+b_2)x^2+(a_1+b_1)x+(a_0+b_0)]\\&=2(a_2+b_2)x+(a_1+b_1)\\&=(2a_2x+a_1)+(2b_2x+b_1)\\&=\mathscr{D}p+\mathscr{D}q.\end{aligned}$$

$$\begin{aligned}\mathscr{D}(\lambda p)&=\mathscr{D}(\lambda a_2x^2+\lambda a_1x+\lambda a_0)\\&=\lambda(2a_2x+a_1).\end{aligned}$$

(2) 如果 $\mathscr{F}(p)=a_0$，那么 $\mathscr{F}$ 也是一个线性变换. 这是因为

$$\mathscr{F}(p+q)=a_0+b_0=\mathscr{F}(p)+\mathscr{F}(q),$$

$$\mathscr{F}(\lambda p)=\lambda a_0=\lambda\mathscr{F}(p).$$

(3) 如果 $\mathscr{F}_1(p)=1$，那么 $\mathscr{F}_1$ 是一个变换，但不是线性变换. 这是因为 $\mathscr{F}_1(\boldsymbol{p}+\boldsymbol{q})=1$，而 $\mathscr{F}_1(p)+\mathscr{F}_1(q)=1+1=2$，故

$$\mathscr{F}_1(p+q)\neq\mathscr{F}_1(p)+\mathscr{F}_1(q).$$

■

例 9.14 可以证明由关系式

$$\mathscr{F}\begin{bmatrix}x\\y\end{bmatrix}=\begin{bmatrix}\cos\phi&-\sin\phi\\\sin\phi&\cos\phi\end{bmatrix}\begin{bmatrix}x\\y\end{bmatrix}.$$

在直角坐标系 xoy 下的变换 $\mathscr{F}$ 是线性变换，试说明该线性变换 $\mathscr{F}$ 的几何意义.

解 记 $\begin{cases}x=r\cos\theta,\\y=r\sin\theta,\end{cases}$ 于是

$$\mathscr{F}\begin{bmatrix}x\\y\end{bmatrix}=\begin{bmatrix}\cos\phi&-\sin\phi\\\sin\phi&\cos\phi\end{bmatrix}\begin{bmatrix}x\\y\end{bmatrix}$$

$$= \begin{bmatrix} x\cos\phi - y\sin\phi \\ x\sin\phi + y\cos\phi \end{bmatrix}$$

$$= \begin{bmatrix} r\cos\theta\cos\phi - r\sin\theta\sin\phi \\ r\cos\theta\sin\phi + r\sin\theta\cos\phi \end{bmatrix}$$

$$= \begin{bmatrix} r\cos(\theta + \phi) \\ r\sin(\theta + \phi) \end{bmatrix}.$$

这表示线性变换 $\mathscr{F}$ 把任一向量按逆时针方向旋转 ϕ 角. ■

9.5.2 线性变换的性质

设 $\mathscr{F}$ 是实数域上线性空间 V 上的线性变换,直接由线性变换的定义可推证出线性变换具有下面的基本性质.

性质 9.3 (1)$\mathscr{F}(\mathbf{0}) = \mathbf{0}, \mathscr{F}(-\boldsymbol{\alpha}) = -\mathscr{F}(\boldsymbol{\alpha})$.

(2)若 $\boldsymbol{\beta} = k_1\boldsymbol{\alpha}_1 + k_2\boldsymbol{\alpha}_2 + \cdots + k_m\boldsymbol{\alpha}_m$,则
$$\mathscr{F}(\boldsymbol{\beta}) = k_1\mathscr{F}(\boldsymbol{\alpha}_1) + k_2\mathscr{F}(\boldsymbol{\alpha}_2) + \cdots + k_m\mathscr{F}(\boldsymbol{\alpha}_m).$$

(3)若 $\boldsymbol{\alpha}_1, \boldsymbol{\alpha}_2, \cdots, \boldsymbol{\alpha}_m$ 线性相关,则 $\mathscr{F}(\boldsymbol{\alpha}_1), \mathscr{F}(\boldsymbol{\alpha}_2), \cdots, \mathscr{F}(\boldsymbol{\alpha}_m)$ 亦线性相关.

(4)线性变换 $\mathscr{F}$ 的像集 $\mathrm{Range}(\mathscr{F})$ 是一个线性空间,称为**线性变换 $\mathscr{F}$ 的值域**.

(5)使 $\mathscr{F}(\boldsymbol{\alpha}) = \mathbf{0}$ 的 $\boldsymbol{\alpha}$ 的全体
$$\mathrm{Null}(\mathscr{F}) = \{\boldsymbol{\alpha} \mid \boldsymbol{\alpha} \in V, \mathscr{F}(\boldsymbol{\alpha}) = \mathbf{0}\}$$

也是一个线性空间. $\mathrm{Null}(\mathscr{F})$ 称为线性变换的**核**(kernel).

证明 下面仅证明性质(4)(5).

(4)设 $\boldsymbol{\beta}_1, \boldsymbol{\beta}_2 \in \mathrm{Range}(\mathscr{F})$,则存在 $\boldsymbol{\alpha}_1, \boldsymbol{\alpha}_2 \in V$,使 $\mathscr{F}(\boldsymbol{\alpha}_1) = \boldsymbol{\beta}_1, \mathscr{F}(\boldsymbol{\alpha}_2) = \boldsymbol{\beta}_2$,从而
$$\boldsymbol{\beta}_1 + \boldsymbol{\beta}_2 = \mathscr{F}(\boldsymbol{\alpha}_1) + \mathscr{F}(\boldsymbol{\alpha}_2) = \mathscr{F}(\boldsymbol{\alpha}_1 + \boldsymbol{\alpha}_2) \in \mathrm{Range}(\mathscr{F}),$$
$$\lambda\boldsymbol{\beta}_1 = \lambda\mathscr{F}(\boldsymbol{\alpha}_1) = \mathscr{F}(\lambda\boldsymbol{\alpha}_1) \in \mathrm{Range}(\mathscr{F}).$$

由上述证明可得 $\mathrm{Range}(\mathscr{F})$ 中的元素对线性运算是封闭的,故它是一个线性空间.

(5)$\mathrm{Null}(\mathscr{F}) \subseteq V$,且若 $\boldsymbol{\alpha}_1, \boldsymbol{\alpha}_2 \in \mathrm{Null}(\mathscr{F})$,即 $\mathscr{F}(\boldsymbol{\alpha}_1) = \mathbf{0}, \mathscr{F}(\boldsymbol{\alpha}_2) = \mathbf{0}$,则 $\mathscr{F}(\boldsymbol{\alpha}_1 + \boldsymbol{\alpha}_2) = \mathbf{0}$,所以 $\boldsymbol{\alpha}_1 + \boldsymbol{\alpha}_2 \in \mathrm{Null}(\mathscr{F})$;若 $\boldsymbol{\alpha}_1 \in \mathrm{Null}(\mathscr{F}), \lambda \in \mathbb{R}$,则 $\mathscr{F}(\lambda\boldsymbol{\alpha}_1) = \lambda\mathscr{F}(\boldsymbol{\alpha}_1) = \lambda\mathbf{0}$,所以 $\lambda\boldsymbol{\alpha}_1 \in \mathrm{Null}(\mathscr{F})$. 以上表明 $\mathrm{Null}(\mathscr{F})$ 对 V 中的线性运算封闭,所以 $\mathrm{Null}(\mathscr{F})$ 是一个线性空间. ■

微分变换 $\mathscr{D}$ 在线性空间 $\mathbb{R}[x]_2$ 上的值域是 $\mathbb{R}[x]_1$,它的核是 $\mathbb{R}$ 或 $\mathbb{R}[x]_0$.

例 9.15 设有 n 阶矩阵
$$\begin{bmatrix} a_{11} & a_{12} & \cdots & a_{1n} \\ a_{21} & a_{22} & \cdots & a_{2n} \\ \vdots & \vdots & & \vdots \\ a_{m1} & a_{m2} & \cdots & a_{mn} \end{bmatrix} = [\boldsymbol{\alpha}_1, \boldsymbol{\alpha}_2, \cdots, \boldsymbol{\alpha}_n], \text{其中 } \boldsymbol{\alpha}_i = \begin{bmatrix} a_{1i} \\ a_{2i} \\ \vdots \\ a_{mi} \end{bmatrix}, i = 1, 2, \cdots, n.$$

定义 n 维线性空间 $\mathbb{R}^n$ 到 m 维线性空间 $\mathbb{R}^m$ 的线性映射为 $\boldsymbol{y}=\mathscr{F}(\boldsymbol{x})=\boldsymbol{A}\boldsymbol{x}$, $\boldsymbol{x}\in\mathbb{R}^n$，则 $\mathscr{F}$ 为线性映射．

证明 设 $\boldsymbol{\alpha},\boldsymbol{\beta}\in\mathbb{R}^n$，则

$$\mathscr{F}(\boldsymbol{\alpha}+\boldsymbol{\beta})=\boldsymbol{A}(\boldsymbol{\alpha}+\boldsymbol{\beta})=\boldsymbol{A}\boldsymbol{\alpha}+\boldsymbol{A}\boldsymbol{\beta}=\mathscr{F}(\boldsymbol{\alpha})+\mathscr{F}(\boldsymbol{\beta}),$$

$$\mathscr{F}(\lambda\boldsymbol{\alpha})=\boldsymbol{A}(\lambda\boldsymbol{\alpha})=\lambda\boldsymbol{A}\boldsymbol{\alpha}=\lambda\mathscr{F}(\boldsymbol{\alpha}).$$

所以 $\mathscr{F}$ 是从 $\mathbb{R}^n$ 到 $\mathbb{R}^m$ 的线性映射．$\mathscr{F}$ 的像空间就是由 $\boldsymbol{\alpha}_1,\boldsymbol{\alpha}_2,\cdots,\boldsymbol{\alpha}_n$ 所生成的向量空间

$$\mathscr{F}(\mathbb{R}^n)=\{\boldsymbol{y}=x_1\boldsymbol{\alpha}_1+x_2\boldsymbol{\alpha}_2+\cdots+x_n\boldsymbol{\alpha}_n \mid x_1,x_2,\cdots,x_n\in\mathbb{R}\}=\mathrm{Range}\,(\boldsymbol{A}).$$

$\mathscr{F}$ 的核 $\mathrm{Null}(\mathscr{F})$ 就是齐次线性方程 $\boldsymbol{A}\boldsymbol{x}=\boldsymbol{0}$ 的解空间．即有 $\mathrm{Null}(\mathscr{F})=\mathrm{Null}(\boldsymbol{A})$． ■

显然对线性变换 $\boldsymbol{y}=\boldsymbol{A}\boldsymbol{x}$ 来说，它的值域就是矩阵 $\boldsymbol{A}$ 的列空间，它的核就是齐次线性方程组 $\boldsymbol{A}\boldsymbol{x}=\boldsymbol{0}$ 的解空间．

例 9.16 设从 $\mathbb{R}^4$ 到 $\mathbb{R}^3$ 的线性映射为 $\boldsymbol{y}=\boldsymbol{A}\boldsymbol{x}$，其中 $\boldsymbol{A}=\begin{bmatrix}1&1&-1&-1\\2&-5&3&2\\7&-7&3&1\end{bmatrix}$．求该映射的值域与核．

解 矩阵 $\boldsymbol{A}$ 的行最简形为 $\begin{bmatrix}1&0&-\frac{2}{7}&-\frac{3}{7}\\0&1&-\frac{5}{7}&-\frac{4}{7}\\0&0&0&0\end{bmatrix}$．所以线性变换 $\boldsymbol{y}=\boldsymbol{A}\boldsymbol{x}$ 的核为

$$\mathrm{Null}(\boldsymbol{A})=\left\{\boldsymbol{x}\,\middle|\,\boldsymbol{x}=c_1\begin{bmatrix}\frac{2}{7}\\\frac{5}{7}\\1\\0\end{bmatrix}+c_2\begin{bmatrix}\frac{3}{7}\\\frac{4}{7}\\0\\1\end{bmatrix},c_1,c_2\in\mathbb{R}\right\}.$$

显然 $\mathrm{rank}\,(\boldsymbol{A})=2$，所以线性变换 $\boldsymbol{y}=\boldsymbol{A}\boldsymbol{x}$ 的值域为

$$\mathrm{Range}\,(\boldsymbol{A})=\left\{\boldsymbol{y}\,\middle|\,\boldsymbol{y}=k_1\begin{bmatrix}1\\2\\7\end{bmatrix}+k_2\begin{bmatrix}1\\-5\\-7\end{bmatrix},k_1,k_2\in\mathbb{R}\right\}.$$

或者可求出矩阵 $\boldsymbol{A}^{\mathrm{T}}$ 的行最简形为 $\begin{bmatrix}1&0&3\\0&1&2\\0&0&0\\0&0&0\end{bmatrix}$．进而可得

$$\text{Range}\,(\boldsymbol{A})=\left\{\boldsymbol{y}\,\middle|\,\boldsymbol{y}=k_1\begin{bmatrix}1\\0\\3\end{bmatrix}+k_2\begin{bmatrix}0\\1\\2\end{bmatrix},k_1,k_2\in\mathbb{R}\right\}.$$

大家可以验证上面的两个矩阵 $\boldsymbol{A}$ 的值域是等价的. ■

9.5.3 小结

本节主要介绍线性变换的定义和性质、线性变换的值域与核.

9.5.4 习题

1. 设 $\boldsymbol{A}$ 是 n 阶方阵,矩阵 $\boldsymbol{P}$ 和 $\boldsymbol{Q}$ 是同阶可逆矩阵,矩阵 $\boldsymbol{A}$ 的合同变换和相似变换分别定义为 $\mathscr{F}(\boldsymbol{A})=\boldsymbol{P}^{\mathrm{T}}\boldsymbol{AP}$ 和 $\mathscr{G}(\boldsymbol{A})=\boldsymbol{Q}^{-1}\boldsymbol{AQ}$. 试证明它们都是线性变换.

2. 设 $\boldsymbol{X}\in\mathbb{R}^{m\times n}$,$\boldsymbol{A},\boldsymbol{B},\boldsymbol{C},\boldsymbol{D}$ 是维数适当的矩阵. 证明 $\mathscr{F}(\boldsymbol{X})=\boldsymbol{AXB}+\boldsymbol{CXD}$ 是线性变换.

3. 求线性映射 $\boldsymbol{y}=\boldsymbol{Ax}$ 的值域与核,其中 $\boldsymbol{A}=\begin{bmatrix}1&-2&3&-1\\3&-1&5&-3\\2&1&2&-2\end{bmatrix}$.

9.5.5 阅读材料:线性变换与飞机的偏航、俯仰和翻滚

第二章我们提到 xoy 平面内的向量逆时针旋转 θ 的转轴公式为

$$\begin{bmatrix}\cos(\theta+\phi)\\\sin(\theta+\phi)\end{bmatrix}=\begin{bmatrix}\cos\theta&-\sin\theta\\\sin\theta&\cos\theta\end{bmatrix}\begin{bmatrix}\cos\phi\\\sin\phi\end{bmatrix}.$$

顺时针旋转 θ 的转轴公式就是用 $-\theta$ 代替 θ,可得

$$\begin{bmatrix}\cos(-\theta+\phi)\\\sin(-\theta+\phi)\end{bmatrix}=\begin{bmatrix}\cos\theta&\sin\theta\\-\sin\theta&\cos\theta\end{bmatrix}\begin{bmatrix}\cos\phi\\\sin\phi\end{bmatrix}.$$

借助上面的公式,可说明飞机的偏航(yaw)、俯仰(pitch)和翻滚(roll). 飞机在空中飞行,以飞机的几何中心为坐标原点建立空间直角坐标系,设机头指向 x 轴的正方向,左机翼指向 y 轴的正方向,尾翼和机翼机身垂直,指向 z 轴的正方向.

偏航是一个在 xoy 坐标平面内的旋转. 偏航 45°,即飞机右转(顺时针方向)45°. 从三维空间看,偏航就是一个关于 z 轴的旋转. 请注意,如果模型飞机的机头的初始坐标为 $\begin{bmatrix}1\\0\\0\end{bmatrix}$,则偏航后,机头在 xyz 坐标系中的坐标仍为 $\begin{bmatrix}1\\0\\0\end{bmatrix}$,这是因为坐标系同飞机一同旋转. 飞机的初

始位置的 x,y 和 z 轴与前后、左右与上下轴是相同的．称初始的前方、左方、上方的坐标系统为 FLT 系统．偏航后机头相对于 FLT 坐标系的位置为$\frac{1}{\sqrt{2}}\begin{bmatrix}1\\-1\\0\end{bmatrix}$．

如果将偏航看成是一个变换 $\mathscr{L}_1$ 看成是 FLT 系统的变换,则容易求得它表示的矩阵．如果 $\mathscr{L}$ 对应的偏航角度为 u,则 $\mathscr{L}_1$ 将向量 $\begin{bmatrix}1\\0\\0\end{bmatrix}$ 和 $\begin{bmatrix}0\\1\\0\end{bmatrix}$ 分别旋转到向量 $\begin{bmatrix}\cos u\\-\sin u\\0\end{bmatrix}$ 为 $\begin{bmatrix}\sin u\\\cos u\\0\end{bmatrix}$．向量 $\begin{bmatrix}0\\0\\1\end{bmatrix}$ 在偏航时将保持不变．设 $\boldsymbol{y}_1,\boldsymbol{y}_2,\boldsymbol{y}_3$ 是 $\mathbb{R}^3$ 中的向量 $\boldsymbol{\varepsilon}_1=\begin{bmatrix}1\\0\\0\end{bmatrix}$,$\boldsymbol{\varepsilon}_2=\begin{bmatrix}0\\1\\0\end{bmatrix}$,$\boldsymbol{\varepsilon}_3=\begin{bmatrix}0\\0\\1\end{bmatrix}$ 偏航变换后的向量,即有

$$\boldsymbol{y}_1=\mathscr{L}_1(\epsilon_1)=\begin{bmatrix}\cos u\\-\sin u\\0\end{bmatrix},\boldsymbol{y}_2=\mathscr{L}_1(\epsilon_2)=\begin{bmatrix}\sin u\\\cos u\\0\end{bmatrix},\boldsymbol{y}_3=\mathscr{L}_2(\epsilon_3)=\begin{bmatrix}0\\0\\1\end{bmatrix}.$$

因此偏航变换的矩阵 $\boldsymbol{Y}$ 为

$$\boldsymbol{Y}=\begin{bmatrix}\cos u & \sin u & 0\\-\sin u & \cos u & 0\\0 & 0 & 1\end{bmatrix}.$$

进一步可得

$$[\boldsymbol{y}_1,\boldsymbol{y}_2,\boldsymbol{y}_3]=\mathscr{L}_1(\boldsymbol{\varepsilon}_1,\boldsymbol{\varepsilon}_2,\boldsymbol{\varepsilon}_3)=[\boldsymbol{\varepsilon}_1,\boldsymbol{\varepsilon}_2,\boldsymbol{\varepsilon}_3]\begin{bmatrix}\cos u & \sin u & 0\\-\sin u & \cos u & 0\\0 & 0 & 1\end{bmatrix}.$$

飞机的俯仰是在 xz 平面中的旋转．机头向下俯仰 $-30°$ 表示以在空间直角坐标系中以右轴为旋转轴,机头位置逆时针旋转 $30°$．正如偏航一样,可以为俯仰变换找到一个相对于 FLT 轴系统的矩阵．若 $\mathscr{L}_2$ 是一个旋转角度为 v 的俯仰变换,则 $\mathscr{L}_2$ 表示的矩阵(可用将单位坐向量旋转所得的新的向量得到)为

$$\boldsymbol{P}=\begin{bmatrix}\cos v & 0 & -\sin v\\0 & 1 & 0\\\sin v & 0 & \cos v\end{bmatrix}.$$

飞机的翻滚是在 yz 平面内的旋转．翻滚 $30°$,即表示左翼沿上轴方向旋转 $30°$,右翼沿下

轴的方向旋转 30°. 从三维空间的角度看，翻滚就是沿 x 轴的旋转. 类似于偏航和俯仰，可以求得翻滚变换关于 FLT 系统的表示矩阵. 若 $\mathscr{L}_3$ 是一旋转角度为 w 的翻滚变换，则对应的矩阵 $\boldsymbol{R}$ 为

$$\boldsymbol{R}=\begin{bmatrix}1 & 0 & 0\\ 0 & \cos w & -\sin w\\ 0 & \sin w & \cos w\end{bmatrix}.$$

综上可得，若是一架飞机先做偏航变换 $\mathscr{L}_1$，后做俯仰变换 $\mathscr{L}_2$，再做翻滚变换 $\mathscr{L}_3$，则原先的单位向量 $\boldsymbol{\varepsilon}_1,\boldsymbol{\varepsilon}_2,\boldsymbol{\varepsilon}_3$ 变换成

$$\begin{aligned}
&\mathscr{L}_3\{\mathscr{L}_2[\mathscr{L}_1(\boldsymbol{\varepsilon}_1,\boldsymbol{\varepsilon}_2,\boldsymbol{\varepsilon}_3)]\}\\
=&\mathscr{L}_3\{\mathscr{L}_2[\boldsymbol{y}_1,\boldsymbol{y}_2,\boldsymbol{y}_3]\}\\
=&\mathscr{L}_3\{[\boldsymbol{y}_1,\boldsymbol{y}_2,\boldsymbol{y}_3]\boldsymbol{P}\}\\
=&[\boldsymbol{y}_1,\boldsymbol{y}_2,\boldsymbol{y}_3]\boldsymbol{PR}\\
=&[\boldsymbol{\varepsilon}_1,\boldsymbol{\varepsilon}_2,\boldsymbol{\varepsilon}_3]\boldsymbol{YPR}\\
=&[\boldsymbol{\varepsilon}_1,\boldsymbol{\varepsilon}_2,\boldsymbol{\varepsilon}_3]\begin{bmatrix}\cos u & \sin u & 0\\ -\sin u & \cos u & 0\\ 0 & 0 & 1\end{bmatrix}\begin{bmatrix}\cos v & 0 & -\sin v\\ 0 & 1 & 0\\ \sin v & 0 & \cos v\end{bmatrix}\begin{bmatrix}1 & 0 & 0\\ 0 & \cos w & -\sin w\\ 0 & \sin w & \cos w\end{bmatrix}.
\end{aligned}$$

矩阵的乘法除了可以描述飞机的偏航、俯仰和翻滚外，一般工业机器人的控制也时常遇到类似的问题，不同之处在于机械臂还可以伸缩，这是飞机所不具有的，只要把相应的矩阵增加一维用于描述机械臂的伸缩就可以了.

9.6 线性变换的矩阵

内容提要

线性变换比较抽象，而矩阵则相对具体. 在线性空间中取定一个基后可建立线性变换与矩阵的一个一一对应，这是将抽象问题具体化. 同一线性空间中可取不同的基，而同一线性变换在不同基下的矩阵是相似的.

9.6.1 线性变换的矩阵

设 V 是数域 $\mathbb{R}$ 上的 n 维线性空间，V 中任一向量 $\boldsymbol{\xi}$ 都可以由基 $\mathscr{A}=[\boldsymbol{\varepsilon}_1,\boldsymbol{\varepsilon}_2,\cdots,\boldsymbol{\varepsilon}_n]$ 线性表

示，即有

$$\boldsymbol{\xi}=x_1\boldsymbol{\varepsilon}_1+x_2\boldsymbol{\varepsilon}_2+\cdots+x_n\boldsymbol{\varepsilon}_n=[\boldsymbol{\varepsilon}_1,\boldsymbol{\varepsilon}_2,\cdots,\boldsymbol{\varepsilon}_n][\boldsymbol{\xi}]_{\mathscr{A}}.$$

且上式中的系数 $x_1,x_2,\cdots,x_n$ 是唯一确定的，它们就是 $\boldsymbol{\xi}$ 在基 $\mathscr{A}$ 下的坐标．又由于线性变换 $\mathscr{F}$ 保持线性关系不变，即

$$\mathscr{F}(\boldsymbol{\xi})=x_1\mathscr{F}(\boldsymbol{\varepsilon}_1)+x_2\mathscr{F}(\boldsymbol{\varepsilon}_2)+\cdots+x_n\mathscr{F}(\boldsymbol{\varepsilon}_n)=[\mathscr{F}(\boldsymbol{\varepsilon}_1),\mathscr{F}(\boldsymbol{\varepsilon}_2),\cdots,\mathscr{F}(\boldsymbol{\varepsilon}_n)][\boldsymbol{\xi}]_{\mathscr{A}}.$$

因此，只要能确定一个基向量组的像，那么这个线性变换就能唯一确定了．所以如果知道了基向量组的像，那么线性空间中任意一个向量的像也就知道了．而基向量组的像也可用基向量线性表示．

定义 9.11 设 $\mathscr{F}$ 是 n 维线性空间 V 上的一个线性变换，在 V 中取一个基 $\boldsymbol{\varepsilon}_1,\boldsymbol{\varepsilon}_2,\cdots,\boldsymbol{\varepsilon}_n$，该基向量组的像 $\mathscr{F}(\boldsymbol{\varepsilon}_1),\mathscr{F}(\boldsymbol{\varepsilon}_2),\cdots,\mathscr{F}(\boldsymbol{\varepsilon}_n)$ 仍可用基 $\boldsymbol{\varepsilon}_1,\boldsymbol{\varepsilon}_2,\cdots,\boldsymbol{\varepsilon}_n$ 线性表示，即有

$$\begin{cases}\mathscr{F}(\boldsymbol{\varepsilon}_1)=a_{11}\boldsymbol{\varepsilon}_1+a_{21}\boldsymbol{\varepsilon}_2+\cdots+a_{n1}\boldsymbol{\varepsilon}_n,\\ \mathscr{F}(\boldsymbol{\varepsilon}_2)=a_{12}\boldsymbol{\varepsilon}_1+a_{22}\boldsymbol{\varepsilon}_2+\cdots+a_{n2}\boldsymbol{\varepsilon}_n,\\ \qquad\vdots\\ \mathscr{F}(\boldsymbol{\varepsilon}_n)=a_{1n}\boldsymbol{\varepsilon}_1+a_{2n}\boldsymbol{\varepsilon}_2+\cdots+a_{nn}\boldsymbol{\varepsilon}_n.\end{cases}\tag{9.4}$$

用矩阵的乘法的表达形式表示有

$$\mathscr{F}[\boldsymbol{\varepsilon}_1,\boldsymbol{\varepsilon}_2,\cdots,\boldsymbol{\varepsilon}_n]=[\mathscr{F}(\boldsymbol{\varepsilon}_1),\mathscr{F}(\boldsymbol{\varepsilon}_2),\cdots,\mathscr{F}(\boldsymbol{\varepsilon}_n)]=[\boldsymbol{\varepsilon}_1,\boldsymbol{\varepsilon}_2,\cdots,\boldsymbol{\varepsilon}_n]\mathbf{A}_{\mathscr{F}\mathscr{A}}.\tag{9.5}$$

其中

$$\mathbf{A}_{\mathscr{F}\mathscr{A}}=[[\mathscr{F}(\boldsymbol{\varepsilon}_1)]_{\mathscr{A}},[\mathscr{F}(\boldsymbol{\varepsilon}_2)]_{\mathscr{A}},\cdots,[\mathscr{F}(\boldsymbol{\varepsilon}_n)]_{\mathscr{A}}]=\begin{bmatrix}a_{11}&a_{12}&\cdots&a_{1n}\\a_{21}&a_{22}&\cdots&a_{2n}\\\vdots&\vdots&&\vdots\\a_{n1}&a_{n2}&\cdots&a_{nn}\end{bmatrix}\tag{9.6}$$

称为**线性变换 $\mathscr{F}$ 在基 $\mathscr{A}$ 下的矩阵**．

在 n 维线性空间 V 中，确定一个基 $\mathscr{A}$ 后，线性变换 $\mathscr{F}$ 就完全被它在基 $\mathscr{A}$ 下的矩阵 $\mathbf{A}_{\mathscr{F}\mathscr{A}}$ 所确定．相比线性变换的抽象，矩阵 $\mathbf{A}_{\mathscr{F}\mathscr{A}}\in\mathbb{R}^{n\times n}$ 是具体的，利用线性变换的矩阵，就能确定这个线性变换在任何向量上的作用，即若有 $\boldsymbol{\xi}=[\boldsymbol{\varepsilon}_1,\boldsymbol{\varepsilon}_2,\cdots,\boldsymbol{\varepsilon}_n][\boldsymbol{\xi}]_{\mathscr{A}}$，则它的像是

$$\begin{aligned}\mathscr{F}(\boldsymbol{\xi})&=\mathscr{F}(x_1\boldsymbol{\varepsilon}_1+x_2\boldsymbol{\varepsilon}_2+\cdots+x_n\boldsymbol{\varepsilon}_n)\\&=\mathscr{F}\left([\boldsymbol{\varepsilon}_1,\boldsymbol{\varepsilon}_2,\cdots,\boldsymbol{\varepsilon}_n]\begin{bmatrix}x_1\\x_2\\\vdots\\x_n\end{bmatrix}\right)\end{aligned}$$

$$=[\boldsymbol{\varepsilon}_1,\boldsymbol{\varepsilon}_2,\cdots,\boldsymbol{\varepsilon}_n]\boldsymbol{A}_{\mathscr{F}\mathscr{A}}[\boldsymbol{\xi}]_{\mathscr{A}}. \tag{9.7}$$

即若向量 $\boldsymbol{\xi}$ 在基 $\mathscr{A}=[\boldsymbol{\varepsilon}_1,\boldsymbol{\varepsilon}_2,\cdots,\boldsymbol{\varepsilon}_n]$ 下的坐标是 $[\boldsymbol{\xi}]_{\mathscr{A}}$，则它的像在基 $\mathscr{A}$ 下的坐标是 $\boldsymbol{A}_{\mathscr{F}\mathscr{A}}[\boldsymbol{\xi}]_{\mathscr{A}}$.

若记向量 $\mathscr{F}(\boldsymbol{\xi})$ 在基 $\mathscr{A}$ 下的坐标为 $[\mathscr{F}(\boldsymbol{\xi})]_{\mathscr{A}}$，则可得

$$[\mathscr{F}(\boldsymbol{\xi})]_{\mathscr{A}}=\boldsymbol{A}_{\mathscr{F}\mathscr{A}}[\boldsymbol{\xi}]_{\mathscr{A}}.$$

例 9.17 对于线性空间 $\mathbb{R}[x]_2$，已知 $\mathscr{D}$ 为求导数变换，在基 $\mathscr{A}=[1,x,x^2]$ 下有

$$\begin{cases}\mathscr{D}(1)=0,\\ \mathscr{D}(x)=1,\\ \mathscr{D}(x^2)=2x.\end{cases}$$

所以 $\mathscr{D}$ 在基 $\mathscr{A}=[1,x,x^2]$ 下的矩阵是 $\boldsymbol{A}_{\mathscr{D}\mathscr{A}}=\begin{bmatrix}0&1&0\\0&0&2\\0&0&0\end{bmatrix}$. 即有 $\mathscr{D}[1,x,x^2]=[1,x,x^2]\boldsymbol{A}_{\mathscr{D}\mathscr{A}}$.

■

例 9.18 设 $\mathbb{R}^3$ 的线性变换为

$$\mathscr{F}\left(\begin{bmatrix}a_1\\a_2\\a_3\end{bmatrix}\right)=\begin{bmatrix}a_1\\a_2\\a_1+a_2\end{bmatrix},\quad\begin{bmatrix}a_1\\a_2\\a_3\end{bmatrix}\in\mathbb{R}^3.$$

取 $\mathbb{R}^3$ 的一个基为 $\mathscr{I}$：$\boldsymbol{\varepsilon}_1=\begin{bmatrix}1\\0\\0\end{bmatrix}$，$\boldsymbol{\varepsilon}_2=\begin{bmatrix}0\\1\\0\end{bmatrix}$，$\boldsymbol{\varepsilon}_3=\begin{bmatrix}0\\0\\1\end{bmatrix}$. 求线性变换 $\mathscr{F}$ 在基 $\mathscr{I}$ 下的矩阵 $\boldsymbol{A}_{\mathscr{F}\mathscr{I}}$.

解 因为 $\mathscr{I}=[\boldsymbol{\varepsilon}_1,\boldsymbol{\varepsilon}_2,\boldsymbol{\varepsilon}_3]$ 是 $\mathbb{R}^3$ 的一个基，根据线性变换 $\mathscr{F}$ 的定义有

$$\mathscr{F}(\boldsymbol{\varepsilon}_1)=\begin{bmatrix}1\\0\\1\end{bmatrix}=\boldsymbol{\varepsilon}_1+\boldsymbol{\varepsilon}_3,\mathscr{F}(\boldsymbol{\varepsilon}_2)=\begin{bmatrix}0\\1\\1\end{bmatrix}=\boldsymbol{\varepsilon}_2+\boldsymbol{\varepsilon}_3,\mathscr{F}(\boldsymbol{\varepsilon}_3)=\begin{bmatrix}0\\0\\0\end{bmatrix}=0\boldsymbol{\varepsilon}_1.$$

所以线性变换 $\mathscr{F}$ 在基 $\mathscr{I}=[\boldsymbol{\varepsilon}_1,\boldsymbol{\varepsilon}_2,\boldsymbol{\varepsilon}_3]$ 下的矩阵为 $\boldsymbol{A}_{\mathscr{F}\mathscr{I}}=\begin{bmatrix}1&0&0\\0&1&0\\1&1&0\end{bmatrix}$. 另外，如果取 $\mathbb{R}^3$ 的基 $\mathscr{B}$：

$\boldsymbol{\alpha}_1=\begin{bmatrix}1\\0\\0\end{bmatrix}$，$\boldsymbol{\alpha}_2=\begin{bmatrix}1\\1\\0\end{bmatrix}$，$\boldsymbol{\alpha}_3=\begin{bmatrix}1\\1\\1\end{bmatrix}$，则有

$$\mathscr{F}(\boldsymbol{\alpha}_1)=\begin{bmatrix}1\\0\\1\end{bmatrix}=\boldsymbol{\alpha}_1-\boldsymbol{\alpha}_2+\boldsymbol{\alpha}_3,\mathscr{F}(\boldsymbol{\alpha}_2)=\begin{bmatrix}1\\1\\2\end{bmatrix}=-\boldsymbol{\alpha}_2+2\boldsymbol{\alpha}_3,\mathscr{F}(\boldsymbol{\alpha}_3)=\begin{bmatrix}1\\1\\2\end{bmatrix}=-\boldsymbol{\alpha}_2+2\boldsymbol{\alpha}_3.$$

从而 $\mathscr{T}$ 在基 $\mathscr{B}=[\boldsymbol{\alpha}_1,\boldsymbol{\alpha}_2,\boldsymbol{\alpha}_3]$ 下的矩阵为 $\boldsymbol{B}_{\mathscr{T}\mathscr{B}}=\begin{bmatrix}1&0&0\\-1&-1&-1\\1&2&2\end{bmatrix}$. ■

9.6.2 线性变换在不同基下的矩阵相似

通过比较可以发现,同一个线性变换 $\mathscr{T}$ 在 $\mathbb{R}^3$ 的两个不同基下的矩阵是不同的. 一般有下面的结论.

定理 9.4 设 $\mathscr{A}=[\boldsymbol{\varepsilon}_1,\boldsymbol{\varepsilon}_2,\cdots,\boldsymbol{\varepsilon}_n]$ 与 $\mathscr{B}=[\boldsymbol{\eta}_1,\boldsymbol{\eta}_2,\cdots,\boldsymbol{\eta}_n]$ 为 n 维线性空间 V 的两个基,$\mathscr{T}$ 为线性空间 V 上的线性变换,且满足条件

$$\begin{cases}\mathscr{T}[\boldsymbol{\varepsilon}_1,\boldsymbol{\varepsilon}_2,\cdots,\boldsymbol{\varepsilon}_n]=[\boldsymbol{\varepsilon}_1,\boldsymbol{\varepsilon}_2,\cdots,\boldsymbol{\varepsilon}_n]\boldsymbol{A}_{\mathscr{T}\mathscr{A}},\\ \mathscr{T}[\boldsymbol{\eta}_1,\boldsymbol{\eta}_2,\cdots,\boldsymbol{\eta}_n]=[\boldsymbol{\eta}_1,\boldsymbol{\eta}_2,\cdots,\boldsymbol{\eta}_n]\boldsymbol{B}_{\mathscr{T}\mathscr{B}},\\ [\boldsymbol{\eta}_1,\boldsymbol{\eta}_2,\cdots,\boldsymbol{\eta}_n]=[\boldsymbol{\varepsilon}_1,\boldsymbol{\varepsilon}_2,\cdots,\boldsymbol{\varepsilon}_n]\boldsymbol{P}_{\mathscr{A}\mathscr{B}},\end{cases}$$

其中 $\boldsymbol{A}_{\mathscr{T}\mathscr{A}}$ 表示线性变换 $\mathscr{T}$ 在基 $\mathscr{A}$ 下的矩阵,$\boldsymbol{B}_{\mathscr{T}\mathscr{B}}$ 表示线性变换 $\mathscr{T}$ 在基 $\mathscr{B}$ 下的矩阵,$\boldsymbol{P}_{\mathscr{A}\mathscr{B}}$ 表示从基 $\mathscr{A}$ 到基 $\mathscr{B}$ 的过渡矩阵. 则

$$\boldsymbol{B}_{\mathscr{T}\mathscr{B}}=\boldsymbol{P}_{\mathscr{A}\mathscr{B}}^{-1}\boldsymbol{A}_{\mathscr{T}\mathscr{A}}\boldsymbol{P}_{\mathscr{A}\mathscr{B}}. \tag{9.8}$$

为了方便记忆,式(9.8) 也可写为 $\boldsymbol{P}_{\mathscr{A}\mathscr{B}}\boldsymbol{B}_{\mathscr{T}\mathscr{B}}=\boldsymbol{A}_{\mathscr{T}\mathscr{A}}\boldsymbol{P}_{\mathscr{A}\mathscr{B}}$.

证明

$$\begin{aligned}\mathscr{T}[\boldsymbol{\eta}_1,\boldsymbol{\eta}_2,\cdots,\boldsymbol{\eta}_n]&=\mathscr{T}[[\boldsymbol{\epsilon}_1,\boldsymbol{\epsilon}_2,\cdots,\boldsymbol{\epsilon}_n]\boldsymbol{P}_{\mathscr{A}\mathscr{B}}]\\&=[\mathscr{T}[\boldsymbol{\epsilon}_1,\boldsymbol{\epsilon}_2,\cdots,\boldsymbol{\epsilon}_n]]\boldsymbol{P}_{\mathscr{A}\mathscr{B}}\\&=[\boldsymbol{\epsilon}_1,\boldsymbol{\epsilon}_2,\cdots,\boldsymbol{\epsilon}_n]\boldsymbol{A}_{\mathscr{T}\mathscr{A}}\boldsymbol{P}_{\mathscr{A}\mathscr{B}}\\&=[\boldsymbol{\eta}_1,\boldsymbol{\eta}_2,\cdots,\boldsymbol{\eta}_n]\boldsymbol{P}_{\mathscr{A}\mathscr{B}}^{-1}\boldsymbol{A}_{\mathscr{T}\mathscr{A}}\boldsymbol{P}_{\mathscr{A}\mathscr{B}}.\end{aligned}$$

据此即得 $\boldsymbol{B}_{\mathscr{T}\mathscr{B}}=\boldsymbol{P}_{\mathscr{A}\mathscr{B}}^{-1}\boldsymbol{A}_{\mathscr{T}\mathscr{A}}\boldsymbol{P}_{\mathscr{A}\mathscr{B}}$. ■

例 9.19 设 V_2 是二维实线性空间,$\mathscr{A}=[\boldsymbol{\varepsilon}_1,\boldsymbol{\varepsilon}_2]$ 与 $\mathscr{B}=[\boldsymbol{\eta}_1,\boldsymbol{\eta}_2]$ 为 V_2 的两个基,$\mathscr{T}$ 是 V_2 上的线性变换. 且

$$\mathscr{T}[\boldsymbol{\varepsilon}_1,\boldsymbol{\varepsilon}_2]=[\boldsymbol{\varepsilon}_1,\boldsymbol{\varepsilon}_2]\boldsymbol{A}_{\mathscr{T}\mathscr{A}}=[\boldsymbol{\varepsilon}_1,\boldsymbol{\varepsilon}_2]\begin{bmatrix}2&1\\-1&0\end{bmatrix},$$

$$[\boldsymbol{\eta}_1,\boldsymbol{\eta}_2]=[\boldsymbol{\varepsilon}_1,\boldsymbol{\varepsilon}_2]\boldsymbol{P}_{\mathscr{A}\mathscr{B}}=[\boldsymbol{\varepsilon}_1,\boldsymbol{\varepsilon}_2]\begin{bmatrix}1&-1\\-1&2\end{bmatrix}.$$

则 $\mathscr{F}$ 在基 $\mathscr{B}=[\boldsymbol{\eta}_1,\boldsymbol{\eta}_2]$ 下的矩阵 $\boldsymbol{B}_{\mathscr{F}\mathscr{B}}$ 可由公式 $\boldsymbol{B}_{\mathscr{F}\mathscr{B}}=\boldsymbol{P}_{\mathscr{A}\mathscr{B}}^{-1}\boldsymbol{A}_{\mathscr{F}\mathscr{A}}\boldsymbol{P}_{\mathscr{A}\mathscr{B}}$ 计算为

$$\boldsymbol{B}_{\mathscr{F}\mathscr{B}}=\begin{bmatrix}1&-1\\-1&2\end{bmatrix}^{-1}\begin{bmatrix}2&1\\-1&0\end{bmatrix}\begin{bmatrix}1&-1\\-1&2\end{bmatrix}=\begin{bmatrix}1&1\\1&0\end{bmatrix}.$$

■

和二次型的做法类似，在 n 维线性空间中给定一个基后，线性变换 $\mathscr{F}$ 就和 n 阶方阵 $\boldsymbol{A}$ 之间有了一一对应，尽管同一线性变换在不同基下的矩阵并不相同，但上面的定理明确了同一线性变换在不同基下的矩阵是相似的，而相似的矩阵的秩是相同的，所以可以定义线性变换的秩等概念．

定义 9.12 线性变换的像空间 $\mathscr{F}(V)$ 的维数称为线性变换 $\mathscr{F}$ 的秩，线性变换 $\mathscr{F}$ 的核空间 $\mathrm{Null}(V)$ 的维数称为 $\mathscr{F}$ 的零度．

9.6.3 小结

在线性变换下基向量的像可以用基线性表示，这引出了线性变换的矩阵，而同一个线性变换在不同基下的矩阵并不相同，这引出了同一线性变换在不同基下矩阵的相似．

9.6.4 习题

1. 设 V_2 中的线性变换 $\mathscr{F}$ 在基 $\mathscr{A}=[\boldsymbol{\alpha}_1,\boldsymbol{\alpha}_2]$ 下的矩阵为 $\boldsymbol{A}_{\mathscr{F}\mathscr{A}}=\begin{bmatrix}a_{11}&a_{12}\\a_{21}&a_{22}\end{bmatrix}$，求线性变换 $\mathscr{F}$ 在下列基下的矩阵：

(1) $\mathscr{B}=[\boldsymbol{\alpha}_2,\boldsymbol{\alpha}_1]$；(2) $\mathscr{C}=[3\boldsymbol{\alpha}_1,2\boldsymbol{\alpha}_2]$；(3) $\mathscr{D}=[3\boldsymbol{\alpha}_2,2\boldsymbol{\alpha}_1]$.

2. 线性空间 $\mathbb{R}^3$ 中的线性变换为 $\mathscr{F}\begin{bmatrix}x_1\\x_2\\x_3\end{bmatrix}=\begin{bmatrix}x_1+x_2\\x_2+x_3\\x_3+x_1\end{bmatrix}$.

(1) 求该线性变换在基 $\boldsymbol{\varepsilon}_1=\begin{bmatrix}1\\0\\0\end{bmatrix},\boldsymbol{\varepsilon}_2=\begin{bmatrix}0\\1\\0\end{bmatrix},\boldsymbol{\varepsilon}_3=\begin{bmatrix}0\\0\\1\end{bmatrix}$ 下的矩阵 $\boldsymbol{A}$.

(2) 求该线性变换在基 $\boldsymbol{\eta}_1=\begin{bmatrix}1\\0\\0\end{bmatrix},\boldsymbol{\eta}_2=\begin{bmatrix}1\\1\\0\end{bmatrix},\boldsymbol{\eta}_3=\begin{bmatrix}1\\1\\1\end{bmatrix}$ 下的矩阵 $\boldsymbol{B}$.

(3) 验证矩阵 $\boldsymbol{A}$ 与 $\boldsymbol{B}$ 是相似的．

3. 设 $\mathbb{R}^3$ 中的线性变换 $\mathscr{F}$ 将基 $\boldsymbol{\alpha}_1=\begin{bmatrix}1\\1\\-1\end{bmatrix},\boldsymbol{\alpha}_2=\begin{bmatrix}0\\2\\-1\end{bmatrix},\boldsymbol{\alpha}_3=\begin{bmatrix}1\\0\\-1\end{bmatrix}$ 变为基 $\boldsymbol{\varepsilon}_1=\begin{bmatrix}1\\-1\\0\end{bmatrix}$，

$\boldsymbol{\varepsilon}_2=\begin{bmatrix}0\\1\\-1\end{bmatrix},\boldsymbol{\varepsilon}_3=\begin{bmatrix}0\\3\\-2\end{bmatrix}$. 求：

(1) 线性变换 $\mathscr{T}$ 在基 $\boldsymbol{\alpha}_1,\boldsymbol{\alpha}_2,\boldsymbol{\alpha}_3$ 下的矩阵 $\boldsymbol{A}$；

(2) 向量 $\boldsymbol{\xi}=\begin{bmatrix}1\\2\\3\end{bmatrix}$ 及 $\mathscr{T}(\boldsymbol{\xi})$ 在基 $\boldsymbol{\alpha}_1,\boldsymbol{\alpha}_2,\boldsymbol{\alpha}_3$ 下的坐标；

(3) 向量 $\boldsymbol{\xi}$ 及 $\mathscr{T}(\boldsymbol{\xi})$ 在基 $\boldsymbol{\epsilon}_1,\boldsymbol{\epsilon}_2,\boldsymbol{\epsilon}_3$ 下的坐标 .

9.7 一般内积空间

内容提要

本节在一般线性空间上引入内积的定义，并基于内积引入向量的长度、距离和正交的概念，并讨论向量组的施密特正交化，向量在子空间上的正交投影和最佳逼近，重点讨论了傅里叶逼近 .

9.7.1 内积空间的定义

和 n 维向量空间 $\mathbb{R}^n$ 中定义内积类似，一般线性空间中引入内积就构成内积空间 . 例如，在次数不超过 2 的实多项式空间 $\mathbb{R}[x]_2$ 中引入运算

$$\langle \boldsymbol{p}(x),\boldsymbol{q}(x)\rangle=\int_0^1\boldsymbol{p}(x)\boldsymbol{q}(x)\mathrm{d}x,$$

则可验证对 $\boldsymbol{p}(x),\boldsymbol{q}(x),\boldsymbol{r}(x)\in\mathbb{R}[x]_2,k\in\mathbb{R}$，该运算满足内积运算的四条性质：

(1) 交换性：$\langle \boldsymbol{p}(x),\boldsymbol{q}(x)\rangle=\langle \boldsymbol{q}(x),\boldsymbol{p}(x)\rangle$.

(2) 线性性质：$\langle k\boldsymbol{p}(x),\boldsymbol{q}(x)\rangle=k\langle \boldsymbol{p}(x),\boldsymbol{q}(x)\rangle$.

(3) 分配律：$\langle \boldsymbol{p}(x)+\boldsymbol{q}(x),\boldsymbol{r}(x)\rangle=\langle \boldsymbol{p}(x),\boldsymbol{r}(x)\rangle+\langle \boldsymbol{q}(x),\boldsymbol{r}(x)\rangle$.

(4) 非负性：$\langle \boldsymbol{p}(x),\boldsymbol{p}(x)\rangle\geqslant 0,\langle \boldsymbol{p}(x),\boldsymbol{p}(x)\rangle=0\Leftrightarrow \boldsymbol{p}(x)=\boldsymbol{0}$.

这时 $\mathbb{R}[x]_2$ 就构成一个内积空间 . 一般地，次数不超过 n 的实多项式的线性空间 $\mathbb{R}[x]_n$ 中引入内积

$$\langle \boldsymbol{p}(x),\boldsymbol{q}(x)\rangle=\int_0^1\boldsymbol{p}(x)\boldsymbol{q}(x)\mathrm{d}x.$$

$\mathbb{R}[x]_n$ 就构成一个内积空间 .

例 9.20 取 $\mathbb{R}[x]_2$ 中的向量 $\boldsymbol{p}(x)=x,\boldsymbol{q}(x)=x^2$. $\mathbb{R}[x]_2$ 中的内积定义如下

$$\langle \boldsymbol{p}(x),\boldsymbol{q}(x)\rangle=\int_0^1 \boldsymbol{p}(x)\boldsymbol{q}(x)\mathrm{d}x.$$

计算$\langle \boldsymbol{p}(x),\boldsymbol{q}(x)\rangle$，$\langle \boldsymbol{q}(x),\boldsymbol{q}(x)\rangle$.

解　直接计算可得

$$\langle \boldsymbol{p}(x),\boldsymbol{q}(x)\rangle=\int_0^1 \boldsymbol{p}(x)\boldsymbol{q}(x)\mathrm{d}x=\int_0^1 x^3\mathrm{d}x=\frac{1}{4}.$$

$$\langle \boldsymbol{q}(x),\boldsymbol{q}(x)\rangle=\int_0^1 x^4\mathrm{d}x=\frac{1}{5}.$$

■

显然如果内积定义为$\langle \boldsymbol{p}(x),\boldsymbol{q}(x)\rangle=\int_{-1}^1 \boldsymbol{p}(x)\boldsymbol{q}(x)\mathrm{d}x$，则有$\langle \boldsymbol{p}(x),\boldsymbol{q}(x)\rangle=\int_0^1 x^3\mathrm{d}x=0$. **同一个线性空间上，如果内积的定义不同，即使相同的两个向量计算内积得到的结果也会不同.**

区间$[0,2\pi]$上的连续函数$\boldsymbol{f}(x)=a+b\sin x+c\cos x$，$a,b,c\in\mathbb{R}$，$x\in[0,2\pi]$的全体记为$\mathbb{F}_1(x)$，对普通函数的加法和数乘构成一个线性空间，引入内积

$$\langle \boldsymbol{f}(x),\boldsymbol{g}(x)\rangle=\int_0^{2\pi} \boldsymbol{f}(x)\boldsymbol{g}(x)\mathrm{d}x,\ \boldsymbol{f}(x),\boldsymbol{g}(x)\in\mathbb{F}_1(x).$$

可以证明$\mathbb{F}_1(x)$构成实数域上的一个内积空间. 一般，区间$[0,2\pi]$上函数

$$1,\sin x,\cdots,\sin(nx),\cos x,\cos 2x,\cdots,\cos(nx)$$

的线性组合的全体构成实数域$\mathbb{R}$上一个$2n+1$维的线性空间，记为$\mathbb{F}_n(x)$. 引入内积

$$\langle \boldsymbol{f}(x),\boldsymbol{g}(x)\rangle=\int_0^{2\pi} \boldsymbol{f}(x)\boldsymbol{g}(x)\mathrm{d}x,\ \boldsymbol{f}(x),\boldsymbol{g}(x)\in\mathbb{F}_n(x).$$

则构成一个$2n+1$维的内积空间.

9.7.2　长度、距离和正交性

设V是一般的内积空间，可像内积空间$\mathbb{R}^n$一样，引入长度、距离，并根据两个向量的内积是否为零仍可引入正交的定义.

设V是一内积空间，其内积记为$\langle \boldsymbol{u},\boldsymbol{v}\rangle$，$\boldsymbol{u},\boldsymbol{v}\in V$，则$V$中的长度定义为

$$\|\boldsymbol{u}\|=\sqrt{\langle \boldsymbol{u},\boldsymbol{u}\rangle}.$$

即有$\|\boldsymbol{u}\|^2=\langle \boldsymbol{u},\boldsymbol{u}\rangle$. 这时不能再说$\langle \boldsymbol{u},\boldsymbol{u}\rangle$是一个平方的和，例中$\mathbb{F}_1(x)$中元素$\sin x$的长度为

$$\|\sin x\|=\sqrt{\langle \sin x,\sin x\rangle}=\sqrt{\int_0^{2\pi}\sin x\sin x\mathrm{d}x}=\sqrt{\pi}.$$

长度是1的向量称为**单位向量**，$\frac{1}{\sqrt{\pi}}\sin x$就是$\mathbb{F}_1(x)$中的一个单位向量，常数函数1不是$\mathbb{F}_1(x)$中的单位向量，$\mathbb{F}_1(x)$中的常数单位向量是$\frac{1}{\sqrt{2\pi}}$.

向量 $\boldsymbol{u}$ 和 $\boldsymbol{v}$ 之间的距离记为 $\|\boldsymbol{u}-\boldsymbol{v}\|$，如果 $\langle\boldsymbol{u},\boldsymbol{v}\rangle=0$，则称向量 $\boldsymbol{u}$ 和 $\boldsymbol{v}$ **正交**. 例如定积分公式

$$\int_0^{2\pi}\sin x\,\mathrm{d}x=\int_0^{2\pi}\cos x\,\mathrm{d}x=\int_0^{2\pi}\sin x\cos x\,\mathrm{d}x=0$$

表明向量 $1,\sin x,\cos x$ 在 $\mathbb{F}_1(x)$ 中是彼此正交的.

9.7.3 向量组的施密特正交化

像内积空间 $\mathbb{R}^n$ 中的线性无关的向量组进行施密特正交化一样，也可对一般函数内积空间中的一个基或一个线性无关的向量组进行施密特正交化.

例 9.21 对内积空间 $\mathbb{R}[x]_2$ 中的基 $1,x,x^2$ 进行施密特正交化，这里内积定义为

$$\langle p(x),q(x)\rangle=\int_{-1}^{1}p(x)q(x)\,\mathrm{d}x.$$

解 可以验证向量 $1,x$ 是正交的，所以可以取 $p_0(x)=1,p_1(x)=x$. 为求向量 $p_2(x)$，直接用施密特正交化算法

$$\begin{aligned}p_2(x)&=x^2-\frac{\langle x,x^2\rangle}{\langle x,x\rangle}x-\frac{\langle x^2,1\rangle}{\langle 1,1\rangle}\times 1\\&=x^2-\frac{0}{\langle x,x\rangle}x-\frac{1}{3}\times 1\\&=x^2-\frac{1}{3}.\end{aligned}$$

可以验证 $1,x,x^2-\frac{1}{3}$ 就是内积空间 $\mathbb{R}[x]_2$ 中的一个正交基. ■

9.7.4 正交投影与最佳逼近

用施密特正交化算法把向量组化成正交向量组之后，原内积空间 $\mathbb{R}^n$ 中的正交投影向量和最佳逼近的概念也可平移到一般的内积空间 V 中来.

例 9.22 在内积空间 $\mathbb{R}[x]_2$ 中，内积定义如例 9.21. 试计算 $\mathbb{R}[x]_2$ 中的向量 x^2 在 $\mathbb{R}[x]_2$ 的子空间 $\mathbb{R}[x]_1$ 上的正交投影向量.

解 取 $\mathbb{R}[x]_1$ 中的一个正交基 $1,x$，向量 x^2 在 $\mathbb{R}[x]_1$ 中的正交投影向量计算如下：

$$\begin{aligned}\mathrm{proj}_{\mathbb{R}[x]_1}x^2&=\frac{\langle x^2,1\rangle}{\langle 1,1\rangle}1+\frac{\langle x^2,x\rangle}{\langle x,x\rangle}x\\&=\frac{\langle x^2,1\rangle}{\langle 1,1\rangle}1+\frac{0}{\langle x,x\rangle}x\\&=\frac{1}{3}.\end{aligned}$$

这与分解式 $x^2=\frac{1}{3}+\left(x^2-\frac{1}{3}\right)$ 是吻合的.

注意到

$$\int_{-1}^{1}\left(x^2-\frac{1}{3}\right)\mathrm{d}x=\int_{-1}^{1}\left(x+\frac{\sqrt{3}}{3}\right)\left(x-\frac{\sqrt{3}}{3}\right)\mathrm{d}x=0.$$

所以 $x+\frac{\sqrt{3}}{3},x-\frac{\sqrt{3}}{3}$ 是子空间 $\mathbb{R}[x]_1$ 的一个正交基. 向量 x^2 在 $\mathbb{R}[x]_1$ 中的正交投影向量也可计算为

$$\begin{aligned}\operatorname{proj}_{\mathbb{R}[x]_1}x^2&=\frac{\left\langle x^2,x+\frac{\sqrt{3}}{3}\right\rangle}{\left\langle x+\frac{\sqrt{3}}{3},x+\frac{\sqrt{3}}{3}\right\rangle}\left(x+\frac{\sqrt{3}}{3}\right)+\frac{\left\langle x^2,x-\frac{\sqrt{3}}{3}\right\rangle}{\left\langle x-\frac{\sqrt{3}}{3},x-\frac{\sqrt{3}}{3}\right\rangle}\left(x-\frac{\sqrt{3}}{3}\right)\\&=\frac{\sqrt{3}}{6}\left(x+\frac{\sqrt{3}}{3}\right)-\frac{\sqrt{3}}{6}\left(x-\frac{\sqrt{3}}{3}\right)\\&=\frac{1}{3}.\end{aligned}$$

■

还可计算用向量 x^2 的正交投影向量 $\frac{1}{3}$ 代替向量 x^2 时产生的误差平方为

$$\|x^2-\operatorname{proj}_{\mathbb{R}[x]_1}x^2\|^2=\int_{-1}^{1}\left(x^2-\frac{1}{3}\right)^2\mathrm{d}x=\int_{-1}^{1}\left(x^4-\frac{2}{3}x^2+\frac{1}{9}\right)\mathrm{d}x=\frac{8}{45}.$$

另一方面,可设向量 x^2 在 $\mathbb{R}[x]_1$ 上的正交投影向量为 $a+bx$,则它们二者差的长度平方为

$$\begin{aligned}\|x^2-(a+bx)\|^2&=\int_{-1}^{1}(x^4-2ax^2-2bx^3+a^2+b^2x^2+2abx)\mathrm{d}x\\&=\int_{-1}^{1}(x^4-2ax^2+b^2x^2+a^2)\mathrm{d}x\\&=\frac{2}{5}-\frac{4}{3}a+\frac{2}{3}b^2+2a^2\\&=\frac{2}{5}+\frac{2}{3}b^2+2\left(a-\frac{1}{3}\right)^2-\frac{2}{9}\\&\geqslant\frac{2}{5}-\frac{2}{9}=\frac{8}{45}.\end{aligned}$$

显然当 $b=0,a=\frac{1}{3}$ 时,上述函数可取最小值.

注意到区间 $[-1,1]$ 是关于原点对称的,而 x^2 是偶函数,所以能代替 x^2 的向量 $a+bx$ 的也一定是偶数,而 $\int_{-1}^{1}x^2\mathrm{d}x=\int_{-1}^{1}\frac{1}{3}\mathrm{d}x=\frac{2}{3}$. 这就是正交投影向量和最佳逼近的一种几何解释.

9.7.5 傅里叶逼近

按普通函数的加法和数乘,闭区间$[a,b]$($a<b$)上连续函数的全体构成一个线性空间,记为$C[a,b]$. $C[a,b]$上的内积通常定义为

$$\langle f(x),g(x)\rangle=\int_a^b f(x)g(x)\mathrm{d}x.$$

可以证明它满足内积运算的四条性质. 作为线性空间$C[a,b]$的特例,考虑区间$[-\pi,\pi]$上的**三角函数系**(trigonometric function system)中的函数

$$1,\sin x,\cos x,\cdots,\sin nx,\cos nx.$$

利用微积分的知识可以证明上述三角函数系中的函数在区间$[-\pi,\pi]$上两两正交的,即有

$$\begin{cases}\int_{-\pi}^{\pi}\sin nx\cos mx\,\mathrm{d}x=0,\\ \int_{-\pi}^{\pi}\sin nx\sin mx\,\mathrm{d}x=0,m\neq n,\\ \int_{-\pi}^{\pi}\cos nx\cos mx\,\mathrm{d}x=0,m\neq n,\\ \int_{-\pi}^{\pi}\cos nx\,\mathrm{d}x=0,\\ \int_{-\pi}^{\pi}\sin nx\,\mathrm{d}x=0.\end{cases}$$

利用上述结论可证明在区间$[-\pi,\pi]$上的三角函数系中的函数

$$1,x,x^2,\cdots,x^n,\sin x,\cos x,\sin 2x,\cos 2x,\cdots,\sin nx,\cos nx$$

是线性无关的. 事实上函数组$1,x,x^2,\cdots,x^n$是线性无关的,函数组

$$\sin x,\cos x,\sin 2x,\cos 2x,\cdots,\sin nx,\cos nx$$

是正交的,当然也是线性无关的. 令线性组合

$$k_0+k_1x\cdots+k_nx^n+l_1\sin x+m_1\cos x+l_2\sin 2x+m_2\cos 2x+\cdots+l_n\sin nx+m_n\cos nx=0.$$

对上式左边依次求$n+1$阶导数,线性组合$k_0+k_1x\cdots+k_nx^n$的$n+1$阶导数为零,$\sin x$,$\cos x,\cdots,\sin nx,\cos nx$求导数可以提出适当的系数,最终可得

$$l'_1\sin x+m'_1\cos x+l'_2\sin 2x+m'_2\cos 2x+\cdots+l'_n\sin nx+m'_n\cos nx=0.$$

利用$\sin x,\cos x,\sin 2x,\cos 2x,\cdots,\sin nx,\cos nx$的正交性可证明上述线性组合中的系数$l'_1$,$m'_1,\cdots,l'_n,m'_n$只能为零,而$l_i,m_i$和$l'_i,m'_i$只相差一个常数倍,所以$l_i,m_i$也只能为零,进而证明整个函数组

$$1, x, x^2, \cdots, x^n, \sin x, \cos x, \sin 2x, \cos 2x, \cdots, \sin nx, \cos nx$$

是线性无关的.

设 $f(x)$ 是内积空间 $\mathbb{R}[x]_n$ 中的多项式函数, $f(x)$ 在内积空间 $\mathbb{F}[x]_n$ 中的正交投影称为函数 $f(x)$ 在 $\mathbb{F}[x]_n$ 上的 n **阶傅里叶逼近** (Fourier approximation).

设 $f(x)$ 在 $\mathbb{F}[x]_n$ 上的最佳逼近为

$$\begin{aligned}\mathrm{proj}_{\mathbb{F}[x]_n} f(x) = &\frac{\langle f(x), 1\rangle}{\langle 1, 1\rangle} \times 1 + \frac{\langle f(x), \cos x\rangle}{\langle \cos x, \cos x\rangle} \times \cos x + \frac{\langle f(x), \sin x\rangle}{\langle \sin x, \sin x\rangle} \times \sin x \\ &+ \cdots + \frac{\langle f(x), \cos nx\rangle}{\langle \cos nx, \cos nx\rangle} \times \cos nx + \frac{\langle f(x), \sin nx\rangle}{\langle \sin nx, \sin nx\rangle} \times \sin nx.\end{aligned}$$

具体系数计算可得

$$\frac{\langle f(x), 1\rangle}{\langle 1, 1\rangle} = \frac{1}{2\pi}\int_{-\pi}^{\pi} f(x)\,\mathrm{d}x = \frac{1}{2}\left[\frac{1}{\pi}\int_{-\pi}^{\pi} f(x)\cos(0 \cdot x)\,\mathrm{d}x\right],$$

$$\frac{\langle f(x), \cos kx\rangle}{\langle \cos kt, \cos kt\rangle} = \frac{1}{\pi}\int_{-\pi}^{\pi} f(x)\cos kx\,\mathrm{d}x, 1 \leqslant k \leqslant n,$$

$$\frac{\langle f(x), \sin kx\rangle}{\langle \sin kt, \sin kt\rangle} = \frac{1}{\pi}\int_{-\pi}^{\pi} f(x)\sin kx\,\mathrm{d}x, 1 \leqslant k \leqslant n.$$

所以可令

$$a_k = \frac{1}{\pi}\int_{-\pi}^{\pi} f(x)\cos kx\,\mathrm{d}x, 0 \leqslant k \leqslant n, b_k = \frac{1}{\pi}\int_{-\pi}^{\pi} f(x)\sin kx\,\mathrm{d}x, 1 \leqslant k \leqslant n.$$

这时就有

$$\begin{aligned}\mathrm{proj}_{\mathbb{F}[x]_n} f(x) &= \frac{a_0}{2} + a_1\cos x + b_1\sin x + \cdots + a_n\cos nx + b_n\sin nx \\ &= \frac{a_0}{2} + \sum_{i=1}^{n}(a_k\cos kx + b_k\sin kx).\end{aligned}$$

这就是高等数学中函数的傅里叶展开式.

例 9.23 求函数 $f(x) = x$ 在区间 $[-\pi, \pi]$ 上的 n 阶傅里叶逼近.

解 直接运用上面的公式计算可得

$$\frac{\langle f(x), 1\rangle}{\langle 1, 1\rangle} = \frac{1}{2\pi}\int_{-\pi}^{\pi} x\,\mathrm{d}x = 0.$$

$$\frac{\langle f(x), \cos kx\rangle}{\langle \cos kt, \cos kt\rangle} = \frac{1}{\pi}\int_{-\pi}^{\pi} x\cos kx\,\mathrm{d}x = 0,$$

$$\frac{\langle f(x), \sin kx\rangle}{\langle \sin kt, \sin kt\rangle} = \frac{1}{\pi}\int_{-\pi}^{\pi} x\sin kx\,\mathrm{d}x = \frac{1}{\pi}\left[\frac{1}{k^2}\sin kx - \frac{x}{k}\cos kx\right]_{-\pi}^{\pi} = (-1)^{k+1}\frac{2}{k}.$$

这样最终得到函数 $f(x) = x$ 在内积空间 $\mathbb{F}[x]_n$ 上的傅里叶逼近(正交投影向量)是

$$2\sin x-\sin 2x+\frac{2}{3}\sin 3x+\cdots+(-1)^{n+1}\frac{2}{n}\sin nx, x\in[-\pi,\pi].$$

■

9.7.6 小结

在一般的线性空间上仍可引入内积形成内积空间，可以像 n 维向量空间 $\mathbb{R}$ 生成的内积空间一样，在一般内积空间内定义长度、距离和正交性，有了正交的概念后可引入正交子空间，向量的正交投影向量和最佳逼近，可用施密特正交化把一组普通的基化成标准正交基．这样 $\mathbb{R}^n$ 内积空间中的内容就可以平移到一般的内积空间中．

9.7.7 习题

1. 内积空间 $\mathbb{R}[x]_2$ 中的内积的定义见例 9.21，计算 $\langle p(x),q(x)\rangle$.

(1) $p(x)=4+x, q(x)=5-4x^2$；(2) $p(x)=3x-x^2, q(x)=3+2x^2$.

2. 内积的定义同上题，$\|p(x)\|$，$\|q(x)\|$.

3. 内积空间 $\operatorname{span}\{1,\sin x,\sin^2 x\}$ 上内积定义为

$$\langle f(x),g(x)\rangle=\int_{-\pi}^{\pi}f(x)g(x)\mathrm{d}x.$$

用施密特正交化算法构造子空间 $\operatorname{span}\{1,\sin x,\sin^2 x\}$ 的一个正交基．

4. 内积空间 $\operatorname{span}\{1,\cos x,\cos^2 x\}$ 上内积定义为

$$\langle f(x),g(x)\rangle=\int_{-\pi}^{\pi}f(x)g(x)\mathrm{d}x.$$

用施密特正交化算法构造子空间 $\operatorname{span}\{1,\cos x,\cos^2 x\}$ 的一个正交基．

5. 内积空间 $\mathbb{R}[x]_2$ 上的内积定义为

$$\langle f(x),g(x)\rangle=\int_{0}^{1}f(x)g(x)\mathrm{d}x.$$

用施密特正交化算法构造 $1,x,x^2$ 的一个正交基．

9.8 习题 9

1. 证明 $S=\{\boldsymbol{A}\mid \boldsymbol{A}$ 为 n 阶实对称矩阵$\}$ 构成一个线性空间，求它的一个基．

2. 在线性空间 $\mathbb{R}[x]_2$ 中判定向量组

$$p_1(x)=x^2-2x+3, p_2(x)=2x^2+x+8, p_3(x)=x^2+8x+7$$

的线性相关性．

3. 证明 e^x 和 e^{-x} 在线性空间 $C[-1,1]$ 内是线性无关的.

4. 证明 $1,x,x^2,x^3$ 在线性空间 $C[0,1]$ 内是线性无关的.

5. 求由下列给定的向量生成的 $\mathbb{R}[x]_2$ 子空间的维数.

(1)$x,x-1,x^2+1$;(2)$x,x-1,x^2+1,x^2-1$;(3)$x^2,x^2-x-1,x+1$;(4)$2x,x-2$.

6. 在线性空间 $\mathbb{R}[x]_2$ 中求从基 $1,x,x^2$ 到基 $1,2x,4x^2-2$ 的过渡矩阵. 给定向量 $p(x)=a+bx+cx^2$,求向量 $p(x)$ 在基 $1,2x,4x^2-2$ 下的坐标.

7. 对每一个 $f(x)\in C[0,1]$,定义 $\mathscr{L}[f(x)]=F(x)$,其中

$$F(x)=\int_0^x f(t)\mathrm{d}t,0\leqslant x\leqslant 1.$$

证明 $\mathscr{L}$ 为 $C[0,1]$ 上的线性变换,然后求 $\mathscr{L}(e^x)$ 和 $\mathscr{L}(x^2)$.

8. 求下列 $\mathbb{R}^3$ 上线性变换 $\mathscr{T}$ 的值域与核. $\boldsymbol{x}=\begin{bmatrix}x_1\\x_2\\x_3\end{bmatrix}$.

(1)$\mathscr{T}(\boldsymbol{x})=\begin{bmatrix}x_3\\x_2\\x_1\end{bmatrix}$;(2)$\mathscr{T}(\boldsymbol{x})=\begin{bmatrix}x_1\\x_2\\0\end{bmatrix}$;(3)$\mathscr{T}(\boldsymbol{x})=\begin{bmatrix}x_1\\x_1\\x_1\end{bmatrix}$.

9. 求线性变换 $\mathscr{L}(\boldsymbol{x})=\begin{bmatrix}2x_1-x_2-x_3\\2x_2-x_1-x_3\\2x_3-x_1-x_3\end{bmatrix}$ 在自然基 $\boldsymbol{\varepsilon}_1=\begin{bmatrix}1\\0\\0\end{bmatrix}$,$\boldsymbol{\varepsilon}_2=\begin{bmatrix}0\\1\\0\end{bmatrix}$,$\boldsymbol{\varepsilon}_3=\begin{bmatrix}0\\0\\1\end{bmatrix}$ 下的矩阵,再计算 $\mathscr{L}(\boldsymbol{x})$,其中:

(1)$\boldsymbol{x}=\begin{bmatrix}1\\1\\1\end{bmatrix}$;(2)$\boldsymbol{x}=\begin{bmatrix}2\\1\\1\end{bmatrix}$;(3)$\boldsymbol{x}=\begin{bmatrix}-5\\3\\2\end{bmatrix}$.

10. 求下列线性变换在自然基下的矩阵.

(1) 将 $\mathbb{R}^2$ 中每个向量顺时间旋转 $45°$ 的线性变换.

(2) 将 $\mathbb{R}^2$ 中每个向量长度加倍再逆时针旋转 $30°$ 的线性变换.

9.9 自测题 9

一、填空题

1. 在 $\mathbb{R}[x]_1$ 中取两个基 $\mathscr{A}$:$1,x-1$ 和 $\mathscr{B}$:$2,x-2$. 基 $\mathscr{B}$ 到基 $\mathscr{A}$ 的过渡矩阵为________.

2. 线性空间 $\mathbb{R}[x]_2$ 中向量 $x,x^2+1,x^2+x+1,2x^2+2x+2$ 生成子空间的维数是

________.

3. 从基 $1,\cos x,\cos^2 x$ 到基 $\cos x,1,\cos 2x$ 的过渡矩阵是________.

4. $\mathbb{R}^3$ 中的线性变换 $\mathscr{L}\left(\begin{bmatrix}x_1\\x_2\\x_3\end{bmatrix}\right)=\begin{bmatrix}x_1+x_2\\x_2+x_3\\x_3+x_1\end{bmatrix}$ 在基 $\boldsymbol{\varepsilon}_1=\begin{bmatrix}1\\1\\1\end{bmatrix},\boldsymbol{\varepsilon}_2=\begin{bmatrix}1\\1\\0\end{bmatrix},\boldsymbol{\varepsilon}_3=\begin{bmatrix}1\\0\\0\end{bmatrix}$ 下的矩阵是________.

5. 线性空间 $C[0,2\pi]$ 中的内积定义为 $\langle f(x),g(x)\rangle=\int_0^{2\pi}f(x)g(x)\mathrm{d}x$，则向量 $\sin x$ 的长度是________.

二、选择题

1. 内积空间 $\mathbb{R}[x]_2$ 的内积定义为 $\langle f(x),g(x)\rangle=\int_{-1}^{1}f(x)g(x)\mathrm{d}x$，则下列选项中排除哪一项后其余三项可构成 $\mathbb{R}[x]_2$ 的一个正交基？(　　)

A. 1　　B. x　　C. $\frac{1}{2}(3x^2-1)$　　D. x^2

2. 在适当的函数线性空间中下列向量组是线性相关的是(　　).

A. $1,\cos x,\cos^2 x,\cos 2x$　　B. $1,x+1,x^2+x+1$

C. $1,\mathrm{e}^x,\mathrm{e}^{2x}$　　D. $1,\sin x,\sin 2x$

3. $\mathbb{R}^4$ 中的线性变换 $y=\mathscr{L}(x)$ 的值域的维数与核的维数的和是(　　).

A. 1　　B. 2　　C. 3　　D. 4

4. 设 $\boldsymbol{x}\in\mathbb{R}^3$，下列属于 $\mathbb{R}^3$ 中线性变换的是(　　).

A. $\mathscr{L}(\boldsymbol{x})=\|\boldsymbol{x}\|$　　B. $\mathscr{L}(\boldsymbol{x})=\begin{bmatrix}x_1+x_2+x_3\\x_2+x_3\\x_3\end{bmatrix}$

C. $\mathscr{L}(\boldsymbol{x})=\boldsymbol{x}^{\mathrm{T}}\boldsymbol{x}$　　D. $\mathscr{L}(\boldsymbol{x})=\frac{\boldsymbol{x}}{\|\boldsymbol{x}\|}$

5. 线性空间 $\mathbb{R}[x]_3$ 中引入内积 $\langle f(x),g(x)\rangle=\int_{-1}^{1}f(x)g(x)\mathrm{d}x$，则下列多项式中与 $1,x,(3x^2-1)$ 正交的多项式为(　　).

A. $5x^3-3x$　　B. x^3+x^2+x+1

C. $3x^3-5x^2$　　D. x^3-1

三、计算与证明

1. 证明 $t,\sin t,\cos t$ 是定义在 $\mathbb{R}$ 上的一个线性无关的集合.

2. 证明 $1,\cos t,\cos^2 t$ 是定义在 $\mathbb{R}$ 上的一个线性无关的集合.

3. 在所有实函数的线性空间中求由 $\sin t, \sin 2t, \sin t\cos t$ 生成子空间的一个基.

4. 集合 $1+t, 1+t^2, t+t^2$ 是 $\mathbb{R}[t]_2$ 的一个基,求向量 $p(t)=6+3t-t^2$ 在这个基下的坐标.

5. 已知 $\mathscr{A}: 1+t, t+t^2, t^2$, $\mathscr{B}: t+1, t-1, t+t^2$ 是线性空间 $\mathbb{R}[t]_2$ 的两个基,求从基 $\mathscr{A}$ 到 $\mathscr{B}$ 的过渡矩阵.

6. 设 $q_1(t)=1, q_2(t)=t, q_3(t)=3t^2-4$,验证 $q_1(t), q_2(t), q_3(t)$ 是 $C[-2,2]$ 上的正交集,内积定义如下

$$\langle q(t), p(t)\rangle = \int_{-2}^{2} q(t)p(t)\,\mathrm{d}t.$$

7. 求函数 $f(t)=3-2\sin t+5\sin 2t-6\cos 2t$ 的一阶和三阶傅里叶逼近.

参考文献

[1] 同济大学数学系．工程数学线性代数[M]. 6 版．北京:高等教育出版社,2014.

[2] 同济大学数学系．线性代数[M]. 北京:中国工信出版集团,人民邮电出版社,2017.

[3] 戴斌祥．线性代数[M]. 3 版．北京:北京邮电大学出版社,2018.

[4] 北京大学数学系前代数小组．高等代数[M]. 王萼芳,石生明修订．北京:高等教育出版社,2013.

[5] 谢国瑞．线性代数及其应用[M]. 北京:高等教育出版社,1999.

[6] 徐仲,张凯院,陆全,等．矩阵论简明教程[M]. 3 版．北京:科学出版社,2014.

[7] 王松桂,吴密霞,贾忠贞．矩阵不等式[M]. 2 版．北京:科学出版社,2006.

[8] 戴华．矩阵论[M]. 北京:科学出版社,2001.

[9] 刘丁酉．矩阵分析[M]. 武汉:武汉大学出版社,2003.

[10] 姜志侠,孟品超,李延忠．矩阵分析[M]. 北京:清华大学出版社,2015.

[11] 王卿文．线性代数核心思想及应用[M]. 北京:科学出版社,2012.

[12] 张贤达．矩阵分析与应用[M]. 北京:清华大学出版社,2004.

[13] 徐树方,钱江．矩阵计算六讲[M]. 北京:高等教育出版社,2011.

[14] 华东师范大学数学系．数学分析(下)[M]. 2 版．北京:高等教育出版社,1997.

[15] 李永乐,王式安,刘喜波,等．数学历年真题全精解析[M]. 北京:中国农业出版社,2021.

[16] David C Lay, Steven R Lay, Judi J Mc Donald. Linear Algebra and its Applications[M]. London: Pearson Education, 2016.

[17] Steven J. Leon. Linear Algebra with Applications [M]. 9th Edition. London: Pearson Education, 2015.

[18] Gilbert Strang. Introduction to Linear Albebra [M]. 4th Edition. Cambridge: Wellesley Press, 2009.

[19] Lee W Johnson, R Dean Riess, Jimmy T Arnold. Introduction to Linear Albebra [M]. 5th Edition. London: Pearson Education, 2002.

[20] 沈景清. n 阶行列式的三种等价定义[J]. 通化师范学院学报,2001(5):7-10.

[21] 黄海广,徐震,张笑钦. 机器学习入门基础:微课版[M]. 北京:清华大学出版社,2023.

[22] 吴飞. 人工智能导论:模型与算法[M]. 北京:高等教育出版社,2020.

[23] 周志华. 机器学习[M]. 北京:清华大学出版社,2016.

[24] 杨自栋,雷育良. 农林机器人技术与应用[M]. 北京:中国林业出版社,2020.